ENZYKLOPÄDIE DER
RECHTS- UND STAATSWISSENSCHAFT

BEGRÜNDET VON
F. VON LISZT UND W. KASKEL

HERAUSGEGEBEN VON
W. KUNKEL · H. PETERS · E. PREISER

ABTEILUNG STAATSWISSENSCHAFT

GRUNDLAGEN DER
BETRIEBSWIRTSCHAFTSLEHRE

VON

ERICH GUTENBERG

ZWEITER BAND

10. AUFLAGE

Springer-Verlag Berlin Heidelberg GmbH
1967

GRUNDLAGEN DER BETRIEBSWIRTSCHAFTSLEHRE

VON

DR. DR. H.C. **ERICH GUTENBERG**

o. PROFESSOR DER BETRIEBSWIRTSCHAFTSLEHRE
AN DER UNIVERSITÄT ZU KÖLN

ZWEITER BAND
DER ABSATZ

MIT 90 ABBILDUNGEN

10. AUFLAGE

Springer-Verlag Berlin Heidelberg GmbH
1967

Alle Rechte,
insbesondere das der Übersetzung in fremde Sprachen,
vorbehalten

Ohne ausdrückliche Genehmigung des Verlages
ist es auch nicht gestattet, dieses Buch oder Teile daraus
auf photomechanischem Wege (Photokopie, Mikrokopie)
oder auf andere Art zu vervielfältigen

ISBN 978-3-662-36203-7   ISBN 978-3-662-37033-9 (eBook)
DOI 10.1007/978-3-662-37033-9

Copyright 1955 by Springer-Verlag Berlin Heidelberg

© By Springer-Verlag Berlin Heidelberg 1956, 1959, 1962, 1963 and 1964

© By Springer-Verlag Berlin Heidelberg 1965, 1966 and 1967
Ursprünglich erschienen bei Springer-Verlag, Berlin · Heidelberg New York 1967
Softcover reprint of the hardcover 10th edition 1967

Library of Congress Catalog Card Number 65—18949

Titel-Nr. 4428

Vorwort zur ersten Auflage.

Bei der Darstellung der Absatzprobleme, die dieser zweite Band der „Grundlagen der Betriebswirtschaftslehre" enthält, habe ich mich von den gleichen methodischen Überlegungen leiten lassen wie bei der Abfassung des ersten Bandes, in dem die Hauptfragen der Produktion behandelt werden. Wie ich im ersten Band versucht habe, den Fragen der Produktion ein festes systematisches Gefüge zu geben, so habe ich mich im zweiten Band bemüht, die wissenschaftlich und praktisch interessierenden Fragen im Absatzbereich der Unternehmungen in einem straff geordneten System zu diskutieren. Ich habe mir auch im zweiten Band die Aufgabe gestellt, die Probleme nach dem Stand ihrer heutigen wissenschaftlichen Diskussion zu erörtern, um auf diese Weise Anschluß an ihre gegenwärtige literarische Behandlung im In- und Ausland zu gewinnen.

Die Form der Darstellung paßt sich jeweils der Eigenart des untersuchten Gegenstandes an. Da, wo es mir notwendig erschien, die Probleme an anschaulichem Material zu erörtern, habe ich eine möglichst anschauliche Form der Darstellung bevorzugt. Da jedoch, wo die zu behandelnden Fragen einen hohen Abstraktionsgrad verlangen, habe ich eine entsprechend abstrakte Form der Darstellung gewählt. Immer kam es mir darauf an, die Probleme und ihre Diskussion so eindeutig und eindringlich darzustellen, wie es nach dem derzeitigen Stand ihrer wissenschaftlichen Bearbeitung überhaupt möglich erscheint. Die Resonanz, die der erste Band gefunden hat, bestätigt mir, daß der von mir methodisch eingeschlagene Weg richtig ist und daß kein Anlaß besteht, eine weniger präzise Darstellung der Probleme zu wählen, wenn ihre wissenschaftliche Behandlung strengste gedankliche Zucht verlangt.

Da sich der erste Band dieser „Grundlagen" mit den Fragen der Produktion und der zweite Band mit den Fragen des Absatzes beschäftigt, bleiben die Problembestände des dritten großen Teilbereiches der Unternehmungen, der finanziellen Sphäre, offen. Nach der Systematik auf der die „Grundlagen" beruhen, würden dabei Fragen der Kapitalbeschaffung und der Kapitalverwendung, des finanziellen Gleichgewichtes, der betriebswirtschaftlichen Investitionstheorie und der Wirtschaftlichkeitsrechnung zu behandeln sein. Mit der Erörterung dieser Probleme würden alle Fragen, die die Grundlagen der Betriebswirtschaftslehre umschließen, eine erschöpfende systematische Behandlung gefunden haben.

Meinen Assistenten, den Herren Dr. KILGER, Dr. LÜCKE und Dr. JACOB danke ich für ihre Hilfsbereitschaft und das Interesse, das sie meinen Arbeiten entgegengebracht haben.

Köln, den 10. Oktober 1954.

ERICH GUTENBERG.

Vorwort zur vierten Auflage.

In dieser vierten Auflage sind fast alle Kapitel des Buches neu bearbeitet worden. Die Fragen der Absatzplanung haben eine von der bisherigen Fassung völlig abweichende Darstellung erfahren. Das Kapitel über Preispolitik enthält nunmehr auch Untersuchungen über die Monopolpreisbildung bei Mehrproduktunternehmen. In der Oligopoltheorie ist der betriebswirtschaftliche Standpunkt stärker herausgearbeitet worden. Die Spieltheorie wurde in den Kreis der Untersuchungen einbezogen. Auch die übrigen Kapitel sind überarbeitet und zum Teil durch neue Untersuchungen erweitert worden.

Köln, den 11. Dezember 1961.

ERICH GUTENBERG.

Vorwort zur achten Auflage.

Sämtliche Kapitel dieser Auflage sind überarbeitet und ergänzt worden. Die Kapitel über die polypolistische Absatzkurve und über die Theorie der Werbung wurden neu formuliert.

Köln, den 17. Mai 1965.

ERICH GUTENBERG.

Vorwort zur zehnten Auflage.

Die zehnte Auflage weist gegenüber der achten und neunten Auflage keine wesentlichen Veränderungen auf.

Köln, den 17. Mai 1967.

ERICH GUTENBERG.

Inhaltsverzeichnis.

	Seite
Einleitung	1
1. Der Absatzbegriff	1
2. Der systembezogene Charakter des Absatzbereiches	4

Erster Teil.
Die innerbetrieblichen Grundlagen der Absatzpolitik.

Erstes Kapitel: Absatzpolitische Entscheidungen	7
1. Betriebliche Bindungen absatzpolitischer Entscheidungen	7
2. Das erwerbswirtschaftliche Prinzip als absatzpolitische Grundorientierung	8
3. Theoretische Präzisierungen des erwerbswirtschaftlichen Prinzips	12
Zweites Kapitel: Die innerbetriebliche Absatzorganisation	21
1. Formelle und informelle Organisations- und Kommunikationsstrukturen	21
2. Koordinierung als organisatorische Aufgabe	25
3. Organisatorische Aufgaben im Rahmen der Absatzvorbereitung	25
4. Die organisatorische Eingliederung der Werbeabteilung	29
5. Die Organisation der Verkaufsabteilungen	30
6. Organisatorische Aufgaben der Auftragsabwicklung	36
Drittes Kapitel: Die Absatzkosten	37
1. Der Begriff der Absatzkosten	37
2. Die Absatzkostenarten	39
3. Die Kostenstellen im Absatzbereich	40
4. Die Absatzkostenkalkulation	41
5. Die Höhe der Absatzkosten	43
Viertes Kapitel: Die Absatzplanung	46
I. Die realen Bestimmungsgrößen der Absatzhöhe	46
1. Trendvariable und Instrumentalvariable	46
2. Aktionen und Reaktionen	50
3. Das Verhältnis zwischen Trend- und Instrumentalvariablen	52
4. Die optimale Kombination des absatzpolitischen Instrumentariums	53
5. Die gewinngünstigste Absatzmenge	54
II. Das absatzpolitische Risiko	56
1. Die Ungewißheitssituation	56
2. Das Erwartungsrisiko	57
3. Objektive und subjektive Wahrscheinlichkeiten	57
4. Typische Entscheidungssituationen	59
5. Der Entscheidungsprozeß bei Entscheidungen unter Unsicherheit	60
III. Die absatzpolitische Information	74
A. Grundsätzliche Bemerkungen	74
1. Strategische und anordnend-kontrollierende Aufgaben der Absatzplanung	74
2. Absatzplanung und Informationen	75

		Seite
B.	Trendinformationen	76
	1. Informationen über den gesamtwirtschaftlichen Trend	76
	2. Informationen über den Trend des Geschäftszweiges	77
	3. Indikatoren	79
	4. Indirekte Informationen	80
	5. Informationen zur langfristigen Absatzprognose	81
	6. Informationen über den speziellen Absatzmarkt	84
C.	Instrumentalinformationen	86
	1. Der Einfluß der Instrumentalvariablen auf den Absatz	86
	2. Informationen über den Einfluß der Instrumentalvariablen auf den Absatz	87
D.	Die Technik der Informationsgewinnung	91
	1. Auswertung des gegebenen Materials	91
	2. Erhebungen	92

IV. Der Absatzplan 99
    1. Langfristige Absatzplanung als Ausdruck der Unternehmungspolitik auf weite Sicht 99
    2. Unsicherheit und Information 102
    3. Das Indifferenzsystem der Instrumentalvariablen 103
    4. Vertriebskosten im Planungskalkül 109
    5. Fertigungstechnische Möglichkeiten und Produktionskosten im Planungskalkül 110
    6. Der langfristige Plan 112
    7. Lang- und kurzfristige Absatzplanung 114
    8. Absatzplanung als simultaner Prozeß 117

Zweiter Teil.
Das absatzpolitische Instrumentarium.

Fünftes Kapitel: Die Absatzmethoden 123
I. Der Begriff der Absatzmethode 123
II. Die Vertriebssysteme 124
    1. Werkseigenes Vertriebssystem 124
    2. Werksgebundenes Vertriebssystem 125
    3. Rechtlich und wirtschaftlich ausgegliederter Vertrieb 126
    4. Vertrieb in total planwirtschaftlichen Systemen 127
III. Die Absatzformen 129
   A. Absatz mit Hilfe betriebseigener Verkaufsorgane 129
      1. Verkauf durch Mitglieder der Geschäftsleitung 129
      2. Verkauf durch Reisende 130
      3. Verkauf auf Grund von Anfragen der Kundschaft ohne Einschaltung betriebsfremder Verkaufsorgane 132
      4. Verkauf in Läden 133
      5. Selbstbedienungsläden 133
      6. Warenverkauf mit Hilfe von Automaten 134
   B. Absatz mit Hilfe betriebsfremder Verkaufsorgane 135
      1. Verkauf mit Hilfe von Handelsvertretern 135
      2. Verkauf mit Hilfe von Kommissionären 150
      3. Verkauf mit Hilfe von Maklern 153
IV. Die Wahl der Absatzwege 155
    1. Die Begriffe 155
    2. Die Dienste der Einzelhandelsbetriebe für den Verbraucher . . 157
    3. Die Dienste der Einzelhandelsbetriebe für die Hersteller . . . 159
    4. Die Dienste der Großhandelsbetriebe 162
    5. Zur Problematik des absatzpolitischen Verfahrensvergleiches . . 165
    6. Zur Frage der Absatzformen und der Absatzwege im Export . . 171

Sechstes Kapitel: Die Preispolitik 178
I. Die Grundlagen der betrieblichen Preispolitik 178
   1. Ziele und Methodik preispolitischer Untersuchungen 178
   2. Das Marktformenschema und die Triffinschen Koeffizienten . . 183
   3. Die Verhaltensweisen 189
II. Die Preispolitik monopolistischer Anbieter. 191
   1. Wesen und Bedeutung des vollkommenen Monopols 191
   2. Absatzkurve, Absatzelastizität, Erlöskurve und Grenzerlöskurve eines Monopolisten 192
   3. Der gewinnmaximale Preis eines Monopolisten bei gegebener Absatz- und Kostenfunktion (Cournotscher Punkt) 198
   4. Der Einfluß von Absatzverschiebungen auf den gewinngünstigsten Preis. 201
   5. Der Einfluß von Kostenverschiebungen auf den gewinngünstigsten Preis. 202
   6. Monopolpreisbildung im Falle von Mehrproduktunternehmungen unter der Voraussetzung linearer stetiger Absatzfunktionen . . . 205
   7. Monopolpreisbildung im Falle von Mehrproduktunternehmungen unter der Voraussetzung unstetiger Absatzfunktionen 209
   8. Unvollkommenes Monopol 211
   9. Kriterien der Marktbeherrschung 213
III. Die Preispolitik bei atomistischer Konkurrenz 216
   A. Die Preispolitik bei atomistischer Konkurrenz auf vollkommenen Märkten 216
      1. Zur geschichtlichen Entwicklung der Theorie der vollkommenen atomistischen Konkurrenz 216
      2. Das Wesen der vollkommenen atomistischen Konkurrenz 218
      3. Absatzkurve, Erlöskurve und Grenzerlöskurve eines Betriebes bei vollkommener atomistischer Konkurrenz 219
      4. Die gewinnmaximale Absatzmenge bei gegebenem Preis und gekrümmter Kostenkurve 220
      5. Die gewinnmaximale Absatzmenge bei gegebenem Preis und linearer Kostenkurve 223
      6. Der Einfluß von Preisänderungen auf die gewinnmaximale Absatzmenge 225
      7. Der Einfluß von Kostenverschiebungen auf die gewinnmaximale Absatzmenge 228
      8. Das Gruppengleichgewicht 229
      9. Vergleichende Betrachtung des vollkommenen Monopols und der vollkommenen atomistischen Konkurrenz 232
   B. Die Preispolitik bei atomistischer Konkurrenz auf unvollkommenen Märkten 233
      1. Wesen und Bedeutung der unvollständigen atomistischen Konkurrenz 233
      2. Preislagen und Produktqualitäten 236
      3. Der Begriff des akquisitorischen Potentials 237
      4. Der Begriff des Intervalls preispolitischer Autonomie 238
      5. Die Wirkung des akquisitorischen Potentials 240
      6. Der Charakter der polypolistischen Preisabsatzfunktion. 243
      7. Die Ableitung der individuellen Absatzkurve bei unvollkommener atomistischer Konkurrenz 246
      8. Die Erlösgestaltung bei unvollkommener atomistischer Konkurrenz und der Verlauf der Grenzerlöskurve. 251
      9. Allgemeine Ausführungen zur Gewinnmaximierung bei unvollkommener atomistischer Konkurrenz 254

Inhaltsverzeichnis.

    10. Der gewinnmaximale Preis bei gegebener Absatz- und Kostenkurve 259
    11. Die bremsende Wirkung des monopolistischen Kurvenabschnittes 264
    12. Schlußbetrachtung. 264

IV. Die Preispolitik bei oligopolistischer Konkurrenz 265
    A. Die typische Oligopolsituation 265
        1. Oligopolistische Angebotsstruktur 266
        2. Verhaltensweisen im Oligopol 266
        3. Preispolitische und mengenpolitische Interdependenz. 267
        4. Die Gewinnfunktion oligopolistischer Unternehmen 268
    B. Die oligopolistische Absatzpolitik unter der Voraussetzung totaler Interdependenz. 270
        1. Autonomes Verhalten 270
        2. Autonom-konjekturales Verhalten 275
        3. Konjekturales Verhalten unter Verwendung von Reaktionskoeffizienten 278
    C. Die oligopolistische Preispolitik auf unvollkommenen Märkten unter der Voraussetzung partieller Interdependenz 282
        1. Partielle Interdependenz 282
        2. Oligopolistische Preispolitik, wenn alle Anbieter preispolitisch innerhalb des reaktionsfreien Preisintervalls operieren 286
        3. Die Verschiebung der Preisabsatzkurve beim Überschreiten der oberen und unteren Grenzpreise 289
        4. Die oligopolistische Preispolitik, wenn ein oder mehrere Anbieter preispolitisch außerhalb des autonomen Preisintervalls operieren 292
        5. Preispolitische Entscheidungen und Erwartungen über das Konkurrentenverhalten 306
    D. Spieltheoretische Lösungsansätze 312
        1. Kritische Anmerkungen zur Theorie der Nullsummen-Matrix-Spiele 312
        2. Ausblick auf weitere Spieltypen 315
    E. Verdrängungs- und Kampfsituationen unter der Voraussetzung totaler Interdependenz 318
    F. Die kollektive Preispolitik 320
        1. Begriff und Formen der kollektiven Preispolitik 320
        2. Gemeinsame Gewinnmaximierung 321
        3. Einige Fragen der Kartellpreisbildung 324
        4. Preisführerschaft 328

V. Spezialprobleme der Preispolitik 335
    1. Preisdifferenzierung 335
    2. Preisstellung auf der Basis der Durchschnittskosten 348
    3. Der „günstigste" Beschäftigungsgrad als preispolitisches Ziel . . 350
    4. Preisstellung bei Zusatzaufträgen 352
    5. Preispolitik und Wiederbeschaffungspreis 355
    6. Der „kalkulatorische Ausgleich" als preispolitisches Prinzip . . . 356
    7. Zur Frage der Preisbindung bei Markenartikeln 361

Siebtes Kapitel: Die Produktgestaltung 375
    1. Begriffliche Feststellungen 375
    2. Der polare Charakter des Faktors „Bedarf" 375
    3. Die polare Struktur der „Mode". 379
    4. Der Einfluß des technischen Fortschritts auf die Produktgestaltung 380
    5. Die Warenmarken als Mittel der Absatzpolitik 384
    6. Das Problem der „Packungen" in absatzpolitischer Sicht 389
    7. Sortimentspolitik im Handel 390
    8. Analyse des Absatzprozesses im Falle der Produktvariation . . . 399
    9. Produktvariation und Marktbeherrschung 404

Inhaltsverzeichnis.

	Seite
Achtes Kapitel: Die Werbung	408
I. Begriff und Funktionen der Werbung	408
1. Zur Frage der werbenden Wirkung absatzpolitischer Maßnahmen überhaupt	408
2. Werbung als selbständiger Bestandteil des absatzpolitischen Instrumentariums	409
3. Akzidentelle und dominante Werbung	411
4. Weitere Merkmale der Werbung	412
5. Werbung als „Mittel des Wettbewerbs"	416
6. Abgrenzung zwischen Werbung und „Public Relations"	417
7. Gesamtwirtschaftliche Aspekte	418
II. Die Werbemittel	422
A. Die Arten der Werbemittel	422
1. Zusammenfassender Überblick über die gebräuchlichsten Werbemittel	422
2. Allgemeine Anforderungen an die Werbemittel	423
3. Beschreibung der Hauptwerbemittel	426
B. Die Verwendung der Werbemittel	442
1. Die absatzpolitischen Ziele der Werbung	442
2. Die Bestimmung der Werbeobjekte	443
3. Die Auswahl der Gruppen	445
4. Die Streuung der Werbemittel	447
5. Der wirksamste Gebrauch der Werbemittel	449
6. Der Zeitpunkt der Werbung	453
III. Die Werbetheorie	456
A. Die Zielfunktion der Werbetheorie	456
1. Die Zielfunktion	456
2. Die Werbekosten als Bestandteil der Zielfunktion	456
3. Die Erlöse als Bestandteil der Zielfunktion	462
B. Die Bestimmung des optimalen Werbebudgets	463
1. Optimierung ohne Berücksichtigung des Einflusses der Werbeausgaben auf die Preisabsatzfunktion	463
2. Optimierung unter Berücksichtigung des Einflusses der Werbeausgaben auf die Preisabsatzfunktion	466
3. Simultane Bestimmung der optimalen Größe und Zusammensetzung des Werbebudgets	469
4. Optimierung unter Berücksichtigung der Mehrperiodizität	471
5. Die Bestimmung des optimalen Werbebudgets in Mehrproduktunternehmen bei vorgegebenem Verkaufsprogramm	473
6. Die Bestimmung des optimalen Werbebudgets und des optimalen Verkaufsprogramms in Mehrproduktunternehmen	476
IV. Die Werbepolitik	479
1. Die Ziele, Bindungen und Möglichkeiten der Werbepolitik	479
2. Die Werbeplanung	483
3. Die Sicherung des Werbeerfolges	485
Neuntes Kapitel: Die optimale Kombination des absatzpolitischen Instrumentariums	496
1. Systematisierung der Vielfalt absatzpolitischer Möglichkeiten	496
2. Die optimale Kombination des absatzpolitischen Instrumentariums	497
3. Die optimale Kombination des absatzpolitischen Instrumentariums bei Maximierung des Gewinns	499
Namenverzeichnis	501
Sachverzeichnis	504

Einleitung.

1. Der Absatzbegriff.
2. Der systembezogene Charakter des Absatzbereiches.

1. In der modernen Wirtschaft arbeiten die Betriebe grundsätzlich für fremden Bedarf. Sie sind deshalb gezwungen, die Sachgüter, die sie erzeugen, oder die Dienste, die sie bereitstellen, gegen Entgelt zu verwerten. Diese „Leistungsverwertung" bildet das Thema des vorliegenden zweiten Bandes der „Grundlagen der Betriebswirtschaftslehre". Im ersten Bande wurden die Fragen der „Leistungserstellung", der „Produktion", behandelt.

Der Begriff Leistungsverwertung ist umfassender als der Begriff des Absatzes, denn unter Absatz ist strenggenommen nur die Veräußerung von Sachgütern zu verstehen und nicht auch die marktliche Verwertung von Dienstleistungen. Der Ausdruck Leistungsverwertung würde deshalb das Thema dieser Untersuchungen besser kennzeichnen als der Ausdruck Absatz.

Nun ist aber nicht zu verkennen, daß der Ausdruck „Leistungsverwertung", ganz abgesehen von sprachlichen Mängeln, die er aufweist, zu farblos und dem betrieblichen Sprachgebrauch zu fremd ist, als daß er für eine hinreichend deutliche Charakterisierung des Inhaltes dieses zweiten Bandes geeignet wäre. Aus diesem Grunde wird hier der Ausdruck „Absatz" dem Ausdruck „Leistungsverwertung" vorgezogen, obwohl er seinem begrifflichen Inhalt nach etwas zu eng ist. Aber es liegt in der Natur der Sache, daß hier die Fragen im Mittelpunkt des Interesses stehen, die mit dem Verkauf von Sachgütern zusammenhängen.

Zwischen den beiden Begriffen „Absatz" und „Umsatz" kennt der Sprachgebrauch der kaufmännischen Praxis keine scharfe Trennung. Wenn in der Regel auch der Ausdruck Absatz mehr zur Kennzeichnung der verkauften Warenmengen (Absatzmengen) und der Ausdruck Umsatz mehr zur Kennzeichnung des Wertes dieser Warenmengen, also des Produktes aus Warenmengen und Warenpreisen (Erlöse) gebraucht wird, so hat sich doch eine klare Unterscheidung zwischen diesen beiden Begriffen nicht durchgesetzt.

Anders liegen die Dinge, wenn unter Umsatz der Umwandlungsvorgang von Geld in Ware (Beschaffung; Einkauf), der Kombinationsprozeß von Sachgütern, Arbeits- und Dienstleistungen (Leistungserstellung; Produktion) und dann wiederum der Umwandlungsprozeß von Ware in Geld (Leistungsverwertung; Absatz) verstanden wird. Der

Begriff Umsatz wird hier im Sinne von Umsatzprozeß gebraucht. Auf seine Grundform zurückgeführt, besteht der Umsatz in diesem Sinne aus Kapitalbewegungen in den drei betrieblichen Teilabschnitten: Beschaffung, Produktion und Absatz. Danach stellt der Absatz nur eine Phase im gesamtbetrieblichen Umsatzprozeß dar, und zwar diejenige, in der dieser Prozeß seinen Abschluß findet. Die Begriffe Absatz und Umsatz decken sich nicht mehr. Unter Absatz wird nun die Schlußphase des gesamtbetrieblichen Umsatzprozesses verstanden.

Der auf diese Weise gewonnene Begriff des Absatzes umfaßt aber noch nicht alle Tatbestände, die in ihn einbezogen werden sollen. Unter dem Begriff des Absatzes sollen hier auch die Maßnahmen verstanden werden, die auf eine möglichst günstige Gestaltung der gesamten Verkaufstätigkeit und der gesamten Verkaufsverhältnisse eines Unternehmens gerichtet sind. Damit erhält der Absatzbegriff eine zusätzliche Bestimmung. Er stellt nun nicht mehr lediglich eine extensive, sondern zugleich auch eine intensive Größe dar.

Dieser Absatzbegriff liegt den Untersuchungen dieses Buches zugrunde. Mit ihm wird zugleich eine bestimmte Position dem Absatzproblem gegenüber bezogen. Sie kennzeichnet sich durch eine bewußt einzelwirtschaftliche Blickrichtung. Die Absatzprobleme werden hier also grundsätzlich in der Sicht derjenigen gesehen, die die Verantwortung für den Verkauf der Erzeugnisse eines Unternehmens tragen.

Diese Stellung dem Absatzproblem gegenüber ist nur eine unter mehreren möglichen. So sieht zum Beispiel SCHÄFER die Absatzaufgabe in der stufenweisen Umgruppierung der Sachmittel in Richtung auf die Bedarfsordnung. Zur Durchführung dieser von ihm als „absatzwirtschaftlich" bezeichneten Aufgabe bedarf es besonderer Organe. Sie können selbständige Betriebe sein (Handelsbetriebe) oder nur Teilorgane von Unternehmungen, insbesondere auch von Produktionsunternehmungen (also zum Beispiel Einkaufs- und Verkaufsabteilungen industrieller Werke; Verkaufsgesellschaften u. a.)[1].

Der Begriff „Absatzwirtschaft" wird hier sehr weit gefaßt. Er enthält nicht nur Verkaufsvorgänge, sondern auch Einkaufs- und Beschaffungsakte, und zwar nicht nur von Produktions-, sondern auch von Handels- und sonstigen Dienstleistungsbetrieben. Das wissenschaftliche Interesse ist ganz auf die weitverzweigten Wege und vielfältigen Verästelungen gerichtet, die der Warenstrom durchläuft, um schließlich in eine den Wünschen der Konsumenten gerecht werdende Bedarfsordnung

---

[1] SCHÄFER, E., Die Aufgabe der Absatzwirtschaft. Köln-Opladen 1950, S. 12ff. Der mehr einzelwirtschaftliche Standpunkt wird von SCHÄFER in seinem Beitrag: Über den künftigen Gehalt der Absatzlehre, enthalten in: Um die Zukunft der deutschen Absatzwirtschaft, herausgegeben von G. BERGLER und E. SCHÄFER, Berlin 1936, herausgearbeitet.

einzumünden. Die Stätten, in denen die produktionstechnischen Aufgaben gelöst werden, also die Produktionsbetriebe, bilden gewissermaßen nur Durchgangs- oder Knotenpunkte in dem breiten Strom der Güter von ihrer ersten Gewinnung bis zu ihrem konsumreifen Zustande.

Es steht an sich nichts im Wege, den Begriff der Absatzwirtschaft in diesem Sinne zu verwenden, obwohl er begrifflich gewisse Schwierigkeiten bereitet. An sich jedoch läßt sich Einkauf von Waren durch ein Produktionsunternehmen oder die Einstellung von Arbeitskräften als eine absatzwirtschaftliche Aufgabe bezeichnen. Da aber das Absatzproblem in der vorstehenden Untersuchung allein als einzelwirtschaftliches, d.h. absatzpolitisches betrachtet und erörtert wird, ist es nicht möglich, hier den Begriff Absatz im Sinne von Absatzwirtschaft zu verwenden und zu sagen, der Einkauf sei ein absatzpolitischer Vorgang.

Für die gleiche Gruppe von Vorgängen wird von SEYFFERT der Ausdruck „Handel" verwendet. Nach SEYFFERT ist „jede Güteraustauschhandlung ein Handelsvorgang"[1]. Alle — Produzenten, Konsumenten und Kaufleute — treiben Handel, wenn sie kaufen oder verkaufen. Auch „der Produzent handelt, indem er die Produktionsgüter durch Kauf oder Tausch erwirbt"[2]. Das gleiche gilt für den Konsumenten. Danach ist jeder Kauf und Verkauf „Handel".

Selbstverständlich hat jeder Autor das Recht auf Definitionsfreiheit. Für die Terminologie dieses Buches ist eine solche Dehnung des Begriffes „Handel" jedoch nicht geeignet, da die Probleme hier nur vom einzelwirtschaftlichen Standpunkt aus betrachtet werden. Danach treiben nur solche Unternehmen Handel, die Waren ohne wesentliche Be- oder Verarbeitung einkaufen, um sie wieder zu verkaufen. Für alle anderen Unternehmen ist die Beschaffung von Sachgütern Einkauf und ihr Absatz Verkauf.

Das gilt in abgewandelter Form auch für Dienstleistungsbetriebe, sofern sie nicht Handelsbetriebe sind. Nach der hier vertretenen Auffassung treibt eine Versicherungsgesellschaft oder eine Wirtschaftsprüfungsgesellschaft keinen Handel. Sie verwertet ihre Leistungen gegen Entgelt, d. h. sie gewährt Versicherungsschutz bzw. übernimmt Prüfungsaufgaben.

Eine mehr einzelbetriebliche Position bezieht W. KOCH in seiner Darstellung der „Grundlagen und Technik des Vertriebes"[3]. Auch er verlegt den Standort, von dem aus die Absatzprobleme betrachtet werden, in die einzelne Unternehmung selbst hinein und fragt, worin die besonderen Aufgaben bestehen, die in ihrem Absatzbereich zu lösen sind,

---

[1] SEYFFERT, R., Wirtschaftslehre des Handels, 4. Aufl., Köln-Opladen 1961, S. 3.
[2] SEYFFERT, R., a. a. O., S. 95.
[3] KOCH, WALDEMAR, Grundlagen und Technik des Vertriebes, Berlin 1950, S. 78.

und über welche Mittel und Möglichkeiten sie verfügt, um ihre Erzeugnisse absetzen oder die ihr angebotenen Dienste marktlich verwerten zu können.

In diesem Sinne werden die absatzpolitischen Probleme auch von SUNDHOFF[1] behandelt.

In ähnlicher Sicht betrachtet RUBERG das Problem der Verkaufsorganisation. Auch er vertritt die Auffassung, daß einseitiger Warenabsatz durch Produzenten nicht Handel, insbesondere nicht Großhandelstätigkeit sei[2].

2. Bisher ist davon ausgegangen worden, daß sich der Absatz unter marktwirtschaftlichen Voraussetzungen vollzieht. Welche Bewandtnis hat es nun mit dem Absatz der Betriebe, die unter den Bedingungen eines total planwirtschaftlichen Systems arbeiten?

Da auch in diesen Betrieben nach den Grundsätzen arbeitsteiliger Wirtschaft produziert wird, die Betriebe also dem Prinzip nach nicht für eigenen, sondern für fremden Bedarf arbeiten, müssen auch in solchen Betrieben die erzeugten Güter ,,abgesetzt'' werden. Betriebswirtschaftlich bedeutet ,,Absatz'' in diesem Zusammenhang nichts anderes, als daß auch in Betrieben, die unter total planwirtschaftlichen Bedingungen arbeiten, der innerbetriebliche Umsatzprozeß in einer Schlußphase endet, die auch hier mit dem Ausdruck Absatz gekennzeichnet werden kann.

Da es also Absatzvorgänge sowohl in planwirtschaftlichen als auch in marktwirtschaftlichen Systemen und damit auch in allen Zwischenformen gibt, könnte man annehmen, daß es sich bei ihnen um vom Wirtschaftssystem unabhängige, ,,systemindifferente'' Tatbestände handelt[3].

Damit stellt sich jedoch sogleich die Frage, ob dieses Ab-setzen in total planwirtschaftlichen Systemen nicht lediglich ein Ab-liefern sei. Das soll besagen: Es gibt zwar in diesen Betrieben Absatzakte und Absatzbereiche, auch bestimmte Tätigkeiten, die erforderlich sind, um die Aufträge abzuwickeln, die Waren zu verpacken und zu versenden.

Andererseits läßt sich jedoch nicht verkennen, daß zwischen Betrieben, die unter marktwirtschaftlichen Bedingungen arbeiten, und solchen für die total planwirtschaftliche Voraussetzungen gelten, im Absatzbereich ein wesentlicher Unterschied besteht. Im ersten Falle obliegt der Verkauf ihrer Erzeugnisse den Betrieben selbst. Im zweiten Falle verfügen außerbetriebliche Stellen über die Erzeugnisse der Betriebe. Unternehmen in marktwirtschaftlichen Systemen müssen sich ihre Käufer

---

[1] SUNDHOFF, E., Absatzorganisation, in ,,Die Wirtschaftswissenschaften'', herausgegeben von E. GUTENBERG, Wiesbaden 1958.

[2] RUBERG, C., Verkaufsorganisation, Essen 1952, S. 11ff. und 67.

[3] Vgl. auch GUTENBERG, E., Grundlagen der Betriebswirtschaftslehre, Bd. I, 10. Aufl., Berlin-Göttingen-Heidelberg 1965, 5. Abschn. Im folgenden mit ,,Band I, 10. Aufl.'' zitiert.

selbst suchen. In total planwirtschaftlichen Systemen werden den Betrieben Käufer gewissermaßen zugewiesen. In diesem Falle wird nicht nur die Produktion, sondern auch der Absatz von betriebsfremden Stellen vorgeplant.

Aus dieser für total planwirtschaftliche Systeme charakteristischen Lage ergeben sich einige für die weiteren Ausführungen wichtige Folgerungen. Zunächst diese: Es ist gewiß richtig, daß der Absatz in total planwirtschaftlichen Systemen nicht vollständig und unbedingt anonym und unpersönlich sein muß, da es durchaus Möglichkeiten gibt, Waren als Erzeugnisse bestimmter Betriebe kenntlich zu machen. Auf diese Weise werden die Betriebe nicht nur der Qualitätskontrolle der Planungsstellen, sondern auch der Kontrolle der Konsumenten unterworfen. Aber es fehlen doch jene Scharen von Verkäufern, Reisenden, Vertretern, Akquisitions-Ingenieuren, deren sich die Unternehmungen in marktwirtschaftlichen Systemen bedienen, um ihre Erzeugnisse zu verkaufen. Es fehlen auch jene ausgeprägten, das marktwirtschaftliche System kennzeichnenden Methoden des Kampfes der Unternehmungen um Kunden. Die unter planwirtschaftlichen Bedingungen arbeitenden Betriebe sind ohne jenes intensive Bemühen um Aufträge, um das das Denken von Unternehmungen kreist, wenn sie unter marktwirtschaftlichen Bedingungen arbeiten. Anstrengungen dieser Art sind nicht notwendig, wenn die Betriebe lediglich an diejenigen Stellen abzuliefern haben, denen die Erzeugnisse von den übergeordneten Planungsstellen zugewiesen werden.

Aus diesen Gründen benötigen derartige Betriebe auch keine Werbung als Mittel des Wettbewerbes.

Ebenso sind die Preise in solchen Systemen für die einzelnen Betriebe gegebene, d. h. autoritativ festgesetzte Größen. Deshalb kennen diese Betriebe auch keine eigene aktive Preispolitik. Es fehlt ihnen damit die Möglichkeit, auf diesem Wege Einfluß auf die Gestaltung ihres Absatzes zu nehmen.

Da die Betriebe unter total planwirtschaftlichen Bedingungen mit einer bestimmten Produktionsauflage arbeiten, die das Fabrikationsprogramm grundsätzlich nach den Anweisungen der übergeordneten gesamtwirtschaftlichen Planungsstellen festlegt, gibt es für sie keine Möglichkeit, die Mengen und Sorten, die sie herstellen, vollkommen frei zu variieren, um auf diese Weise eine größere Absatzwirkung zu erzielen. Diese Tatsache schließt jedoch nicht aus, daß alle Möglichkeiten des technischen Fortschrittes ausgenutzt und im Produktionsplan berücksichtigt werden. Aber es fehlt die Möglichkeit, dieses Fabrikationsprogramm über gewisse Grenzen hinaus autonom den Bedarfsänderungen anzupassen und unabhängig von dem vorgeschriebenen Plan zu gestalten.

Der Systembezogenheit oder der Systemindifferenz jener Tätigkeiten im einzelnen nachzugehen, die auf eine möglichst günstige Gestaltung des Absatzes gerichtet sind, ist hier nicht beabsichtigt. In planwirtschaftlichen Ordnungen allerdings, in denen kein Kontrahierungszwang besteht, obliegt es den Betrieben selbst, Kunden für die von ihnen angebotenen Sachgüter oder Dienste ausfindig zu machen und zum Kauf zu veranlassen. In solchen Fällen treten marktwirtschaftliche Elemente in das planwirtschaftliche System ein. Damit entsteht dann auch zugleich die Notwendigkeit, absatzpolitische Instrumente zu entwickeln und von ihnen Gebrauch zu machen. Aber in total planwirtschaftlichen Ordnungen, die oben als Grenzfall angenommen wurden, bleibt kein Raum für die Möglichkeiten völlig freien absatzpolitischen Operierens. Denn wenn die Preise der herzustellenden Erzeugnisse und die Preise der zur betrieblichen Leistungserstellung erforderlichen Sachgüter, Arbeits- und Dienstleistungen gegeben sind und das Fertigungsprogramm für einen bestimmten Zeitabschnitt verordnet ist, dann bleibt für die Verbesserung des Gewinnplanes nur übrig, entweder die Kosten zu senken — eine Maßnahme, die keinen Absatzvorgang darstellt — oder im Fabrikationsprogramm Änderungen so vorzunehmen, daß rentabilitätsmäßig günstigere Qualitäten oder Sorten hergestellt werden, als der Plan vorsieht. Derartige Umstellungen im Fabrikationsprogramm stellen aber, wenn sie nicht genehmigt sind oder wenn sie über den genehmigten Spielraum hinausgehen, einen Verstoß gegen den Plan und die Produktionsauflage dar.

Wenn es also auch in Betrieben, für die die Voraussetzungen total planwirtschaftlicher Systeme gelten, Absatz im Sinne der Schlußphase des betrieblichen Umsatzprozesses gibt, so fehlen in diesen Betrieben doch gerade jene mit Aktivität geladenen, für die Existenz der Betriebe entscheidend wichtigen Tätigkeiten, wie sie den Absatzbereich von Betrieben kennzeichnen, die unter marktwirtschaftlichen Bedingungen arbeiten. Diese Tatsache berechtigt dazu, den Absatzbereich grundsätzlich den systembezogenen Tatbeständen zuzurechnen, da er seine besondere Art und Einmaligkeit aus dem Wirtschaftssystem empfängt, dem er jeweils zugehört.

Die Absatzprobleme der unter marktwirtschaftlichen Bedingungen arbeitenden Unternehmen bilden den Gegenstand dieses Buches.

Erster Teil.
Die innerbetrieblichen Grundlagen der Absatzpolitik.

Erstes Kapitel.
Absatzpolitische Entscheidungen.
1. Betriebliche Bindungen absatzpolitischer Entscheidungen.
2. Das erwerbswirtschaftliche Prinzip als absatzpolitische Grundorientierung.
3. Theoretische Präzisierungen des erwerbswirtschaftlichen Prinzips.

1. Die Aufgabe der Geschäftsleitung eines jeden Unternehmens besteht darin, die großen betrieblichen Teilbereiche Beschaffung, Fertigung, Absatz und Finanzen so zu koordinieren, daß zwischen ihnen ein Gleichgewicht besteht. Spannungen im Gefüge dieser Teilbereiche gefährden die Erfüllung des Unternehmungszweckes. Da der Absatzbereich eines Unternehmens unlösbar in dieses Gefüge geknüpft ist, läßt sich eine absatzpolitische Entscheidung nur dann betriebswirtschaftlich rechtfertigen, wenn sie aus dem Ganzen des Unternehmens heraus getroffen wird, also die Lage in den anderen betrieblichen Teilbereichen berücksichtigt. Eine absatzpolitische Entscheidung mag mit großer Sachkenntnis getroffen sein, sie mag eine große werbende Wirkung haben und erfolgreich sein — sie verstößt gegen das oberste betriebswirtschaftliche Gesetz, wenn sie den Zusammenhang mit den anderen betrieblichen Teilbereichen, dem Beschaffungs-, Fertigungs- und Finanzbereich verliert und ohne Abstimmung mit der besonderen Lage in diesen großen betrieblichen Teilbereichen vorgenommen wird. Eine in diesem Sinne isolierte Absatzaufgabe existiert überhaupt nicht. Jede absatzpolitische Aufgabe ist an das Ganze des Unternehmens gebunden. Im Gesamtprozeß des betrieblichen Geschehens besitzt deshalb weder die Verkaufsaufgabe einen Vorrang vor der Fertigung noch diese einen Vorrang vor ihr oder den anderen betrieblichen Teilbereichen.

Der Zwang zur Koordinierung der heterogenen betrieblichen Vorgänge verlangt Ausgleich und Einordnung. Das Finanzwesen, der Einkauf, die Lagerhaltung, die Fertigung, die Entwicklung und der Vertrieb sind gleichberechtigte Glieder eines Ganzen, das auf die Dauer nur lebensfähig ist, wenn seine Teile koordiniert bleiben. Eine Absatzpolitik, die gegen diesen Grundsatz verstößt und nicht in der Lage oder nicht willens ist, die absatzvorbereitenden, organisatorischen und vertriebspolitischen Maßnahmen mit den anderen betrieblichen Teilbereichen und ihrer speziellen Lage im Einklang zu halten, hat grundsätzlich ihre Aufgabe verfehlt, denn sie gefährdet das Ganze, welcher Erfolg ihr im einzelnen auch immer beschieden sein mag.

2. Der für marktwirtschaftliche Ordnungen charakteristische Betriebstyp, die Unternehmung, kennzeichnet sich dadurch, daß alle unternehmungspolitischen und innerbetrieblichen Entscheidungen autonom bestimmt werden. Die Maxime, an der sich diese Entscheidungen ausrichten, wird als das erwerbswirtschaftliche Prinzip bezeichnet. Es verlangt, daß die Unternehmen einen möglichst hohen Gewinn auf das investierte Kapital erzielen. In diesem Sinne bildet das erwerbswirtschaftliche Prinzip ein Strukturelement des für marktwirtschaftliche Systeme repräsentativen Betriebstyps. Nimmt man den Unternehmen dieses Prinzip, dann hört damit das marktwirtschaftliche-kapitalistische System auf zu existieren. Das erwerbswirtschaftliche Prinzip ist also ein Prinzip der Wirtschaftsordnung, mit welcher Intensität und mit welchem Erfolg es immer einzelwirtschaftlich, das heißt in den Unternehmen selbst praktiziert wird.

Faßt man das erwerbswirtschaftliche Prinzip so als ein Konstruktionselement des marktwirtschaftlichen Systems und — in Übereinstimmung hiermit — als oberste Leitmaxime von Betrieben auf, die unter marktwirtschaftlichen Bedingungen arbeiten, dann zeigt sich gleich, daß das Maß, in dem es realisiert wird, nichts über seinen Charakter und seine Geltung als Konstruktionsprinzip marktwirtschaftlicher und ihnen korrespondierender einzelwirtschaftlicher Ordnungen aussagt. Die Geltung eines solchen Prinzips ist insbesondere nicht von der Fähigkeit derjenigen abhängig, die dazu bestimmt sind, nach ihm zu handeln. Ob wagemutig oder mit Bedacht nach diesem Prinzip verfahren wird, hat mit der Tatsache nichts zu tun, daß überhaupt nach diesem Grundsatz gehandelt wird. Ob auf die Dauer der Entscheidungsfreudige und Wagemutige größere Erfolge erzielt als der Zaudernde und unablässig Wägende, ist für die Gültigkeit des erwerbswirtschaftlichen Prinzips unmaßgeblich, sofern überhaupt versucht wird, nach ihm zu handeln. Wie immer also die menschlichen Eigenarten und Eigenschaften der insbesondere für unternehmungspolitische Aufgaben Zuständigen sein mögen — die prinzipielle Geltung des erwerbswirtschaftlichen Prinzips als einzelwirtschaftlicher Maxime ist nicht davon abhängig, wie es von denen praktiziert wird, die nach ihm handeln.

Alle großen unternehmerischen Entscheidungen werden in einer Atmosphäre getroffen, die sich durch Unsicherheit kennzeichnet. Ein Unternehmen weiß nie, wie die Kunden auf eine Ermäßigung oder Erhöhung seiner Verkaufspreise, auf seine Werbemaßnahmen oder auf

Änderungen seines Verkaufsprogramms reagieren werden. Es weiß auch nie genau, welche Maßnahmen die eigenen absatzpolitischen Entscheidungen bei den Konkurrenten auslösen werden, auch nicht, ob es nicht gezwungen sein wird, auf Gegenmaßnahmen der Wettbewerbsunternehmen mit neuen preis-, werbe- oder sortimentspolitischen Maßnahmen oder mit einer Änderung der Verkaufsmethoden zu antworten. Wann ein solcher Prozeß ausgelöst wird, durch welche Umstände und wie er enden wird, bleibt völlig offen. Niemand ist in der Lage, die künftige gesamtwirtschaftliche Entwicklung mit Sicherheit vorauszusehen. Daß die Unternehmen angesichts dieser Tatsachen ihr Ziel, eine möglichst hohe Rendite auf das investierte Kapital zu erzielen, nur in Grenzen erreichen werden, liegt auf der Hand. Hieraus folgt aber nicht, daß die Unternehmen nicht nach dem erwerbswirtschaftlichen Prinzip zu handeln versucht hätten. Im Gegenteil — sie werden unter solchen Umständen bemüht sein, möglichst hohe Überschüsse zu erzielen, die für Investitionszwecke, für die Sicherung des Unternehmens gegen mögliche Verluste und für Ausschüttungen zur Verfügung stehen. Unvollkommene Informationen, mangelhaftes Urteilsvermögen werden das Maß herabsetzen, in der es der Leitung eines Unternehmens gelingt, eine möglichst hohe Rendite auf das investierte Kapital zu erwirtschaften. Aber aus dieser Tatsache läßt sich unter keinen Umständen schließen, daß die Leitung des Unternehmens nicht das Ziel angestrebt hätte, eine möglichst hohe Rendite auf das investierte Kapital zu erzielen.

Das erwerbswirtschaftliche Prinzip hat als solches auch nichts mit den Motiven zu tun, die die unternehmerische Aktivität auslösen. Das Handeln der an verantwortlichen Stellen in den Unternehmen tätigen Personen kann durch Motive der verschiedensten Art stimuliert werden. Freude am Vollbringen, Verantwortungsbewußtsein, persönliches Geltungsbedürfnis, soziales Prestige, Streben nach Unabhängigkeit oder nach Macht mögen die wirklichen Triebkräfte unternehmerischen Handelns sein. Aber hierbei handelt es sich um Tatbestände nicht-betriebswirtschaftlicher Art, die deshalb mit betriebswirtschaftlichen Methoden nicht zu fassen und zu erreichen sind. Im einzel- und gesamtwirtschaftlichen Zusammenhang gesehen, stellt das erwerbswirtschaftliche Prinzip lediglich ein in einem bestimmten Wirtschaftssystem institutionell verankertes Regulativ dar, ohne das das System nicht funktionsfähig sein würde. So erklären sich auch die Schwierigkeiten, nicht-monetäre Faktoren im wesentlichen psychologischer Art in die allgemeine Zielfunktion der Unternehmung hineinzunehmen[1].

---

[1] Hierzu sei vor allem auf E. HEINEN, Die Zielfunktion der Unternehmung, in: Zur Theorie der Unternehmung, herausgegeben von H. KOCH, Wiesbaden 1962, S. 24ff. und S. 38ff., insbesondere auch auf den Versuch, die Gewinnmaximierungsfunktion durch eine Nutzenfunktion zu ersetzen, hingewiesen, vor allem S. 41ff.

Auch die Tatsache, daß sich das erwerbswirtschaftliche Prinzip in der Regel nur unter gewissen Beschränkungen (Engpässen u. ä.) realisieren läßt, bedeutet keine Aufgabe des erwerbswirtschaftlichen Prinzips. Wenn also unternehmerische Entscheidungen mit der Maßgabe getroffen werden, daß ein Mindestumsatz nicht unterschritten oder das Produktionsprogramm unter Berücksichtigung gewisser Produktionsbeschränkungen aufgestellt werden soll oder finanzielle Begrenzungen bei Investitionsentscheidungen nicht außer acht gelassen werden dürfen, um nur einige Beispiele zu nennen, dann bedeuten derartige Beschränkungen keineswegs einen Verzicht auf das erwerbswirtschaftliche Prinzip als einer die unternehmungspolitischen und innerbetrieblichen Entscheidungen beherrschenden Leitmaxime unternehmerischen Verhaltens.

Daß dieses erwerbswirtschaftliche Prinzip sich nicht stets in voller Reinheit entfaltet, ist auch auf die Tatsache zurückzuführen, daß das Betriebsgeschehen in allen seinen Teilbereichen durch Mängel in der betrieblichen Planung und Organisation gestört zu werden vermag. Diese Beeinträchtigungen sind in der Regel auf menschliche Unzulänglichkeiten oder sachliche Mängel in der Planung und Organisation zurückzuführen. Sie haben zur Folge, daß der gesamtbetriebliche Dispositions- und Entscheidungsprozeß nicht jenes Maß an Koordinierung und Übereinstimmung erreicht, das erreicht werden müßte, wenn alle am erwerbswirtschaftlichen Prinzip orientierten Maßnahmen aus einem Guß wären. Die moderne Organisationstheorie hat sich dieser Probleme mit Nachdruck angenommen. Sie bemüht sich darum, die Bedingungen zu analysieren, die erfüllt sein müssen, wenn in den Unternehmen ein einheitlicher, durch persönliche und sachliche Mängel nicht gestörter Entscheidungsprozeß zustande kommen soll[1]. Unzulänglichkeiten der erwähnten Art stellen aber nicht grundsätzlich die Geltung des erwerbswirtschaftlichen Prinzips in Unternehmungen in Frage, die unter marktwirtschaftlichen Bedingungen arbeiten. Sie setzen lediglich das Maß herab, mit dem dieses Prinzip realisiert wird.

Das erwerbswirtschaftliche Prinzip verlangt unternehmungspolitische Entscheidungen nicht nur auf kurze, sondern auch auf lange Sicht. Welcher Zeitraum gemeint ist, wenn von „langer Sicht" die Rede ist, läßt sich nicht allgemeingültig sagen, jedoch sind im Regelfall mehrere Geschäftsperioden gemeint, wenn von langfristigen Dispositionen die Rede ist. Die langfristigen Kapazitäts-, Investitions-, Produkt-, Absatz-, Finanz- und Gewinnplanungen erstrecken sich in der Regel über mehrere Jahre. In ihnen kommt die Geschäftspolitik zum Ausdruck, die die Leitung des Unternehmens in den nächsten Jahren zu betreiben gedenkt. In diesem Zeitraum nun ist es durchaus möglich, daß die Ziele, die die

---

[1] Auch hierzu sei auf die Darstellung bei HEINEN, a.a.O., S. 55ff. verwiesen.

Unternehmensleitung sich selbst und ihren Abteilungen für langfristige Planungen vorgegeben hat, in dem ersten Geschäftsjahr oder den ersten Geschäftsjahren Maßnahmen erfordern, die erst in späteren Jahren voll zur Wirkung kommen. So verursacht die Beschleunigung der Entwicklung neuer Typen und Baumuster, die verstärkte Erneuerung der vorhandenen Produktionseinrichtungen, der Aufbau neuer Produktionskapazitäten, die Erschließung neuer Rohstoffe oder Rohstoffbeschaffungsquellen, der Ausbau der Außenorganisation, der Werbung u. ä. Aufwendungen, die sich erst in späteren Perioden bezahlt machen. Die Geschäftsleitung verzichtet deshalb in solchen Fällen auf die Ausnutzung gegenwärtiger kurzfristiger Gewinnchancen, um langfristig — die gesamte Planungsperiode als Einheit gesehen — die Gewinnsituation des Unternehmens zu verbessern.

Derartige zeitliche Gewinnverlagerungen bzw. derartige langfristige Gewinnplanungen gehören zu dem unangreifbaren Instrumentarium moderner Unternehmensführung. Die einzelnen Geschäftsjahre sind immer nur künstliche Zäsuren in kontinuierlichen geschäftspolitischen Zeiträumen. Wenn deshalb von langfristiger Gewinnmaximierung gesprochen wird, dann sind damit diese Zeiträume gemeint. Kurzfristig werden von jedem Unternehmen zu jeder Zeit alle Gewinnchancen ausgenutzt, die sich bieten, sofern dieses Ausnutzen den Zielen der Unternehmensleitung auf weite Sicht nicht widerspricht. In diesem Sinne ist es zu verstehen, wenn das erwerbswirtschaftliche Prinzip als eine Verhaltensanweisung bezeichnet wird, „auf die Dauer" eine möglichst hohe Rendite auf das investierte Kapital zu erzielen.

Das erwerbswirtschaftliche Prinzip verlangt nach Realisierung unter allen nur möglichen inner- und außerbetrieblichen, ökonomischen und nichtökonomischen Konstellationen von Daten. Zu ihnen gehören auch Gefährdungen, die daraus in der Öffentlichkeit entstehen können, daß das Unternehmen eine Art marktbeherrschende Stellung einnimmt oder daß lohnpolitische Erwägungen in die geschäftspolitischen Planungen und Maßnahmen hineinspielen. Die Berücksichtigung derartiger Daten in Zusammenhang mit unternehmungspolitischen, insbesondere auch absatzpolitischen Entscheidungen hebt die auf langfristige Gewinnmaximierung gerichtete Tendenz betrieblicher Entscheidungen nicht auf. Absolute Optima lassen sich immer nur im strengen Rahmen axiomatisch gesicherter Theorie ermitteln. Das erwerbswirtschaftliche Prinzip ist aber deshalb noch nicht in Frage gestellt, weil sich die theoretischen Optima, die sich für das Prinzip errechnen lassen, menschlichen oder sachlichen Unzulänglichkeiten zufolge nicht erreichbar sind.

Grundsätzlich bleibt das erwerbswirtschaftliche Prinzip in Unternehmen, die unter den Bedingungen eines marktwirtschaftlichen Systems arbeiten und für dieses System typisch sind, die beherrschende

Leitmaxime in dem Prozeß unternehmungs-, insbesondere auch absatzpolitischer Entscheidungen, mit welchem Grad an Vollkommenheit diese Maxime auch immer gehandhabt wird.

Der regulativen Funktion des erwerbswirtschaftlichen Prinzips steht auch der Satz nicht entgegen, daß die Unternehmen vor allem auf Umsatzmaximierung bedacht seien. Abgesehen von den psychologischen Tabus, die in diesem Satz zum Ausdruck kommen, formuliert er den Sachverhalt unvollständig, um den es sich hier handelt. Verbindet sich mit dem Begriff der Umsatzausdehnung die Vorstellung, daß die Steigerung des Umsatzes zu erhöhten Gewinnen führt, dann besteht kein Anlaß, zwischen dem Prinzip der Umsatzmaximierung und dem erwerbswirtschaftlichen Prinzip einen Gegensatz zu sehen. Die Vorstellung, daß mit erhöhtem Umsatz auch eine Verbesserung der Gewinnlage des Unternehmens verbunden sein müsse, beherrscht in der Tat die Praxis, wie sich jederzeit nachweisen läßt[1]. Führt eine Ausdehnung des Umsatzes nicht zu einer Verbesserung der Ertragslage des Unternehmens, dann wird eine solche Entwicklung — um wiederum in der Sprache der Praxis zu sprechen — als unbefriedigend empfunden. Mit Recht übrigens, denn das Wachstum der Unternehmen — hierum handelt es sich doch offenbar in dem angegebenen Falle — setzt Renditen voraus, die Gewinnausschüttungen und Investitionen in einem dem Wachstum des Unternehmens entsprechenden Maße erlauben. Wird das Geschäftsergebnis trotz der Steigerung des Umsatzes doch als nicht befriedigend empfunden, dann kommt hierin offenbar die Tatsache zum Ausdruck, daß die Umsatzzunahme durch Kosten für neue Modelle, durch Werbeausgaben, Aufwendungen für Investitionen in der Außenorganisation u. ä. zu teuer erkauft wurde. Umsatzsteigerung als solche — ohne Rücksicht auf die Entwicklung des Verhältnisses zwischen Umsatzerlös und Umsatzaufwand — ist keine betriebswirtschaftlich zulässige Maxime unternehmungspolitischen, hier insbesondere absatzpolitischen Verhaltens.

3. Die Fülle der möglichen Situationen, in denen nach dem erwerbswirtschaftlichen Prinzip gehandelt werden kann, zwingt die Theorie, das Prinzip unterschiedlich zu formulieren und zu präzisieren.

a) Im Falle reiner Gewinnmaximierung unter der Bedingung vollkommener Märkte kann das Gewinnmaximum eines Unternehmens bestimmt werden, wenn Kostenfunktionen und Preisabsatzfunktionen bekannt sind. Die Kostenfunktion $K(x)$ gibt die Abhängigkeit der Kosten von der produzierten Menge an, die Preisabsatzfunktion $p(x)$ zeigt die Abhängigkeit des Preises p von der abgesetzten Menge x an.

---

[1] Vgl. hierzu auch GUTENBERG, E., Untersuchungen über die Investitionsentscheidungen industrieller Unternehmen, Köln und Opladen 1959.

Der Erlös $E(x)$ ergibt sich aus dem Produkt Menge mal Preis, also $E(x) = x \cdot p = x \cdot p(x)$. Der Gewinn $G(x)$ ist die Differenz aus Erlös und Kosten, also

$$G(x) = E(x) - K(x).$$

Sind die genannten Funktionen gegeben, dann kann die gewinnmaximale Produktmenge x mit Hilfe der Differentialrechnung bestimmt werden.

b) Anstelle der reinen Gewinnmaximierung vermag das erwerbswirtschaftliche Prinzip auch als reine Rentabilitätsmaximierung formuliert zu werden. Da Rentabilität stets ein Verhältnis zwischen Gewinn und Kapital angibt, muß der Quotient aus Gewinn und Kapital maximiert werden. Der Unterschied zwischen reiner Gewinnmaximierung und reiner Rentabilitätsmaximierung besteht also darin, daß die Rentabilitätsmaximierung zusätzlich die Größe Kapital enthält. Die gewinn- und rentabilitätsmaximalen Produktmengen stimmen überein, wenn die Größe Kapital konstant ist. Abweichungen können sich ergeben, wenn diese Konstanz nicht besteht, vielmehr das Kapital mit unterschiedlichem Produktionsvolumen schwankt. In diesem Falle muß das Kapital als Funktion der Produktmenge angegeben werden, $C = C(x)$, um dann in die Berechnung einbezogen zu werden[1].

c) Eine Erweiterung der einfachen Maximierungsaufgaben tritt dann ein, wenn zusätzlich noch bestimmte Bedingungsgleichungen zu beachten sind. Sucht zum Beispiel ein Zweiproduktunternehmen die gewinnmaximalen Preise für zwei Erzeugnisse A und B, dann kann zu den gegebenen Nachfragefunktionen und Kostenfunktionen noch die Bedingung treten, daß zum Beispiel die Summe der Fertigungszeiten der beiden Erzeugnisse eine bestimmte fest vorgegebene Grenze, zum Beispiel 1000 Stunden pro Periode, nicht übersteigen darf, weil eine größere Fertigungskapazität nicht vorhanden ist. Oder: Die Summe der zur Produktion bestimmter Erzeugnisse erforderlichen Rohstoffe darf eine bestimmte konstante Menge nicht übersteigen, weil dem Unternehmen nicht mehr Rohstoffe zur Verfügung stehen. Derartige Beschränkungen lassen sich in Form von Ungleichungen darstellen. Ungleichungen dieser Art haben für wirtschaftliche Maximierungsaufgaben eine große Bedeutung erlangt. Denn jedes Unternehmen ist in ein System von produktionstechnischen, finanziellen, absatzwirtschaftlichen und anderen Beschränkungen eingeordnet. Aber auch Bedingungen anderer Art, die oft aus der Tatsache resultieren, daß ein Unternehmen mehrfache Zielsetzungen hat, können Berücksichtigung finden.

---

[1] Vgl. hierzu, PACK, L., Rentabilitätsmaximierung als preispolitisches Ziel, in: Zur Theorie der Unternehmung, herausgeg. von H. KOCH, Wiesbaden 1962, S. 73ff.; BÖHM, H.-J., Die Maximierung der Kapitalrentabilität, Zeitschrift für Betriebswirtschaft, 32. Jg. (1962), S. 489 ff.

So kann zum Beispiel der Gewinn maximiert werden unter der Bedingung, daß ein Mindestumsatz oder eine Mindestrentabilität oder ein Mindestmarktanteil erreicht wird. Hier führen die Verfahren der mathematischen Programmierung weiter. Allgemein versteht man unter der mathematischen Programmierung folgende Aufgabe: Maximierung bzw. Minimierung einer Zielfunktion (zum Beispiel Gewinnfunktion oder Kostenfunktion) unter der Beachtung gewisser Beschränkungen, die meist in Form von Ungleichungen gegeben sind. Im Falle der Gewinnmaximierung ist die lineare Programmierung, im Falle der Rentabilitätsmaximierung die Quotientenprogrammierung ein besonders geeignetes Hilfsmittel zur Bestimmung des Optimums.

d) Das erwerbswirtschaftliche Prinzip erfährt eine Abwandlung, wenn davon ausgegangen wird, daß der Gewinn eines Unternehmens nicht nur von den eigenen absatzpolitischen Handlungsmöglichkeiten, sondern auch von den Maßnahmen und Gegenmaßnahmen der Konkurrenzunternehmen abhängig ist. Unter solchen Umständen gehen in die Gewinnfunktion Größen ein, die das Unternehmen nicht kontrolliert, ja nicht einmal zu kennen braucht. So weiß es zum Beispiel nicht, ob ein Konkurrent von sich aus eine Preisänderung vornehmen wird und wie es selbst auf Preisänderungen der Konkurrenten reagieren wird. Ihm ist auch nicht bekannt, ob ein Konkurrenzunternehmen mit neuen Mustern und Qualitäten auf den Markt kommen wird, ob es neue Werbeaktionen vorzunehmen beabsichtigt, noch weniger, ob diese Aktionen erfolgreich sein werden. Die einzelnen Unternehmen wissen nur, daß den Konkurrenten mehrere absatzpolitische Möglichkeiten zur Verfügung stehen und daß der eigene Gewinn davon abhängig ist, welchen Gebrauch sie von diesen Möglichkeiten machen. In der Gewinnfunktion der Unternehmen sind also nunmehr im Gegensatz zu den Fällen a) bis c) außer den kontrollierbaren auch nichtkontrollierbare Größen enthalten. Die Frage lautet: Wie soll sich ein Unternehmen in einer solchen Lage absatzpolitisch verhalten?

Angenommen, zwei Unternehmen A und B verfügen über bestimmte absatzpolitische Möglichkeiten. Macht das Unternehmen A von einer dieser Möglichkeiten Gebrauch, ermäßigt es zum Beispiel den Preis, dann wird es alle absatzpolitischen Gegenmaßnahmen durchdenken, die seinem Konkurrenten B zur Verfügung stehen. Das Unternehmen A überlegt also, mit welchen Maßnahmen $b_1, \ldots, b_n$ das Unternehmen B den eigenen Maßnahmen $a_1, \ldots, a_m$ begegnen kann. Ähnliche Überlegungen wird auch das Unternehmen B anstellen. Auf die geschilderte Weise werden beide Unternehmen zu gewissen Vorstellungen darüber zu gelangen versuchen, welchen Erfolg (Gewinn oder Verlust) sie voraussichtlich erzielen werden, wenn sie bestimmte absatzpolitische Maßnahmen ergreifen und die Konkurrenten gleichzeitig entsprechende absatzpolitische Maßnahmen durchführen. Zur Vereinfachung des Sachverhaltes sei angenommen, daß die beiden Unternehmen ihre Erfolgsgrößen (Gewinne oder Verluste) kennen, die sich bei der Wahl der Alternativen $a_1, \ldots, a_m$ bzw. $b_1, \ldots, b_n$ ergeben werden. Außerdem sei die — wirtschaftlich unrealistische — Annahme gemacht, der Gewinn (Verlust) des einen Unternehmens sei stets gleich dem Verlust (Gewinn) des anderen Unternehmens. Beide Unternehmen aber mögen bestrebt sein, ihren individuellen Gewinn zu maximieren.

Diese Situation läßt sich in einer Matrix (vgl. Tabelle 1) darstellen, in der jeder möglichen Kombination von $a_1, \ldots, a_m$ und $b_1, \ldots, b_n$ ein bestimmter Erfolg zugeordnet wird, der für den einen Partner einen Gewinn (Verlust), für den anderen einen Verlust (Gewinn) bedeutet. Die Elemente der Matrix stellen also nichts anderes als die Werte der Gewinnfunktion des Unternehmens A für alle möglichen Maßnahmen beider Konkurrenten dar. Sie sind gleichzeitig die Werte der Gewinnfunktion des Unternehmens B, in diesem Fall stellen sie Verluste dar. Welche Ent-

Tabelle 1.

A \ B	b_1	b_2	b_3	Zeilen-Min.
a_1	1	—2	5	—2
a_2	2	3	4	2
a_3	0	4	1	0
Spalt.-Max.	2	4	5	

scheidungen werden die Unternehmen treffen, wenn sie sich rational verhalten, d.h. wenn jedes seinen Gewinn maximieren bzw. den des anderen minimieren will und die Summe der von beiden erzielten Erfolge immer gleich Null ist? Die Entstehung von Gewinnen oder Verlusten kann man sich in diesem Fall so vorstellen, daß B an A bzw. A an B Zahlungen zu leisten hat.

Die Werte der Matrix geben die Zahlungen an, die B an A zu leisten hat, wenn A und B jeweils eine bestimmte absatzpolitische Maßnahme ergreifen. Angenommen, das Unternehmen A führt die absatzpolitische Aktion a_2 durch. In diesem Falle hat das Unternehmen B an A zwei oder drei oder vier Einheiten zu zahlen, wenn es jeweils die Maßnahmen b_1, b_2 oder b_3 ergreift. Unter den in der Matrix angegebenen Verhältnissen könnte A die Maßnahme a_1 ergreifen, weil sie zu dem höchsten Gewinn (5) führen würde; B wird das aber nicht zulassen, weil es den Gewinn des Gegners auf —2 Einheiten reduzieren kann, wenn es die Maßnahme b_2 ergreift. Das Unternehmen A wird also festzustellen versuchen, wie groß das Mindeste dessen ist, was es sicher von B erhalten kann, und das Unternehmen B wird seinerseits zu ermitteln bestrebt sein, welches der geringste Betrag ist, den es an A zu zahlen hat. In der Matrix wird für A die Maßnahme a_2 und für B die Maßnahme b_1 die den Umständen nach günstigste sein. Das Unternehmen A wird das Maximum der drei Minima (2) und das Unternehmen B das Minimum der drei Maxima (2) wählen. Im vorstehenden Fall ist also das Maximum der Zeilen-Minima gleich dem Minimum der Spalten-Maxima. Wenn das Unternehmen A die Maßnahme a_2 und das Unternehmen B die Maßnahme b_1 ergreift, machen beide Unternehmen das Beste aus der Situation, das sich bei der gegebenen Sachlage erreichen läßt. Der Gewinn in Höhe von zwei Einheiten ist zwar nicht der absolut höchste Gewinn, aber der angesichts dieser Situation optimale Gewinn für das Unternehmen A.

In der Sprache der Spieltheorie ausgedrückt, wählt das Unternehmen A die Strategie a_2 und das Unternehmen B die Strategie b_1. Für beide Unternehmen sind diese Strategien die optimalen, denn wenn zum Beispiel A von seiner optimalen Strategie abweicht, begibt es sich in die Gefahr, weniger als zwei Einheiten zu gewinnen. Entsprechende Überlegungen gelten für B. Die Strategien a_2 und b_1 befinden sich demnach in einem Gleichgewichtszustand.

In dem geschilderten Fall vermag keines der beiden Unternehmen den größtmöglichen Erfolg zu erzielen, wenn der Gegner das nicht zuläßt. Da aber das Minimum der maximalen Erfolge jeder Spalte und umgekehrt das Maximum der minimalen Erfolge jeder Zeile durch keine Maßnahmen des Gegners gefährdet ist, kann dieser Erfolg (Gewinn oder Verlust) als sicher angesehen werden. Dieses Minimaxprinzip bringt also ein unternehmerisches Verhalten zum Ausdruck, das sich dadurch kennzeichnet, daß die Unternehmen bestrebt sind, unter Berücksichtigung des Grundsatzes äußerst vorsichtiger Geschäftsgebarung den bei den gegebenen Umständen größtmöglichen Gewinn zu erzielen. Das Prinzip ist also nur ein besonderer Ausdruck des erwerbswirtschaftlichen Prinzips.

e) Eine etwas andere Situation entsteht dann, wenn ein Unternehmen zum Beispiel drei verschiedene Entwicklungen s_1, s_2, s_3 seines Branchentrends für möglich hält, die seine zukünftige Absatzlage entscheidend mitbestimmen werden. Angesichts dieser möglichen Trendentwicklungen überlegt sich nun das Unternehmen, welche langfristigen absatzpolitischen Maßnahmen zu treffen sind. Dabei mag es in der Lage sein, drei verschiedene Programme a_1, a_2, a_3 durchzuführen. Unter Berücksichtigung der Tatsache, daß der langfristige Markterfolg der Unternehmen sowohl von den eigenen Maßnahmen als auch von den möglichen Trendentwicklungen bestimmt wird, überlegt das Unternehmen, zu welchem Erfolg die Kombination aus a_i und s_j führen wird ($i = 1, 2, 3$; $j = 1, 2, 3$).

Auch hier lassen sich die Ergebnisse der Überlegungen in einer Matrix zusammenfassen. Jedoch unterscheiden sich die zugrunde liegenden Entscheidungssituationen dadurch, daß im vorangehenden Fall das Unternehmen sich einem Gegner (Konkurrenzunternehmen) gegenübersieht, der sich rational verhält, während dies im vorliegenden Beispiel nicht der Fall ist. Denn das Unternehmen trifft mit seinen Absatzanstrengungen hier nicht auf die Gegenmaßnahmen seiner Konkurrenten, sondern auf mögliche Entwicklungen seines Branchentrends. Die Trendentwicklungen können als Aktionen eines neutralen Gegners aufgefaßt werden, von dem angenommen wird, daß er sich nicht rational verhält. Wird nun, wie BRANDT vorschlägt, unterstellt, daß die Umwelt, hier die möglichen Trends, „das Unternehmen so schlecht wie möglich stellen will"[1], dann würde sich das Unternehmen so verhalten können, daß es die minimalen Gewinne jeder möglichen eigenen Aktion maximiert. Diese Verhaltensweise entspricht dem erwähnten Minimaxprinzip. Sie ist sehr pessimistisch, da ja grundsätzlich jede Realisation der möglichen Trends als gleich wahrscheinlich anzusehen ist[2].

f) In den Fällen a) bis c) ist das Unternehmen in der Lage, alle Variablen, die in den zu maximierenden Funktionen vorkommen, zu kontrollieren, das heißt es kann von sich aus den Wert jeder Variablen bestimmen. In den Fällen d) und e) hängt das Gewinnmaximum auch von Variablen ab, die das Unternehmen nicht kontrolliert. Entweder sind es die Konkurrenten oder die makroökonomischen Bedingungen, die die Höhe des Gewinnes des Unternehmens mitbestimmen. Das erwerbswirtschaftliche Prinzip kann aber auch unter diesen Bedingungen, in denen der Gewinn des Unternehmens nicht eindeutig bestimmt werden kann, praktiziert werden. Gleichgültig, ob es sich bei diesen Ereignissen um Aktionen von Konkurrenten oder um unterschiedliche makroökonomische Entwicklungen handelt, kann das Unternehmen bei seinen Bemühungen, nach dem erwerbswirtschaftlichen Prinzip zu

---

[1] BRANDT, K., Preistheorie, Ludwigshafen 1960, S. 166.

[2] Diese pessimistische Verhaltensweise kann gemildert werden, indem hiernach das Unternehmen nicht nur den minimalen Gewinn einer Aktion, sondern auch den maximalen Gewinn in Erwägung zieht (Hurwicz-Kriterium). Eine Mischung aus maximalem Gewinn (Mischungskoeffizient α) und aus minimalem Gewinn (Mischungskoeffizient $1-\alpha$) gibt jeder Handlungsmöglichkeit eine gewisse Gewinnerwartung. Man wählt natürlich diejenige Aktion mit der höchsten ausgerechneten Gewinnerwartung. Der Koeffizient α gibt gewissermaßen den Grad des Optimismus an, $\alpha = 1$ besagt, daß man völliger Optimist ist, während $\alpha = 0$ dem pessimistischen Minimax-Kriterium entspricht. — Nach dem Savage-Kriterium ist das Minimax-Prinzip nicht auf die Gewinnbeträge anzuwenden, sondern auf die „Beträge des Bedauerns" (regrets), die bei einer Fehlentscheidung entstehen und die sich leicht aus den Erfolgsgrößen berechnen lassen. Vgl. hierzu besonders LUCE, R. D., and H. RAIFFA, Games and Decisions, New York 1957, Kap. 13.

handeln, über diese unsicheren Ereignisse gewisse Erwartungen haben. Handelt es sich um Ereignisse, die in dieser Art wiederholt in genügend großer Zahl auftreten, dann besteht die Möglichkeit, daß eine objektive, auf Erfahrung gestützte Erwartung über die Häufigkeitsverteilung dieser unsicheren Ereignisse vorhanden ist. In diesem Fall können mathematische Erwartungswerte berechnet werden, und es ist sinnvoll, diese Werte als Entscheidungsgrundlage in den Prozeß der unternehmerischen Entscheidungen einzubeziehen[1].

Handelt es sich um Ereignisse, die sich durch Einmaligkeit ihres Auftretens kennzeichnen, dann ist es unzulässig, von objektiven Wahrscheinlichkeiten zu sprechen, denn es gibt keine Erfahrung über den Eintritt des Ereignisses, auf die sich Häufigkeitsaussagen stützen können. Auch in diesem Fall wird das Unternehmen den Eintritt der verschiedenen möglichen Ereignisse, die für die Entscheidung wichtig sind, für unterschiedlich wahrscheinlich halten. Diese Wahrscheinlichkeiten sind subjektive Wahrscheinlichkeiten. Sie sind Ausdruck der persönlichen Einstellung und Beurteilung der kommenden Ereignisse durch den Entscheidenden. Diese Gedanken bilden den Ausgangspunkt der modernen Unsicherheitstheorien, über die im vierten Kapitel ausführlich berichtet wird.

g) Das Phänomen des Anspruchsniveaus ist in der Handlungs- und Affektpsychologie im Zusammenhang mit dem Problem der Ersatzhandlungen seit Jahrzehnten untersucht worden. HOPPE und DEMBO, die sich bereits in den Jahren 1930 und 1931 als Psychologen mit dem Problem des Anspruchsniveaus beschäftigten, haben nachgewiesen, daß Ersatzziele fast immer Ziele sind, die wesentlich leichter erreicht werden können als Hauptziele. In derartigen Zusammenhängen bilden sich stets Ideal- und Realziele. Die Realziele verschieben sich je nach der Güte der Leistung[2,3].

[1] Die mathematische Erwartung für eine bestimmte Alternative errechnet man zum Beispiel nach folgender Übersicht:

a = Absatzvolumen	p = Wahrscheinlichkeit	$p \cdot a$
100	0%	0
200	20%	40
300	50%	150
400	30%	120

Erwartungswert = 310

[2] HOPPE, F., Erfolg und Mißerfolg, Psychologische Forschung, Band 14 (1930), S. 1ff., DEMBO, T., Der Ärger als dynamisches Problem, Psychologische Forschung, Band 15 (1931), S. 1ff., vor allem S. 40f. und S. 51f.

[3] HOPPE hat vor allem auf die Relation hingewiesen, die zwischen dem tatsächlich erzielten Handlungseffekt einer Versuchsperson und deren Zielsetzung, dem Anspruchsniveau, besteht. Diese Relation ist eine psychologische Gegebenheit, die für das jeweilige Erfolgs- bzw. Mißerfolgserlebnis der Versuchsperson konstituierend ist.

Diese Sätze enthalten bereits alle wesentlichen Bestandteile der späteren Lehre vom Anspruchsniveau. Um bei dem nun bereits klassischen Beispiel von LEWIN zu bleiben[1]: Wenn jemand auf einer Scheibe sechs Ringe geschossen hat, dann wird er vielleicht, wenn er das bisherige Ergebnis für verhältnismäßig günstig hält, seine Ansprüche steigern und sich vornehmen, acht Ringe zu schießen. Hat er keinen Erfolg, schießt er zum Beispiel nur fünf Ringe, dann wird er seine Ansprüche herabsetzen und zufrieden sein, wenn er zum Beispiel nur sechs Ringe schießt. Im Beispiel stellen acht Ringe, die die Person zu schießen sich vorgenommen hat, und dann später sechs Ringe, mit denen sie sich auf Grund ihres Mißerfolges zufrieden gibt, ein Anspruchsniveau dar. Es wird durch die jeweiligen Erfahrungen korrigiert und hat die Tendenz zu steigen bzw. heraufgesetzt zu werden, wenn das Bemühen der Person über Erwarten Erfolg gehabt hat. Das Anspruchsniveau wird herabgesetzt, wenn Mißerfolge eintreten. Ist die Enttäuschung sehr groß, dann kommt es zu einer Lähmung der Aktivität. Das Anspruchsniveau kann auf Null sinken.

Dieses zunächst rein psychologisch konzipierte Anspruchsniveau ist dann später, vor allem von KATONA und SIMON auf wirtschaftliche, insbesondere auch betriebswirtschaftliche Vorgänge übertragen worden. Auf diese Weise ist KATONA zu dem Begriff des „befriedigenden" Gewinnes[2] gekommen, den er dem Begriff des maximalen Gewinnes gegenüberstellt, wie er in der ökonomischen Theorie verwandt wird. Viele Unternehmen gäben sich, so meint KATONA, mit einem Gewinn zufrieden, der unter dem maximal erzielbaren Gewinn liegt. Als Maß für die Höhe eines Gewinnes, der befriedigt, können zum Beispiel die Vorjahresgewinne oder die Gewinne der Konkurrenzunternehmen oder irgendwelche andere Normen dienen. Das Anspruchsniveau ist in diesem Falle gleich dem die Unternehmensleitung befriedigenden Gewinn. Dabei wird die Vorstellung von dem, was als „befriedigend" anzusehen ist, in Zeiten allgemeinen konjunkturellen Aufschwunges eine andere sein als in Zeiten konjunkturellen Niederganges.

Die Frage, ob und in welchem Maße niedrige Anspruchsniveaus eine echte treibende Kraft in für marktwirtschaftlich-kapitalistische Systeme repräsentativen Unternehmungen bilden, ist von KATONA offen gelassen. Daß es gerade in diesen Unternehmungen taktische Überlegungen und Planungen gibt, die es angebracht erscheinen lassen, auf gegenwärtige

---

[1] LEWIN, K., T. DEMBO, L. FESTINGER, and P. S. SEARS, Level of Aspiration, in: Personality und the Behavior Disorders, herausg. von J. McV. HUNT, I. Band, New York 1944, S. 333 ff.
[2] KATONA, G., Psychological Analysis of Economic Behavior, New York-Toronto-London 1951, deutsche Übers.: Das Verhalten der Verbraucher und Unternehmer, Tübingen 1960, vor allem S. 241 ff.

maximale Gewinnerzielung zugunsten sich später auswirkender Verbesserungen der Rentabilitätsgrundlagen zu verzichten, berührt das Problem nicht, um das es hier geht. Wenn das Anspruchsniveau aus anderen als taktischen Gründen niedrig ist, dann kann diese Tatsache darauf zurückzuführen sein, daß es der Geschäftsleitung an unternehmerischen Energien mangelt. Eine solche Reduktion des Potentials unternehmerischer Aktivität mag auch auf andere Umstände persönlicher, sozialer, landsmannschaftlicher, auch zeitlicher Art zurückzuführen sein. Betriebswirtschaftlich sind diese Erscheinungen uninteressant.

Einen Schritt vorwärts bedeutet die Behandlung des Begriffes Anspruchsniveau (aspiration level) bei SIMON[1]. Er führt dieses Phänomen in die neuere Entscheidungstheorie ein, indem er davon ausgeht, daß nicht alle Entscheidungsvorgänge, wie sie in der Wirklichkeit anzutreffen sind, durch den klassischen Begriff der Rationalität erklärt werden können. Denn die Wirtschaftssubjekte haben keine Kenntnis aller möglichen Alternativen, für die sie sich entscheiden können. Aus diesem Grunde sind sie auch nicht in der Lage, die beste der objektiv möglichen Alternativen zu bestimmen und zu wählen. Oft übersteigt es zudem die Möglichkeiten des einzelnen, die ihm bekannten Alternativen nach dem Grade ihrer Vorteilhaftigkeit zu ordnen. In diesem Sinne spricht SIMON von begrenzter Rationalität.

Der Entscheidungsprozeß vereinfacht sich unter diesen Umständen. Es wird nur zwischen befriedigenden und unbefriedigenden Alternativen unterschieden. Das Anspruchsniveau grenzt die befriedigenden von den nicht befriedigenden Alternativen ab. Im Entscheidungsprozeß wird so lange nach Alternativen gesucht, bis eine solche gefunden wird, die befriedigt.

Das Anspruchsniveau ist nicht notwendig konstant. Es kann zunächst zu hoch angesetzt worden sein. In diesem Falle muß das Niveau nach unten korrigiert werden, damit es möglich ist, eine befriedigende Lösung zu finden. Im umgekehrten Fall kann es sich als zweckmäßig erweisen, das Anspruchsniveau heraufzusetzen.

Da die Anspruchsniveaus, also zum Beispiel eine Mindestrentabilität oder ein Mindestmarktanteil, nichts anderes als die unteren Grenzen befriedigender Lösungen sind, lassen sie sich als Nebenbedingungen formulieren und in die Modelle der mathematischen Programmierung als Ungleichungen einfügen[2]. Damit werden die Anspruchsniveaus zu Nebenbedingungen der mathematischen Planungsrechnung und damit Bestandteile der neueren Entscheidungstheorie.

---
[1] SIMON, H. A., Models of Man, New York 1957, S. 241 ff.
[2] Vgl. auch SIMON, H. A., a.a.O., S. 250.

Zweites Kapitel.
Die innerbetriebliche Absatzorganisation.

1. Formelle und informelle Organisations- und Kommunikationsstrukturen.
2. Koordinierung als organisatorische Aufgabe.
3. Organisatorische Aufgaben im Rahmen der Absatzvorbereitung.
4. Die organisatorische Eingliederung der Werbeabteilung.
5. Die Organisation der Verkaufsabteilungen.
6. Organisatorische Aufgaben der Auftragsabwicklung.

1. a) Absatzpolitische Entscheidungen setzen bestimmte organisatorische Einrichtungen voraus, die die erforderlichen Informationen liefern und die Ausführung der Entscheidungen sichern. Die Art der organisatorischen Einrichtungen richtet sich nach der Art der Entscheidungen, die zu treffen sind. Das Maß der inneren Entsprechung zwischen Entscheidung und organisatorischer Einrichtung bestimmt über die Güte der organisatorischen Maßnahmen[1].

Die absatzpolitischen Entscheidungen können fallweise, aber auch generell getroffen werden. Im ersten Falle handelt es sich um nicht programmierbare, im zweiten Falle um programmierbare Entscheidungen. Das Substitutionsgesetz der Organisation bringt die Tendenz zum Ausdruck, fallweise zu treffende, also nicht programmierbare Entscheidungen nach Möglichkeit durch generelle, also programmierbare Entscheidungen zu ersetzen. Diese Tendenz ist um so stärker wirksam, je mehr über gleichartige, sich wiederholende Geschäftsvorfälle entschieden werden muß. Je einmaliger die Vorgänge sind, über die Entschlüsse gefaßt werden müssen, um so mehr verliert das Substitutionsgesetz der Organisation an regulierender Kraft. Die Grenzen zwischen fallweise und generell zu regelnden geschäftlichen Vorgängen sind durch organisatorische Maßnahmen verschiebbar. Die Kunst des Organisierens besteht darin, betrieblichen Vorgängen den Charakter ihrer Einmaligkeit zu nehmen und sie, soweit es möglich ist, zu gleichförmigen Vorgängen zu machen.

Der Absatzbereich eines Unternehmens besteht aus einem System hierarchisch gestufter Entscheidungsinstanzen. Die Stufung beruht darauf, daß die Verkaufsfunktion in gewissen Grenzen delegierbar ist.

---
[1] MARCH, J. G., und H. A. SIMON, Organizations, 2nd printing, New York-London 1959; SIMON, H. A., Administrative Behavior, 2nd edition, New York 1957, deutsch: Das Verwaltungshandeln, Stuttgart 1955. KOSIOL, ERICH (Hrsg.) Organisation des Entscheidungsprozesses, Berlin 1959. ALBACH, HORST, Zur Theorie der Unternehmungsorganisation. Z. f. handelsw. Forschung, Jg. 1959, S. 238ff.; im übrigen sei auf das Organisationskapitel in Bd. I., 10. Aufl., 2. Abschn., 6. Kap. verwiesen.

Ein wichtiger Grundsatz der Organisation besteht darin, die Führungsinstanzen soweit als möglich von Aufgaben zu entlasten, die an untergeordnete Stellen übertragbar sind. Nicht übertragbare Aufgaben, die der Führungsspitze bleiben, stellen echte Führungsaufgaben dar. Sie sind in der Regel nicht programmierbar, behalten vielmehr ihren individuellen und einmaligen Charakter, lassen sich also nur fallweise regeln. Sie sind unmittelbar aus dem obersten Direktionsrecht der Geschäftsleitung abgeleitet. Die von der Verkaufsleitung delegierten Aufgaben sind zum Teil nicht weiter delegierbar, zum Teil weiter übertragbar. Die nicht weiter delegierbaren Aufgaben verlangen bestimmte Entscheidungsbefugnisse, die aber enger sind als die der übertragenden Stelle. In diesem Falle ist eine generelle Regelung dahingehend getroffen, daß in gewissen Grenzen bestimmte Entscheidungen selbständig vorgenommen werden können. Somit liegt eine generelle Regelung für die Entscheidung bestimmter geschäftlicher Fälle vor. Der Prozeß setzt sich nach unten hin fort. Die Entscheidungsstellen in der Basis der Entscheidungspyramide haben die geringsten Weisungsbefugnisse. Sind die Vorgänge, die zu regeln sind, völlig gleichartig und wiederholbar, dann ist kein Raum mehr für fallweise Entscheidungen. Unter Umständen können mechanische Steuerungs- und Regelungsvorgänge an die Stelle menschlicher Entscheidungen treten. Die Vorgänge sind dann vollständig programmierbar.

Dieser Prozeß der Bildung von Entscheidungsstellen mit abnehmenden Entscheidungsbefugnissen durch Delegierung von Aufgaben läßt die formale Organisationsstruktur der Betriebe oder betrieblichen Teileinheiten entstehen. Sie findet ihren Ausdruck in der Abteilungsbildung und -gliederung der Betriebe, hier speziell des Absatzbereiches der Unternehmen. Die organisatorische Aufgabe lautet demnach: Welche Aufgaben, die im Absatzbereich eines Unternehmens bewältigt werden müssen, lassen sich delegieren, welche lassen sich nicht übertragen? Das Ergebnis dieser Überlegungen ist die Aufgabenpyramide des betrieblichen Instanzenaufbaues mit der Hierarchie abnehmender Entscheidungsbefugnisse.

Ist das Generalschema der Aufgaben und Tätigkeiten im Vertriebsbereich eines Unternehmens bestimmt und sind die Entscheidungsstellen in diesem Schema lokalisiert, dann gilt es, diese Stellen mit den Vollmachten auszustatten, die ihre Aufgabe verlangt. Die Summe dieser Vollmachten grenzt die Zuständigkeit der Entscheidungsstellen nach oben und unten und nach der Seite hin ab. Sind Aufgaben und Zuständigkeit präzisiert, dann ergibt sich zugleich die Aufgabe, die Entscheidungsstellen mit demjenigen personellen und sachlichen Apparat auszustatten, ohne den die gestellte Aufgabe nicht erfüllt werden kann.

Da die Delegation von Entscheidungsbefugnissen nicht zugleich Delegation von Verantwortung bedeutet, die Verantwortung vielmehr bleibt, in welchem Maße auch immer Aufgaben ausgegliedert und an andere Personen übertragen werden, verlangt die formale Organisationsstruktur den Einbau von Kontrollen. Die organisatorische Aufgabe besteht darin, dafür Vorsorge zu treffen, daß diese Kontrollen so durchgeführt werden, daß die mit der Übertragung von Aufgaben und Befugnissen verbundenen Risiken auf das geringstmögliche Maß gebracht werden.

Ist die Aufgabe bestimmt, die Zuständigkeit fixiert, die Ausstattung der Entscheidungsstellen mit dem notwendigen persönlichen und sachlichen Apparat vorgenommen und sind die notwendigen Kontrollen getroffen, dann sind damit organisatorische Einheiten gebildet, die selbständige Verantwortungsbereiche darstellen. Die Verantwortung ist jedoch nicht beschränkt auf die jeweiligen Leiter der organisatorischen Einheiten. Sie bleibt auch bei den Entscheidungsstellen, die vorgeordnet sind, bis herauf zu der Stelle, die alle Entscheidungsbefugnisse im Absatzbereich der Unternehmen in sich vereinigt, der Verkaufsleitung.

Aufbau und Gliederung der organisatorischen Einheiten im Absatzbereich der Unternehmen finden in dem Organisationsschema ihren Ausdruck, das die Dienstwege und Instanzenzüge, auch die Zuordnung von nicht mit Weisungsbefugnissen ausgestatteten Stabsstellen zu den Linienstellen in diesem großen Teilbereich betrieblicher Betätigung aufzeigt. Die Organisationsschemata sind Spiegelbilder des betrieblichen Weisungssystems und damit der Organisationsstruktur. Aber dieses formale Weisungssystem ist nicht das Ganze der betrieblichen Organisation, die mehr enthält als lediglich formale Organisationsstrukturen.

b) Um gute und richtige Entscheidungen treffen zu können, ist eine schnelle, ausreichende und objektive Information über die für die Entscheidung wichtigen Daten erforderlich. Das gilt für jedes Entscheidungszentrum, an welcher Stelle der betrieblichen Entscheidungspyramide es sich immer befinden mag. Der Informationsfluß läuft von den oberen in die unteren Entscheidungsstellen und umgekehrt von den unteren in die oberen; er läuft zwischen organisatorisch gleichrangigen und organisatorisch nicht gleichrangigen Abteilungen, zwischen nahen und fernen Entscheidungsstellen im Gesamtgefüge betrieblicher Organisation. Damit entsteht die Frage, wie dieser Informationsstrom geleitet werden soll, denn wenn er auch quer durch alle Organisationsschichten hindurch läuft, so darf er doch nicht willkürlich und ohne Regelung sein.

Von einem offenen Kommunikationssystem spricht man dann, wenn das System nach allen Seiten offen ist, d. h., wenn jeder oder jede Abteilung bei jedem oder jeder Abteilung Informationen einholen kann, von denen angenommen wird, daß sie für Entscheidungen im Absatzbereich der Unternehmen wichtig sein könnten. Gebundene Kommunikationssysteme liegen dann vor, wenn geregelt ist, wer von wem Informationen einholen darf und welcher Art die Informationen sind, die gegeben werden dürfen, ob sie informierender oder instrumentaler Art sind. Je unbestimmter und unregelmäßiger die Informationen sind, die für bestimmte Entscheidungen benötigt werden, um so weniger läßt sich der Entscheidungsprozeß generell regeln. Insofern bestimmt der Informationsfluß, seine Schnelligkeit, Zuverlässigkeit und Struktur den Entscheidungsprozeß im formalen Aufbau der Organisation[1].

Dabei entstehen im Kommunikationssystem die gleichen Aufgaben wie im Entscheidungssystem der formalen Organisation. Auch hier ist das Substitutionsgesetz der Organisation wirksam. Je mehr der Strom der betrieblichen Unterrichtungen geregelt ist, je eindeutiger angeordnet ist, welche Art von Informationen eine Abteilung an andere Abteilungen zu geben hat und zu welchen Zeitpunkten diese Informationen erfolgen sollen, um so mehr erübrigen sich das einmalige Einholen und die einmalige Anfertigung von Informationen. Es gibt aber Entscheidungen, die einmalige Informationen verlangen und die ohne sie nicht getroffen werden können. In diesem Falle kann das Substitutionsprinzip im formalen Aufbau des Informationssystems nicht wirksam werden. Die Parallelen zur Wirkung des Substitutionsprinzips im Bereich der formalen Organisation liegen auf der Hand.

c) Gewissermaßen unter dem formalen Organisations- und dem formalen Kommunikationssystem liegt eine informelle Organisations- und Kommunikationsschicht. Sie besteht aus informellen Gruppen. Unter ihnen werden die auf persönlichen Umständen, insbesondere Sympathien oder Antipathien beruhenden Gruppenbildungen verstanden, die nicht auf organisatorischen Notwendigkeiten beruhen. Sie entstehen also auf einer anderen Ebene und stimmen nur selten mit den arbeitsorganisatorischen Einheiten überein. Der Einfluß dieser informellen Gruppen auf den Erfolg dispositiver Maßnahmen kann positiv, aber auch negativ sein. Im ersten Falle erfährt das Funktionieren der formalen Organisation eine Förderung, im zweiten Falle wird das Weisungssystem des formalen Organisationsschemas mit Störungszentren durchsetzt, die den Vollzug innerhalb der betrieblichen Organisationsbereiche und zwischen ihnen hemmen. Eine ähnliche Wirkung kann auch vom informellen Kommunikationssystem ausgehen. Die Situation wird in diesem Falle dadurch gekennzeichnet, daß zum Beispiel Vorgesetzte übergangen, insbesondere nicht rechtzeitig, vollständig und objektiv unterrichtet werden, der Austausch von Informationen also unkontrollierbar und unzuverlässig vor sich geht, Cliquen entstehen, Verantwortungen abgeschoben und Mißstimmungen erzeugt

---

[1] Vgl. hierzu auch ALBACH, H., Entscheidungsprozeß und Informationsfluß in der Unternehmensorganisation, in: Organisation, Berlin-Baden-Baden 1961, S. 355 ff.

werden. Das informelle Kommunikationssystem wird in diesem Falle zu einem Störungselement des formalen Weisungs- und Informationssystems.

2. Wenn oben gesagt wurde, daß die leitenden Personen im Absatzbereich der Unternehmen die Aufgabe haben, ihre absatzpolitischen Entscheidungen nicht nur aus der Sicht der Absatznotwendigkeiten, sondern aus dem Ganzen des Unternehmens heraus zu fassen, so folgt daraus die organisatorische Forderung, die Aufgaben dieser Personen, ihre Zuständigkeit und ihren organisatorischen Apparat so zu normieren, daß sie ihre Aufgabe auch wirklich erfüllen können. Solange der Inhaber oder Geschäftsführer eines Unternehmens die technische, finanzielle und absatzwirtschaftliche Entwicklung des Unternehmens zu überschauen und zu dirigieren in der Lage ist, bereitet das Problem organisatorisch keine Schwierigkeiten. Wenn sich dagegen die Leitung des Unternehmens in den Händen mehrerer Personen befindet, dann erweist es sich als erforderlich, die mit dem Vertrieb betrauten Personen mit den Vollmachten zu versehen, die sie für ihre Führungsaufgabe im Absatzbereich des Unternehmens benötigen. Nur wenn diese Vollmachten umfassend und durchgreifend genug sind, ist die Voraussetzung für eine tatkräftige, auf weite Sicht geführte Absatzpolitik gegeben. Die Vollmachten dürfen auf der anderen Seite nicht so weit sein, daß die Absatzpolitik auf Kosten des Fertigungs- und Finanzbereiches dominiert. Denn in diesem Falle besteht keine Gewähr dafür, daß der Absatzbereich in das Ganze des Unternehmens und seine vielfältigen Verflechtungen und Abhängigkeiten gebunden bleibt. In Wirklichkeit liegen die Dinge allerdings erheblich komplizierter, weil persönliche Eigenarten, Sympathien und Antipathien in den organisatorischen Raum hineinspielen. Ob und wie sich die für den Vertrieb Verantwortlichen durchsetzen, wie sie die im betrieblichen Gesamtinteresse liegenden Forderungen in ihrem Verantwortungsgebiet verwirklichen, ist nicht nur eine Sache der organisatorischen Regelung, sondern weitgehend Sache persönlicher Eignung. Fehlt den für die großen betrieblichen Teilbereiche Verantwortlichen der Sinn für Zusammenarbeit und Koordinierung und gibt es keine Stelle, die diese Haltung zu erzwingen vermag, dann sind die organisatorischen Möglichkeiten erschöpft. Andere Lösungen müssen gefunden werden, wenn der Bestand des Unternehmens nicht gefährdet werden soll. Die Erfahrung zeigt, daß auf minutiöse organisatorische Regelungen der Zuständigkeiten und Vollmachten in der Führungsgruppe verzichtet werden kann, wenn es sich um Persönlichkeiten handelt, die Einsicht in die Koordinierungsnotwendigkeiten besitzen.

3. Absatzvorbereitende Maßnahmen bestehen vor allem darin, über die Struktur, Kapazität und Entwicklung der Absatzmärkte möglichst

umfassende und zuverlässige Informationen zu gewinnen und den Absatz selbst nach Art, Umfang und Zeit zu planen.

Die Absatzvorbereitung kann laufend, aber auch nur gelegentlich vorgenommen werden. Welche Form gewählt wird, ob zum Beispiel die Marktforschung in verfeinerter, methodisch gesicherter Form betrieben wird oder ob mehr vorwissenschaftliche Formen der Markterkundung als ausreichend angesehen werden, diese Fragen sind zunächst nicht organisatorischer, sondern absatzpolitischer Art. Organisatorische Aufgaben entstehen erst dann, wenn sich die Unternehmensleitung über Art und Umfang der Absatzvorbereitung schlüssig geworden ist. Wird Absatzvorbereitung als eine ständige Einrichtung beabsichtigt, dann geht es darum, sie zu einer funktionsfähigen betrieblichen Einheit zu machen. In ihr müssen die vielen Tätigkeiten, welche die Absatzvorbereitung erfordert, nach Gleichartigkeiten geordnet werden. Ungleichartige Tätigkeiten müssen nach übergeordneten Gesichtspunkten zusammengefaßt werden. Handelt es sich dabei um Vorgänge gleichbleibender Art, zum Beispiel um die Gewinnung und Verarbeitung statistischen Materials, dann werden sich generelle Regelungen empfehlen. Sie entindividualisieren zwar die Arbeitsvorgänge, lassen aber, wenn die Voraussetzungen dafür gegeben sind, ein höheres Maß an Arbeitsergiebigkeit erreichen. Überall da, wo es sich um absatzvorbereitende Tätigkeiten handelt, die einen bestimmten Entscheidungsspielraum verlangen, wird jedoch nach einer organisatorischen Lösung gesucht werden, die diese Freiheiten gewährt.

Die Abteilung „Absatzvorbereitung" muß in den Zusammenhang sämtlicher Abteilungen des Vertriebs und des Gesamtunternehmens eingeordnet werden. Angenommen, es handelt sich nur um eine Abteilung, die die Markterkundung vorzunehmen hat. Organisatorisch muß dafür Vorsorge getroffen werden, daß sie von allen betrieblichen Stellen innerhalb und außerhalb des Vertriebsbereiches die zur Durchführung ihrer marktanalytischen Aufgaben erforderlichen Informationen erhält. Diese Unterlagen und Auskünfte müssen in einer Form entwickelt werden, die den Erfordernissen der Markterkundung entspricht. Es sind also alle organisatorischen Voraussetzungen dafür zu treffen, daß außerbetriebliches Material beschafft werden kann, gegebenenfalls auch Untersuchungen an Ort und Stelle vorgenommen werden können. Organisatorisch muß weiter dafür gesorgt werden, daß die Ergebnisse der Untersuchungen über die Absatzverhältnisse des Unternehmens den zuständigen Stellen rechtzeitig und in einer Form vorgelegt werden, die sie zu einer brauchbaren Unterlage für die absatzpolitischen Entscheidungen macht.

Die für die Absatzvorbereitung einzurichtenden Abteilungen, etwa die Abteilung „Marktforschung" und die Abteilung „Absatzplanung", sind grundsätzlich Stabsabteilungen. Sie stehen den für den Betrieb Verantwortlichen mit ihren Informationen und ihrer Beurteilung der

Lage auf den Absatzmärkten zur Verfügung, besitzen aber nicht unmittelbare Anordnungsbefugnisse anderen Abteilungen gegenüber. Handelt es sich dabei um Großbetriebe, insbesondere um Konzerne, dann können für die organisatorischen Probleme, die insbesondere mit der Marktforschung in Zusammenhang stehen, je nach der Gliederung des Unternehmens verschiedene Lösungen zweckmäßig sein. Bei einem großen Konzern, der horizontal gegliedert ist, wird die gesamte Marktforschung in einer Abteilung zusammengefaßt werden, wenn auch der Verkauf dezentralisiert ist. Bei vertikalem Aufbau der Konzerne kann die gleiche organisatorische Regelung für die Abteilung Marktforschung vorteilhaft sein. In diesem Falle besteht aber auch die Möglichkeit, aus der Abteilung Marktforschung die Analyse der Absatzgebiete für die einzelnen Erzeugnisgruppen auszugliedern und diese Spezialabteilungen dann jeweils den einzelnen Werken zuzuordnen, sofern sie verschiedenartige Erzeugnisse herstellen und verkaufen. Die allgemeine Marktforschung würde dann bei der Zentrale verbleiben. Für diesen Fall würde die Marktforschung auch bei dezentralisiertem Verkauf zentralisiert werden müssen, wenn für die einzelnen Werke keine Fachkräfte verfügbar sein sollten oder Marktforschungsaufgaben bei den einzelnen Werken nicht laufend bestehen. Oft ist die Marktforschung von der zentralisierten Erzeugnisforschung nicht zu trennen[1].

Aus diesen Beispielen wird ersichtlich, daß es für die Organisation und den Einbau der sich mit absatzvorbereitenden, insbesondere marktanalytischen Aufgaben beschäftigenden Abteilungen kein einheitliches und allgemeinverbindliches Organisationsschema geben kann.

Im Zusammenhang mit der Frage nach den organisatorischen Aufgaben, die die Absatzvorbereitung entstehen läßt, soll noch kurz auf einige Fragen eingegangen werden, die mit der Absatzplanung im Zusammenhang stehen.

An sich ist der Planungsvorgang ebensowenig ein organisatorischer Tatbestand wie die Beschaffung von Informationen über den Stand und die Entwicklung der Absatzmärkte. Sobald es sich aber darum handelt, verschiedenartige Tätigkeiten innerhalb der Absatzplanung zusammenzufassen, durchzugliedern und in das Ganze des betrieblichen Organisationszusammenhanges einzuordnen, wird die Absatzplanung zu einer organisatorischen Aufgabe. Wird beispielsweise der Verkauf der Erzeugnisse eines Unternehmens über mehrere Verkaufsstellen vorgenommen, dann kann die Anfertigung der Absatzpläne den Verkaufsstellen selbst überlassen und ihnen die hierzu erforderliche Vollmacht gegeben werden. Eine solche Regelung würde jedoch sehr große Mängel aufweisen, weil die Gefahr besteht, daß die Planungen,

---

[1] So etwa die Vorschläge des Arbeitskreises Dr. KRÄHE, Konzernorganisation, 2. Aufl., Köln-Opladen 1964, S. 97 f.

die die einzelnen Verkaufsstellen vornehmen, nicht in hinreichender Weise mit den technischen Möglichkeiten des Unternehmens, seiner finanziellen Lage usw. abgestimmt sind. Aus diesem Grunde hat es sich als vorteilhaft erwiesen, daß, wenigstens sofern es sich um Großbetriebe handelt, die Verkaufsstellen ihre Unterlagen bei der zentralen Planungsstelle einreichen und in gemeinsamen Besprechungen unter Berücksichtigung der Lage bei allen Verkaufsstellen und der Lage des Unternehmens als Ganzem die Grundlagen für die Aufstellung der Verkaufspläne gewonnen werden. Erst nach Abstimmung dieser Planungsentwürfe mit den anderen Betriebsabteilungen, sofern sie hierfür in Frage kommen, pflegen die endgültigen Absatzpläne aufgestellt zu werden. Sie enthalten, nach bestimmten Gesichtspunkten gegliedert, die für die Unterrichtung der Verkaufsstellen erforderlichen Planwerte, die die Unterlagen für die Absatzplanung und damit für die Absatzgestaltung der Verkaufsfilialen bilden. Dieses Anfordern der Unterlagen von den Filialen, die Besprechungen über die Planentwürfe und die Aufstellung der Pläne selbst für die Filialen wird organisatorisch am zweckmäßigsten zentral bei der Planungsabteilung des Hauptwerkes vorgenommen. Es ist nicht einzusehen, warum für den geschilderten Fall eine dezentralisierte Organisation der Absatzplanung besonders vorteilhaft sein soll[1]. Jede Absatzplanung steht im gesamtbetrieblichen Koordinierungszusammenhang. Diese Tatsache verlangt grundsätzlich eine Zentralisierung der Absatzplanung, wenn im konkreten Fall auch einzelne Teilaufgaben den Zweigstellen überlassen werden können.

Wie sollen die Beziehungen zwischen der Planungsabteilung und den anderen Abteilungen geregelt werden? In der Praxis entstehen oft Schwierigkeiten im Zusammenhang mit der Planungskontrolle. Stellt beispielsweise die Planungsabteilung fest, daß die tatsächlichen Umsätze nicht mit den geplanten Umsätzen übereinstimmen, so ist es klar, daß Nachforschungen darüber angestellt werden müssen, auf welche Ursachen die Abweichungen zurückzuführen sind. Die Analyse dieser Ursachen ist Sache der Planungsabteilung. Aber bereits die Anforderung von Rechenschaftsberichten oder mehr noch, die Kritik an den Maßnahmen der einzelnen Verkaufsabteilungen und die Anweisung, gewisse Mängel abzustellen, liegen an der Grenze der Vollmachten, die einer solchen Abteilung gegeben werden sollten. Die organisatorisch richtige Form für die Planungsabteilung besteht sicherlich darin, sie zu einer Stabsabteilung zu machen, die keine unmittelbaren Führungsaufgaben besitzt.

Für die Absatzplanung gilt wie für alle anderen betrieblichen Abteilungen, daß ihre Leistungen vor allem von der Güte der fachlichen Arbeit abhängig sind. Diese fachliche Arbeit ist kein organisatorischer

---

[1] Diese Auffassung wird zum Beispiel vom Arbeitskreis Dr. KRÄHE a. a. O., S. 98 vertreten.

Tatbestand, aber die organisatorischen Regelungen, die für den reibungslosen Vollzug dieser Arbeit getroffen werden, sind die Voraussetzungen dafür, daß die Absatzplanung zur vollen Entfaltung gelangt. So ist die Güte der organisatorischen Lösung, die für den konkreten Fall gefunden wird, mitbestimmend für den Erfolg der Absatzplanung.

4. Die Art und Weise, wie die Werbung in das organisatorische Gefüge des Vertriebes eingeordnet werden soll, richtet sich nach dem Umfang, in dem ein Unternehmen Werbung betreibt. In Unternehmen, in denen die Werbemaßnahmen nur geringe Bedeutung besitzen, gehören sie in der Regel unmittelbar zu den Obliegenheiten der leitenden Personen. Sind sie mit den Fragen der Werbung nicht hinreichend vertraut und verzichten sie darauf, Fachkräfte einzustellen, dann können sie die Hilfe von Werbeberatern in Anspruch nehmen und ihnen die Durchführung der Werbung überlassen. Da in diesem Falle nicht Werbefachleute im Unternehmen selbst beschäftigt werden, entstehen keine organisatorisch schwierigen Probleme. Ist dagegen ein Unternehmen seiner Art und Größe nach auf Werbung angewiesen, ohne daß ein solches Unternehmen als werbeintensiv bezeichnet werden könnte, dann wird zu überlegen sein, ob nicht eine eigene Werbeabteilung geschaffen werden soll. Die Beantwortung dieser Frage ist von betriebs- und absatzpolitischen Überlegungen abhängig, die hier nicht interessieren. Ist aber die Entscheidung gefallen und der Entschluß gefaßt, eine eigene Werbeabteilung aufzubauen, wird es insbesondere für richtig gehalten, die Werbemaßnahmen nach Möglichkeit in eigener Regie vorzunehmen, dann entsteht die Frage, wie die Werbeabteilung am zweckmäßigsten organisiert werden soll und wie sie organisatorisch in den Abteilungszusammenhang des Absatzbereiches und in das gesamtbetriebliche Abteilungsgefüge einzuordnen ist. Hier sei nur zu der letzten Frage Stellung genommen. Im allgemeinen ist dieses Problem am zweckmäßigsten so zu lösen, daß die Werbeabteilung der Geschäftsführung unmittelbar unterstellt wird. Dieser Ansicht ist auch SEYFFERT[1]. Das Unterstellungsverhältnis wird sich als besonders vorteilhaft erweisen, wenn damit zu rechnen ist, daß der Verkaufsleiter für die Notwendigkeiten und besonderen Erfordernisse der Werbung nicht sehr viel Verständnis besitzt. Auf der anderen Seite hat sich in nicht ausgesprochen werbeintensiven Betrieben die Unterstellung der Werbeabteilung unter den Verkaufsleiter bewährt. Das ist im allgemeinen immer dann der Fall, wenn der Verkaufsleiter dem Werbeleiter jene Unterstützung gewährt, deren er bedarf, wenn er erfolgreich werben soll. Überall da aber, wo die Werbung im Absatzbereich eines Unternehmens dominiert, verlangt sie nicht nur die Schaffung einer selbständigen Abteilung, sondern

---

[1] SEYFFERT, R., Allgemeine Werbelehre, Stuttgart 1929, S. 411.

auch eine entsprechende zentrale Stellung im Gesamtgefüge des Absatzbereiches bzw. des gesamtbetrieblichen Abteilungszusammenhanges. Die gesamte Werbung ist dann einem Werbeleiter zu übergeben, der gleichrangig neben dem Verkaufsleiter steht. Beide sind der Geschäftsleitung, insbesondere der kaufmännischen Leitung des Unternehmens, unmittelbar unterstellt. Wenn das Schwergewicht der Absatzgestaltung bei der Werbung liegt und sich die Verkaufshandlungen weitgehend auf Schemaerledigungen reduzieren, dann kann der Leiter der Verkaufsabteilung dem Leiter der Werbeabteilung unterstellt werden. Eine Unterstellung des Werbeleiters unter den Verkaufsleiter würde sich in diesem Falle nicht empfehlen. Es mag aber auch hier Situationen geben, in denen eine solche Regelung vorteilhaft erscheint. Das gilt immer dann, wenn hierfür günstige persönliche Voraussetzungen vorliegen.

Werden der Leiter der Werbeabteilung und der Leiter der Verkaufsabteilung der Geschäftsführung oder dem kaufmännischen Direktor unterstellt, dann ergeben sich aus dem Nebeneinander von Werbeabteilung und Verkaufsabteilung und ihrer Unterordnung unter eine gemeinsame Instanz gewisse Forderungen, die erfüllt sein müssen, wenn die Zusammenarbeit zwischen allen Abteilungen im Vertriebsbereich der Unternehmen gewährleistet sein soll.

Auch hier wird versucht werden, nach Möglichkeit mit generellen Regelungen auszukommen. Jedoch muß die Möglichkeit fallweiser Entscheidungen im Organisationsplan vorgesehen werden. Auch müssen die Beziehungen zwischen den Werbeabteilungen und den Abteilungen geordnet werden, auf deren Informationen und Mitarbeit die Werbeabteilungen angewiesen sind.

Wie allen Abteilungen, die sich mit Fragen der Absatzvorbereitung beschäftigen, so wird auch der Werbeabteilung in der Regel keine direkte Anweisungsbefugnis anderen Abteilungen gegenüber gegeben werden, zum Beispiel gegenüber den Verkaufsabteilungen, Zweigniederlassungen, Vertretern, technischen Abteilungen u. a. Grundsätzlich ist für die organisatorische Eingliederung der Werbeabteilung in den Gesamtzusammenhang der Betriebsabteilungen jene organisatorische Form vorzuziehen, die ihr den Charakter eines Stabes verleiht, sofern überhaupt eine eigene Werbeabteilung unterhalten wird und nicht vorgezogen wird, die gesamte Werbung an eine Werbeagentur zu übertragen. In diesem Fall würden andere organisatorische Regelungen erforderlich sein.

5. Angenommen, ein Unternehmen A erteilt einem Unternehmen B den Auftrag, bestimmte Waren zu Bedingungen zu liefern, die in der Bestellung angegeben sind. Das Unternehmen B beschäftigt weder

Reisende noch Vertreter. Das Unternehmen B wird prüfen, ob es in der Lage ist, den von A erteilten Auftrag auszuführen. Es wird sich erkundigen, ob die von A gewünschten Waren überhaupt lieferbar sind. Es wird sich weiter darüber unterrichten, ob die Waren zu den verlangten Terminen geliefert werden können. Das Unternehmen wird ferner die Preisstellung prüfen. Es wird sich außerdem über die Bonität des Unternehmens A unterrichten und sich über die angebotenen Zahlungsmodalitäten zu entscheiden haben. Führt die Prüfung dieser Fragen zu dem Ergebnis, daß der Auftrag unter den von A angegebenen Bedingungen nicht ausgeführt werden kann, dann wird B entweder mit A verhandeln, um neue Bedingungen für die Lieferung zu erhalten, oder B wird den Auftrag ablehnen. Führt die Prüfung dagegen zu einem positiven Ergebnis, so wird B den Auftrag bestätigen und ausführen.

Diese Arbeiten sollen als Tätigkeiten bezeichnet werden, die mit der innerbetrieblichen „Auftragsbearbeitung" in Zusammenhang stehen. Ist der Auftrag angenommen, dann muß er entsprechend den in der Auftragsbestätigung angegebenen Bedingungen abgewickelt werden. Die „Auftragsabwicklung", die an die obengenannte innerbetriebliche Auftragsbearbeitung anschließt, besteht einmal aus der Lieferung der Waren und zum anderen aus der finanziellen Abwicklung des Auftrags. Ist beispielsweise eine Garantiefrist eingeräumt, dann kann der Auftrag erst dann als endgültig abgewickelt angesehen werden, wenn die eingeräumte Frist verstrichen ist.

Holt dagegen das Unternehmen A von dem Unternehmen B ein Angebot ein, dann gehört zur Auftragsbearbeitung auch die Ausarbeitung des Angebots. Das Angebot enthält die erforderlichen Angaben über die technischen Einzelheiten der angebotenen Gegenstände, die verlangten Preise bzw. zu gewährenden Rabatte, die Lieferungsfristen und die sonstigen Zahlungs- und Lieferungsbedingungen. Bei Unternehmen, die große Objekte liefern, gehört eine eingehende vorherige technische Bearbeitung des Objektes und eine entsprechende Angebotskalkulation zur Abgabe des Angebotes. Oft sind in diesen Fällen vor Abgabe der Offerte Verhandlungen mit dem Auftraggeber erforderlich, die sich auch nach Abgabe des Angebotes fortsetzen können. Alle diese Tätigkeiten gehören zur „Auftragsbearbeitung".

Wenn der Auftrag durch Reisende, Vertreter oder Akquisitions-Ingenieure „hereingeholt" wird, dann muß er ebenfalls im Unternehmen bearbeitet werden, bevor es zur endgültigen Auftragserteilung kommt. In diesem Falle gehört zu den im Rahmen der innerbetrieblichen Auftragsbearbeitung zu leistenden Arbeiten auch die Korrespondenz mit den Vertretern.

Die Auftragsbearbeitung vollzieht sich in der soeben angegebenen Weise nur dann reibungslos, wenn die entsprechenden organisatorischen Voraussetzungen geschaffen werden. Hat der Geschäftsumfang eines Unternehmens ein gewisses Maß erreicht und sind die Geschäftsinhaber oder die Leiter des Unternehmens nicht mehr in der Lage, neben ihren leitenden Aufgaben auch den Verkauf zu übernehmen, dann findet in der Regel eine Arbeitsteilung unter den leitenden Persönlichkeiten selbst statt. Damit sind die Voraussetzungen für die Bildung von selbständigen „Verkaufsabteilungen" gegeben, in denen die Verkaufsaufträge bearbeitet werden. Diese Verkaufsabteilungen können sowohl Stellen sein, die die Aufträge „hereinholen", als auch Stellen, die Anfragen oder Aufträge lediglich „entgegennehmen". Hier interessieren sie nur insoweit, als ihnen die Bearbeitung der Verkaufsaufträge obliegt.

Zur Bildung selbständiger Verkaufsabteilungen wird es dann nicht kommen, wenn sich die Verkaufshandlungen auf den Abschluß von Lieferungskontrakten beschränken. Angenommen, ein Großbetrieb der chemischen Industrie stellt Treibstoff her. Der Ölkonzern X verpflichtet sich, die gesamte Produktion zu übernehmen. Für das Hydrierwerk werden die Verhandlungen von der Geschäftsleitung geführt. Nach Abschluß des Kontraktes ist für „Verkaufshandlungen" kein Raum mehr. Damit entfällt auch die Voraussetzung für die Schaffung einer eigenen Verkaufsabteilung. Nun enthält allerdings ein solcher Vertrag in der Regel eine Anzahl von Bestimmungen, deren Erfüllung laufend überwacht werden muß. Sie können auch gelegentlich zu Verhandlungen Anlaß geben. Sofern es sich hierbei um wichtige Fragen handelt, werden sie von der Geschäftsleitung geführt werden. Im übrigen beschränkt sich der Verkauf und der dafür unterhaltene Apparat auf einige mit der Überwachung der Vertragserfüllung betraute Personen. Im organisatorischen Gefüge des Hydrierwerks besteht für die Schaffung einer eigenen Verkaufsabteilung mit besonderen Vollmachten und mit Funktionen, die über Hilfsdienste hinausgehen, kein Raum.

Oder: Eine Schraubenfabrik stellt im großen Umfange Spezialschrauben her. Das Unternehmen schließt mit einer Automobilfabrik einen Vertrag, in dem sich die Automobilfabrik verpflichtet, die gesamte Produktion der Schrauben abzunehmen. Sofern es sich um diese Schrauben handelt, ist bei der Lieferfirma eine mit selbständigen Aufgaben betraute Verkaufsabteilung nicht notwendig. Das gilt auch für den Fall, daß die Schraubenfabrik den Lieferungskontrakt nicht mit einer Automobilfabrik, sondern mit einem Großhandelsunternehmen abschließt.

Noch ein anderes Beispiel: Eine Automobilfabrik stellt den Aufbau ihrer Spezialfahrzeuge für Müllabfuhr nicht selbst her, schließt vielmehr einen Vertrag mit einer Firma, die sich verpflichtet, diese Aufbauten in der verlangten Art zu den in dem Vertrage festgelegten Bedingungen zu liefern. Die Verhandlungen werden von der Geschäftsleitung des Lieferwerkes selbst geführt. In diesem Unternehmen hat die Verkaufsabteilung, sofern sich ihre Tätigkeit auf dieses Geschäft erstreckt, lediglich die Auftragsabwicklung zu überwachen.

Alle Betriebe, die „Zulieferungsbetriebe" sind, oder besser: insoweit sie Zulieferbetriebe sind, weisen im allgemeinen wenig entwickelte, lediglich auf die Überwachung der Lieferungen beschränkte absatzorganisatorische Einrichtungen auf.

Betriebe mit gering entwickelten Verkaufsabteilungen finden sich besonders häufig in Produktionszweigen, die auf Grund direkter Kundenbestellungen verkaufen. Das ist zum Beispiel in den Werken der Fall, die Eisen- und Stahlkonstruktionen für den Brücken- und Hafenbau, für Kraftanlagen, Hochhäuser usw. liefern. In solchen Unternehmen pflegen die Offerten von den technischen Abteilungen bearbeitet zu werden. Die Auftragsbearbeitung, auch die Auftragsabwicklung wird im Rahmen der technischen Abteilungen vorgenommen. Die durch die Sache gebotene enge Beziehung zwischen der Angebotsabgabe und den Konstruktions- und Fertigungsabteilungen macht die Bildung von selbständigen Verkaufsabteilungen mit eigenen Vollmachten und Funktionen entbehrlich. Das gilt aber nur für den Fall, daß es sich um Objekte handelt, für deren Vertrieb nur technische Fachkräfte in Frage kommen.

Eine andere Situation ergibt sich in Unternehmen, die standardisierte Erzeugnisse herstellen. Für ihren Verkauf sind in der Regel spezielle Fachkenntnisse nicht erforderlich oder nur in einem solchen Umfange, wie sie ohne besondere fachliche Ausbildung erworben werden können. Der Absatz derartiger Waren setzt keine umfangreichen Verkaufsverhandlungen voraus; Verkaufsgespräche genügen, die allerdings mit sehr unterschiedlichem Geschick geführt werden können.

Sobald es sich um den Absatz solcher Waren handelt und das Geschäftsvolumen einen gewissen Umfang überschreitet, kommt es zur Ausbildung selbständiger Verkaufsabteilungen, denen die „Bearbeitung" der Aufträge obliegt.

Die Leitung dieser Verkaufsabteilungen pflegt in der Regel Personen mit mehr kaufmännischer als ausgesprochen technischer Ausbildung übertragen zu werden.

Die Unterstellung der Verkaufsorganisation unter einen Kaufmann hat unzweifelhaft gewisse Vorteile, weil bei ihm wahrscheinlich die wirtschaftlichen Überlegungen im Vordergrund stehen. Damit kann jedoch der Nachteil verbunden sein, daß die technischen Fragen zu wenig berücksichtigt werden. Das gilt vor allem für den Fall, daß die Verkäufer einseitig kaufmännisch eingestellt sind. Auf jeden Fall ist in der Praxis bei den Verkaufspersonen eine Kombination von technischem Wissen und wirtschaftlichem Können notwendig, um einerseits die Eigenarten der Bestellerbetriebe bei der Marktbearbeitung berücksichtigen und andererseits die Forderungen des Marktes den Erzeugungsbetrieben dienstbar machen zu können.

Die organisatorische Form, die solchen Verkaufsabteilungen gegeben werden kann, wird einmal von den besonderen Absatzmethoden und zum anderen von dem Maße bestimmt, in welchem das Unternehmen von den Möglichkeiten der Werbung Gebrauch macht. Verkauft ein Unternehmen ohne eigene Außenorganisation, dann trägt die Verkaufsabteilung organisatorisch ein vollkommen anderes Gepräge als dann, wenn das Unternehmen einen großen Vertreterstab im In- und Ausland unterhält. Setzt ein Unternehmen seine Erzeugnisse mit Hilfe werkseigener Niederlassungen ab, so entsteht bei der Zentrale eine andere organisatorische Aufgabe als dann, wenn das Unternehmen auf dem Wege über freie oder lizenzierte Unternehmer verkauft. Die Art der Außenorganisation formt grundsätzlich die innere Organisation der Verkaufsabteilungen mit.

Werden besondere Verkaufsabteilungen eingerichtet, denen die Auftragsbearbeitung obliegt, dann entsteht die Frage, wie das Verhältnis zu den Abteilungen gestaltet werden soll, die den Absatz vorbereiten und die Werbung betreiben. Die zweckmäßigste Lösung besteht darin, absatzvorbereitende und Werbeaufgaben aus dem Aufgabenbereich der Verkaufsabteilungen auszugliedern. Denn die Arbeiten sind so verschiedenartig, daß sie nicht von einer Abteilung oder gar von einer Person allein vorgenommen werden können. Organisatorisch bleibt lediglich die Frage offen, inwieweit die Verkaufsabteilungen mit eigenen Anweisungsbefugnissen ausgestattet werden sollen, etwa derart, daß sie unmittelbar Anordnungen an Außenstellen, Vertreter usw. erteilen dürfen. Diese Frage ist grundsätzlich zu bejahen. Damit bietet sich eine organisatorische Lösung an, wie sie dem Liniensystem entspricht.

Für die Organisation der Verkaufsabteilungen selbst kommen vornehmlich drei Organisationsprinzipien in Frage. Die Verkaufsabteilungen können

a) nach Warengruppen,
b) nach Kundengruppen,
c) nach Absatzbezirken

gegliedert werden.

Das erste Organisationsprinzip kommt nur für Mehrproduktbetriebe in Frage und hier in erster Linie wiederum für solche Betriebe, die ein verhältnismäßig heterogenes Verkaufsprogramm aufweisen, zum Beispiel Bremsbeläge und Grubenstempel. Die Verkaufsabteilung einer großen Buntweberei gliedert sich nach Artikeln in Abteilungen für Kleiderstoffe, Hemdenstoffe, Schürzenstoffe, Vorhangstoffe, Zwirnstoffe, Rohgewebe, Wäschestoffe u. ä. Das zweite Gliederungsprinzip ist verhältnismäßig selten. Von ihm wird vor allem dann Gebrauch gemacht, wenn ein Unternehmen an verschiedenartige Käuferschichten absetzt, zum Beispiel sowohl an Verbraucher als auch an den Großhandel, Industriebetriebe oder große Verwaltungen. In dem soeben erwähnten Webereibeispiel findet sich neben der Unterteilung nach Artikelgruppen eine weitere Gliederung der Abteilungen in solche, die an Konfektionsbetriebe (Herren-, Damenkleiderfabriken, Berufskleiderfabriken u. a.), Warenhäuser, Versandhäuser und Einkaufsverbände (zum Beispiel Bayerischer Textileinkaufsverband, eine Vereinigung bayerischer Textilkaufleute zum Zwecke der Erlangung von Großhandelspreisen durch gemeinschaftlichen Einkauf) verkaufen. Der Geschäftsumfang ist so groß, daß sich die Einrichtung besonderer Verkaufsabteilungen trotz der geringen Zahl von Kunden lohnt. Die Organisation der Verkaufsabteilung nach dem dritten Prinzip findet sich dann, wenn das Verkaufsprogramm aus standardisierten Erzeugnissen besteht und die Aufträge über Vertreter oder eigene Niederlassungen an das Unternehmen gelangen. Für den Auslandsverkauf werden Abteilungen für die verschiedenen Länder gebildet.

Häufig findet sich eine Kombination der beiden Gliederungsprinzipien nach Warengruppen und nach Absatzbezirken. Allgemeine Regeln lassen sich hierfür bei der Vielgestaltigkeit der wirtschaftlichen Erscheinungen nicht aufstellen.

Wenn es sich bei der innerbetrieblichen Auftragsbearbeitung, wie sie in den Verkaufsabteilungen der geschilderten Art vorgenommen wird, um verhältnismäßig gleichartige Arbeitsaufgaben handelt, besteht eine gewisse Möglichkeit für Schemaregelungen, insbesondere für die Anwendung von Formularen bei der Bearbeitung der Kundenaufträge. Besonders stark standardisiert pflegen die Lieferungs- und Zahlungsbedingungen zu sein. Sonderabmachungen, zum Beispiel über geltende Preisklauseln, werden zudem zentral bearbeitet. In der Regel machen jedoch die größeren Aufträge und Aufträge mit speziellen Vereinbarungen eine individuelle Behandlung erforderlich. Das gilt beispielsweise für die oft sehr verschiedenartigen Vereinbarungen über die Gewährung von Rabatten bei Großaufträgen oder für die Abmachungen über Liefertermine, zu verwendendes Material, Abmessungen, zu übernehmende Garantien u. a. Dabei wird unterstellt, daß die Unternehmen zu festgelegten Preisen verkaufen. Was aber besagen schon derartige feste Listenpreise angesichts des ausgeklügelten Systems von Rabatten, mit denen sie verbunden zu sein pflegen? Zudem können viele Unternehmen auf preispolitisch freies Operieren nicht verzichten.

6. Den Verkaufsabteilungen obliegt im Regelfall auch die Kontrolle der „Auftragsabwicklung". Hierunter ist a) die Lieferung der verkauften Gegenstände an den Auftraggeber und b) die finanzielle Abwicklung der Aufträge zu verstehen.

a) Handelt es sich bei dem Verkauf um Erzeugnisse, die auf Grund von Bestellungen in Einzelfertigung hergestellt werden müssen, dann ist die Verkaufsabteilung auf engste Zusammenarbeit mit den Konstruktions- und Fertigungsabteilungen angewiesen. Die Herstellung und Lieferung des bestellten Aggregates ist Sache der Fertigung. Aber die Kontrolle der Auftragsabwicklung, insbesondere die Überwachung der Termine ist und bleibt Aufgabe des Vertriebs. Ihm obliegt auch die Bearbeitung von Reklamationen. Er hat zu veranlassen, daß die Beanstandungen überprüft und Mängel von den hierfür zuständigen Stellen beseitigt werden.

In Betrieben, die vom Lager verkaufen, gehört es zu den Obliegenheiten der Verkaufsabteilung, für die Auffüllung, Sortierung und Überwachung der Fertiglager Sorge zu tragen. Im Falle des Verkaufes tritt in solchen Fällen an die Stelle eines Fertigungsauftrages, der an den Betrieb gegeben wird, der Auftrag an die Lagerverwaltung, den Verkaufsgegenstand an den Käufer zu schicken. Der Versand der Waren, ihre Verpackung, Verladung, Verfrachtung gehört zur Auftragsabwicklung. Für diese Funktionen werden in der Regel selbständige Versand- oder Expeditionsabteilungen gebildet, deren Verhältnis zu den Verkaufsabteilungen organisatorisch so geregelt werden muß, daß ein reibungsloses Zusammenarbeiten zwischen diesen Abteilungen gewährleistet ist.

b) Der betriebliche Umsatzprozeß endet nicht mit der Ablieferung der Erzeugnisse oder Waren an den Auftraggeber, sondern mit der „finanziellen Abwicklung" der Aufträge durch den Auftraggeber.

Es handelt sich hier darum zu überwachen, ob der Käufer die Zahlungsbedingungen, die vereinbart wurden und die er angenommen hat, innehält. Ist das nicht der Fall, dann entsteht die Aufgabe, die finanzielle Auftragsabwicklung zu sichern. Diese Aufgabe wird in Unternehmungen, bei denen es sich um Großobjekte handelt, Sache der Verkaufsabteilung sein. In Fällen, in denen es sich um kleinere Verkäufe handelt, wird diese Aufgabe im Rahmen der Buchhaltungsabteilung vorgenommen. Ihr ist oft eine besondere Mahnabteilung angegliedert. Andere Betriebe richten eine besondere Kreditabteilung ein, der es obliegt, die Finanzierungsfragen zu bearbeiten. Das organisatorische Problem besteht in diesem Falle darin, die Beziehungen zwischen den verschiedenen Abteilungen, die sich mit der finanziellen Abwicklung der Aufträge beschäftigen, zu regeln. Es muß eine eindeutige und klare Abgrenzung der Befugnisse vorliegen, wenn ein reibungsloses Zusammenspiel zwischen diesen Abteilungen und den Verkaufsabteilungen gewährleistet sein soll.

Drittes Kapitel.
Die Absatzkosten.
1. Der Begriff der Absatzkosten.
2. Die Absatzkostenarten.
3. Die Kostenstellen im Absatzbereich.
4. Die Absatzkostenkalkulation.
5. Die Höhe der Absatzkosten.

1. Alle Kosten, die durch den Verkauf der Erzeugnisse oder Waren eines Unternehmens verursacht werden, sind Absatz- oder Vertriebskosten[1]. Der in der anglo-amerikanischen Literatur verwandte Ausdruck „selling costs" stimmt im allgemeinen mit dem Begriff der Absatz- oder Vertriebskosten überein.

Im Gegensatz zu den Absatz- oder Vertriebskosten sind unter Verteilungs- oder Distributionskosten die Vertriebskosten des Erzeugers plus der Handelsspanne des Großhandels plus der Handelsspanne des Einzelhandels zu verstehen.

Die Abgrenzung der Absatz- oder Vertriebskosten von den Fertigungskosten kann Schwierigkeiten bereiten. So sind die Kosten der Warenverpackung grundsätzlich als Vertriebskosten anzusehen. Verpackungen, die dazu bestimmt sind, die Erzeugnisse eines Unternehmens auf dem Transport gegen Beschädigungen, Verderb usw. zu schützen, bezeichnet man als Versandpackungen (Schutzpackungen). Dagegen werden Verpackungen, die der Vereinfachung des Kleinverkaufes und der Lagerhaltung dienen und die gleichzeitig dazu bestimmt sind, eine gewisse werbende Wirkung auszuüben (Markenartikelpackungen u. a.), Verkaufspackungen genannt. Die Kosten der Versand- und Verkaufspackungen rechnen grundsätzlich zu den Vertriebskosten. Bei den Verkaufspackungen liegt aber insofern eine besondere Situation vor, als diese Verpackungen kontinuierlich mit dem Fabrikationsprozeß verbunden sind, gewissermaßen das letzte Glied dieses Prozesses bilden. Es fehlt

---

[1] HUNDHAUSEN, C., Vertriebskosten in Industrie und Handel. ZfhF, Jg. 1953, S. 513ff. — KOCH, WALDEMAR, Grundlagen und Technik des Vertriebes. Berlin 1950, Bd. 2, S. 504. — KIRSCH, W. M., und W. FLECH, Vertriebskosten, Vertriebsformen und Vertriebslage in Handwerksbetrieben. RKW-Veröffentlichungen Nr. 600, Stuttgart 1938. — KÜSPERT, E., Industrielle Vertriebskosten. RKW-Veröffentlichungen Nr. 601. Stuttgart 1938. — GUTH, E., Das Problem der Vertriebskosten. Der Betrieb, Jg. 1954, S. 237. — GAU, E., Die Kalkulation der Vertriebskosten. Stuttgart 1960. — HESSENMÜLLER, B., Absatzwirtschaftlicher Vergleich industrieller Vertriebskosten, in: Rationalisierung 6. Jg. (1955), S. 80ff. und 7. Jg. (1956) S. 108ff. — WALGER, H., Vertriebskosten und Produktionsplanung bei Markenartikeln der Körperpflegeindustrie, Diss. Köln 1954. — Institut für Handelsforschung an der Universität zu Köln, Wege und Kosten der Distribution der Konsumwaren, Köln 1959.

also eine klare technische Grenze zwischen Fabrikation und Vertrieb und damit zwischen Fertigungs- und Absatzkosten. Die Unternehmen verzichten deshalb in solchen Fällen auf eine Ausgliederung der Verpackungskosten aus den Fertigungskosten. Die Versandkosten sind dann in den Fertigungskosten enthalten.

Auch die Kosten der Sortimentsgestaltung stellen grundsätzlich Vertriebskosten dar. Das gilt auch für die Kosten des Entwurfes oder des Ankaufes von Mustern und die Zusammenstellung der Kollektionen. Die Trennung dieser Kosten von den Fertigungskosten ist im allgemeinen nicht schwierig. Anders liegen die Dinge jedoch dann, wenn zum Beispiel eine Buntweberei zur Vervollständigung und Abrundung ihres Sortimentes von einem bestimmten Dessin 2000 m anfertigt, obwohl sich die Herstellung dieses Dessins erst bei einer Produktion von 5000 m lohnt. Da die Anfertigung der 2000 m Stoff lediglich aus verkaufspolitischen Gründen vorgenommen wird, müßten die Kosten dieser Verlustproduktion den Vertriebskosten zugerechnet werden. Eine solche Aufteilung und Zurechnung dieser Kosten ist praktisch aber sehr schwierig. Deshalb werden sie als Fertigungskosten verrechnet.

Diejenigen Aufwendungen, die in der Praxis als Erlösschmälerungen bezeichnet werden, sind von den Vertriebskosten in dem Sinne abzugrenzen, daß die dem Handel gewährten Grundrabatte nicht als Erlösschmälerungen anzusehen sind. Werden jedoch den Groß- oder Einzelhandelsbetrieben zusätzlich Rabatte gewährt, zum Beispiel rückwirkend in der Form eines Umsatzbonus oder Treuerabattes oder sofort bei Erteilung der Rechnung in Form von Barrabatten, Mengen- und Naturalrabatten, dann wird man davon auszugehen haben, daß diese Rabatte den Handelsbetrieben einen zusätzlichen Anreiz dafür bieten sollen, sich für die Erzeugnisse des Herstellerbetriebes mit besonderem Nachdruck einzusetzen. Aus diesem Grunde werden die Umsatzboni, die eine Art Rückvergütung darstellen, häufig nach der Höhe des Umsatzes gestaffelt. Oft wird aus den gleichen Gründen bei größeren Bestellungen zusätzlich ein Mengenrabatt von 1—2% gewährt, der sich nach der Höhe des Bestellwertes richtet. Diese zusätzlichen Rabatte, auch Leistungsrabatte genannt, sind in der Regel das Kennzeichen besonders scharfen Wettbewerbes zwischen den Herstellerbetrieben. Sie rechnen wie die Skonti, Retouren, Preisnachlässe, wie die Umsatzsteuer und die Debitorenverluste zu den Erlösschmälerungen, stellen also abrechnungstechnisch keine Absatz- oder Vertriebskosten dar.

Die Kosten der Rechnungsausstellung, des Inkassos und des Mahnwesens, auch die Kosten der Kreditbearbeitung sind grundsätzlich Vertriebskosten. Da diese Arbeiten ganz oder zum Teil im Rahmen der Geschäftsbuchhaltung durchgeführt werden, wird auch hier auf eine besondere Erfassung dieser Kosten als Vertriebskosten verzichtet. Sie werden als Verwaltungskosten verrechnet, obwohl sie Kosten des Absatzes sind.

2. Die Vertriebskosten lassen sich kostenrechnerisch gliedern in
Vertriebsgemeinkosten
Vertriebseinzelkosten
Sonder-Einzelkosten des Vertriebs.

Vertriebsgemeinkosten sind Vertriebskosten, die sich kalkulatorisch nicht unmittelbar den Kostenträgern zurechnen lassen. Kostenträger kann ein Erzeugnis, eine Erzeugnisgruppe oder ein Verkaufsauftrag sein.

Zu den Vertriebsgemeinkosten rechnen im allgemeinen:

a) Im Bereich des Vertriebes anfallende Arbeitsentgelte einschließlich der auf sie entfallenden gesetzlichen und freiwilligen Sozialleistungen, sofern sie sich nicht auf einen Kostenträger direkt zurechnen lassen.

b) Reisekosten, sofern sich eine direkte Zurechnung zu einem Auftrag nicht vornehmen läßt.

c) Sachaufwendungen allgemeiner Art, die im Zusammenhang mit der Auftragsabwicklung entstehen, insbesondere Büromaterial, Hilfsmaterial u. a.

d) Sachaufwendungen spezieller Art, die durch Spezialaufgaben des Vertriebes verursacht werden, insbesondere Ausgaben für die Beschaffung statistischen Materials zur Durchführung von Marktanalysen, für den Ankauf von Plakatentwürfen, die Anfertigung von Druckstöcken, die Beschickung von Ausstellungen und Messen, für den Ankauf von Stoffmustern oder die Herstellung von Musterstücken für die Warenkollektionen u. a.

e) Kosten für in Anspruch genommene Fremddienste, insbesondere Reparaturen und Instandsetzungen, Post-, Versicherungs-, Lade- und Umladegebühren, Gerichts- und Beratungsgebühren u. a.

f) Strom- und Energiekosten.

g) Mieten und Pachten.

h) Steuern und öffentliche Abgaben, sofern sie auf den Vertrieb entfallen (ohne Umsatzsteuer).

i) Kalkulatorische Abschreibungen auf Gebäude, maschinelle Einrichtungen, Inventar, Personen- und Lastkraftwagen, Kühl- und Tankwagen, Gleisanlagen, sofern sie dem Versand dienen, Abfall- und Verpackungseinrichtungen, sofern sie sich den Vertriebskosten zurechnen lassen.

k) Kalkulatorische Zinsen auf Gegenstände des Anlage- und des Umlaufvermögens, soweit diese Anlagen Vertriebszwecken dienen.

l) Umlagen von Verwaltungskosten, die auf den Vertriebsbereich entfallen.

Die Vertriebseinzelkosten bestehen vor allem aus:

a) Arbeitsentgelten, einschließlich gesetzlicher und freiwilliger Sozialleistungen, sofern sie in Form von Provisionen an betriebseigene oder betriebsfremde Verkaufsorgane bezahlt werden, wenn sie sich auf die einzelnen Erzeugnisse, Erzeugnisgruppen oder Verkaufsaufträge (Kostenträger) direkt zurechnen lassen.

b) Verpackungskosten, grundsätzlich sowohl die Kosten der Versandals auch der Verkaufspackungen; praktisch aber wohl nur die Kosten der Versandpackungen.

c) Versandkosten, das heißt die Kosten für Nah- und Fernzustellungen, sofern sie für den einzelnen Verkaufsauftrag errechenbar sind.

Unter Sondereinzelkosten des Vertriebs werden hier abweichend von den in der Literatur vertretenen Auffassungen nur diejenigen Kosten verstanden, die in ganz besonderer Weise mit der Erlangung eines Auftrages in Zusammenhang stehen, zum Beispiel Entwurfs- und Projektierungskosten, auch Reisekosten, die durch einen ganz bestimmten Auftrag verursacht werden, ferner Kosten für Sonderaufmachungen, auch Nachlässe und Gutschriften, die ein besonderes Entgegenkommen der Verkaufsleitung darstellen u. a.

Das Maß an Untergliederung, das ein Unternehmen für seine Vertriebskosten wählt, richtet sich nach den besonderen Umständen des einzelnen Falles, insbesondere nach dem Umfange, in dem die Vertriebsleitung bzw. Geschäftsführung aus Gründen der Betriebsüberwachung und genauer Selbstkostenermittlung über die Kostenvorgänge im Absatzbereich informiert zu sein wünscht.

3. Zur richtigen Erfassung der Vertriebskosten gehört auch die Unterteilung des Vertriebsbereiches in Kostenstellen. Bei der Aufstellung eines Kostenstellenplanes wird am besten von den Aufgaben und Tätigkeiten der Vertriebsabteilungen ausgegangen.

Im Vertriebsbereich der Unternehmen lassen sich diese Funktionen unterscheiden:

a) Die Führung des Vertriebsbereiches.
Kostenstelle: Vertriebsleitung.
b) Die Absatzvorbereitung.
Kostenstellen: Marktforschung, Absatzplanung.
c) Die Werbung.
Kostenstelle: Werbeabteilung; untergliedert nach räumlichen Gesichtspunkten, zum Beispiel Kostenstellen: Werbung Inland, Werbung Ausland, Werbung in Vertreterbezirken A, B, C ...; nach Erzeugnisarten, zum Beispiel Kostenstellen: Werbung Erzeugnis X, Erzeugnis Y usw.; nach Werbemitteln, zum Beispiel Werbebriefe, Werbeinserate.

d) Die Offertkalkulation.
Kostenstelle: Auftragsbüro.
e) Die Auftragsgewinnung.
Kostenstelle: Vertreterdienste.
f) Die Auftragsbearbeitung.
Kostenstellen: Verkaufsabteilung A, B, C ... (gegebenenfalls untergliedert nach Verkaufsabteilungen im Werk, Verkaufsabteilungen im Inland, im Ausland).
g) Die Auftragsabwicklung.
Kostenstellen: Versandpackerei (Expeditionsabteilung), Versandabteilung, Transportabteilung, Rechnungsabteilung, Zahlungsabwicklung.
h) Die Lagerunterhaltung.
Kostenstellen: Werksläger, Außenläger (Filialläger, Konsignations- und Auslieferungsläger im In- und Ausland).
i) Kundendienst.
Kostenstelle: Kundendienst, gegebenenfalls untergliedert regional und nach Warengattungen.

Die Frage, in welchem Umfange Kostenstellen nach dem angegebenen Katalog gebildet werden sollen, läßt sich nur von Fall zu Fall entscheiden. Je tiefer der Vertriebsbereich jedoch nach Kostenstellen gegliedert ist, um so genauer lassen sich die Vertriebsgemeinkostenzuschläge ermitteln.

4. Auch im Vertriebsbereich gilt der Grundsatz, daß jedes einzelne Erzeugnis oder jede Erzeugnisart oder jeder Verkaufsauftrag, also jeder Kostenträger, mit so viel Kosten, hier Vertriebskosten, zu belasten ist, wie er verursacht hat. Damit entsteht die Frage nach dem richtigen Verteilungsschlüssel der Vertriebsgemeinkosten auf die als Kostenträger geltenden Einheiten.

Die Herstellkosten (Selbstkosten, abzüglich Verwaltungs- und Vertriebskosten) sind keine einwandfreie Grundlage für die Verteilung der Vertriebsgemeinkosten auf die Kostenträger, wiewohl sie in der Praxis als Zuteilungsgrundlage bevorzugt werden. Zwischen den Vertriebskosten und den Herstellkosten besteht kein strenges proportionales Verhältnis. Das Vorliegen einer solchen Proportionalität zwischen Kosten und Verteilungsschlüssel muß aber vorausgesetzt werden, wenn den Kostenträgern jeweils die Kosten zugerechnet werden sollen, die sie verursacht haben. Betragen zum Beispiel die Herstellungskosten für ein Erzeugnis A 500 DM und ist der Vertriebskostenzuschlag auf 10% angesetzt, dann würden auf das Erzeugnis A 50 DM Vertriebskosten zugerechnet werden. Sind die Herstellkosten für das Erzeugnis B dagegen 1000 DM, dann erhält man bei einem Zuschlag von wiederum 10% Vertriebskosten in Höhe von 100 DM. Diese höhere Vertriebskostenzurechnung auf das Erzeugnis B ist nur dann gerechtfertigt, wenn sein Verkauf auch wirklich 50 DM mehr Kosten verursacht hat als der Verkauf des Erzeugnisses A. Daß diese Bedingung nur in seltenen Ausnahmefällen erfüllt sein wird, bedarf keines weiteren Nachweises. Die Herstellkosten sind also als Zurechnungsgrundlage für die Gemeinkosten ungeeignet. Diese Tatsache ist vor allem darauf zurückzuführen, daß die Höhe der Absatzkosten der Erzeugnisse von völlig anderen Faktoren als den Herstellungskosten bestimmt wird.

Bezieht man die Kosten des Vertriebs auf einen Kundenauftrag, dann muß zwischen Kosten unterschieden werden, die von der Auftragsgröße abhängig sind, und solchen Kosten, für die eine solche Abhängigkeit nicht besteht, also zwischen fixen und beweglichen Auftragskosten. Zu den auftragsfixen Kosten gehören zum Beispiel die Bearbeitungskosten des Auftrages in den Verkaufsabteilungen, die Kosten der Rechnungsausstellung, die Verbuchungskosten u. a. Ob ein Auftrag auf 100 oder 1000 DM lautet, beeinflußt diese Kosten nicht. Mit steigendem Auftragswert nehmen die auftragsfixen Kosten pro Einheit des Auftragswertes ab.

Die auftragsabhängigen Kosten können sich proportional zum Auftragswert verhalten; sie können aber auch in einem abnehmenden Verhältnis (degressiv) steigen. Proportionale Kosten sind die an Vertreter oder Reisende bezahlten Provisionen, wenn hierbei von einer bestimmten, sich nach den besonderen Verhältnissen in den Bezirken richtenden Provisionsstruktur ausgegangen wird. Degressiv verlaufende Auftragskosten sind die Verpackungskosten, die zwar absolut mit der Größe des Kundenauftrages zunehmen, auf den Wert der verpackten Erzeugnisse gerechnet, aber abnehmen. Die Kosten der Auftragsgewinnung unterliegen ganz anderen Verursachungen. Ihre Höhe richtet sich vor allem nach dem Marktwiderstand, also nach der Intensität der Anstrengungen, die erforderlich sind, um Aufträge in dem Bezirk zu erhalten, also nach der Art und Höhe des mit dem Vertreter vereinbarten Entgeltes, der Größe des Vertreterbezirkes und den Konkurrenzverhältnissen in den Bezirken. Auch der good-will der Erzeugnisse des Unternehmens, die Größe der zu erhaltenden Aufträge, die Rabattpolitik des Herstellerbetriebes, die Verkehrsmöglichkeiten in den Bezirken, die Unterstützung, die der Vertreter durch die seine Anstrengungen begleitenden absatzpolitischen Maßnahmen der Verkaufsleitung erhält, seine eigene Tüchtigkeit u. a. beeinflussen die Höhe der Auftragsgewinnungskosten. Nicht also die Höhe der Produktionskosten, sondern Art, Umfang und Intensität der Vertreterdienste bestimmen über die Höhe der Kosten, die die Gewinnung von Aufträgen verursacht. Daß diese Kosten in den Vertreterbezirken eine sehr unterschiedliche Höhe aufweisen müssen, leuchtet nach dem Gesagten ohne weiteres ein.

Nun sind aber die Vertreterdienste ein Teil des absatzpolitischen Instrumentariums der Unternehmen. Man kann deshalb auch erweiternd sagen: Die Höhe der Vertriebskosten richtet sich nach dem Gebrauch, den ein Unternehmen von seinem absatzpolitischen Instrumentarium macht. So ist die Höhe der Ausgaben für Werbezwecke allein das Ergebnis absatzpolitischer Planungen und Entscheidungen. Das gilt entsprechend auch für die anderen absatzpolitischen Instrumente, mit denen ein Unternehmen auf die Vorgänge in seinem Verkaufsbereich Einfluß nimmt. Die Vertriebskosten unterliegen nicht einer so strengen Gesetzmäßigkeit wie die Produktionskosten. Aus dieser Tatsache stammen die besonderen Schwierigkeiten der Vertriebskostenkalkulation.

Der Weg, der aus diesen Schwierigkeiten herauszuführen vermag, besteht allein darin, mit einem System von Vertriebskostenzuschlägen zu arbeiten, das heißt für jede irgendwie bedeutsame Kostenstelle einen besonderen Zuschlag zu berechnen, zum Beispiel: Versandzuschläge, Lagerzuschläge, Werbezuschläge u. a. Mehrproduktbetriebe können sich dieser Forderung nicht entziehen, es sei denn, daß der Vertrieb der Erzeugnisse die Vertriebsabteilungen gleichmäßig beansprucht. Ist das nicht der Fall, und will man gleichwohl im Vertriebsbereich möglichst genau rechnen, dann führt kein Weg daran vorbei, das Vertriebskosten-Zuschlagssystem aufzufächern und zu verfeinern.

5. Über die Höhe der Verteilungs- oder Distributionskosten eines Artikels der Markenartikelindustrie (Körperpflegemittel) unterrichtet folgende Übersicht[1]:

		Distributionskosten
Verbraucherpreis	DM 1,—	
˙/. Grundrabatte	DM 0,383	DM 0,383
Bruttoerlös des Herstellerbetriebes	DM 0,617	
˙/. Erlösschmälerungen (8,83% von 0,617)	DM 0,054	DM 0,054
Nettoerlös des Herstellbetriebes	DM 0,563	
˙/. Vertriebskosten (34,7% von 0,563)	DM 0,213	DM 0,213
Produktionskosten und Gewinn des Herstellbetriebes	DM 0,350	DM 0,650

Hiernach ergibt sich, daß der Preis, den die Verbraucher zahlen, zu annähernd zwei Dritteln auf Distributionskosten entfällt. Nur ein Drittel verbleibt für die Deckung der Produktionskosten und als Gewinn des Unternehmens.

Die Vertriebskosten bzw. die Distributionskosten sind von Unternehmen zu Unternehmen, von Wirtschaftszweig zu Wirtschaftszweig und zu verschiedenen Zeitpunkten unterschiedlich hoch. Die Tabelle 2 gibt Einblick in die Höhe der Vertriebskosten von Unternehmen, die Hausratwaren herstellen; die Tabellen 3 und 4 enthalten die Zusammen-

---

[1] WALGER, a. a. O., S. 62.

Tabelle 2. Vertriebskosten der Erzeuger von Hausratwaren[1] (in % der Erzeugerverkaufspreise).

Warengruppe	Vertriebskosten im Durchschnitt	Maximal	Minimal
Haus- und Küchengeräte	19,6	34,4	10,2
Glas, Porzellan und Keramik	17,5	31,0	9,9
Bestecke und Schneidwaren	24,1	40,0	17,8
Herde, Waschmaschinen, Kühlschränke	18,6	22,4	13,2
Elektrogeräte, Beleuchtung	20,7	28,2	15,9

Tabelle 3. Gliederung der Vertriebskosten der Erzeuger nach Kostenarten[2] (in % der Gesamtvertriebskosten).

Artikelgruppen	Personalkosten einschließlich Unternehmerlohn	Provisionen	Reisekosten und Spesen	Reklamekosten	Versandverpackungsmaterial, Ausgangsfrachten und Fuhrpark für Vertrieb	6% kalkulatorische Zinsen	Umsatzsteuer	Sonstige Kosten	Gesamtvertriebskosten
Seifen, Wasch-, Putz- und Reinigungsmittel	3,7	10,2	4,6	41,9	21,8	2,1	12,3	3,4	100,0
Fußboden- und Schuhpflegemittel	15,3	18,5	7,0	23,4	12,8	3,1	10,4	9,5	100,0
Verbandstoffe und Pflaster	20,8	16,9	2,7	10,6	16,8	4,3	15,7	12,2	100,0
Photoapparate und -zubehör	10,4	19,3	1,8	30,2	6,3	6,7	18,0	7,3	100,0
Optische und feinmechanische Artikel	22,5	21,6	3,4	12,2	6,4	6,9	19,6	7,4	100,0
Spielwaren	18,4	10,6	2,1	11,4	7,1	10,7	28,4	11,3	100,0
Schmuck- und Silberwaren	22,2	8,9	5,2	5,9	5,9	12,6	29,6	9,7	100,0
Rundfunk- und Fernsehgeräte	9,7	12,9	1,3	14,2	18,1	9,6	25,8	8,4	100,0
Kraftfahrzeuge	11,0	0	2,7	16,4	1,4	4,1	54,8	9,6	100,0
Motorräder und Motorroller, Mopeds, Fahrräder	11,4	17,5	2,0	14,1	11,4	11,4	26,8	5,4	100,0

[1] Institut für Handelsforschung an der Universität zu Köln, Wege und Kosten der Distribution der Hausratwaren im Lande Nordrhein-Westfalen, Köln 1955, S. 54, Tabelle 22 (gekürzt).

[2] Institut für Handelsforschung an der Universität zu Köln, Wege und Kosten der Distribution der Konsumwaren, Köln 1959, S. 88f., Tabelle 24 (gekürzt).

setzung und Gliederung der Vertriebskosten nach Kostenarten und die Distributionskosten verschiedener Konsumwaren.

Die Tabelle 3 läßt deutlich erkennen, wie groß die Unterschiede sind, die zwischen den Vertriebskosten und ihrer Struktur in den einzelnen Produktionszweigen bestehen.

Einen interessanten Einblick in die Verteilungskosten gewährt die Tabelle 4.

Tabelle 4. Distributionskosten verschiedener Konsumwaren im Jahre 1956[1] (in % der Konsumentenkaufpreise).

Artikelgruppen	Produktionskosten [2]	Distributionskosten [3]			
		insgesamt	davon		
			Vertriebs-kosten der Erzeuger	Großhandels-spanne	Einzelhandels-spanne
Seifen, Wasch-, Putz- und Reinigungsmittel	43,9	56,1	21,7	7,2	27,2
Fußboden- und Schuhpflegemittel	41,2	58,8	26,5	5,2	27,1
Verbandstoffe und Pflaster	39,7	60,3	13,6	3,0	43,7
Photoapparate und -zubehör	49,6	50,4	14,2	0,4	35,8
Optische und feinmechanische Artikel	46,1	53,9	12,1	5,7	36,1
Spielwaren	51,5	48,5	8,7	3,5	36,3
Schmuck- und Silberwaren	42,5	57,5	7,2	9,0	41,3
Rundfunk- und Fernsehgeräte	51,9	48,1	9,6	5,8	32,7
Kraftfahrzeuge	77,5	22,5[4]	6,2	—	16,3
Motorräder und Motorroller, Mopeds, Fahrräder[5]	68,3	31,7	11,9	0,4	19,4

Die Tabelle 4 zeigt deutlich den hohen Anteil der Distributionskosten an den Verkaufspreisen konsumnaher Erzeugnisse. Diese Kosten betragen im allgemeinen 50 bis 60% des Verkaufspreises dieser Waren. Die Einzelhandelsspanne liegt in der Regel um ein Vielfaches über den Vertriebskosten der Herstellerbetriebe. Die Verteuerung durch den Absatz über den Großhandel fällt nicht sehr stark ins Gewicht. Im übrigen läßt die Tabelle 4 deutlich erkennen, daß die Verteilung der Fabrikationserzeugnisse an die Konsumenten, verglichen mit der Produktion dieser Güter, ungewöhnlich hohe Kosten verursacht. Zwar

---
[1] Institut für Handelsforschung an der Universität zu Köln, Wege und Kosten der Distribution der Konsumwaren, Köln 1959, S. 95, Tabelle 27 (gekürzt).
[2] Herstellkosten, anteilige Verwaltungskosten und Gewinn der Erzeuger.
[3] Vertriebskosten der Erzeuger, Handlungskosten und Gewinn der Händler.
[4] Die vom Verbraucher zu zahlenden Transportkosten sind nicht erfaßt.
[5] Ohne im Handel konfektionierte Fahrräder.

lassen die in den Tabellen 2 bis 4 enthaltenen Zahlen keinen Schluß darauf zu, ob der Apparat, der der Verteilung des gesamtwirtschaftlichen Warensortiments dient, rationell arbeitet. Denn die Tabellenwerte sind Durchschnittswerte von Istwerten. Nur die Gegenüberstellung dieser Istwerte mit Sollwerten, in denen das Maß an betriebstechnischer und betriebsorganisatorischer Vollkommenheit zum Ausdruck kommen würde, läßt eine Aussage über den Grad der erreichten Wirtschaftlichkeit des einzelwirtschaftlichen Verteilungsapparates zu. So zeigen denn die in den Tabellen enthaltenen Angaben mehr die allgemeine Struktur der Vertriebs- und Verteilungskosten als die betriebstechnische Wirtschaftlichkeit, die die Einzel- und Großhandelsbetriebe erreicht haben. Sicherlich läßt sich diese Wirtschaftlichkeit steigern. Aber auf der anderen Seite ist nicht zu verkennen, daß wachsende Ansprüche der Konsumenten an die Reichhaltigkeit des Sortiments, die Güte der Warendarbietung und des Kundendienstes steigende Kosten verursachen. Gleichwohl läßt sich nicht sagen, daß die Möglichkeiten rationeller Gestaltung des gesamtwirtschaftlichen Verteilungsapparates erschöpft seien.

Viertes Kapitel.
Die Absatzplanung.

I. Die realen Bestimmungsgrößen der Absatzhöhe.
II. Das absatzpolitische Risiko.
III. Die absatzpolitische Information.
IV. Der Absatzplan.

I. Die realen Bestimmungsgrößen der Absatzhöhe.

1. Trendvariable und Instrumentalvariable.
2. Aktionen und Reaktionen.
3. Das Verhältnis zwischen Trend- und Instrumentalvariablen.
4. Die optimale Kombination des absatzpolitischen Instrumentariums.
5. Die gewinngünstigste Absatzmenge.

1. Die erste Frage, die es im Zusammenhang mit der Absatzplanung zu erörtern gilt, lautet: Welche realen Größen bestimmen die Höhe des Absatzes von Unternehmungen, die unter marktwirtschaftlichen Bedingungen arbeiten?

a) Offenbar wird die Absatzentwicklung eines solchen Unternehmens von der Richtung und dem Tempo des gesamtwirtschaftlichen Wachstumsprozesses mitbestimmt. Jede Beschleunigung dieses Prozesses liefert neue und zusätzliche Antriebe in den absatzwirtschaftlichen Raum der Unternehmen, jede Verlangsamung seines Tempos hemmt die Absatzentwicklung. Dieser große gesamtwirtschaftliche Prozeß ist in jedem der vielen einzelbetrieblichen Firmenmärkte wirksam, wie sehr sich die Märkte auch durch Individualität und Einmaligkeit unterscheiden mögen. Kein Unternehmen kann sich dem Trend dieser gesamtwirtschaftlichen Entwicklung entziehen. Der Prozeß läuft unabhängig von den einzelnen Unternehmen ab, deren Macht nicht ausreicht, um auf ihn gestaltend Einfluß zu nehmen. Sie spüren ihn in ihren Absatzmärkten, aber er bleibt außerhalb ihres Einflußbereiches.

Durch den Trend der gesamtwirtschaftlichen Entwicklung sind alle Unternehmen einer Volkswirtschaft in ein gemeinsames Schicksal verknüpft. Sie werden von dieser Entwicklung erfaßt und mitgetragen, ohne ihr Verdienst oder ohne ihr Verschulden. Ob ihre absatzpolitischen Anstrengungen Erfolg haben, hängt nicht nur von ihrem absatzpolitischen Geschick oder Versagen ab. Der Trend der wirtschaftlichen Entwicklung bestimmt diesen Erfolg mit.

Auf der Grundlage dieser allgemeinen Entwicklung vollziehen sich Sonderentwicklungen innerhalb der einzelnen Produktions- und Geschäftszweige. Sie können auf Sonderkonjunkturen, Bedarfsverschiebungen besonderer Art, spezielle technische Entwicklungen oder andere Ursachen zurückzuführen sein. Auch diese Vorgänge liegen im wesentlichen außerhalb des Einflußbereiches der einzelnen Unternehmen, die ihnen aber unterworfen und so in den Trend dieser speziellen Entwicklung eingefügt bleiben. Sie spüren diesen Trend als eine ihre Absatzentwicklung fördernde oder hemmende Kraft.

Jedes Unternehmen kennzeichnet sich zudem durch einen Trend seiner besonderen wirtschaftlichen Existenz. Reagibilität und Spontaneität, Weite oder Enge der Perspektiven, in denen die wirtschaftlichen und technischen Entwicklungen gesehen und in Entschlüsse umgesetzt werden, Erfolge und Mißerfolge, Größe und Ansehen, Marktanteil und technisches Vermögen, Vergangenheit und Gegenwart treffen sich in diesem Trend. Kurzfristig stellt er, so kann man fast sagen, eine gegebene Größe dar. Nur langfristig ändert er sich. Alle absatzpolitischen Maßnahmen, die ein Unternehmen trifft, reflektieren in diesen Trend, denn es ist nicht das gleiche, ob ein Unternehmen A oder ein Unternehmen B eine Preisherabsetzung vornimmt oder ein neues Erzeugnis auf den Markt bringt. In diesem Sinne wird hier der Unternehmenstrend als eine Absatzeinflußgröße sehr realer und oft sehr bestimmender Art angesehen.

Der allgemeine Wachstumstrend, der Trend der speziellen Entwicklung eines Produktions- oder Geschäftszweiges und der Unternehmungstrend sind drei Absatzeinflußgrößen. Sie seien als „Trendvariable" bezeichnet.

b) Damit stellt sich die weitere Frage: Welche Mittel und Möglichkeiten besitzen die Unternehmen, um auf die Vorgänge in ihren Absatzmärkten einzuwirken? Welcher Art sind die Instrumente, die ihnen zur Verfügung stehen, um den Absatz zu beschleunigen oder zu verlangsamen, seine Richtung zu ändern, seine werbende Wirkung zu erhöhen?

Zur Erfüllung dieser Aufgaben ist den Unternehmen ein bestimmtes absatzpolitisches Instrumentarium in die Hand gegeben, das nunmehr kurz aufgezeigt werden soll.

α) Ein Unternehmen kann vor der Wahl stehen, seinen Verkauf zu zentralisieren oder zu dezentralisieren. Vieles mag im einzelnen Fall für die Errichtung eigener Niederlassungen sprechen, viele Umstände mögen aber auch Veranlassung geben, die Verkaufsabteilung zentral zu organisieren. Es ist das eine Frage des „Vertriebssystems". Weiter besteht die Möglichkeit, daß der Geschäftsinhaber die Erzeugnisse des Unternehmens selbst verkauft, aber auch, daß Angestellte (Reisende) eingestellt und mit dem Verkauf betraut werden. Die Unternehmen können aber auch die Hilfe von Handelsmaklern in Anspruch nehmen, die selbständige Kaufleute sind. In diesem Falle handelt es sich um eine Frage der „Absatz- oder Vertriebsform". Schließlich kann ein Unternehmen vor der Wahl stehen, entweder direkt an die Endabnehmer zu verkaufen oder den Handel als Zwischenglied einzuschalten. Welchen Absatzweg es wählt, hängt von vielen, in der Regel sehr betriebsindividuellen Umständen ab. Auch Finanzierungserleichterungen und Kundendienst können für die Absatzgestaltung von Bedeutung sein.

Vertriebsform, Absatzform, Absatzwege und Service im weitesten Sinne des Wortes (einschließlich Finanzierungserleichterungen) sollen hier unter dem Begriff der Absatz- oder Vertriebsmethode zusammengefaßt werden. Sie stellt ein erstes absatzpolitisches Instrument dar, das den Unternehmen zur Verfügung steht, wenn sie auf ihren Absatz gestaltend Einfluß nehmen wollen.

β) Der Erfolg absatzpolitischer Anstrengungen richtet sich aber auch nach den Eigenschaften der Waren, die ein Unternehmen verkauft. Oft sind es weniger die Eigenschaften der Ware selbst als die Reichhaltigkeit des Verkaufsprogramms oder Warensortiments, auf denen die werbende Wirkung der Verkaufsbemühungen des Unternehmens beruht. So gibt es viele Fälle, in denen es sehr ungünstig ist, nur ein begrenztes Sortiment anbieten zu können.

Die Form des Wettbewerbs, bei der die einzelnen Unternehmen mit den Eigenschaften ihrer Erzeugnisse oder ihrer Sortimente konkurrieren, wird Qualitätskonkurrenz genannt.

Alle Maßnahmen, die darauf gerichtet sind, die Erzeugnisse so zu gestalten, daß sie ein Höchstmaß von akquisitorischer Wirkung erzielen, sollen unter dem Begriff Produktgestaltung oder auch Produkt- und Sortimentsgestaltung zusammengefaßt werden. Hierbei wird der Begriff Produktgestaltung absatzpolitisch, nicht fertigungstechnisch aufgefaßt.

Die „Produkt- und Sortimentsgestaltung" stellt ein zweites absatzpolitisches Instrument im Wettbewerbskampf der Betriebe dar. Mit ihrer Hilfe sind die Unternehmen in der Lage, auf das Marktgeschehen in ihren Absatzbereichen gestaltend Einfluß zu nehmen.

γ) Viele Unternehmen machen heute von den Möglichkeiten Gebrauch, die ihnen die Methoden der modernen Werbung bieten. Oft kommt die Werbung über eine gewisse Warenankündigung nicht hinaus. Sie unterstützt in solchen Fällen den Verkauf mehr, als daß sie ihm ihr Gepräge gibt. In vielen Zweigen der Wirtschaft hat sich jedoch die Werbung zu einem wichtigen Mittel der Absatzpolitik entwickelt, dessen erfolgreiche Anwendung Kenntnisse und Erfahrungen besonderer Art voraussetzt. Täglich erobert sich die Werbung neue Möglichkeiten. Sie macht sich dabei die Methoden der Individual- und Massenpsychologie, der Meinungsforschung, die der Erfolgskontrolle und die Ausdrucksmöglichkeiten künstlerischer Gestaltung u. a. zunutze. So gesehen, stellt die „Werbung" ein drittes absatzpolitisches Instrument dar, ohne das die Absatzprobleme in vielen Unternehmungen nicht zu lösen sind.

δ) So unbestreitbar es ist, daß der Preisbildungsprozeß einen gesamtwirtschaftlichen Tatbestand (makroökonomischer Art) bildet, so wenig läßt sich auf der anderen Seite verkennen, daß es in der Regel die einzelnen Unternehmen selbst oder auch bestimmte Unternehmungsgruppen sind, die die Preise festsetzen, zu denen sie bereit sind, ihre Erzeugnisse oder Waren zu verkaufen. Sind es aber die Unternehmen, die die Preise stellen, dann ist die Preispolitik auch ein einzelwirtschaftlicher (mikroökonomischer) Tatbestand und damit ein betriebswirtschaftliches Thema. Wie später noch ausführlich zu zeigen sein wird, sind die Mittel und Möglichkeiten preispolitischer Aktivität begrenzt. Gleichwohl stehen alle Unternehmungen täglich vor der Aufgabe, für ihre Erzeugnisse, Waren oder Dienstleistungen den richtigen Preis zu finden. Jedes Unternehmen versucht, diese Aufgabe auf seine Weise zu lösen. Ob die Lösung richtig ist, wird sich dann später herausstellen. Jedenfalls sind die Unternehmungen mit Hilfe preispolitischer Maßnahmen imstande, auf die Verhältnisse in ihrem Absatzbereich gestaltend Einfluß zu nehmen. Diese Tatsache allein interessiert hier. Wenn nun auch im Verlauf der letzten Jahrzehnte die Qualitätskonkurrenz und die Werbekonkurrenz immer mehr als Wettbewerbsmittel neben die Preiskonkurrenz getreten sind, so hat deshalb die absatzpolitische Bedeutung der Preisstellung weder in volkswirtschaftlicher noch in betriebswirtschaftlicher Sicht an Bedeutung verloren. Aber es ist klar, daß die Preispolitik ein um so wirksameres absatzpolitisches Mittel ist, je mehr der volkswirtschaftliche Preisbildungsprozeß von störenden und hemmenden Elementen frei ist. Die „Preispolitik" ist das vierte absatzpolitische Instrument von Unternehmen, die unter marktwirtschaftlichen Bedingungen arbeiten.

Absatzmethode, Produktgestaltung, Werbung und Preispolitik sind die vier Hauptinstrumente, die den Unternehmungen die Möglichkeit geben, Absatzpolitik zu betreiben. In diesem Sinne stellen sie Absatzeinflußgrößen dar. Sie seien „Instrumentalvariable" genannt und sollen unter dem Ausdruck „absatzpolitisches Instrumentarium" zusammengefaßt werden.

Die Trendvariablen: Trend der allgemeinen, der speziellen und der Unternehmensentwicklung werden durch die Instrumentalvariablen: Absatzmethode, Produktgestaltung, Werbung und Preispolitik ergänzt. Trend- und Instrumentalvariable bilden zusammen das System der Einflußgrößen, das die Höhe des Absatzes eines Unternehmens bestimmt. Es handelt sich bei diesen Größen um reale, nicht um Planungsgrößen.

2. Als Ausgangslage sei ein bestimmter Zustand des absatzpolitischen Verhaltens einer Gruppe konkurrierender Unternehmen angenommen. Ein Unternehmen (oder eine Anzahl von Unternehmen) ändert sein (ihr) Verhalten. Die Entfaltung einer solchen absatzpolitischen Aktivität braucht nicht notwendig bei den Käufern oder Konkurrenten eine Änderung des Kaufverhaltens oder des Konkurrenzverhaltens (gegebener Einsatz des absatzpolitischen Instrumentariums) auszulösen. Es kann aber ebensogut zu Änderungen im Verhalten der Käufer und Konkurrenten kommen. So besteht die Möglichkeit, daß als Folge einer Intensivierung der absatzpolitischen Anstrengungen, zum Beispiel einer Verbesserung der Absatzmethoden (der Absatzorganisation, der Absatztechnik) mehr Personen als bisher die Erzeugnisse des Unternehmens kaufen. Aber der Fall ist auch denkbar, daß die Konkurrenzunternehmen ihre Verkaufsmethoden verbessern und so den absatzpolitischen Druck auffangen, der von den Initiatorunternehmen ausging. Ähnliche Reaktionen können auftreten, wenn ein Unternehmen mit verbesserten Erzeugnissen oder attraktiverem Sortiment auf dem Markt erscheint. Werden die Käufer durch das neue Warenangebot angezogen, dann fühlen sich die Konkurrenten unter Umständen veranlaßt, ebenfalls neue Erzeugnisse oder Sortimente auf den Markt zu bringen. Ähnliche Situationen ergeben sich für den Fall, daß ein Unternehmen eine große Werbekampagne startet. In diesem Falle besteht die Möglichkeit, daß auch die Konkurrenten auf die Werbemaßnahmen reagieren und Gegenmaßnahmen ergreifen. Das gilt sinngemäß auch für preispolitische Maßnahmen.

Grundsätzlich läßt sich deshalb sagen:

Wenn ein Unternehmen (A) absatzpolitische Maßnahmen ergreift, dann kann der Fall eintreten, daß die Käufer und/oder die Konkurrenten (B, C, ...) reagieren. Ist das der Fall, dann kann sich das Initiatorunternehmen (A) in die Lage versetzt sehen, nun seinerseits wieder auf die absatzpolitischen Maßnahmen der reagierenden Unternehmen (B, C, ...) mit neuen Absatzmaßnahmen antworten zu müssen. Als Folge dieses Verhaltens des Unternehmens (A) reagieren unter Umständen die Käufer und/oder die Konkurrenten (B, C, ...). Auch der Fall ist jederzeit vorstellbar, daß die Konkurrenzunternehmen (B, C, ...) von sich aus, autonom, absatzpolitisch aktiv werden und das Unternehmen (A) sich an diese Situation anpassen und absatzpolitische Gegenmaßnahmen ergreifen muß. Der Prozeß kann als sich fortsetzend gedacht werden.

Es gibt also

1. Reaktionen der Käufer, zurückzuführen auf autonome absatzpolitische Aktionen des Unternehmens (A) oder auf absatzpolitische Reaktionen des Unternehmens (A),

2. Reaktionen der Konkurrenten, zurückzuführen auf autonome absatzpolitische Aktionen des Unternehmens (A) oder auf absatzpolitische Reaktionen des Unternehmens (A) oder auf Aktionen der Käufer (Käufervereinigungen),

3. Reaktionen des Unternehmens (A) selbst, zurückzuführen auf autonome absatzpolitische Aktionen der Konkurrenzunternehmen (B, C, ...) oder auf absatzpolitische Reaktionen der Konkurrenzunternehmen (B, C, ...) oder auf Aktionen der Käufer (Käufervereinigungen).

Stellen R_k die Reaktionen der Käufer, R_w die Reaktionen der Konkurrenten (Wettbewerber), R_u die Reaktionen des Unternehmens selbst, Tr die Trends der allgemeinen und speziellen Entwicklung und den Unternehmenstrend, X den Absatz des Unternehmens dar, dann läßt sich die Abhängigkeit des Absatzvolumens von den Absatzeinflußgrößen durch die Funktion

$$X = \varphi(R_k, R_w, R_u, Tr)$$

ausdrücken.

Der marktwirtschaftliche Prozeß besteht somit aus einem In- und Nebeneinander von absatzpolitischen Aktionen, Reaktionen und Nicht-Reaktionen, die die Absatzhöhe eines Unternehmens bestimmen. Wenn oben gesagt wurde, daß die absatzpolitischen Instrumente zusammen mit den Trends der allgemeinen, speziellen und der Unternehmensentwicklung die Absatzhöhe determinieren, so ist dem nunmehr hinzuzufügen: Nicht die absatzpolitischen Instrumente als solche, sondern die Reaktionen, die der Einsatz der absatzpolitischen Instrumente auslöst, bestimmen zusammen mit den angegebenen drei Trends das Absatzvolumen eines Unternehmens. Dabei ist es prinzipiell gleichgültig, ob diese Reaktionen durch autonome Aktionen des Unternehmens verursacht wurden, ob sie bereits wieder Reaktionen auf Reaktionen sind, und ob sich der Prozeß zwischen Aktion und Reaktion fortsetzt oder ob er zum Stillstand kommt.

3. Wie ist das Verhältnis zwischen den Trendvariablen und den Instrumentalvariablen zu bestimmen?

Angenommen, der Absatz eines Unternehmens sei zum Zeitpunkt t_0 gleich x_0; zum Zeitpunkt t_n sei er um $\varDelta x_1$ auf x_n gestiegen. Das Unternehmen habe in der zugrunde liegenden Periode T (t_0 bis t_n) seine Verkaufsanstrengungen verstärkt und von den Möglichkeiten des absatzpolitischen Instrumentariums Gebrauch gemacht. Zu untersuchen ist, durch welche Größen die Absatzsteigerung $\varDelta x_1$ verursacht worden ist.

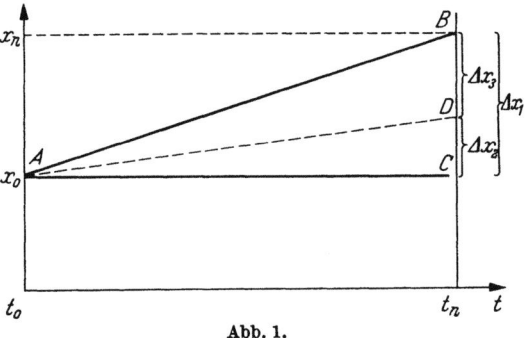

Abb. 1.

In Abb. 1 ist auf der Abszissenachse die Zeit und auf der Ordinatenachse die Absatzmenge abgetragen. Die Kurve AB zeigt die Entwicklung des Absatzes in der Periode T. Die Absatzzunahme $\varDelta x_1$ ist allein auf den verstärkten Einsatz des absatzpolitischen Instrumentariums zurückzuführen, wenn sich der Trend der allgemeinen und speziellen wirtschaftlichen Entwicklung in der Periode T nicht geändert hat. Diese Annahme über die Trends liegt der Trendlinie AC zugrunde. Hat sich dagegen der Trend der allgemeinen und speziellen Entwicklung geändert, ist zum Beispiel der Trend angestiegen, dann ist die Erhöhung des Absatzes um $\varDelta x_1$ nicht allein durch die absatzpolitischen Anstrengungen des Unternehmens verursacht worden. Wird die Trendentwicklung durch die Trendlinie AD gekennzeichnet, dann ist ein Teil der Absatzzunahme, in der Abb. 1 $\varDelta x_2$, auf die günstige Entwicklung der allgemeinen und speziellen wirtschaftlichen Lage zurückzuführen. Damit der Absatz x_n im Zeitpunkt t_n erreicht wird, hat es in diesem Falle geringerer Verkaufsanstrengungen bedurft als bei horizontal verlaufendem Trend. Der durch den verstärkten Einsatz des absatzpolitischen Instrumentariums erreichte Mehrabsatz beträgt in diesem Falle $\varDelta x_3$ und nicht $\varDelta x_1$. Für einen fallenden Entwicklungstrend gelten entsprechende Überlegungen.

Die Trendvariablen haben also, was ihren Einfluß auf die Absatzentwicklung eines Unternehmens anbetrifft, durchaus den gleichen Charakter wie die Instrumentalvariablen, nur daß sie von der Unternehmung nicht als Aktionsparameter benutzt werden können.

4. Wie soll sich ein Unternehmen entscheiden, wenn es die Wahl zwischen mehreren alternativen Möglichkeiten absatzpolitischen Verhaltens hat? Stellt man diese Frage dem Verkaufsdirektor eines großen Unternehmens, so wird er vielleicht antworten: Solange auch nur eine DM, die ich für die Werbung ausgebe, eine größere Umsatzsteigerung bewirkt als eine DM Investition in einen neuen Erzeugnistyp oder in die Absatzorganisation, so lange werde ich die eine DM in die Werbung investieren. Erst wenn eine DM, die ich für die Werbung ausgebe, die angegebene Wirkung nicht mehr hat, werde ich überlegen, ob ich mit dem Geld nicht die Entwicklung des neuen Erzeugnistyps beschleunigen oder neue Absatzorganisationen aufbauen soll.

Diese keineswegs erfundene Antwort, so unpräzise sie sein mag, führt einen Schritt weiter in das Problem hinein, das hier erörtert werden soll. Um die Problemsituation ganz scharf herausarbeiten zu können, seien die beiden Annahmen gemacht, daß das Unternehmen die Wirkung seiner absatzpolitischen Instrumente und ihre Kosten kennt.

Zunächst läßt sich ganz allgemein sagen: Wenn ein Unternehmen seinen Absatz zu steigern beabsichtigt oder sich veranlaßt sieht, Gegenmaßnahmen gegen eine ungünstige Absatzentwicklung zu ergreifen, dann stehen ihm hierfür viele Möglichkeiten zur Verfügung. Es kann zum Beispiel die Verkaufspreise herabsetzen oder werbepolitische Maßnahmen ergreifen, um den Marktwiderstand zu überwinden und den Absatz zu steigern oder sein Absinken zu verhindern.

Vielleicht ist es viel vorteilhafter, die Erzeugnisse zu verbessern, das Sortiment zu erweitern oder die Verkaufsmethoden zu ändern. Diese Maßnahmen können isoliert oder miteinander verbunden vorgenommen werden, wobei dann allerdings zu beachten ist, daß zwischen den absatzpolitischen Instrumenten ein enger Zusammenhang bestehen kann. Er kommt zum Beispiel darin zum Ausdruck, daß die Wirkung von Preisänderungen eine andere ist, je nachdem, ob sie allein oder in Verbindung mit anderen absatzpolitischen Maßnahmen vorgenommen werden. Das System der absatzpolitischen Instrumente ist weitgehend interdependent.

Nun verlangt der Einsatz absatzpolitischer Instrumente in der Regel finanziellen Aufwand. Die Ausgaben für die Intensivierung der Werbung, für Verbesserungen der Erzeugniseigenschaften oder die Vertriebsmethode stellen finanzielle Opfer dar. Das gilt auch für den Mindererlös, der je Erzeugnis oder Leistungseinheit in Kauf genommen werden muß, wenn der Verkaufspreis gesenkt wird, um den Absatz zu beleben.

Diese finanziellen Opfer sind Kosten, die die absatzpolitischen Instrumente verursachen.

Ein Unternehmen habe nun darüber zu entscheiden, in welchem Maße es von den vier absatzpolitischen Instrumenten Gebrauch machen soll. Die Absatzmethode sei mit V_1, die Produktgestaltung mit V_2, die

Werbung mit V_3 und die Preispolitik mit V_4 bezeichnet. Die Kosten, die der Gebrauch des absatzpolitischen Instrumentariums verursacht, wenn der Absatz von x_0 auf x_n gesteigert werden soll, mögen z_1 bis z_4 genannt werden. Ihre Summe sei K_A. Jede Veränderung von z_i ($i = 1, \ldots, 4$) löst eine ganz bestimmte Wirkung auf den Absatz aus.

Das Unternehmen hat nun die Möglichkeit, sein Ziel mit Hilfe verschiedener Kombinationen der absatzpolitischen Instrumente zu erreichen. Eine dieser Kombinationen ist die günstigste. Sie ist zu bestimmen.

Solange noch die Absatzwirkung der letzten Kosteneinheit in einer Richtung kleiner ist bzw. als kleiner angenommen wird als die Wirkung der gleichen Kosteneinheit in einer anderen Richtung, ist es von Vorteil, die Kombination zu ändern. Erst dann, wenn die letzten Kosteneinheiten in jeder Richtung die gleiche absatzpolitische Wirkung erzielen, besteht keine Veranlassung mehr, Änderungen in der Kombination des absatzpolitischen Instrumentariums vorzunehmen.

Diejenige Kombination, die diese Bedingung erfüllt, ist die optimale Kombination des absatzpolitischen Instrumentariums. Eine solche Kombination strebt jedes Unternehmen an, das unter marktwirtschaftlichen Bedingungen arbeitet.

Die zwischen den Aufwendungen für die einzelnen absatzpolitischen Instrumente und dem Absatz bestehende Beziehung sei durch die Funktion

$$x = F(z_1, z_2, z_3, z_4)$$

gekennzeichnet. Die optimale Kombination ist dann verwirklicht, wenn

$$\frac{\partial F}{\partial z_1} = \frac{\partial F}{\partial z_2} = \frac{\partial F}{\partial z_3} = \frac{\partial F}{\partial z_4}$$

ist, d. h. wenn die partiellen Ableitungen der Funktion F einander gleich sind.

Die Leitung jedes Unternehmens richtet sich bei ihren absatzpolitischen Maßnahmen, soweit sie das absatzpolitische Instrumentarium zum Gegenstand haben, nach diesem Optimum aus. Die Unternehmensleitung würde zweifelsfrei richtig disponiert haben, wenn sie die durch die Gleichung angegebene optimale Situation erreicht hätte. Daß sie dieses Optimum niemals in vollkommener Weise realisieren kann, hängt mit der Ungewißheit zusammen, in der sie ihre Entscheidungen treffen muß.

5. Ähnliche Überlegungen gelten für die Beantwortung der Frage, welche Absatzmenge die günstigste ist. Wiederum handelt es sich um die Bestimmung eines Optimums, nach dem die Verkaufsleitung ihre absatzpolitischen Maßnahmen auszurichten bestrebt ist. Nimmt man an, daß die Verkaufsleitung alle Aktionen, Reaktionen ihrer Kunden und Konkurrenten und die Trends kennt, dann ist die günstigste Absatz-

menge leicht zu bestimmen. Sie ist offenbar diejenige, die die gewinngünstigste ist.

In der Abb. 2 sind auf der Abszissenachse die Absatzmengen, auf der Ordinatenachse die Grenzerlöse bzw. die Grenzkosten abgetragen. Die Kurve $E'(x)$ gibt die Grenzerlöse unter der Voraussetzung an, daß zu dem im Zeitpunkt t_0 geltenden Preise p_0 jede beliebige Menge abgesetzt werden kann. Mindererlöse (Mehrerlöse), die sich als Folge einer aus absatzpolitischen Gründen vorgenommenen Preisänderung ergeben, sind den Kosten K_A zugerechnet.

Jeder Absatzmenge läßt sich ein bestimmter Kostenbetrag (Kosten für den Einsatz des absatzpolitischen Instrumentariums) zuordnen, wenn davon ausgegangen wird, daß jeweils die optimale Kombination des absatzpolitischen Instrumentariums verwirklicht werden soll. Diese Kosten enthalten, wie gesagt, auch Mindererlöse je Erzeugniseinheit, die sich als Folge einer Ermäßigung der Verkaufspreise ergeben.

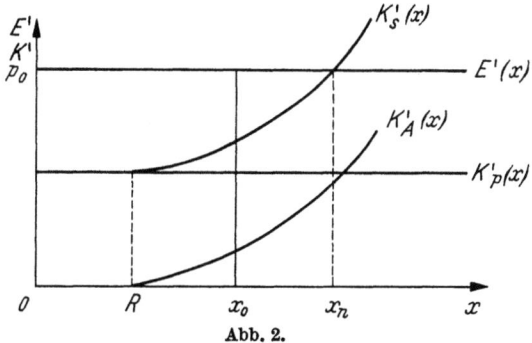

Abb. 2.

(Eventuelle Mehrerlöse müssen von den Kosten des absatzpolitischen Instrumentariums abgesetzt werden.)

Die Grenzkosten des Instrumentariums werden durch die Kurve K'_A dargestellt. Sie ist so gekennzeichnet, daß in ihrem aufsteigendem Ast der zunehmende Marktwiderstand sichtbar wird. Die Kurve K'_p zeigt die Höhe der jeweiligen Grenzproduktionskosten an. Die Kurve K'_S ist die Summe aus K'_p und K'_A.

Für das Unternehmen würde die Menge x_n die gewinngünstigste sein. Diese Absatzmenge wird charakterisiert durch den Schnittpunkt der Grenzkostenkurve $K'_s(x)$ und der Grenzerlöskurve $E'(x)$.

Ist der Absatz des Unternehmens im Zeitpunkt t_0 kleiner als die im Zeitpunkt t_n gewinngünstigste Menge x_n, dann wird das Unternehmen versuchen, mit Hilfe seines absatzpolitischen Instrumentariums bis zum Zeitpunkt t_n seinen Absatz auf x_n zu steigern. Der Absatz muß in diesem Falle um $x_n - x_0 = \Delta x$ erhöht werden.

Führen die absatzpolitischen Maßnahmen, die zu diesem Zweck ergriffen werden, zu diesem Ziel, dann ist die betriebswirtschaftlich beste Lösung erreicht.

Die Ableitung des gewinngünstigsten Absatzvolumens x_n gilt für den hier unterstellten Fall, daß die Unternehmensleitung alle für ihre absatzpolitische Entscheidung wichtigen Kosten-, Absatz- und Konkurrenzgrößen kennt. In Wirklichkeit hat die Unternehmensleitung nur sehr unvollkommene Kenntnis von diesen die Absatzhöhe beeinflussenden Größen. Soll für diesen Fall, also unter Unsicherheit, die gewinngünstigste Absatzmenge abgeleitet werden, dann bedarf es eines anderen mathematischen Ansatzes.

II. Das absatzpolitische Risiko.

1. Die Ungewißheitssituation.
2. Das Erwartungsrisiko.
3. Objektive und subjektive Wahrscheinlichkeiten.
4. Typische Entscheidungssituationen.
5. Der Entscheidungsprozeß bei Entscheidungen unter Unsicherheit.

1. Welche Bewandtnis hat es mit diesem absatzwirtschaftlichen Risiko?

Ein unter marktwirtschaftlichen Bedingungen arbeitendes Unternehmen befindet sich ganz allgemein und grundsätzlich über folgende absatzpolitische Tatbestände im Ungewissen:

a) Es weiß nicht, wie die Personen, Unternehmungen, Verwaltungen, die als Abnehmer für seine Erzeugnisse in Frage kommen, auf seine autonomen absatzpolitischen Aktionen, also auf seine Absatzmethoden, seine Produktgestaltung, seine Werbemaßnahmen und seine Angebotspreise reagieren werden.

b) Es weiß nicht, wie die Käufer auf die absatzpolitischen Maßnahmen reagieren werden, die es als Reaktion auf absatzpolitische Maßnahmen der Konkurrenz ergreifen muß.

c) Es weiß nicht, wie die Konkurrenzunternehmen auf seine eigenen absatzpolitischen Aktionen reagieren werden.

d) Es weiß nicht, wie die Konkurrenzunternehmen auf die absatzpolitischen Maßnahmen antworten werden, mit denen es die absatzpolitische Aktivität der Konkurrenten erwidert.

e) Es weiß nicht, wie es selbst wird reagieren müssen, wenn die Konkurrenzunternehmen von sich aus absatzpolitisch aktiv werden.

f) Es weiß nicht, wie es selbst reagieren wird, wenn die Konkurrenzunternehmen auf die absatzpolitischen Maßnahmen reagieren, die es selbst ergriffen hat.

g) Es weiß nicht, wie der allgemeine wirtschaftliche Trend oder der spezielle Trend des Produktions- oder Geschäftszweiges, zu dem es gehört, verlaufen wird. Es weiß aber aus Erfahrung, daß sich die Wirkung seiner eigenen absatzpolitischen Maßnahmen als Aktion und Reaktion nach dem Trend der allgemeinen und speziellen Entwicklung richtet.

Die absatzpolitischen Entscheidungen, die ein Unternehmen trifft, beruhen also auf unsicheren Aktions-, Reaktions- und Trenderwartungen. Diese drei Erwartungsgrößen kennzeichnen die existentielle Situation aller Unternehmen in marktwirtschaftlichen Systemen.

2. Wenn derartige Unternehmungen vor absatzpolitischen Entscheidungen stehen, können sie nie mit Bestimmtheit sagen, zu welchen Konsequenzen ihre Maßnahmen führen werden. Sie müssen immer damit rechnen, daß der erwartete Erfolg nicht eintritt, ihre Entscheidungen also Fehlentscheidungen sein werden, die Schäden oder Verluste zur Folge haben. Wenn und solange Unsicherheit über die Folgen von derartigen Maßnahmen herrscht, so lange sind diese Maßnahmen mit dem Risiko des Mißlingens behaftet. Dieses Risiko ist nichts anderes als der Ausfluß der Unsicherheit.

Absatzpolitische Erwartungen sind in der Regel zugleich Projektionen in die Zukunft und Antizipationen von in der Zukunft liegenden Ereignissen. Hieraus folgt, daß in diesen Erwartungen aus der Erfahrung gegebene, also bekannte Tatbestände und zugleich auf Vermutungen beruhende, nicht bekannte Tatbestände enthalten sind. Über das Verhältnis, in dem diese beiden Tatbestände zueinander stehen, ist damit noch nichts ausgesagt. Wenn es also absatzpolitische Erwartungen gibt, in denen bekannte und unbekannte Elemente enthalten sind, dann können diese Erwartungen weder reine Extrapolationen betrieblicher Tatbestände über den Beobachtungszeitraum hinaus noch willkürliche Annahmen ohne Bindung an beobachtete betriebliche Geschehnisse sein. Extrapolationen sind nur dann zulässig, wenn die beobachtete Reihe eindeutige Verlaufstendenzen aufweist und die Annahme gerechtfertigt erscheint, daß die bestimmenden Ursachen weiter wirksam sein werden. Da diese Voraussetzungen für die Absatzentwicklung (vermutete Umsatzentwicklung) im allgemeinen nicht gelten, kann eine Absatzerwartung nur in Ausnahmefällen durch Extrapolation der bisherigen Absatzreihe, also nicht allein durch Projektion bereits erfahrener Tatbestände in die Zukunft charakterisiert werden. Die Umbildung unsicherer Absatzerwartungen in sichere allein durch Extrapolation ist praktisch unmöglich. Das Erwartungsrisiko kann auf diese Weise nicht beseitigt werden.

3. Wenn man dem Problem durch Berechnung mathematischer Wahrscheinlichkeiten näherkommen will, so setzt dies ein Gesamt von verhältnismäßig gleichartigen und sich wiederholenden Ereignissen voraus. Wird die Zahl der beobachteten Ereignisse unendlich groß, dann strebt die relative Häufigkeit eines Ereignisses einem Grenzwert zu. Dieser Grenzwert ist die mathematische Wahrscheinlichkeit. Praktisch genügt bereits eine endliche Zahl von Beobachtungen, um die relative

Häufigkeit als Näherungswert für die mathematische Wahrscheinlichkeit eines Ereignisses berechnen zu können. Die Zahl der Beobachtungen darf allerdings nicht zu klein sein. Derartige Möglichkeiten bestehen zum Beispiel in gewissen Grenzen bei der Ermittlung der Rückstellungen für Inanspruchnahme aus übernommenen Garantien, Delkredere-Rückstellungen, für die Ermittlung von Ausschußquoten u. ä. Wenn sich also in einem Gesamt von Ereignissen oder Vorgängen relative Häufigkeiten errechnen lassen, dann sind die Wahrscheinlichkeiten errechenbare oder auch objektive Wahrscheinlichkeiten. In diesem Falle hören die Ereignisse oder Vorgänge in ihrer Gesamtheit auf, ungewiß zu sein.

Wenn es sich um einmalige Ereignisse handelt oder um solche, die nur aus einer einmaligen, sich nicht wiederholenden Situation heraus zu verstehen sind, dann sind die Voraussetzungen für die Ermittlung der mathematischen Wahrscheinlichkeit nicht gegeben. Steht ein Unternehmen vor der Entscheidung, ob es gewissen ungünstigen Entwicklungen in seinem Absatzbereich durch Preisherabsetzungen oder durch Intensivierung der Werbung begegnen will, oder erwägt es, entscheidende Änderungen in seinem Verkaufsprogramm vorzunehmen oder die Zahl der Verkaufsbezirke beträchtlich zu erhöhen oder den Kundendienst unter großem Kapitalaufwand auszubauen, dann läßt sich zwar nicht sagen, daß diese Maßnahmen einmalig seien, denn sicherlich sind schon des öfteren Preis- oder Produktänderungen, Werbekampagnen oder Änderungen der Verkaufstechnik vorgenommen worden. Aber jede Maßnahme der geschilderten Art — ob Aktion oder Reaktion — wird durch die besondere Konstellation der betrieblichen und marktlichen Bedingungen zu einem im Sinne der Wahrscheinlichkeitsrechnung einmaligen Ereignis. Ist das aber der Fall, dann treffen die Voraussetzungen für die Berechnung relativer Häufigkeiten nicht zu. Es sind subjektive, nicht berechenbare Wahrscheinlichkeiten, um die es sich hier handelt. Die großen, hier vor allen Dingen interessierenden absatztaktischen Maßnahmen beruhen auf unsicheren Erwartungen, subjektiven Wahrscheinlichkeiten. Sie bleiben mit Risiko behaftet. Nur wenn es gelingen würde, vollkommene Voraussicht über alle gegenwärtigen und künftigen (innerhalb eines Planungszeitraumes wirksamen) Absatzeinflußgrößen zu gewinnen, würden auch die Absatzerwartungen, die auf echten Entscheidungen und nicht nur auf habituellem Verhalten beruhen, von Risiko frei sein. Die Konstruktion des marktwirtschaftlichen Systems läßt aber einen solchen Zustand prinzipiell nicht zu. Der Abstand zwischen erreichbarer und absoluter Voraussicht ist unaufhebbar. Aber dieser Abstand läßt sich verringern. Die Erfahrung lehrt täglich, daß derjenige am meisten Erfolg hat, der die kommenden Dinge am besten voraussieht. Denn er hat die bessere Chance, sich auf das Kommende vorzubereiten.

Bevor auf die Frage eingegangen wird, wie die Ungewißheit als Element in dem Entscheidungsprozeß eines Unternehmens wirksam wird, sowie den Weg und das Ergebnis der Entscheidung mitbestimmt, soll kurz erörtert werden, wie Entscheidungssituationen nach dem Grad der vorhandenen Information klassifiziert werden können.

4. Absatzpolitische Entscheidungen sind wie fast alle unternehmungspolitischen Entscheidungen auf weite Sicht wesentlich Entscheidungen, die unter Unsicherheit getroffen werden. Was heißt aber: Entscheidung unter Unsicherheit? Diese Frage läßt sich am besten dadurch beantworten, daß drei typische Entscheidungssituationen kurz beschrieben werden, zu denen auch die Entscheidung unter Unsicherheit gehört. Ein Unternehmen kennt zum Beispiel die Nachfrage nach einem bestimmten Erzeugnis genau, oder es hat gewisse Vorstellungen (gewisse Wahrscheinlichkeitswerte) darüber, oder es weiß eben absolut nichts. Dieser Informationsstand ist ein Merkmal für die Klassifizierung typischer Entscheidungssituationen.

a) Von einer Entscheidung unter Sicherheit wird dann gesprochen, wenn eine bestimmte unternehmungspolitische Maßnahme zu einem eindeutigen Ergebnis (Sicherheit) führt und dieses Ergebnis bekannt ist (vollständige Information). Die überwiegende Mehrzahl der bisher in der Betriebswirtschaftslehre behandelten Entscheidungssituationen beruht auf der Voraussetzung sicherer Erwartungen (Sicherheit und vollständige Information). Ist zum Beispiel eine Preisabsatzfunktion gegeben, dann wird angenommen, daß das Unternehmen weiß, welche Nachfragemengen x_1, x_2 usw. sich bei den Preisen p_1, p_2 usw. einstellen werden. Unter diesen Umständen ist es im allgemeinen nur eine mathematische Maximierungsaufgabe, den gewinnmaximalen Preis zu finden.

Bei der Entscheidung unter Sicherheit ist nur ein Ergebnis möglich. Es tritt mit der Wahrscheinlichkeit 1 (100%) ein. Es ist also sicher. Die anderen Ergebnisse haben die Wahrscheinlichkeit 0, sind also unmöglich.

b) Führt eine Maßnahme nicht zu einem eindeutigen Ergebnis, sondern zu mehreren Ergebnissen, von denen jedoch bekannt ist, mit welcher Wahrscheinlichkeit die Ergebnisse eintreten, dann liegt eine Entscheidung unter Risiko vor. Die Entscheidung wird sich unter solchen Umständen an der höchsten mathematischen Gewinnerwartung orientieren. In diesem Falle ist eine Wahrscheinlichkeitsverteilung (Dichte) gegeben. Hiernach können nicht nur ein Ergebnis mit der Wahrscheinlichkeit 1, sondern mehrere Ergebnisse mit unterschiedlichen Wahrscheinlichkeiten eintreten. Die Summe dieser Wahrscheinlichkeiten ist 1. Die Bestimmung einer Wahrscheinlichkeitsverteilung bei einer Entscheidung unter Risiko beruht auf statistischen Untersuchungen, daher werden sie als statistische oder objektive Wahrscheinlichkeiten bezeichnet.

c) Von Entscheidungen unter Unsicherheit wird dann gesprochen, wenn das Ergebnis einer Maßnahme verschieden ist, je nach der Situation,

60   Die Absatzplanung.

die eintreten wird, aber weder gewisse Wahrscheinlichkeiten noch irgendwelche anderen Kenntnisse über die möglichen Ergebnisse vorhanden sind, also (absolute) Unsicherheit besteht. Hier bieten sich unter Umständen subjektive Wahrscheinlichkeiten und gewisse Lösungen der Spieltheorie an.

Die subjektiven Wahrscheinlichkeiten, wie sie bei Entscheidungen unter Unsicherheit angetroffen werden, sind das Ergebnis subjektiver Schätzungen der objektiven Wahrscheinlichkeiten. Ein Unternehmen kann zu einer derartigen Schätzung gezwungen sein, wenn es keinen objektiven Anhaltspunkt hat, um eine objektive Wahrscheinlichkeitsverteilung zu bestimmen.

Es bleibt schließlich noch die Möglichkeit, daß bei einer Entscheidung unter Unsicherheit überhaupt keine Wahrscheinlichkeiten existieren[1].

5. Die Entscheidungen unter Sicherheit oder unter Risiko sind im allgemeinen mehr für Entscheidungen in den mittleren und unteren Führungsgruppen typisch als für absatzpolitische Entscheidungen, wie sie von der Geschäftsleitung getroffen werden. Diese Entscheidungen sollen hier weiter untersucht werden.

Die technischen und wirtschaftlichen Operationsmöglichkeiten der Unternehmen hängen von der fabrikations- und entwicklungstechnischen, der beschaffungs- und absatzwirtschaftlichen, der finanziellen und der Rentabilitätssituation ab, in der sich die Unternehmen jeweils befinden. Die Struktur dieser Komponenten bestimmt über die Stärke der Position, die ein Unternehmen einnimmt, wenn es vor großen absatzpolitischen Entscheidungen steht. Diese Stärke (oder Schwäche) der Ausgangsposition bildet ein wichtiges Element im Entscheidungsprozeß der Unternehmen.

Die Größen, von denen der Erfolg unternehmungspolitischer Maßnahmen abhängt, sind — so läßt sich allgemein sagen — dem Unternehmen zum Teil bekannt, zum Teil völlig unbekannt. Es kennt also nur einen Teil der Daten und Variablen, die das Problem bestimmen. Die Unternehmen handeln unter diesen Umständen unter Unsicherheit.

Ein Unternehmen, gekennzeichnet durch eine bestimmte betriebstechnische und betriebswirtschaftliche Konstitution und Situation und durch einen bestimmten Stand seiner Informationen, plane eine große Werbeaktion oder eine Preissenkung größeren Ausmaßes oder die Einführung eines neuen Erzeugnisses oder eine Kombination dieser und anderer Maßnahmen. Der Erfolg der geplanten Aktion hängt einmal von

---

[1] Zur Klassifizierung von Entscheidungen vgl. u. a. LUCE, R. D., and H. RAIFFA, Games and Decisions, New York 1957, S. 12ff.; MILLER, D. W., and M. K. STARR, Executive Decisions and Operations Research, Englewood Cliffs, N. J. 1960, S. 80ff.

der Art und der Wirkung seiner eigenen Maßnahmen, zum anderen von den Maßnahmen der Konkurrenten, dem Verhalten der Käufer und dem Trendverlauf der allgemeinen wirtschaftlichen Entwicklung und der Entwicklung des Produktions- und Geschäftszweiges ab, dem das Unternehmen angehört. Die Unternehmensleitung hat aber — so sei angenommen — nur unklare Vorstellungen von dem voraussichtlichen Verhalten der Käufer und Konkurrenten und dem Verlauf der Trends. Damit ist der Erfolg der in Erwägung gezogenen Maßnahmen völlig ungewiß.

Eine bestimmte Kombination eigener Maßnahmen, also eine bestimmte Aktion oder Alternative, sei mit V_{e_i}, eine bestimmte Kombination der fremden Maßnahmen (Verhalten der Käufer und Konkurrenten, auch die Trendverläufe) mit V_{f_j} bezeichnet. Der Gewinn, den sich ein Unternehmen zusätzlich verspricht, wenn es in der durch V_{e_i} angegebenen Weise vorgeht, sei ΔG genannt. Er hängt also von V_{e_i} und V_f ab. Danach ist

$$\Delta G = f(V_{e_i}, V_{f_j}).$$

Die Unternehmensleitung wird versuchen, zu konkreten Vorstellungen darüber zu gelangen, wie sich die Käufer und Konkurrenten in der durch V_{f_j} beschriebenen Weise verhalten werden. Man kann dabei davon ausgehen, daß sie überlegt, welche Zusatzgewinne sie mit Hilfe eines bestimmten V_{e_1}, anders ausgedrückt: mit Hilfe einer durch V_{e_1} beschriebenen Aktion, erzielen würde. Nun ist aber keineswegs sicher, ob sich die Käufer und Konkurrenten so verhalten und die Trends so verlaufen werden, wie die Unternehmensleitung erwartet. Das Ergebnis der Überlegungen, die von der Geschäftsleitung angestellt werden, kann sein, daß auch andere Kombinationen von Verhaltensweisen und Trends (V_{f_j}) für möglich und unterschiedlich wahrscheinlich gehalten werden. Die eigene Aktion V_{e_1} trifft dann mit verschiedenen Verhaltensweisen der Käufer, Konkurrenten und Trends ($V_{f_1}, \ldots, V_{f_j}, \ldots, V_{f_n}$) zusammen. Die Unternehmensleitung hat gewisse Vorstellungen darüber, mit welcher Wahrscheinlichkeit jedes der V_{f_j} eintreten kann.

Das Maß an Unsicherheit läßt sich in gewissen Wahrscheinlichkeitsgraden angeben, zum Beispiel: Wahrscheinlichkeitsgrad 10 gleich höchstwahrscheinlich, 2 gleich kaum wahrscheinlich, 0 gleich unmöglich. Diese Zuordnung hat nichts mit der mathematischen Wahrscheinlichkeit zu tun. Sie soll lediglich zum Ausdruck bringen, daß eine bestimmte Kombination von Käufer- und Konkurrentenverhalten und Trendentwicklungen für mehr oder gleich oder weniger wahrscheinlich gehalten wird als eine ganz bestimmte andere Kombination. Es sind also lediglich Ordnungszahlen, die bestimmte subjektive Wahrscheinlichkeitsverhältnisse angeben.

Jedes mögliche V_{f_j} hat also einen bestimmten Wahrscheinlichkeitsindex. In der Regel gibt es unter diesen vielen möglichen Datenkonstellationen (V_{f_j}) einige, die zwar möglich, aber so wenig wahrscheinlich sind, daß die Unternehmen nicht mit ihnen rechnen. Sie fallen in das allgemeine Unternehmensrisiko. Die Grenze läßt sich nicht genau ziehen. Sie liegt auch wohl von Fall zu Fall verschieden. Für die Leitung der Unternehmen ist jedenfalls nur ein Teil der möglichen Datenkonstellationen (V_{f_j}) interessant; sie weisen unterschiedliche Wahrscheinlichkeiten auf.

Für jede Kombination $\{V_{e_1}, V_{f_j}\}$ lassen sich gewisse Gewinne (Verluste) erwarten. Diese Gewinnerwartungen beruhen auf der Annahme, daß von allen relevanten Kombinationen eine realisiert wird, zum Beispiel die Kombination $\{V_{e_1}, V_{f_2}\}$. Für diesen Fall mag die Unternehmensleitung einen maximalen Gewinn von 100 000 DM mit dem Wahrscheinlichkeitsgrad 7 erwarten. Die Lage möge sich weiter dadurch kennzeichnen, daß die Unternehmensleitung der Ansicht ist, ein Gewinn von 80 000 DM werde sich sicherlich mit dem Wahrscheinlichkeitsgrad 8 und ein Gewinn von 60 000 DM sogar mit einem Wahrscheinlichkeitsgrad 9 erreichen lassen. Den Überlegungen der Unternehmensleitung liegt also die Vorstellung zugrunde, daß, falls zum Beispiel eine geplante Aktion V_{e_1} auf eine ganz bestimmte Konstellation V_{f_2} stößt, geringere Gewinne mit größerer, größere Gewinne mit geringerer Wahrscheinlichkeit erwartet werden. Es wird also stets angenommen, daß eine Aktion in Verbindung mit einer bestimmten Datenkonstellation zu verschieden hohen Gewinnen mit unterschiedlichen Wahrscheinlichkeitsgraden führt. Bezogen auf eine bestimmte, durch V_{e_i} und V_{f_j} charakterisierte Kombination rechnet die Unternehmensleitung mit Gewinnen, die zwischen einem maximalen Gewinn mit einer niedrigen Wahrscheinlichkeit und einem minimalen Gewinn mit einer hohen Wahrscheinlichkeit liegen. Die Gewinnwahrscheinlichkeiten sind von grundsätzlich anderer Art als die Konstellationswahrscheinlichkeiten, von denen oben die Rede war.

Für jede Kombination $\{V_{e_1}, V_{f_j}\}$ lassen sich auf diese Weise Kombinationen von Gewinnen und zugehörigen Wahrscheinlichkeitsgraden angeben. Zeichnet man diese Kombination als Punkte in ein Koordinatensystem ein, dann lassen sich diese durch eine Kurve verbinden. In der Abb. 2a sind auf der Abszissenachse die Zusatzgewinne ΔG und auf der Ordinatenachse die Wahrscheinlichkeitsgrade w abgetragen. Die Kurve fällt von einem Gewinnpunkt, der als relativ sicher angesehen wird, bis zu einem Gewinnpunkt, der den größten Gewinn mit einer relativ geringen Wahrscheinlichkeit angibt. Jede Kombination $\{V_{e_1}, V_{f_j}\}$ läßt sich durch eine derartige Kurve kennzeichnen.

Eine Aktion wird also durch ein Bündel derartiger Kurven charakterisiert.

Bis zu einem gewissen Wahrscheinlichkeitsgrade sind die erwarteten Gewinne aus den Kombinationen (V_{e_1}, V_{f_j}) ohne Interesse. Diejenigen V_{f_j}, die mit einem Wahrscheinlichkeitsgrad erwartet werden, der unter einer bestimmten Grenze w^* liegt, scheiden von vornherein aus den Planungsüberlegungen aus. Sie sind in die Abb. 2a nicht eingetragen. Die Unternehmensleitung wird diejenigen Gewinne der eingezeichneten Kurven, die ebenfalls mit einem Wahrscheinlichkeitsgrad erwartet werden, der kleiner als w^* ist, bei ihren weiteren Überlegungen unberücksichtigt lassen. Die zugehörigen Kurven bzw. Kurvenabschnitte sind

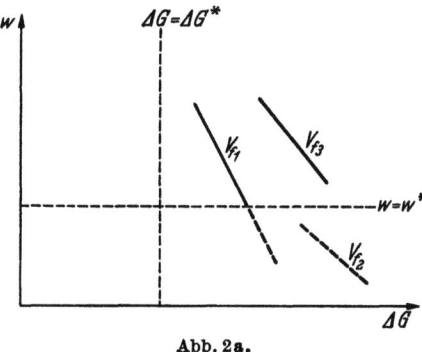

Abb. 2a.

gestrichelt eingezeichnet. Wo diese Grenze liegt, läßt sich nicht allgemeingültig sagen. Informationen, Sachverstand und Urteilskraft derjenigen, die für die Entscheidung zuständig sind, bestimmen darüber, welche Kombinationen aus Verhaltensweisen und Trends (V_{f_j}) als so unwahrscheinlich anzusehen sind, daß sie bei den Entscheidungen unberücksichtigt bleiben, weil sie keine hinreichend fundierte Grundlage für so schwerwiegende Entscheidungen bilden, wie sie geplant werden.

In der Abb. 2a stellt $w = w^*$ diese Wahrscheinlichkeitsgrenze dar. Sie wird im allgemeinen verhältnismäßig hoch liegen (zum Beispiel bei 6 oder 7). Alle Kurven bzw. Kurvenstücke, die unterhalb der Geraden $w = w^*$ liegen, scheiden aus den Planungen aus.

Die Unternehmensleitung wird nun aber ihre eigenen Maßnahmen durch die Maßnahmen der Konkurrenzunternehmen, das Verhalten der Käufer und gewisse Trendentwicklungen als gefährdet ansehen, wenn nicht in jedem Falle ein gewisser Mindestgewinn erzielt wird. Glaubt sie, diese Mindestzusatzgewinne mit ihrer eigenen Aktion (V_{e_1}) nicht erreichen zu können, dann wird sie die geplante Aktion unterlassen. Die Höhe dieses Mindestgewinnes ist von einer Anzahl betrieblicher Faktoren abhängig. Wenn die Aktion einen so geringen zusätzlichen Gewinn erbringt, daß die Gesamtrentabilität des Unternehmens verschlechtert wird, oder wenn die Aktion die finanziellen Mittel des Unternehmens über Gebühr belastet oder wenn das Ansehen des Unternehmens selbst oder seiner Erzeugnisse die Aktion erschwert oder die betriebswirtschaftliche Gesamtlage des Unternehmens starke zusätzliche Belastungen nicht erlaubt, dann wird ein solches Unternehmen durch Mißerfolge in einem weit höheren Maße gefährdet als Unternehmen, die in dieser Hinsicht günstigere Verhältnisse aufweisen. Diese günstigeren oder ungünstigeren Umstände beeinflussen die Höhe des Mindestgewinns. Die Bereitschaft der Unternehmensleitung, Risiken zu übernehmen, spielt in diese betriebswirtschaftlichen Überlegungen hinein; aber es wäre unzutreffend, anzunehmen, daß dieses subjektive Moment die Summe aller betriebswirtschaftlichen Überlegungen und Berechnungen außer Kraft setzen würde. Dieser Mindestgewinn ΔG^* ist in der Regel das Ergebnis vieler, von Sachkundigen vorgenommenen Überlegungen und Untersuchungen. Er ist bestimmt nicht als sehr niedrig anzunehmen.

In Abb. 2a ist der Mindestgewinn ΔG^* durch die Gerade $\Delta G = \Delta G^*$ dargestellt. Wenn für eine gegebene Aktion V_{e_i} Zusatzgewinne (Gewinnpunkte bzw. Kurvenstücke) links von der Geraden $\Delta G = \Delta G^*$ liegen, dann erscheint die eigene Aktion als so gefährdet und aussichtslos, daß auf sie verzichtet werden muß. In diesem Falle rechnet die Unternehmensleitung mit einem Verhalten der Käufer und Konkurrenten, unter Umständen auch mit Trendentwicklungen, die die eigene Aktion mit hoher Wahrscheinlichkeit ($w > w^*$) gefährden ($\Delta G < \Delta G^*$). Sind dagegen die denkbaren Zusatzgewinne, die ein gewisses Maß an Wahrscheinlichkeit überschreiten ($w > w^*$), größer oder gleich dem Mindestgewinn ($\Delta G \geqq \Delta G^*$), dann wird die Unternehmensleitung grundsätzlich bereit sein, die zugrunde liegende Aktion vorzunehmen. In diesem Falle liegen alle Kurvenstücke rechts von der Geraden $\Delta G = \Delta G^*$. Eine Aktion wird also nicht vorgenommen, wenn ein Gewinnpunkt oder ein Kurvenstück im linken oberen Rechteck liegt.

Für praktische Überlegungen erscheinen die Grenzen zwischen den Mindestgewinnerwartungen und den Mindestgraden an Wahrscheinlichkeit zu hart. Sie werden deshalb durch mehr oder weniger große Intervalle (Grenzstreifen) zu ersetzen sein.

Ein Unternehmen, das sich in der angegebenen Lage befindet und überlegt, wie es das gesteckte Ziel am besten erreichen kann, hat häufig die Möglichkeit, auch durch andere Maßnahmen zu diesem Ziel zu gelangen. Außer der durch V_{e_1} beschriebenen Aktion stehen noch andere Aktionen $V_{e_2}, V_{e_3}, \ldots, V_{e_m}$ zur Verfügung. Bei der Aktion V_{e_2} mag zum Beispiel eine andere Art der Werbung geplant sein als bei der Aktion V_{e_1}. Die beiden Aktionen V_{e_1} und V_{e_2} sollen sich in ihren übrigen Bestandteilen nicht unterscheiden. Werden die Aktionen V_{e_i} auf ihre Konsequenzen hin durchdacht, dann wird das Unternehmen wiederum auf gewisse Situationen V_{f_i} stoßen, deren Eintritt für mehr oder weniger wahrscheinlich gehalten wird. Folgt man hier dem gleichen Verfahren, wie es für die Aktion V_{e_1} angewandt wurde, dann bleiben nur diejenigen V_{f_i} übrig, die das verlangte Maß an Wahrscheinlichkeit aufweisen. Nach dem gleichen Verfahren werden aus der Planung diejenigen V_{e_i} ausgeschlossen, die nicht den Gewinn erwarten lassen, den die Geschäftsleitung als Voraussetzung für ihre Planung ansieht. Diejenigen V_{e_i} scheiden aus den planenden Überlegungen aus, die analog Abb. 2a in dem linken oberen Rechteck mindestens einen Gewinnpunkt (ein Kurvenstück) aufweisen. Nur diejenigen Aktionen bleiben im Bereich der planenden Überlegungen, deren Gewinnpunkte (Gewinnkurven) oberhalb der Geraden $w = w^*$ und rechts von der Geraden $\Delta G = \Delta G^*$ liegen. Die Vorauswahl kann zu dem Ergebnis führen, daß keine, eine oder eine Anzahl von Aktionen als durchführbar anzusehen ist.

1. Für den Fall, daß keine Aktion den Anforderungen dieser Vorauswahl genügt, lautet die Entscheidung: Es wird nichts unternommen; denn es gibt keine Aktion, die das gesteckte Ziel mit einem gewissen Maß an Sicherheit erreichen läßt.

2. Für den Fall, daß genau eine Aktion den Bedingungen der Vorauswahl genügt, liegt die Entscheidung auf der Hand. Es ist diese eine Aktion vorzunehmen.

3. Versprechen zwei oder mehrere Aktionen erfolgreich zu sein, dann reichen die bisher genannten Regeln nicht aus, um diesen Fall entscheiden zu können. Eine verhältnismäßig einfache, für viele Fälle in der Praxis genügende Entscheidungsregel erhält man dann, wenn man davon ausgeht, daß die Unterschiede in den Wahrscheinlichkeiten, die die einzelnen Datenkonstellationen aufweisen, so gering sind, daß man sie vernachlässigen zu können glaubt. Wenn bereits eine sehr strenge Vorauswahl unter den in Frage kommenden Aktionen getroffen ist, dann kann in der Tat der Fall eintreten, daß die Wahrscheinlichkeitsunterschiede bei den erwarteten V_{f_i} nicht allzu groß sind. In diesem Falle werden die Erfolgschancen für alle Datenkonstellationen als in etwa gleich wahrscheinlich angesehen. Unter diesen Umständen lautet die Entscheidungsregel: Entscheide dich für diejenige Aktion, die unter den gegebenen Möglichkeiten den höchsten Gewinn erwarten läßt.

Diese Regel reicht aber für viele Entscheidungsfälle nicht aus. Damit entsteht die Frage, wie grundsätzlich und allgemein entschieden werden soll, wenn für die einzelnen Aktionen mit unterschiedlich wahrscheinlichen Datenkonstellationen (V_{f_i}) und unterschiedlich hohen Gewinnen gerechnet werden muß. Die Situation läßt sich so beschreiben: Jede der in Frage stehenden Aktionen V_{e_i} kennzeichnet sich dadurch, daß mehrere V_{f_i} bestehen, mit denen die Unternehmensleitung rechnen muß.

Jede Kombination (V_{e_i}, V_{f_j}) wird durch eine bestimmte Gewinnkurve charakterisiert. Im oberen rechten Bereich analog Abb. 2a findet sich also für jede Aktion V_{e_i} eine Anzahl von Gewinnkurven.

Jedes V_{f_j} stellt eine bestimmte Konstellation von erwarteten Aktionen oder Reaktionen der Käufer und Konkurrenten und von Trendverläufen dar. In Hinsicht auf eine bestimmte Aktion V_{e_i} hat jede dieser Datenkonstellationen eine bestimmte Wahrscheinlichkeit. Welche Datenkonstellation, welches V_{f_j} soll nun für eine bestimmte Aktion V_{e_i} als repräsentativ angesehen werden, wenn die Aktionen miteinander verglichen werden, um eine Auswahl unter ihnen zu treffen und sich für eine Aktion zu entscheiden? Eine verhältnismäßig einfache Lage entsteht dann, wenn für jede Aktion V_{e_i} jeweils nur ein bestimmtes V_{f_j} übrigbleibt. Diese Situation ist jedoch nur ein Spezialfall der allgemeineren, wonach jedes in Frage kommende V_{e_i} mit mehreren V_{f_j} verknüpft ist, die als unterschiedlich wahrscheinlich angesehen werden. Welches V_{f_j} soll unter diesen Umständen als für eine Aktion V_{e_i} repräsentativ angesehen werden?

Es gibt viele Möglichkeiten, eine Auswahl unter den verschiedenen wahrscheinlichen V_{f_j} zu treffen. So besteht zum Beispiel die Möglichkeit, die wahrscheinlichste oder die unwahrscheinlichste, die gewinngünstigste oder die gewinnungünstigste Datenkonstellation oder irgendeine dazwischenliegende Kombination zu wählen. Betrachtet man die Lage in möglichst großer Annäherung an das Verhalten der Unternehmen in der Praxis, dann wird man davon ausgehen können, daß sich die Unternehmen in derartigen Fällen bei ihren Entscheidungen an der von ihnen für am meisten wahrscheinlich gehaltenen Datenkonstellation orientieren. Nun kann aber die wahrscheinlichste Konstellation Gewinne aufweisen, die die höchsten oder die niedrigsten sind oder zwischen diesen Grenzwerten liegen. Lassen alle übrigen, für weniger wahrscheinlich gehaltenen Datenkonstellationen, mit denen die Leitung eines Unternehmens im Falle einer bestimmten Aktion rechnen muß, Gewinne erwarten, die größer sind als der Gewinn der wahrscheinlichsten Datenkonstellation, dann würde der Eintritt der weniger wahrscheinlichen Konstellationen die Lage des Unternehmens nur verbessern. Die sich an der wahrscheinlichsten Datenkonstellation orientierende Aktion würde in diesem Falle durch die anderen Konstellationen nicht gefährdet. Auch wenn angenommen wird, daß die für weniger wahrscheinlich gehaltenen Datenkonstellationen zu Gewinnen führen werden, die sich der Höhe nach nur wenig von dem Gewinn der wahrscheinlichsten Datenkonstellation unterscheiden, wird die Leitung des Unternehmens ihre Maßnahmen nicht als ernsthaft gefährdet ansehen.

Für den Fall jedoch, daß Datenkonstellationen mit ungünstigen Gewinnentwicklungen als wahrscheinlich, wenn auch nicht als am meisten wahrscheinlich, anzusehen sind, stellt die Orientierung der Entscheidung an der wahrscheinlichsten Datenkonstellation eine verhältnismäßig optimistische Entscheidungsregel dar, unter der Voraussetzung allerdings, daß nicht auch mit etwa gleicher Wahrscheinlichkeit günstigere Gewinne erwartet werden können. Dieses Risiko kann durch nichts anderes aufgefangen werden als durch eine Ergänzung der Planung durch Ausweichpläne. Es ist nicht anzunehmen — und würde auch weitgehend allen Erfahrungen widersprechen —, daß die Leitungen der Unternehmen ihr Planungsziel wechseln und auf Konstellationen umstellen würden, deren Eintritt sie für wenig wahrscheinlich halten. Entscheidung für eine bestimmte Aktion bedeutet keineswegs Verzicht auf Elastizität und Freiheit absatzpolitischen Operierens. Ausweichpläne sind fester Bestandteil einer jeden Planung auf mittlere und weite, oft auch auf kurze Sicht. Wenn eine geplante Aktion zu besseren Erfolgen führt, als angenommen wurde, dann muß dafür Vorsorge getroffen sein, daß die der Aktion zugrunde liegenden und geplanten Maßnahmen jederzeit verlangsamt oder gestoppt werden können, ohne daß die Planung dadurch in Mitleidenschaft gezogen wird. So würde es als völlig verfehlt anzusehen sein, wenn die Werbung „nach dem Plan" fortgesetzt würde, falls das Unternehmen bereits die Grenze seiner Produktions- und Lieferfähigkeit erreicht haben sollte. Umgekehrt würde eine Aktion unzulänglich geplant sein, wenn nicht für hinreichend finanzielle Mittel vorgesorgt wäre, um durch konzentrierten Einsatz von Werbemitteln oder durch andere absatzpolitische Maßnahmen da eingreifen zu können, wo der Absatz hinter dem vorgegebenen Soll zurückbleibt; oder, um noch einen anderen Fall zu nennen: wenn nicht wenigstens dafür Vorsorge getroffen würde, die Entwicklung eines neuen Modells für den Fall beschleunigen zu können, daß ein Konkurrenzunternehmen wider Erwarten vorzeitig ein neues Modell auf den Markt bringt. Die Tatsache, daß ein Unternehmen auf alle Eventualitäten vorbereitet sein muß, um schnell und wirksam auf günstige oder ungünstige Entwicklungen reagieren zu können, ist ein allgemeiner Grundsatz der Geschäftspolitik. Die Frage ist lediglich, ob die Mittel und Möglichkeiten, die der Unternehmensleitung zur Verfügung stehen, dazu ausreichen, Entwicklungen erfolgreich zu begegnen, von denen erwartet wurde, daß sie anders verlaufen würden als sie tatsächlich verlaufen sind. Nach allgemeiner betriebswirtschaftlicher Übung werden Risiken dadurch berücksichtigt und aufgefangen, daß Planung und Entscheidung auf die mit der größten Wahrscheinlichkeit erwartete Datenkonstellation abgestellt werden und daß für die Durchführung von Maßnahmen Vorsorge getroffen wird, die sich als notwendig ergeben könnten, wenn sich die Dinge anders entwickeln, als nach sorgfältiger Prüfung aller Umstände erwartet werden konnte.

Für das hier interessierende Problem bleibt es ohne Bedeutung, in welcher Art, in welchem Maße und mit welchem Kostenaufwand die Ausweichplanungen als Ergänzungsplanungen das erwartete Gewinnergebnis belasten, sofern die Gewinne nicht unter die verlangte Mindestgewinnhöhe heruntergedrückt werden. Die Entscheidung richtet sich grundsätzlich nach der wahrscheinlichsten Datenkonstellation, dem wahrscheinlichsten V_{f_i}, ohne Rücksicht auf die Höhe der Gewinnerwartung, sofern sie über ΔG^* liegt.

Für jede der in Frage kommenden Aktionen erhält man nun eine repräsentative Gewinnkurve, die durch zunehmende Zusatzgewinne mit abnehmender Wahrscheinlichkeit charakterisiert wird. Ihr liegt die Vorstellung zugrunde, daß die Unternehmensleitung, falls sie die Aktion

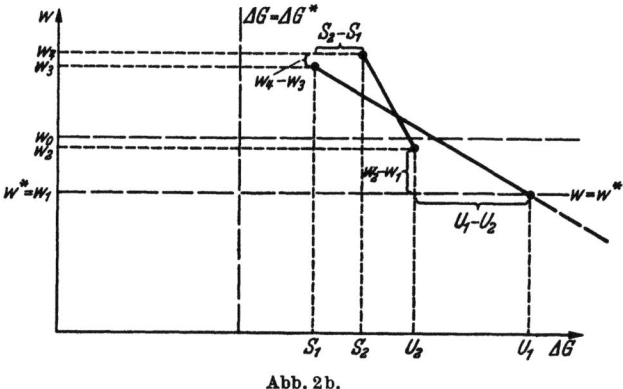

Abb. 2b.

durchführen sollte, ihre Maßnahmen auf die für am meisten wahrscheinlich gehaltene Datenkonstellation ausrichtet, wobei davon ausgegangen wird, daß Risiken, die in den für weniger wahrscheinlich, aber möglich gehaltenen Datenkonstellationen enthalten sind, in Form von Ausweichplanungen berücksichtigt und, soweit es im wirtschaftlichen Leben überhaupt möglich ist, abgefangen werden.

Es gilt nunmehr zu zeigen, nach welcher Regel die Wahl zwischen mehreren Aktionen V_{e_i} getroffen wird. Gegeben seien die beiden Aktionen (V_{e_1}, V_{f_1}) und (V_{e_2}, V_{f_2}). Beide Aktionen sollen durch Gewinne gekennzeichnet sein, die mit abnehmender Wahrscheinlichkeit eine zunehmende Größe aufweisen.

In Abb. 2b sind auf der Abszissenachse die Gewinne ΔG und auf der Ordinatenachse die Wahrscheinlichkeitsgrade w abgetragen. Die Kurve, die durch die Punkte $S_1 w_3$ und $U_1 w_1$ geht, gebe den Gewinnverlauf für die Aktion V_{e_1}, die Kurve, die durch $S_2 w_4$ und $U_2 w_2$ geht, den Gewinnverlauf für die Aktion V_{e_2} an. Mit w_3 und w_4 sollen die Wahrscheinlichkeitsgrade bezeichnet werden, mit denen die Leitung des

Unternehmens den Eintritt der Gewinne S_1 bzw. S_2 erwartet. Der Wahrscheinlichkeitsgrad, den das Unternehmen für seine geplanten Aktionen gerade noch glaubt akzeptieren zu dürfen, sei w_1 genannt ($w_1 = w^*$). Zwischen w_3 und w_1 bzw. w_4 und w_2 liegen Gewinne, die für unterschiedlich wahrscheinlich gehalten werden. Man könnte nun von der Annahme ausgehen, daß die Unternehmensleitung bei ihren Entscheidungen einen Wahrscheinlichkeitsgrad zugrunde legen wird, der zwar gewisse Risiken enthält, die Entscheidung aber doch nicht als zu riskant erscheinen läßt. Die Wahl dieses Wahrscheinlichkeitsgrades ist von der betriebstechnischen bzw. betriebswirtschaftlichen Konstitution und Situation des Unternehmens und der hieraus und aus persönlichen Umständen resultierenden Bereitschaft, Risiken zu übernehmen, abhängig. Er ist also gewissermaßen vorgegeben und kann von Unternehmen zu Unternehmen, auch von Geschäftsperiode zu Geschäftsperiode verschieden sein.

Würde die Leitung des Unternehmens auf der Grundlage dieses Wahrscheinlichkeitsgrades, der in der Abb. 2b mit w_0 bezeichnet ist, entscheiden, dann würde die Wahl auf die Aktion V_{e_1} fallen, weil im Falle der Wahrscheinlichkeit w_0 für diese Aktion ein größerer Gewinn erzielbar sein würde als für die Aktion V_{e_2}. Nun bleibt aber, wenn die Entscheidung auf der Grundlage dieser Überlegungen getroffen wird, eine Anzahl von Faktoren unberücksichtigt, denen eine gewisse, unter Umständen große Bedeutung für die Beschlußfassung über die vorzunehmenden Maßnahmen nicht abgesprochen werden kann.

Angenommen, die Leitung des Unternehmens habe sich nach der angegebenen Regel für die Aktion V_{e_1} entschieden. Würde sich später herausstellen, daß die Gewinne nicht in der erwarteten Höhe erreichbar sind, dann würde das Unternehmen, wenn man auf die als so gut wie sicher angesehenen Gewinne zurückgreift, mit der Aktion V_{e_2} einen höheren Gewinn erzielt haben als mit der Aktion V_{e_1}. Die Differenz zwischen den als relativ sicher anzusehenden Gewinnen $S_2 - S_1$ kann aber für die Entscheidung sehr wichtig sein. So ist es durchaus vorstellbar, daß die Leitung des Unternehmens in dem Sinne „auf Sicherheit geht", daß sie sich sagt: wenn die Entwicklung nicht so sein sollte, wie wir annahmen, dann würde für den Fall, daß die Entscheidung nicht wie zuerst angenommen auf die Aktion V_{e_1}, sondern auf die Aktion V_{e_2} gefallen wäre, die Aktion V_{e_2} die günstigere sein. Im Grenzfall würde immerhin eine Gewinndifferenz in Höhe von $S_2 - S_1$ erwartet werden können, wenn für die Aktion V_{e_2} entschieden worden wäre (vorausgesetzt, daß die Gewinnentwicklung über den Schnittpunkt der beiden Kurven zurückgeht).

Auf der anderen Seite würde, falls die Wahl nach der zuerst angegebenen, nicht für ausreichend erachteten Regel auf die Aktion V_{e_1}

gefallen wäre, unberücksichtigt gelassen sein, daß beide Aktionen noch Chancen enthalten, die für die Aktion V_{e_1} Gewinne bis zur Höhe von U_1 und für die Aktion V_{e_2} Gewinne bis zur Höhe von U_2 erwarten lassen. Im Grenzfall würde, falls die Entscheidung zugunsten der Aktion V_{e_1} gefallen wäre, im günstigsten Falle zusätzlich eine Gewinndifferenz in Höhe von $U_1 - U_2$ erzielt werden können.

Nun ist aber offenbar die Wahrscheinlichkeit, die Spitzengewinne U_1 oder U_2 zu erreichen, unterschiedlich groß, ebenso können die Wahrscheinlichkeiten, mit denen die Gewinne S_1 und S_2 erwartet werden, verschieden hoch sein. Die Wahrscheinlichkeitsdifferenzen $w_2 - w_1$ und $w_4 - w_3$ (vgl. Abb. 2b) werden deshalb die Entscheidungen nicht weniger beeinflussen als die Gewinndifferenzen $S_2 - S_1$ und $U_1 - U_2$.

Damit sind vier Größen in den Entscheidungsgang eingefügt, die, wenn sie berücksichtigt werden, die ursprünglich angegebene Entscheidungsregel modifizieren und sie lediglich als eine erste Orientierung erscheinen lassen.

In welcher Weise beeinflussen diese vier Größen die Entscheidung für die eine oder andere Aktion? Offenbar muß das Unternehmen seine Entscheidung sowohl an den relativ sicheren Gewinnen S_1 und S_2 als auch an den relativ unsicheren Spitzengewinnen U_1 und U_2 orientieren. Hierbei sei davon ausgegangen, daß $S_1 < S_2$ und $U_1 > U_2$ ist.

Entscheidet sich das Unternehmen für die Aktion V_{e_1}, dann kann es mit dieser Aktion — wenn sich die Erwartungen erfüllen — den niedrigeren der beiden Gewinne S_1 bzw. S_2 (das ist in diesem Falle S_1), aber auch den höheren der relativ unsicheren Gewinne U_1 bzw. U_2 (das ist in diesem Falle U_1) erreichen. Entscheidet sich dagegen die Leitung des Unternehmens für die Aktion V_{e_2}, dann werden die Gewinnmöglichkeiten des Unternehmens zwischen dem höheren relativ sicheren Gewinn S_2 und dem niedrigeren der unsicheren Gewinne U_2 liegen. Eine Entscheidung für die zweite Aktion würde bedeuten, daß das Unternehmen auf die Chance, den höheren Spitzengewinn U_1 zu erreichen, verzichtet und nicht gewillt ist, den relativ hohen und sicheren Gewinn S_2 aufzugeben. Die Situation kennzeichnet sich also dadurch, daß die Unternehmensleitung vor der Wahl steht, einen kleineren, sicheren Zusatzgewinn $(S_2 - S_1)$ für einen größeren, aber erheblich weniger sicheren Zusatzgewinn $(U_1 - U_2)$ aufzugeben. Ob die Leitung des Unternehmens hierzu bereit ist, hängt von dem Verhältnis der Gewinndifferenzen $S_2 - S_1$ und $U_1 - U_2$, von den Wahrscheinlichkeitsdifferenzen $w_2 - w_1$ und $w_4 - w_3$ und von den sachlichen und persönlichen Faktoren ab, die die Risikobereitschaft des Unternehmens bestimmen. Ist die Differenz $S_2 - S_1$ klein, die Differenz $U_1 - U_2$ dagegen groß, dann stellt sich eine völlig andere Entscheidungssituation ein als für den umgekehrten Fall. In der soeben geschilderten Situation wird der Unternehmensleitung die Entscheidung zugunsten der Aktion V_{e_2} leichter fallen als unter den Bedingungen, die den angenommenen Größen entgegengesetzt sein würden.

Immer muß bei der Wahl zwischen zwei oder mehreren Aktionen eine Angabe über das Risikoverhalten des Entscheidenden gemacht sein, wenn die Resultate der Aktionen unsicher sind. Die Lösung des Entscheidungsproblems unter Unsicherheit kann also nie auf Grund objektiv gegebener Entscheidungsdaten allein gefunden werden. Vielmehr müssen Angaben über die besondere betriebswirtschaftliche und betriebstechnische Lage des Unternehmens und die hieraus und aus persönlichen Umständen resultierende Risikobereitschaft vorliegen.

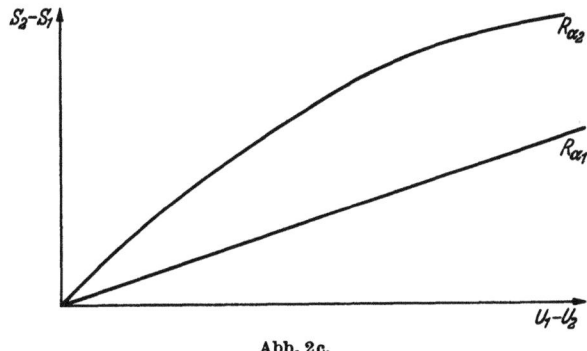

Abb. 2c.

Ein Unternehmen mag nun von folgender Überlegung ausgehen: Wenn bei einer gegebenen Wahrscheinlichkeitsdifferenz die Differenz zwischen den Spitzengewinnen U_1 und U_2 zum Beispiel mehr als das Dreifache der Differenz der relativ sicheren Gewinne S_2 und S_1 betragen würde, dann würde das Unternehmen bereit sein, die Aktion V_{e_1} durchzuführen. In diesem Fall ist

$$(S_2 - S_1) < {}^1\!/_3 (U_1 - U_2).$$

Liegen die Verhältnisse dagegen so, daß die Differenz der sicheren Gewinne größer als der dritte Teil der Differenz der Spitzengewinne ist, dann würde die Entscheidung zugunsten von V_{e_2} fallen. Für den Grenzfall, daß die Differenz $U_1 - U_2$ gleich dem Dreifachen der Differenz $S_2 - S_1$ ist, würden für die Unternehmensleitung beide Aktionen in gleicher Weise in Frage kommen. Durch die Gleichung

$$(S_2 - S_1) = {}^1\!/_3 (U_1 - U_2)$$

werden die Differenzen angegeben, für die keine Entscheidung angegeben werden kann. Die Aktionen V_{e_1} und V_{e_2} würden für diese Fälle von der Unternehmensleitung als gleichwertig angesehen werden.

Trägt man die Differenz der Spitzengewinne U_1-U_2 auf der Abszissenachse und die Differenz der Gewinne S_2-S_1 auf der Ordinatenachse ab (Abb. 2c), dann können die beiden Aktionen V_{e_1} und V_{e_2} durch einen Punkt wiedergegeben werden. In dem Beispiel wird davon ausgegangen, daß eine Proportionalitätsbeziehung zwischen den Gewinndifferenzen besteht. Das muß nicht unbedingt der Fall sein. Dieser Zusammenhang kann auch durch eine allgemeine Funktion wiedergegeben werden, wobei die Größe α, die von den Kombinationen der Wahrscheinlichkeitsdifferenzen w_2-w_1 und w_4-w_3 und von dem aus den sachlichen und persönlichen Tatbeständen resultierenden Risikoverhalten abhängig ist, eine diesen Umständen entsprechende Funktion bestimmt. Die Gleichung einer solchen Funktion würde etwa so lauten:

$$(S_2-S_1) = \Phi_\alpha (U_1-U_2).$$

In Abb. 2c sind zwei Kurven eingezeichnet, von denen die Kurve R_{α_1} einen linearen und die Kurve R_{α_2} einen allgemeinen, nichtlinearen Verlauf anzeigt.

Der Index α kennzeichnet die jeweils zugrunde liegenden Differenzen der Wahrscheinlichkeitsgrade und die Risikobereitschaft der Unternehmensleitung. Liegen mehrere V_{e_i} zur Entscheidung vor, dann muß dieser Auswahlprozeß paarweise für alle Aktionen vorgenommen werden.

Es sei nochmal ausdrücklich darauf hingewiesen, daß die bisher angestellten Überlegungen den Weg nachzuzeichnen versuchen, die der Entscheidungsprozeß geht, wenn es sich um eine unternehmenspolitische, insbesondere um eine absatzpolitische Entscheidung handelt. Der Prozeßverlauf ist lediglich mit einem höheren Grad an Abstraktion beschrieben, um eine allgemeine Form zu finden, die es erlaubt, die Vielzahl der möglichen Entscheidungssituationen eines Unternehmens auf eine Grundform zurückzuführen.

Der hier dargestellte Prozeßverlauf ist kein Entscheidungsmodell in dem Sinne, daß das Modell durch Eingabe der notwendigen Daten die gesuchte Entscheidung liefert. Bei einem derartigen Entscheidungsmodell müssen einmal alle Daten, die irgendwie die Entscheidung beeinflussen können, quantifizierbar sein, und weiterhin muß das Modell auch rechnerisch lösbar sein, damit eine Entscheidung, die nach gewissen Kriterien optimal sein soll, bestimmt werden kann. Dieser Fall ist aber bei Entscheidungen der hier geschilderten Art nicht immer gegeben[1].

---

[1] Das Unsicherheitsproblem hat in den letzten Jahren große wissenschaftliche Beachtung gefunden. Der zur Verfügung stehende Raum erlaubt es nicht, auf die Beiträge anderer Autoren einzugehen, die sich mit diesen Fragen beschäftigt haben. Es muß deshalb auf die folgende Literatur verwiesen werden, die die wichtigsten Arbeiten zu der Frage enthält, wie die Unternehmen unter Unsicherheit entscheiden: KNIGHT, F. H., Risk, Uncertainty, and Profit, Boston 1921 (8th ed.,

Die Lösung des Problems der Entscheidung unter Unsicherheit, wie sie hier versucht wurde, zeigt, wie schwierig, vielleicht sogar unmöglich es ist, eine allgemein gültige Lösung für dieses Problem zu finden. Der Versuch zu formalisieren, um einen genaueren Ausdruck für die Präferenzkriterien zu gewinnen, ist legitim. Denn es kommt im Rahmen einer theoretischen Konzeption nur darauf an, in der Fülle und Unübersichtlichkeit empirischen Geschehens die formenden und gestaltenden Kräfte sichtbar zu machen, die in ihr enthalten sind. Niemand wird annehmen, daß die Unternehmen die Vorteilhaftigkeit absatzpolitischer Maßnahmen so ermitteln, wie die Entscheidungsmodelle plausibel zu machen versuchen. Diese Konstruktionen sind nur der überdeutliche Ausdruck eines sehr wachen Bewußtseins für Präferenzkriterien, die verdeckt und unscharf in dem unternehmerischen Verhalten wirksam sind. Hierin besteht der Sinn des theoretischen Bemühens um ein gedankliches Durchdringen des Unsicherheitsphänomens und zugleich sein Wert für die betriebswirtschaftliche Orientierung in dieser Welt absatzpolitischer Ungewißheiten.

In Wirklichkeit ist der Abstand zwischen Sicherheit und Ungewißheit in Unternehmen marktwirtschaftlicher Art unaufhebbar. Der Versuch, ungewisse Erwartungen in sichere umzuformen, erklärt sich zu einem wesentlichen Teile aus dem Bestreben, den instrumentalen Apparat, den die Theorie für den Fall vollkommener Voraussicht entwickelt hat, auch für unternehmerisches Handeln unter Unsicherheit verwenden zu können. Aber diese spezielle Zielsetzung ist betriebswirtschaftlich nur von sekun-

London 1957); HICKS, J. R., Value and Capital, 2nd ed., Oxford 1946; LANGE, O., Price Flexibility and Employment, Bloomington 1944; HART, A. G., Anticipations, Uncertainty, and Dynamic Planning, Chicago 1940; ders., Risk, Uncertainty, and the Unprofitability of Compounding Probabilities, in: Readings in the Theory of the Income Distribution, London 1950; KOCH, H., Zur Diskussion in der Ungewißheitstheorie, Zeitschrift für handelswissenschaftliche Forschung, N.F., 12. Jg. (1960), S. 49; ders., Über eine allgemeine Theorie des Handelns, in: Zur Theorie der Unternehmung, herausg. v. H. KOCH, Wiesbaden 1962, S. 367ff.

SHACKLE, G. L. S., Decision, Order, and Time, Cambridge 1961; KRELLE, W., Unsicherheit und Risiko in der Preisbildung, Zeitschrift für die ges. Staatswissenschaften, 113. Bd. (1957), S. 632ff.; ders., Preistheorie, Tübingen-Zürich 1961, S. 89ff. und S. 589ff.

WALD, A., Statistical Decision Functions which Minimize the Maximum Risk, Ann. of Math., Vol. 46 (1945), S. 265ff.; NIEHANS, J., Preisbildung bei ungewissen Erwartungen, Schweiz. Zeitschrift für Volkswirtschaft und Statistik, 84. Jg. (1948), S. 433ff.; HURWICZ, L., Optimality Criteria for Decision Making under Ignorance, Cowles Commission Discussion Paper, Statistics Nr. 370, 1951; SAVAGE, L., The Theory of Statistical Decision, J. Amer. Stat. Ass., Vol. 46 (1951), S. 57ff.

Vgl. auch die systematischen Darstellungen bei: ALBACH, H., Wirtschaftlichkeitsrechnung bei unsicheren Erwartungen, Köln-Opladen 1959; JÖHR, W. A., Die Konjunkturschwankungen, Tübingen-Zürich 1952; LUCE, R. D., and H. RAIFFA, Games and Decisions, New York 1957; MILLER, D. W., and M. K. STARR, Executive Decisions and Operations Research, Englewood Cliffs, N. J., 1960; WITTMANN, W., Unternehmung und unvollkommene Information, Köln-Opladen 1959.

därem Interesse. Das Hauptinteresse der Betriebswirtschaftslehre gilt der Frage: Welche Möglichkeiten stehen den Unternehmen zur Verfügung, um ihre absatzpolitischen Entscheidungen, sofern sie den Charakter von taktischen und nicht nur von habituellen oder Routineentscheidungen besitzen, so fällen zu können, daß sie ein Höchstmaß an Treffsicherheit erreichen. Da diese Sicherheit in entscheidend wichtiger Weise von den Informationen abhängig ist, die die Unternehmen besitzen, mündet die bisherige Betrachtung in die Untersuchung der Frage ein, welche Möglichkeiten und Methoden den Unternehmen zur Verfügung stehen, um die für ihre absatzpolitischen Entscheidungen erforderlichen Informationen zu gewinnen.

III. Die absatzpolitische Information.

A. Grundsätzliche Bemerkungen.
B. Trendinformationen.
C. Instrumentalinformationen.
D. Die Technik der Informationsgewinnung.

A. Grundsätzliche Bemerkungen

1. Strategische und anordnend-kontrollierende Aufgaben der Absatzplanung.
2. Absatzplanung und Informationen.

1. Eine der wichtigsten Aufgaben der Unternehmensleitung besteht darin, das Absatzvolumen zu bestimmen, das nach Ablauf einer gewissen Zeit erreicht werden soll. Die Unternehmensleitung kann der Verkaufsleitung weitgesteckte Ziele vorgeben, es aber auch für richtig halten, im Augenblick vorsichtig zu operieren und die Absatzziele nicht zu weit zu stecken.

Die Unternehmensleitung hat die Wahl zwischen mehreren absatzpolitischen Alternativen. Die Frage lautet deshalb nicht, welcher Absatz läßt sich in einer bestimmten Periode erreichen, sondern welche absatzpolitischen und gesamtbetrieblichen Maßnahmen sind erforderlich, wenn zu einem bestimmten Zeitpunkt die Absatzvolumina x_1, x_2 oder x_n erreicht werden sollen. Die Entscheidung hierüber ist eine echte Führungsentscheidung, weil sie nur aus dem Ganzen des Unternehmens heraus getroffen werden kann und sich auf das Ganze des Unternehmens bezieht. Denn, wenn die Entscheidung für ein bestimmtes Absatzziel einmal gefällt ist, muß das gesamte betriebliche Geschehen auf das gesteckte Ziel gerichtet werden. Das aber ist vor allem Sache der Führungsorgane. So gesehen, ist die Absatzplanung, d. h. die Festlegung der in bestimmten Zeitpunkten zu erreichenden Absatzziele, Ausdruck der Unternehmungspolitik auf weite Sicht, also eine unternehmensstrategische Maßnahme.

Ist der Entschluß für eine bestimmte Absatzalternative gefaßt, dann können die gesteckten Absatzziele zu Vorgaben für die Verkaufsleitung bzw. die Verkaufsabteilungen werden. Die Planungszahlen nehmen dann den Charakter von Richtwerten, Sollzahlen an. Jeder Abteilung, Unterabteilung usf. wird gewissermaßen vorgeschrieben, welchen Absatz sie erreichen soll. Weicht der tatsächlich erzielte Absatz von dem vorgegebenen ab, dann ist es Sache der Abteilung, nachzuweisen, auf welche Ursachen diese Abweichungen zurückzuführen sind. Die Absatzplanung wird damit zu einem Kontrollinstrument des tatsächlichen Absatzgeschehens.

Je größer der Zeitraum ist, auf den sich die Absatzplanung erstreckt, um so mehr kommt in ihr der strategische, je kürzer der Zeitraum ist, um so mehr der anordnende und kontrollierende Charakter zum Ausdruck. Eine Absatzplanung, die für einen Zeitraum von fünf Jahren gelten soll, stellt die Konkretisation der Unternehmenspolitik auf weite Sicht dar. Sie ist in der Regel mit finanzpolitischen, investitionspolitischen und produktpolitischen Planungen gekoppelt. In einem so langen Zeitraum können viele, nicht vorhersehbare Dinge geschehen. Nur selten werden sie zu einer radikalen Änderung der absatzpolitischen Vorstellungen Veranlassung geben, die der Absatzplanung zugrunde liegen. Kurzfristig gesehen aber können sie von großer Bedeutung sein und die Vorgabesolls zu korrigieren zwingen. Da diese Ereignisse, ihr Eintreffen und ihre Wirkung, auf kurze Sicht besser übersehen werden können als langfristig, sind kurzfristige Absatzpläne, zum Beispiel für ein viertel oder ein halbes Jahr, auch für ein Jahr — für Absatzvorgaben und Kontrollen besser geeignet als Absatzpläne, die auf weite Sicht aufgestellt werden und lediglich der Verkaufsleitung als Richtschnur dienen.

2. Die Festlegung der Absatzpolitik eines Unternehmens auf nahe oder weite Sicht und die Ermittlung der Absatzvorgaben auf Grund der Planungen verlangen eine möglichst umfassende und genaue Information über die gegenwärtige Lage des Unternehmens und die bevorstehenden Ereignisse[1]. Ob eine Entscheidung richtig oder falsch ist, hängt bestimmt nicht allein von den Informationen ab, über die der für die Entscheidungen Zuständige verfügt. Die Schlüsse, die er aus den ihm vorliegenden Informationen zieht, sind Ausdruck seiner Sachkenntnis und Urteilskraft. Aber auf der anderen Seite läßt sich doch nicht verkennen, daß die absatzpolitischen Entscheidungen, vor allem wenn es sich um echte absatzstrategische oder absatztaktische Entscheidungen handelt, um so leichter getroffen werden können, je besser die für die Entscheidung zuständigen Personen über die Dinge unterrichtet sind, die sie beurteilen sollen. In der betrieblichen Praxis stehen keine anderen Möglichkeiten

---

[1] Vgl. Koch, H., Probleme unternehmerischer Prognose, in: Wirtschaftsprognose und Wirtschaftsgestaltung, hrsg. von H. Bayer, Berlin 1960, S. 57.

zur Verfügung, die Ungewißheit des Entscheidungskalküls zu überwinden, als ein Höchstmaß an Informationen über die Größen zu gewinnen, die die Höhe des Absatzes bestimmen[1]. Das Unbefriedigende der wissenschaftlichen Bemühungen, unsichere in sichere Erwartungen überzuführen, resultiert ja eben daraus, daß die Autoren es — aus welchem Grunde auch immer — unterlassen, anzugeben, wie die Unternehmer zu den numerischen Werten gelangen, mit denen sie die subjektiven Wahrscheinlichkeiten bewerten.

Welche Informationen, so sei nunmehr gefragt, sollten vorliegen, wenn ein Höchstmaß an Unterrichtung über die Absatzlage in naher und ferner Zukunft erreicht werden soll? Welche Möglichkeiten bestehen, um diese Aufgabe zu lösen, und welche Schwierigkeiten setzen diesen Bemühungen eine Grenze?

B. Trendinformationen.

1. Informationen über den gesamtwirtschaftlichen Trend.
2. Informationen über den Trend des Geschäftszweiges.
3. Indikatoren.
4. Indirekte Informationen.
5. Informationen zur langfristigen Absatzprognose.
6. Informationen über den speziellen Absatzmarkt.

1. Die Größe des von einem Unternehmen erzielbaren Absatzes hängt unter anderem von dem Trend der allgemeinen wirtschaftlichen Entwicklung und von dem Trend der Entwicklung des Produktions- oder Geschäftszweiges ab, dem ein Unternehmen angehört[2]. Angenommen, die Absatzentwicklung der Unternehmen werde nur von diesen beiden Trends bestimmt — welche Möglichkeiten bestehen, über diese Abhängigkeiten Aufschluß zu erhalten? Diese Frage läßt sich untergliedern, indem im einzelnen darüber Auskunft verlangt wird, wie die Absatzentwicklung eines bestimmten Unternehmens von der allgemeinen wirtschaftlichen Entwicklung abhängt, wie insbesondere die Beziehungen zwischen der allgemeinen und der speziellen Entwicklung des Produktionszweiges sind, dem das Unternehmen angehört, und welche Aussagen sich andererseits über das Verhältnis zwischen der Absatzentwicklung des Unternehmens und der Branchenentwicklung machen lassen. Der Einfluß des absatzpolitischen Instrumentariums auf die Absatzhöhe des Unternehmens bleibe vorerst unberücksichtigt.

Zunächst: Lassen sich unmittelbar vom allgemeinen Trend der wirtschaftlichen Entwicklung Schlüsse auf das Absatzvolumen eines Unternehmens ziehen?

---
[1] Vgl. auch WITTMANN, W., a. a. O., S. 79 ff.
[2] Vgl. HEGER, H., Möglichkeiten und Grenzen der Absatzplanung, in: Der Mensch im Markt, hrsg. von W. VERSHOFEN, P. W. MEYER, H. MOSER und W. OTT, Berlin 1960, S. 65.

Bei der Beantwortung dieser Frage wird man davon ausgehen können, daß der Trend der allgemeinen wirtschaftlichen Entwicklung in der Regel die Absatzentwicklung der Unternehmen nicht ohne Einfluß läßt. Die Frage lautet deshalb: Welcher Art ist im konkreten Fall die Abhängigkeit, die zwischen dem Absatz eines bestimmten Unternehmens und dem allgemeinen Wachstumstrend besteht?

Hält man sich vor Augen, von wie vielen Faktoren die Wachstumsrate des Volkseinkommens abhängig ist, dann wird sofort die Schwierigkeit des Problems offensichtlich. Es ist bekannt, daß die Stärke des gesamtwirtschaftlichen Wachstums von dem Verhältnis zwischen dem Produktionsmittelbestand einer Volkswirtschaft und dem Ertrag dieses Bestandes an Sachgütern und Diensten (dem Kapitalkoeffizienten) und der jeweiligen Zunahme des Sparvolumens (der marginalen Sparquote) abhängig ist, wenn lange Perioden zugrunde gelegt werden. Diese Wachstumskurven lassen sich nur ungenau ermitteln und in die Zukunft projizieren. Ebenso ist es schwierig, mit Zuverlässigkeit vorauszusagen, wann ein Knick in der Wachstumskurve zu erwarten ist, ein Ereignis, das für die prognostizierenden Unternehmen von noch größerer Wichtigkeit ist als die Kenntnis des Wachstumstrends als solchen. Enthält also schon die Berechnung der Wachstumskurve und damit die gesamtwirtschaftliche Prognose so viele Unsicherheitsmomente, wie sehr erst stellen sich Schwierigkeiten ein, wenn der Einfluß dieses Wachstums auf den Trend eines bestimmten Unternehmens ermittelt werden soll. Diese Schwierigkeiten schließen nicht aus, daß in den Marktforschungsabteilungen vor allem größerer Werke versucht wird, das vorhandene Material statistisch-mathematisch zu korrelieren und ökonometrisch aufzubereiten, um zu erforschen, ob sich nicht doch zwischen gesamtwirtschaftlichen Wachstumsgrößen und der Absatzentwicklung des Unternehmens hinreichend enge Beziehungen feststellen lassen. Oft prüfen diese Abteilungen Einzelheiten der Trendbeziehungen, die durch Forschungsinstitute veröffentlicht werden, von sich aus nochmals nach, um besseren Einblick in den Berechnungsmodus und die Prognose gewinnen zu können — im allgemeinen aber wird man doch wohl sagen müssen, daß unmittelbare Korrelationen zwischen gesamtwirtschaftlichem Wachstumstrend und dem Absatztrend eines Unternehmens nur in äußerst seltenen Fällen feststellbar sein werden. Diese Tatsache schließt nicht aus, daß in den Planungen auf lange Sicht Annahmen über die voraussichtliche Entwicklung des Wachstumstrends enthalten sind. Fraglich ist nur, inwieweit sich unmittelbar die Absatzentwicklung eines Unternehmens mit der künftigen Entwicklung, zum Beispiel des Sozialproduktes, korrelieren läßt.

2. Günstigere Voraussetzungen liegen im allgemeinen dann vor, wenn es sich darum handelt, Informationen über die Entwicklung des Produktionszweiges im Verhältnis zum gesamtwirtschaftlichen Wachs-

tumstrend zu erhalten. Es gibt Produktionszweige, in denen es möglich erscheint, mit Hilfe korrelativer Methoden Koeffizienten zu ermitteln, die über die Beziehung zwischen Sozialprodukt und Produktionsvolumen eines Geschäftszweiges für die Prognose verwendbare Aussagen zu machen erlauben. Da die Entwicklung eines Wirtschaftszweiges mit der des Sozialproduktes nicht parallel verlaufen muß, die Produktionszweige vielmehr ein unterschiedliches Entwicklungstempo aufweisen, auch ihre Trends andere Zeitpunkte zunehmender oder abnehmender Beschleunigung aufweisen, bedarf es sehr sorgfältiger Untersuchungen, um von dem erwarteten Verlauf des Wachstumstrends auf den zu erwartenden Trend des Produktionszweiges zu schließen. Im allgemeinen aber lassen sich über den Trend des Geschäftszweiges viel zuverlässigere, auch für die Beurteilung der Absatzentwicklung eines Unternehmens wichtigere Aussagen machen als über die Beziehungen zwischen allgemeinem Wachstumstrend und Unternehmenstrend.

Wenn allerdings das Verhalten der Käufer für die Erzeugnisse eines Produktions- oder Geschäftszweiges große Unterschiede aufweist und sich mit Änderungen in der Zusammensetzung der Käufergruppen auch das Kaufverhalten der Gruppe ändert, dann entstehen besonders schwierige Fragen für die Absatzprognose. Unter Umständen können weitere Aufspaltungen und Verfeinerungen notwendig werden. Angenommen, die für die Kosmetika einer bestimmten Art in Frage kommenden Käufer oder Käuferinnen weisen eine bestimmte Altersschichtung auf und die verschiedenen Altersschichten zeigen eine unterschiedliche Vorliebe für das Erzeugnis. In diesem Falle wird nach vier oder fünf Jahren das Käuferverhalten eine völlig andere Struktur als in der Gegenwart aufweisen. Oder man nehme den Fall, daß sich die Zusammensetzung der Käuferschaft für Personenkraftwagen ändert, also zum Beispiel der Anteil der Arbeitnehmer im Verhältnis zu dem der übrigen Autobesitzer steigt. Eine einfache Korrelation zwischen Sozialprodukt und Produktionsvolumen des Industriezweiges würde diese Entwicklung nicht in Erscheinung treten lassen, obwohl sie doch für die Planung des Unternehmens von größter Bedeutung sein würde.

Reichen die Methoden der Korrelationsrechnung und der Regressionsanalyse nicht aus, um Veränderungen der soeben geschilderten Art und ihren Einfluß auf die voraussichtliche Entwicklung der Nachfrage nach den Erzeugnissen der Unternehmen eines bestimmten Produktionszweiges angeben zu können, dann bleibt nichts anderes übrig, als zusätzlich Spezialanalysen und Befragungen vorzunehmen. In diesem Falle genügt es nicht mehr, vorhandenes allgemeines oder branchenstatistisches Material auszuwerten, um zu ermitteln, ob sich genügend enge Korrelationen zwischen den Größen nachweisen lassen, die für die Markterkundung wichtig sind. Es müssen vielmehr besondere statistische Erhebungen vorgenommen werden, um Klarheit in die zu untersuchenden Fragen zu bringen. Die Analyse — oder Prognose — beruht nun nicht mehr auf der Auswertung sekundärstatistischen Materials, sondern auf der Auswertung von Erhebungen.

3. Es gibt Unternehmungen, die mit Erfolg von der Möglichkeit Gebrauch machen, sogenannte Indikatoren als Grundlage für die eigene Absatzplanung zu verwenden. Diese Indikatoren stellen Größen dar, die nicht in dem branchenstatistischen Material enthalten sind und durch Analyse gewonnen werden. Vielmehr handelt es sich um Größen, die anderen wirtschaftlichen Bereichen angehören, jedoch die Eigenschaft haben, daß zwischen ihnen und der Absatzgestaltung eines Unternehmens besonders enge und besonders strukturierte Korrelationen bestehen. Wenn zum Beispiel Absatzpläne für Fernmeldegeräte auf lange Sicht aufgestellt werden sollen, bilden die Investitionen der Bundespost, die sie im Sektor Fernmeldewesen vorzunehmen beabsichtigt, ein Maß für die Absatz- und Produktionsplanung der Unternehmen, die Fernmeldegeräte herstellen. Die Investitionen der Bundespost gehen unmittelbar dem Absatz von Fernmeldegeräten voraus. Der zeitliche Abstand zwischen den Investitionen der Bundespost und dem Absatz der Geräte läßt sich unschwer errechnen. Die Zahl der Fernmeldegeräte, die hergestellt werden müssen, ist dann ohne große Schwierigkeiten zu ermitteln, wenn der Marktanteil des Herstellers bekannt ist. Die Planungen der Bundespost sind in diesem Falle der Indikator für die Planung des Absatzes von Fernmeldegeräten.

Ähnliche Verhältnisse zeigen sich im Braunkohlenbergbau. Die Absatz- (und Produktions-)Planung der Braunkohlenbergwerke richtet sich fast ausschließlich nach den Planungen der energieerzeugenden Unternehmen. Sind diese Planungen bekannt, dann ist es nicht schwierig, die Absatzplanung bei den Braunkohlenbergwerken durchzuführen. Die Energieplanungen — den verantwortlichen Stellen in den Braunkohlenbergwerken weitgehend bekannt — bilden den Indikator, an den die Planung der Braunkohlenbergwerke gewissermaßen angehängt wird.

Derartige Indikatoren lassen sich für viele Industriezweige und Unternehmen ermitteln. So besteht zum Beispiel zwischen Baugenehmigungen und dem Bedarf an Herden, Gasbadeöfen usf. eine verhältnismäßig enge Korrelation. Die Baugenehmigungen gehen dem Absatz von Gegenständen der beschriebenen Art zeitlich voraus. Die Erfahrung hat gezeigt, daß der Bedarf an derartigen Gegenständen mit der Zahl der genehmigten Bauvorhaben steigt und fällt. Baugenehmigungen können deshalb als Indikatoren für die voraussichtliche Entwicklung des Bedarfes an Gegenständen der erwähnten Art dienen. Die Absatzkurve der Gasbadeöfen usw. „folgt" der Kurve der Baugenehmigungen.

Interessant ist in diesem Zusammenhang die Situation, in der sich die Dodge Manufacturing Corporation befindet[1]. Diese Gesellschaft stellt Zubehör für die mechanische Kraftübertragung her wie Keilriemen, Antriebe, Läger, Übersetzungen, Riemenscheiben und Kupplungen. Von dieser Produktion werden nur 2% auf dem Verbrauchermarkt abgesetzt, 98% sind Zubehör zu Produktionsanlagen. Rund 90% der Produktion geht auf Lager in Erwartung der Aufträge. Die Lieferzeiten haben 4—5 Monate betragen. Die Gesellschaft benötigt deshalb Voraussagen, um die Produktion zu planen und zu stabilisieren. Die Kräfte, die die verhältnismäßig großen Absatzschwankungen verursachen, sind vor allem wirtschaftlicher Natur. Die Gesellschaft ist auf Grund eingehender Untersuchungen zu dem Ergebnis gekommen, daß zwischen ihrem Absatz und dem Anteil der Produktion dauerhafter Produktionsanlagen am Bruttosozialprodukt eine sehr enge Korrelation besteht. Das Unternehmen glaubt sagen zu können, daß es nach dem Ergebnis seiner nunmehr langjährigen Ermittlungen einen recht konstanten Anteil auf einem sehr starken Schwankungen ausgesetzten Markte besitzt. Das steht im Gegensatz zu den Erfahrungen der Produzenten von Seife, Frühstücksnährmitteln, Kosmetika u. ä., die dahin tendieren, einen schwankenden Anteil an einem ziemlich beständigen Markt zu gewinnen.

Indikatoren, die die Bewegungen des Absatzes eines Unternehmens „führen", können sich auch aus mehreren Indikatoren zusammensetzen. In einem bestimmten Falle haben sich die Auftragszugänge in verschiedenen Wirtschaftszweigen und acht sehr früh reagierende andere wirtschaftliche Indikatoren als besonders wertvoll erwiesen[2].

Die Beziehung zwischen dem Absatz des Unternehmens und dem statistischen Indikator bildet eine der besten Informationen für die Schätzung des Absatzes, mit dem ein Unternehmen in naher oder ferner Zukunft rechnen kann. Von der Strenge, mit der der Absatz des Unternehmens zeitlich und dem Schwankungsmaß nach dem Indikator folgt, hängt die Güte der Informationen ab, die der Indikator für die Absatzplanung liefert. Vielleicht zeigt er rechtzeitig an, ob und wann sich der Absatz der Erzeugnisse beschleunigen oder verlangsamen wird, ob eine bestimmte Absatzentwicklung ihren höchsten oder tiefsten Punkt bereits überschritten hat oder ob dieser Punkt vorläufig oder in absehbarer Zeit noch nicht erreicht sein wird. Gibt der Indikator diese Informationen, dann ist damit eine vorzügliche Grundlage für die Absatzprognose gewonnen.

4. In einer besonders schwierigen Lage befinden sich Unternehmen, die Halbfabrikate herstellen. Angenommen, ein Unternehmen stelle Chemiefasern her. Die Webereien, an die das Unternehmen seine Garne

---

[1] AMA-Schriftenreihe, Band III, Die Vorausberechnung des Absatzes, Düsseldorf 1959, S. 188.

[2] AMA-Schriftenreihe, Band III, a. a. O., S. 135ff.

liefert, verkaufen die Gewebe, in denen die Garne zu unterschiedlichen Teilen enthalten sind, an die verschiedenartigsten Abnehmer im In- und Ausland. Die Entwicklungen auf den Märkten der Fertigwaren sind es, die über den Absatz des Chemieunternehmens bestimmen. Über die Vorgänge auf diesen Märkten sind aber nur mit großen Schwierigkeiten Informationen zu gewinnen, wobei zu beachten ist, daß den Chemieunternehmen nicht oder nur unzureichend bekannt ist, auf welche Märkte die Waren gehen und welchen Bedarf sie decken. Strenggenommen sind es also die Trends der Fertigwarenmärkte, über die hinreichend genaue Informationen vorliegen müßten, wenn die Absatzerwartungen des Chemieunternehmens hinreichend genau präzisiert werden sollen. Hier werden die Schwierigkeiten und wohl auch gewisse Grenzen der Informationsgewinnung für die Absatzplanung der Unternehmen ersichtlich. Damit soll nicht gesagt sein, daß dieses Problem prinzipiell unlösbar ist. Es bedarf nur besonders großer Anstrengungen, wenn ein Maß an Informationsgenauigkeit erreicht werden soll, das die erhaltenen Informationen für die Absatzplanung verwendbar macht.

5. Trotz aller berechtigten Skepsis gegen langfristige Marktprognosen bleibt die Tatsache bestehen, daß die Verwendung gesamtwirtschaftlicher Größen einen festen Bestandteil einzelwirtschaftlicher Absatzprognosen bildet. Wie die bisherigen Erörterungen des Problems gezeigt haben, rechnen zu den gesamtwirtschaftlichen Größen nicht nur der Wachstumstrend des Sozialprodukts und die Trends der Produktions- und Geschäftszweige, denen die Unternehmen angehören, sondern auch gesamtwirtschaftliche Größen völlig anderer Art. Die Aufgabe der einzelbetrieblichen Markt- oder Absatzforschung besteht gerade darin, zu untersuchen, ob zwischen irgendwelchen gesamtwirtschaftlichen Größen und einzelwirtschaftlichem Absatz so enge Korrelationen bestehen, daß Prognosen über die Entwicklung gesamtwirtschaftlicher Größen für die einzelwirtschaftliche Prognose Verwendung finden können. Diese Frage läßt sich nach den praktischen Erfahrungen, die heute vorliegen, grundsätzlich im positiven Sinne beantworten[1].

Die Erfahrungen, die mit den Methoden moderner Absatzprognose gemacht wurden, haben zu dem Ergebnis geführt, daß die Absatzentwicklung eines bestimmten Unternehmens mit den durchschnittlichen gesamtwirtschaftlichen Wachstumsraten in der Regel nicht so eng korreliert ist, daß man berechtigt ist, anzunehmen, der Trend dieser

---

[1] Vgl. hierzu: GUTENBERG, E., Die Absatzplanung als Instrument der Unternehmensführung, in: Absatzplanung in der Praxis, herausgegeben von E. GUTENBERG, Wiesbaden 1962, S. 285ff. und die Beiträge, die sich in diesem Buche mit dem hier erörterten Problem beschäftigen, insbesondere hier die Beiträge von H. ULRICH, W. P. SCHMIDT, U. BRINKMANN und P. G. W. LADEWIG, H. BERTRAM, K. DIETZLER und G. SCHEVEN.

Wachstumsraten lasse als solcher bereits zuverlässige Prognosen über die voraussichtliche Absatzentwicklung eines Unternehmens zu. Die Bindung einzelwirtschaftlicher Absatzprognosen allein an gesamtwirtschaftliche Wachstumstrends stellt eine unzulässige Vereinfachung der Prognosearbeit dar. Zwar vermag die relativ enge Korrelation zwischen Sozialprodukt und Stahlabsatz, um nur ein Beispiel zu nennen, wichtige Unterlagen für die allgemeine Entwicklungsrichtung der Stahlindustrie insgesamt und damit für die Schaffung der in absehbarer Zeit erforderlichen Roheisen- und Rohstahlkapazitäten einer Volkswirtschaft zu liefern. Planungen für die Errichtung von Hochöfen oder Stahlwerken können sich deshalb dieser Prognosen mit Erfolg bedienen. Für die Prognose der voraussichtlichen Entwicklung einzelner Walzwerkserzeugnisse läßt sich die gesamtwirtschaftliche Größe „Sozialprodukt" aber nicht verwenden. Für diese Zwecke muß nach anderen gesamtwirtschaftlichen Größen gesucht werden, die sich für einzelbetriebliche Prognosen mehr eignen als der allgemeine Wachstumstrend des Sozialprodukts. Da zudem die Erzeugnisse der Eisen- und Stahlindustrie für eine Vielzahl von Verwendungen geeignet sind, muß sich das Augenmerk der einzelbetrieblichen Prognose vor allem darauf richten, den voraussichtlichen Bedarf der Stahlverbraucher zu prognostizieren, um auf diese Weise zur Berechnung des künftigen Absatzes je Walzstahlerzeugnis zu gelangen. Hier tauchen also die gleichen Prognoseschwierigkeiten auf, wie sie soeben im vierten Abschnitt beschrieben wurden.

Die Frage, ob die Korrelationen zwischen den Trends der Wachstumsraten der Sozialprodukte und der Produktion der elektrotechnischen Industrie eng genug ist, um die einzelbetriebliche Prognose an die Wachstumstrends „anhängen" zu können, ist von HUPPERT sehr eingehend untersucht worden[1]. Er ist dabei zu dem Ergebnis gelangt, daß zwischen dem Sozialprodukt und der gesamten Produktion an elektrischen Erzeugnissen keine gleichbleibenden Wachstumsrelationen bestanden haben. Die Produktion elektrotechnischer Investitionsgüter (Inlandversorgung) hat zwar in den letzten Jahren in fast gleichbleibender Relation mit den gesamtwirtschaftlichen Bau- und Ausrüstungsinvestitionen zugenommen, jedoch haben sich die beiden Größen Bruttosozialprodukt und Anlageinvestitionen nicht gleichläufig entwickelt. Über das Sozialprodukt (und dessen Investitionsquote) lassen sich also die Anlageinvestitionen und speziell die Ausrüstungsinvestitionen nicht vorausschätzen. Damit scheidet eine unmittelbar an das Sozialprodukt angehängte Prognose der voraussichtlichen elektrotechnischen Investitionsvolumina aus. Dagegen besteht die Möglichkeit, die gesamtwirtschaftlichen Ausrüstungsinvestitionen selbständig voraus-

---
[1] HUPPERT, W., Zur Absatzentwicklung der elektrotechnischen Erzeugnisse, herausgegeben vom Zentralverband der Elektrotechnischen Industrie, e.V., Abteilung Volkswirtschaft und Statistik, Frankfurt (Main)-Berlin 1962.

zuschätzen und die Elektroinvestitionen hieran anzuhängen. Zwischen diesen beiden Größen besteht eine hinreichend enge Korrelation.

Für die Prognose der Absatzentwicklung von Haushaltsgeräten besitzen die gesamtwirtschaftlichen Trends nur geringe Bedeutung, wenn natürlich auch die allgemeine Einkommens- und Verbrauchsentwicklung der Haushalte die Anschaffungen von Elektrogeräten beeinflußt. Jedoch stellt der „private Verbrauch" die einzige gesamtwirtschaftliche Richtgröße zur Beurteilung und Vorausschätzung der Anschaffungen von Elektrogeräten dar. Der grundsätzlich einmalige Charakter des Ausbreitungsprozesses neuerer oder stark aktivierter Gebrauchsgüter macht Einzelprognosen (zum Beispiel: Zugang neuer Haushalte und Zunahme der Bestandsdichte, Spezialanalysen über Erstanschaffungen und Ersatzbeschaffungen, über die voraussichtliche Substituierung bestimmter Geräte durch andere Geräte u. ä.) notwendig. Auch in diesem Falle treten Individualanalysen an die Stelle von Globalanalysen.

Ähnliche Verhältnisse weist die Prognosesituation auch in anderen Industrie- und Handelszweigen auf. Fast alle an der zukünftigen Entwicklung des Automobilmarktes interessierten Firmen, vor allem in den Vereinigten Staaten, in Großbritannien und in Deutschland, benutzen bei der Vorausschätzung des Absatzes und des künftigen Automobilbestandes gesamtwirtschaftliche Daten. In intertemporären und internationalen Vergleichen lassen sich zwar eindeutige Korrelationen zwischen Sozialprodukt und Automobilkauf bzw. Automobilabsatz nachweisen. Es hat sich jedoch als unmöglich erwiesen, die Absatzvorausschätzungen in den einzelnen Automobilfabriken unmittelbar an die Entwicklungstrends des Sozialprodukts anzuhängen. Vielmehr hat sich gezeigt, daß nur dann hinreichend sichere einzelbetriebliche Prognosen sich vornehmen lassen, wenn die Wachstumstrends der Sozialprodukte durch andere gesamtwirtschaftliche Größen ergänzt werden, zum Beispiel durch Untersuchungen über den Automobilbestand in den einzelnen Einkommensklassen, über den Anteil der Ausgaben für die private Motorisierung an dem gesamten Haushaltseinkommen und über die künstliche Verkürzung der wirtschaftlichen Lebensdauer von Automobilen bei steigendem Wohlstand. Die Analysen lassen jedoch nur Schlüsse auf die vom Einkommen bestimmte obere Grenze der Motorisierung zu. Bei eintretender Marktübersättigung verliert diese Grenze an Bedeutung, da dann zunehmend andere Bedürfnisse in Konkurrenz zum Automobil treten. Bei der Prognose des Absatzes von Lastkraftwagen wird das Sozialprodukt mit dem gesamten inländischen Transportbedarf korreliert, der auf die Binnenschiffahrt, den Luftverkehr, die Eisenbahn und den Straßenverkehr entfällt. Aus diesen Größen läßt sich der künftige Bestand an Lastkraftwagen, unterteilt nach Gewichtsklassen, ermitteln.

Die Unternehmen der Landmaschinenindustrie stehen vor ähnlichen Fragen wie die Unternehmen der Industriezweige, auf die bisher eingegangen wurde. Für die Landmaschinenindustrie sind andere gesamtwirtschaftliche Größen relevant als für die eisenschaffende Industrie oder die elektrotechnische oder die Automobilindustrie. Auch in der Landmaschinenindustrie führt lediglich das Anhängen der Prognose an den gesamtwirtschaftlichen Wachstumstrend zu keinen brauchbaren Ergebnissen. Die Investitionsneigung der Landwirte hängt weitgehend von ihrer Einkommensentwicklung, der betrieblichen Kostensituation, der offiziellen Agrarpolitik, den technischen Trends auf dem Landmaschinenmarkt und vielen anderen, vor allem auch regionalen Umständen ab. Sie stellen gesamtwirtschaftliche Größen besonderer Art dar und machen Einzelanalysen erforderlich.

In der Nähmaschinenindustrie bestehen multiple Korrelationen zwischen dem Absatz an Nähmaschinen und bestimmten gesamtwirtschaftlichen Größen, insbesondere dem Herstellungsvolumen an Bekleidungsstücken, dem Industrialisierungsgrad der Länder und anderen Größen.

Unternehmen, deren Prognosedenken und Prognosetechnik sich darauf beschränkt, ihre Absatzvorausschätzungen an die Prognose des gesamtwirtschaftlichen Wachstums anzuhängen, gehen in der Regel einen falschen Weg. Nur wenn es gelingt, ein System von gesamtwirtschaftlichen Größen unterschiedlicher Art zu entwickeln, das hinreichend enge Korrelationen zur Absatzentwicklung des Unternehmens aufweist, besteht die Chance, zu erfolgreichen einzelbetrieblichen Absatzprognosen zu gelangen.

6. Sache der Unternehmenspolitik ist es, Entscheidungen über den vorzugebenden Absatz zu treffen. Ersetzt man den Ausdruck „Absatz" durch den Ausdruck „Marktanteil", dann läßt sich auch sagen, in dem Bestreben, den Marktanteil zu erweitern, zu halten oder sein weiteres Absinken zu verhindern, äußert sich die Grundkonzeption der Unternehmenspolitik. Sie ist nur aus den besonderen Umständen der Lage heraus zu verstehen, in der sich das Unternehmen befindet.

Wenn es aber darum geht, ob der Marktanteil erweitert, gehalten oder vor weiterem Absinken bewahrt werden soll, dann ist die Vorbedingung für eine solche Politik, daß die Unternehmensleitung den Marktanteil des Unternehmens kennt. Denn nur mit diesem Wissen vermag sie erfolgreich zu operieren. Vielen Wirtschaftszweigen bereitet es keine Schwierigkeit, sich über ihren Marktanteil mit hinreichender Genauigkeit zu unterrichten. Das vorliegende statistische Material, insbesondere die allgemeine und die Verbrauchsstatistik, reicht aus, um hinreichend genaue Berechnungen vornehmen zu können. In anderen Fällen stehen die Unternehmungen vor der Wahl, besondere, auf den konkreten Fall abgestellte statistische Erhebungen vorzunehmen, um

Klarheit über die Stellung im Markt zu schaffen. Im Regelfall genügen diese Primärerhebungen, meist in Form von Befragungen der verschiedensten Art vollzogen, um genügend tiefen Einblick in die Marktanteilssituation des Unternehmens zu gewinnen. Unternehmen, die der Ansicht sind, daß sie auf diese besonderen Analysen verzichten können, oder deren Absatzgefüge so differenziert und undurchsichtig ist, daß Spezialerhebungen keinen Erfolg versprechen, müssen damit auf eines der besten Informationsmittel für die Absatzplanung verzichten. Wenn sie — bewußt oder aus einer Notlage heraus — ihren Marktanteil und die Stärke der Kräfte, die ihn bedrohen, nicht kennen, dann bereiten zum Beispiel Entscheidungen darüber, ob die Absatzpolitik aktiv oder mehr hinhaltend geführt werden soll und mit welchen absatzpolitischen Schwerpunkten am vorteilhaftesten zu operieren ist, große Schwierigkeiten.

a) Der Marktanteil eines Unternehmens ist durch die Möglichkeit von Verhaltensänderungen der Käufer oder Konkurrenten ständig bedroht. Die Unternehmen begegnen diesen Gefährdungen durch Analyse und laufende Beobachtung des Bedarfes und der Konkurrenzsituation. Insbesondere konzentriert sich das Interesse der Unternehmen im Bereich des Bedarfes auf Informationen über die Größe, Richtung, Struktur des Bedarfes, über die Zahl und räumliche Verteilung der Bedarfsträger innerhalb regional abgegrenzter Markträume, den Lebensstandard der Bevölkerung (Einkommensgröße, Einkommensschichtung), die wirtschaftlichen Grundlagen, die Lebensart, die Präferenzen und die Kaufgewohnheiten, die Stärke und Schichtung der wirksamen Nachfrage nach den Erzeugnissen des Wirtschaftszweiges, besser noch: des Unternehmens. Diese Bedarfsfaktoren unterliegen ständig Wandlungen. Nur in den seltensten Fällen kann sich deshalb eine solche Bedarfsanalyse auf eine einmalige Untersuchung der Aufnahmefähigkeit bestimmter räumlich abgegrenzter Märkte beschränken. Den Regelfall bildet vielmehr die laufende Überwachung der Vorgänge im Absatzraum der Unternehmen. Denn nur dann, wenn die Planzahlen rechtzeitig korrigiert werden, läßt sich die absatzpolitische Taktik an die sich anbahnende neue Situation anpassen. Die einmalige Kapazitätsanalyse hat gewiß für bestimmte Fälle und Situationen eine große Bedeutung. Aber die routinemäßige, laufende Analyse und Beobachtung der Marktkapazität bildet die Hauptaufgabe der Marktforschungsabteilungen in den Unternehmen. Die Marktbeobachtung steht deshalb nicht am Rande, sondern im Zentrum der Informationsgewinnung für die kurz-, mittel- und langfristige Absatzplanung.

Reicht das verfügbare statistische Material zur Gewinnung von Informationen der beschriebenen Art nicht aus, dann müssen unter Umständen primärstatistische Erhebungen in Form von Befragungen (der verschiedensten Art) vorgenommen werden. Geschieht das nicht, dann verzichtet die Absatzplanung auf eine ihrer wichtigsten Möglichkeiten.

Für die Planung der Unternehmen mit verhältnismäßig geringem Marktanteil und leicht zu überblickenden Bedarfsstrukturen und Abhängigkeiten mag eine so intensive und detaillierte Kontrolle der Marktdaten, wie sie soeben angedeutet wurde, nicht unbedingt erforderlich erscheinen. Ob diese Auffassung gerechtfertigt ist, läßt sich nur von Fall zu Fall entscheiden. Aber nicht darum geht es hier, sondern allein um die Beantwortung der Frage, um welche Informationen ein Unternehmen sich bemühen müßte, wenn es gilt, unter schwierigsten Bedingungen zu planen.

b) Die Unternehmensleitung verlangt mit Recht von den mit der Gewinnung von Informationen über absatzwirtschaftliche Daten beauftragten Abteilungen genaue Kenntnisse über die Konkurrenzverhältnisse. Denn die Maßnahmen der Konkurrenzunternehmen sind es, die die Marktstellung und damit den Marktanteil des Unternehmens auf das gefährlichste bedrohen. Das Interesse an diesen Informationen erstreckt sich nicht nur auf genaue Unterrichtung über die zu einem bestimmten Zeitpunkt gegebene Konkurrenzsituation in den Hauptabsatzgebieten des Unternehmens, also auf Informationen über Zahl, Art, Größe, Ansehen und Absatzintensität der konkurrierenden Unternehmen, sondern auf die Wandlungen, die sich hier vollziehen. Die Absatzplanung verlangt laufende Beobachtung des Warenangebots der Konkurrenzunternehmen, rechtzeitige Kenntnis bestehender Änderungen dieses Angebots, insbesondere der Preise, Rabatte, Erzeugniseigenschaften und Sortimente, auch laufende Informationen über Art, Schwerpunkte und Termine der Werbung, der Vertriebsmethoden, der Lieferungs- und Zahlungsbedingungen und der Zeitpunkte, zu denen mit der neuen Situation gerechnet werden muß, und der Gründe, die die gegnerischen Unternehmen veranlassen, ihre Absatztaktik zu ändern. Die Unternehmensleitung will die Stärke und die Schwächen der Wettbewerbsunternehmen kennen. Das absatzpolitische Instrumentarium der gegnerischen Unternehmen liegt deshalb — bei gut organisierten Unternehmen — ständig im Scheinwerferlicht der eigenen Marktbeobachtung. Jede Änderung wird registriert und für die Absatzplanung ausgenutzt.

Auf die geschilderte Weise gewinnen die Unternehmen ein Bild von dem gegenwärtigen und dem voraussichtlichen Verhalten der Käufer und der Konkurrenten. Dieses Bild setzt sich wie ein Mosaik aus vielen Informationen zusammen, und es kann geschehen, daß eine zunächst unwichtig erscheinende Information zentrale Bedeutung erhält, wenn sie in den Zusammenhang gerückt wird, in den sie gehört.

C. Instrumentalinformationen.

1. Der Einfluß der Instrumentalvariablen auf den Absatz.
2. Informationen über den Einfluß der Instrumentalvariablen auf den Absatz.

1. Zu jeder Planungsalternative gehört eine bestimmte Entscheidung über das absatzpolitische Instrumentarium, mit dessen Hilfe das Pla-

nungssoll erreicht werden soll. Das Plansoll ist also nicht allein von dem gesamtwirtschaftlichen und dem Branchenwachstum abhängig, wie bisher zur Vereinfachung der Untersuchung angenommen wurde. Besteht aber eine bestimmende Beziehung zwischen absatzpolitischem Instrumentarium und Absatz, dann kann die Planung des Mitteleinsatzes um so genauer vorgenommen werden, je umfangreicher und zuverlässiger die Informationen sind, die über Wirkungen des absatzpolitischen Mitteleinsatzes vorliegen. Will die Verkaufsleitung zu einigermaßen verläßlichen Schätzungen über die Wirkung gelangen, die eine Änderung der Preise, der Produkteigenschaften usf. auf die Käufer — auch auf die Konkurrenten — ausübt, dann sind unter Umständen sehr eingehende und subtile Untersuchungen über die Wirkung des gegenwärtigen Mitteleinsatzes erforderlich, um von hier aus zu Aussagen darüber gelangen zu können, wie eine Änderung eines absatzpolitischen Mittels allein oder in Verbindung mit anderen das Absatzvolumen beeinflussen wird oder, in einer anderen Sicht gesehen, welche Änderungen des absatzpolitischen Instrumentariums voraussichtlich erforderlich sein werden, wenn der Absatz in einer Periode einen bestimmten Umfang erreichen soll[1].

Welche Informationen sind — so lautet nunmehr die Frage — erforderlich, wenn sich die Vertriebsleitung ein in den Grenzen des Möglichen bleibendes Bild von der Wirkung der absatzpolitischen Instrumente machen will, um Unterlagen für die Schätzung des Einflusses dieser Instrumente auf den Absatz des Unternehmens zu erhalten ?

2. a) Die informatorischen Schwerpunkte auf dem Gebiete der Absatzmethoden bilden das Vertriebssystem, die Vertriebsformen und die Absatzwege. Die Unterrichtung, die das Rechnungswesen, insbesondere die Absatzstatistik gewährt, reicht nicht aus, um die Frage nach den Vorzügen und Schwächen des gegenwärtigen Vertriebssystems beantworten zu können. Untersuchungen darüber, ob eine stärkere Dezentralisierung der Verkaufsorganisation von Nutzen sein wird, lassen sich nur „vor Ort" vornehmen. Wie will man hier zu klaren Entscheidungen gelangen, wenn die Bedarfs- und Konkurrenzstruktur der in Aussicht genommenen Niederlassungsbezirke nicht vorher mit marktanalytischen Mitteln untersucht wird ? Die gleiche Frage ergibt sich, wenn darüber zu entscheiden ist, ob ein Unternehmen vom Reisendensystem zum Vertretersystem übergehen soll, und die Frage beantwortet werden muß, welches die optimale Größe der Vertreterbezirke ist. Noch verwickeltere Aufgaben können entstehen, wenn die Frage zu beantworten ist, welches die vorteilhaftesten Absatzwege bei alternativem Absatzumfang und alternativem Mitteleinsatz sind.

---

[1] BEHRENS, K. CHR., Marktforschung, Wiesbaden 1959, S. 144ff., ferner: Absatzplanung in der Praxis, herausgeg. von E. GUTENBERG, Wiesbaden 1962.

b) Absatzwirtschaftlich gut organisierte Unternehmen kontrollieren ständig auf den verschiedensten Wegen die Reaktionen der Käufer auf ihr Warenangebot. Das Verhalten der Käufer ist allerdings weitgehend habituell bestimmt und deshalb nur in den seltensten Fällen direkt auf den Erwerb eines ganz bestimmten Gutes gerichtet. Die heute so viel diskutierte Frage, in welchem Maße sich die Käufer konsumnaher Erzeugnisse beim Warenkauf rational verhalten, läßt sich nur dann befriedigend beantworten, wenn man sich vor der Debatte darüber geeinigt hat, was unter „rational" verstanden werden soll. Daß die Käufer beeinflußbar sind, daß sie nicht alle Informationsmöglichkeiten ausschöpfen, bevor sie kaufen, und daß — je nach Temperament — Impulskäufe vorkommen und dann das Streben nach sozialer Geltung die Kaufentscheidungen bestimmen kann, besagt noch nicht, daß allen Kaufentschlüssen planendes Überlegen fehlt[1]. Mit der täglichen Erfahrung läßt sich diese Auffassung nicht vereinbaren.

Die zweifellos zunehmende Unbeständigkeit in den Konsumansprüchen, die Beobachtung, daß der Anteil der Stammkunden, die früher den festen Rückhalt gerade der fachlichen Sortimentsgeschäfte bildeten, zurückgeht, die Tatsache, daß die Einkaufswünsche immer kurzwelliger und unruhiger werden, wie BUDDEBERG zutreffend bemerkt, stellen Entwicklungen dar, die keinesfalls auf einen Verlust an Rationalität des Kaufverhaltens schließen lassen[2]. Im Gegenteil, die starken Käuferfluktuationen lassen gerade den Schluß zu, daß die Käufer nicht mehr, wie früher, unentwegt als Stammkunden bei bestimmten Geschäften kaufen, sondern herauszufinden versuchen, in welchem Geschäft sie am vorteilhaftesten kaufen.

Wie dem im einzelnen auch sei, das Urteil der Verbraucher oder Abnehmer über das Warenangebot eines Unternehmens bildet eine der wichtigsten Absatzeinflußgrößen. Aus diesem Grunde legen die Unternehmen so viel Wert darauf, die Ansichten der Käufer darüber zu erfahren, ob ihre Erzeugnisse oder Waren Anklang bei den Käufern finden oder ob und weshalb sie abgelehnt werden. Woran liegt es zum Beispiel, daß Gartenmöbel, die ein Unternehmen herstellt, nicht den Beifall der Käufer finden, mit dem das Unternehmen gerechnet hat? Werden sie als plump oder zu unbequem oder nicht als preiswert empfunden? Wenn sich eine Änderung im Bewußtsein der Käufer nach der positiven oder negativen Seite vollzieht, auf welche Gründe ist dieser Wechsel in den Ansichten über die Erzeugnisse des Unternehmens zurückzuführen? Niemand wird bestreiten, daß die Kenntnis dieser Dinge von größter

---
[1] Vgl. hierzu auch KATONA, G., Psychological Analysis of Economic Behavior, New York 1951, deutsche Übersetzung: Das Verhalten der Verbraucher und Unternehmer, Tübingen 1960, S. 74ff.

[2] BUDDEBERG, TH., Betriebsführung auf neuen Wegen, in Absatzwirtschaft, hrsg. vom BDI und RKWF, München 1955, S. 86ff.

Bedeutung für die Unternehmen ist. Vielleicht kann ein Unternehmen noch rechtzeitig, bevor größere Schäden eingetreten sind, eine ungünstige Entwicklung des Absatzes bremsen und zum Stillstand bringen.

Schwieriger noch erweist sich die Aufgabe, neue Typen, Baumuster, Dessins daraufhin zu überprüfen, ob sie den Beifall des kaufenden Publikums finden werden. Es ist nicht zu verwundern, daß die modernen Methoden der Marktforschung, die Befragungen, Experimente und Tests, auch die Motivanalyse die Reaktion der Käufer auf die Erzeugnisse und Sortimente der Hersteller und Händler zu ihrem bevorzugten Anwendungs- und Erprobungsgebiet haben werden lassen. Die Bedeutung des Käuferverhaltens für die Absatzplanung wird oft unterschätzt. In Wirklichkeit gibt es keine bessere Sicherung gegen das Planungsrisiko als die systematische Gewinnung und Analyse von Informationen über die werbende Wirkung, die von den Erzeugnissen, Verkaufsprogrammen oder Sortimenten eines Unternehmens ausgeht bzw. ausgehen wird, wenn die Absatzplanung Änderungen des Verkaufsprogramms verlangt.

c) Über die voraussichtlichen Reaktionen der Käufer auf Änderungen der Verkaufspreise wird sich nur in engen Grenzen Gewißheit verschaffen lassen. Die Verkaufspreise sind zwar keine Werbemittel, aber Angebotspreise können eine hohe anziehende Wirkung ausüben. Diese Wirkung wird im allgemeinen um so größer sein, je mehr die Preise von den Käufern als angemessen, das heißt, als der angebotenen Qualität entsprechend empfunden werden. Ein Preis wird aber auch nur dann als angemessen angesehen, wenn er in einem als annehmbar betrachteten Verhältnis zu den Preisen der Konkurrenzunternehmen steht. Nur wenn der Verkaufspreis in Hinsicht auf die angebotene Qualität und den Konkurrenzpreis für besonders günstig gehalten wird, geht von den Preisen eine werbende Wirkung aus. Preisstellung ist also keineswegs nur ein Rechenexempel. Unwägbare Momente spielen in die Preisfixierung hinein. Diese Unwägbarkeiten sind es, von denen die Verkaufsleitung nur selten Kenntnis besitzt, und manchmal scheint es, als ob diesen Fragen nicht hinreichende Beachtung geschenkt würde. Gewiß ist die Festlegung der Verkaufspreise und der Rabatte eine nicht leicht zu lösende Aufgabe. Sie ist es vor allem dann nicht, wenn sie ohne hinreichende Informationen vorgenommen wird. Was preiswert ist, das bestimmen vor allem die Käufer, und manches Unternehmen spürt bald, ob seine Erzeugnisse, Waren oder Dienste als preiswert gelten.

Die Möglichkeit, sich über die Elastizität der Nachfrage für bestimmte Erzeugnisse oder Erzeugnisgruppen Kenntnis zu verschaffen, scheint den Unternehmen nicht mehr völlig verschlossen zu sein. Wie wichtig derartige Einblicke für die Preispolitik eines Unternehmens sind, zeigt sich, wenn man bedenkt, daß die zu einem Verkaufsprogramm oder Sortiment gehörenden Erzeugnisse oder Waren ganz verschiedene Preis- und Einkommenselastizitäten aufweisen werden, wenn sie von verschiedenen Käuferschichten oder Gruppen gekauft werden. Auch hängt die Wirkung von Preisänderungen wesentlich von der gesamtwirtschaftlichen Lage ab, und nur in Verbindung mit ihr wird sich ein Urteil über den voraussichtlichen Einfluß einer Preisänderung auf den Warenabsatz bilden lassen.

So sehr die Produktgestaltung und ihr Einfluß auf das Absatzvolumen eines Unternehmens die Marktforschungsabteilungen der großen Unternehmen beschäftigt, so wenig scheint die Preisstellung zum Gegenstand von Spezialerhebungen gemacht zu werden, die über die Befragung der Verkäufer selbst hinausgehen. Dieses Verhalten der Unternehmen ist nicht recht zu verstehen. Je mehr die Unternehmen sich von der Vorstellung lösen würden, daß die Verkaufspreise lediglich ein kalkulatorisches oder ein Anpassungsproblem seien, um so mehr würden sie für die Erkenntnis offen sein, daß die Gewinnung von Informationen über die Einstellung der Käufer zu den Verkaufspreisen für die Absatzpolitik und Absatzplanung des Unternehmens von nicht geringerer Bedeutung ist als die Kenntnis von der Reaktion der Käufer auf Produkteigenschaften und Sortimente.

d) Zur Werbung gehört die Marktinformation als notwendiges Korrelat. Man kann geradezu sagen, daß Werbung, sofern sie im großen Stil betrieben wird, ergebnislos bleibt, wenn sie nicht bis in jede Einzelheit hinein vorbereitet ist. Den Hauptanteil dieser Vorbereitungen bildet die Gewinnung von Informationen über die voraussichtliche Reaktion der Käufer auf das Werbemittel und seine Verwendung im Rahmen der geplanten Aktion. Es geht hier ja nicht nur darum, zu ermitteln, ob der Werbespruch, die verwandten Werbemittel usf. wirksam sind, sondern mehr noch darum, zu erfahren, welches der günstigste Zeitpunkt, der günstigste Ort, die günstigste Streuung und der günstigste Umfang der Werbeaktion sein wird. Es muß auch untersucht werden, ob die Werbung auf den Käufertyp abgestimmt ist, der umworben wird oder werden soll. Wer ist der für den Kauf der Unternehmungserzeugnisse bevorzugt in Frage kommende Käufer? Man denke an Automobilmarken. Etwa gleich starke Personenwagen, der gleichen Preisklasse angehörend, können für völlig verschiedene Käufertypen in Frage kommen, etwa in einem Fall für einen Käufertyp, der aller Extravaganz abgeneigt ist und ein Fahrzeug wünscht, das er lange fahren kann und das als ganz besonders zuverlässig gilt. Im anderen Fall für einen Käufertyp, der auf Grund seines Naturells schnittige, sportliche, elegante Wagen bevorzugt. Aber wie sollen diese Unterschiede im Käufertyp, die für die Wahl des Werbespruches, die Gestaltung der Prospekte und der Werbemittel so entscheidend wichtig sind, erkannt werden, wenn sie nicht eingehend untersucht werden? Gleichwohl bereitet es auch Unternehmen, die über große Erfahrungen auf diesem Gebiet verfügen, oft große Schwierigkeiten, das Maß an Information zu erreichen, das gegeben sein müßte, wenn die Werbung mit Erfolg betrieben werden soll.

D. Die Technik der Informationsgewinnung.
1. Auswertung gegebenen Materials.
2. Erhebungen.

1. Die für kurz- und langfristige Absatzplanung erforderlichen Informationen können
   1. durch Auswertung gegebenen Materials oder
   2. durch eigens vorgenommene Erhebungen

gewonnen werden.

Im zuerst genannten Fall versucht ein Unternehmen, sich durch Informationen aus der Tages- und Fachpresse, aus von Sachkennern geschriebenen Berichten oder Spezialexpertisen ein Urteil über die voraussichtliche Entwicklung seiner Absatzmärkte zu bilden. Solange die Gewinnung derartiger Informationen nicht mit den Methoden der modernen Marktforschung vorgenommen wird, soll von Markterkundung gesprochen werden. Erst wenn die Unternehmen von diesen Methoden Gebrauch machen, läßt sich die Markterkundung als ein Teil der Marktforschung bezeichnen[1].

Die wissenschaftliche Marktforschung besteht in systematisch und methodisch durchgeführten, laufenden oder fallweisen Marktuntersuchungen. Ihre Methode ist die der Auswertung betriebseigenen oder betriebsfremden sekundärstatistischen Materials. Bei dem betriebseigenen Material handelt es sich vornehmlich um Unterlagen, die das

---

[1] VERSHOFEN, W. (Hrsg.), Handbuch der Verbrauchsforschung, I. Band, Grundlegung, Berlin 1940, u. II. Band, Gesamtauswertung, Berlin 1940: I. Teil von H. PROESLER; VERSHOFEN, W., Die Marktentnahme als Kernstück der Wirtschaftsforschung, Berlin-Köln 1959. SCHÄFER, E., Die Grundlagen der Marktforschung, Marktuntersuchung, Marktbeobachtung, 3. Aufl., Köln-Opladen 1953. Derselbe, Betriebswirtschaftliche Marktforschung, Essen 1955. BEHRENS, K. CHR., Marktforschung, in: Die Wirtschaftswissenschaften, herausgegeben von GUTENBERG, E., Wiesbaden 1959.

SANDIG, C., Bedarfsforschung, Stuttgart 1934. KROPFF, H. F. J., Die psychologische Seite der Bedarfsforschung, Leipzig 1941. LISOWSKY, A., Grundprobleme der Betriebswirtschaftslehre, Zürich u. St. Gallen 1954. WICKERT, G., Deutsche Praxis der Markt- und Meinungsforschung, Tübingen 1953. KOCH, W., Grundlagen und Technik des Vertriebes, Bd. II, Berlin 1950. SEYFFERT, R., Wirtschaftslehre des Handels, 4. Aufl. Köln-Opladen 1961. HUNDHAUSEN, C., Marktforschung als Grundlage der Absatzplanung, Zeitschrift für Betriebswirtschaft, Jg. 1952, S. 685ff. BERGLER, G., Beiträge zur Absatz- und Verbrauchsforschung, Nürnberg 1957.

CRISP, R. D., Marketing Research, New York 1957. HENRY, H., Motivation Research, London 1958. PACKARD, V., The Hidden Persuaders, New York 1957, deutsch: Die geheimen Verführer, Düsseldorf 1958.

HOBART, D. M., Marketing Research Practice, New York 1950, deutsch: Praxis der Marktforschung, Essen 1952. COLE, R. H., Consumer Behavior and Motivation, Urbana/Illinois 1958.

Rechnungswesen des Unternehmens liefert. Es wird in der Absatzstatistik aufbereitet. Die Quellen für nicht betriebseigenes sekundärstatistisches Material sind vor allem die amtliche Statistik, die Statistik der Wirtschaftsverbände und die der Wirtschaftsforschungsinstitute und Banken.

Die statistische Auswertung dieses Materials dient vor allem der laufenden Analyse der Bedarfsentwicklung, der Beobachtung des Konkurrenzverhaltens und der Trendentwicklung zum Zwecke der Prognose. Fallweise kann aber auch ein Interesse an dem gegenwärtigen Zustand eines bestimmten, abgegrenzten Wirtschaftsraumes bestehen. Sowohl bei der laufenden als auch bei der fallweisen Analyse von Märkten liegt der Schwerpunkt des marktanalytischen Bemühens auf der Aufbereitung und Auswertung sekundärstatistischen Materials mit Hilfe der Methoden der modernen Statistik. Erstrebenswertes Ziel ist dabei insbesondere, Abhängigkeiten zu ermitteln, die zwischen makroökonomischen Größen und Unternehmensabsatz bestehen. Die Korrelations- und Regressionsanalysen liefern die hierzu erforderlichen Verfahren.

Wenn das verfügbare sekundärstatistische Material nicht ausreicht, um die quantitativen Sachverhalte zu klären, an deren Aufhellung der Unternehmens- oder Verkaufsleitung gelegen ist, muß die Marktforschung der geschilderten Art durch andere Methoden der Marktforschung ergänzt werden, insbesondere durch Stichprobenanalysen, die dann allerdings nur in den seltensten Fällen allein von den Marktforschungsabteilungen industrieller Unternehmen vorgenommen werden können.

2. Der zweite Weg, zu absatzpolitisch wichtigen Informationen zu gelangen, besteht darin, Erhebungen vorzunehmen, durch die primärstatistisches Material gewonnen wird.

a) Befragungen sind auch für solche Unternehmen, die ihre Informationen nicht mit den Methoden systematischer Marktforschung gewinnen, das am meisten angewandte Mittel, die Dinge zu erfahren, die für sie absatzpolitisch besonders wichtig sind. Wenn beispielsweise der Inhaber einer Fabrik, die Lederwaren herstellt, selbst reist und seine Kunden besucht, so erfährt er aus den Gesprächen mit den Einzelhändlern, ob die von ihm hergestellten Waren gefallen, welche Muster bevorzugt werden, und ob die Preise, die er verlangt, den Vergleich mit den Preisen der Konkurrenzunternehmen aushalten, und anderes mehr. Wenn ein Unternehmen mit Hilfe von autorisierten Händlern, Reisenden oder Vertretern verkauft, dann werden die Auskünfte dieser Personen zu einer wichtigen Informationsquelle über die Lage auf den Absatzmärkten des Unternehmens. Schreibt ein Unternehmen seinen Verkaufsorganen vor, in regelmäßigen Zeitabständen bestimmte, auf einem Formular aufgeführte Fragen zu beantworten, dann nimmt die Gewinnung der Informationen bereits systematische Formen an. Das gilt zum Beispiel für den Fall, daß eine Automobilfabrik von den von ihr autorisierten Händlern Berichte über jedes angebahnte Geschäft verlangt, ohne Rücksicht darauf, ob das Geschäft zustande gekommen ist. Die Fabrik ist daran interessiert zu erfahren, aus welchen Gründen das Geschäft nicht zum Abschluß gekommen ist, oder welche Gründe den Käufer veranlaßt haben, gerade ihr Fabrikat zu kaufen. In diesen Fällen nimmt das Unternehmen durch seine Verkaufsorgane eine Befragung von Interessenten und Kunden vor. Es leuchtet ein, daß derartige Befragungen ein äußerst wertvolles Informationsmaterial liefern können, aber es ist auch sofort zu erkennen, wie groß die Gefahren sind, wenn derartige Informationen ohne hinreichende methodische Absicherungen eingeholt und verwertet werden.

Alle Unternehmen verschaffen sich durch Befragungen Informationen, die sie für ihre absatzpolitischen Entscheidungen ausnutzen. Solange die Befragungen jedoch nicht in den Formen vorgenommen werden, die die moderne Marktforschung für derartige Zwecke entwickelt hat, kann die Informationsgewinnung durch Befragung nur als Markterkundung bezeichnet werden. Von Marktforschung soll hier nur dann gesprochen werden, wenn die Befragung in Form systematischer und methodisch einwandfrei geführter Erhebungen vorgenommen wird, das heißt in Formen, die die Bezeichnung „Forschung" wirklich verdienen.

b) Steht fest, über welches Objekt Informationen eingeholt werden sollen, dann — so könnte man annehmen — wird es am vorteilhaftesten sein, wenn alle Personen befragt werden, die in unmittelbarer oder mittelbarer Beziehung zu dem Untersuchungsgegenstand stehen. Bezeichnet man die Gesamtheit dieser zeitlich und räumlich abgegrenzten, durch bestimmte Merkmale gekennzeichneten Personen als die Grundgesamtheit (Kollektiv), auf die sich eine statistische Erhebung erstreckt, dann könnte eine Befragung so vorgenommen werden, daß alle zu der Grundgesamtheit gehörenden Personen befragt werden. Die moderne Entwicklung hat nun dahin geführt, daß nicht mehr alle Elemente (Personen, Haushalte, Betriebe), sondern nur noch ein Teil der zu untersuchenden Gesamtheit in die Erhebung einbezogen wird. In diesem Sinne spricht man von einer Teil- oder repräsentativen Erhebung oder auch von einer Stichprobenerhebung. Das Ergebnis der Befragung wird um so ungenauer sein, je weniger die als Teilmasse bezeichnete Gruppe der Grundgesamtheit entspricht. Das Ergebnis einer Teilbefragung ist dann als repräsentativ für das Verhalten der Käufergesamtheit anzusehen, wenn eine Gesamtbefragung zum gleichen Ergebnis geführt haben würde wie die Teilbefragung. Ein solches Ergebnis ist das Ziel einer jeden Teilbefragung.

Das Hauptproblem aller Befragungen, die als Stichprobenerhebungen vorgenommen werden, besteht deshalb darin, die richtige Teilmasse zu bilden. Wie soll aus der Vielzahl von Einzelpersonen, Haushalten, Betrieben usw. jene kleine Gruppe ausgewählt werden, die stellvertretend für die Gesamtheit Antwort auf die gestellten Fragen gibt?

c) Die Auswahl der zu befragenden Personen, Haushalte, Betriebe kann einmal gezielt vorgenommen werden, zum anderen kann sie aber auch dem Zufall überlassen bleiben. Bei der bewußt vorgenommenen, gezielten Auswahl wird die Teilmasse so bestimmt, daß sie wirklich ein getreues Spiegelbild der Gesamtmasse darstellt (Purposive Selection; Sampling). Die Marktforschung benutzt für diese gezielte Bestimmung der Teilmasse in der Regel das Quotenverfahren. So kann es zum Beispiel für vorteilhaft gehalten werden, daß eine bestimmte Quote der zu befragenden Personen männlichen Geschlechts sein muß, daß außerdem eine bestimmte Quote der zu befragenden Personen einer bestimmten Altersklasse oder bestimmten Berufsgruppe angehören soll. Bleiben wichtige Merkmale unberücksichtigt, dann besteht die Gefahr, daß die Befragten nicht die Gesamtmasse repräsentieren. Wenn zum Beispiel für irgendeine Marktuntersuchung die Einkommensschichtung innerhalb einer bestimmten Käufergruppe ein wichtiges Merkmal ist, dann besteht die Gefahr, daß die Untersuchung zu einem unrichtigen Ergebnis führt, falls dieses Merkmal bei der Erhebung vernachlässigt wird. Solche Verzerrungen können dann eintreten, wenn die Befragten überwiegend den unteren Einkommensschichten angehören, der Gegenstand aber, für den die Untersuchung vorgenommen wird, vornehmlich von Angehörigen mittlerer Einkommensgruppen gekauft wird. In diesem Fall würden die Absatzchancen für den Gegenstand unterschätzt werden. Die praktische Durchführung einer solchen Untersuchung bereitet immer dann große Schwierigkeiten, wenn das statistische Material nicht ausreicht, um zu ermitteln, in welchen Proportionen die einzelnen Einkommensklassen zueinander stehen. Man ist dann auf Schätzungen angewiesen, und es ist klar, daß die Grundlage für die Bildung von Teilmassen um so unsicherer und die Ergebnisse der Untersuchung um so unzuverlässiger werden, je mehr die Untersuchung auf Schätzungen beruht.

d) Die Unzulänglichkeiten, die in diesem Verfahren liegen, haben dazu geführt, eine andere Methode zu entwickeln, die als zufallsgesteuertes Stichprobenverfahren (Random Sampling; Probability-Methode) bezeichnet wird. Über die Auswahl entscheidet bei dieser Methode allein der Zufall. Das subjektive Moment in der Teilmassenbildung wird ausgeschlossen. Die Zufallsauswahl vollzieht sich in der Form, daß aus einer listenmäßig erfaßten Grundgesamtheit willkürlich, das heißt durch Auslosung eine bestimmte Anzahl der die Grundgesamtheit bildenden Einheiten (Personen, Haushalte, Betriebe) herausgegriffen und zu einer Stichprobe zusammengefaßt wird. Man bedient sich dabei in der Regel der sogenannten Random-Tabellen (Tabellen von Zufallszahlen), in denen die Ergebnisse tatsächlich durchgeführter Auslosungen von verschieden großen Teilmassen nummernmäßig festgelegt sind. Aus den vorliegenden Listen werden nun diejenigen Einheiten ausgewählt, die durch die Nummern der Random-Tabellen bezeichnet werden. Der Vorteil eines solchen Vorgehens liegt darin, daß man sich auf diese Weise eine tatsächliche, im allgemeinen zeitraubende Auslosung erspart.

Die Auswahl der Teilmassen nach dem Zufallsprinzip ordnet jeder Einheit der Gesamtmasse die gleiche — und damit bekannte — Wahrscheinlichkeit zu, in die Stichprobe (Teilmasse) einzugehen. Die Teilmasse wird daher die Struktur der Grundgesamtheit widerspiegeln, und zwar um so genauer, je mehr das Gesetz der großen Zahl erfüllt ist, je größer also die Stichprobe gewählt wird. Hierbei kommt es allein auf die absolute Größe der Stichprobe an und nicht auf das Verhältnis von Stichprobe und Grundgesamtheit.

Da die Wahrscheinlichkeit, mit der die Einheiten der Gesamtmasse in die Stichprobe eingehen, bekannt ist, besteht die Möglichkeit, die Methoden der Wahrscheinlichkeitsrechnung anzuwenden und den Sicherheits- und Genauigkeitsgrad der Stichprobenergebnisse zu berechnen. Diese Möglichkeit besteht für das Quotenverfahren nicht.

Mathematische Überlegungen, auf die hier im einzelnen nicht mehr eingegangen werden soll, zeigen, daß, wenn das Random-Verfahren angewandt wird, die Stichprobe vervierfacht bzw. verneunfacht werden muß, wenn eine doppelte bzw. dreifache Genauigkeit erreicht werden soll.

Der Genauigkeitsgrad einer solchen Stichprobenerhebung kann erhöht werden, wenn sich die Grundgesamtheit nach einem bestimmten Merkmal schichten läßt, das in korrelativer Beziehung zu dem Untersuchungsmerkmal steht. In diesem Fall liegen die Voraussetzungen für die sogenannte geschichtete Stichprobe (stratified sample) vor. Jede Schicht oder Gruppe ist dann an der Teilmasse in dem Umfang beteiligt, wie es für den Genauigkeitsgrad unter sonst gleichen Bedingungen am günstigsten ist.

Auch die Bildung von Teilmassen nach der sogenannten Area-Methode, die eine Sonderform der Random-Methode darstellt, bedeutet einen entscheidenden Fortschritt, vor allem für den Fall, daß zum Beispiel keine Adressenlisten vorliegen. Verteilen sich die zu einer Gesamtmasse gehörenden Personen auf ein bestimmtes Gebiet und zerlegt man dieses Gebiet in Teilgebiete, dann kann man diese „Areas" in ein Verzeichnis aufnehmen und aus der Gesamtheit der Teilgebiete nach der Willkür des Zufalls in gleicher Weise Teilmassen bilden, wie dies im Falle einer listenmäßigen Erfassung der Einzelpersonen, Haushalte, Betriebe möglich gewesen wäre. Die Methode erlaubt es also, ohne Kenntnis der Namen der zu Befragenden mit Hilfe des Verzeichnisses der Teilgebiete eine Auswahl zu treffen, die ebenso repräsentativ ist wie eine Auswahl, die bei Vorliegen von Namenslisten getroffen wird. Auch hier besteht die Möglichkeit, eine Schichtung vorzunehmen. In diesem Fall können zum Beispiel die Wohnsitze, der durchschnittliche Mietwert Schichtungsmerkmale sein.

Die Random-Methode läßt sich ganz allgemein für die Bildung von Teilmassen verwenden. Dies ist um so bedeutsamer, als diese Methode es nicht nur ermöglicht, Teilmassen in geeigneter Weise auszuwählen, sondern außerdem eine Handhabe gibt, worauf hier nochmals ausdrücklich hingewiesen sei, den Genauigkeitsgrad der gewonnenen Stichproben zu berechnen. Hierin ist sie dem Quotenverfahren überlegen.

e) Ist eine Teilmasse als repräsentativer Querschnitt ermittelt, dann gilt es zu bestimmen, wie die Befragung selbst vorgenommen werden soll. Grundsätzlich lassen sich drei Verfahren unterscheiden: das persönliche Interview, die Befragung einer ständigen Gruppe (Panel) und die briefliche, gegebenenfalls auch telefonische Befragung.

Der Hauptvorteil der persönlichen Befragung besteht darin, daß der unmittelbare Kontakt zwischen Frager und Befragten eine verhältnismäßig korrekte Beantwortung der Fragen erwarten läßt, die Fragen selbst in größerer Zahl und verhältnismäßig differenziert gestellt werden können und die Möglichkeit gegeben ist, den Frager an ein Frageschema zu binden. Der Nachteil besteht darin, daß der Erfolg der Befragung von der Eignung und dem Verhalten des Fragers abhängig ist.

In der Praxis kennt man drei Formen des Interviews: das Interview mit fester Bindung an die Formulierung und Reihenfolge der Fragen, das Interview mit einem festen Grundgerüst von Fragen und das völlig freie Interview. Die Kontroverse für oder gegen das freie Interview ist noch nicht zum Abschluß gekommen. Zweifellos wird das standardisierte Interview, das den Frager an die Formulierung und Reihenfolge der Fragen bindet, seine zentrale Bedeutung für die Marktforschung behalten. Aber es läßt sich auf der anderen Seite doch nicht verkennen, daß die Frage nach dem Warum eines Kaufentschlusses große absatzpolitische Bedeutung besitzen kann. Jeder weiß, daß die Frage nach dem Warum immer unbefriedigend beantwortet bleibt, wenn sie direkt gestellt wird. Aus diesem Grunde werden Fragemethoden verwandt, wie sie sich bei tiefenpsychologischen Untersuchungen bewährt haben. Hierzu aber ist das freie Interview notwendig.

Das sogenannte Panel-Verfahren besteht darin, daß eine bestimmte Gruppe von Personen, Haushalten und Betrieben usw. gewonnen wird, die sich bereit erklärt, sich ständig befragen zu lassen. Bekannt ist das sogenannte Haushalts-Panel. In diesem Fall hat sich eine Gruppe ausgewählter Haushalte bereit erklärt, Aufzeichnungen über getätigte Einkäufe zu machen und diese Aufzeichnungen der Marktforschungsgesellschaft in kurzen Zeitabständen vorzulegen. Persönliche Interviews sind also nicht erforderlich, das subjektive Moment im Interview bleibt aus dem Spiel. Der Aufbau einer solchen Gruppe ständig Befragter erfordert viel Zeit, und es ist nicht immer leicht, die Gruppe in ihrem Bestande zu erhalten.

Die briefliche Befragung bedient sich vornehmlich des Fragebogens in den vielen Formen, in denen er heute verwandt wird.

f) Die Erhebung in Form der Befragung ist eine Methode der Marktforschung, die auf sachbezogene und subjektbezogene Gegenstände Anwendung finden kann. Reicht zum Beispiel das sekundär-statistische Material nicht aus, um über die Aufnahmefähigkeit des Marktes oder die Größe des Marktanteils eines Unternehmens usw. Aufschluß zu erhalten, dann schafft diese Erhebungsmethode die Möglichkeit, sich über die erwähnten, sachbezogenen Gegenstände Kenntnis zu verschaffen. In diesem Fall ist die Erhebung, etwa in Form einer Befragung, auf das gleiche Ziel gerichtet wie die Marktforschung im Sinne laufender oder fallweiser Untersuchungen sachbezogener Gegenstände.

g) Es gibt Situationen, in denen berechtigte Zweifel daran entstehen können, ob das Ergebnis einer Befragung ein objektives Spiegelbild des Verbraucherverhaltens ist, weil der Frager mit seinen Fragen unbewußt die Antworten beeinflußt, die er auf seine Fragen erhält[1]. Diese Gefahr ist grundsätzlich mit jeder Befragungssituation verbunden, sie mag in vielen Fällen den Wert des Befragungsergebnisses nicht beeinträchtigen, in anderen Fällen aber seinen Wert herabsetzen. Die moderne Marktforschung bedient sich des Experiments, um diesen aus der besonderen Art der Befragungssituation stammenden Schwierigkeiten zu begegnen. Das Experiment besteht darin, daß ein Erzeugnis in mehreren Ausführungen hergestellt und Personen vorgeführt wird, die später als Käufer in Frage kommen. Diejenige Ausführung, die am meisten gefällt, wird ausgeführt. Die Gefahr derartiger Experimente besteht darin, daß bei dem Hersteller der Eindruck entstehen kann, mit dem Votum der Abstimmenden sei bereits über den Verkaufserfolg entschieden. Eine solche Auffassung erscheint aber durch nichts gerechtfertigt. Denn selbst dann, wenn die Auswahl der Befragten richtig vorgenommen wurde, bleibt nun noch die entscheidend wichtige Frage offen, für welches Erzeugnis sich die potentiellen Käufer entscheiden würden, wenn sie die von ihnen bevorzugte Ausführung mit ähnlichen Erzeugnissen der Konkurrenzunternehmungen vergleichen könnten. Zudem befinden sich Personen, die in der geschilderten Weise über bestimmte Gegenstände befragt werden, in einer außergewöhnlichen Lage. Denn sie urteilen nicht als Personen, die sich in einer konkreten Einkaufssituation befinden, sondern als Personen, die dadurch ausgezeichnet wurden, daß sie gewissermaßen als Schiedsrichter in Sachen des allgemeinen Geschmackes aufgerufen werden. Aus diesem Grunde prüfen und wägen die aufgerufenen Personen sozusagen „unnatürlich", unnatürlich im Vergleich zur natürlichen Kaufsituation[2]. Im übrigen kommt dieses Verfahren nur bei Waren in

---

[1] MEYER, P. W., Marktforschung, ihre Möglichkeiten und Grenzen, Düsseldorf 1957, S. 290.

[2] HOLZSCHUHER, L. v., Praktische Psychologie, Seebrück 1949.

niedrigen Preislagen in Frage. Zweckmäßig durchgeführt kann aber das Marktexperiment wichtige Einblicke in die zu erwartende Verkaufssituation für neue Erzeugnisse oder Ausführungen besitzen.

h) Die Erfahrungen, die mit den modernen Methoden der Marktforschung gewonnen wurden, haben gezeigt, daß sich die von den befragten Personen geäußerten Ansichten und Meinungen nicht immer mit den tatsächlichen Motiven ihres Kaufverhaltens decken. Diese merkwürdige Diskrepanz ist offenbar darauf zurückzuführen, daß die befragten Personen auf die von den Fragern gestellten Fragen antworten, indem sie sich die Situation, über die sie gefragt werden, bewußt machen und versuchen rational zu begründen, was sie veranlassen würde, so oder so zu handeln. Die Marktforschung, hier insbesondere die Erhebungen in Form von Befragungen, vermag also nur rationale und rationalisierte Wünsche und Vorstellungen zu ermitteln, nicht dagegen jene Beweggründe, die nicht in den Bereich reflektierenden Bewußtwerdens Eingang gefunden haben. In einer konkreten Kaufsituation können aber jene irrationalen Momente so stark werden, daß sie die Kaufentscheidung bestimmen. Es ist also etwas anderes, ob ein Mensch über sein mögliches Kaufverhalten befragt wird, oder ob er sich in einer konkreten Situation zu entscheiden hat. Der ganze Mensch ist dann in Aktion, wie er leibt und lebt. Sein primitiver Kern redet bei solchen Gelegenheiten ein gewichtiges Wort mit[1]. Dabei ist davon auszugehen, daß die Befragten die von ihnen angegebenen Gründe als die wirklichen ansehen. Dieses instinktive und unwillkürliche Zurechtlegen vernünftiger Gründe für ein Verhalten, dessen wirkliche Motive den Menschen zum Teil unbewußt sind, bezeichnet man als „Rationalisieren"[2]. Vor allem im Konsumgütersektor verlangt also die Marktforschung nach Methoden, die Rationales von Rationalisiertem trennen und damit zugleich irrationalen Gründen nachspüren. Dieses Ziel verfolgt die Motivforschung, die auch die unbewußten Antriebskräfte des Kaufverhaltens offenzulegen bemüht ist. In diesem Sinne ist die Motivforschung ein Teil der modernen Marktforschung.

Da die Empfindungen, Wunschvorstellungen und die wirklich stimulierenden Impulse den Käufern und den Befragten nicht bewußt sind, können sie auch nicht durch eine Befragung, die alles bewußt macht, zutage gefördert werden. Die Motivforschung bedient sich deshalb

---

[1] Vgl. auch HOLZSCHUHER, L. v., a. a. O., S. 28.
[2] Vgl. hierüber im einzelnen HOLZSCHUHER, L. v., a. a. O., S. 110ff., ferner KROPFF, H. F. J., Neue Psychologie in der neuen Werbung, Stuttgart 1951, S. 158ff., DOMIZLAFF, H., Die Gewinnung des öffentlichen Vertrauens, 2. Aufl., Hamburg 1951, S. 97, SMITH, G. H., Warum Kunden kaufen, Motivforschung in Werbung und Verkauf, München 1955, S. 39ff., HILDEBRAND, W., Das Monopol in der dynamischen Wirtschaft, Diss. Köln 1960, S. 130ff.

tiefenpsychologischer Verfahren, insbesondere des Tiefeninterviews und projektiver Tests, die Sache der Psychologen sind und auf die hier deshalb nicht näher eingegangen werden soll. Über die Möglichkeiten und Grenzen der Motivforschung ist lange gestritten worden. Heute läßt sich als herrschende Meinung angeben, daß die Motivforschung eine wertvolle Ergänzung marktanalytischer Bemühungen sein kann. Ihre Grenzen liegen aber einmal darin, daß die tiefenpsychologischen Methoden selbst dann, wenn sie erfolgreich praktiziert werden, wegen ihres individuellen Charakters sich nur in begrenztem Maße auf ein repräsentatives Personengesamt anwenden lassen und zum anderen darin, daß die Motivkonstellationen wechseln, also zum Zeitpunkt des Interviews oder des Tests anders sein können als zum Zeitpunkt des Kaufentschlusses[1]. Gleichwohl läßt sich nicht bestreiten, daß die Motivforschung Erfolge aufzuweisen hat.

i) Im allgemeinen wird man davon ausgehen können, daß die Planungs- und Marktforschungsabteilungen großer und moderner Unternehmen die Marktbeobachtung im Sinne einer ständigen oder fallweisen Analyse der Marktentwicklung selbst vornehmen. Hierin besteht sogar der Schwerpunkt ihrer Tätigkeit. Wenn es sich um einen absatzpolitisch wichtigen Sachverhalt handelt, der mit ihren Mitteln und Möglichkeiten nicht geklärt werden kann, dann pflegen diese Unternehmen die Hilfe von Marktforschungsinstituten in Anspruch zu nehmen. Entweder überlassen sie dabei die Planung und Durchführung der Befragung den Instituten oder aber sie nehmen lediglich das Panel der Institute in Anspruch. Diesen Weg schlagen die großen Unternehmen sehr häufig ein, weil sie glauben, auf diese Weise ihre speziellen Intentionen am besten verwirklichen zu können.

IV. Der Absatzplan.

1. Langfristige Absatzplanung als Ausdruck der Unternehmungspolitik auf weite Sicht.
2. Unsicherheit und Information.
3. Das Indifferenzsystem der Instrumentalvariablen.
4. Vertriebskosten im Planungskalkül.
5. Fertigungstechnische Möglichkeiten und Produktionskosten im Planungskalkül.
6. Der langfristige Plan.
7. Lang- und kurzfristige Absatzplanung.
8. Absatzplanung als simultaner Prozeß.

1. Der Satz, daß Politik die Kunst des Möglichen ist, gilt auch für die Politik, die die Leitung eines Unternehmens auf lange Sicht zu treiben

---

[1] Vgl. hierzu auch LEWIN, K., Field Theory in Social Science, New York 1951, S. 45 ff.

gedenkt. Handelt es sich um für marktwirtschaftliche Ordnungen typische Unternehmen, dann steht das Ziel unverrückbar fest: auf die Dauer eine auf das investierte Kapital möglichst günstige Rendite zu erwirtschaften. Von der Stärke der eigenen Position, den ökonomischen Umweltbedingungen und dem Geschick ihres taktischen Vorgehens hängt es ab, in welchem Maße die Unternehmensleitung ihr Ziel erreicht. Es gibt Zeiten und Situationen, die die Entfaltung starker absatzpolitischer Energie verlangen, aber auch Zeiten, die es zweckmäßig erscheinen lassen, hinhaltend zu operieren und abzuwarten, wie sich die Dinge entwickeln werden. Es ist also Sache der Unternehmensleitung zu bestimmen, ob der Marktanteil erweitert oder nur gehalten werden soll, welche Maßnahmen ergriffen werden sollen, um ein weiteres Absinken des Absatzes zu verhindern und drohenden Gefahren zu begegnen. Die Unternehmensleitung hat darüber zu bestimmen, ob die Planung auf schnelle Realisierung von Gewinnen abgestellt werden soll oder ob es die Lage des Unternehmens zuläßt, auf kurzfristige Gewinnrealisierungen zu verzichten, um später um so günstiger dazustehen.

Die Unternehmenspolitik der Geschäftsleitung ist es, die in der langfristigen Absatzplanung ihren Niederschlag oder ihren Ausdruck findet. Wie sie im Augenblick ihre Nah- und Fernziele setzt, wie zu operieren sie taktisch für richtig befindet, hängt allein von ihrer Lagebeurteilung und den Vorstellungen ab, die sie von der Zukunft des Unternehmens hat. Die Unternehmungspolitik ist die Voraussetzung der Absatzplanung. Nicht die Planung, sondern die Unternehmensleitung setzt die Absatzziele. Die langfristige Absatzplanung ist lediglich ein Instrument der Unternehmungspolitik auf weite Sicht.

Es gibt Unternehmen, die diesen Planungen nur in gewissen Grenzen einen exakten zahlenmäßigen Ausdruck zu geben vermögen. Vor allem handelt es sich hierbei um auftragsorientierte Unternehmen. Das sind solche Unternehmen, die erst dann zu fabrizieren beginnen können, wenn die Kunden ihre Aufträge erteilt haben. Die Unternehmen produzieren nicht eigentlich für einen Markt, sondern „auf Bestellung". Aus diesem Grunde können sie weder einen langfristigen Absatzplan mit fest vorgegebenen Absatzzielen noch einen detaillierten kurzfristigen Verkaufsplan aufstellen. Eine solche Lage schließt langfristige Absatzplanung nicht grundsätzlich aus, nur nimmt diese Planung unter solchen Umständen die Form einer allgemeinen Direktive oder eines allgemeinen Programms an, das keine spezifizierten und terminierten Absatzziele enthält.

Andere Unternehmen planen mehr den Einsatz der absatzpolitischen Mittel und legen so die absatzpolitische Taktik auf nahe, aber auch auf weite Sicht fest, und zwar in der Regel nach eingehenden und systematischen Untersuchungen der absatzpolitischen Möglichkeiten. Aber sie bestimmen nicht eigentlich die Absatzziele, das heißt die Absatzvolumina, die zu bestimmten Zeitpunkten erreicht werden sollen. In vielen Fällen werden die besonderen Verhältnisse des Wirtschaftszweiges ein anderes Verhalten nicht zulassen. Es mag aber auch Unternehmen geben, die glauben, auf eine bindende Absatzplanung — aus welchen Gründen auch immer — verzichten zu können oder zu sollen.

Eine dritte Gruppe von Unternehmungen macht schließlich bewußt von den Möglichkeiten langfristiger Absatzplanung — die kurzfristige Absatzplanung interessiert erst später — Gebrauch. Ihr gehört hier das besondere Interesse. Es sollen die Eigenarten, Möglichkeiten und Grenzen der langfristigen Absatzplanung aufgezeigt werden. Der Planungsprozeß wird dabei zunächst als ein sich sukzessiv von Stufe zu Stufe und nicht als ein sich simultan vollziehender Vorgang aufgefaßt und erörtert.

Den Planungsprozeß kann man sich dadurch eingeleitet denken, daß die Unternehmensleitung der Verkaufsleitung und der Betriebsleitung den Auftrag gibt, Erwägungen darüber anzustellen und Vorschläge auszuarbeiten, welche absatzpolitischen und betriebstechnischen Maßnahmen erforderlich sein werden, wenn der Absatz und die Produktion des Unternehmens zu bestimmten Zeitpunkten einen bestimmten Umfang erreichen soll. Da hier zunächst nur der der Vertriebsleitung gegebene Auftrag interessiert, sei die Fragestellung so charakterisiert:

Welche absatzpolitischen Maßnahmen müssen ergriffen werden, wenn der Absatz eines bestimmten Erzeugnisses, der zum gegenwärtigen Zeitpunkt x_0 beträgt, nach einer bestimmten Zeit (zum Beispiel nach drei bis vier Jahren) x_1 oder x_2 oder x_3 erreichen soll? Da diese Absatzzahlen noch nichts über die absatzpolitische Aktivität des Unternehmens aussagen, müßte noch hinzugefügt werden, ob mit den Absatzalternativen x_1, x_2, x_3 eine Erweiterung oder nur eine Erhaltung des Marktanteils beabsichtigt ist. Die Alternativen können aber auch so lauten: Welche absatzpolitischen Maßnahmen müssen ergriffen werden, wenn der Rückgang des Absatzes oder die Schrumpfung des Marktanteils bei x_{r1} oder x_{r2} gestoppt werden soll?

Die Verkaufsleitung soll — so sei angenommen — weiter darüber berichten, welche Vertriebskosten bei den Alternativen $x_1, x_2, x_3, x_{r1}, x_{r2}$ entstehen würden und welche Erlöse diesen Alternativen zuzuordnen sind.

Die Frage, inwieweit in diesem Stadium der Vorerwägungen bereits die Begrenzungen Berücksichtigung finden sollen, die in Form von Kapazitäts-, Beschaffungs-, Finanzierungs- und anderen Engpässen vorliegen können, sei — aus Gründen der Darstellung — dahingehend entschieden, daß diese Frage erst in einem späteren Stadium der Überlegungen beachtet werden soll.

Die Frage, für welche Alternative die Unternehmensleitung sich später entscheiden wird, bleibt zunächst ebenfalls offen. Bei der Erörterung von Planungsmöglichkeiten ist dieses Vorgehen gestattet.

2. Die mit der Vornahme der Untersuchungen betrauten Abteilungen werden zunächst Erwägungen darüber anstellen, welche Möglichkeiten das absatzpolitische Instrumentarium enthält, mit dessen Einsatz die vorgegebenen Ziele erreicht werden sollen. Die Aufgabe, die es zu lösen gilt, gliedert sich in drei Teilaufgaben. Erstens gilt es, sich darüber klar zu werden, welche Folgen irgendeine absatzpolitische Maßnahme haben wird, falls sie in dem vorgegebenen Planungszeitraum ergriffen werden sollte. Zweitens geht es darum, Klarheit darüber zu gewinnen, mit welchem Mitteleinsatz das vorgegebene Ziel erreicht werden kann, welcher Gebrauch also von den absatzpolitischen Instrumenten gemacht werden könnte. Falls mehrere Kombinationen der absatzpolitischen Instrumente zu dem gleichen Ergebnis führen sollten, ergibt sich drittens die Aufgabe, eine Auswahl unter den möglichen, zu den gleichen Absatzmengen führenden Kombinationen zu treffen.

Die erste Frage spitzt sich auf die Überlegung zu: Wenn ein bestimmter absatzpolitischer Effekt erzielt werden soll und Unsicherheit darüber besteht, ob hierzu zum Beispiel eine Preisermäßigung um 5 oder um 10% erforderlich sein wird und ob eine solche Preisermäßigung preispolitische Gegenmaßnahmen der Konkurrenzunternehmen auslösen wird usf., dann wird man nach dem gegebenen Stand an Informationen und auf Grund der eigenen Erfahrungen und Sachkenntnis eine der alternativen Möglichkeiten als am meisten wahrscheinlich ansehen. Angenommen, ein Unternehmen sei zu dem Ergebnis gekommen, daß eine Preisermäßigung um 5% nicht zu einer preispolitischen Reaktion der Konkurrenzunternehmen führen werde, daß aber eine solche Preisermäßigung nicht ausreichen wird, die erwünschte Absatzsteigerung zu bewirken. In diesem Falle ist zu überlegen, ob nicht eine 5%ige Preisherabsetzung in Verbindung mit erhöhten Werbemaßnahmen oder mit erhöhter Rabattgewährung an die Händler die angestrebte Wirkung ausübt. Bis in welche Konsequenzen man diese Frage auch durchdenken mag — immer wird eine Möglichkeit als die am meisten wahrscheinliche angesehen werden, und sie ist es, auf die die weiteren Überlegungen sich stützen. Aber natürlich — so gut die Informationen sind, die vorliegen, so sehr der ganze Apparat der betrieblichen und außerbetrieblichen Marktforschung zur Unterstützung herangezogen wird, so groß die Erfahrung und die Urteilskraft der die Untersuchung vornehmenden Personen sein mögen — die Unsicherheit, die mit der Planungssituation nun einmal verbunden ist, läßt sich wohl mindern, aber niemals beseitigen. Immer ist man auf Schätzungen und Vermutungen angewiesen. Auch der für am meisten wahrscheinlich gehaltene Wert ist noch „unsicher".

Allerdings wird es Schätzungen mit einer an Sicherheit grenzenden Wahrscheinlichkeit geben, aber auch wahrscheinliche Werte, die ein hohes Maß an Unsicherheit aufweisen. Wenn es auch in der betriebswirtschaftlichen Schätzungspraxis nicht möglich ist, den Wahrscheinlichkeiten numerische Werte zu geben, um auf diese Weise zu präzisen Angaben über die Wahrscheinlichkeitsverteilung zu gelangen, so genügt doch bereits eine verbale Klassifizierung der Ereignisse nach Wahrscheinlichkeitsgraden, um jeweils zu einer gewissen Vorstellung über das Risiko zu gelangen, das in einer solchen Wahrscheinlichkeitsverteilung enthalten ist. Aber das Risiko ist eben für die subjektiven Wahrscheinlichkeiten, wie sie für absatzpolitische Maßnahmen im Vertriebsbereich der Unternehmen kennzeichnend sind, nicht berechenbar. Die nicht als befriedigend anzusehenden Lösungsversuche LANGEs, HARTs und anderer beweisen die Richtigkeit dieser Auffassung. Die Höhe der Risikozu- oder -abschläge zum bzw. vom wahrscheinlichsten Wert richtet sich gleichwohl nach der Wahrscheinlichkeitsverteilung, wenn sie sich auch nur mit Ausdrücken wie „so gut wie ausgeschlossen" bis „so gut wie sicher" charakterisieren läßt. Die Stärke, mit der man glaubt, auf Überraschungen gefaßt sein zu müssen, läßt sich durch die Angabe von Plus-Minusabweichungen vom wahrscheinlichsten Wert zum Ausdruck bringen. Die Höhe dieser Abweichungen und der Risikozu- und -abschläge ist allein von der subjektiven Beurteilung des Schätzenden abhängig. Ebenso, wie sich im vorstehenden Falle die wahrscheinlichsten Werte nicht berechnen lassen, entziehen sich auch die Äquivalente für Unsicherheit (die Risikozu- oder -abschläge) der exakten Erfaßbarkeit. Aber diese Werte sind deshalb nicht, wie nochmals ausdrücklich hervorgehoben sei, das Ergebnis willkürlicher Schätzungen, sondern — in der Regel — das Resultat intensiver Durchforschung der untersuchten Zusammenhänge unter größtmöglicher Ausnutzung aller erreichbaren Informationsmöglichkeiten betrieblicher und außerbetrieblicher Art. Diese Informationen bilden in Verbindung mit der Erfahrung und dem Sachverstand der für den Planungskalkül verantwortlichen Personen die Grundlage für jene wahrscheinlichsten Werte, korrigiert durch Risikozu- oder -abschläge, die allein die für Planungsüberlegungen typischen Schätzungswerte darstellen.

3. Die Verkaufsleitung des Unternehmens habe nun die Aufgabe erhalten, Überlegungen darüber anzustellen, welche absatzpolitischen Maßnahmen ergriffen werden müssen, wenn der Absatz in einer bestimmten Zeiteinheit um bestimmte Beträge gesteigert oder wenn der Absatz gehalten oder ein weiteres Absinken über eine bestimmte Mindestgrenze hinaus verhindert werden soll. Diese Aufgabe konkretisiert sich zu der Frage: Welcher Gebrauch soll von dem absatzpolitischen Instrumentarium gemacht werden, wenn das gesteckte Ziel erreicht werden soll ? Bezeichnet man die Absatzmethode mit V_1, die Produkt- und Sortimentsgestaltung mit V_2, die Werbung mit V_3 und die Preispolitik mit V_4

und die Intensitäten, mit denen vom absatzpolitischen Instrumentarium Gebrauch gemacht wird, entsprechend mit $v_1, \ldots, v_4$, dann lauten die Fragen:

a) Wie sind $v_1, \ldots, v_4$ zu variieren, wenn die verlangte Absatzmenge erreicht werden soll, und

b) welches ist die vertriebskosten-optimale Kombination von $v_1, \ldots, v_4$ für jede verlangte Absatzmenge?

Der Wirkungsgrad der absatzpolitischen Instrumente ist nicht zu allen Zeiten gleich. Er hängt wesentlich ab von den Trends der allgemeinen wirtschaftlichen Entwicklung und der Spezialkonjunktur des Wirtschaftszweiges, dem das Unternehmen angehört. Mit anderen Worten: Erwartet das Unternehmen einen Verkäufermarkt, also einen Markt mit stark ansteigendem Trend, dann wird es die Wirkungen der gleichen absatzpolitischen Maßnahmen völlig anders veranschlagen müssen als für den Fall eines Käufermarktes, der durch abnehmenden Trend gekennzeichnet ist.

Wenn auch die Absatzplanung grundsätzlich in die Zukunft gerichtet ist, so gehen in sie doch nicht nur Erwartungsgrößen, sondern auch Vergangenheits- und Gegenwartsgrößen ein. Denn die Ergebnisse von Dispositionen, die in der Vergangenheit getroffen wurden, bilden die Daten der gegenwärtigen Planungsüberlegungen. Die Standortbedingungen sind gegeben und nur in seltenen Fällen variierbar. Der Verkaufsapparat ist vorhanden, seine Vorzüge und Schwächen sind aus Erfahrung bekannt. Das Ansehen, das die Erzeugnisse oder Sortimente genießen, ist bekannt. Die Werbemethoden sind erprobt. Preise und Rabatte stehen täglich zur Diskussion. Die Konkurrenzsituation und die Art und Weise, wie die Wettbewerbsunternehmen von ihrem absatzpolitischen Instrumentarium Gebrauch gemacht haben, ist ständig spürbar gewesen. Ein bestimmtes Maß an Erfahrung und Sachverstand ist also gegeben. Nur in den seltensten Fällen bedeutet Planung ein vollkommen neues Beginnen. In der Regel ist die Absatzplanung ein kontinuierlicher Prozeß, und jeder Planungszeitpunkt stellt — wenn man es so sagen darf — eine willkürliche Zäsur in einem Plankontinuum dar, von dem zum Zeitpunkt einer bestimmten Planung die Anfangsdaten in der Vielzahl der Korrekturen nicht mehr erkennbar sind.

Welcher Art sind die Überlegungen, die angestellt werden, wenn es darum geht, sich über das absatzpolitische Instrumentarium und seinen voraussichtlichen Einfluß auf den Absatz klarzuwerden? Insbesondere also: Welcher Gebrauch ist von den absatzpolitischen Instrumenten $V_1, \ldots, V_4$ zu machen, wenn zum Beispiel alternative Absatzmengen x_1, x_2, x_3 erreicht werden sollen?

Angenommen, der hierfür zuständigen Abteilung wird von der Vertriebsleitung der Auftrag erteilt, Untersuchungen darüber anzustellen, ob und wieviel neue Verkaufsniederlassungen, autorisierte Händler, Reisende oder Vertreter erforderlich sind, wenn im Zusammenhang mit anderen absatzpolitischen Maßnahmen der Absatz auf der verlangten Höhe gehalten oder ein weiteres Absinken vermieden oder der Absatz von gegenwärtig x_0 auf x_1, x_2 oder x_3 gesteigert werden soll. Noch konkreter gesprochen: Verlangt wird eine Absatzsteigerung von Δx_1, Δx_2 oder Δx_3. Welche vertriebsorganisatorischen und vertriebstechnischen Maßnahmen werden erforderlich sein, wenn allein durch diese Maßnahmen ein bestimmter Prozentsatz der verlangten Absatzsteigerung, zum Beispiel 20%, bewirkt werden soll?

Es ist klar, daß sich der Absatz im positiven Sinne beeinflussen läßt, wenn zum Beispiel in einem bisher noch wenig belieferten Gebiet (im In- oder Ausland) eine neue Niederlassung errichtet würde oder 50 neue Vertreterbezirke geschaffen würden. Die Absatzanstrengungen würden sich auf diese Weise ohne Zweifel intensivieren lassen, denn die Zahl der Kundenbesuche könnte erhöht und bisher vernachlässigte Käuferbezirke könnten intensiver bearbeitet werden. Ähnliche Überlegungen gelten für den Fall, daß eine Änderung der Absatzwege erwogen wird. Ein Markenartikelunternehmen verkauft bisher 50% seines Umsatzes im Direktabsatz an den Einzelhandel und 50% im indirekten Absatz über den Großhandel. Im Rahmen der Planungsüberlegungen, von denen hier die Rede ist, wird überprüft werden, ob sich nicht ein besseres Ergebnis erzielen läßt, wenn die Proportion zwischen direktem und indirektem Absatz geändert wird. Mit diesen Fragen steht die Organisation, Lokalisierung und Errichtung von Auslieferungslägern in engstem Zusammenhang.

Die Überlegungen würden im Beispiel vielleicht zu diesem Ergebnis führen: Wenn 20% der verlangten Absatzsteigerung Δx_1 allein durch vertriebsorganisatorische Maßnahmen der geschilderten Art bewirkt werden sollen, dann würde es erforderlich sein, in der Stadt X oder in dem Lande Y eine Niederlassung zu errichten, die in einer bestimmten Weise ausgestattet und organisiert sein müßte. Außerdem wäre die Zahl der den Reisenden oder Vertretern zuzuteilenden Bezirke um 20 zu erhöhen, an den Orten M, N, O, P müßten Auslieferungsläger eingerichtet werden. Die Bezüge der Reisenden oder Vertreter sollten überprüft und die Fixa, die Provisionen und die Leistungsprämien in einer bestimmten Weise geregelt werden.

Es ist nicht nötig, nochmals eingehend auszuführen, daß diese Vorschläge auf bestimmten Annahmen darüber beruhen, wie sich Käufer und Konkurrenten verhalten werden, wenn die Vorschläge durchgeführt werden sollten. Die für die Ausarbeitung der Vorschläge zuständigen Personen werden nach Maßgabe der ihnen zur Verfügung stehenden Informationen und nach Maßgabe ihrer Erfahrung und Sachkenntnis überlegen, welche Gegenmaßnahmen die Konkurrenzunternehmen wahrscheinlich ergreifen werden, wenn die Maßnahmen des planenden Unternehmens bekannt werden. Auf diese erwarteten gegnerischen Maßnahmen werden sie gedanklich die eigenen Maßnahmen abstellen, und sie werden überlegen: Wenn wir die Maßnahme a ergreifen, welche Maßnahmen b_1 oder b_2 oder b_3 stehen den Konkurrenzunternehmen zur Verfügung, welche werden sie ergreifen, und wie werden wir den gegnerischen Maßnahmen begegnen? Das ganze Feld der alternativen eigenen und gegnerischen Möglichkeiten muß also durchdacht werden, und zwar unter Berücksichtigung alternativer Trenderwartungen. Man wird diejenigen Konstellationen auswählen und dem vorläufigen Planungskalkül zugrunde legen, die für am meisten wahrscheinlich gehalten werden. Die Forderung nach Elastizität der Planung verlangt, daß auch für Möglichkeiten Vorsorge getroffen wird, die für wenig wahrscheinlich gehalten werden, und zwar unter Berücksichtigung vorsichtig kalkulierter Risikozu- oder -abschläge.

Auf die soeben geschilderte Weise werden die Vorschläge zustande kommen, die den Planungsbeitrag der mit diesen Spezialaufgaben betrauten Stellen darstellen.

In ähnlicher Weise werden Überlegungen im Zusammenhang mit der Frage angestellt, welchen Beitrag Änderungen oder Verbesserungen des Warenangebotes zur Stabilisierung oder Erhöhung des Absatzes leisten können. Diese Überlegungen mögen zum Beispiel zu dem Ergebnis geführt haben: Wenn allein durch Änderungen der Produkt- und Sortimentsgestaltung ein bestimmter Prozentsatz (zum Beispiel 30%) der verlangten Absatzsteigerung erreicht werden soll, dann ist es erforderlich, daß die bisherigen Modelle gewisse Verbesserungen erfahren, die Herstellung bestimmter Baumuster oder Artikel eingestellt wird und bestimmte neue Erzeugnisse — unter Umständen in einer bestimmten Preislage und zu bestimmten Zeitpunkten — verkaufsbereit sind. Die Verbesserungen der Produkteigenschaften können zum Beispiel darin bestehen, daß besseres Material genommen wird (bei der Herstellung von Lederkoffern u. ä.), bessere Zutaten verwandt werden (bei der Anfertigung von Kleidungsstücken u. ä.), bisher gesondert berechnetes Zubehör in die Listenpreise einbezogen oder maschinelle Verbesserungen vorgenommen werden (in der Automobilfabrikation) oder die Markierung, Aufmachung oder Verpackung geändert wird (bei der Herstellung von Markenartikeln u. ä.). Wird die Einstellung der Fabrikation bestimmter Erzeugnisse verlangt und/oder gefordert, daß neue Modelle, Baumuster, Dessins zu bestimmten Preisen und Zeiten hergestellt werden, dann greifen die Vorschläge in das produktionstechnische Gefüge des Unternehmens ein.

Wie immer diese Dinge im einzelnen liegen — alle Vorschläge beruhen auf Annahmen über die voraussichtliche Reaktion der Kunden und Konkurrenten auf die neuen oder verbesserten Erzeugnisse. In den einzelnen Produktionszweigen liegen die Dinge in dieser Hinsicht oft sehr verschieden. Es gibt Produktionszweige, deren Erzeugnisse verhältnismäßig ausgereift sind. In diesen Fällen werden schnelle Reaktionen der Konkurrenz auf eigene Änderungen des Warenangebotes kaum zu erwarten sein. Aber es gibt Wirtschaftszweige, in denen der Prozeß der Produktgestaltung noch nicht abgeschlossen ist. Unter solchen Umständen müssen die Unternehmen damit rechnen, daß die Konkurrenzbetriebe an Neukonstruktionen oder Rezeptverbesserungen arbeiten. Alle Unternehmen beziehen in ihre Planungen solche Überlegungen ein. Die Kenntnis dieser Dinge ist oft viel genauer, als man gemeinhin anzunehmen geneigt ist. Dennoch sind Überraschungen nicht selten. Gerade also in Industriezweigen, in denen der Wettbewerbskampf vornehmlich mit den Mitteln der Qualitätskonkurrenz ausgefochten wird, bilden die erwarteten Verbesserungen der gegnerischen Erzeugnisse oder neue Erzeugnisse der Konkurrenz ein — wenn auch besonders unsicheres — Datum der eigenen Absatzplanung.

Solange man sich im Stadium der Vorerwägung befindet, werden gedanklich alle Möglichkeiten des Kundenverhaltens und des gegnerischen Verhaltens durchprobt. Befragungen, Experimente, Tests sind die gerade in diesem Teil der Absatzplanung mit besonderer Vorliebe benutzten Instrumente der Marktaufhellung. Gleichwohl bleibt es auch hier bei der mit keinem Verfahren vollständig überwindbaren Unsicherheit über das Verhalten der Käufer und Konkurrenten, und immer wieder wird in solchen Zusammenhängen die Frage diskutiert: Kommt es überhaupt zu Gegenmaßnahmen der Konkurrenten? Wenn wir diese Maßnahmen ergreifen, welches sind die voraussichtlichen Gegenmaßnahmen der Konkurrenz, wie werden wir ihnen begegnen? Einmal aber müssen die vielen Überlegungen, Befragungen und Absicherungen zu einem Ende kommen. Es bleibt dann nichts anderes übrig, als sich über die wahrscheinlichsten Reaktionen der Käufer und der Konkurrenten ein endgültiges Urteil zu bilden und das verbleibende Risiko durch eine entsprechende Plangestaltung abzufangen. Auch wird man davon ausgehen können, daß eine bestimmte Konstellation als die wahrscheinlichste angesehen wird. Auf sie wird dann — unter Berücksichtigung möglicher Überraschungen — die Planung aufgebaut. Die Forderung nach elastischer Plangestaltung verlangt auch hier die alternative Auffächerung der Planungsüberlegungen und Vorschläge.

Vor die gleiche Aufgabe wird die Werbeabteilung gestellt. Auch sie muß auf die Frage antworten: Welche Werbemaßnahmen werden für erforderlich gehalten, wenn der Absatz um einen bestimmten Betrag gesteigert, gehalten oder vor weiterem Absinken bewahrt werden soll? Genauer gesagt, wenn der Absatz in einer Zeiteinheit um Δx_1, Δx_2 oder Δx_3 gesteigert werden soll — welche Werbemaßnahmen sind erforderlich, wenn zum Beispiel 30% dieser Absatzsteigerung allein durch Werbemaßnahmen bewirkt werden soll ? Diese Aufgabe gliedert sich innerhalb der Werbeabteilung in viele Spezialfragen auf. Zum Beispiel wird man sich fragen: Welche werbende Wirkung wird voraussichtlich von diesem oder jenem Werbespruch, diesem oder jenem Werbemittel ausgehen ? Man wird sich über die räumliche und zeitliche Verteilung der Werbemaßnahmen Gedanken machen und den Gesamtumfang der Werbung zu bestimmen versuchen, der erforderlich ist, wenn das angegebene Ziel erreicht werden soll.

Sehr schwer nur sind die Chancen gerade auf diesem Gebiete abzuschätzen, denn die gleichen Werbemaßnahmen können zu verschiedenen Zeiten durchaus unterschiedliche Erfolge haben. Aber die Aufgabe bleibt gleichwohl bestehen, und in dem vorsichtigen Abtasten möglicher Werbewirksamkeit und möglicher Werbeaktionen und Gegenaktionen gilt es, sich darüber schlüssig zu werden, welche Werbemaßnahmen die größte Aussicht versprechen, das Ziel zu erreichen. Auch hier verlangt die Forderung nach höchstmöglicher Planelastizität die Berücksichtigung mehrerer alternativer Situationen und Möglichkeiten.

Nicht anders liegen die Dinge, wenn im Rahmen der hier erörterten Planungsüberlegungen Untersuchungen über die vorteilhaftesten Preise der Erzeugnisse oder Waren angestellt werden. Wäre die Elastizität der Nachfrage bekannt, bestünden keine unlösbaren Aufgaben. Wie die Dinge aber nun einmal liegen, bleibt nichts anderes übrig, als die alternativen Preis-Absatzmöglichkeiten zu durchdenken und nach Maßgabe des vorhandenen Informationsstandes, der Erfahrung und der Einsicht in die gegenwärtige Lage und der erreichbaren Voraussicht in die kommenden Dinge zu einer Entscheidung zu kommen, etwa derart: Wenn der Beitrag preispolitischer Maßnahmen an der verlangten Absatzerhöhung zum Beispiel 20% betragen soll, dann müssen die Produktpreise und die Händlerrabatte in der vorgeschlagenen Höhe angesetzt werden. Auch hier müssen die Überlegungen, gegebenenfalls auch die Vorschläge das weite Feld alternativer Möglichkeiten abtasten und die Alternativen — mit den erforderlichen Risikozu- oder -abschlägen — im Planungskalkül berücksichtigen.

Wenn ein bestimmter Absatz x_1, x_2 oder x_3 in einer bestimmten Zeiteinheit erreicht werden soll, dann erscheint dieses Ziel — nach dem Ergebnis der soeben skizzierten Überlegungen — mit Hilfe folgender Kombinationen $v_1, \ldots, v_4$ erreichbar:

$$\begin{matrix} v_1', & v_2', & v_3', & v_4' \\ v_1'', & v_2'', & v_3'', & v_4'' \\ \cdot & \cdot & \cdot & \cdot \\ \cdot & \cdot & \cdot & \cdot \\ v_1^{(N)}, & v_2^{(N)}, & v_3^{(N)}, & v_4^{(N)} \end{matrix}$$

Jede Zeile dieser Anordnung stellt eine Kombination derjenigen Intensitäten dar, mit denen die absatzpolitischen Instrumente $V_1, \ldots, V_4$ eingesetzt werden müssen, um eines der vorgegebenen Absatzziele zu erreichen.

Zu jedem verlangten x_1, x_2, x_3 gehört ein solches Indifferenzsystem von Instrumentalvariablen, immer bezogen auf bestimmte Zeitabschnitte. Es besagt, daß ein bestimmtes Absatzziel durch viele verschiedene Kombinationen von absatzpolitischen Instrumenten erreicht werden kann, denn diese Instrumente sind zum Teil gegeneinander substituierbar. Die einzelnen Absatzinstrumente können also in ganz verschiedenem Maße an dem verlangten Absatzerfolg beteiligt sein. Dieser Anteil läßt sich nicht isolieren und dem einzelnen Instrument zurechnen. Denn in der Regel ist die Absatzentwicklung das Ergebnis mehrerer verkaufsfördernder Maßnahmen, die gleichzeitig wirksam sind. Außerdem wird die Absatzentwicklung — wie immer wieder hervorgehoben — weitgehend durch außerbetriebliche Einflüsse (Trends) beeinflußt. Gleichwohl vollzieht sich der Planungsprozeß in diesem Stadium — selbst bei größten Unterschieden im einzelnen — etwa in der hier geschilderten Art. Denn die Praxis braucht Anhaltspunkte. Sie muß den Abteilungen Ziele setzen und Aufträge erteilen. Sie verhält sich deshalb so, als ob das Vage und Unbestimmte bestimmbar wäre, obwohl sie weiß, daß es nicht so ist. Sie rechnet bei allen ihren Planungen, die auf die Zukunft gerichtet sind, mit Wahrscheinlichkeiten und macht mehr Annahmen, als die Theorie wahrhaben will.

4. Das Indifferenzsystem besagt lediglich, daß ein bestimmter Absatzerfolg mit unterschiedlicher Verwendung absatzpolitischer Instrumente erreicht werden kann.

Damit ist aber die Frage noch nicht beantwortet, welche dieser Indifferenz-Kombinationen gewählt und vorgeschlagen werden soll. Das Auswahlkriterium sind ohne Zweifel die Minimalkosten, und diejenige Kombination ist zu wählen, die die Minimalkostenkombination darstellt.

Der nächste Schritt besteht deshalb darin, die zu jeder Kombination $v_1, \ldots, v_4$ gehörenden Vertriebskosten zu ermitteln. Da die Vertriebskosten erwartete Größen sind, also auf Schätzungen beruhen, bleiben sie unsicher. Im allgemeinen wird man jedoch davon ausgehen können, daß diese Schätzungen auf verhältnismäßig zuverlässigem Material beruhen. Die Kosten der verlangten Produktverbesserungen lassen sich verhältnismäßig leicht berechnen, für die Kosten der Umstellungen, die in der Vertriebsorganisation vorgenommen werden sollen, liegen im allgemeinen verläßliche Unterlagen vor. Die Ausgaben, die die für erforderlich gehaltenen Werbemaßnahmen verursachen, lassen sich ziemlich genau ermitteln. Gleichwohl bleiben die ermittelten Werte

Erwartungswerte. Mit ihnen ist stets ein gewisses Risiko verbunden, das in vorsichtig angesetzten Werten seinen Ausdruck findet.

Ob die errechneten Vertriebskosten angemessen oder zu hoch erscheinen, läßt sich im Planungsbereich Vertrieb nicht entscheiden. Erst wenn den erwarteten Vertriebskosten die erwarteten Produktions- und Verwaltungskosten gegenübergestellt werden, lassen sich zu diesen Fragen relevante Angaben machen. Aus diesem Grunde interessiert hier zunächst auch nur die Frage, in welcher Höhe den Alternativen Vertriebskosten zugerechnet werden, und wie für die Planung eine Auswahl unter den Indifferenzkombinationen getroffen wird. Denn es ist zu beachten, daß ein solches Indifferenzsystem für jede Planungsalternative besteht. Wird also der Verkaufsleitung aufgegeben, Überlegungen und Berechnungen der geschilderten Art für mehrere langfristige Absatzalternativen x_1, x_2, x_3 anzustellen, dann müssen für jede dieser Alternativen Vorschläge ausgearbeitet werden, die die erforderlichen Angaben über den vorgesehenen absatzpolitischen Mitteleinsatz und die voraussichtlich entstehenden Kosten dieses Mitteleinsatzes, die erwarteten Vertriebskosten, enthalten.

5. In ähnlicher Weise wird die Betriebsleitung vor die Aufgabe gestellt, Überlegungen darüber anzustellen, welche Maßnahmen erforderlich sein werden, wenn die Produktion bis zu bestimmten Zeitpunkten auf bestimmte Mengen gesteigert werden soll, und welche Kosten diese Mengen verursachen. Die Betriebsleitung hat also zu erwägen und darüber Untersuchungen anzustellen, welcher zusätzliche Bedarf an Gebäuden, maschineller Ausrüstung, Werkstoffen, Arbeitskräften, Entwicklungseinrichtungen u. ä. notwendig sein würde, wenn das Produktionsvolumen, das zum gegenwärtigen Zeitpunkt w_0 betragen mag, auf w_1 oder w_2 oder w_3 erhöht werden soll. Wird eine Einschränkung des Produktionsumfangs verlangt, dann sind Überlegungen darüber anzustellen und Vorschläge auszuarbeiten, aus denen hervorgeht, wie sich die Betriebsleitung die Produktion auf dieser Grundlage denkt.

Die Berechnungen müssen nicht nur für alternative Produktionsvolumina, sondern auch für unterschiedliche Produktionsprogramme durchgeführt werden, die dann aber der Betriebsleitung von der Geschäftsleitung vorzugeben sind.

Ist man sich über die technischen Voraussetzungen für die Produktionsvolumina w_1, w_2 und w_3 — unter Berücksichtigung alternativer Produktionsprogramme — klar geworden, dann ergibt sich die weitere Aufgabe zu berechnen, welche Kosten entstehen werden, wenn w_1, w_2 oder w_3 produziert werden sollen. Sind die Mengen w_1, w_2 oder w_3 mit den bisherigen Produktionseinrichtungen nicht herzustellen, müssen Betriebserweiterungen vorgenommen werden. Im allgemeinen bereiten die Schätzungen der voraussichtlich entstehenden Produktionskosten keine allzu großen Schwierigkeiten, wenn sich der Produktionsmittelbestand aus einer großen Zahl verhältnismäßig kleiner Maschinen zusammensetzt, zum Beispiel aus Drehbänken, Webstühlen, Maschinensätzen für die Herstellung von Pasten der verschiedensten Art, Batteriesystemen bei Misch- und Lagergefäßen u. a. In diesem Falle kann eine Kapazitätserweiterung ohne wesentliche Kapazitätssprünge vorgenommen werden. Die Gesamtkostenkurve der Produktion verläuft der Tendenz nach linear und ohne große Kostensprünge.

Eine andere Situation liegt vor, wenn die technischen Einrichtungen des Betriebes aus verhältnismäßig wenigen großen Aggregaten bestehen (Fließbänder, Transferstraßen, Destillationsanlagen, Trockenanlagen, Öfen, Preßwerke u. a.). Diese Anlagen sind nicht beliebig teilbar und transformierbar. Ihre harmonische Zuordnung zu den einzelnen Produktionsvolumina und Produktionsprogrammen bereitet deshalb oft große Mühe. Trotz aller Bestrebungen der Produktionsmittelfirmen, leistungsfähige Aggregate mit geringer Kapazität herzustellen, bleibt das Problem für viele Produktionszweige ungelöst. Stimmen die Leistungsquerschnitte der zusätzlich erforderlichen Betriebsmittel mit den verlangten w_1, w_2, w_3 nicht überein, dann besteht die Gefahr, daß ungenutzte Produktionskapazitäten entstehen, die Leerkosten zur Folge haben und die die Produktionskosten erhöhen. Wenn ein vollkommen harmonischer Aufbau der Betriebsmittel und Produktionseinrichtungen in der Mehrzahl der Fälle auch nicht möglich ist, so gibt es doch Ausbringungen, bei denen die Leistungsquerschnitte der Betriebseinrichtungen besser aufeinander abgestimmt sind als bei anderen Herstellmengen. Engpässe und Leerkapazitäten sind in solchen Fällen auf ein Minimum reduziert. Erscheint nun ein solcher Zustand bei w_1 und w_3 nicht, bei w_2 dagegen erreichbar, dann werden die Erzeugniskosten bei den drei Ausbringungen unterschiedlich hoch sein. Die Einheit der Ausbringungsmenge w_2 würde sich zu niedrigeren Kosten herstellen lassen als die der Menge w_1 oder w_3. Entspricht w_2 der alternativen Absatzmenge x_2, dann lassen sich x_2 niedrigere Erzeugniskosten zuordnen als den beiden anderen Alternativen x_1 und x_3.

Dabei blieb bisher die Tatsache unberücksichtigt, daß häufig größere Erzeugnismengen die Verwendung günstigerer Produktionsverfahren zulassen. Liegen also in dem Produktionsabschnitt w_0 bis w_3 Übergangsstellen zu rationelleren Verfahren, dann würden auch aus diesem Grunde den alternativen Absatzmengen x_1, x_2 und x_3 verschieden hohe Erzeugniskosten zuzurechnen sein.

Die Überlegungen und Untersuchungen der technischen Leitung würden also über die technischen Erfordernisse informieren, die sich im Falle einer Produktion w_1, w_2 oder w_3 ergeben würden (wobei w_1, w_2 und

w_3 den Absatzalternativen x_1, x_2 und x_3 entsprechen mögen). Die Untersuchungen würden gleichzeitig aufzeigen, welche Produktionskosten den Absatzalternativen zuzuordnen sind.

Die Berechnungen der Betriebsleitung beruhen auf den Werten, die für die durchzurechnenden Fälle am wahrscheinlichsten gehalten werden. Die erforderlichen technischen Einrichtungen und die Investitionen pflegen dabei für mehrere technische Alternativen unter Berücksichtigung der für alternative Programme erforderlichen produktionstechnischen Elastizität ermittelt zu werden.

Die Ergebnisse dieser alle technischen Möglichkeiten berücksichtigenden Untersuchungen, die gegebenenfalls erforderlich werdenden betrieblichen Umstellungen, auch die Beschäftigungs- und Bewertungsrisiken, die in den Kalkül einzubeziehen sind, bilden eine der wichtigsten Unterlagen langfristiger Absatzplanung.

6. Mit den Vorschlägen und Berechnungen der Betriebsleitung und der Vertriebsleitung sind wichtige Voraussetzungen für die Planungsentscheidungen geschaffen. Die Unternehmensleitung kann sich nun eine Vorstellung darüber machen, welche absatzpolitischen und betriebstechnischen Maßnahmen ergriffen werden müssen, wenn der Absatz x_1, x_2 oder x_3 erreicht werden soll.

Um eine klare Entscheidungsposition zu gewinnen, ist weiterhin erforderlich, die Gewinne für die Alternativen zu errechnen. Die Unterlagen hierfür liegen vor. Für jede in Erwägung gezogene Alternative x_1, x_2, x_3 lassen sich die voraussichtlich entstehenden Produktions- und Vertriebskosten, ergänzt durch die zu erwartenden Verwaltungskosten und die zu erwartenden Erlöse und sonstigen Erträge angeben.

Die auf die geschilderte Weise errechneten Gewinne reichen aber noch nicht aus, um endgültig Planungsentscheidungen fassen zu können. Denn, ob sich das gewinngünstigste oder irgendein anderes Absatzvolumen verwirklichen läßt, hängt auch von gewissen Begrenzungen ab, denen die Planung unterworfen ist. Diese Begrenzungen können in Engpässen bestehen, mit denen das Unternehmen im Zusammenhang mit der Rohstoffbeschaffung, der Beschaffung maschineller Einrichtungen, der Beschaffung von für Betriebserweiterungen erforderlichem Grund und Boden, der Beschaffung von Arbeitskräften und der Kapitalbeschaffung zu rechnen hat. Es gibt Unternehmen, für die diese expansionsbegrenzenden Umstände ohne Bedeutung sind. Ihre Anstrengungen, den Absatz auszudehnen oder den Marktanteil zu erweitern, werden dann nur durch den Widerstand begrenzt, den der Markt ihren Bemühungen entgegensetzt. Oft kennzeichnet sich eine solche Lage dadurch, daß die Verkaufspreise mit Aussicht auf Erfolg nicht weiter gesenkt werden können, weil die Nachfrageelastizität zu gering ist. Zusätzliche Werbeaufwendungen und Produktverbesserungen aber würden die Erzeugniskosten erhöhen, ohne daß eine anregende Wirkung von diesen Aufwendungen auf die Nachfrage ausgehen würde. Die Verkaufspreise lassen aber keine weiteren Kostensteigerungen ohne wesentliche Nachfragesteigerungen zu. Das Unternehmen befindet sich also in einer Lage, in der seiner eigenen absatzpolitischen Aktivität durch den Markt Schranken gesetzt werden. Der Absatzbereich stellt den begrenzenden Faktor dar.

In anderen Fällen limitieren andere Begrenzungen das zu planende Absatzvolumen. Generelle Aussagen lassen sich hierüber nicht machen. Art und Gewicht der Begrenzungen sind von Unternehmen zu Unternehmen verschieden.

Der langfristigen Absatzplanung wohnt aber die Tendenz inne, zu Maßnahmen anzuregen, die alle Chancen der langfristigen Absatzentwicklung — sofern solche Chancen vorhanden sind — auszunutzen erlauben. Im wesentlichen geht es in solchen Fällen darum, die Absatzhemmungen zu beseitigen, die die erwähnten Begrenzungen zur Folge haben. Aus diesem Grunde pflegt die langfristige Absatzplanung mit der langfristigen Produkt-, Investitions- und Finanzplanung gekoppelt zu sein. Sie ist überhaupt nur als ein Teil dieses Planungszusammenhanges zu begreifen. Das gilt um so mehr, je länger der Zeitraum ist, der der Planung zugrunde liegt. Je kürzer dieser Zeitraum ist, um so mehr gilt das Ausgleichsgesetz der Planung. Es besagt, daß der jeweils schwächste betriebliche Teilbereich den Ausschlag für die Planung gibt und den Produktionsumfang auf sich einreguliert. Das Ausgleichsgesetz hat also die Tendenz, die Produktmenge, die hergestellt werden soll, auf den Engpaßbereich einzuspielen. Das gilt aber nur kurzfristig, denn langfristig ist die Tendenz wirksam, die Engpaßbereiche zu beseitigen und den gesamten betrieblichen Apparat auf die neuen Ziele einzurichten.

Damit ergibt sich diese Situation: Für jede Absatzalternative (x_1, x_2, x_3, x_{r1}, x_{r2} ...) sind die erforderlichen fertigungstechnischen und absatzpolitischen Maßnahmen nach Maßgabe des Informationsstandes und der Lagebeurteilung zum Planungszeitpunkt fixiert. Jeder dieser Alternativen sind erwartete Betriebs-, Vertriebs- und Verwaltungskosten zugeordnet. Für jede Alternative wurden die zu erwartenden Gewinne berechnet. Die Maßnahmen, die zur Beseitigung von Engpässen dienen sollen, sind geprüft und für zweckmäßig befunden. Der Forderung nach Planelastizität ist dadurch Genüge getan, daß die Planansätze vorsichtig gewählt wurden und Vorsorge dafür getroffen wurde, daß Umstellungen auf neue Alternativen in den Zielen und im Mitteleinsatz das Plangefüge nicht sprengen. Die Kosten, die dadurch entstehen, daß dem Plan durch den Einbau von Kapazitäts-, Lagerbestands- und Finanzreserven eine bestimmte Elastizität verliehen wird, sind in ein vertretbares Verhältnis zu den Absatzerwartungen gebracht worden. Erfüllen sich diese

Erwartungen nicht, dann bedeuten diese Kosten ein finanzielles Opfer, das im Interesse der Planelastizität gebracht werden muß.

Damit sind die Voraussetzungen für die Entscheidung der Unternehmensleitung geschaffen. Niemand kann ihr diese Entscheidung abnehmen, für die sie allein zuständig ist. Sie wird sich für diejenige Alternative entscheiden, die sie angesichts der gegenwärtigen und der zu erwartenden Lage des Unternehmens für am vorteilhaftesten hält. Mit ihrer Entscheidung legt sie den Kurs des Unternehmens auf nahe und weite Sicht fest. Das Imponderable ist auch bei sachverständigstem Durchrechnen aller Alternativen aus den unternehmungspolitischen Entscheidungen nicht zu beseitigen. Es bleibt. Aber die moderne Prognose- und Planungstechnik engt den Raum für unternehmerische Fehlentscheidungen ein, ohne allerdings derartige Entscheidungen jemals vollständig unmöglich machen zu können.

Ist sich die Leitung des Unternehmens darüber im klaren, ob sie die Gewinnchancen, die die Pläne enthalten, schon in naher Zukunft oder erst später realisieren will, dann wird sie derjenigen Alternative den Vorzug geben, die ihren Vorstellungen von der zukünftigen Entwicklung des Unternehmens am besten entspricht. Damit ist die Entscheidung über den langfristigen Absatzplan gefallen.

7. Wie ist, so lautet nunmehr die Frage, das Verhältnis zwischen langfristiger und kurzfristiger Absatzplanung zu bestimmen?

Bei der Beantwortung dieser Frage kann man von der Überlegung ausgehen, daß jede absatzpolitische Maßnahme eine gewisse Zeit beansprucht, bis sie wirksam ist. Eine Erhöhung der Händlerrabatte um 1% wird verhältnismäßig schnell wirksam werden, während eine zum Zwecke der Absatzausdehnung vorgenommene Rationalisierungs- oder Erweiterungsinvestition unter Umständen mehrere Jahre beanspruchen wird, bis sie zu ihrer vollen fertigungstechnischen und damit absatzwirtschaftlichen Entfaltung kommt. Soll man sagen, daß im ersten Falle ein kurzfristiger, im zweiten Falle dagegen ein langfristiger Vorgang gegeben sei und daß damit der erste Fall zur kurzfristigen, der zweite zur langfristigen Planung gehöre? Wie ist die Situation zu beurteilen, wenn die Rabatterhöhung lange Zeit benötigt, bis ihre Auswirkungen spürbar werden, aber die Investition in kurzer Zeit bewerkstelligt werden kann und schon schnell ihre Früchte trägt? Markenartikelunternehmen rechnen im allgemeinen damit, daß die Wirkung verstärkter Werbemaßnahmen erst nach zwei bis drei Jahren spürbar wird. Sind unter diesen Umständen Werbemaßnahmen Bestandteil der kurzfristigen oder der langfristigen Absatzplanung? Die Schwierigkeiten, auf diese Weise die Grenze zwischen lang- und kurzfristiger Absatzplanung zu ziehen, erhöhen sich noch, wenn die betriebstechnische und absatzwirtschaftliche

Struktur der Wirtschaftszweige berücksichtigt wird. Es gibt Wirtschaftszweige, in denen eine absatzpolitische Maßnahme mehrere Jahre dauert, bis sie zur Entfaltung kommt, während sich eine absatzpolitische Maßnahme ähnlicher Art in einem anderen, vielleicht nicht so kapitalintensiven Industriezweig bereits in kürzester Frist auswirkt.

Aus diesen Gründen erscheint es wenig zweckmäßig, die Zeit, die zwischen dem Planungszeitpunkt und dem Zeitpunkt liegt, in dem eine absatzpolitische Maßnahme sich auswirkt, zur Einteilung der Absatzplanung in kurzfristige und langfristige zu verwenden.

Vielleicht besteht die Möglichkeit, von kurzfristiger Absatzplanung so lange zu sprechen, als die absatzpolitischen Ziele nicht geändert werden und nur Änderungen im Einsatz der absatzpolitischen Mittel geplant werden. Eine kurzfristige Absatzplanung würde dann vorliegen, wenn es sich um Planungen im Bereich der Absatzmittel bei gegebenen Absatzzielen handelt, langfristige Planung aber würde dann gegeben sein, wenn die Absatzziele selbst Gegenstand der Absatzplanung sind. Im ersten Falle sind die Ziele fest, die Mittel variabel, im zweiten Falle sind Ziele und Mittel variabel, das heißt durch die Planung zu bestimmen. Diese Unterscheidung liefe im Falle einer Planrevision darauf hinaus, daß gefragt wird: Welches sind die Gründe dafür, daß die Planzahlen nicht erreicht wurden? Waren die Absatzziele falsch gewählt oder war der Mitteleinsatz falsch? Im ersten Falle sind offenbar langfristige, im zweiten dagegen kurzfristige Plankorrekturen erforderlich.

Unter diesen Gesichtspunkten scheint es am zweckmäßigsten, die kurzfristige von der langfristigen Absatzplanung dadurch abzugrenzen, daß die unterschiedlichen Funktionen dieser beiden Planungen unterstrichen und zum Merkmal für die Unterscheidung zwischen Kurz- und Langfristigkeit der Planung gemacht werden.

Hierbei ist davon auszugehen, daß die langfristige Absatzplanung ein Instrument der Unternehmenspolitik auf weite Sicht darstellt. Sie gehört unabdingbar in den großen Zusammenhang der langfristigen Produktions-, Investitions-, Produkt-, Finanz- und Gewinnplanung, in dem die Politik der Geschäftsleitung ihren konkreten Ausdruck findet. Diese Aufgabe erfüllt die kurzfristige Absatzplanung nicht. Sie stellt vielmehr den gegenwärtigen Verkaufsplan des Unternehmens auf kurze Sicht, für einen Monat, ein Quartal, ein halbes Jahr, unter Umständen auch für ein Jahr dar. Sie enthält Angaben darüber, was, wann und wo in der nächsten Zukunft verkauft werden soll. Eine besondere praktische Ausprägung erhält die kurzfristige Absatzplanung dadurch, daß den betriebseigenen und betriebsfremden Verkaufsorganen, den Verkaufsabteilungen, Händlern, Vertretern und Reisenden Verkaufssolls vorgegeben werden, die sie, unterteilt nach Art, Mengen und Verkaufszeitpunkten, zu erfüllen haben. Diese Solls und die Kontrolle der Abweichungen der Ists von den Solls hält den Verkaufsgang auf dem Kurs, den die langfristige Absatzplanung angibt. Die kurzfristigen Verkaufspläne folgen so zwar der Linie, die die langfristige Absatzplanung angibt, aber sie sind nach Form, Inhalt und Funktion Absatzpläne eigener Art, die niemals als ein Ausschnitt aus der langfristigen Absatzplanung angesehen werden können.

Die kurzfristige Absatzplanung vermag ihre besondere Aufgabe nur dann zu erfüllen, wenn die jeweils neuesten Informationen über den bisherigen Erfolg oder Mißerfolg der Verkaufsanstrengungen und alle anderen für den Verkauf der Erzeugnisse des Unternehmens wichtigen Informationen bei der Aufstellung und der Korrektur der kurzfristigen Absatzpläne berücksichtigt werden. Mit der Aktualisierung des Informationsstandes nimmt die Prognosegewißheit zu.

Faßt man den kurzfristigen Absatzplan als den gegenwärtig gültigen, für die Verkaufsorgane des Unternehmens verbindlichen Verkaufsplan auf, dann wird deutlich, daß der kurzfristige Absatzplan im Gegensatz zu dem langfristigen Absatzplan Saisonbewegungen und Lagerbestandsveränderungen enthalten muß und daß zwischen ihm und dem gegenwärtig gültigen (kurzfristigen) Produktionsplan unmittelbare und wechselseitige Beziehungen bestehen. Aus der Tatsache, daß die Saisonbewegungen in dem kurzfristigen Plan berücksichtigt werden, geht deutlich der aktuelle und administrative Charakter des kurzfristigen Absatzplanes hervor. Dieses Merkmal läßt sich auch an der Eigenart des Verhältnisses zwischen kurzfristiger Absatz- und kurzfristiger Produktionsplanung deutlich machen.

In Fabriken, in denen der Fertigungsgang verhältnismäßig starr ist, zum Beispiel in fließender Fertigung gearbeitet wird und die Tagesproduktion auf eine bestimmte Stückzahl normiert ist, von der sich nur in sehr engen Grenzen abweichen läßt, muß die kurzfristige Absatzplanung für den erforderlichen Ausgleich sorgen. So kann man auf Lager arbeiten, wenn und solange das mit rationeller Betriebsführung vereinbar ist und die Beschaffenheit der Erzeugnisse und die Lagermöglichkeiten ein solches Disponieren zulassen. Auf der anderen Seite aber wird, falls Planabweichungen vorliegen, die gefährlich zu werden drohen, die Vertriebsleitung versuchen, die Lagerbestände umzudisponieren, die Verkaufssolls der Verkaufsorgane zu erhöhen und die hierzu erforderlichen Maßnahmen zu ergreifen. Der neue Verkaufsplan wird in diesem Falle also durch die relative Starrheit und Unbeweglichkeit der Fertigung bestimmt.

Eine andere Lage ergibt sich für den Fall, daß der Produktionsplan seinerseits Anpassungen an die kurzfristige Absatzplanung zuläßt. Das Produktionsvolumen für die nächste Zeit (Monat, Vierteljahr, Halbjahr usf.) wird unter solchen Umständen nach dem Inhalt des kurzfristigen Absatzplanes und der Lagerbestände (unter Berücksichtigung der Mindestlagermenge) festgelegt. Kurzfristiger Absatzplan und kurzfristiger Produktionsplan kontrollieren sich auf die geschilderte Weise gegenseitig. Diese Möglichkeiten sind in solchen Zweigen der Markenartikelindustrie gegeben, in denen die Produktions- und Verpackungseinrichtungen aus verhältnismäßig kleinen Aggregaten bestehen und kurzfristige Überbeanspruchungen oder Unterbeschäftigung der Anlagen die Produktionskosten nicht entscheidend beeinflussen.

In auftragsorientierten Industriezweigen weist die kurzfristige Absatzplanung und ihr Verhältnis zur kurzfristigen Produktionsplanung insofern ein besonderes Merkmal auf, als an die Stelle des kurzfristigen Absatzplanes der jeweilige „Auftragsbestand" tritt. So stammen zum Beispiel die Aufträge einer Teppichfabrik fast ausschließlich von Grossisten, die auf Grund von Musterkollektionen kaufen. Die Produktion ist dann zwar auf eine bestimmte Zahl von Mustern eingeengt, aber mit der Herstellung der Teppiche wird grundsätzlich erst dann begonnen, wenn die Aufträge der Kunden (Grossisten) eingegangen sind. Die Unternehmen müssen also weitgehend auf die Vorzüge verzichten, die die kurzfristigen Absatzpläne auch für die Gestaltung der Fertigung bieten. Um sich diese Vorteile nicht vollständig entgehen zu lassen, arbeiten die Teppichfabriken in geschäftsstillen Zeiten, also in den Sommermonaten, auf Lager. Hierbei beschränken sie sich allerdings auf besonders gängige Muster, so daß sie im Herbst in der Lage sind, die Teppiche kurzfristig liefern zu können. In diesem Falle machen sie sich zusätzlich die Vorteile kurzfristiger Absatzplanung zunutze.

Ähnliche Verhältnisse weisen auch andere Industriezweige auf, zum Beispiel Tapetenfabriken, Brückenbaubetriebe, Warm- und Kaltwalzwerke und andere.

Der Bestand an Kundenaufträgen erfüllt bei den auftragsorientierten Betrieben nur die Aufgabe, die die kurzfristige Absatzplanung in marktorientierten Unternehmen übernimmt. Langfristige Absatzplanung fehlt deshalb in auftragsorientierten Betrieben nicht. Sie nimmt zwar besondere Formen an, wie es die absatzwirtschaftlichen und fertigungstechnischen Bedingungen dieser Industriezweige verlangen. Aber auf die langfristige Absatzplanung wird keine Unternehmensleitung verzichten, die die Zukunft ihres Unternehmens klar im Auge behalten will.

8. Die Planung ist bisher als ein sich sukzessiv vollziehender Prozeß beschrieben worden. Ein solcher Planungsvorgang ist zwar für die Praxis der absatzpolitischen Entscheidungen kennzeichnend, es bleibt aber die Frage offen, ob in dieser Weise aufgestellte Pläne wirklich optimal sind. Für die Beantwortung dieser Frage liefert die Planungsüber-

legung, wie sie bisher beschrieben wurde, keine Maßstäbe. Es ist deshalb zu überlegen, ob nicht die neueren Methoden der Unternehmensforschung gewisse Möglichkeiten bieten, diese Fragen zu beantworten. Endgültige, praktische Bedürfnisse befriedigende Antworten lassen sich noch nicht geben. Aber es soll doch wenigstens die Richtung angedeutet werden, in der die Lösung dieses Problems zu suchen ist.

Die bisher erörterte sukzessive Planung beruht, wie gezeigt wurde, auf einer stufenweisen Abstimmung der einzelnen Planungsbereiche. Dabei geht der Planungsprozeß in der Regel von einer bestimmten Abteilung aus und reguliert alle anderen Planungen auf sich ein. Eine Begründung dafür, warum dieser Bereich gewählt wird, kann im allgemeinen nicht gegeben werden. Wird zum Beispiel der Absatzplan als Ausgangspunkt der Gesamtplanung gewählt, dann wird damit von der Annahme ausgegangen, daß es sinnvoll ist, alle Absatzmöglichkeiten auszunutzen. Das Planungsoptimum kann aber in einem bestimmten Zeitpunkt verlangen, die Absatzmöglichkeiten nur zum Teil auszunutzen, um dadurch im Produktionsbereich Kosten der Überbeanspruchung zu vermeiden. Aus diesem Grunde wird bei einer sukzessiven Planung so vorgegangen werden müssen, daß die Planungsbereiche durch zahlreiche Abstimmungen und sukzessive Veränderungen der Einzelpläne nach Rückfragen bei den anderen Planungsinstanzen allmählich dem Optimalplan angenähert werden. Eine solche Abfolge gegenseitiger Abstimmungen und Revisionen der ursprünglichen Planansätze in den einzelnen Planungsbereichen kann sehr umständlich und zeitraubend sein, zumal der auf diese Weise zustande gekommene und endgültige Plan lediglich eine Aussage darüber zuläßt, daß er besser als andere Gesamtpläne ist. Mit Sicherheit kann aber nicht angegeben werden, daß es sich bei dem gefundenen Plan um den optimalen Gesamtplan handelt.

Die Variation aller Einzelpläne und die schrittweise Änderung und Abstimmung der einzelnen Planbereiche aufeinander wird durch Engpässe verursacht, die in den verschiedenen Teilen des Unternehmens auftreten. Jedes Unternehmen verfügt in einer bestimmten Situation über bestimmte, wenn auch nur in gewissen Grenzen variierbare Mittel, die es einsetzen kann, um seine Aufgaben und Zwecke zu erfüllen. Je nach der Entscheidung, die das Unternehmen treffen möchte, werden diese Mittel beansprucht. Unter Umständen treten Engpässe auf. Wo sie entstehen und in welchen Grenzen sie behoben werden können, läßt sich erst sagen, wenn die Auswirkungen bestimmter absatzpolitischer Entscheidungen geprüft sind. Ein sukzessiver Planungsprozeß bedeutet also ein Abtasten der Möglichkeiten, wie das Unternehmen die gegebenen Chancen am besten ausnutzen kann. Da aber bei der stufenweisen gegenseitigen Abstimmung jeweils nur gewisse Veränderungen in den einzelnen Planbereichen vorgenommen werden, um dann den Gesamtplan erneut zu formulieren, und da diese Veränderungen der Plansätze mehr oder weniger willkürlich durchgeführt werden müssen, besteht keine Sicherheit darüber, ob die Abstimmung in der richtigen Richtung vor sich geht und ob tatsächlich alle vorhandenen Möglichkeiten restlos ausgeschöpft sind. Nur wenn es gelingt, alle Planbereiche gleichzeitig zu erfassen und unter Berücksichtigung finanzieller, kapazitätsmäßiger und anderer Beschränkungen aufeinander abzustimmen, kann mit Gewißheit ein optimaler Plan erstellt werden. Ein solcher, sich gleichzeitig vollziehender Planungsprozeß wird als simultane Planung bezeichnet. Diese Vorstellung von Simultaneität liegt auch der Bestimmung der gewinngünstigsten Absatzmenge zugrunde[1].

Die Beschränkungen oder Engpässe haben für die langfristige Absatzplanung nicht eine so große Bedeutung wie für die kurzfristige Absatzplanung. Denn bei langfristigen Planungsüberlegungen wird man sich darüber klar sein, ob die finanziellen, kapazitätsmäßigen und anderen Voraussetzungen gegeben sind oder sich rechtzeitig schaffen lassen, um die gesteckten Absatzziele zu erreichen. Kurzfristig sind viele Größen unveränderlich, die langfristig höchst variabel sein können.

Nunmehr sei angenommen, daß ein Unternehmen nach Ablauf des der langfristigen Planung zugrunde liegenden Zeitraumes mindestens das Produktionsvolumen x herstellen kann. Da das Produktionsprogramm aus s Erzeugnisarten bestehen soll, setzt sich die Größe x aus den Erzeugnismengen $x_1, \ldots, x_s$ zusammen ($x = (x_1, \ldots, x_s)$).

Das Verkaufsprogramm soll mit bestimmten Schwerpunkten geplant werden. Die Leitung des Unternehmens hält einige Erzeugnisse (Erzeugnisarten) für sehr entwicklungsfähig und glaubt, daß sie den Kampf um den Marktanteil später gerade mit diesen Erzeugnissen führen muß. Aus diesem Grund verlangt sie, daß diese Erzeugnisgruppe mit einem bestimmten Prozentsatz zu den anderen Erzeugnisarten in das langfristige Programm aufgenommen wird. Die Erzeugnisse müssen zum gegenwärtigen Zeitpunkt nicht einmal besonders kosten- oder preisgünstig sein. Außerdem soll ein Erzeugnis besonders forciert werden, weil die Chancen für seinen Export als besonders günstig angesehen werden. Schließlich möge noch die Anweisung gegeben sein, von einigen Erzeugnissen gewisse Mindestmengen im Plan zu berücksichtigen. Der Produktionsumfang für diese Erzeugnisse läßt zwar eine rentable Produktion nicht zu, aber aus absatzpolitischen Gründen kann auf diese Erzeugnisse nicht verzichtet werden.

Die Planungsaufgabe soll nun darin bestehen, eine solche Kombination der absatzpolitischen Instrumente zu finden, die die kostengünstigste ist und die den angegebenen besonderen Forderungen für die Aufstellung des langfristigen Verkaufsprogramms gerecht wird.

---

[1] Vgl. die Ausführungen in Abschnitt I, 5 dieses Kapitels und im neunten Kapitel.

Die Darstellung dieses Sachverhaltes macht es erforderlich, in diesem Falle den Begriff des Umsatzes zu verwenden, der als Summe der Einzelumsätze aufzufassen ist. Jeder Einzelumsatz berechnet sich aus der entsprechenden Absatzmenge und dem Durchschnittserlös.

Das Absatzvolumen x entspreche dem Umsatzvolumen u. Um diesen Umsatz zu erreichen, kann von den absatzpolitischen Instrumenten mit unterschiedlicher Intensität Gebrauch gemacht werden. Diese Intensität kommt zum Beispiel darin zum Ausdruck, daß im Rahmen der Absatzmethode eine unterschiedlich große Anzahl von Vertreterbezirken geschaffen werden kann oder Produktverbesserungen in unterschiedlichem Maße vorgenommen werden. Auch vermag die Werbung mit verschieden großem Aufwand betrieben zu werden. Preisermäßigungen oder -erhöhungen können in unterschiedlicher Weise vorgenommen und Rabatte differenziert werden.

Die Intensitäten $v_1, \ldots, v_4$ der einzusetzenden absatzpolitischen Instrumente $V_1, \ldots, V_4$ sollen in Einheiten der Kosten gemessen werden. Die Intensität der Werbeanstrengungen, die für eine bestimmte Erzeugnisart k ($k = 1, \ldots, s$) gemacht werden, sei mit $v_1^{(k)}$ bezeichnet. Entsprechend werden die Intensitäten der übrigen Instrumente benannt. Wenn also nur das Produkt k abgesetzt werden soll, dann erhält man die Gesamtkosten des absatzpolitischen Instrumentariums:

$$l_k = v_1^{(k)} + v_2^{(k)} + v_3^{(k)} + v_4^{(k)}.$$

Für die s Produkte ist der angegebene Ausdruck für alle k zu summieren, und man erhält dann:

$$L = \sum_{k=1}^{s} (v_1^{(k)} + v_2^{(k)} + v_3^{(k)} + v_4^{(k)})$$
$$= \sum_{k=1}^{s} \sum_{j=1}^{4} v_j^{(k)}.$$

Diese Funktion stellt die Kosten des absatzpolitischen Instrumentariums für alle Erzeugnisse allgemein dar. Sie soll minimiert werden. Ein solcher Ausdruck wird als Zielfunktion oder auch als Entscheidungsfunktion bezeichnet.

Nun lautet aber eine Bedingung, daß mindestens das Umsatzvolumen u erreicht werden soll. Um die gesamte zu erwartende Umsatzsteigerung ermitteln zu können, sind nunmehr gewisse Annahmen darüber erforderlich, welche Wirkung der Einsatz einer Einheit des jeweiligen absatzpolitischen Instrumentes auf den Umsatz eines bestimmten Produktes ausübt. Es sei angenommen, daß in bestimmten, in diesem Falle eingehaltenen Grenzen die absatzpolitischen Instrumente linear ansteigende Beiträge zur Umsatzsteigerung leisten. $a_j^{(k)}$ bezeichnet zum Beispiel die Umsatzsteigerung des Erzeugnisses k durch den Einsatz einer Einheit des absatzpolitischen Instrumentes j. Die Gesamtumsatzsteigerung ergibt sich dann als folgende Summe:

$$\sum_{k=1}^{s} (a_1^{(k)} v_1^{(k)} + a_2^{(k)} v_2^{(k)} + a_3^{(k)} v_3^{(k)} + a_4^{(k)} v_4^{(k)})$$
$$= \sum_{k=1}^{s} \sum_{j=1}^{4} a_j^{(k)} v_j^{(k)}.$$

Diese Summe ist noch unbestimmt, da die $v_j^{(k)}$ unbekannt sind. Sie soll aber auf jeden Fall größer oder gleich u sein. Man erhält folglich die Bedingung:

$$\sum_{k=1}^{s} \sum_{j=1}^{4} a_j^{(k)} v_j^{(k)} \geqq u.$$

Damit ist eine erste Nebenbedingung gefunden, nämlich die, daß durch die absatzpolitische Aktivität mindestens der Umsatz u erreicht werden soll.

Die übrigen, vorher genannten Bedingungen lassen sich folgendermaßen ausdrücken: Es wurde angenommen, daß eine gewisse Schwerpunktbildung im Verkaufsprogramm die Absatzplanung bestimmen soll. Zum Beispiel sollen auf das Erzeugnis 1 mindestens $p\%$ des Gesamtumsatzes entfallen. Ferner sollen die Erzeugnisse 1 und 3 mit der Mindestmenge C bzw. D abgesetzt werden. Demnach lassen sich folgende Ungleichungen aufstellen:

$$\sum_{j=1}^{4} a_j^{(1)} v_j^{(1)} \geqq \frac{p}{100} \sum_{k=1}^{s} \sum_{j=1}^{4} a_j^{(k)} v_j^{(k)}$$
$$\sum_{j=1}^{4} a_j^{(1)} v_j^{(1)} \geqq C$$
$$\sum_{j=1}^{4} a_j^{(3)} v_j^{(3)} \geqq D.$$

Da negative Werte von $v_j^{(k)}$, das heißt negative Intensitäten des absatzpolitischen Mitteleinsatzes, keinen Sinn haben, muß folgende Nichtnegativitätsbedingung eingeführt werden:

$$v_j^{(k)} \geqq 0 \text{ (für alle } k \text{ und } j).$$

Damit ist die absatzpolitische Situation grundsätzlich beschrieben und der Planung zur Vorbereitung von absatzpolitischen Entscheidungen zugänglich. Diese Form, in die das Planungsproblem gefaßt worden ist, wird als ein Lineares Programm bezeichnet. Es lautet also: „Man minimiere die in den $v_j^{(k)}$ lineare Funktion

$$L = \sum_{k=1}^{s} \sum_{j=1}^{4} v_j^{(k)}$$

unter den in den $v_j^{(k)}$ linearen Nebenbedingungen

$$\sum_{k=1}^{s} \sum_{j=1}^{4} a_j^{(k)} v_j^{(k)} \geqq u$$

$$\sum_{j=1}^{4} a_j^{(1)} v_j^{(1)} - \frac{p}{100} \sum_{k=1}^{s} \sum_{j=1}^{4} a_j^{(k)} v_j^{(k)} \geqq 0$$

$$\sum_{j=1}^{4} a_j^{(1)} v_j^{(1)} \geqq C$$

$$\sum_{j=1}^{4} a_j^{(3)} v_j^{(3)} \geqq D$$

$$v_j^{(k)} \geqq 0 \quad (k=1,\ldots,s;\ j=1,\ldots,4)!"$$

Dieses Programm läßt sich nach der Simplex-Methode lösen. Somit ist der Ansatz gezeigt, wie das Problem der simultanen Absatzplanung behandelt werden muß. Für den Fall, daß die Linearitätsvoraussetzung nicht erfüllt ist, gelten kompliziertere Ansätze.

Bei der kurzfristigen Absatzplanung vollzieht sich die Aufstellung solcher Planungsprogramme in der gleichen Weise, wie sie soeben für die langfristige Planung geschildert wurde. Nur wird damit zu rechnen sein, daß die Zahl der Beschränkungen größer wird und neue Arten von Beschränkungen auftauchen; denn bei der kurzfristigen Planung besteht ja die Tendenz, die gesamte Planung auf den vorliegenden Engpaßbereich einzuregulieren bzw. alle auftretenden Engpässe möglichst günstig auszunutzen und zu beanspruchen. Da aber die Beseitigung der Engpässe Zeit erfordert, wird sich die Zahl der Beschränkungen im Plankalkül erhöhen. So können zum Beispiel gewisse produktionstechnische Engpässe bestehen, die es unmöglich machen, vorhandene Absatzchancen auszunutzen. Es kann aber auch der Fall vorliegen, daß die Zahl der Arbeitskräfte sich nicht im notwendigen Ausmaß vermehren läßt.

Die Unternehmensleitung weiß nun, welche absatzpolitischen Anstrengungen unternommen werden müssen, wenn die Umsatzgröße u erreicht und gleichzeitig die Kosten des absatzpolitischen Instrumentariums minimiert werden sollen.

Auf diese Frage der gewinnmaximalen Bestimmung der absatzpolitischen Aktivität von Unternehmen wird im neunten Kapitel eingegangen.

Zweiter Teil.
Das absatzpolitische Instrumentarium.

Fünftes Kapitel.
Die Absatzmethoden.
I. Der Begriff der Absatzmethode.
II. Die Vertriebssysteme.
III. Die Absatzformen.
IV. Die Wahl der Absatzwege.

I. Der Begriff der Absatzmethode.

Was ist unter „Absatzmethode" zu verstehen, wie weit soll der Begriff gefaßt, welche Tatbestände sollen in ihn einbezogen werden?

a) Ein Unternehmen kann den Verkauf seiner Waren oder Erzeugnisse zentralisieren oder dezentralisieren. Die Entscheidung für die eine oder andere Art der Verkaufsgestaltung wird hier als eine Entscheidung für ein bestimmtes Vertriebssystem aufgefaßt. Ein Unternehmen hat weiter die Möglichkeit, seine Erzeugnisse oder Waren selbst zu verkaufen oder den Verkauf auszugliedern und auf andere, selbständige oder unselbständige Unternehmen zu übertragen. Auch eine solche Entscheidung wird hier als eine Entscheidung für das eine oder andere Vertriebssystem angesehen.

b) Es gibt Unternehmen, die ihre Erzeugnisse mit Hilfe betriebseigener Verkaufsorgane, zum Beispiel angestellter Reisender, verkaufen. Andere Unternehmen schalten in ihren Verkaufsgang selbständige Kaufleute, zum Beispiel Handelsvertreter, ein und übertragen ihnen den Verkauf ihrer Erzeugnisse oder Waren. In diesem Fall liegt Absatz mit Hilfe betriebsfremder Verkaufsorgane vor. Ob ein Unternehmen seine Erzeugnisse oder Waren mit Hilfe betriebseigener oder betriebsfremder Verkaufsorgane verkauft, ist eine Entscheidung über die Absatzform.

c) Die Unternehmen können ihre Erzeugnisse oder Waren direkt an Verbraucher, Gebraucher oder Weiterverarbeiter verkaufen. In diesem Falle wird von direktem Absatz oder Vertrieb gesprochen. Wenn die Unternehmen dagegen an Unternehmen verkaufen, die die Erzeugnisse des Herstellerbetriebes weiterverkaufen, dann liegt indirekter Absatz vor. Diejenigen Unternehmen, die die Erzeugnisse eines Herstellerunternehmens in der Absicht kaufen, sie wieder zu verkaufen, ohne sie be- oder verarbeitet zu haben, sind Handelsbetriebe. Der Begriff der Bearbeitung soll Manipulierungen nicht einschließen, die dazu dienen, die Erzeugnisse oder Waren leichter verkäuflich zu machen. Unternehmen, die direkt oder indirekt verkaufen, schlagen bestimmte Absatzwege ein. Macht ein bestimmtes Unternehmen von beiden Möglichkeiten Gebrauch, verkauft es also seine Erzeugnisse zum Teil direkt, zum Teil indirekt, dann hat es beide Absatzwege für den Verkauf seiner Erzeugnisse gewählt. Die Entscheidung für einen der genannten Absatzwege ist eine Entscheidung für eine Absatzmethode.

Die absatzpolitische Entscheidung für die Absatzmethode umfaßt also Entscheidungen über das Vertriebssystem, die Absatzform und die Absatzwege. Damit ist der Begriff der Absatzmethode inhaltlich so festgelegt, wie er hier verstanden werden soll.

II. Die Vertriebssysteme.

1. Werkseigenes Vertriebssystem.
2. Werksgebundenes Vertriebssystem.
3. Rechtlich und wirtschaftlich ausgegliederter Vertrieb.
4. Vertrieb in total planwirtschaftlichen Systemen.

1. Verkaufsniederlassungen oder Verkaufsfilialen sind wirtschaftlich und rechtlich unselbständige Teile des Unternehmens. Sie sind personell, finanziell und organisatorisch Teil des Unternehmens. Aus diesem Grunde wird diese Art der Vertriebsgestaltung als werkseigenes Vertriebssystem bezeichnet.

Die Leiter der Niederlassungen sind an die Weisungen der Geschäftsleitung gebunden. Der Rahmen, in dem sie selbständig zu entscheiden berechtigt sind, kann eng, aber auch weit gezogen sein. Welche Aufgaben auch immer der selbständigen Entscheidung durch den Leiter der Niederlassung überlassen sind, die Entscheidungsbefugnisse sind genau geregelt, die Verantwortung ist nicht abwälzbar und die Kontrolle nicht aufhebbar.

Die Unternehmungspraxis weist gerade in dieser Hinsicht große Unterschiedlichkeiten auf. Es gibt Unternehmen, die ihren Niederlassungen bei Abschluß der Geschäfte viel Selbständigkeit gewähren und ihre Leiter mit großen Vollmachten ausstatten. Andere Unternehmen engen die geschäftliche Bewegungsfreiheit ihrer Außenstellenleiter stark ein und lassen verbindliche Erklärungen immer nur durch das Stammhaus abgeben.

Die Niederlassungen solcher Unternehmungen, die Konsumgüter herstellen, unterhalten gelegentlich Läden, in denen die Erzeugnisse des Herstellerbetriebes — nicht selten ergänzt durch andere Waren — ausgestellt und verkauft werden. In diesem Falle spricht man von Fabrikläden, wie man sie vor allem in der Süßwaren-, Schuh-, Metallwaren-, neuerdings auch in der Textilindustrie und in anderen Geschäftszweigen findet.

Es gibt Automobilfabriken, die sich dieses Vertriebssystems bedienen. Sie unterhalten eigene Verkaufsniederlassungen, die über Ausstellungsräume, Läger, Werkstätten und Einrichtungen für den Kundendienst verfügen. In der elektrotechnischen Industrie finden sich ähnliche Vertriebssysteme. Die Unternehmen dieses Produktionszweiges richten in den Hauptbedarfszentren Niederlassungen ein, denen der Verkauf ihrer Erzeugnisse obliegt. In der Regel bestehen bei diesen Niederlassungen Abteilungen für die Projektbearbeitung, auch für die Bearbeitung von Finanzierungsfragen. Im einzelnen Falle kann eine Regelung derart getroffen sein, daß sich das Stammhaus vorbehält, bestimmte Projekte von der Zentrale bearbeiten zu lassen, während alle übrigen Aufträge, auch Großaufträge, von den Verkaufsniederlassungen bearbeitet werden. So hat sich in einem bestimmten Falle das Stammhaus den Entwurf und die Ausführung von elektrischen Theatereinrichtungen vorbehalten, weil die technischen Abteilungen der Zentrale über besonders große Erfahrungen auf diesem Gebiete verfügen. Alle übrigen Aufträge, auch die Großaufträge, werden grundsätzlich von den Verkaufsniederlassungen projektiert und ausgeführt, falls erforderlich, unter Hinzuziehung der technischen Büros des Stammhauses.

Die Niederlassungen können mit Hilfe betriebseigener oder betriebsfremder Organe verkaufen. Im einen Falle arbeitet die Niederlassung mit angestellten Reisenden und Akquisitionsingenieuren, im anderen Falle mit Handelsvertretern, Kommissionären u. ä. Die Absatzform wird dabei im wesentlichen durch die Absatzform bestimmt, die das Unternehmen als solches nach Maßgabe seiner betriebstechnischen Eigenart und absatzpolitischen Situation bevorzugt. Jedoch können die verschiedenen Niederlassungen ein und desselben Unternehmens durchaus verschiedene Absatzformen aufweisen. Das gilt auch für die Absatzwege, die die Niederlassungen wählen. Auch hier gilt, daß die allgemeine betriebstechnische und absatzwirtschaftliche Struktur die Grundstruktur der Niederlassungen bestimmt. Da die einzelnen Niederlassungen jedoch gezwungen sind, sich der besonderen Verhältnisse der Absatzmärkte anzupassen, auf denen sie verkaufen, und da diese Verhältnisse durchaus unterschiedlicher Art sein können, benutzen die Niederlassungen desselben Unternehmens durchaus nicht immer die gleichen Absatzwege.

2. Die mit werkseigenen Niederlassungen arbeitenden Unternehmen verkaufen ihre Erzeugnisse oder Waren selbst, gewissermaßen in eigener Regie. Eine andere Art von Vertriebssystem kennzeichnet sich abweichend von dem reinen Filialsystem dadurch, daß die Verkaufstätigkeit und damit die gesamte Vertriebstätigkeit aus dem Unternehmen

ausgegliedert und rechtlich selbständigen Unternehmen übertragen wird. Diese Verkaufsgesellschaften sind aber keine wirtschaftlich selbständigen Unternehmen. Sie sind personell, organisatorisch und wirtschaftlich abhängig und ähneln aus diesem Grunde trotz ihrer rechtlichen Selbständigkeit den wirtschaftlich und rechtlich unselbständigen Werksniederlassungen. Wegen der rechtlichen Selbständigkeit der Verkaufsgesellschaften soll diese Art, das Verkaufsproblem organisatorisch zu lösen, als werksgebundenes Vertriebssystem im Gegensatz zu dem werkseigenen Vertriebssystem (Filialsystem) bezeichnet werden.

Das Stammhaus sichert sich seinen Einfluß auf die Vertriebsgesellschaft und damit auf die Handhabung der Verkaufstätigkeit der Vertriebsgesellschaft durch Kapitalbesitz und Verträge. Die Bindung zwischen Hersteller- und Vertriebsunternehmen ist so eng, daß die Vertriebsgesellschaft finanziell, wirtschaftlich und organisatorisch als Organ der Hauptgesellschaft angesehen werden kann.

Als charakteristisches Beispiel eines solchen werksgebundenen Vertriebssystems sei die Vertriebsorganisation geschildert, die ein großes deutsches Unternehmen aufgebaut hat, das schwere Lastwagen herstellt. Das Werk überläßt den Vertrieb rechtlich selbständigen Verkaufsgesellschaften, die in einer größeren Zahl von Städten als Gesellschaft mit beschränkter Haftung betrieben werden. Die Leiter der Niederlassungen haben den Weisungen der Zentrale zu folgen. Trotz ihrer rechtlichen Selbständigkeit besitzen sie betriebswirtschaftlich den Charakter von Niederlassungen. Die Verkaufsstellen übernehmen nicht nur den Verkauf der Kraftfahrzeuge. Sie unterhalten auch Reparaturwerkstätten und haben gleichzeitig die Aufgabe, die Kunden technisch zu beraten und zu betreuen. Das Programm dieser Gesellschaften beschränkt sich ausschließlich auf den Verkauf der von der Hauptgesellschaft hergestellten Kraftfahrzeuge und den Betrieb der Reparaturwerkstätten, die gleichzeitig auch Ersatzteillager unterhalten.

3. Es gibt Unternehmen, die ihre Vertriebstätigkeit vollständig, das heißt hier: rechtlich und wirtschaftlich ausgliedern und auf Verkaufsgesellschaften übertragen, die den Verkauf mehrerer Unternehmen des gleichen Produktionszweiges vornehmen. Die Herstellerunternehmen üben in diesem Falle keinerlei Vertriebstätigkeit mehr aus. Sie sind nur noch Träger technischer Aufgaben. Da der Verkauf der Erzeugnisse derartiger Unternehmen durch die Verkaufsgesellschaft vollzogen wird, die die Erzeugnisse vieler Unternehmen vertreibt, bleiben die Herstellerbetriebe, absatzpolitisch gesehen, anonym. Ihre Firma tritt beim Verkauf ihrer Erzeugnisse nach außen hin nicht mehr in Erscheinung. Die Vertriebsgesellschaft treibt für sie die Verkaufspolitik. Sie baut eine eigene Vertriebsorganisation auf, treibt Werbung und Preispolitik. Die Unternehmen selbst konkurrieren auf den Märkten nicht mehr miteinander.

Den Prototyp dieses Vertriebssystems stellen die Verkaufssyndikate dar, in denen der Gedanke der Kartellbildung seine höchste Ausbildung erfahren hat. Für die Syndikate gelten alle Merkmale, wie sie soeben aufgeführt wurden. In der Regel sind sie, wirtschaftlich gesehen, mehr als lediglich mit dem Verkauf beauftragte Stellen, denn sie verkaufen nicht nur die Erzeugnisse der zum Syndikat gehörenden Unternehmen; oft nehmen sie auch auf den Produktionsumfang der zum Syndikat gehörenden Werke Einfluß. Hiermit verbindet sich oft auch die Berechtigung zu Investitions- und Kapazitätskontrollen (ganz abgesehen davon, daß sie auch die Aufstellung von Qualitäts- und Warenklassen und betriebswirtschaftliche Funktionen anderer Art übertragen erhalten). Dieser Tendenz der Verkaufssyndikate zur Einflußnahme auf die Höhe der Produktion und der Investitionen steht die Tendenz gegenüber, den Markt zu beeinflussen. Die Frage mag offen bleiben, inwieweit diese Tendenz zu Marktbeherrschung führen kann[1].

In das Spiel dieser Kräfte rückt ein Unternehmen ein, wenn es sich, freiwillig oder gezwungen, einem Syndikat der geschilderten Art anschließt. Es kommt vor, daß praktisch nicht die Verkaufsstelle (Syndikat) das Organ der Betriebe, sondern die Betriebe das fertigungstechnische Organ der Verkaufsstelle (Syndikat) sind.

Daß dieses Vertriebssystem für das einzelne Unternehmen einen Verlust an kommerzieller und akquisitorischer Aktivität bedeutet, kann keinem Zweifel unterliegen. Aber wie immer die betriebspolitische Lage sein mag, welche die Unternehmen zur Aufgabe ihrer absatzpolitischen Aktivität und zum Absinken in marktliche Anonymität veranlaßt, zu welchen gesamtwirtschaftlichen Folgen insbesondere diese betriebliche Funktionsausgliederung führen mag — hier handelt es sich um ein Problem, das betriebswirtschaftlich deshalb interessant und bedeutsam ist, weil der Verzicht auf die Verkaufstätigkeit die einzelwirtschaftliche Struktur der Betriebe ändert[2].

4. In marktwirtschaftlichen Systemen gibt es grundsätzlich keine Unternehmungen, die sich nicht um den Verkauf ihrer Erzeugnisse

---

[1] Vgl. hierüber die Ausführungen im sechsten Kapitel, Abschnitt IV.

[2] Eine ähnliche Form der Verkaufsgestaltung findet man beispielsweise auch bei landwirtschaftlichen Bezugs- und Absatzgenossenschaften, wenn auch in entsprechend abgewandelter Form. Nach der herrschenden Lehre, wie sie insbesondere von HENZLER vertreten wird, ist die Genossenschaft überhaupt kein selbständiger Betrieb, sondern ein durch Ausgliederung und Verselbständigung bestimmter Funktionen geschaffenes Hilfsorgan, hier zum Beispiel von landwirtschaftlichen Produzenten, die übereingekommen sind, den Verkauf ihrer Erzeugnisse, etwa Getreide, nicht selbst vorzunehmen, sondern durch ein besonderes Organ der Genossenschaft vornehmen zu lassen. Im allgemeinen ist die Schaffung gemeinsamer Verkaufsorgane von Herstellerbetrieben in genossenschaftlicher Form selten. Vgl. HENZLER, R., Genossenschaftswesen, Wiesbaden 1952, und DRAHEIM, G., Die Genossenschaft als Unternehmungstyp, Göttingen 1952.

bemühen müssen. Dabei ist ohne Bedeutung, ob der Verkauf bei der Zentrale konzentriert bleibt, ob die Verkaufstätigkeit im reinen Filialsystem regional aufgegliedert wird, ob die Betriebe ihre Verkaufsaufgabe in einer durch Organverträge oder Kapitalbesitz gesicherten Form ausgliedern oder ob sie den Vertrieb ihrer Erzeugnisse voll aufgeben und auf gemeinsame Verkaufsstellen übertragen.

In Wirtschaftssystemen dagegen, in denen die Produktion von Gütern nach Maßgabe eines von übergeordneten Planungsstellen vorgeschriebenen Solls geschieht, arbeiten die Betriebe nicht für einen Markt. Die Abnahme und Verwendung der erstellten Leistungen übernimmt die Planungsstelle, die die Erzeugnisse der Betriebe an diejenigen Stellen disponiert, für die sie vorgesehen sind. Die einzelnen Betriebe sind nicht gezwungen, sich selbst um Abnehmer für ihre Erzeugnisse zu bemühen. Eine solche Situation schließt Wettbewerb unter den Betrieben nicht grundsätzlich aus. Nur müssen sich andere Formen des Wettbewerbs herausbilden. Hierfür gibt es in totalplanwirtschaftlichen Systemen genug Beispiele.

Diese Betriebe üben keine Verkaufstätigkeit wie die unter marktwirtschaftlichen Wettbewerbsbedingungen arbeitenden Betriebe aus. Die anordnenden und dirigierenden Planungsstellen sind keine ausgegliederten Vertriebsstellen an sich autonomer, sich um den Absatz ihrer Erzeugnisse selbst bemühender Betriebe. Sie sind Verwaltungsstellen und damit Bestandteil einer Organisation, die nicht die Aufgabe hat, zu produzieren und Kunden zu gewinnen, sondern Erzeugung und Verteilung zu lenken. Auch in diesen Systemen gibt es Übergänge und Varianten. Kein Abnehmer, ob er nun Waren zugewiesen erhält oder ob er sie frei wählt, wird sich auf die Dauer mit unzureichenden Leistungen zufrieden geben. Aber wenn der Verkauf den Betrieben nicht grundsätzlich selbst überlassen bleibt, sondern durch besondere Planungsinstanzen vollzogen wird, dann übernehmen diese Instanzen die spezifische Vertriebsfunktion, die in marktwirtschaftlichen Systemen die Unternehmen selbst ausüben. Betriebe ohne Vertriebsfunktion bzw. mit bis auf gewisse Hilfstätigkeiten reduzierten Vertriebsfunktionen (Verpacken, Versenden, Fakturieren usw.) stellen also in Systemen totaler Planwirtschaft durchaus systemgerechte Gebilde dar.

III. Die Absatzformen.
A. Absatz mit Hilfe betriebseigener Verkaufsorgane.
B. Absatz mit Hilfe betriebsfremder Verkaufsorgane.

A. Absatz mit Hilfe betriebseigener Verkaufsorgane.
1. Verkauf durch Mitglieder der Geschäftsleitung.
2. Verkauf durch Reisende.
3. Verkauf auf Grund von Anfragen der Kundschaft ohne Einschaltung betriebsfremder Verkaufsorgane.
4. Verkauf in Läden.
5. Selbstbedienungsläden.
6. Warenverkauf mit Hilfe von Automaten.

1. In vielen Betrieben spielt sich der Verkaufsvorgang so ab, daß die Geschäftsinhaber oder die Geschäftsführer die Kunden aufsuchen, um ihnen die Erzeugnisse oder Waren des Unternehmens anzubieten. So pflegen die Geschäftsinhaber mittlerer und kleinerer Fabriken der Lederindustrie selbst zu „reisen" und ihre Musterkollektion den Kunden vorzulegen. Verfügen diese Personen über akquisitorische Begabung, dann kann diese Art des Verkaufes sehr erfolgreich sein. Denn es ist anzunehmen, daß diese Verkäufer eingehende Markt-, Branchen- und Kundenkenntnis besitzen. Sie sind mit der besonderen technischen, kommerziellen und finanziellen Situation des Unternehmens vertraut und kennen seine Vorzüge und Schwächen. Da sie an keine Weisungen Dritter gebunden sind, können sie an Ort und Stelle eine Entscheidung über die Verkaufsbedingungen, insbesondere über die Preise, die Lieferungs- und Zahlungsbedingungen verantwortlich treffen. Es handelt sich also um eine Absatzform, die sehr elastisch ist und im konkreten Fall ein Höchstmaß an Verkaufsintensität zu erreichen erlaubt.

Diese Form des Absatzes hat in der physischen Leistungsfähigkeit dieser Personen ihre Grenze. Verhältnismäßig günstige Voraussetzungen für diese Art des Verkaufes sind deshalb da gegeben, wo sich die Reisetätigkeit auf wenige Wochen im Jahre beschränkt. Erscheint es dagegen aus betrieblichen Gründen erforderlich, die Kunden ständig zu betreuen, dann sind die Grenzen dieser Absatzform bald erreicht. Ist der Kundenkreis groß und erstreckt er sich über weite Gebiete, dann erweisen sich die Möglichkeiten, den Verkauf allein mit Hilfe von Kundenbesuchen durch Mitglieder der Geschäftsleitung vorzunehmen, als zu begrenzt. Die Unternehmen müssen dann zu einer anderen Form ihres Warenabsatzes übergehen, wenn sie konkurrenzfähig bleiben wollen[1].

---
[1]) Zu diesen und den nachfolgenden Ausführungen sei Bezug genommen auf HELLAUER, J., Handelsverkehrslehre, Wiesbaden 1952; ders., Welthandelslehre, Wiesbaden 1950; SEYFFERT, R., Wirtschaftslehre des Handels, 4. Aufl. Köln-Opladen 1961; KOCH, W., Grundlagen und Technik des Vertriebes, Berlin 1950; SCHÄFER, E., Die Aufgabe der Absatzwirtschaft, Köln-Opladen 1950.

2. Ein Unternehmen kann zum Beispiel Angestellte damit beauftragen, seine Erzeugnisse oder Waren außerhalb des Unternehmens zu verkaufen. Diese Verkäufer bezeichnet man als „Reisende". Sind sie außerhalb des Ortes tätig, an dem das Unternehmen domiziliert, dann nennt man sie Fernreisende; sind sie innerhalb dieses Ortes tätig, dann bezeichnet man sie als Stadtreisende oder Platzreisende (mißverständlich auch als Platzagenten).

Die Vollmachten, über die diese Reisenden verfügen, können von durchaus unterschiedlicher Art sein. Allgemein läßt sich sagen, daß die Reisenden entweder nur Geschäfte für das Unternehmen vermitteln dürfen, von dem sie angestellt sind, oder, daß sie bevollmächtigt sind, Geschäfte im Namen dieses Unternehmens abzuschließen. Man kann also Reisende mit oder ohne Abschlußvollmacht unterscheiden.

Nicht jeder Reisende ist ohne weiteres Handlungsbevollmächtigter im Sinne des § 54 HGB. Nur wenn ihm ausdrücklich Handlungsvollmacht erteilt ist, hat er die Berechtigung, alle Geschäfte und Rechtshandlungen vorzunehmen, zu denen eine solche Vollmacht ermächtigt.

Reisende, denen eine Vollmacht zum Abschluß von Geschäften nicht erteilt ist, sind lediglich befugt, Geschäfte zu vermitteln, das heißt, Angebote zu machen und Bestellungen entgegenzunehmen. Die Firma bestätigt in diesem Falle den Auftrag und nimmt dabei den Abschluß des Geschäftes selbst vor.

In manchen Fällen üben die Reisenden ihre Tätigkeit neben der Reisetätigkeit der Mitglieder der Geschäftsleitung aus. Oft aber übernehmen sie allein die Kundenbesuche und die Vermittlung oder den Abschluß der Geschäfte. Da sie das Unternehmen repräsentieren, für das sie tätig sind, so gelten für ihre Tätigkeit weitgehend die gleichen persönlichen und fachlichen Voraussetzungen wie für die reisenden Inhaber und Geschäftsführer der Unternehmen. Ohne persönliche Verkaufsbegabung fehlen auch hier die Voraussetzungen für Verkaufserfolge, und ein natürlicher Ausleseprozeß sorgt dafür, daß sich nur akquisitorisch gut veranlagte Personen im Außendienst durchsetzen und in ihm Verwendung finden.

Sachliche Voraussetzung für eine erfolgreiche Tätigkeit der Reisenden ist eine gewisse Warenkenntnis, über die der Reisende, der ständig für den gleichen Betrieb tätig ist, in der Regel auch verfügt. Die detaillierte Kenntnis, die die für ein bestimmtes Unternehmen Reisenden von den Herstellungsverfahren, dem verwendeten Material und den Absatzproblemen der Unternehmen besitzen, ist sowohl für das Unternehmen als auch für die Reisenden von großem Wert. Die enge persönliche Verbindung der Reisenden mit dem Markt macht sie außerdem zu einer guten Informationsquelle über die Verhältnisse auf den Absatzmärkten. Da die Reisenden in der Regel ihren Wohnsitz am Ort der Niederlassung des Unternehmens haben, stehen die Platzreisenden, falls es erforderlich ist, täglich, Fernreisende in kurzen Zeitabständen für die Berichterstattung zur Verfügung.

Reisende sind verpflichtet, den Weisungen zu folgen, die sie von ihren Unternehmen erhalten. Diese Tatsache erlaubt es den Unternehmen, auf die Reisedispositionen ihrer Reisenden Einfluß zu nehmen und ihre Tätigkeit zu überwachen. In vielen Betrieben ist es üblich, daß zum Beispiel die Stadtreisenden im Betrieb zu Arbeiten herangezogen werden, wenn sie keine Kundenbesuche machen.

Aber gerade die Tatsache, daß die Reisenden, sofern sie Fernreisende sind, nicht ständig im Verkaufsgebiet anwesend sind, bedeutet häufig einen nicht unerheblichen Nachteil gegenüber den Möglichkeiten, die sich für einen selbständigen Vertreter aus seiner Ortsansässigkeit ergeben. Und zwar vor allem dann, wenn es sich um laufende Anfragen und Bestellungen der Kunden und nicht um einmalige Bestellungen während der Besuchszeit der Reisenden handelt. Andererseits wird ein Reisender durch häufige Besuche und schriftliche Kontaktnahme den Nachteil nicht ständiger Anwesenheit ausgleichen können. Die Größe der zu betreuenden Bezirke und die Entfernung dieser Bezirke von dem Standort des verkaufenden Unternehmens spielen hierbei eine gewisse Rolle. Immerhin ist nicht zu bestreiten, daß der nicht ständige Wohnsitz im Bereiche der Kunden und Interessenten Nachteile mit sich bringt. Das ist wohl häufig auch der Grund dafür, daß die Unternehmen diese Vertriebsform wechseln und zum Verkauf mit Hilfe selbständiger Vertreter übergehen.

Die Leistung der Reisenden ist abhängig von ihrer Eignung für die verkaufende Tätigkeit und von der akquisitorischen Unterstützung, die sie von dem Unternehmen erhalten, für das sie tätig sind; schließlich auch von der Art ihrer Entlohnung. Sie besteht in der Regel aus einem festen Grundgehalt mit Zuschlägen, die nach den Umsätzen berechnet werden. Die Reisespesen (meist in Form von Tagegeldern) trägt das Unternehmen.

Diese Art der Entlohnung bedeutet, daß die Kosten für einen Vertriebsapparat, der sich vornehmlich Reisender bedient, in verhältnismäßig hohem Maße fixen Charakter tragen. Denn ein Teil dieser Kosten entsteht ohne Rücksicht auf die Höhe des Umsatzes.

Die Teile des Entgelts, die sich nach der Höhe der Umsätze richten, die der Reisende tätigt, haben variablen, in diesem Falle umsatzproportionalen Charakter.

Besonderen Schwierigkeiten, die der Verkauf von Waren oder Erzeugnissen bietet, kann außerdem durch die Höhe der Provisionssätze Rechnung getragen werden. Dabei besteht die Möglichkeit, die Provisionshöhe nach der Umsatzgröße, nach Warengattungen und nach der leichteren oder schwierigeren Verkäuflichkeit der Waren zu staffeln. Überdurchschnittliche oder aus besonderen Gründen abzugeltende Leistungen pflegen in Form eines Bonus vergütet zu werden. Gelegentlich kommt es auch vor, daß dem Reisenden (wie beim Akkordlohn) ein gewisses Verkaufssoll vorgegeben wird, für das ein bestimmter Provisionssatz gewährt wird. Umsätze, die dieses Soll übersteigen, werden mit einem höheren Provisionssatz vergütet.

3. Eine dritte Form des Absatzes mit Hilfe betriebseigener Verkaufsorgane liegt dann vor, wenn der Verkauf durch die Verkaufsabteilungen selbst auf Grund von Offerten vorgenommen wird, welche die nachfragenden Unternehmen, auch Einzelkäufer, bei den verkaufenden Unternehmen einholen, ohne daß betriebsfremde Verkaufsorgane eingeschaltet werden. Diese Absatzform gibt es in einer großen Zahl von Varianten, von denen hier einige dargestellt seien. Im Neuwieder Becken (Rheinland) wird Bimskies (Vulkanasche) gefördert, der zu Steinen, Platten und dergleichen weiterverarbeitet wird. Der Verkauf dieses Kieses vollzieht sich in der Regel so, daß die Leiter der Unternehmen, die diesen Kies verarbeiten, die Gewinnungsbetriebe aufsuchen und mündlich Offerten einholen. Das Geschäft wird dann an Ort und Stelle verhandelt und abgeschlossen. Oft kommt es dabei zum Abschluß von Lieferungskontrakten, die auf ein oder zwei Jahre laufen. Vertreter werden in der Regel nicht eingeschaltet. Diese Form des Warenverkaufes setzt voraus, daß den Beziehern von Kies diejenigen Firmen bekannt sind, die solchen Kies liefern.

Im allgemeinen ist es jedoch so, daß die Firmen mit Hilfe von Katalogen, Prospekten, Preislisten, Annoncen in der Fachpresse, gegebenenfalls auch durch Werbung geschäftliche Verbindungen anzuknüpfen versuchen. Gelegentlich unterstützen die Unternehmungen diese Art der Anbahnung von geschäftlichen Beziehungen durch Vertreterbesuche. Damit verbindet sich dann allerdings ein fremdes Element mit dieser Absatzform.

Der Verkaufsvorgang spielt sich unter diesen Umständen so ab, daß die von den Interessenten einlaufenden Anfragen durch Offerten beantwortet werden, auf die hin dann gegebenenfalls der Auftrag erteilt wird und das Geschäft zustande kommt. Bei technisch schwierigen Objekten sind mündliche Verhandlungen vor Abgabe des Angebotes nicht zu umgehen. Die öffentliche Ausschreibung von Aufträgen stellt wirtschaftlich gesehen nichts anderes dar als die Aufforderung, ein Angebot zu machen. Ein prinzipieller Unterschied gegenüber dem zuerst beschriebenen Fall, in dem Offerten von den Interessenten direkt angefordert werden, besteht nicht.

Diese Methode des Warenverkaufs ist vor allem dann üblich, wenn es sich um die Lieferung von Massengütern, genormtem Material oder von Teilen handelt, die nach technischen Angaben (z. B. Zeichnungen) angefertigt werden müssen. In vielen Sparten der Maschinenindustrie ist dies die allgemeine Form, in der sich die Verkaufsvorgänge abspielen.

Wenn man von dem Fall der öffentlichen Ausschreibung absieht, dann handelt es sich bei dieser Art von Verkaufsvorgängen nicht um einen einseitig von den Käufern in Richtung auf die Verkäufer verlaufenden Prozeß. Denn neben diesem so gerichteten Vorgang verläuft ein Prozeß, der sich in entgegengesetzter Richtung bewegt, nämlich die von den verkaufenden Unternehmen ausgehenden Anstrengungen, die präsumtiven Kunden von der Lieferbereitschaft in Kenntnis zu setzen, um sie für sich zu gewinnen. Jedenfalls zeigt sich, daß hier eine Absatzform vorliegt, die sich nicht spezieller Absatzhelfer bedient und die sich von der zuerst genannten Form dadurch unterscheidet, daß die Geschäftsabschlüsse auf Grund von Angeboten zustande kommen, mit dem die verkaufenden Unternehmen die Anfragen der Kunden beantworten.

4. Im Bereiche des lebensnotwendigen und auch des gehobenen konsumtiven Bedarfes vollzieht sich der Warenverkauf ohne Einschaltung von Vertretern häufig so, daß die an Verbraucher oder Gebraucher zu verkaufende Ware dem Interessenten in Ausstellungsräumen, vor allem in Läden, vorgeführt wird. Der Verkäufer zeigt auf diese Weise seine Bereitschaft, bestimmte Waren, die er vorrätig hat, zu verkaufen. Der Laden gibt aber nicht nur von der Absicht zu verkaufen Kenntnis, er ist zugleich auch der Ort, an dem Käufer und Verkäufer zusammentreffen, um ihre Geschäfte zu tätigen. Aber auch darin erschöpfen sich nicht die Funktionen des Ladens. Da die Waren, die ein Verkäufer verkaufen will, im wesentlichen im Laden vorrätig sind, gewährt der Laden dem Käufer die Möglichkeit, sich über das Warenangebot des Verkäufers, über das Warensortiment, die Warenqualität, die Warenpreise usw. zu unterrichten, wie andererseits die Verkäufer die Gelegenheit haben, sich über die Wünsche der Käufer zu orientieren. Diese zweiseitige Informierung, die die Läden ermöglichen, kann sich bis zu intensiver Werbung steigern. Lage, Bedienung, Ausstattung, Sortiment, Preise — alle diese Faktoren verschmelzen im Laden zu einer individuellen akquisitorischen Einheit. Dabei ist grundsätzlich ohne Bedeutung, ob der Verkauf auf individuelle Bedienung oder auf Selbstbedienung abgestellt ist.

Fabrikationsbetriebe unterhalten selten eigene Läden. Der Großhandel bedient sich auch gelegentlich der Läden. Dagegen stellt der Laden die charakteristische Absatzform des Einzelhandels in seinen klein- und großbetrieblichen Formen dar.

5. An dieser Stelle soll kurz auf die „Selbstbedienungsläden" eingegangen werden, die den Verkaufsvorgang vornehmlich im Bereiche des Lebensmitteleinzelhandels weitgehend revolutioniert haben[1]. Das

---

[1] Wenn diese Form des Warenabsatzes auch nicht unmittelbar für Industrieunternehmen in Frage kommt, so soll auf sie in diesem Zusammenhang doch kurz eingegangen werden, um den Prozeß der Entpersönlichung zu zeigen, der sich in weiten Bereichen des Verkaufes zeigt und insbesondere auch bei dem Verkauf mit Hilfe von Automaten in Erscheinung tritt, wie unter 6. gezeigt wird.

Prinzip dieser Verkaufsmethoden besteht darin, daß die Käufer die in den Regalen und auf den Tischen liegenden, mit Preisen versehenen, abgepackten Waren selbst nehmen können, in hierfür zur Verfügung gestellten Körben oder Behältern sammeln, um dann an der Kasse abzurechnen und zu bezahlen. Dieses System setzt voraus, daß es sich um standardisierbare Waren des differenzierten Massenbedarfes handelt und die absatzpolitische Lage es erlaubt, das Warensortiment auf nur relativ wenige Sorten einer Warengattung zu reduzieren. Liegen diese Voraussetzungen vor und empfinden die Käufer die freie und selbständige Handhabung der Warenauswahl als bequem und praktisch, dann kann in solchen Läden auf eine individuelle Kundenbehandlung verzichtet werden. Es kann deshalb ohne Verkaufspersonal verkauft werden. Auf die in den Läden beschäftigten Personen, vor allem das Kassen- und Sortimentsergänzungspersonal entfällt ein verhältnismäßig großer Umsatz.

Dieses Verkaufssystem wäre ohne die Fortschritte der Technik auf dem Gebiete der Konstruktion von Verpackungs- und Abfüllmaschinen, von Transportanlagen, automatischen Wiegeeinrichtungen u.ä. nicht möglich gewesen. Die Aufgabe jedoch, die zu verkaufenden Waren zu verpacken, besteht auch in Selbstbedienungsläden, vorausgesetzt allerdings, daß die Waren nicht in verkaufsfähigen Packungen von den Herstellern geliefert werden, wie das vor allem bei Markenartikeln überwiegend der Fall ist. Aber die Herstellung von Verkaufspackungen kann in den Geschäften im voraus maschinell und zentral durchgeführt werden. Auch die Lagerhaltung vermag zentralisiert zu werden. Da in Selbstbedienungsläden Wert darauf gelegt wird, auch den Zahlungsvorgang nach Möglichkeit zu vereinfachen und glatt und reibungslos zu gestalten (Kreditverkäufe werden praktisch nicht getätigt), so müssen die einzelnen Verkaufspreise auf runde Beträge lauten. Das kann Schwierigkeiten bereiten. In solchen Fällen geht man gegebenenfalls dazu über, den Inhalt der Packungen gewichtsmäßig den „runden" Preisen anzupassen. Das ist ohne Zweifel ein Mangel des Systems, weil die Käufer mit den üblichen Gewichts- und Mengeneinheiten zu rechnen gewohnt sind.

6. Eine sechste, in diesem Falle voll mechanisierte Form des Warenabsatzes stellt der automatische Warenverkauf dar. Für diese Form des Warenverkaufs ist charakteristisch, daß der Verkauf nur zum geringsten Teil in Verkaufslokalen der verkaufenden Unternehmen vor sich geht, da die Automaten vor allem an öffentlichen Plätzen, Bahnhöfen, Gastwirtschaften oder in der Nähe von Einzelhandelsgeschäften aufgestellt werden, also stets an solchen Stellen, an denen sich Interessenten sammeln.

Die Anwendungsmöglichkeiten der Verkaufsautomaten sind zwar nicht, wie wir bereits sahen, auf Warenarten des konsumtiven Bedarfes beschränkt, jedoch sind es vornehmlich kleine Packungen, z. B. von Zigaretten, Süßwaren, Fotofilmen, Parfümen usw., die mit Hilfe von Automaten vertrieben werden. Der Vorteil des Verkaufs mit Hilfe von Automaten besteht dabei vor allem darin, daß die Automaten den Interessenten auch außerhalb der Geschäftszeit die Möglichkeit geben, sich mit den gewünschten Gegenständen zu versehen. Wenn die Automaten durch die Aufstellerfirmen oder die Einzelhandelsgeschäfte sorgfältig gewartet werden, besteht durchaus die Möglichkeit, sie mit qualitativ guten Waren und einem Sortiment zu versehen, das dem Sortiment in den Einzelhandelsgeschäften nicht weit nachzustehen braucht (Zigaretten). Das gilt auch für Verkaufsautomaten in Restaurants, sofern es sich um Waren in niedrigen Preislagen handelt.

B. Absatz mit Hilfe betriebsfremder Verkaufsorgane.
1. Verkauf mit Hilfe von Handelsvertretern.
2. Verkauf mit Hilfe von Kommissionären.
3. Verkauf mit Hilfe von Maklern.

Eine zweite Form des Warenabsatzes stellt der Verkauf mit Hilfe von betriebsfremden Verkaufsorganen dar.

1. a) Die wichtigsten Repräsentanten dieser Absatzform stellen die Handelsvertreter dar. Sie sind selbständige Gewerbetreibende und ständig damit betraut, für einen anderen Unternehmer, der auch ein Handelsvertreter sein kann, Geschäfte zu vermitteln oder in dessen Namen abzuschließen. Es handelt sich also um Kaufleute. Ihre Selbständigkeit kommt darin zum Ausdruck, daß sie ihre Tätigkeit im wesentlichen frei gestalten und ihre Arbeitszeit selbst bestimmen können. In dieser ihrer Selbständigkeit unterscheiden sie sich von den unselbständigen angestellten Reisenden. In der Regel vertreten die Handelsvertreter mehrere Firmen. Sie können aber auch wie Reisende ständig mit dem Verkauf der Erzeugnisse nur eines Unternehmens betraut sein. Beide, die Handelsvertreter wie die Reisenden, können Geschäfte lediglich vermitteln oder im Namen eines Dritten abschließen[1].

Als selbständiger Gewerbetreibender trägt der Vertreter selbst das Risiko aus seiner beruflichen Existenz. Zwar trägt er nicht das Preisrisiko, wie etwa ein Handelsbetrieb, weil er nicht auf eigene Rechnung einkauft und wieder verkauft, aber er trägt das allgemeine Geschäfts- und Unternehmungsrisiko wie jeder selbständige Gewerbetreibende. Daß die speziellen Risiken eines Vertreterbetriebes zum Teil völlig anderer Art sind als die Risiken, mit denen Fabrikations- oder Handelsbetriebe belastet sind, liegt auf der Hand. Auf eine Analyse dieser speziellen Risiken wird hier verzichtet[2].

---
[1] Siehe auch das Gesetz zur Änderung des Handelsgesetzbuchs vom 6. 8. 1953; insbesondere sei auch auf die §§ 84 bis 92c HGB. verwiesen, die durch das soeben erwähnte Gesetz vom 6. 8. 1953 in das HGB. eingefügt worden sind.

[2] Über die speziellen Risiken des Handelsvertretungsgeschäftes vgl. ENGEL, O., Kosten und Risiken, in „Der Volkswirt", Beilage zu Nr. 12 vom 26. 3. 1955.

Die Tätigkeit von Handelsvertretern erstreckt sich einmal auf die Vermittlung oder den Abschluß von Verträgen, die Warenlieferungen zum Gegenstand haben. Diese Vertreter bezeichnet man (nicht ganz unmißverständlich) als Warenvertreter. Zum anderen gibt es Vertreter, deren Tätigkeit auf die Vermittlung und den Abschluß von anderen Verträgen, z. B. von Miet- und Pachtverträgen, Versicherungsverträgen, Grundstückskaufverträgen, Beleihungsverträgen, Beförderungsverträgen usw. gerichtet ist. Handelsvertreter, die Grundstückskäufe oder Beleihungsverträge vermitteln, sind allerdings sehr selten.

Wie bei den angestellten Reisenden unterscheidet man auch bei den Vertretern Fernvertreter (fernreisende Agenten) und Platzvertreter (Platzagenten, stadtreisende Agenten). Diese Unterscheidung fällt nicht stark ins Gewicht. Platzvertreter besagt, daß der Vertreter am Orte der Niederlassung seiner Firma tätig ist. Im anderen Fall ist er Fernvertreter[1].

Unter Versandhandelsvertretern versteht man solche Handelsvertreter, die für Versandhandelsfirmen (Handels- oder Industriebetriebe) an Privatpersonen (Endverbraucher) Waren für persönlichen und Haushaltsbedarf verkaufen. Unter diesen Vertretern sind Einführungsvertreter sehr zahlreich. Sie arbeiten auch in Kolonnen. Oft üben diese Vertreter ihre Tätigkeit nur nebenberuflich aus. Für die Einführung neuer Artikel kommt ihnen eine erhebliche Bedeutung zu.

Von anderer Art ist der rechtliche Begriff des Bezirksvertreters, so wie er in Deutschland verwendet wird[2]. Bezirksvertreter bedeutet hier, daß der Handelsvertreter, wenn ihm ein bestimmter Bezirk oder ein bestimmter Kundenkreis zugewiesen ist, Anspruch auf Provision auch für Geschäfte hat, die ohne seine Mitwirkung mit Personen bzw. Firmen seines Bezirkes oder seines Kundenkreises während des Vertragsverhältnisses abgeschlossen sind (Ausnahmen sind möglich).

Der Bezirksvertreter ist bei den Handelsvertretern, die Gewerbetreibende als Kunden besuchen, die Regel; Vertreter, die Privatkundschaft besuchen, die also Versandvertreter sind, sind regelmäßig keine Bezirksvertreter.

Es gibt Fälle, in denen es im Interesse der Unternehmen liegt, viele relativ kleine Vertreterbezirke zu bilden, dabei jedoch aus Gründen der

---

[1] Die statistische Erhebung der Centralvereinigung deutscher Handelsvertreter und Handelsmakler-Verbände bei ihren Mitgliedern hat ergeben, daß 88,9% der Mitglieder der CDH-Landesverbände eine Reisetätigkeit in einem größeren Bezirk ausüben, während 11,1% als Platzvertreter tätig sind. Diese Zahlen sind für das gesamte Bundesgebiet ermittelt. Im einzelnen ergeben sich starke Abweichungen. So sind in Hamburg 21,3% und in Bremen 12,9% der Mitglieder Platzvertreter. In Baden und Bayern machen die Platzvertreter nur 2% bis 3% des Gesamtmitgliederbestandes aus. Statistische Erhebung der Centralvereinigung deutscher Handelsvertreter und Handelsmakler-Verbände (CDH) in „Der Handelsvertreter und Handelsmakler", 5. Jg. 1953, S. 50.

[2] § 87 Abs. 2 HGB.

Vertriebsrationalisierung mit einigen wenigen Handelsvertreterfirmen zu arbeiten. Unter solchen Umständen pflegen Verträge mit Generalvertretern abgeschlossen zu werden, die die Bearbeitung der kleineren Bezirke Untervertretern übertragen. Das gilt beispielsweise bevorzugt für Importgeschäfte, bei denen ausländische Lieferanten möglichst nur mit einer Handelsvertreterfirma arbeiten möchten. Untervertreter ist also derjenige, der von dem Generalvertreter ständig mit der Vermittlung und dem Abschluß von Geschäften betraut ist, mit deren Vermittlung und Abschluß der Generalvertreter seinerseits beauftragt wurde. Die Untervertreter sind Handelsvertreter, obwohl sie für den Generalvertreter und nicht für das Unternehmen tätig sind, für dessen Rechnung die Geschäfte betrieben werden.

Der Generalvertreter pflegt die Geschäfte für seinen Auftraggeber nicht selbst zu vermitteln oder abzuschließen. Er übt vielmehr im wesentlichen eine administrative Tätigkeit aus.

Im Versicherungsfach ist es häufig so, daß der Generalvertreter die soeben erwähnte mehr administrative Tätigkeit ausübt. Bei den Handelsvertretern ist das jedoch selten der Fall. Wenn zum Beispiel eine französische Kognakfirma ihre Vertretung für das Bundesgebiet einem Hamburger Handelsvertreter als Generalvertreter übertragen hat, dann bearbeitet dieser Generalvertreter seinen Bezirk für die französische Firma genau so, wie er für die anderen von ihm vertretenen Firmen arbeitet; in den anderen Bezirken sind für ihn Untervertreter tätig. Im übrigen hat das Wort „Generalvertreter" keine feste Bedeutung.

Je nach den Vollmachten, die einem Vertreter gewährt werden, unterscheidet man Vermittlungsvertreter und Abschlußvertreter. Die Handelsvertreter ohne Abschlußvollmacht vermitteln, ähnlich wie die Reisenden, Geschäfte derart, daß sie den Interessenten Angebote unterbreiten und Bestellungen entgegennehmen. Der Kaufvertrag kommt erst zustande, wenn das Unternehmen, für welches der Vertreter tätig ist, den Auftrag bestätigt. Erst damit wird der Vertrag rechtsverbindlich. Nur dann, wenn einem Vertreter eine besondere Abschlußvollmacht erteilt ist, ist er berechtigt, unmittelbar mit dem Kunden abzuschließen, und zwar nicht im eigenen, sondern im Namen des von ihm vertretenen Unternehmens.

Im Regelfall handelt es sich bei der Mehrzahl der Handelsvertreter um Vermittlungsvertreter. Das gilt sowohl für die Warenvertreter wie auch für die Versicherungsvertreter.

b) Die Handelsvertreter sind grundsätzlich berechtigt, die Vertretung mehrerer Firmen zu übernehmen. Aus der Pflicht des Handelsvertreters, die Interessen des vertretenen Unternehmens mit der Sorgfalt eines ordentlichen Kaufmanns wahrzunehmen, ergibt sich, daß er Vertretungen, die eine direkte Konkurrenz zu dem bereits vertretenen Unternehmen darstellen, nicht übernehmen darf. Das gilt nicht für den Fall, daß die Firmen damit einverstanden sind oder es nach dem Handelsbrauch üblich ist. Für Rohkaffee und Baumwolle ist es zum Beispiel die Regel, daß der Handelsvertreter Konkurrenzvertretungen übernimmt. Hierauf wird von den vertretenen Firmen häufig sogar Wert gelegt, weil der Handelsvertreter ständig im Geschäft mit den Kunden bleibt. Das ist vor allem für den Fall von Vorteil, daß eine Firma unter Umständen einmal keine passenden Partien anzubieten in der Lage ist.

Die Zahl der Vertretungen, die zu übernehmen ein Vertreter verantworten kann, richtet sich nach seiner persönlichen Leistungsfähigkeit und nach der Art seiner Vertretungen. So wird zum Beispiel ein Vertreter, der die Vertretung einer Weberei für Futterstoffe übernommen hat, bemüht sein, auch die Vertretung von Webereien zu erhalten, die Anzugstoffe herstellen. Der Verkauf von Futterstoffen allein wird in der Regel nicht ausreichen, die wirtschaftliche Existenz des Vertreters zu sichern.

Oft liegt es sogar im Interesse der Unternehmen, daß ein Vertreter mehrere Firmen vertritt. Denn viele Unternehmen sind gar nicht in der Lage, nur mit Hilfe eigener Reisender zu verkaufen oder Handelsvertretern so hohe Provisionen zu zahlen, daß die Vertreter von einer Vertretung allein leben können. Viele Unternehmen vor allem der Kleineisen- und Metallindustrie sind nur deshalb imstande, sich einen vollwertigen Vertriebsapparat aufzubauen, weil ihre Vertreter zugleich auch für andere Unternehmen tätig sind.

Handelt es sich um die Einführung eines neuen Erzeugnisses oder um den Absatz in einem bisher noch nicht belieferten Bezirk, dann kann ein gut eingeführter Vertreter, der auch andere Unternehmen in dem Bezirk vertritt, geradezu die Voraussetzung für den erfolgreichen Vertrieb eines solchen Erzeugnisses oder für das Eindringen des Unternehmens in diesen Bezirk sein. Es gibt Fälle, in denen ein gut arbeitender Verkaufsapparat mit verhältnismäßig niedrigen Kosten nur deshalb aufgebaut zu werden vermag, weil die Handelsvertreter bereits über einen „Kundenstamm" verfügen, den sie dem neuen Unternehmen zur Verfügung stellen können. Die Tatsache also, daß Handelsvertreter mehrere Unternehmen vertreten, ist durchaus positiv zu bewerten, wenn es sich um Produktionszweige und Branchen handelt, bei denen das ohne Interessenkollision möglich ist.

Die vom CDH durchgeführte Untersuchung hat ergeben, daß etwa die Hälfte der Handelsvertreter 3—6 Firmen vertritt. In den Fachzweigen Nahrungsmittel, Weine und Spirituosen, Garne, Textilrohstoffe und Rohbaumwolle sind mehr als 6 Vertretungen die Regel, während in den Fachzweigen Tabakwaren, Lederwaren, Bekleidung, Rundfunk und Fahrzeuge nur 1—2 Vertretungen üblich sind. Über die Anzahl der Vertretungen, die auf einen Vertreter entfallen, gibt die Tabelle 5 Aufschluß (Stand Juni 1951)[1].

Etwa 90% der von der statistischen Erhebung erfaßten Handelsvertreter betreuen Industriefirmen. Sie vertreten daneben zum Teil auch Großhandelsfirmen und Importeure. Nur 8% arbeiten ausschließlich für den Großhandel und nur 2% ausschließlich für Importeure. Etwa 12,5% der Vertreter haben ausländische Vertretungen. Im Durchschnitt entfallen auf jeden dieser Vertreter vier ausländische Häuser.

c) Die Vielgestaltigkeit der vertraglichen Abmachungen zwischen den Unternehmungen und den von ihnen mit dem Verkauf ihrer Erzeugnisse Betrauten ließ oft Zweifel darüber entstehen, wie das Verhältnis rechtlich zu beurteilen sei, ob es sich im konkreten Falle um einen Angestellten oder um einen Handelsvertreter handelt. Ursprünglich ging man bei der Beurteilung solcher Situationen von dem Maß an wirtschaftlicher Selbständigkeit aus, das sich für den mit dem Warenverkauf Betrauten ergab. Nun zeigt aber die Erfahrung sowohl wirtschaftlich abhängige als auch wirtschaftlich weitgehend unabhängige Vertreter bzw. Vertreterfirmen. Das Kriterium der wirtschaftlichen Abhängigkeit versagt damit bei der Entscheidung darüber, ob man es im konkreten Falle mit einem Angestellten oder einem Vertreter zu tun hat.

Tabelle 5.

Anzahl der Vertretungen	%
1	11,88
2	14,91
3—6	49,83
7—8	10,13
9—19	10,08
über 19	3,17

Heute stellt man bei der Beantwortung dieser Fragen weniger auf die wirtschaftliche als auf die persönliche Abhängigkeit ab[2]. Zwar hat jeder, der für andere Geschäfte vermittelt oder abschließt, den Weisungen seines Auftraggebers zu folgen. Aber als selbständiger Kaufmann besitzt der Vertreter die Freiheit, über seine Arbeitszeit und deren Einteilung selbst zu verfügen und seine Tätigkeit nach seinem Ermessen einzurichten und zu gestalten. Diese Freiheit hat ein Angestellter, auch wenn er eine reisende Tätigkeit ausübt, nicht oder doch nur in einem sehr viel geringeren Umfange, da er dem Unternehmen, für das er reist, Rechenschaft über seine Tätigkeit schuldig ist und auf Grund seines Anstellungsverhältnisses gezwungen ist, den Anordnungen derjenigen zu folgen, denen er im Betriebe untersteht.

Außer diesem Kriterium werden andere Maßstäbe zur Beantwortung der Frage herangezogen werden müssen, ob es sich im konkreten Fall um einen Angestellten oder um einen selbständigen Vertreter handelt. So wird es beispielsweise ein Indiz für die Eigenschaft als Handelsvertreter

---
[1] Erhebung CDH, a.a.O., S. 51.
[2] In diesem Sinne auch der § 84 des Gesetzes zur Änderung des Handelsgesetzbuches vom 6. 8. 1953.

sein, wenn der Vertreter Inhaber einer eingetragenen Firma ist, wenn er ein eigenes Büro unterhält, seine Geschäftsunkosten selbst trägt und ihm nur eine Provision vergütet wird. Auch dann wird man im Zweifelsfalle von einem Vertreter sprechen, wenn er mehrere Firmen vertritt, oder wenn die Vertreterfirma in Form einer Aktiengesellschaft oder einer offenen Handelsgesellschaft betrieben wird.

Aus den geschilderten Abgrenzungsschwierigkeiten ergibt sich, wie die Erfahrung immer wieder zeigt, eine wichtige Forderung. Wenn ein Unternehmen die Dienste eines Vertreters in Anspruch nimmt, dann sollte auf eine klare und rechtlich eindeutige Fassung des Vertragsverhältnisses Wert gelegt werden. Viele Unternehmungen verstoßen gegen diese Forderung. An sich besteht für den Abschluß von Verträgen mit Handelsvertretern in Deutschland keine Formvorschrift. Der Vertrag kann mündlich oder schriftlich, ausdrücklich oder stillschweigend abgeschlossen werden. Wenn aber die Zusammenarbeit mit den Vertretern, von deren Tätigkeit das Gedeihen der Unternehmungen abhängig ist, auf unklaren und ungenauen Vereinbarungen beruht, dann kommt es leicht zu Verärgerungen und Zerwürfnissen. Das aber sollte man unter allen Umständen vermeiden, da die Schäden oft nur schwer zu beseitigen sind.

Aus dem gleichen Grunde sollten die Unternehmungen ihre Vertreter mit allen Mitteln bei ihrer Tätigkeit unterstützen. Es genügt nicht, daß die Vertreter die erforderlichen Unterlagen, Muster, Zeichnungen, Preislisten, Werbedrucksachen und Geschäftsbedingungen erhalten. Eine gute Zusammenarbeit setzt voraus, daß die Vertreter rechtzeitig davon unterrichtet werden, ob das Unternehmen die von ihnen vermittelten Geschäfte (oder gegebenenfalls ohne Vollmacht abgeschlossenen Geschäfte) akzeptiert hat. Wichtiger noch für eine gute Zusammenarbeit zwischen Vertreter und der vertretenen Firma ist die Tatsache, daß das Unternehmen die Vertreter rechtzeitig und umfassend genug über die Geschäftspolitik unterrichtet, die es auf kurze oder längere Sicht in seinem Absatzbereich einzuschlagen gedenkt, und über die Erwartungen, die es hinsichtlich der weiteren Entwicklung der Geschäfte hegt. Nur wenn so verfahren wird, bildet sich, wie die Erfahrung immer wieder zeigt, jener enge Kontakt zwischen den Vertretern und den vertretenen Unternehmungen, der die Voraussetzung für ein erfolgreiches Zusammenwirken von Unternehmensführung und Vertreterschaft bildet.

d) Die zunehmende Differenzierung des volkswirtschaftlichen Warensortiments vornehmlich seit der Jahrhundertwende, die räumliche Ausweitung der Absatzmärkte, der steigende Geschäftsumfang der Unternehmen (auf das Ganze gesehen), die zunehmende Härte des Wettbewerbskampfes und die steigenden Ansprüche der Kunden haben zur

Folge gehabt, daß sich der Warenverkauf oder überhaupt die Verwertung betrieblicher Leistungen mit Hilfe von Vertretern in ungewöhnlicher Weise entwickelt hat. So sind heute die selbständigen Vertreter neben die ihre Kunden aufsuchenden Firmeninhaber und neben die angestellten Reisenden als entscheidend wichtige Verkaufsorgane der Unternehmungen getreten. In der Bundesrepublik beträgt die Zahl der Handelsvertreter einschließlich der Versandhandelsvertreter nach der Berufszählung des Jahres 1950 rd. 99 000, nach der Arbeitsstättenzählung 1950 (vorgenommen in Verbindung mit der Volkszählung 1950) rd. 81 000. Der Unterschied ist im wesentlichen darauf zurückzuführen, daß bei der Arbeitsstättenzählung 1950 die Versandvertreter nicht voll erfaßt wurden[1].

Die Unternehmungen machen in immer noch zunehmendem Umfange von den Vorteilen Gebrauch, die ihnen der Verkauf mit Hilfe von Vertretern bietet. Das gilt vornehmlich für solche Produktionszweige und Branchen, die mit differenzierten Fertigungsprogrammen und Warensortimenten arbeiten. Je größer die Differenzierung der Erzeugnisse und Waren ist, um so günstigere Voraussetzungen sind für die Einschaltung von selbständigen Vertretern in den Absatzprozeß gegeben. Die Zahl der Handelsvertreter verteilt sich denn auch sehr ungleichmäßig auf die einzelnen Produktionszweige und Branchen. In Deutschland sind 16,7% aller Vertreter im Bereich der Textil- und Bekleidungsindustrie und 12,3% in der Nahrungsmittelindustrie tätig, also in Branchen oder in Produktionszweigen, die für sehr differenzierten Bedarf produzieren. In der Gruppe Eisenwaren sind 7,2%, in der Gruppe Chemie und in der Gruppe sanitärer Bedarf 7% der an der Erhebung beteiligten Vertreter tätig[2].

e) Wie für die Geschäftsinhaber, die die Kunden bereisen, und die angestellten Reisenden gilt auch für die Vertreter die Forderung, daß sie über Verkaufsgeschick verfügen müssen. Die Auswahl der für die Zwecke eines Unternehmens geeigneten Vertreter gehört deshalb zu den schwierigsten Aufgaben der für den Warenverkauf zuständigen Personen. Diese Auswahl ist oft eine langjährige und mühsame Aufgabe. Rückschläge, Zeit- und Geldverluste sind beim Aufbau eines guten Vertreterstabes nicht zu vermeiden. Man schafft eine gute Vertreterorganisation nicht von heute auf morgen. Denn die besten Vertreter haben bereits ihre Vertretungen. Immerhin ist es verhältnismäßig leicht, gute Vertreter für eingeführte Betriebe zu finden. Schwierig ist es dagegen für Unternehmen, die sich erst einführen wollen, einen qualifizierten Vertreterstab zu schaffen. Ob schließlich jemand für den Vertreterberuf geeignet ist, ob er die fachlichen und charakterlichen

---

[1] ENGEL, O., Zahlen berichten vom Handelsvertreter, Braunschweig 1955.
[2] Erhebung CDH a.a.O., S. 50.

Voraussetzungen erfüllt, muß sich in der Regel erst erweisen, und Fälle mangelnder Eignung gehen in der Regel zu Lasten der Unternehmen. Für die Einführung neuer Artikel ist der Vertreter in vielen Fällen geradezu prädestiniert, denn er ist in der Regel der eingeführte, über gute Geschäftsverbindungen verfügende Fachmann. Da er im allgemeinen nur Provision erhält, ist das Kostenrisiko, das die Firma mit der Betrauung eines solchen Vertreters eingeht, verhältnismäßig gering.

Nur allmählich also schafft sich ein Unternehmen einen guten Vertreterstab. Ist ihm das gelungen, dann ist eine schwierige Aufgabe im Absatzbereich gelöst.

f) Der große Vorzug der Verwendung von Vertretern gegenüber den Reisenden besteht darin, daß die Vertreter ortsansässig sind und ihre Geschäfte von einem Standort aus betreiben können, der verhältnismäßig günstig gelegen ist und es erlaubt, die Kunden ohne großen Zeitverlust aufzusuchen. Unter solchen Umständen bildet sich oft ein gewisses Vertrauensverhältnis heraus, das nicht nur auf einigen gelegentlichen Besuchen im Laufe des Geschäftsjahres, sondern auf mehr oder weniger ständiger Verbindung mit den Kunden beruht. Die Vertreter erhalten auf die Dauer durch den ständigen Aufenthalt in ihren Bezirken eine Kenntnis der Kunden, der Marktlage, der Konkurrenzverhältnisse, wie sie Reisende — auch bei langjährigen Geschäftsverbindungen — kaum gewinnen können. Der dauernde Kontakt mit den von ihnen betrauten Unternehmungen und Geschäften läßt sie auch um die Vorzüge und Schwächen gerade dieser Betriebe wissen. Ansässigkeit in dem vom Vertreter zu betreuenden Bezirk schafft mithin an sich günstige Voraussetzungen für hohe Verkaufsleistungen.

Die Schwierigkeiten beim Aufbau einer guten Vertreterorganisation bestehen aber nicht nur darin, fachlich geeignete und im Bezirk ansässige Persönlichkeiten zu gewinnen, sondern vor allem auch darin, die Vertreterbezirke so groß zu machen, daß für die Vertreter hinreichend Anreiz besteht, den Bezirk zu betreuen. Nun nehmen die Vorteile der Ortsansässigkeit in dem Maße ab, wie sich die Vertreterbezirke vergrößern. Andererseits läßt der Leistungsanreiz nach, wenn die Vertreterbezirke zu klein sind. Es gilt also, zur optimalen Größe der Vertreterbezirke zu gelangen. Oft kann hierbei auf eingehende Marktanalyse nicht verzichtet werden, insbesondere dann nicht, wenn über die Bedarfsgröße, die Bedarfsstreuung, die Bedarfsdichte eines bestimmten Raumes, über den Lebensstandard und die Einkommensverhältnisse der Bevölkerung keine ausreichenden Informationen vorliegen. Auch kennt man oft nicht die Anzahl der Konkurrenzfirmen, die den Raum beliefern, welche Firmen es sind und zu welchen Bedingungen sie ihre Waren anbieten. Man hat auch oft wenig Kenntnis davon, wie eng der Kontakt zwischen den Konkurrenzfirmen und ihrer Kundschaft ist.

Die optimale Größe der Vertreterbezirke ist aber nicht nur von der Kundendichte, sondern auch von der Häufigkeit abhängig, mit der die Kunden von dem Vertreter besucht werden sollen, und von der Zahl der Kunden, die in einer Zeiteinheit durchschnittlich besucht werden können. Man muß ferner berücksichtigen, daß einem Handelsvertreter um so größere Kosten entstehen, je größer der Bezirk ist, den er betreut. Denn mit zunehmender Größe seines Bezirkes muß er unter Umständen mehr Angestellte beschäftigen, mehr Kraftfahrzeuge anschaffen und unterhalten. Die Reisespesen wachsen ebenfalls mit zunehmender Bezirksgröße.

Man kann jedenfalls nicht einfach sagen, man müsse die Vertreterbezirke vergrößern und könne dementsprechend geringere Provisionen zahlen. Es ist keineswegs so, daß ein Bezirk für einen Vertreter um so ertragreicher wird, je größer er ist.

Ein besonderer Vorteil der Ortsansässigkeit der Vertreter besteht zudem darin, daß die Lieferfirma häufig am Wohnsitz der Vertreter oder in der Nähe dieses Wohnsitzes ein Auslieferungslager für einen Vertreterbezirk oder für mehrere Vertreterbezirke unterhält, so daß eine schnelle Belieferung der Kunden gewährleistet wird. Das Lagerrisiko trägt in diesem Fall der Betrieb selbst, nicht der Vertreter, solange er nicht als Eigenhändler in Funktion tritt. In diesem Falle würde er das Lager- und auch das Preisrisiko selbst tragen. Damit ist er aber nicht mehr Vertreter, sondern selbständiger Händler.

Im Jahre 1936 verwalteten 22%, im Jahre 1951 33%, im Jahre 1953 37% und im Jahre 1955 39,7% der Handelsvertreter Auslieferungsläger. In der Sparte Rundfunk übernahmen im Jahre 1955 84,6% der Handelsvertreter Auslieferungsläger. In der Elektrotechnik waren es 67,3%, in der Sparte Tabakwaren 68,5%. Der Grund für die steigende Zahl der von Vertretern verwalteten Auslieferungsläger ist vor allem darin zu sehen, daß der Einzelhändler in kleineren Mengen zu disponieren pflegt und infolge des allgemeinen Kapitalmangels beim Einkauf Zurückhaltung übt[1].

Es ist keineswegs so, daß die Verkaufstätigkeit der angestellten Reisenden besser kontrollierbar sei als die der Vertreter. Moderne Betriebe verfügen über so ausgebaute statistische und organisatorische Kontrollen, daß sie die Verkaufstätigkeit ihrer Vertreter mit hinreichender Genauigkeit überwachen können[2]. Gleichwohl findet man in der Praxis oft unzulängliche Maßnahmen zur Kontrolle der Verkaufstätigkeit der Vertreter. Das ist dann allerdings ein großer Mangel. Gerade bei fertigungstechnisch hochstehenden Betrieben werden diese Dinge

---

[1] Zeitschrift „Der Handelsvertreter und Handelsmakler" a.a.O., S. 51
[2] Hierüber unterrichtet ausführlich RUBERG C., Verkaufsorganisation, Essen 1952, S. 34ff.

im Absatzraum oft vernachlässigt, obwohl im System freier Marktwirtschaft die Bedeutung der Vertreterleistungen für das verkaufende Unternehmen nicht hoch genug veranschlagt werden kann.

g) Nun ist aber in diesem Zusammenhang noch auf einen anderen, für die Praxis wichtigen Umstand hinzuweisen. Bei sehr vielen Betrieben hat sich zwischen Betrieb und Vertreter ein Vertrauensverhältnis herausgebildet. Diese Tatsache kommt beispielsweise darin zum Ausdruck, daß die Vertreter zur Bereinigung von Meinungsverschiedenheiten zwischen Lieferfirma und Kunden herangezogen werden.

Auf der anderen Seite ist jedoch zu sagen, daß im Falle eines Konfliktes zwischen Unternehmen und Vertreter die Position des Unternehmens um so schwieriger ist, je geringer der unmittelbare Kontakt des Unternehmens mit seinen Kunden ist. Wenn sich die Erzeugnisse des Unternehmens weder qualitativ noch preislich von den Erzeugnissen der Konkurrenz wesentlich unterscheiden, muß unter Umständen damit gerechnet werden, daß im Konfliktsfalle ein Teil der Kunden, die von dem ausscheidenden Vertreter betreut werden, dem Betrieb verlorengeht. Je individueller die Erzeugnisse eines Unternehmens sind und je enger der unmittelbare geschäftliche Kontakt des Unternehmens mit seinen Abnehmern ist, um so stärker ist die Position des Unternehmens für den Fall, daß ein Vertreter ausscheidet und es hierbei zu Spannungen kommt.

h) Die Provision ist die typische Vergütung für Handelsvertreter. Nach deutschem Recht haben sie Anspruch auf Provision für alle während des Vertragsverhältnisses abgeschlossenen Geschäfte, sofern sie auf ihre Tätigkeit zurückzuführen sind. Das gilt auch für Geschäfte mit Firmen oder Personen, die sie als Kunden für Geschäfte der gleichen Art geworben haben.

Für „Bezirksvertreter" (im rechtlichen Sinne) gilt, daß sie Anspruch auf Provision auch für Geschäfte haben, die ohne ihre Mitwirkung mit Personen oder Firmen ihres Bezirkes oder ihres Kundenkreises während des Vertragsverhältnisses abgeschlossen werden.

Die oft umstrittene Frage, ob Handelsvertreter noch Anspruch auf Provision für Geschäfte haben, die erst abgeschlossen werden, wenn sie bereits aus den Diensten eines Unternehmens ausgeschieden sind, ist heute so geregelt, daß der Anspruch auf Provision dann besteht, wenn der Handelsvertreter das Geschäft vermittelt oder eingeleitet und so vorbereitet hat, daß der Abschluß überwiegend auf seine Tätigkeit zurückzuführen ist. Das Geschäft muß allerdings innerhalb eines angemessenen Zeitraumes nach Beendigung des Vertragsverhältnisses abgeschlossen sein. Neben dem Anspruch auf Provision haben die Handelsvertreter Anspruch auf eine Inkassoprovision für die Beträge, die sie auf Grund der ihnen erteilten Vollmachten einziehen.

Verpflichtet sich ein Handelsvertreter für die Erfüllung der Verbindlichkeit aus einem Geschäft einzustehen, dann kann er hierfür eine besondere Vergütung (Delkredere-Provision) beanspruchen.

Die Übernahme des Delkredere ist allerdings nur in bestimmten Grenzen möglich.

Die Provision wird in Prozenten vom umgesetzten Warenwert berechnet. Dabei sind die von den Kunden in Anspruch genommenen Skonti nicht abzugsfähig. Dasselbe gilt für Nebenkosten, namentlich für Fracht, Verpackung, Zoll, Steuern, es sei denn, daß die Nebenkosten den Kunden besonders in Rechnung gestellt sind.

Die Provisionssätze pflegen nach der Leistungsfähigkeit und dem Ansehen der Vertreter, nach der Schwierigkeit, die der Verkauf der Waren oder Erzeugnisse des Unternehmens bietet, nach der Höhe der Umsätze und nach anderen Gesichtspunkten gestaffelt zu sein. Gelegentlich werden aber auch Erfolgsprovisionen in Form von Anteilen am Gewinn von solchen Geschäften gewährt, die der Handelsvertreter vermittelt oder zum Abschluß gebracht hat (Tantiemen). Diese Fälle sind jedoch sehr selten, da der Gewinn je Geschäft kaum ermittelt werden kann. Den Handelsvertretern, die nach den getroffenen Vereinbarungen nur für ein Unternehmen tätig sein dürfen, wird gelegentlich ein Prämien- und Tantiemenminimum (Fixum) gewährt.

Es kommt vor, daß ein bestimmter Betrag (zum Beispiel monatlich oder jährlich) als Mindestprovision garantiert wird. Es ist auch möglich, daß ein Fixum oder ein fester Zuschuß zusätzlich zur Provision vereinbart wird. Feste Zuschüsse werden gelegentlich aus einem bestimmten Anlaß gegeben, zum Beispiel ein Einführungszuschuß für eine bestimmte Zeit. Man kann jedoch nicht sagen, daß das die Regel sei.

Bei der Festsetzung des Arbeitsentgeltes kann auch von der Pensum-Idee Gebrauch gemacht werden. Dem Vertreter wird in diesem Fall ein bestimmter Umsatz vorgegeben, den er in einer bestimmten Zeit erreichen soll. Überschreitet er diesen Umsatz, dann erhält er eine entsprechende Provision. Mit dieser Regelung der Entgeltsfrage treten alle Schwierigkeiten auf, wie sie aus dem Bereich der Fertigung für den Fall der Pensum-Entlohnung bekannt sind. Das gilt auch für das aus dem Bereiche der Fertigung bekannte Punktsystem. Man findet es im Absatzbereich vor allem ausländischer Unternehmungen. Dem Vertreter werden für besondere Leistungen Punkte gutgeschrieben. Für schlecht erfüllte Aufgaben wird er mit Punkten entsprechend belastet. Die Höhe der Provision, die er erhält, richtet sich in diesem Falle nach der Punktzahl, die er erreicht hat.

In Deutschland wird von der Pensum-Idee kaum Gebrauch gemacht, ebensowenig auch von dem Punktsystem. Auch in den USA scheinen diese Verfahren nur in begrenztem Maß angewandt zu werden, in erster Linie wohl bei eigenen Verkaufskräften (Geschäftsreisenden).

Aus der Provision hat der Handelsvertreter zu decken: die Reisekosten (Verzehrspesen, Übernachtungskosten, Wagen oder mehrere Wagen), die Kosten des Büros, des Fernsprechers, gegebenenfalls des Fernschreibers, die Postgebühren, die Gehälter seiner Angestellten, gegebenenfalls von Reisenden, die Kosten von Werbemaßnahmen u. a.

i) Wie ist ein Vergleich zwischen dem Verfahren „Verkauf durch Reisende" und dem Verfahren „Verkauf durch Vertreter" durchzuführen ?

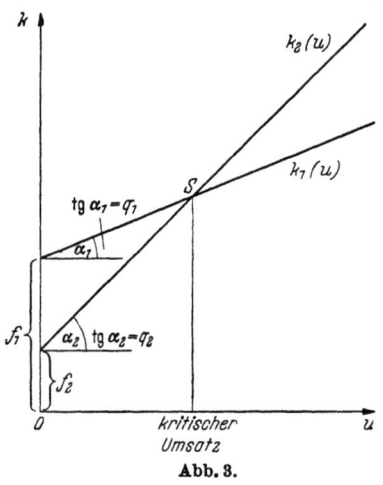

Abb. 3.

Bei allen Verfahrensvergleichen wird man so lange zu rechnen versuchen, als es das vorhandene Zahlenmaterial erlaubt. Das Ergebnis dieser ersten Phase möglichst exakten Durchrechnens des gesamten Problems stellt aber noch keine ausreichende Grundlage für die Entscheidung darüber dar, welches Verfahren gewählt werden soll. Denn außer den zahlenmäßig erfaßbaren Tatbeständen gibt es eine Reihe anderer Tatbestände, die sich nicht quantitativ ausdrücken lassen. Gerade diese Tatbestände besitzen erheblichen Einfluß auf die endgültige Auswahl des Verfahrens. Es kann sein, daß das rechnerische Ergebnis zu einer positiven Beurteilung eines Verfahrens geführt hat. Gleichwohl wird dieses Verfahren nicht gewählt, weil bei Berücksichtigung zahlenmäßig nicht erfaßbarer Imponderabilien ein anderes Verfahren vorteilhafter erscheint.

Will man einen zahlenmäßigen Vergleich der Verfahren „Verkauf durch Reisende" oder „durch Vertreter" durchführen, so kann man methodisch folgendermaßen vorgehen:

Es sei angenommen, ein Reisender erhalte ein gewisses Fixum in Form von Gehalt. Außerdem sollen dem Unternehmen gewisse Kosten entstehen, die nicht anfallen würden, wenn man Vertreter beschäftigen würde. Vor allem handelt es sich hier um Reisekosten, insbesondere Verzehrspesen, Übernachtungskosten, anteilige Abschreibungen und Unterhaltungskosten auf Kraftwagen, Fernsprechgebühren, Postgebühren, unter Umständen gewisse Anteile an den Verwaltungskosten der Vertriebsabteilung, sofern höhere Kosten dieser Art entstehen als bei der Verwendung von Vertretern.

Ein Teil dieser Kosten wird mit dem Umsatz variieren, ein anderer Teil wird mehr fixen Charakter tragen. Wie das Verhältnis im einzelnen ist, läßt sich selbstverständlich nur für den konkreten Fall sagen.

Das Gehalt der Reisenden und die fixen Kostenbestandteile seien mit f_1, die Provisionen und die variablen Kostenbestandteile je Einheit des Umsatzes mit q_1, der Umsatz mit u bezeichnet. Die Kosten der Reisenden betragen also $k_1 = f_1 + q_1 \cdot u$.

Die Kosten, die bei der Verwendung von Vertretern anfallen, sind vor allem die Provisionsbeträge. In den meisten Fällen sind sie wahrscheinlich die einzigen Kosten, die dem Unternehmen entstehen. Um unser Problem nun aber ganz allgemein behandeln zu können, sei angenommen, daß auch an Vertreter ein gewisses Fixum (f_2) gezahlt wird. Für die Provision sei das Symbol q_2 verwandt. Als Kosten der Vertreter erhält man hiernach $k_2 = f_2 + q_2 \cdot u$. Ausdrücklich sei nochmals betont, daß es sich hier nicht um die Untersuchung eines konkreten Falles, sondern um die Darstellung eines Instrumentariums handelt, wie es bei Verfahrensvergleichen (auch bei Vergleichen von Fertigungsverfahren) ganz allgemein üblich ist.

Wenn man beide Gleichungen in ein Koordinatensystem mit den Achsen u und k_1 bzw. k_2 einzeichnet, erhält man, wie Abb. 3 zeigt, einen Schnittpunkt, der den kritischen Umsatz angibt. Rechts (links) von dem kritischen Umsatz wird sich der Verkauf durch eigenes Personal billiger (teurer) stellen als der Verkauf durch Vertreter. Der kritische Umsatz (u_k) errechnet sich aus der Gleichsetzung beider Gleichungen

$$f_1 + q_1 u_k = f_2 + q_2 u_k,$$
$$u_k = \frac{f_2 - f_1}{q_1 - q_2}.$$

Hat man einen bestimmten Umsatz geplant, dann ist man in der Lage zu sagen, ob man eigenes Personal oder Vertreter einsetzen soll, sofern es sich zunächst um die quantitativen Überlegungen handelt[1].

Da der Umsatz das Produkt aus Menge (x) mal Preis je Einheit des verkauften Erzeugnisses (p) ist, hängen k_1 und k_2 von der Absatzmenge x und dem Preise p ab.

Es ist

$$k_1 = f_1 + q_1 x p,$$
$$k_2 = f_2 + q_2 x p.$$

Solange p unverändert bleibt ($p=$ const.), behalten die Kostenkurven ihren geradlinigen Verlauf[2].

[1] Vgl. Hennig, K. W., Betriebswirtschaftslehre der Industrie, Berlin 1928, S. 64ff.
[2] Die Kostenkurven verändern aber ihre Gestalt, wenn man annimmt, daß die Produktpreise von der Absatzmenge abhängen, also $p = p(x)$ ist, etwa in der Form der Gleichung

$$p = a - b x,$$

Die Bestimmung des Verlaufes der Kostenkurve kompliziert sich, wenn man statt einer Einproduktunternehmung eine Mehrproduktunternehmung betrachtet. Es ist dann

$$u = x_1 p_1 + x_2 p_2 + \ldots + x_n p_n.$$

Bisher wurde der Provisionssatz q als gleichbleibend angenommen. Nun kann es aber auch sein, daß der Provisionssatz je nach Größe des Umsatzes (oft auch mit der Schwierigkeit zu verkaufen) schwankt. In diesem Falle ist q von u abhängig $q = q(u)$. Der Produktpreis kann dabei konstant bleiben oder auch variieren. In diesem Falle würde sich ergeben

$$k_1 = f_1 + u\,q_1(u)$$
$$k_2 = f_2 + u\,q_2(u).$$

Wenn der Provisionssatz q mit der Veränderung des vom Reisenden bzw. Vertreter erzielten Umsatzes u variiert, so erhält man k_1 und k_2 als nichtlineare Funktion von u. Häufig wird es jedoch so sein, daß ein höherer oder niedrigerer Provisionssatz immer nur nach bestimmten Umsatzintervallen zur Verrechnung kommt. In diesem Fall verlaufen die Kostenkurven k_1 und k_2 nicht notwendig stetig. Es lassen sich auch für die zuletzt genannten Fälle auf die gleiche Weise kritische Mengen ermitteln, wie es oben für den Fall des linearen Verlaufes der Kurven durchgeführt wurde.

Wenn ein Unternehmen seinen Reisenden oder Vertretern für die verschiedenen Warenarten A, B ..., die es herstellt, verschiedene Provisionssätze $q_a, q_b \ldots$ vergütet, dann erhält man

$$k_1 = f_1 + q_{a1}\,x_a p_a + q_{b1}\,x_b p_b + \ldots$$
$$k_2 = f_2 + q_{a2}\,x_a p_a + q_{b2}\,x_b p_b + \ldots$$

Grundsätzlich läßt sich auch für diesen Fall die Annahme machen, daß die Provisionssätze q stetig oder jeweils nach Erreichen eines bestimmten Umsatzes geändert werden. Die an betriebseigene und betriebsfremde

---

worin a der Höchstpreis sein soll und b die Steigung der Nachfragefunktion angibt (zum Begriff der Nachfragefunktion s. sechstes Kapitel, Abschnitt II 2). Man erhält dann für k_1 und k_2

$$k_1 = f_1 + q_1\,x\,(a - b\,x)$$
$$k_1 = f_1 + q_1\,a\,x - q_1\,b\,x^2$$
$$k_2 = f_2 + q_2\,x\,(a - b\,x)$$
$$k_2 = f_2 + q_2\,a\,x - q_2\,b\,x^2.$$

Hieraus ergibt sich, daß die Kosten k_1 bzw. k_2 in Abhängigkeit von x erst steigen und dann fallen. Auch hier läßt sich eine Berechnung der kritischen Absatzmenge durchführen.

Verkaufsorgane zu zahlenden Entgelte, die ja einen wesentlichen Teil der Vertriebskosten darstellen, hängen also von einer großen Anzahl von Variablen ab, und es kommt ganz auf die Beziehungen an, die zwischen ihnen bestehen, wie die Arbeitskosten im Vertriebsbereich mit schwankenden Umsätzen variieren.

Im konkreten Falle pflegt ein ausreichendes Zahlenmaterial zur Verfügung zu stehen, um einen Verfahrensvergleich in der soeben angeführten Art und Weise durchführen zu können. Diese Zahlen spiegeln die jeweils besonderen Verhältnisse, wie sie für das Unternehmen nun einmal gegeben sind, wider. Hierbei ist, worauf noch hingewiesen sei, zu berücksichtigen, daß bei der Ermittlung der Kosten für Reisende festgestellt werden muß, wieviel Reisende jeweils für einen bestimmten Umsatz erforderlich sind, wie groß also der Aufwand an Gehältern ist und welcher Apparat für die Reisenden unterhalten werden muß, wenn sie diesen Umsatz erzielen sollen.

An diese erste Phase möglichst genauen Rechnens schließt sich eine zweite Phase an, nämlich die Berücksichtigung der nicht zahlenmäßig erfaßbaren Tatbestände. Es wurde bereits darauf hingewiesen, daß diese Imponderabilien eine ganz entscheidende Bedeutung für die Verfahrenswahl haben können.

Welcher Art diese Imponderabilien sind, ist ausführlich bei der Erörterung der allgemeinen Fragen besprochen worden, die den Einsatz von Reisenden und von Vertretern betreffen. Insbesondere handelt es sich hier um Fragen der Arbeitsintensität, die das Unternehmen glaubt, von Vertretern oder Reisenden erwarten zu können. Außerdem werden dabei Überlegungen über die Frage der Steuerung und Kontrolle des Arbeitseinsatzes von Vertretern oder Reisenden von Bedeutung sein. In vielen Fällen wird es wichtig sein, sich darüber Klarheit zu verschaffen, ob der Verkauf durch Reisende oder durch Vertreter einen engeren Kontakt mit der Kundschaft gewährleistet. Vor allem aber wird in Erwägung zu ziehen sein, wie sich die Ortsansässigkeit der Vertreter und die Möglichkeit, bei ihnen Auslieferungsläger zu unterhalten, auf die Umsatzgestaltung des Unternehmens auswirken wird.

Es ist nicht generell zu sagen, welches Gewicht jeweils dem einen oder dem anderen der geschilderten Umstände zukommt, auch nicht, ob noch andere Imponderabilien die Entscheidung für das eine oder das andere Verfahren beeinflussen können. Das Gewicht der einzelnen Argumente wird von Fall zu Fall verschieden sein.

Nur auf der Grundlage einer möglichst genauen und umfassenden Rechnung und vorsichtigen und sachkundigen Abwägens der imponderablen Tatbestände läßt sich eine richtige Entscheidung treffen.

2. Auch die Kommissionäre sind betriebsfremde Verkaufsorgane. Sie übernehmen gewerbsmäßig den Ein- und Verkauf von Waren oder Wertpapieren im eigenen Namen, aber für Rechnung eines Auftraggebers, eben des Kommittenten.

Der Verkaufskommissionär wird grundsätzlich nicht Eigentümer des Kommissionsgutes. Die Kommissionswaren sind für ihn fremde Sachen. Das Kommissionsverhältnis erschöpft sich in dem Veräußerungsrecht des Verkaufskommissionärs und in seiner Pflicht, den Gegenwert für die veräußerten Sachen an den Auftraggeber, den Kommittenten, abzuliefern. Nur ausnahmsweise wird der Kommissionär Eigentümer des Kommissionsgutes, und zwar dann, wenn die Voraussetzungen für den „Selbsteintritt" vorliegen. In solchen Fällen wird vereinbart, daß der als Eigenhändler fungierende Kommissionär dem Kommittenten Waren oder Wertpapiere zu einem bestimmten Preise abkauft oder verkauft. Hier stehen sich Kommissionär und Auftraggeber als Käufer und Verkäufer gegenüber. Der Kommissionär ist aber nur dann zum Selbsteintritt ermächtigt, wenn es sich um Waren handelt, die einen Börsen- oder Marktpreis haben, oder um Wertpapiere, deren Kurse amtlich festgestellt werden. Der Selbsteintritt kommt praktisch nur bei bank- und börsenmäßigen Kommissionen vor.

In der kaufmännischen Praxis gehen Kommission und Eigenhandel häufig ineinander über.

Wird dem Kommissionär Ware zum Verkauf übergeben, dann spricht man von „Konsignation" bzw. „Konsignationslägern". Der Kommittent wird in diesem Falle Konsignant, der Kommissionär Konsignatar genannt.

Da der Kommissionär im eigenen Namen abschließt, hat er dem Drittkontrahenten gegenüber die Rechte und Pflichten eines Käufers bzw. Verkäufers. Er ist nicht verpflichtet, dem Drittkontrahenten den Namen seines Auftraggebers (Kommittenten) anzugeben. Dagegen ist er gehalten, dem Kommittenten den Namen des Drittkontrahenten zu nennen. Diese Pflicht ergibt sich aus seiner Rechenschaftspflicht dem Kommittenten gegenüber.

Dem Kommissionär ist die Verpflichtung auferlegt, das Geschäft sorgfältig und nach den Weisungen des Kommittenten auszuführen. Hat im Falle einer Einkaufskommission der Kommittent darauf verzichtet, den Preis anzugeben, über den der Kommissionär nicht hinausgehen soll (zu limitieren), oder hat umgekehrt im Falle der Verkaufskommission der Kommittent davon abgesehen, den Verkaufspreis zu limitieren, so hat der Kommissionär mit der Sorgfalt eines ordentlichen Kaufmanns zu handeln und die Interessen seines Auftraggebers wahrzunehmen. Ist vom Kommittenten jeweils für den Verkaufspreis oder den Einkaufspreis ein festes Limit vorgegeben, dann muß der

Kommissionär dies berücksichtigen. Ist er von dem ihm vorgeschriebenen Limit abgewichen, dann hat er dem Kontrahenten hiervon unverzüglich Kenntnis zu geben. Der Kommittent seinerseits muß unverzüglich das Geschäft ablehnen, wenn es nicht rechtswirksam werden soll. Macht der Kommissionär, was zulässig ist, den Kommittenten nicht namhaft, um seine Geschäftsbeziehungen nicht aufzudecken, so haftet er selbst. Gibt er den Namen des Drittkontrahenten bekannt und übernimmt er trotzdem die Haftung, so steht ihm eine Delkredereprovision zu.

Die Vergütung des Kommissionärs, die „Kommission" oder „Provision", wird in der Regel vom umgesetzten Warenwert berechnet. Die Art der umgesetzten Ware ist maßgebend für die Höhe der Provision (etwa $1/2$—10%, am häufigsten 2—5% im Warengeschäft, im Bankgeschäft erheblich niedrigere Sätze). Die Provision pflegt dabei um so höher zu sein, je niedriger der relative Wert der Ware ist und je kleiner die Umsatzwerte sind, die sich bei den einzelnen Geschäften ergeben. Außerdem sind die Ortsusancen, die Schwierigkeiten, die die Auftragserledigung bereitet, das Ansehen und die Leistungsfähigkeit des Kommissionärs selbst von Einfluß auf die Höhe der Kommission[1].

Im übrigen hat der Kommissionär Anspruch auf Ersatz der Spesen, die mit der Ausführung des Kommissionsgeschäftes in Zusammenhang stehen.

Das Kommissionsgeschäft hat große Bedeutung beim An- und Verkauf von Wertpapieren (Effektenkommission). Im Binnen-Warenhandel finden sich Kommissionäre bevorzugt nur noch im Einkaufsgeschäft. So weist SCHÄFER darauf hin, daß man die Kommissionäre vor allem auf Ur- und Rohstoffmärkten, besonders aber auf Märkten für organische Erzeugnisse antrifft, beispielsweise als Weinkommissionäre. Derartige Kommissionäre pflegen innerhalb der Produktionsgebiete selbst ansässig zu sein und die örtlichen betrieblichen Verhältnisse der Erzeuger sehr genau zu kennen. Im Vertrauen auf diese intime Kenntnis der Einkaufsmöglichkeiten bedienen sich die Auftraggeber dieser Kommissionäre und geben ihnen oft von vornherein völlig freie Hand für den Abschluß von Käufen[2]. Im Importgeschäft von Rohprodukten ist das Kommissionsgeschäft sehr häufig anzutreffen.

In den genannten Fällen beruht die Übertragung des Einkaufs der Waren oder Erzeugnisse weitgehend auf einer Vertrauensgrundlage. Das gilt insbesondere für den Außenhandel. Wenn sich zum Beispiel ausländische Firmen bei ihren Wareneinkäufen in Deutschland gern der großen Exporthäuser bedienen, so beruht das auf dem Ansehen und der Solidität, zum

---

[1] Im einzelnen vgl. hierzu HELLAUER, J., Handelsverkehrslehre, Wiesbaden 1952, S. 47; SEYFFERT, R., Wirtschaftslehre des Handels a.a.O., S. 64ff.
[2] SCHÄFER, E., Die Aufgabe der Absatzwirtschaft. Köln-Opladen 1950, S. 70ff.

Teil auch auf der Kapitalkraft dieser Häuser. Umgekehrt gilt das auch für den Verkauf von Erzeugnissen und Waren in das Ausland. Das ausführende Unternehmen übernimmt ein großes Risiko, wenn es den Verkauf seiner Erzeugnisse einem ausländischen Kommissionär anvertraut. Handelt es sich um ein zuverlässiges Unternehmen, das sich des Verkaufs der Erzeugnisse mit Interesse, Intensität und Sachkenntnis annimmt und das sich an Preisanweisungen hält (seien sie „bestens" oder limitiert gegeben), dann kann die Überantwortung des Warenverkaufs an ein solches Unternehmen für den Kommittenten sehr vorteilhaft sein. Das ist insbesondere dann der Fall, wenn das exportierende Unternehmen die wirtschaftlichen Verhältnisse im Ausland wenig kennt, Waren neu einführt oder in kleinen Partien verkauft oder sich in einer gewissen Zwangslage befindet, aus der heraus es verkaufen muß, zum Beispiel wenn sich die Waren bereits im Ausland befinden. Erfüllt dagegen der Kommissionär, der mit dem Verkauf der Waren betraut ist, die in ihn gesetzten Erwartungen nicht, dann zeigt sich die große Problematik, die dem Kommissionsgeschäft gerade beim Export nach Übersee innewohnt. Auf diese Tatsache hat besonders HELLAUER hingewiesen[1].

Das Kommissionsgeschäft hat als Vertriebsform gewerblicher Betriebe an Bedeutung sehr stark nachgelassen. Im Effektengeschäft dagegen findet sich das Kommissionsgeschäft noch sehr häufig, und auch im Einzelhandel übernimmt man unter Umständen den Verkauf von Waren in Kommission. So beispielsweise, wenn dem Einzelhandel die Einführung eines bestimmten Erzeugnisses zu riskant erscheint. Unter solchen Umständen übernimmt dann das Einzelhandelsgeschäft für die Herstellerfirma den Verkauf dieser Waren in Kommission. In ähnlicher Weise werden gelegentlich schwer verkäufliche Großobjekte dem Groß- oder auch dem Einzelhandel im Kommissionsverhältnis übergeben. Mit Recht macht aber SCHÄFER darauf aufmerksam, daß diese Kommissionsgeschäfte nur in einzelnen Fällen zustande kommen, aber nicht als Dauererscheinungen angesehen werden können[2].

Daß diese Vertriebsform fast völlig verschwunden ist, wird vor allem darauf zurückgeführt, daß die Unternehmen ihr Verkaufsgeschäft unter eigener Kontrolle haben wollen. Angesichts der modernen Mittel und Möglichkeiten, die der Wirtschaftsverkehr geschaffen hat, ist das durchaus möglich. Warum soll man den Verkauf einer Ware Dritten als Kommissionären anvertrauen, wenn man ihn selbst mit betriebseigenen oder auch betriebsfremden Organen durchführen kann? Auch tritt das verkaufende Unternehmen nach außen nicht in Erscheinung, da ja der

---

[1] HELLAUER, J., Handelsverkehrslehre. Wiesbaden 1952, S. 51.
[2] SCHÄFER, E., Die Aufgabe der Absatzwirtschaft. Köln-Opladen 1950, S. 72.

Kommissionär im eigenen Namen abschließt. Heute legen die Unternehmen aber in der Regel den allergrößten Wert darauf, daß ihre Firma und ihre Erzeugnisse bekannt werden. Dies wird bei der Verwendung des Kommissionsgeschäftes als Vertriebsform aber verhindert. So erweisen sich denn gewisse Vorzüge, die das Kommissionsgeschäft in früheren Jahrhunderten zu einer bevorzugten Vertriebsform gemacht haben, als absatzpolitisch überholt. Deshalb ist der Kommissionär heute als selbständiges Verkaufsorgan aus dem Warenabsatz in der Industrie so gut wie vollständig verdrängt, wenn man von den wenigen Ausnahmen absieht, auf die oben hingewiesen wurde.

3. Zu den betriebsfremden Verkaufsorganen rechnen schließlich die Makler. Ihre Tätigkeit beschränkt sich auf den Nachweis einer Gelegenheit zum Abschluß eines Vertrages oder auf die Vermittlung eines Vertrages. Den Vertragsabschluß selbst überlassen sie den von ihnen zusammengeführten Parteien. Die gesetzlichen Bestimmungen über das Maklergeschäft sind weitgehend nachgiebiger Natur. Aus diesem Grunde besteht auch die Möglichkeit, daß die Makler Eigengeschäfte abschließen oder Vollmacht haben, Verträge abzuschließen. Das ist zum Beispiel bei den Versicherungsmaklern häufig der Fall.

Nach deutschem Recht ist zwischen Zivil- und Handelsmaklern zu unterscheiden[1]. Ein Handelsmaklergeschäft liegt dann vor, wenn jemand gegen Entgelt übernimmt, zwischen anderen Personen Vertragsabschlüsse zu vermitteln, vorausgesetzt, daß er von keiner der Parteien, zwischen denen er vermittelt, mit einer solchen Vermittlung ständig betraut ist. Es wird weiter vorausgesetzt, daß der Makler seine Vermittlertätigkeit gewerbsmäßig betreibt und die von ihm vermittelten Verträge Gegenstände des Handelsverkehrs sind, wie zum Beispiel die Vermittlung von Verträgen über Anschaffung oder Veräußerung von Waren oder Wertpapieren, von Güterbeförderungen, Schiffsmieten, Versicherungen u. a. Wenn jemand Verträge vermittelt, die nicht Gegenstand des Handelsverkehrs sind, gleichgültig, ob er dies gewerbsmäßig oder nicht gewerbsmäßig tut, und wenn der Vermittlungsauftrag zwar einen Gegenstand des Handelsverkehrs betrifft, der Makler sich aber nicht gewerbsmäßig, sondern nur gelegentlich damit befaßt, dann ist ein solcher Makler ein Zivilmakler. Zu dieser Gruppe von Maklern gehören insbesondere die Grundstücks- und Hypothekenmakler, ferner Makler, die Mietverträge vermitteln, und solche, die Anstellungsverträge vermitteln. Der Nachweismakler spielt im Hypotheken- und Grundstücksgeschäft praktisch nur eine geringe Rolle. Von Bedeutung ist er dagegen bei Wohnungsvermietungen.

---

[1] §§ 652—656 BGB. §§ 93—104 HGB.

Eine besondere Stellung nehmen die Schiffsmakler ein. Sie übernehmen die Vermittlung von Verträgen über Gegenstände des Seeverkehrs wie Frachten, Schiffsmieten, Verkäufe von Schiffen, Bergungen u. a. Der Tätigkeitsbereich dieser Schiffsmakler geht oft weit über den Bereich der reinen Maklertätigkeit hinaus. Soweit das der Fall ist, treten sie dann als Kommissionäre oder als Handelsvertreter in Tätigkeit. Unter den im Waren- und Wertpapierhandel tätigen Maklern sind vor allem die Börsenmakler hervorzuheben.

Im rechtlichen Sinne ist der Handelsmakler stets Kaufmann. Der Zivilmakler ist es nicht ohne weiteres. Der Handelsmakler hat beiden Parteien objektiv zu dienen und haftet auch beiden Parteien für Verschulden. Sein Entgelt hat er von beiden Parteien je zur Hälfte zu fordern. So weit die gesetzliche Gestaltung des Falles, die aber durch Parteivereinbarung abgeändert werden kann. Im konkreten Fall kann er ausdrücklich damit betraut sein, nur einer Partei zu dienen. Gleichwohl ist seine Tätigkeit in diesem Falle die eines Handelsmaklers.

Der Handelsmakler hat jedes von ihm vermittelte Geschäft zweifach zu beurkunden. Die Beurkundung selbst geschieht durch Ausstellung einer Schlußnote, welche die Namen der Parteien, den Gegenstand und die Bedingungen des Geschäftes enthält. Der Zweck der Schlußnote besteht lediglich darin, den Beweis zu führen, daß und in welcher Weise das Geschäft zustande gekommen ist.

Das dem Makler für seine Tätigkeit zustehende Entgelt wird Maklerlohn, Maklergebühr, Maklerprovision, auch Courtage oder Sensarie genannt. Schuldner des Entgelts ist jede Partei zur Hälfte, es sei denn, der Makler vertrete abweichend vom Regelfall nur eine Partei. Wenn nichts anderes vereinbart wird, ist jede Partei zur Hälfte Schuldner des Entgeltes. Verhandlungen und Bemühungen werden ebensowenig bezahlt wie die Auslagen, sofern nicht etwas anderes vereinbart ist. Für das Entstehen des Provisionsanspruches ist lediglich der Abschluß, nicht die Ausführung des Geschäftes Voraussetzung. Die Maklergebühr wird in der Regel in Prozenten des Warenwertes, selten von der Warenmenge berechnet. Im Warengeschäft beträgt der Provisionssatz $1/2$—2%, im Grundstücksgeschäft in Deutschland 3%. Die Gebühr ist von jeder der beiden Parteien zu zahlen.

Im laufenden Verkaufsgeschäft von Industrieunternehmungen kommt den Maklern nur eine verhältnismäßig geringe Bedeutung zu.

Der Handelsmakler spielt dagegen eine wesentliche Rolle beim Einfuhrgeschäft mit bestimmten Waren (Rohtabak, Rohbaumwolle, Wolle, Öle und Fette, Trockenfrüchte usw.); in diesen Fällen ist das Handelsmaklergeschäft allerdings meistens mit dem Handelsvertretergeschäft verbunden. Bei der Vermittlung von Holzgeschäften ist der Handelsmakler sowohl in der Einfuhr wie im Binnenhandel stark tätig. Die

Handelsmaklerfirmen haben ihren Sitz überwiegend an den großen Seehafenplätzen (in Deutschland vor allem in Hamburg und Bremen), für einzelne Erzeugnisse (Holz, Öle und Fette) teilweise auch im Inland.

Die Handelsmakler haben für die Bildung und das Funktionieren internationaler Märkte an den großen Handelsplätzen (Hamburg, Bremen, Antwerpen, Amsterdam, London, Liverpool usw.) eine erhebliche Bedeutung. Sie sind dort vielfach auch mit der Durchführung der Auktionen betraut.

IV. Die Wahl der Absatzwege.

1. Die Begriffe.
2. Die Dienste der Einzelhandelsbetriebe für den Verbraucher.
3. Die Dienste der Einzelhandelsbetriebe für die Hersteller.
4. Die Dienste der Großhandelsbetriebe.
5. Zur Problematik des absatzpolitischen Verfahrensvergleiches.
6. Zur Frage der Absatzformen und der Absatzwege im Export.

1. Wenn sich Unternehmen bei der Verwertung ihrer betrieblichen Leistungen auf dem Markt, insbesondere also bei der Veräußerung ihrer Erzeugnisse, unmittelbar an die Bedarfsträger wenden, also an die Verbraucher, Gebraucher und an die Weiterverarbeiter, dann spricht man von „direktem Absatz". Verkaufen Unternehmungen dagegen an solche Personen oder Betriebe, welche die Erzeugnisse nicht für eigene konsumtive oder produktive Zwecke verwenden, die Erzeugnisse vielmehr kaufen, mit der Absicht, sie wieder zu verkaufen, dann liegt „indirekter Absatz" vor.

Direkter und indirekter Absatz sind die zwei „Absatzwege", die ein Unternehmen beim Verkauf seiner Erzeugnisse oder Waren einschlagen kann. Für den Begriff des Absatzweges, wie er hier verstanden wird, bleibt es ohne Bedeutung, ob sich die verkaufenden Unternehmen bei ihrem Warenverkauf betriebseigener oder betriebsfremder Verkaufsorgane bedienen, ob sie beim Verkauf ihrer Erzeugnisse eigene Verkaufsniederlassungen mit oder ohne Läden verwenden oder ob sie ihre Geschäfte mit oder ohne Katalogwerbung tätigen[1].

---

[1] Zum Begriff der Absatzwege siehe insbesondere SCHÄFER, E., Die Aufgabe der Absatzwirtschaft, Köln-Opladen 1950, S. 81 ff; SEYFFERT, R., Wirtschaftslehre des Handels, 4. Aufl., Köln-Opladen 1961, S. 95 ff.; KOCH, W., Grundlagen und Technik des Vertriebes, Berlin 1950, Bd. II, S. 86 ff.; HELLAUER, J., Welthandelslehre, 2. Aufl., Wiesbaden 1950, S. 111 ff.; FISCHER, G., Betriebliche Marktwirtschaftslehre, Heidelberg 1951, S. 91 ff.; BUDDEBERG, H., Betriebslehre des Binnenhandels, in: Die Wirtschaftswissenschaften, herausgegeben von E. GUTENBERG, Wiesbaden 1959.

Zum Begriff der „Handelsketten" sei hier grundsätzlich auf SEYFFERT, R., Wirtschaftslehre des Handels, 4. Aufl., Köln-Opladen 1961, S. 575 ff. verwiesen.

Diejenigen Betriebe, die Waren kaufen, um sie wieder zu verkaufen, werden Handelsbetriebe genannt. Gewisse, im Interesse leichterer Verkäuflichkeit der Waren vorgenommene Manipulationen und Veredlungen heben den Charakter dieser Betriebe als Handelsbetriebe nicht auf. Dagegen müssen Handelsbetriebe nach der hier vertretenen Auffassung der Bedingung genügen, daß sie Waren im eigenen Namen und für eigene Rechnung und Gefahr einkaufen, um sie, ohne aus ihnen neue Erzeugnisse herzustellen, wieder für eigene Rechnung und Gefahr zu verkaufen. Handelsbetriebe tragen also das „Preisrisiko". Da weder Handelsvertreter noch Kommissionäre, wenn man vom Selbsteintritt absieht, noch Makler Waren auf eigene Rechnung und eigenes Risiko kaufen und verkaufen, so tragen sie auch nicht das Preisrisiko. Sie sind also keine „Händler", und ihre Unternehmungen sind keine „Handelsbetriebe", sondern betriebsfremde Verkaufsorgane privater oder öffentlicher Unternehmungen.

Bei genauerer Betrachtung zeigt sich nun, daß die Übernahme des Preisrisikos noch nicht ausreicht, um die Trennungslinie zwischen Handelsbetrieben und Nichthandelsbetrieben scharf genug zu ziehen. Man kann zum Beispiel sagen, daß die rechtlich selbständige Verkaufsgesellschaft eines Unternehmens oder einer Gruppe von Unternehmungen das Risiko aus den Preisen trägt. Da aber eine solche Vertriebsgesellschaft in dem einen Falle durch Kapitalbesitz oder Organschaft, in dem anderen Falle durch Syndikatsverträge an andere Unternehmen gebunden ist, gehen die Gewinne oder Verluste aus der Preisgestaltung im Endeffekt zugunsten oder zu Lasten des Stammhauses oder der Syndikatsfirmen. Obwohl also eine solche Gesellschaft de jure das Preisrisiko trägt, bleibt sie doch immer im Grunde das unselbständige Verkaufsorgan eines Unternehmens oder mehrerer Unternehmungen. Da aber nach der hier vertretenen Auffassung für einen Handelsbetrieb gelten muß, daß die sich aus dem Warenumsatz ergebenden Gewinne oder Verluste endgültig auf eigene Rechnung und Gefahr gehen und nicht auf andere Unternehmungen übertragbar sind, so kann eine solche werksgebundene Vertriebsgesellschaft oder ein Verkaufssyndikat nicht als ein Handelsbetrieb im strengen Sinne des Wortes angesehen werden.

Aber auch dieses Kriterium der de-facto-Selbständigkeit genügt noch nicht, um den Begriff des Handelsbetriebes rein herauszuarbeiten. Es gibt Unternehmen, deren Gegenstand der Ankauf und der Verkauf von Waren ist und die nicht nur de facto das Preisrisiko, sondern auch alle Risiken tragen, die mit dem Betriebe eines Handelsgeschäftes verbunden zu sein pflegen. Sie sind aber nach der hier vertretenen Auffassung dennoch keine Handelsbetriebe. Gedacht wird dabei an solche Unternehmen, die die Verpflichtung eingegangen sind, ihre Waren nur von einer bestimmten Herstellerfirma zu beziehen und nur die Erzeugnisse dieses Herstellers zu verkaufen; das ist der Fall bei den sog. „autorisierten" oder auch „lizenzierten" oder auch „gebundenen" Händlern, wie man sie im Automobilhandel, in der Radioindustrie und in anderen Industriezweigen trifft. Obwohl diese Firmen nicht nur das Preisrisiko, sondern auch das ganze Unternehmungsrisiko tragen, obwohl es das eigene Kapital ist, das in ihren Lägern, Reparaturwerkstätten, Ersatzteillägern investiert ist, kann man sie dennoch nicht als reinen Typ des Händlers oder eines Handelsbetriebes ansprechen. Hierzu sind die Abhängigkeiten zu groß, die sich aus der Beschränkung auf den Verkauf der Erzeugnisse eines Herstellerbetriebes ergeben. Es ist also die fehlende Dispositionsfreiheit, die diesen Firmen den Charakter reiner Handelsbetriebe nimmt. Sie stellen Zwischenformen zwischen Handelsbetrieben und Verkaufsorganen von Unternehmen dar. Nur von Fall zu Fall läßt sich entscheiden, ob sich die geschäftliche Struktur einer solchen „Handelsfirma" mehr dem Typ des reinen Handelsbetriebes oder mehr dem Typ des Verkaufsorgans annähert.

Bei den Handelsbetrieben sind zu unterscheiden Großhandels- und Einzelhandelsbetrieb. Großhandelsbetriebe liegen dann vor, wenn ein Handelsbetrieb die Waren handelsmäßig weitergibt, also als Zwischenhändler in Funktion tritt. Seine Abnehmer sind dann Wiederverkäufer. Großhandelsbetriebe können aber auch solche Betriebe sein, die unmittelbar an Weiterverarbeiter, Gebraucher oder Verbraucher verkaufen. In diesem Falle muß jedoch der Umfang der einzelnen Geschäftsabschlüsse eine gewisse, nicht generell angebbare Größe erreichen.

Einzelhandelsbetriebe liegen immer dann vor, wenn unmittelbar an Verbraucher, Gebraucher und Weiterverarbeiter verkauft wird und die jeweils abgesetzten Mengen relativ klein sind.

In einem konkreten Handelsbetrieb können Großhandels- und Einzelhandelsfunktionen gleichzeitig vorhanden sein.

2. Die Handelsbetriebe sind ihrer Natur nach weder Gewinnungs- (Urproduktions-) noch Produktionsbetriebe. Sie sind vielmehr Dienstleistungsbetriebe. Worin, so lautet nunmehr die Frage, bestehen diese Dienste und für wen werden sie geleistet?

Zunächst: Welcher Art sind die Dienste, die die Einzelhandelsbetriebe ihren Kunden leisten?

a) Für die breite Masse der Verbraucher und einen Teil der Weiterverarbeiter ist es charakteristisch, daß sie die Waren, die sie zu erwerben beabsichtigen, möglichst dort zu kaufen wünschen, wo sie wohnen bzw. ihren betrieblichen Standort haben. Und zwar einmal, weil es bequem ist, und zum andern, weil sie die Ware, die sie kaufen wollen, vorher sehen möchten. Diese Wünsche erfüllt ihnen der Einzelhandel. Man kann also sagen: die Dienste der Einzelhandelsbetriebe für ihre Kunden bestehen darin, daß sie den Verbrauchern, auch Weiterverarbeitern, die Möglichkeit geben, an Ort und Stelle kaufen zu können.

b) Die Wünsche dieser Käufer gehen weiter dahin, Waren, die sie zu kaufen beabsichtigen, im Rahmen eines Sortiments zu sehen, um sie vergleichen und eine Auswahl treffen zu können. Dieses Anbieten im Sortiment gehört ebenfalls zu den Diensten, die die Einzelhandelsbetriebe ihren Kunden leisten.

c) Für jeden Verbraucher ist es heute selbstverständlich zu verlangen, daß er Waren stets in solchen Mengen erwerben kann, wie er sie gerade benötigt. Indem die Einzelhandelsbetriebe ihren Kunden diese Möglichkeit gewähren, leisten sie ihnen einen weiteren Dienst.

d) Die Reichhaltigkeit und der schnelle Wechsel des modernen Warensortiments läßt es kaum noch zu, daß sich die Käufer eine auch nur annähernd vollständige Übersicht über das Warenangebot verschaffen können. Zudem fehlt es ihnen in der Regel an Sachkunde. Daher verlangen die Konsumenten eine gewisse Beratung vom Einzelhändler. Das gilt zwar weniger für eingeführte und bekannte Markenwaren, die heute in fast allen Sparten des Einzelhandels einen großen Teil des Warensortiments ausmachen. In diesen Fällen pflegt sich die „Beratung" auf eine Art von Empfehlung zu beschränken, sofern es überhaupt zu einer solchen kommt. Fachmännische Beratung, wenn auch in den Grenzen, die durch die Natur der Sache gegeben sind, verlangen die Käufer vor allem dann, wenn es sich um Gegenstände handelt, die einer Erklärung, insbesondere einer technischen Erklärung, bedürfen, oder wenn es sich um den Kauf von Gegenständen handelt, die verhältnismäßig große Geldausgaben erfordern, z. B. Küchenherde, Uhren, Möbel usw. Daß aber viele Güter auch ohne Beratung verkauft werden können, zeigen die Selbstbedienungsläden und die Verkaufsautomaten.

Verlangen also Käufer angesichts der Sortimentsfülle und der Sortimentsunbeständigkeit beim Einkauf eine gewisse Unterrichtung über die Eigenschaften der zu kaufenden Gegenstände oder gar eine gewisse Beratung, dann müssen die Einzelhandelsbetriebe diese Kundenwünsche erfüllen.

e) Auch alle in den Bereich des Kundendienstes fallenden Leistungen sind Dienste, die die Einzelhandelsbetriebe ihren Kunden gewähren, zum Beispiel Verkauf von Waren in hygienisch einwandfreiem Zustand und entsprechender Verpackung, Erleichterung bei der Zustellung der eingekauften Waren, unter Umständen sogar Auswahlsendungen, Entgegennahme von telefonischen Bestellungen u. ä.

Von dieser Art etwa sind die Dienste der Einzelhandelsbetriebe für die Verbraucher, Gebraucher und Weiterverarbeiter. Sie bilden die eine

Gruppe von Diensten, die den Handelsbetrieben den Charakter von Dienstleistungsbetrieben verleihen. Die unter e) genannten Dienste werden jedoch nicht notwendig von Handelsbetrieben erbracht.

3. Welches sind die Dienste, die die Einzelhandelsbetriebe den Produzenten leisten?

a) Durch die Einschaltung von selbständigen Handelsbetrieben, in diesem Falle also zunächst von Einzelhandelsbetrieben, in den Absatzweg werden die Hersteller von der Aufgabe befreit, ihre Erzeugnisse jeweils am Ort der Konsumenten oder der Weiterverarbeiter anzubieten.

Die Verlegung des Warenangebots in die Hauptzentren des konsumtiven und produktiven Bedarfs bezeichnet man auch als die räumliche Ausgleichsfunktion des Handels, und zwar in dem Sinne, daß die Handelsbetriebe einen lokalen Ausgleich zwischen den Standorten der Warenerzeugung und des Warenbedarfes schaffen.

b) Der Absatzweg über den Einzelhandel hat ferner den Vorzug, daß die Herstellerbetriebe auf breiter Front absetzen können, indem sie sich der bereits bestehenden Verkaufsmöglichkeiten und Einrichtungen, die die Einzelhandelsbetriebe bieten, bedienen und eigene Kapitalinvestierungen ersparen. Der Absatzmarkt wird auf diese Weise räumlich erweitert und erstreckt sich nun auch über Gebiete, in die aus eigener Kraft einzudringen, dem Hersteller vielleicht nicht möglich gewesen wäre. Indem der Einzelhandel den Produzenten dieses Einrücken in eine breite Verkaufsfront ermöglicht, leistet er ihnen einen wichtigen Dienst.

c) Es gibt Unternehmen, für die es vorteilhaft ist, in großen Serien zu produzieren und sich fabrikationstechnisch zu spezialisieren. In solchen Fällen werden die Fabrikationsbetriebe davon entlastet, ladenfüllende Sortimente zu produzieren. Die Zusammenstellung des Sortiments übernehmen für sie die Einzelhandelsgeschäfte. Dabei hat der Einzelhandel die Möglichkeit, bedarfsverwandte Sortimente zu bilden, und zwar in einem Maße, wie es den Herstellerbetrieben nur in Ausnahmefällen möglich sein würde[1].

Die Sortimentsfunktion des Einzelhandels gewährt nicht allen Herstellerbetrieben die Möglichkeit, produktionstechnische Vorteile zu verwirklichen, und zwar dann nicht, wenn der Einzelhandel selbst von den Herstellern ein breites Sortiment verlangt. Diese Situation kommt etwa in dem Satz eines Kleiderfabrikanten zum Ausdruck, dem man riet, sein Fertigungsprogramm auf einige wenige Muster zu beschränken: „Aber, ich muß meinen Vertretern doch etwas bieten", d. h. ich muß

---
[1] Über den Begriff „bedarfsverwandte Erzeugnisse" siehe SCHÄFER, E., Die Aufgabe der Absatzwirtschaft, Köln-Opladen 1950, S. 65ff.

sie mit einer so reichhaltigen Kollektion ausstatten, daß sie in dem Kampf um den Kunden, hier um die Einzelhandelsbetriebe, Verkaufschancen haben. In einem gewissen Umfange wird also hier die Sortimentsfunktion auf den Produzenten abgewälzt. Grundsätzlich wird man jedoch sagen können, daß, je mehr der Händler die Sortimentierung übernimmt, die Herstellerbetriebe davon entlastet werden, umfangreiche Sortimente zu produzieren. Das ist der dritte große Dienst, den der Einzelhandel den Produzenten leisten kann.

d) Mit der Sortimentsfunktion steht nun ein anderer Dienst in Zusammenhang, den Handelsbetriebe, wenn auch nur unter gewissen Voraussetzungen, der Industrie zu leisten vermögen. In allen Industriezweigen, in denen die Gütermengen gering sind, die der einzelne Konsument oder Verarbeiter zu erwerben willens ist, muß sich der Zwang zur fabrikatorischen und absatzorganisatorischen Bewältigung einer großen Zahl verhältnismäßig kleiner Bestellungen bzw. Verkaufsaufträge auf die Gestaltung der Produktions- und Absatzkosten ungünstig auswirken. Indem die einzelnen Handelsbetriebe die vielen kleinen Verkaufseinheiten zu großen Einkaufseinheiten und damit Verkaufs- und Produktionseinheiten bei den Herstellern umformen, verschaffen sie diesen Betrieben produktions- und absatztechnische Vorteile. Man bezeichnet diese Funktion auch als die Quantitätsfunktion des Handels. Sie ist im Grunde eine Umformungsfunktion vieler kleiner in wenige große Aufträge.

Bei genauer Betrachtung zeigt sich allerdings, daß auch diese Funktion von betriebswirtschaftlich durchaus unterschiedlicher Bedeutung sein kann. Worin sollen die Vorteile dieser quantitativen Funktion des Handels für die Hersteller in folgendem Fall bestehen: Angenommen, zwei Webereien stellen Futterstoffe her. A verkauft an den Handel (Zwischenhandel). B verkauft an die Schneidermeister. A wird an eine kleine Zahl von Kunden verhältnismäßig große Mengen liefern. B wird an eine große Zahl von Kunden verhältnismäßig kleine Mengen verkaufen. Aber die Größe der Fertigungsaufträge braucht hierdurch nicht beeinflußt zu werden. Die Weberei A würde in gleicher Weise produzieren, wenn sie statt an den Handel an die Verarbeiter unmittelbar liefern würde. Ähnlich liegen die Dinge für die Weberei B.

Das Beispiel zeigt, daß die Umformung kleiner Bestellmengen in große Aufträge bei den Herstellern nicht unbedingt zu produktionstechnischen Vorteilen führen muß. Dagegen werden die Absatzkosten bei Auslieferung großer Aufträge niedriger sein als bei der Ausführung zahlreicher kleiner Aufträge.

e) In vielen Branchen ermöglicht die Lagerhaltung des Einzelhandels den Herstellern, ihre Lagerbestände in relativ engen Grenzen zu halten.

Die Dienste der Einzelhandelsbetriebe. 161

f) In der Literatur wird häufig die Auffassung vertreten, daß der Einzelhandel werbende Aufgaben für die Produzenten erfülle. Das kann aber nur in begrenztem Umfange der Fall sein.

Sofern in den Verkaufsräumen und Läden des Einzelhandels Markenware ausgestellt wird, unterstützt diese sichtbare Ausstellung zwar die allgemeine Werbung der Markenartikelfirmen, die aber im übrigen direkte Werbung bei den Konsumenten betreiben. Sofern es sich nicht um Markenartikel oder Markenware handelt, die in den Läden oder Schaufenstern ausgestellt ist, kann von Werbung der Einzelhandelsbetriebe für die Produzenten keineswegs die Rede sein. Die Einzelhandelsbetriebe werben für sich, nicht aber für die Produzenten, die sie in ihrer Werbung nicht nennen.

g) Ohne Zweifel gehörte es in früheren Jahrhunderten zur Aufgabe des Handels, die Güter an den Ort des Verkaufes zu bringen. Da die Entwicklung des modernen Transportwesens zu einer Verselbständigung dieser Transportfunktion geführt hat, kann man heute nicht mehr davon sprechen, daß es ein wesentliches Merkmal der Handelsbetriebe sei, Transporte selbst durchzuführen. Hält es ein Handelsbetrieb für zweckmäßig, die von ihm zu verkaufenden Waren mit eigenen Fahrzeugen heranzuschaffen, dann übt er keine spezifische Handelsfunktion aus. Er könnte ebensogut einen Spediteur mit dieser Aufgabe betrauen, ohne daß er hierdurch die Händlereigenschaft einbüßen würde.

h) In einigen Sparten des Einzelhandels nehmen die einzelnen Betriebe gewisse Manipulierungen und Veredlungen vor, zum Beispiel Sortieren, Reinigen, Mischen, Umpacken, Veredlungen in Form von Rösten, Appretieren usw. Strenggenommen handelt es sich auch hier nicht um eine Handelsfunktion, sondern um eine Aufgabe, die an sich den Herstellern obliegt, also mehr um eine Produktionsaufgabe.

i) Die Frage, ob der Einzelhandel für die Hersteller Finanzierungsaufgaben zu übernehmen in der Lage ist und ob er überregional und intertemporär preisausgleichend wirkt, ist für den Einzelhandel von so geringer Bedeutung, daß es genügt, sie im Zusammenhang mit der Frage nach den Diensten des Großhandels zu erörtern.

Zusammenfassend ist zu sagen:

Die zu 3a bis 3e genannten Dienste, die der Einzelhandel den Produzenten leistet, stellen zusammen mit den zu 2a bis 2d genannten Diensten, die der Einzelhandel den Verbrauchern bzw. den Weiterverarbeitern gewährt, diejenige Gruppe von Diensten dar, die den Handelsbetrieben den Charakter von „Dienstleistungsbetrieben" gibt.

Diese Dienste sind es auch, welche die Existenz des Einzelhandels in der modernen Wirtschaft rechtfertigen.

Demgegenüber stellen die zu 2e und zu 3f bis 3i erwähnten Dienste keine den Einzelhandelsbetrieben wesensnotwendig zugehörenden Merkmale dar.

4. Es ist nun zu untersuchen, welche Dienste der Großhandel seinen Kunden und Lieferanten gewährt.

Sofern die Kunden aus Verbrauchern, Gebrauchern oder Weiterverarbeitern bestehen, gilt sinngemäß das über den Einzelhandel Gesagte. Aus diesem Grunde kann darauf verzichtet werden, hierauf nochmals einzugehen. Dagegen interessiert die Frage, welcher Art die Dienste sind, die der Großhandel dem Einzelhandel auf der einen, der Industrie auf der anderen Seite leistet.

Welches sind die Dienste des Großhandels für den Einzelhandel ?

a) Es gibt Einzelhandelsbetriebe, deren Sortiment aus einer großen Zahl nicht nur fertigungsverwandter, sondern auch bedarfsverwandter Waren besteht. Wenn derartige Betriebe ihr Sortiment zusammenstellen wollen, sind sie an sich gezwungen, bei einer großen Zahl industrieller Unternehmungen einzukaufen. Es kann deshalb für derartige Einzelhandelsbetriebe eine Erleichterung bedeuten, wenn ihnen die Möglichkeit gegeben wird, ihr eigenes Sortiment aus den Sortimenten vorgelagerter Großhandelsbetriebe zusammenzustellen bzw. zu ergänzen. Besteht ein echtes Bedürfnis für eine solche Vorsortimentierung des Einzelhandels durch Großhandelsunternehmungen, dann leistet der Großhandel dem Einzelhandel einen betriebs- und volkswirtschaftlich wertvollen Dienst.

b) In solchen Fällen, in denen es die Kraft von Einzelhandelsbetrieben übersteigt, ihre Läger auf dem erforderlichen Stande zu halten, kann der Großhandel dem Einzelhandel eine gewisse Unterstützung gewähren, indem er, wenigstens in einem bestimmten Umfange, die Lagerhaltung für den Einzelhandel übernimmt.

c) In früheren Zeiten finanzierte der oft sehr kapitalkräftige Großhandel den Einzelhandel. Er gewährte langfristig Warenkredite, daneben aber auch Einrichtungs- und Investitionskredite. Die wirtschaftliche Entwicklung — insbesondere die des Bankwesens — in den letzten Jahrzehnten hat dahin geführt, daß diese Art von finanzieller Unterstützung des Einzelhandels durch den Großhandel an Bedeutung verloren hat.

Wenn Großhandelsunternehmen Einzelhandelsunternehmen Warenkredite in Form von Kaufpreisstundungen gewähren, dann stellt eine solche Kreditgewährung keine Besonderheit gegenüber Warenkrediten dar, wie sie auch Industrieunternehmen dem Einzelhandel einräumen. Würden die Einzelhandelsbetriebe direkt von den Herstellern Waren bezogen haben, würden diese Unternehmen ebenfalls die Kaufpreise auf eine gewisse Zeit stunden.

Aus der Tatsache schließlich, daß Einzelhandelsbetriebe in Zeiten schlechten Geschäftsganges schleppend zahlen, kann eine besondere Kredit- und Finanzierungsfunktion des Großhandels gegenüber dem Einzelhandel nicht abgeleitet werden. In diesem Falle handelt es sich praktisch um eine erzwungene Kreditgewährung des Großhandels an den Einzelhandel.

Nunmehr sei noch kurz auf die Frage eingegangen, welches die Dienste sind, die der Großhandel industriellen Unternehmen zu leisten vermag.

a) Mit der Übernahme von Sortimentierungsaufgaben gibt der Großhandel den Herstellerbetrieben die Möglichkeit, die Fabrikationsprogramme auf wenige Typen zu beschränken. Die Hersteller sind in diesem Falle in der Lage, günstiger zu produzieren und Kosten einsparen zu können. Oft legen allerdings die Herstellerfirmen nicht nur aus absatzpolitischen, sondern auch aus fabrikatorischen Gründen Wert darauf, ein verhältnismäßig reichhaltiges Sortiment zu produzieren. In diesen Fällen ist eine zweimalige Sortimentierung, einmal beim Großhandel und dann beim Einzelhandel, vom Standpunkte des industriellen Unternehmens aus gesehen, nicht unbedingt notwendig. Diese Unternehmen könnten an sich auf die Sortimentierungsfunktion des Großhandels verzichten.

b) Es gibt Produktionszweige, in denen der Großhandel den Herstellerfirmen, wenn auch nur in Grenzen, die Lagerhaltung abnimmt. Zwar lassen sich extreme Fälle nachweisen, in denen Herstellerfirmen praktisch keine Läger unterhalten, weil sie von den Händlern verlangen, die Erzeugnisse, die sie glauben im Laufe des Jahres absetzen zu können, bereits zu Beginn des Jahres zu kaufen. Dieser Extremfall ist aber nur dann möglich, wenn „gebundener" Handel vorliegt.

Im übrigen steht außer Zweifel, daß der Großhandel viele industrielle Unternehmen weitgehend von der Notwendigkeit befreit, große Läger zu unterhalten. Das gilt vor allem für den Sortimentsgroßhandel. Der Spezialgroßhandel ist meist in der Lage, seine Kunden direkt vom Werk aus zu beliefern. Er kann also auf Lagerhaltung verzichten.

Im übrigen hat die zunehmende Unterhaltung von Auslieferungslägern durch Industrieunternehmen und die Möglichkeit jederzeitiger Inanspruchnahme dieser Läger durch den Einzelhandel die Lagerhaltungsfunktion des Großhandels in bestimmten Geschäftssparten beträchtlich an Bedeutung verlieren lassen.

c) Wenn die durchschnittlichen Bestellmengen der Einzelhandelsbetriebe bei den industriellen Unternehmungen klein sind und ihre Erledigung verhältnismäßig großen Arbeitsaufwand erfordert, dann sind die Herstellerfirmen aus Gründen der Ersparnis an Vertriebskosten daran interessiert, Großhandelsbetriebe einzuschalten, weil sie die vielen kleinen Bestellungen in wenige große Aufträge an die Industrie umformen. Es gibt Industriezweige, in denen die Herstellerfirmen gewisse Mengen festsetzen, die mindestens abgenommen werden müssen. Sie übersteigen vielfach den Bedarf der Einzelhandelsbetriebe. Im Handel mit Walzeisen und Röhren liegt diese Menge in Deutschland bei 12000 t im Jahr.

d) Die Dienste des Großhandels für die Industrie erschöpfen sich nicht in der Übernahme der geschilderten Sortimentierungs-, Lagerhaltungs- und Transformierungsaufgaben. Von größter Bedeutung für das Verhältnis zwischen Großhandel und Industrie ist ferner die Tatsache, daß die Großhandelsunternehmen in der Regel über einen Kundenstamm verfügen, mit dem sie durch langjährige Geschäftsbeziehungen verknüpft sind. Diese Geschäftsbeziehungen stellen sie gewissermaßen den industriellen Unternehmen zur Verfügung, wenn diese Unternehmen an den Großhandel liefern. Auf diese Weise werden die Herstellerbetriebe von der Notwendigkeit befreit, mit vielen Hunderten oder Tausenden von Kunden in Beziehung zu treten, um an sie zu liefern. Die Folge ist, daß die industriellen Unternehmen ihren Vertriebsapparat verhältnismäßig klein halten können. Für bestimmte Geschäftszweige sind die Dienste, die der Großhandel auf diese Weise der Industrie leistet, nicht hoch genug einzuschätzen. In anderen Geschäftszweigen sind sie praktisch ohne Bedeutung.

e) Es kann keinem Zweifel unterliegen, daß der Großhandel die fertigungstechnischen Maßnahmen und die Lagerdispositionen industrieller Unternehmen erheblich erleichtert, wenn er rechtzeitig disponiert. Die Herstellerbetriebe haben dann die Möglichkeit, ihre Planung langfristig vornehmen zu können. Sie sind damit auch in der Lage, den Fabrikationsprozeß von kurzfristigen Umdispositionen freizuhalten. Früher gehörte vor allem der Textilgroßhandel zu diesem „vordisponierenden" Großhandel. Heute hat dieser Zweig des Großhandels in Deutschland stark an Bedeutung verloren. Die Webereien verkaufen nur noch verhältnismäßig geringe Teile ihrer Produktion an den Großhandel. In der Regel liefern sie unmittelbar an Konfektionsbetriebe, Einzelhandels-Einkaufsverbände, Kaufhäuser und Warenhäuser und an den Detailhandel. Diese Änderung in den Abnehmergruppen hat die Disposition der Webereien erschwert, da der Einzelhandel kurzfristiger abzurufen pflegt als der Großhandel.

In der Teppich- und in der Tapetenindustrie zum Beispiel hat der vordisponierende Großhandel nicht an Bedeutung verloren.

f) In der Literatur wird die Ansicht vertreten, daß die geschäftlichen Maßnahmen des Großhandels zwischenzeitliche und zwischenräumliche Preisangleichungen zur Folge haben. Ob dieser Funktion des Großhandels heute noch größere Bedeutung zukommt, erscheint zweifelhaft.

5. a) Steht ein Unternehmen vor der Wahl, ob es unmittelbar an Einzelhandelsbetriebe liefern oder den Weg über den Großhandel wählen soll, dann wird es sich nicht für den kosten-, sondern für den gewinngünstigsten Weg entscheiden. Zu diesem Zweck muß ein Verfahrensvergleich, hier ein Vergleich zwischen verschiedenen Absatzverfahren, durchgeführt werden. Derartige Verfahrensvergleiche unterscheiden sich nicht prinzipiell von den Vergleichen, wie sie bei Entscheidungen über fertigungstechnische Verfahren vorgenommen werden.

Die Aufgabe von Verfahrensvergleichen im Absatzbereich der Unternehmen besteht zunächst darin, zu ermitteln, welche Kosten der Vertrieb über den Großhandel und welche Kosten der Vertrieb mit Hilfe betriebseigener oder -fremder Verkaufsorgane verursacht, um dann die Frage zu prüfen, welches Verfahren das gewinngünstigste ist. Dabei interessieren in diesem Zusammenhange solche Vertriebskosten nicht, die von den Vertriebsverfahren unabhängig sind. Das gilt zum Beispiel für Einzelhandelsrabatte, also für Preisabschläge von den Verbraucherpreisen. Sie sind grundsätzlich als Äquivalent für die Dienste dieser Handelsstufe anzusehen (Kosten, Risiken, Gewinne). Wird zum Beispiel einem Einzelhändler ein Grundrabatt von $33^1/_3\%$ gewährt, so ist es in unserem Zusammenhange bedeutungslos, ob der Rabatt vom Hersteller oder Großhändler eingeräumt wird.

Welche Faktoren sind zu berücksichtigen, wenn ein Unternehmen vor der Entscheidung steht, ob es seine bisherige Absatzmethode, Verkauf über den Großhandel, ändern und statt dessen an den Einzelhandel liefern soll. Den Überlegungen liegt ein Unternehmen zugrunde, das Güter für den gehobenen Konsumbedarf produziert.

Von diesem Unternehmen mögen etwa 8000—10000 Einzelhändler über etwa 70 Großhandelsbetriebe beliefert werden. Wird nun das Verfahren geändert und an Einzelhändler verkauft, dann würde sich in den Verkaufsabteilungen der Arbeitsaufwand erhöhen, da nunmehr statt 70 Großhändler schätzungsweise 8000—10000 Einzelhändler geschäftlich zu betreuen sind. Hierzu muß ein großer organisatorischer Apparat geschaffen werden.

In dem Unternehmen müßten für die Verkaufsabteilung zusätzlich mindestens fünf bis sechs Arbeitskräfte neu eingestellt werden. In der Lagerabteilung würden etwa drei bis vier Lageristen zusätzlich benötigt, da die Lagerhaltung des Großhandels nunmehr ganz von dem Herstellerbetrieb übernommen werden muß.

Auch die Auslieferung der Waren verursacht zusätzliche Kosten. Da es in dem geschilderten Fall üblich ist, die Waren mit Lastkraftwagen frei Haus zu liefern, entsteht nunmehr ein zusätzlicher Bedarf an Lastkraftwagen und damit an Fahrern für die Belieferung wenigstens der größeren Einzelhandelsgeschäfte. Im Zusammenhang hiermit werden die Transportkosten und die Verpackungskosten für die vielen einzelnen

Sendungen steigen. Hierbei erscheint es allerdings möglich, daß durch die Einrichtung von Auslieferungslägern Kosten eingespart werden. Die Unterhaltung dieser Läger verursacht dann aber wiederum Kosten.

In der Abteilung Rechnungswesen fällt bei dieser Änderung der Absatzmethode wesentlich mehr Arbeit an, weil sich die Zahl der zu unterhaltenden Kontokorrentkonten und der vorzunehmenden Buchungen erheblich erhöht. Außerdem wird man auf eine gut organisierte Mahnabteilung Wert legen müssen. In den statistischen Abteilungen entsteht ebenfalls ein höherer Arbeitsanfall.

Die Notwendigkeit, die am Fabrikationsort vorhandenen Lagerräume zu erweitern, den Fuhrpark zu vergrößern und Auslieferungsläger einzurichten, verursacht zusätzlichen Investitions- und damit Zinsaufwand.

Die Tatsache, daß die Aufträge im Falle der Belieferung von Einzelhandelsgeschäften nicht so groß sind wie die Aufträge, die die Großhandelsbetriebe erteilen, stellt zwar die Arbeitsvorbereitung vor neue Aufgaben, jedoch kann man damit rechnen, daß diese Aufgaben ohne Mehraufwand bewältigt werden.

Den geschilderten Nachteilen steht nun der Vorteil gegenüber, daß die Rabatte in Fortfall kommen, die dem Großhandel gewährt werden. Außer den Grundrabatten handelt es sich hierbei auch um Mengenrabatte, Treuerabatte, Sonderrabatte der verschiedensten Art, Umsatzboni u. a. An die Stelle dieser Rabatte treten nun die Vergütungen, die das Unternehmen den Vertretern zu zahlen hat. Diese Vergütungen können reine Umsatzprovisionen sein. Sie können aber auch aus einem Fixum und Provisionen bestehen. Daneben werden den Vertretern von den Unternehmen oft Personenkraftwagen zur Verfügung gestellt.

Aus der Gegenüberstellung von Kosteneinsparungen, die sich im Falle einer Änderung der Vertriebsmethoden ergeben, und den zusätzlich entstehenden Kosten läßt sich ermitteln, welches Verfahren das kostengünstigere ist. Da alle derartigen Berechnungen weitgehend auf Schätzungen beruhen, sind Fehler nicht zu vermeiden.

Die geschilderten rein kostenrechnerischen Ermittlungen genügen nun aber noch nicht, um die Frage endgültig zu entscheiden, welches von den in Frage kommenden Verfahren das gewinngünstigere ist. Denn in den bisherigen Überlegungen ist der Einfluß unberücksichtigt geblieben, den die verschiedenen Verfahren auf die Umsatzentwicklung ausüben bzw. auszuüben erlauben. In vielen Fällen wird sich die Verkaufspolitik mit Hilfe betriebseigener und betriebsfremder Organe leichter durchführen lassen als mit Hilfe des Großhandels. Der Vorteil des eigenen Verkaufsapparates besteht vor allem darin, daß die Unternehmungen unmittelbar auf ihre Reisenden und Vertreter Einfluß nehmen können. Andererseits haben auch die Reisenden und Vertreter selbst ein großes Interesse an dem Unternehmen, für das sie tätig sind, denn ihre berufliche Existenz hängt weitgehend von dem Gedeihen des Unternehmens ab. Der Vertrieb mit eigenem Verkaufsapparat gibt den Unternehmen ferner die Möglichkeit, ihre Reisenden und Vertreter zu schulen, ihre Verkaufserfolge zu überwachen und damit eine Auslese unter ihnen vorzunehmen. Diese Umstände sind auch der Grund dafür, daß sich in gewissen Bereichen der Industrie das Bestreben bemerkbar macht, nach Möglichkeit mit eigenen Verkaufsorganen zu arbeiten. Dem steht allerdings gegenüber, daß das Vertreter- und Reisendensystem eine viel größere Außen- und Innenorganisation erforderlich macht als der Absatz an den Großhandel. Die auf dem mehr individuellen Zuschnitt beruhenden Vorteile des Vertretersystems können durch die Tatsache aufgehoben werden, daß die Großhandelsunternehmen häufig gut eingeführte Firmen sind, die über langjährige Geschäftsbeziehungen mit ihren Kunden verfügen. Diese Geschäftsbeziehungen stellen die Großhandelsbetriebe den Produzenten zur Verfügung, wenn die Produzenten über den Großhandel verkaufen. Außerdem hat der Großhandel ein starkes Interesse an den Herstellerbetrieben, denn ihm muß daran gelegen sein, auch in Zukunft die Erzeugnisse dieser Unternehmen zu verkaufen.

Das Maß, in dem die verschiedenen Absatzverfahren auf die Gestaltung und Entwicklung des Absatzes Einfluß zu nehmen erlauben, muß in Form erwarteter Absatzsteigerungen bei den Berechnungen berücksichtigt werden, die zum Zwecke der Ermittlung des günstigsten Absatzverfahrens angestellt werden. Die Größe dieses Einflusses läßt sich im allgemeinen nur schätzen. Gleichwohl darf sie nicht unberücksichtigt bleiben, denn sonst würde eine der Hauptkomponenten des absatzpolitischen Verfahrensvergleiches fehlen. Der Vergleich wäre unvollständig. Er ließe keine Entscheidung darüber zu, welches Verfahren absatzpolitisch das günstigere ist.

b) Eine Untersuchung, die in einem Unternehmen der Körperpflegemittel-Industrie vorgenommen wurde, zeigt, wie sehr die Vertriebskosten voneinander abweichen, wenn verschiedene Absatzwege gewählt werden. (Vgl. die Zahlen der Tabellen 6 und 7[1]). Der Umsatz des Unternehmens verteilt sich zur Hälfte auf die Belieferung von Großhandelsbetrieben und zur anderen Hälfte auf die direkte Belieferung von Einzelhandelsunternehmen. Es wird zwischen Kosten der Grundfunktionen des Vertriebs: Verkauf, Lieferung, Zahlungsabwicklung und den Kosten der Vorbereitung und der Sicherung des Absatzes: Werbung, Lagerhaltung und Vertriebsverwaltung (Vertriebsleitung und Vertriebsstatistik) unterschieden.

---

[1] Vgl. hierzu die Untersuchung von WALGER, H., Vertriebskosten und Produktionsplanung bei Markenartikeln der Körperpflegemittel-Industrie, Diss. Köln 1954.

Die Absatzmethoden.

Setzt man den Nettoumsatz des Unternehmens (Bruttoumsatz abzüglich Erlösschmälerungen, abzüglich Grundrabatte an Groß- und/oder Einzelhandel) gleich 100%, dann erhält man, wie die Tabelle 6 zeigt, beim Vertrieb über den Großhandel folgende Anteile:

Tabelle 6.

Verkauf Großhandel	1,46%	vom Nettoumsatz mit Großhandel
Lieferung Großhandel	3,80%	vom Nettoumsatz mit Großhandel
Zahlungsabwicklung	5,04%	vom Nettoumsatz mit Großhandel
Grundfunktionen	10,30%	vom Nettoumsatz mit Großhandel
Sicherung und Vorbereitung des Absatzes	16,58%	vom Gesamtnettoumsatz
Vertriebskosten Großhandel . . .	26,88%	vom Nettoumsatz mit Großhandel

Beim Vertrieb an Einzelhandlungen ergeben sich bei derselben Betrachtungsweise folgende Zahlen:

Vertreter für Einzelhandel	10,90%	vom Nettoumsatz mit Einzelhandel
Verkauf an Einzelhandel	1,95%	vom Nettoumsatz mit Einzelhandel
Lieferung an Einzelhandel	8,76%	vom Nettoumsatz mit Einzelhandel
Zahlungsabwicklung	6,77%	vom Nettoumsatz mit Einzelhandel
Grundfunktionen	28,38%	vom Nettoumsatz mit Einzelhandel
Sicherung und Vorbereitung des Absatzes	16,58%	vom Gesamtnettoumsatz
Vertriebskosten Einzelhandel . . .	44,96%	vom Nettoumsatz mit Einzelhandel

Tabelle 7.

Beim Konsumentenpreis von	DM 1,00	
gewährt der Hersteller dem Großhandel 43% Rabatt auf den Konsumentenpreis	DM 0,43	Großhandelsrabatt
Bruttoerlös des Herstellers	DM 0,57	
./. 6,5%	DM 0,04	Erlösschmälerungen
	DM 0,53	Nettoerlös des Herstellers
./. 10,3% für die Grundfunktionen des Vertriebes	DM 0,06	
Überschuß	DM 0,47	

Beim Vertrieb an den Einzelhandel stellt sich der Bruttoerlös des Herstellers bei einem Konsumentenpreis von . . . . . . DM 1,00

./. Grundrabatt	DM 0,33	
auf	DM 0,67	
./. 11,7%	DM 0,08	Erlösschmälerungen
	DM 0,59	Nettoerlös
Grundfunktion 28,38% vom Nettoerlös . .	DM 0,167	
Überschuß	DM 0,423	

Die Tabelle 7 zeigt deutlich, daß — ausgehend von einem Verbraucherpreis von 1,00 DM — beim Vertrieb an den Großhandel 0,047 DM mehr zur Deckung der restlichen Vertriebskosten, der Herstellkosten und der Verwaltungskosten zur Verfügung stehen als bei dem direkten Vertrieb an den Einzelhandel. Dabei ist unberücksichtigt geblieben, daß in den Kosten für die Vertriebsverwaltung und die Vertriebsleitung Kostenteile enthalten sind, die nur durch die große Anzahl von Einzelhandelskunden verursacht werden. Die Tabelle läßt zudem erkennen, daß die eingesparten Rabattbeträge nicht ausreichen, um den erhöhten Kostenanfall zu decken, der durch die Übernahme zusätzlicher Funktionen im Falle einer Belieferung des Einzelhandels entsteht.

Im einzelnen sei hierzu bemerkt:

a) Der Großhandels-Kundenkreis des Unternehmens besteht aus etwa 300 bis 500 Betrieben, die sämtlich sehr leistungsfähig sind. Die Betreuung dieser Großhandelskunden erfordert zwei bis drei Sachbearbeiter.

b) Der Durchschnittswert der Großhandelsaufträge ist etwa siebenbis achtmal so groß wie der durchschnittliche Auftragswert der Einzelhandelsbetriebe. Die auftragsfesten Kosten — die Kosten für die Bearbeitung des Auftrages, die Erteilung der Rechnung, die Verbuchung der Rechnung und des Zahlungseinganges — machen mit zunehmendem Auftragswert einen immer geringeren Prozentsatz des Auftragswertes aus. Die Auftragskosten, die von der Größe des Auftrages abhängen, insbesondere die Verpackungskosten, nehmen mit der Größe des Auftrages (der Pakete, der Kisten u. a.) zu. Auf den Auftragswert bezogen wird ihr Anteil jedoch immer geringer. Das gilt auch für die Frachten, Packerlöhne usw., unter der Voraussetzung allerdings, daß die gleiche Entfernung zugrunde gelegt wird. Im anderen Falle kann die erwähnte Degressionserscheinung durch Fracht- und Portosteigerungen kompensiert werden. Diese Degressionserscheinung gilt nicht für die proportionalen Kosten des Auftrages, hier also speziell die Umsatzsteuer.

c) Die Kosten des Reisendenstabes, die im untersuchten Betriebe höher sind als die gesamten Kosten der Grundfunktionen bei Belieferung des Großhandels, werden von der Einteilung der Reisendenbezirke, der Struktur dieser Bezirke, der Entlohnungsform und der Art der Ausstattung der Reisenden mit Kraftfahrzeugen bestimmt. Die Reisenden erhalten ihr Tarifgehalt, eine bestimmte Provision, falls ihr Umsatz einen bestimmten Betrag übersteigt, Tagesspesen und einen Ersatz der Unterhaltungskosten für die firmeneigenen Personenwagen. Die durch die Reisenden verursachten Kosten haben die Tendenz, mit steigenden Umsätzen zu sinken. Dabei ist zu berücksichtigen, daß die Gewinnung von Aufträgen in den einzelnen Bezirken sehr unterschiedlich hohe Kosten verursacht. Diese Kosten sind außerdem von dem verkaufstaktischen Verhalten der Reisenden abhängig.

d) Die Kosten der innerbetrieblichen Bearbeitung der Kundenaufträge hängen nicht nur von den Auftragswerten, sondern auch von der Stückelung der Aufträge, der Zusammensetzung des Umsatzes ab. Da bei gleich großem Umsatz die Zahl der zu bearbeitenden Aufträge bei direkter Belieferung des Einzelhandels erheblich größer ist als bei Belieferung des Großhandels, sind auch die Kosten der innerbetrieblichen Bearbeitung der Kundenaufträge bei Direktbelieferung des Einzelhandels erheblich größer als bei der Belieferung des Großhandels. Dieser Sachverhalt kommt in den Tabellen 6 und 7 deutlich zum Ausdruck.

e) Die Kosten der Absatzvorbereitung und der Absatzsicherung bestehen bei Markenartikelunternehmen vor allem aus den Kosten der Werbung. Da die Werbung gerade bei diesem Unternehmen das bevorzugte Instrument verkaufspolitischer Aktivität darstellt, so sind die Ausgaben für Werbung verhältnismäßig hoch, ein Umstand, der in den Tabellen deutlich in Erscheinung tritt. Ein allgemeines Maß für die Höhe des Werbeaufwandes läßt sich nicht angeben. Häufig bemessen Markenartikelunternehmen ihre Ausgaben für Werbung nach der Höhe des Umsatzes.

Aber es kann sein, daß 10% vom Umsatz für ein großes Markenartikelunternehmen eine verhältnismäßig hohe, für ein kleines Unternehmen desselben Geschäftszweiges eine verhältnismäßig niedrige Ausgabe für Werbezwecke darstellen. Aber auch der umgekehrte Fall ist durchaus denkbar. Es gibt keine Regel für die Höhe der Werbeausgaben in einer Branche, wie sich auch keine Regel für die regionale, zeitliche, instrumentale und sortimentspolitische Verteilung des Werbeaufwandes angeben läßt.

Die Tabellen 6 und 7 zeigen, daß der direkte Absatz an die Einzelhandelsbetriebe größere Kosten als der Absatz über Großhandelsbetriebe verursacht. Wenn die Unternehmen gleichwohl den direkten Absatzweg nicht aufgeben, so sind die Gründe hierfür die gleichen, wie sie bereits geschildert wurden. Die Chance, mit dem Einzelhandel unmittelbar und ständig Kontakt zu halten und sein Verkaufsverhalten zu beeinflussen, lassen sich die Markenartikelunternehmen nicht entgehen. Sie befürchten immer, daß die Aktivität der Konkurrenzunternehmen sie bei den Einzelhandelsgeschäften verdrängen könnte. Sie glauben auch, daß der Direktabsatz an den Einzelhandel mittelbar den Absatz über den Großhandel günstig beeinflußt. Aus diesem Grunde werden oft die höheren Vertriebskosten des Direktabsatzes an den Einzelhandel in Kauf genommen. Die Beantwortung der Frage nach dem richtigen Absatzverfahren, hier nach dem richtigen Absatzweg, verlangt also die Berücksichtigung von Faktoren, die sich rechnerisch sehr schwer erfassen lassen.

6. Es gilt nun, Absatzmethoden im Export zu erörtern.

Im allgemeinen wird zwischen direktem und indirektem Export unterschieden. Unter direktem Export wird dabei im allgemeinen der Verkauf von Waren eines inländischen Unternehmens an Verbraucher, Weiterverarbeiter oder Wiederverkäufer im Ausland ohne Einschaltung inländischer spezieller Exportfirmen verstanden. Das inländische Unternehmen, welches seine Erzeugnisse in das Ausland verkauft, ist in diesem Falle selbst „Exporteur". Indirekter Export liegt in der Regel dann vor, wenn sich ein inländisches Unternehmen bei seinen Lieferungen in das Ausland spezieller inländischer Exportfirmen bedient. Das seine Erzeugnisse ausführende Unternehmen ist in diesem Falle nur mittelbarer Exporteur[1].

Im Zusammenhange mit Exportfragen werden also die Begriffe direkter und indirekter Absatz in einem anderen Sinne gebraucht, als das bei Warenverkäufen im Inland der Fall zu sein pflegt. Der Unterschied kommt insbesondere darin zum Ausdruck, daß man beim Warenexport auch dann von direktem Absatz spricht, wenn das exportierende Unternehmen an Wiederverkäufer im Ausland liefert. Nach der bisherigen Terminologie ist ein solcher Absatzvorgang als indirekter Absatz zu bezeichnen, obwohl auch hier die begrifflichen Unterscheidungen in Praxis und Wissenschaft nicht einheitlich sind. Das im Zusammenhange mit Exportfragen gültige Unterscheidungsmerkmal zwischen direktem und indirektem Absatz knüpft also lediglich an die Frage an, ob ein inländisches Exporthandelsunternehmen in den Ausfuhrvorgang eingeschaltet ist oder nicht.

a) Bei dem direkten Export lassen sich grundsätzlich zwei Möglichkeiten unterscheiden. Entweder tritt das inländische Unternehmen mit

---

[1] Über die im Außenhandel möglichen Absatzwege geben unter anderen R. SEYFFERT im Zusammenhang mit seiner Darstellung „Handelsketten" in „Wirtschaftslehre des Handels", 4. Aufl., Köln-Opladen 1961, S. 575ff.; ferner SCHÄFER, E., in „Die Aufgabe der Absatzwirtschaft", Köln-Opladen 1950, S. 88ff.; W. KOCH, „Grundlagen und Technik des Vertriebs", Berlin 1950, Bd. II, S. 379ff.; besonders eingehend aber HELLAUER, J., in seiner „Welthandelslehre", 2. Aufl., Wiesbaden 1950, S. 111 ff. Aufschluß. Der Begriff des mittelbaren Exporteurs kann auch in dem Sinne verstanden werden, daß hiermit die inländische Exportfirma bezeichnet wird (so bei SEYFFERT, a.a.O.). Vgl. hierzu im übrigen auch KAPFERER, C. und J. SCHWENZNER, Export-Betriebslehre, Mannheim-Dresden-Leipzig 1935, ferner HENZLER, R., Außenhandel, Betriebswirtschaftliche Hauptfragen von Export und Import, in: Die Wirtschaftswissenschaften, herausgegeben von E. GUTENBERG, Wiesbaden 1961; LIPFERT, H., Nationaler und internationaler Zahlungsverkehr, in: Die Wirtschaftswissenschaften, herausgegeben von E. GUTENBERG, Wiesbaden 1960; VORMBAUM, H., Außenhandelskalkulation, Wiesbaden 1955.

ausländischen Importeuren oder ihren Beauftragten im Ausland in Verbindung, oder das inländische Unternehmen steht mit den inländischen Niederlassungen oder Beauftragten der ausländischen Importeure in geschäftlicher Beziehung. In beiden Fällen vollzieht sich der Exportvorgang ohne Hinzuziehung inländischer Exporthändler. Es liegt also direkter Export vor.

Von den Möglichkeiten des direkten Exportes machen vor allem Herstellerbetriebe aus gewissen Sparten der Großindustrie Gebrauch. So exportieren in Deutschland Werften, Lokomotivfabriken, Unternehmen des Maschinenbaues, der elektrotechnischen Industrie u. a., soweit sie technische Großobjekte herstellen, also zum Beispiel komplette Einrichtungen für Zementfabriken, Kraftwerke usw., fast stets in direktem Export. In solchen Fällen sind entweder von den ausländischen Unternehmungen direkt bei den Werken oder ihren Vertretungen im Ausland oder aber von den inländischen Vertretungen der ausländischen Unternehmungen Offerten bei den inländischen Herstellern eingeholt worden. Vielfach kommen derartige Exportaufträge auch auf Grund von Ausschreibungen zustande.

Von besonderer Bedeutung sind heute die Consulting-Engineer-Büros, die vornehmlich im Rahmen der Erschließung wirtschaftlich unterentwickelter Länder eine oft sehr erfolgreiche Tätigkeit ausüben. Ihre Aufgabe besteht an sich nur in der technischen Planung und Kalkulation industrieller Großvorhaben. Unternehmen der stahl- und eisenverarbeitenden Industrie bedienen sich in steigendem Maße derartiger Büros. Bei deutschen Industriefirmen bestehen oft noch gewisse Widerstände, diese Büros zu benutzen. Nordamerikanische und englische Großunternehmen machen dagegen von den Diensten dieser Beratungsbüros in großem Umfange Gebrauch.

b) Die Vertriebssysteme, die sich auf dem Gebiete des direkten Exports finden, weisen eine große Mannigfaltigkeit auf. Eine dieser Möglichkeiten stellt die eigene Niederlassung eines inländischen Unternehmens im Ausland dar. Diese Niederlassung kann die Form einer rechtlich unselbständigen Zweigniederlassung (Filiale) aufweisen. Oft werden derartige in der Form von Filialen betriebene Niederlassungen von Angestellten geleitet, die über langjährige Erfahrungen im Exportgeschäft des inländischen Unternehmens verfügen. In ihnen verbindet sich dann meist eine intensive Kenntnis der technischen und vertriebspolitischen Eigenarten des inländischen Werkes mit einer intimen Kenntnis der wirtschaftlichen Besonderheiten des Landes, in dem die Filiale unterhalten wird. In vielen Fällen wird jedoch die Errichtung einer rechtlich selbständigen Niederlassung im Ausland vorgezogen. Dabei kann man so vorgehen, daß man den Firmennamen des inländischen Unternehmens im Firmennamen der ausländischen Niederlassung in Erscheinung treten läßt. Oft wird aber auch ein neutraler Firmenname bevorzugt.

Die rechtlich selbständigen (wirtschaftlich gebundenen) Niederlassungen inländischer Unternehmen im Ausland sind nicht immer Gründungen des inländischen Unternehmens. Häufig ist die Entwicklung so gewesen, daß das inländische Unternehmen ein bereits bestehendes ausländisches Unternehmen aufgekauft oder sich an einem solchen Unternehmen maßgeblich beteiligt hat. Eine äußerste Steigerung des Niederlassungsprinzips stellt die Errichtung von Fabriken im Ausland dar, die entweder nur als Montagewerke oder als komplette Fabriken in oft enger, manchmal aber nur sehr lockerer Bindung an das Stammwerk Erzeugnisse gleicher oder ähnlicher Art wie das Stammwerk herstellen. Das Produktionsprogramm kann dabei dem des Stammwerkes vollständig entsprechen. Oft besteht es nur aus Teilen dieses Fabrikationsprogramms. Die Errichtung selbständiger Tochtergesellschaften im Ausland setzt voraus, daß der Absatz dieser Tochtergesellschaften im Ausland gesichert erscheint und daß die zoll- und devisenrechtlichen Bestimmungen im Ausland und die Wirtschaftspolitik in diesen Ländern der Gründung solcher Tochterunternehmungen günstig sind.

Eigene Niederlassungen im Ausland findet man sehr häufig bei Investitionsgüterindustrien, so zum Beispiel bei Werken der eisenschaffenden Industrie, des Großmaschinenbaues, der elektrotechnischen und chemischen Industrie. Auch Großunternehmen auf dem Gebiete des Eisen- und Stahlhandels unterhalten eigene Verkaufsbüros im Ausland, wie es auch vorkommt, daß Markenartikelunternehmen ihren Export über eigene Verkaufsbüros im Ausland leiten.

Es gibt aber auch viele inländische Unternehmen, die darauf verzichten, im Ausland eigene Verkaufsniederlassungen in Form rechtlich unselbständiger Filialen oder in Form von rechtlich selbständigen Vertriebsunternehmen zu unterhalten. Diese Unternehmen ziehen es vor, lediglich mit Vertretern zu arbeiten, die, ähnlich wie die bereits erwähnten Leiter von Verkaufsniederlassungen im Ausland, langjährige Angestellte des inländischen Unternehmens sein können. Hierbei lassen sich (in Anlehnung an die Auslandsorganisation eines großen deutschen Werkes der eisenschaffenden Industrie) zwei Arten von Vertretern unterscheiden, die Gehaltsvertreter und die reinen Provisionsvertreter. Die Gehaltsvertreter sind rechtlich in der Regel Angestellte des Unternehmens und beziehen zusätzlich zu ihrem festen Gehalt auch Provisionen und Prämien als Anreiz für ihre Tätigkeit. Sie sind verpflichtet, ausschließlich die eigene Firma zu vertreten. Ihre geschäftlichen Aufwendungen gehen zu Lasten der Hauptverwaltung des inländischen Unternehmens.

Die Provisionsvertreter erhalten lediglich Provisionen, die sich nach der Höhe des Auftragswertes richten. (Nur für die Anlaufzeit wird eine Pauschale gewährt.) Ihre geschäftlichen Aufwendungen tragen die Provisionsvertreter grundsätzlich selbst. Für einzelne Fälle bestehen Sonderabmachungen. Die Provisionsvertreter sind im allgemeinen nicht verpflichtet, nur für ein Unternehmen tätig zu sein.

Ob es zweckmäßig erscheint, in einem Lande eine Provisionsvertretung oder eine Angestelltenvertretung einzurichten, läßt sich nicht grundsätzlich sagen. Die Entscheidungen hierüber sind von den besonderen Verhältnissen in dem jeweiligen Exportland abhängig. Die wichtigsten Vertretungen pflegen jedoch Gehaltsvertretungen zu sein.

In vielen Fällen arbeiten die inländischen Unternehmungen mit ausländischen Vertretern; das gilt bevorzugt für reine Provisionsvertretungen. Die ausländischen Vertreterfirmen gelten dann als „unsere Vertreter" im Ausland. Auf die besondere Problematik der „Agentenfrage" geht vor allem LOHMANN ein[1]. Er weist darauf hin, daß man Agenten (im Sinne von Vertretern) dann gern einzuschieben sucht, wenn die Exportfabrikation zu geringfügig oder die Nachfrage zu wenig dauerhaft ist. Die Auswahl geeigneter Vertreter ist schwierig, weil man oft auf bloße Empfehlungen angewiesen ist. Häufig ist die technische Instruktion eines ausländischen Vertreters vom Inland aus schon aus sprachlichen Gründen nicht ohne Schwierigkeiten durchzuführen. Andererseits ist das mittlere Unternehmen für Marktinformationen ganz auf ihn angewiesen. Die große Anzahl der Vertretungen, die ein Vertreter im Ausland übernimmt, ist der äußersten Forcierung des Absatzes der Erzeugnisse eines Unternehmens nicht immer zuträglich. Auf der anderen Seite läßt sich der große Vorteil der ausländischen Vertreter nicht übersehen, der darin besteht, daß sie auf das genaueste mit den wirtschaftlichen und gesellschaftlichen Verhältnissen ihres Landes vertraut sind. Dieser Umstand ist es, der die ausländischen Vertreter inländischer Unternehmungen oft zu unentbehrlichen Verkaufshelfern werden läßt. Manchmal sind diese „Vertreter" in Wirklichkeit Eigenhändler, also selbständige Handelsunternehmungen. In diesem Falle kann man allerdings nicht mehr von betriebseigenen oder betriebsfremden Verkaufsorganen sprechen.

An dieser Stelle muß jedoch darauf hingewiesen werden, daß unter Exportvertretern (Exportagenten) oft inländische Vertreter verstanden werden, die an inländischen Exporthandelsplätzen ansässig sind und die Vermittlung von geschäftlichen Kontakten zwischen Fabrikanten und Großhändlern auf der einen, Exporthandelsfirmen auf der anderen

---

[1] LOHMANN, M., Wandlungen in den Betriebs- und Finanzierungsformen des deutschen Außenhandels. Jena 1938, S. 30ff.

Seite besorgen. Oft unterhalten diese Exportvertreter, die in der Regel Mehrfirmenvertreter sind, Musterläger. Die Geschäftsabschlüsse erfolgen zwischen den Exportvertretern und den Exporthandelshäusern. Für Hamburg und Bremen haben diese Exporthändler eine gewisse Bedeutung.

Im Außenhandel werden in der Regel die Exportkommissionäre zu den speziellen Exporteuren gerechnet, obwohl sie nicht im eigenen Namen und für eigene Rechnung, sondern im eigenen Namen für fremde Rechnung abschließen[1]. So weist HELLAUER darauf hin, daß der Exporteur auch als Verkaufskommissionär tätig sein kann. Exporteur im engeren Sinne seien sowohl die Händler (Eigenhändler) als auch die Kommissionäre, in deren Geschäftsbetrieb die Pflege des Exportgeschäftes eine hervorragende oder ausschließliche Rolle spielt.

c) Von direktem Export kann man auch dann sprechen, wenn der inländische Hersteller mit ausländischen Unternehmen bzw. deren Bevollmächtigten im Inland in Verbindung tritt und diese Verbindung zum Abschluß von Kaufverträgen führt. Hierbei besteht dann wiederum die Möglichkeit, daß die ausländischen Unternehmen im Inland rechtlich unselbständige oder rechtlich selbständige Niederlassungen oder eigene Fabrikationsbetriebe in Form von Montagebetrieben oder vollständigen Fabriken unterhalten oder daß sie sich als ausländische Firmen im Inlande betriebseigener oder betriebsfremder Verkaufsorgane bedienen. Die geschäftliche Kontaktnahme findet dann im Inland statt. Wenden sich die ausländischen Interessenten an ein inländisches spezielles Exporthandelsunternehmen, indem sie dieses Unternehmen beauftragen, mit Herstellerfirmen in Verbindung zu treten und als Kommissionär oder in einer anderen Form als ihr Beauftragter bei inländischen Herstellern, Groß- oder Einzelhändlern einzukaufen, dann liegt kein direkter Export vor, weil in diesem Falle der Exporthändler zwischen den inländischen Lieferer und den ausländischen Käufer eingeschaltet ist und nur dann von direktem Export gesprochen werden kann, wenn dieses Zwischenglied fehlt.

d) Unter indirektem Absatz versteht man im Exportgeschäft einen Absatz, bei dem sich die inländischen Hersteller oder die Waren ins Ausland verkaufenden inländischen Handelsunternehmen (Großhandels- und Einzelhandelsunternehmen — diese in der Regel nur dann, wenn sie in großbetrieblicher Form betrieben werden, zum Beispiel: Versandgeschäfte) eines speziellen Exporthändlers bedienen. Diese Exporthandelsbetriebe sind dem Prinzip nach Großhandelsunternehmen, deren geschäftliche Tätigkeit speziell den Export von Waren zum Gegenstand hat. Diese speziellen Exporthandelsunternehmen werden meist in der

---

[1] HELLAUER, J., a.a.O., S. 115. — SCHUSTER, E., Groß-Ein- und Ausfuhrhandel, im Handwörterbuch der Betriebswirtschaft, II. Aufl. 1938/39, Spalte 2178.

Form von Einzelunternehmen oder in der Form von Personengesellschaften betrieben. Aktiengesellschaften sind selten. Auch der kommissionsweise Verkauf von Erzeugnissen eines Herstellerbetriebes durch den Exporthändler an das Ausland gehört hierher. Im allgemeinen sind die speziellen Exporthändler bemüht, ihre Waren direkt von den Herstellern zu beziehen. Ist die Ware praktisch nur über den Handel zu erhalten oder ist ein solcher Verkauf im konkreten Falle vorteilhafter als der direkte Bezug von vielen kleinen Produzenten, dann treten die Exporthändler auch mit Großhandelsbetrieben in Verbindung. Geschäftliche Verbindung mit Einzelhandelsunternehmen ist selten. Sie kann zum Beispiel vorkommen, wenn sich große Versandhäuser des speziellen Exporthandels bedienen.

In Deutschland domizilieren die speziellen Exporthandelsunternehmen vor allem in den großen Hafenstädten wie Hamburg und Bremen. Aber auch in den großen deutschen Binnenstädten gibt es spezielle Exporthäuser. Ihr Hauptarbeitsgebiet ist das Überseegeschäft. Im europäischen Geschäft sind sie nur selten tätig. Die speziellen Exporthäuser sind in Deutschland fast ausschließlich nach regionalen Absatzräumen und nicht nach Warengattungen spezialisiert. Da sie alle Arten von Erzeugnissen oder Waren in ihre Handelstätigkeit aufnehmen, die sich mit Aussicht auf Erfolg in den von ihnen bevorzugten Ländern absetzen lassen, so weist ihr Sortiment in der Regel eine große Mannigfaltigkeit auf. Im allgemeinen schließen die nicht branchenmäßig spezialisierten Exporthäuser keine Warenart aus ihrem Verkaufsprogramm aus, für die Absatzchancen in dem von ihnen bevorzugt belieferten Lande bestehen. Nur solche Gegenstände werden die Exporthäuser nicht in ihr Exportprogramm aufnehmen, deren Verkauf spezielle technische Fachkenntnisse voraussetzt. Gleichwohl werden viele, vor allem standardisierte Kraft- und Arbeitsmaschinen über die speziellen Exporthäuser nach Übersee verkauft. Wenn es sich um technische Spezialeinrichtungen handelt oder um Anlagen, deren Bau technische Fachkenntnisse und spezielle Erfahrungen voraussetzt, schließt sich der indirekte Absatzweg über ein Exporthaus aus. Das Exporthaus bahnt gegebenenfalls lediglich die Verbindung mit einer ausländischen Firma an und fungiert als Makler, indem es einem Produktionsbetrieb den Auftrag gegen Provision vermittelt. Die Heranziehung technischer Experten ist aber nur in engen Grenzen möglich. Oder aber die Leitung des Exporthauses besteht aus technischen Fachleuten. Dieser Fall kommt selten vor.

Der spezielle Exporthandel ist für industrielle Unternehmungen, die bestrebt sind, ein Exportgeschäft aufzubauen, denen es aber an Exporterfahrung fehlt, ein in der Regel unerläßlicher und sachkundiger Helfer. Das gilt auch für Unternehmungen, die bereits nach Übersee exportieren, deren Exportvolumen aber verhältnismäßig klein und deren Fertigungsprogramm stark differenziert ist.

Für Deutschland läßt sich feststellen, daß die Unternehmen immer mehr von den Möglichkeiten des direkten Exportes Gebrauch machen. Diese Tatsache ist darauf zurückzuführen, daß die exportierenden Unternehmen bestrebt sind, sich die Vorteile zunutze zu machen, welche die unmittelbare Einflußnahme auf ihre Verkaufsorgane im Ausland bietet. Man stößt hier auf eine ähnliche Erscheinung wie im Binnenhandel. Auch hier war festzustellen, daß die Unternehmen in vielen Fällen dem Verkauf mit eigenen Absatzorganen den Vorzug vor dem Verkauf über den Großhandel geben. Und zwar deshalb, weil sie der Auffassung sind, daß sie den Absatz besser unter Kontrolle haben, wenn sie mit eigenen Verkaufsorganen arbeiten.

Mit Recht weist HENZLER darauf hin, daß mit der Konzentration von Handelsfunktionen bei den exportierenden Produktionsbetrieben eine Kosten- und Risikokonzentration verbunden ist, da sie zu einem Ausbau der Absatzorganisation gezwungen sind[1].

Die zunehmende Verlagerung des Exportgeschäftes vom indirekten auf das direkte Geschäft erklärt sich weiter aus der Tatsache, daß sich die wirtschaftlichen Organisationsformen und Einrichtungen bisher wenig entwickelter Länder immer mehr den wirtschaftlichen Organisationsformen und Einrichtungen wirtschaftlich hoch entwickelter Völker annähern. Je mehr das der Fall ist, um so mehr wird man sich der Absatzmethoden bedienen, wie sie im Geschäftsverkehr zwischen wirtschaftlich hoch entwickelten Völkern üblich sind.

Die modernen Formen der Marktberichterstattung und der Markterkundung, die Beschleunigung des Personen-, Güter- und Nachrichtenverkehrs, die den Exportproduzenten und den Exporthandel entlastenden Außenhandelsbanken und die das Exportrisiko mindernden Exportförderungsmaßnahmen sind es, welche die Tendenz zum Direktexport immer stärker werden lassen[2].

Große Exporthäuser unterhalten oft eigene Niederlassungen im Ausland, die in der Regel über ein Auslieferungslager unter Zollverschluß verfügen. Die Niederlassungen sind entweder rechtlich unselbständige Zweigniederlassungen der Exporthäuser oder rechtlich selbständige, wirtschaftlich an die Exporthäuser gebundene Firmen. Der zuletzt genannte Fall ist jedoch verhältnismäßig selten. Oft kommen dagegen Beteiligungen von Exporthäusern an ausländischen Firmen vor.

---

[1] HENZLER, R., Über die Tendenz zum Direktexport. Zeitschr. f. Betriebswirtschaft, 26. Jg. (1956) S. 340ff.

[2] Vgl. HENZLER, R., a. a. O., S. 345, und SUNDHOFF, E., Schwerpunktverlagerung im Bereich der betrieblichen und Außenhandelsrisiken und ihre Folge, in: Schriften des Vereins für Sozialpolitik 1954, S. 345ff.

Die Auslandsniederlassungen der Exporthäuser dienen dem Handel der Exporthäuser in dem Niederlassungsland bzw. in Ländern, die von den Auslandsniederlassungen bearbeitet werden. Sie stellen, so gesehen, ein großes Aktivum der Exporthäuser dar, weil sie in der Regel über langjährige Geschäftsbeziehungen mit Handels- und Herstellerfirmen der Länder, in denen sie domizilieren, verfügen. Sie pflegen zudem mit den wirtschaftlichen, sozialen und politischen Verhältnissen ihrer Länder gut vertraut zu sein. Die Niederlassungen besorgen aber auch die Importgeschäfte der Außenhandelshäuser. Oft liegt überhaupt das Schwergewicht ihrer geschäftlichen Tätigkeit auf der Anbahnung dieser Geschäfte.

Sechstes Kapitel.
Die Preispolitik.
I. Die Grundlagen der betrieblichen Preispolitik.
II. Die Preispolitik monopolistischer Anbieter.
III. Die Preispolitik bei atomistischer Konkurrenz.
IV. Die Preispolitik bei oligopolistischer Konkurrenz.
V. Spezialprobleme der Preispolitik.

I. Die Grundlagen der betrieblichen Preispolitik.
1. Ziele und Methodik preispolitischer Untersuchungen.
2. Das Marktformenschema und die Triffinschen Koeffizienten.
3. Die Verhaltensweisen.

1. Die Frage nach dem richtigen Preis bildet das Zentralthema einer einzelwirtschaftlichen Theorie der Preispolitik[1]. Welches sind die Kri-

---
[1] Zu den weiteren Ausführungen vgl. folgende Literatur: SCHMALENBACH, E., Grundlagen der Selbstkostenrechnung und Preispolitik, 6. Aufl., Leipzig 1934, SCHMIDT, F., Kalkulation und Preispolitik, Berlin 1930, LOHMANN, M., Einführung in die Betriebswirtschaftslehre, 3. Aufl., Tübingen 1959, STACKELBERG, H. v., Grundlagen der Theoretischen Volkswirtschaftslehre, Bern-Tübingen 1951, MÖLLER, H., Kalkulation, Absatzpolitik und Preisbildung, Wien 1941, SCHNEIDER, E., Einführung in die Wirtschaftstheorie, II. Teil, 6. verbess. Auflage, Tübingen 1960, RICHTER, R., Das Konkurrenzproblem im Oligopol, Berlin 1954, BRANDT, K., Preistheorie, Ludwigshafen 1960, KRELLE, W., Preistheorie, Tübingen-Zürich 1961; Jacob, H., Preispolitik, in: Die Wirtschaftswissenschaften, Wiesbaden 1963.

KILGER, W., Die quantitative Ableitung polypolistischer Preisabsatzfunktionen aus den Heterogenitätsbedingungen atomistischer Märkte, in: Zur Theorie der Unternehmung, herausg. von H. KOCH, Wiesbaden 1962, S. 269ff.

MARSHALL, A., Principles of Economics, 8th Ed., London 1947, CHAMBERLIN, E. H., The Theory of Monopolistic Competition, 6th Ed., Cambridge Mass. 1950, ROBINSON, J., The Economics of Imperfect Competition, London 1950, STIGLER, G. J., The Theory of Price, New York 1949, BOULDING, K. E., Economic Analysis, New York 1948, BAIN, J. S., Price Theory, New York 1952, MACHLUP, F., The Economics of Sellers' Competition, Baltimore 1952, CHAMBLEY, P., L'Oligopole, Paris 1944, MARCHAL, J., Le Mécanisme des Prix, Paris 1948, MARJOLIN, R., Prix, Monnaie, Production, Paris 1941, NEUMANN, J. v., und O. MORGENSTERN, Theory of Games and Economic Behavior, 3rd ed., Princeton N. J. 1953, dtsch. Übers., Spieltheorie und wirtschaftliches Verhalten, Würzburg 1961, SHUBIK, M., Strategy and Market Structure, New York 1959.

terien, die Aussagen darüber zulassen, ob ein Preis richtig gestellt ist ? Wann kann man sagen, daß ein Unternehmen sich preispolitisch richtig verhält ? In welcher Weise wird dieses Verhalten von der konkreten Lage bestimmt, in der sich ein Unternehmen befindet ? Liefert das erwerbswirtschaftliche Prinzip die Kriterien, nach denen hier gefragt wird ?

Ohne Zweifel stellt dieses Prinzip eine Leitmaxime preispolitischen Verhaltens von Unternehmungen dar, die unter marktwirtschaftlichen Bedingungen arbeiten. Aber dieses Prinzip ist sehr dehnbar, denn es gibt viele Abwandlungen, in denen es sich praktizieren läßt, ganz abgesehen von seiner vielgestaltigen Verwurzelung in der Sphäre persönlicher und gesellschaftlicher Motive.

Eine breit angelegte und verzweigte Theorie der einzelwirtschaftlichen Preispolitik muß der Fülle an Varianten, in denen das erwerbswirtschaftliche Prinzip auftritt, gerecht zu werden versuchen. Die Bedingungen absoluter Gewinnmaximierung können nicht als die alleinigen und schlechthin geltenden Voraussetzungen preispolitischer Analyse angesehen werden. Die vielen Fälle und Möglichkeiten, in denen das erwerbswirtschaftliche Prinzip nur näherungsweise oder in bestimmten Abwandlungen gilt, verlangen mit Recht Berücksichtigung. Eine Theorie der Preispolitik kann sich auch nicht auf die Fälle beschränken, in denen vollständige Marktübersicht besteht und in denen die Voraussetzungen der Preisstellung bekannt sind. Denn die Unternehmen fassen ihre preispolitischen Entschlüsse in der Regel unter Unsicherheit. Die Theorie kann deshalb den besonderen Fragen nicht ausweichen, die aus der Ungewißheit über das voraussichtliche Verhalten der Käufer und Konkurrenten entstehen.

Dabei gilt es zu berücksichtigen, daß sich die wirtschaftlichen Aktionen und Reaktionen nicht sofort und mit ganzer Stärke vollziehen. Die betriebliche Anpassung an sich ändernde betriebliche oder marktliche Situationen verlangt Zeit. Sie beträgt bei Börsengeschäften nur wenige Stunden oder Minuten. In anderen Fällen kann sie Jahre benötigen. Jedem der vielen und kaum zu übersehenden Anpassungsvorgänge, wie sie sich täglich in der Wirtschaft vollziehen, haftet also ein Zeitindex an. Passen sich die Konsumgüterpreise, die Produktionsgüterpreise, die Investitionsausgaben, die Löhne, Zinsen u. ä. nicht sofort an Datenänderungen an, dann können Disproportionierungen, zum Beispiel vertikale Ungleichgewichte im Aufbau der Konsumgüter- und der Produktionsgüterindustrien entstehen, die den Ablauf des Wirtschaftsgeschehens hemmen und beeinträchtigen.

Eine einzelwirtschaftliche Theorie der Preispolitik muß so weit angelegt sein, daß sie mit ihren Instrumenten die vielen Möglichkeiten zeitlicher Verzögerung der Anpassungsvorgänge zu erfassen erlaubt. Der Untersuchungszweck kann verlangen, daß die Wirkung preispolitischer

Maßnahmen unter der Annahme vorgenommen wird, die Anpassungsprozesse vollzögen sich simultan und gewissermaßen zeitlos. Andererseits besteht die Möglichkeit, daß gerade die zeitlichen Verwerfungen der Anpassungen, die time-lags, den Gegenstand preispolitischer Untersuchungen bilden. In diesem Falle wäre es unsinnig, den Marktvorgängen ihre Zeitindizes zu nehmen. Im ersten Falle würde die Reaktionsgeschwindigkeit der betrieblichen und marktlichen Anpassungsvorgänge als unendlich groß angenommen werden, im zweiten Falle würde die Trägheit der betrieblichen und marktlichen Anpassungen einen Bestandteil preispolitischer Untersuchungen bilden.

Mit der räumlichen Ausdehnung der modernen Märkte hat die Zahl der Warengattungen und die Differenzierung dieser Gattungen in einem Maße zugenommen, das die Fülle des weltwirtschaftlichen Warensortiments kaum noch überschauen läßt. Auf der anderen Seite hat die moderne Technik der Nachrichtenübermittlung und des Warentransportes ein Maß an Information über die weltweiten Vorgänge auf den Warenmärkten geschaffen, das früheren Generationen unvorstellbar gewesen ist. So kommt es, daß trotz des Reichtums an Warenarten und -varianten Käufer und Verkäufer verhältnismäßig gute Markt- und Warenkenntnis besitzen, mit sehr großen Unterschieden allerdings in den einzelnen Sparten der Wirtschaft.

Für die Unternehmen ist aber das Maß an Warenkenntnis und an Marktübersicht, das sie voraussetzen können, preispolitisch von entscheidend großer Bedeutung. Unzureichende Markttransparenz hemmt das glatte und sofortige Einspielen marktlicher Anpassungs- und Ausgleichsvorgänge. Interessieren im Rahmen einer preispolitischen Untersuchung die Wirkungen nicht, die aus unzureichender Marktübersicht folgen, so wird die Untersuchung unter der Annahme vorgenommen werden, daß vollkommene Marktübersicht besteht. Ist es aber gerade der Einfluß mangelnder Marktübersicht auf die Preisstellung, der den Gegenstand des wissenschaftlichen Interesses bildet, dann wird unzureichende Marktübersicht angenommen werden müssen, wenn das Ziel der Untersuchung nicht verfehlt werden soll. Die Theorie hat die Freiheit, die Bedingungen ihrer Analysen so zu wählen, wie es der Untersuchungsgegenstand erfordert.

Mit völlig verschiedenen preispolitischen Verhaltensweisen ist im Falle homogenen oder nicht-homogenen Warenangebotes zu rechnen. Die Produktdifferenzierung kann darin bestehen, daß, vom Standpunkt des Käufers aus gesehen, an sich gleichartige Waren durch zeitliche oder räumliche Differenzierung zu ,,heterogenen" Waren werden. Man denke an die Bedeutung der Standortunterschiede für die Industrie, insbesondere auch für die Einzelhandelsgeschäfte. Nur wenn der räumliche Abstand der Käufer von den Verkäufern gleich groß ist, wird man von standortlicher Indifferenz sprechen können. In diesem Falle fehlen die

Voraussetzungen, die aus an sich gleichartigen Waren nicht-homogene Waren machen.

Das gleiche gilt in zeitlicher Hinsicht dann, wenn zwei oder mehrere Firmen völlig gleichartige Erzeugnisse anbieten, die Lieferzeiten aber verschieden sind. Es ist unter diesen Umständen klar, daß die unterschiedlichen Lieferzeiten eine Bevorzugung schaffen können, die die Waren trotz ihrer qualitativen Gleichartigkeit dennoch zu ökonomisch ungleichartigen Waren machen. Auch dann kann von Produktdifferenzierung bei an sich qualitativ gleichartigen Waren gesprochen werden, wenn die Warendarbietung Unterschiede aufweist, die zu Bevorzugungen Anlaß geben. Diese Bevorzugungen können persönlicher Art sein, also zum Beispiel in persönlichen Bevorzugungen gewisser Verkäufer durch die Käufer (oder auch umgekehrt) bestehen. In diesem Falle beeinflussen persönliche Umstände die Kaufentscheidungen. In anderen Fällen sind es sachliche Umstände, zum Beispiel besondere Formen der Warendarbietung (der Läden, der Bedienung, des Kundendienstes, der Kreditgewährung u. a.), die die Käufer dazu veranlassen, bestimmte Firmen anderen vorzuziehen. Ein besonders bedeutsames Mittel, derartige Präferenzen entstehen zu lassen, ist die Werbung in ihren vielen Formen und Möglichkeiten. Die Motive, die die Käufer gerade diese Verkäufer vor anderen Verkäufern bevorzugen lassen, sind oft so ineinander verwoben, daß die Grenzen rationaler Faßbarkeit der Vorgänge auf den Märkten erreicht werden. Tradition, Bequemlichkeit, Indolenz, Sympathien und Antipathien bestimmen die Kaufentscheidungen mehr als rationale Erwägungen. Worauf es hier aber einzig und allein ankommt, ist, daß nicht nur Präferenzen räumlicher und zeitlicher Art, sondern auch Unterschiede in der Warendarbietung (persönlicher wie sachlicher Art) aus gleichartigen Erzeugnissen ökonomisch ungleichartige Waren machen können.

Produktdifferenzierung besagt aber nicht nur, daß stofflich gleichartige Güter durch Präferenzen der geschilderten Art zu wirtschaftlich ungleichartigen Gütern werden. Gemeint ist mit Produktdifferenzierung auch die Tatsache, daß zur Befriedigung gewisser Bedürfnisse und zur Erfüllung bestimmter produktiver Zwecke Güter angeboten werden, die sich in ihren Eigenschaften und damit in ihrer qualitativen Beschaffenheit voneinander unterscheiden. Auf zahlreichen Konsumgüter- und Produktivgütermärkten werden gleichen Zwecken dienende Waren von Herstellern in vielen Qualitäten, Typen, Baumustern, Dessins auf den Markt gebracht. Sie stehen in einem engen Substitutionsverhältnis zueinander, ohne jedoch völlig gleichartig zu sein. Von einem identischen Gut und einem identischen Markt kann man in diesem Falle nicht mehr sprechen. In der Regel handelt es sich dabei um Güter, die nur in mehreren Varianten vorhanden sind. Dementsprechend gibt es nicht eigentlich einen Preis für ein Gut, sondern ganze Preisbündel für die unzähligen, miteinander verwandten, miteinander konkurrierenden und gegeneinander substituierbaren Formen ein und desselben Gutes. Von einheitlicher Preisbildung, von Einheitspreisen identischer Güter auf identischen Märkten kann unter solchen Umständen nicht mehr die Rede sein. Die Analyse preispolitischer Vorgänge wird zu verschiedenen Ergebnissen führen, wenn sie Produktdifferenzierung annimmt oder ausschließt.

Wenn eine preistheoretische Analyse aus dem unverbindlichen Ungefähr ihrer Beweisführung hinauskommen will, ist sie gezwungen, die Bedingungen anzugeben, unter denen die Untersuchung vorgenommen wird. Alle Theorieaussagen haben immer nur Gültigkeit in Hinsicht auf die Annahmen, auf denen sie beruhen. Nur so sind derartige Aussagen nachprüfbar. Dieser höhere Grad an Exaktheit muß unter Umständen mit einem größeren Abstand von der Wirklichkeit erkauft werden. Ist ein Autor hierzu bereit und gelangt er auf diese Weise zu gewissen Modellkonstruktionen, dann ist es unwesentlich, ob es sich hierbei um ideal- oder realtypische Gebilde handelt. Wichtig ist allein, daß methodisch einwandfrei gearbeitet wird und die Prämissen angegeben werden, auf denen die Ergebnisse der Untersuchung beruhen.

Von der Freiheit, zu isolieren und mit Annahmen zu arbeiten, kann in der Weise Gebrauch gemacht werden, daß ein ganz bestimmter Satz von Annahmen fixiert wird, etwa so:

a) Alle Marktteilnehmer handeln nach dem Maximumprinzip derart, daß die Käufer (Konsumenten) ein Maximum an Nutzen, die Verkäufer (Produzenten) ein Maximum an Gewinn zu erzielen versuchen. Dieses Maximumprinzip möge mit äußerster Strenge gelten. Die Preise sollen sich dabei lediglich aus dem Verhalten der Marktbeteiligten ergeben, d.h. die Preisbildung selbst soll von staatlichen und anderen überbetrieblichen Eingriffen frei sein.

b) Die Reaktionsgeschwindigkeit der marktlichen und betrieblichen Anpassungsprozesse sei unendlich groß.

c) Es herrsche vollkommene Markttransparenz.

d) Sowohl auf der Angebots- wie auf der Nachfrageseite sollen Präferenzen fehlen (Homogenitätsbedingung).

Beruht irgendeine Preisanalyse auf diesem System von Annahmen, dann pflegt man in der Wirtschaftstheorie zu sagen, es liege ein „vollkommener Markt" vor. Die Konstruktion besitzt, um es noch einmal zu sagen, völlig hypothetischen, nur aus dem Untersuchungszweck zu rechtfertigenden, instrumentalen Charakter. Diese Tatsache schließt nicht aus, daß es hochorganisierte Märkte gibt, die dem geschilderten System von Annahmen weitgehend entsprechen. So sei zum Beispiel auf den Wollmarkt verwiesen, dessen Verfassung der Form eines vollkommenen Marktes sehr nahe kommt, wie E. LIEFMANN-KEIL in ihrem verdienstvollen Buche aufgezeigt hat[1].

---

[1] LIEFMANN-KEIL, E., Organisierte Konkurrenzpreisbildung, Leipzig 1936.

Aber diese Tatsache selbst ist für den Begriff und die Bedeutung des Systems von Annahmen, das den in der Wirtschaftstheorie als „vollkommen" bezeichneten Märkten entspricht, nicht von Bedeutung. Denn es handelt sich bei dem Begriff des vollkommenen Marktes lediglich um ein methodisches Hilfsmittel. Nicht dem „Modell", sondern den sich in ihm als vollziehend gedachten preispolitischen Vorgängen gehört das Interesse.

Hebt man nun eine oder mehrere oder alle Annahmen auf, die zu dem Bedingungssatz gehören, wie er für vollkommene Märkte unterstellt wird, dann spricht man von „unvollkommenen Märkten". Die in der Wirtschaftstheorie gebräuchliche Konstruktion unvollkommener Märkte unterscheidet sich in der Regel lediglich dadurch von dem Modell vollkommener Märkte, daß die Homogenitätsbedingung aufgehoben und durch die Heterogenitätsbedingung ersetzt wird. Im übrigen bleibt es dann bei den Bedingungen vollkommener Märkte.

Es ist jedoch nicht einzusehen, warum nur das Fehlen der Homogenitätsbedingung ein Marktmodell zu einem Modell unvollkommener Märkte machen soll. Die Aufhebung anderer Bedingungen, zum Beispiel der Transparenzbedingung, kann einen Markt ebenfalls zu einem unvollkommenen Markte machen. Je mehr von den Bedingungen, die vollkommene Märkte kennzeichnen, aufgegeben werden, um so mehr nähert man sich Marktsituationen, wie sie für empirisches Marktgeschehen charakteristisch sind. Werden die Bedingungen dem Untersuchungszweck entsprechend gewählt, dann ergibt sich ein System unvollkommener Märkte, das nach oben an das Modell vollkommener Märkte, nach unten an empirisches Marktgeschehen grenzt.

2. Bei der Untersuchung preispolitischer Fragen hat es sich als zweckmäßig herausgestellt, in das System vollkommener oder unvollkommener Märkte ein Gliederungsschema einzufügen, das bestimmte Annahmen über die Struktur des Angebots und der Nachfrage enthält. Dabei wird die Zahl der Marktbeteiligten auf der Angebots- bzw. Nachfrageseite zum Einteilungskriterium für die verschiedenen „Marktformen" gewählt.

Ist für eine bestimmte Ware nur ein Anbieter vorhanden, dann liegt monopolistische Angebotsstruktur vor. Setzt sich die Angebotsseite aus einer sehr großen Zahl von Verkäufern zusammen, deren Marktanteil so gering ist, daß eine Erhöhung oder Verminderung ihrer Angebotsmengen den Warenpreis nur geringfügig beeinflußt und dieser Einfluß vernachlässigt werden kann, dann spricht man von atomistischer Angebotsstruktur. Sprachlich wäre es richtiger, von polypolistischer Angebotsstruktur zu sprechen, weil der Markt von vielen Anbietern beschickt wird. Da nun aber der Ausdruck polypolistische Konkurrenz in der Literatur für den Fall atomistischer Angebotsstruktur auf unvollkommenen Märkten verwandt wird und hier möglichst eng Anschluß an den herrschenden wissenschaftlichen Sprachgebrauch angestrebt wird, so soll grundsätzlich der Ausdruck atomistische Angebotsstruktur verwendet werden, wenn von einer Marktsituation die Rede ist, welche sich durch sehr viele Anbieter mit geringen Marktanteilen und entsprechend geringem Markteinfluß kennzeichnet[1]. Besteht die Angebotsseite zwar aus mehreren Anbietern, sind die Marktanteile der Anbieter und damit ihre Markteinflüsse jedoch so groß, daß eine Änderung ihrer Angebotsmengen oder ihrer Preise das Angebotsverhalten der Konkurrenten beeinflußt, dann liegt eine oligopolistische Angebotsstruktur vor.

Die Nachfrageseite kann ebenfalls nach der Zahl der Marktteilnehmer aufgegliedert werden. Auf diese Weise ergeben sich verschiedenartige Nachfragestrukturen.

Nun besteht die Möglichkeit, jeweils monopolistische, atomistische oder oligopolistische Angebots- bzw. Nachfragestrukturen sowohl in das Schema vollkommener als auch unvollkommener Märkte einzubauen. Das Kriterium „Zahl der Marktteilnehmer" ist von der Einteilung der Märkte in vollkommene oder unvollkommene Märkte innerhalb gewisser Grenzen unabhängig.

Wird eine atomistische Angebotsstruktur in das Schema vollkommener Märkte eingefügt, dann spricht man von vollkommener, reiner, homogener oder einfach atomistischer Konkurrenz. Wird eine monopolistische Angebotsstruktur auf vollkommenen Märkten angenommen, dann verwendet man auch den Ausdruck vollkommenes, reines oder isoliertes Monopol. Bei oligopolistischer Angebotsstruktur auf vollkommenen Märkten sind die Ausdrücke vollkommenes, homogenes oder reines Oligopol gebräuchlich.

Wird eine atomistische Angebotsstruktur in den Bedingungssatz unvollkommener Märkte eingefügt, dann liegt unvollkommene, monopolistische, heterogene oder auch polypolistische Konkurrenz vor. Monopolistische Angebotsstruktur auf einem unvollkommenen Markt wird als unvollkommenes, unvollständiges Monopol oder auch als Monopoloid bezeichnet. Oligopolistische Angebotsstruktur auf unvollkommenen Märkten ergibt ein unvollkommenes oder heterogenes Oligopol oder ein Oligopoloid.

Für die Nachfrageseite gelten ähnliche Einteilungsprinzipien. Durch eine systematische Verknüpfung der einzelnen Angebots- und Nachfragestrukturen, einmal unter den Bedingungen vollkommener, zum anderen

---

[1] Bei seiner Einteilung der Märkte verwendet R. SEYFFERT den Ausdruck „Polypol" in dem oben angegebenen (sprachlich an sich richtigen) Sinne. Da jedoch der Einteilungszweck bei SEYFFERT ein anderer ist als der, um den es sich hier handelt, erscheint es uns gerechtfertigt, den Anschluß an den Sprachgebrauch zu halten. SEYFFERT, R., Wirtschaftslehre des Handels, 4. Aufl., Köln-Opladen 1961, S. 372ff.

unter den Bedingungen unvollkommener Märkte, läßt sich ein System von Marktformen entwerfen. Jede Marktform kann noch mit einem besonderen Ausdruck gekennzeichnet werden.

Als Beispiel sei das Marktformenschema von H. MÖLLER[1] angeführt:

Nachfrage		Angebot		
		Atomistisch	Oligopolistisch	Monopolistisch
Ato- mistisch	a	freie Konkurrenz	Angebots-Oligopol	Angebots-Monopol
	b	polypolistische Konkurrenz	Angebots-Oligopoloid	Angebots-Monopoloid
Oligo- polistisch	a	Nachfrage- Oligopol	Bilaterales Oligopol	Beschränktes Angebots-Monopol
	b	Nachfrage- Oligopoloid	Bilaterales Oligopoloid	Beschränktes Angebots-Monopoloid
Mono- polistisch	a	Nachfrage- Monopol	Beschränktes Nachfrage-Monopol	Bilaterales Monopol
	b	Nachfrage- Monopoloid	Beschränktes Nachfrage-Monopoloid	Bilaterales Monopol

In den weiteren Untersuchungen soll stets von atomistischer, oligopolistischer oder monopolistischer Angebotsstruktur gesprochen und hinzugefügt werden, ob diese Strukturen jeweils vollkommenen oder unvollkommenen Märkten zugehören. Dabei wird stets atomistische Nachfragestruktur angenommen.

In der neueren Literatur werden Bedenken dagegen geltend gemacht, daß die Zahl der Anbieter bzw. die Zahl der Nachfrager zum Kriterium für die Unterscheidung verschiedener Marktformen gewählt wird. Dieses Kriterium führe zu einer zu großen Zahl verschiedener Marktformen. Außerdem entstünden bei der Analyse unvollkommener Märkte Schwierigkeiten, weil die Marktanteile der einzelnen Anbieter infolge der Verschiedenartigkeit der Produkte und der Dehnbarkeit der Grenzen zwischen den verschiedenen Warengruppen nicht hinreichend genau bestimmbar seien. Bereits CHAMBERLIN versuchte das Marktformenschema durch eine andere Konzeption zu ersetzen[2]. Er verläßt die Einteilung nach der Größe der Marktanteile und spricht von einer „großen Gruppe", wenn die Preisänderung eines zur Gruppe gehörenden Unter-

---

[1] MÖLLER, H., Kalkulation, Absatzpolitik und Preisbildung. Wien 1941, S. 39. Im Schema bedeutet a vollkommene, b unvollkommene Märkte.
Vgl. hierzu auch GEERTMAN, J. A., De Leer van de Marginale Kostprijs, Amsterdam-Brüssel 1949, Abschnitt XVI, S. 185ff.; KLEEREKOPER, S., Grondbeginselen der Bedrijfseconomie, Teil I u. II, Amsterdam 1948 u. 1949; GOUDRIAAN, J., Economie in zestien Bladzijden, Amsterdam 1932.

[2] CHAMBERLIN, E. H., The Theory of Monopolistic Competition. Cambridge Mass. 1950, 6th ed., p. 71ff.

nehmens die Erlöse der Konkurrenzunternehmen nicht spürbar beeinflußt. Wenn dagegen die Preisänderung eines zur Gruppe gehörenden Unternehmens die Erlösgestaltung der anderen zur Gruppe gehörenden Unternehmen spürbar beeinflußt, liegt eine „kleine Gruppe" vor.

Diese Grundkonzeption wandelt R. TRIFFIN in einer bestimmten Richtung ab[1]. Er versucht, eine Marktformenkonzeption zu entwickeln, die ebenfalls auf die Zahl und Größe der Marktteilnehmer als Gliederungsprinzip verzichtet. Im Gegensatz zu CHAMBERLIN geht aber TRIFFIN nicht von dem Einfluß der Preisänderung eines Unternehmens auf die Erlöse seiner Konkurrenten aus, vielmehr wählt er die Stärke der Wirkung von Preisänderungen irgendeines Unternehmens auf das Absatzvolumen der Konkurrenten als Kriterium für die jeweils vorherrschende Angebotsstruktur. Damit versucht er gleichzeitig, die Unterscheidung der Märkte in vollkommene und unvollkommene Märkte überflüssig zu machen.

Die TRIFFINsche Grundbeziehung läßt sich auf folgende Weise darstellen: Irgendein Unternehmen, nennen wir es A, ändert den Verkaufspreis seiner Erzeugnisse p_A um irgendeinen Betrag ∂p_A. Diese Preisänderung ∂p_A kann das Absatzvolumen eines beliebigen Konkurrenzunternehmens B beeinflussen. Das Absatzvolumen dieses Unternehmens B sei x_B, und die Änderung der Absatzmenge sei ∂x_B. Statt der absoluten Preisänderung ∂p_A verwendet TRIFFIN die relative Preisänderung $\partial p_A : p_A$ und statt der absoluten Mengenänderung ∂x_B die relative Mengenänderung $\partial x_B : x_B$. TRIFFIN setzt nun die gegebenenfalls eintretende relative Änderung des Absatzvolumens $\partial x_B : x_B$ zu der sie verursachenden relativen Preisänderung $\partial p_A : p_A$ in Beziehung. Den sich hierbei ergebenden Quotienten aus der relativen Mengenänderung des Unternehmens B und der relativen Preisänderung des Unternehmens A kann man als TRIFFINschen Koeffizienten τ bezeichnen.

$$\tau = \frac{\partial x_B}{x_B} : \frac{\partial p_A}{p_A} = \frac{p_A \, \partial x_B}{x_B \, \partial p_A}.$$

Dieser Quotient stellt einen Elastizitätsquotienten der Substitution dar und ist als solcher ein Maßstab für die Stärke der Konkurrenzbeziehung zwischen den beiden (aus der Vielzahl der Unternehmen herausgegriffenen) Unternehmen A und B[2]. Im einzelnen lassen sich nach TRIFFIN drei Fälle unterscheiden:

a) Das Unternehmen A nimmt eine Veränderung seines Preises vor. Das Absatzvolumen des Unternehmens B wird hierdurch stark beein-

---

[1] TRIFFIN, R., Monopolistic Competition and General Equilibrium Theory, Cambridge, Mass. 1949, p. 97—105.

[2] Die Reaktion des Angebots oder der Nachfrage auf Preisänderungen eines anderen Gutes wird Kreuzpreiselastizität genannt. Bei Substitutionsgütern ist diese Elastizität immer positiv, bei komplementären Gütern negativ.

flußt. Für den Grenzfall, daß auch die kleinste Preisänderung des Unternehmens A das Absatzvolumen des Unternehmens B beeinflußt, wird der Koeffizient unendlich groß ($\tau = \infty$). Diese Tatsache bedeutet, daß zwischen den Unternehmen A und B eine äußerst enge und intensive Konkurrenzbeziehung vorhanden ist. TRIFFIN nimmt an, daß dieser Fall um so wahrscheinlicher ist, je homogener die Erzeugnisse sind, die die Unternehmen A und B auf den Markt bringen. Dieser Fall wird deshalb von TRIFFIN als „homogene Konkurrenz" bezeichnet.

b) Das Unternehmen A verändert wiederum seinen Preis. Das Absatzvolumen des Unternehmens B wird hierdurch überhaupt nicht beeinflußt. Der Koeffizient ist in diesem Fall gleich Null ($\tau = 0$). Hierdurch wird zum Ausdruck gebracht, daß zwischen den beiden Unternehmen keine Konkurrenzbeziehung besteht. Eine Marktsituation, bei der die beiden Unternehmen in dieser Weise voneinander isoliert sind, bezeichnet TRIFFIN als „isolated selling" oder auch als „pure monopoly". Wenn τ zwischen den Unternehmen A und B gleich Null ist, dann braucht das nicht zu bedeuten, daß ein absolutes Monopol vorliegt. Die Tatsache besagt vielmehr lediglich, daß zwischen den Unternehmen A und B keine Verbindung hinsichtlich der Preisveränderung des einen und der Absatzveränderung des anderen besteht.

c) Das Unternehmen A ändert seinen Preis. Das Absatzvolumen des Unternehmens B wird zwar nicht übermäßig stark, aber doch durchaus spürbar beeinflußt. Der TRIFFINsche Koeffizient liegt in diesem Fall zwischen Null und Unendlich ($0 < \tau < \infty$), also zwischen den beiden möglichen Extremwerten. Während die Substitutionselastizitäten 0 und ∞ praktisch nicht vorkommen, enthält der Fall c die ganze Skala der in der Praxis auftretenden Konkurrenzbeziehungen. TRIFFIN nennt diese Konkurrenzbeziehungen, da sie mehr oder weniger starke Produktdifferenzierung und eine mehr oder weniger große Unvollkommenheit des Marktes voraussetzen, „heterogene Konkurrenz".

Um die Fülle der Möglichkeiten anzudeuten, die die Marktform der heterogenen Konkurrenz enthält, seien drei Beispiele durchgerechnet[1]:

1. $p_A = 10$ $x_B = 1200$
$\Delta p_A = 0{,}10$ $\Delta x_B = 1200$

$$\tau = \frac{10 \cdot 1200}{1200 \cdot 0{,}10} = 100.$$

2. $p_A = 10$ $x_B = 1200$
$\Delta p_A = 0{,}10$ $\Delta x_B = 120$

$$\tau = \frac{10 \cdot 120}{1200 \cdot 0{,}10} = 10.$$

---

[1] Da hier mit endlichen Größen gerechnet wird, werden statt der Differentiale Differenzen verwendet. Dadurch wird der Ausdruck für den TRIFFINschen Koeffizienten grundsätzlich nicht geändert.

3. $p_A = 10$ $x_B = 1200$
    $\Delta p_A = 0{,}10$ $\Delta x_B = 6$

$$\tau = \frac{10 \cdot 6}{1200 \cdot 0{,}10} = 0{,}5.$$

In jedem dieser drei Beispiele erhöht das Unternehmen A seinen Preis von DM 10,— auf DM 10,10. Im ersten Fall führt diese Preiserhöhung bei dem Unternehmen B zu einer relativ hohen Zunahme der Absatzmenge. Der TRIFFINsche Koeffizient beträgt 100, so daß in diesem Falle die heterogene Konkurrenz zum Grenzfall der homogenen Konkurrenz tendiert. Im zweiten Beispiel führt die gleiche Preisveränderung des Unternehmens A nur zu einer Vermehrung der Absatzmenge des Unternehmens B von 120 Einheiten. Der TRIFFINsche Koeffizient beträgt 10. Das letzte Beispiel tendiert in Richtung auf eine völlige absatzpolitische Unabhängigkeit der beiden Unternehmen A und B, da der TRIFFINsche Koeffizient nur 0,5 beträgt.

TRIFFIN unterscheidet also insgesamt drei Marktsituationen, oder anders ausgedrückt, drei Formen der Konkurrenzgebundenheit, die zwischen je zwei anbietenden Unternehmen vorliegen können: die homogene Konkurrenz, die Monopolsituation und die heterogene Konkurrenz. Hierbei sind diese drei Formen der Konkurrenzbeziehung nicht scharf gegeneinander abgegrenzt. Die Grenzen zwischen ihnen sind vielmehr flüssig. Der TRIFFINsche Koeffizient gibt an, ob ein konkreter Einzelfall mehr zu der einen oder der anderen Form der Konkurrenzgebundenheit tendiert.

In die beiden Formen der Konkurrenzbeziehungen baut TRIFFIN noch je zwei Unterfälle ein, und zwar unterscheidet er die beiden Fälle danach, ob Elemente oligopolistischer Rückwirkungen vorhanden sind oder nicht. Oligopolistische Rückwirkungen sind nur in den beiden Konkurrenzfällen, d.h. dann, wenn τ genügend von Null verschieden ist, denkbar. Sie werden durch einen ähnlichen Koeffizienten gemessen wie der Koeffizient τ. Der neue Koeffizient enthält jedoch im Nenner die relative Mengenänderung des Unternehmens B, welche A durch seine erste Preisveränderung hervorgerufen hat, und im Zähler die hierdurch verursachte, zweite Preisveränderung des Unternehmens A[1]. Ist der Wert dieses Koeffizienten von Null verschieden, dann liegt eine oligopolistische oder, wie TRIFFIN auch sagt, zirkulare Konkurrenzbeziehung vor. Insgesamt kennt TRIFFIN also die folgenden fünf Marktformen bzw. Konkurrenzbeziehungen:

1. Keine Konkurrenzbeziehungen (isolated selling).
2. Heterogene Konkurrenz

---

[1] $\tau' = \dfrac{\partial p_A}{p_A} : \dfrac{\partial x_B}{x_B}.$

a) oligopolistisch oder zirkular,
b) nicht oligopolistisch oder atomistisch.
3. Homogene Konkurrenz
a) oligopolistisch (reines Oligopol),
b) nicht oligopolistisch (reine Konkurrenz).

Die TRIFFINschen Marktformen gehen, wie dargestellt worden ist, nicht von der Anzahl der Marktteilnehmer aus, wie das bei dem allgemeinen Marktformenschema der Fall ist. TRIFFIN stellt vielmehr sein Einteilungskriterium rein auf die Wirkung von Preisänderungen eines Anbieters auf die Absatzmenge eines anderen Anbieters ab, ohne deren Ursachen (z.B. Größe der Marktanteile, Grad der Produktdifferenzierung) in sein Kriterium einzubeziehen. Trotzdem weisen aber die Beziehungen ,,oligopolistisch" und ,,nicht-oligopolistisch" darauf hin, daß TRIFFIN mit zirkularen Rückwirkungen zwischen den Unternehmen in erster Linie rechnet, wenn ihre Marktanteile relativ groß sind. Ferner zeigen die Ausdrücke ,,homogen" und ,,heterogen", auch die weiteren zur Charakterisierung der beiden Konkurrenzsituationen gemachten Ausführungen, daß er sich im Grunde an der ,,Marktunvollkommenheit" orientiert, die das System kennzeichnet. Andererseits ist es nicht so, daß das Marktformenschema nur die Anzahl und Größe der Marktteilnehmer als Kriterium wählt, ohne die gegenseitige absatzpolitische Beeinflussung zu berücksichtigen. Es ist daher nicht richtig, in der TRIFFINschen Klassifikation etwas völlig anderes zu sehen als in dem Marktformenschema. Der Unterschied ist mehr formaler Natur. Das Marktformenschema verwendet die Ursachen, TRIFFIN dagegen die Wirkungen von Preisänderungen als Kriterium für die Einteilung der Märkte.

3. Die Daten der Absatzpolitik sind den Unternehmungen nur in den wenigsten Fällen genau bekannt. Sie haben in der Regel weder Kenntnis von der Reaktion der Nachfrager noch von der Reaktion der Konkurrenten und sind daher darauf angewiesen, das fehlende Wissen durch ,,Erwartungen" zu ersetzen. Aus diesem Grunde hat in der neueren Preistheorie eine Entwicklung eingesetzt, die dahin tendiert, jeder Marktformeneinteilung für die Theorie der betrieblichen Preispolitik nur eine sekundäre Bedeutung zuzumessen: Viel wichtiger als eine ,,morphologische Einteilung" der Märkte erscheine unter diesem Gesichtspunkte die Verhaltensweise der anbietenden Unternehmen, wobei zunächst nicht von Bedeutung sei, wieweit diese Verhaltensweisen mit den wirklichen Marktsituationen korrespondieren oder wieweit sie auf falschen Erwartungen beruhen. Diese Entwicklung in der Theorie hat mit einem im Jahre 1933 erschienenen Aufsatz von R. FRISCH eingesetzt, in welchem eine systematische Zusammenstellung einer

Reihe von Verhaltensweisen in den Vordergrund der Untersuchungen gestellt wird[1]. FRISCH vertritt wie E. SCHNEIDER den Standpunkt, daß nur die Verhaltensweisen für die Theorie der betrieblichen Preispolitik entscheidend seien[2]. Grundsätzlich unterscheidet SCHNEIDER zwei Typen:

a) Ein Unternehmer rechnet damit, daß sein Absatz nur von seinen eigenen preispolitischen Maßnahmen und dem Verhalten der Käufer, nicht dagegen auch von Konkurrenzunternehmen abhängt. In diesem Fall verhält sich der Unternehmer monopolistisch.

b) Ein Unternehmer rechnet damit, daß sein Absatz nicht nur von seinen eigenen preispolitischen Maßnahmen und dem Verhalten der Käufer, sondern auch von den Konkurrenzunternehmen abhängt. In diesem Fall verhält sich der Unternehmer konkurrenzgebunden. Das Verhalten kann hierbei relativ stark oder relativ schwach konkurrenzgebunden sein. Im ersten Fall liegt homogene, im zweiten Fall heterogene Konkurrenz vor.

Die beiden Formen konkurrenzgebundenen Verhaltens unterteilt SCHNEIDER noch weiter in das ,,polypolistische" und das ,,oligopolistische" Verhalten. Im ersten Fall rechnet der Unternehmer zwar damit, daß seine Absatzmenge von den übrigen Unternehmen mit beeinflußt wird, er rechnet aber nicht mit Rückwirkungen der Konkurrenten als Folge seiner preispolitischen Maßnahmen. Eine polypolistische Verhaltensweise geht also von der Annahme oder Erwartung aus, daß die Konkurrenten ihre Preise unverändert lassen, wenn man selbst seinen Preis verändert. Oligopolistisches Verhalten wird dagegen von der Erwartung bestimmt, daß als Folge eigener preispolitischer Maßnahmen Rückwirkungen eintreten, die Konkurrenten ihre Preise also ebenfalls verändern werden, wenn ein Unternehmer seinen Preis erhöht oder senkt.

Während die Marktformenschemata und das TRIFFINsche System auf objektiven Marktgegebenheiten aufbauen, löst SCHNEIDER seine ,,Verhaltensweisen" von den ,,Marktformen" ab.

Nun läßt sich aber nicht verkennen, daß die von SCHNEIDER angegebenen Verhaltensweisen weitgehend mit den konkreten Marktsituationen in Übereinstimmung sind, die in den Marktformen bzw. in dem TRIFFINschen System systematisiert werden. Wenn sich Unternehmen in monopolistischen Situationen befinden, so brauchen sich diese Unternehmen nicht notwendigerweise wie Monopolisten zu verhalten. Insofern hat SCHNEIDER recht. Man wird aber annehmen können,

---

[1] Vgl. FRISCH, R., Monopole — Polypole, La Notion de Force dans l'Economie, Westergaard-Festschrift 1933.

[2] Vgl. SCHNEIDER, E., Einführung in die Wirtschaftstheorie, II. Teil, 6., verbess. Aufl., Tübingen 1960.

Auch die preistheoretischen Ausführungen von H. MÖLLER lassen, obwohl er vom Marktformenschema ausgeht, erkennen, daß er den Verhaltensweisen eine große Bedeutung beimißt. Vgl. MÖLLER, H., Kalkulation, Absatzpolitik und Preisbildung, Wien 1941.

daß sich solche Unternehmen so verhalten werden, wie es der Situation entspricht. Unternehmen, die unter oligopolistischen Verhältnissen Preispolitik betreiben, werden sich wahrscheinlich so verhalten, wie es ihre Angebotssituation erfordert.

Aus diesen Gründen läßt sich eine Theorie der betrieblichen Preispolitik also nicht völlig losgelöst vom Marktformenschema entwickeln.

II. Die Preispolitik monopolistischer Anbieter.
1. Wesen und Bedeutung des vollkommenen Monopols.
2. Absatzkurve, Absatzelastizität, Erlöskurve und Grenzerlöskurve eines Monopolisten.
3. Der gewinnmaximale Preis eines Monopolisten bei gegebener Absatz- und Kostenfunktion (COURNOTscher Punkt).
4. Der Einfluß von Absatzverschiebungen auf den gewinngünstigsten Preis.
5. Der Einfluß von Kostenverschiebungen auf den gewinngünstigsten Preis.
6. Monopolpreisbildung im Falle von Mehrproduktunternehmungen unter der Voraussetzung linearer stetiger Absatzfunktionen.
7. Monopolpreisbildung im Falle von Mehrproduktunternehmungen unter der Voraussetzung unstetiger Absatzfunktionen.
8. Unvollkommenes Monopol.
9. Kriterien der Marktbeherrschung.

1. Welche Preispolitik erweist sich für einen Betrieb, der ein vollkommenes Monopol besitzt, als die gewinngünstigste? Ein solcher Betrieb liegt vor, wenn nur ein Anbieter eine bestimmte Ware anbietet (Marktformenschema) oder, was auf dasselbe herauskommt, wenn der TRIFFINSCHE Koeffizient in bezug auf alle Unternehmen gleich Null ist. Es gibt also keinen Konkurrenzbetrieb, dessen Preis- und Absatzpolitik den monopolistischen Anbieter beeinflußt. Ein solcher monopolistischer Anbieter braucht preispolitisch keine Rücksichten auf irgendwelche anderen Anbieter zu nehmen, d. h. er kann sich preispolitisch völlig autonom verhalten.

Die Ausschließlichkeitsposition, die ein solcher Verkäufer besitzt, also das Fehlen jeglicher Konkurrenz, insbesondere auch der Surrogatkonkurrenz, stellt kein empirisches Faktum dar. Es handelt sich vielmehr bei einem vollkommenen Monopol um eine theoretische Grenzsituation, die dem anderen, später noch zu behandelnden Grenzfall der atomistischen vollkommenen Konkurrenz entgegengesetzt ist. Damit schließt sich von selbst aus, daß die Ergebnisse der Analyse dieser preispolitischen Grenzsituation auf empirische Monopolsituationen unmittelbar anwendbar und übertragbar sind, denn in der wirtschaftlichen Wirklichkeit befinden sich Monopole, sofern es sie im strengen Sinne des Wortes überhaupt gibt, in Situationen, für die der Bedingungssatz vollkommener Märkte niemals vollständig erfüllt ist.

Die Theorie des Monopols hat seit COURNOT[1] so viele und glänzende Bearbeitungen erfahren, daß es unmöglich ist, die gesamten Forschungsergebnisse hier aufzuzeigen. Die Behandlung von Spezialfällen muß Sonderuntersuchungen vorbehalten bleiben. Es sei hierzu auf die in Frage kommende Fachliteratur verwiesen[2].

2. Ein Monopolbetrieb der geschilderten theoretischen Struktur sieht sich also als Alleinanbieter der gesamten Nachfrage gegenüber. Die Gesamtabsatzmenge x, welche die Nachfrager abnehmen, ist aber nicht konstant, sondern abhängig von dem Preis, den der Monopolbetrieb verlangt. Liegt dieser Preis über einem bestimmten Höchstpreis, so kann der Monopolist nichts mehr absetzen. Die Lage dieses Höchstpreises hängt von den Nutzenschätzungen der kaufkräftigsten Nachfrager ab. Unter dem Höchstpreis nimmt die Absatzmenge x mit fallenden Preisen p in irgendeiner Weise zu. Die zu dem Preise $p=0$ gehörende Menge bezeichnet man als die Sättigungsmenge der Nachfrager. Mit anderen Worten: ein Monopolbetrieb der geschilderten theoretischen Struktur sieht sich einer fallenden Absatzkurve gegenüber, welche jedem Preis eine ganz bestimmte Absatzmenge zuordnet. In dieser Absatzkurve kommt die besondere Marktsituation des Monopolbetriebes zum Ausdruck.

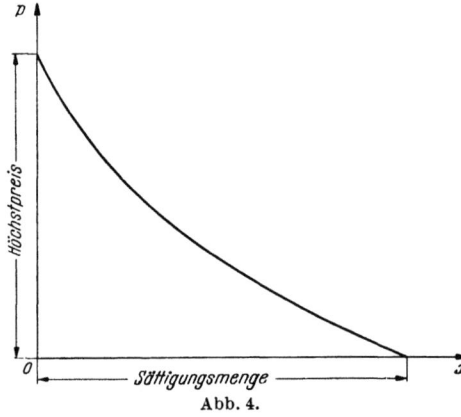
Abb. 4.

Die Absatzkurven können linear, aber auch nichtlinear fallen. Die Abb. 4 zeigt eine nichtlinear fallende Absatzkurve.

Sie gibt an, wie sich die Absatzmenge verändert, wenn der Preis variiert wird. Das Maß für eine Absatzänderung bei einer bestimmten

---

[1] Vgl. COURNOT, A., Untersuchungen über die mathematischen Grundlagen der Theorie des Reichtums, Jena 1924, Sammlung sozialwissenschaftlicher Meister, Übersetzung von W. G. WAFFENSCHMIDT.

[2] Besonders hervorgehoben sei das instruktive Werk von E. SCHNEIDER, Reine Theorie monopolistischer Wirtschaftsformen, Tübingen 1932. Vgl. auch SCHNEIDER, E., Einführung in die Wirtschaftstheorie, II. Teil, 6. verbess. Aufl., Tübingen 1960; ferner STACKELBERG, H. v., Grundlagen der Theoretischen Volkswirtschaftslehre, 2. Aufl., Bern-Tübingen 1951; WAFFENSCHMIDT, W. G., Anschauliche Einführung in die Allgemeine und Theoretische Nationalökonomie, Meisenheim 1950; MÖLLER, H., Kalkulation, Absatzpolitik und Preisbildung, Wien 1941; CARELL, E., Grundlagen der Preisbildung, Berlin 1952; RÖPER, B., Die Konkurrenz und ihre Fehlentwicklungen, Berlin 1952; MARCHAL, J., Le Mécanisme des Prix, Paris 1948.

Preisänderung heißt Absatzelastizität. "The elasticity (or responsiveness) of demand in a market is great or small according as the amount demanded increases much or little for a given fall in price, and diminishes much or little for a given rise in price"[1]. Das reine Verhältnis zwischen Absatzänderung und Preisänderung sagt jedoch nicht viel aus. Vielmehr müssen Preis- und Mengenänderung auf einen bestimmten Preis und eine bestimmte Menge bezogen werden. Es gilt daher, die Elastizität als das Verhältnis von relativer Absatzänderung zu relativer Preisänderung zu definieren. Ist p der Preis und x die Absatzmenge und sind dp und dx die Preis- bzw. Absatzmengenänderung[2], dann lautet die Elastizität η von x in bezug auf p:

$$\eta = -\frac{dx}{x} : \frac{dp}{p} = -\frac{dx}{dp} \cdot \frac{p}{x}.$$

Das Minuszeichen wird eingeführt, um zu verhindern, daß η bei normalen Absatzfunktionen negative Werte annimmt.

Ein Beispiel mag den Begriff der Elastizität verdeutlichen[3]. Der Produktpreis sinke von 10,— DM auf 9,— DM und die Absatzmenge möge von 100 Einheiten auf 105 Einheiten steigen. In diesem Falle erhält man

$$\eta = -\frac{105-100}{100} : \frac{9-10}{10} = 0,5.$$

Die Mengenänderung beträgt 5% bei einer Preisänderung von 10%. Die Elastizität gibt an, daß einer einprozentigen Preisänderung eine 0,5%ige Mengenänderung entspricht[4].

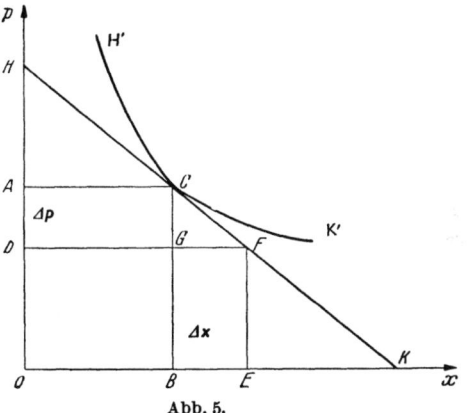

Abb. 5.

Von „elastischem" (starrem) Absatz spricht man, wenn der Elastizitätskoeffizient größer (kleiner) als 1 ist. Ist die Elastizität unendlich (Null), dann ist der Absatz vollkommen elastisch (starr). Es soll nun kurz dargestellt werden, wie man bei einer gegebenen Absatzkurve die Elastizität für eine bestimmte Preis-Mengenkombination feststellen kann.

---

[1] MARSHALL, A., Principles of Economics. London 1947, 8th ed., p. 102.

[2] Die Preis- und Absatzänderungen werden hier nicht als endliche Größen aufgefaßt, um dann zu der sog. Bogenelastizität zu kommen, wie es bei STACKELBERG der Fall ist. STACKELBERG, H. v., Grundlagen der Theoretischen Nationalökonomie, 2. Aufl., Bern-Tübingen 1951, S. 178.

[3] Die Tatsache, daß hier mit endlichen Größen gerechnet wird, ändert grundsätzlich nichts an dem oben gegebenen Elastizitätsausdruck.

[4] Bei größeren Differenzen erscheint es zweckmäßig, mit Durchschnittswerten zu rechnen.

Der Ausgangspreis sei OA und die zugehörige Absatzmenge OB. Nun sinke der Preis um $\Delta p = AD$. Der Absatz steige um $\Delta x = BE$ (vgl. Abb. 5). Die Preiselastizität lautet dann

$$\eta = \frac{p}{x} \cdot \frac{\Delta x}{\Delta p} = \frac{OA}{OB} \cdot \frac{BE}{AD}. \quad [1]$$

Es sind $OB = AC$, $BE = FG$ und $AD = CG$.

$$\eta = \frac{OA}{AC} \cdot \frac{FG}{CG}.$$

Die beiden Dreiecke CFG und ACH sind einander ähnlich. Daraus folgt die Relation

$$\frac{AC}{AH} = \frac{FG}{CG}.$$

Der Ausdruck für die Elastizität ist nun

$$\eta = \frac{OA}{AC} \cdot \frac{AC}{AH} = \frac{OA}{AH}.$$

Nach dem Strahlensatz können wir auch schreiben

$$\eta = \frac{KC}{CH}.$$

Will man die Elastizität eines bestimmten Punktes auf der Absatzkurve ermitteln, so braucht man, wenn es sich um eine linear fallende Absatzkurve handelt, nur den Abschnitt der unterhalb des Punktes liegenden Absatzkurve durch den Abschnitt der oberhalb des Punktes liegenden Absatzkurve zu dividieren. So ist in Abb. 5 zum Beispiel $CK:CH > 1$ und $FK:FH < 1$. Der Punkt, der genau auf der Mitte der Absatzkurve HK liegt, weist die Elastizität 1 auf. Ist die Absatzkurve gebogen, etwa wie $H'K'$, und soll die Elastizität für den Punkt C festgestellt werden, dann legt man die Tangente an diesen Punkt und stellt genau die gleichen Überlegungen mit den Tangentenabschnitten an, wie sie eben mit den Abschnitten der geradlinigen Nachfragekurve angestellt wurden.

Jeder Punkt der Absatzkurve weist eine andere Absatzelastizität auf. Die Grenzfälle des vollkommen elastischen und vollkommen starren Absatzes würden kurvenmäßig so aussehen, daß die Absatzkurve bei vollkommen elastischer Nachfrage parallel zur Abszissenachse und bei vollkommen starrer Nachfrage parallel zur Ordinatenachse verläuft.

Es wäre noch zu untersuchen, wie sich die Elastizitäten des Absatzes in bezug auf den Preis verändern, wenn sich die Lage der Absatzkurve verschiebt.

Geht man von einem bestimmten Ausgangspreis aus, dann wird bei einer Parallelverschiebung der Absatzkurve nach rechts (links) die Elastizität für diesen Ausgangspreis immer kleiner (größer), je stärker die Parallelverschiebung ist. Aus Abb. 6 erkennt man, daß $C_1 K_1 : C_1 H_1 > C_2 K_2 : C_2 H_2$.

---

[1] Von dem negativen Vorzeichen kann hier abgesehen werden.

Dreht sich dagegen die Absatzkurve um den Höchstpreis, dann verändern sich die Elastizitäten nach dem Strahlensatz nicht $C_1K_1:C_1H_1 = C_3K_3:C_3H_1$. Dreht sich die Absatzkurve schließlich um die Sättigungsmenge im Uhrzeigersinn, dann werden die Elastizitäten zu dem gegebenen Ausgangspreis abnehmen.

Im Regelfalle war es bisher so, daß die Absatzkurve eine ganze Skala von Elastizitäten aufwies. Es ist aber sehr wohl möglich, daß es Absatzkurven mit (in jedem Punkt) konstanter Elastizität gibt. Eine solche Iso-Elastizitätskurve mit $\eta = 1$ bezeichnete MARSHALL als constant outlay curve. Sie hat die Form einer Hyperbel.

Ein Monopolbetrieb mit einer Absatzfunktion, wie sie soeben beschrieben wurde, hat sowohl die Möglichkeit, den Preis als Aktionsparameter zu benutzen, als auch die Möglichkeit, die Absatzmenge als Aktionsparameter zu verwenden. Setzt er den Preis autonom fest, so bestimmt das Verhalten der Käufer, welche Mengen der Monopolist zu diesem Preis absetzen kann. Benutzt er dagegen die Absatzmenge als Aktionsparameter und läßt er die Preise sich auf diese Menge einspielen, dann bestimmt das Verhalten der Käufer darüber, welcher Preis bei alternativ angebotenen Absatzmengen zustande kommt. Im Regelfall wird ein Monopolbetrieb den ersten Weg wählen und den Preis bestimmen. Es zeigt sich aber auch, daß ein Monopolbetrieb der angenommenen Art keineswegs den Käufern gegenüber autonom ist.

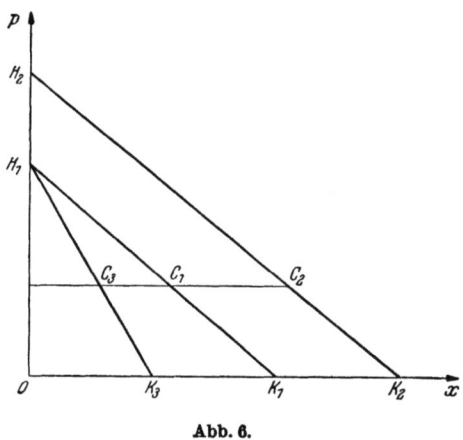

Abb. 6.

Natürlich kann die effektive Absatzkurve eines Monopolbetriebes von derjenigen Absatzkurve abweichen, die er seiner Preisentscheidung zugrunde legt. Aber mit dem Bedingungssatz vollkommener Märkte, welcher die Voraussetzung vollkommener Markttransparenz enthält, fallen tatsächliche und erwartete Absatzkurve zusammen. Die Markttransparenz sowie die ebenfalls zu dem Bedingungssatz vollkommener Märkte gehörende unendlich große Anpassungsgeschwindigkeit aller ökonomischen Größen schließen für den Monopolisten die Möglichkeit aus, auf mehreren Absatzkurven gleichzeitig zu operieren. Dies ist lediglich in Form der Preisdifferenzierung auf unvollkommenen monopolistischen Märkten möglich, wie sie später im Abschnitt V dieses Kapitels behandelt wird.

Multipliziert der Monopolist jede Absatzmenge mit dem zugehörigen Preis, so erhält er seinen Erlös. Setzt er z.B. 200 Einheiten zu einem Preis von 10,50 DM ab, so beträgt der zugehörige Erlös 2100,— DM. Allgemein kann man für den Erlös schreiben:

$$E = x \cdot p.$$

Graphisch betrachtet, muß jede Erlöskurve bei fallender Absatzkurve sowohl im Nullpunkt als auch bei der Sättigungsmenge die x-Achse schneiden; denn im Nullpunkt ist die Absatzmenge und im Sättigungspunkt ist der Preis gleich Null. Hieraus folgt, daß der Erlös als Produkt aus p und x in beiden Punkten gleich Null sein muß. Zwischen diesen beiden Nullstellen steigt die Erlöskurve bis zu einem Maximum an und fällt dann wieder ab. Die zu der Absatzkurve der Abb. 4 gehörende Erlöskurve hat die in Abb. 7 wiedergegebene Form.

Der Gesamterlös nimmt also von O bis A monoton mit fallendem Preis und steigender Absatzmenge zu, erreicht in C seinen maximalen Wert und sinkt dann mit fallenden Preisen und steigenden Absatzmengen auf B ab. Innerhalb des Bereiches OA kompensiert bzw. überkompensiert also die Mengenzunahme erlösmäßig die Preisabnahme, während das in dem Bereich AB nicht mehr der Fall ist.

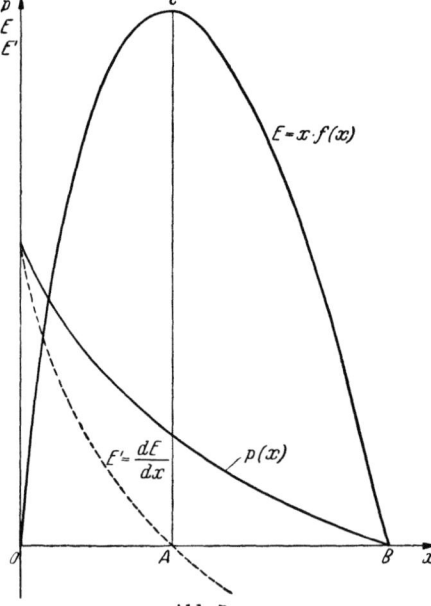

Abb. 7.

Die Erlöszu- oder -abnahme der letzten Produkteinheit bezeichnet man als Grenzerlös (E').

Man kann nun sagen:

a) Im elastischen Bereich, also für $\eta > 1$, ist E' positiv, aber kleiner als der Preis. Der Erlös steigt also mit fallenden Preisen, da auf Grund der Elastizität der Käufer die Mengenzunahmen die Preisabnahmen überkompensieren. Vergleiche in Abb. 7 den Bereich OA.

b) Für $\eta = 1$ ist E' gleich Null. Der Erlös hat bei dieser Absatzmenge seinen maximalen Wert erreicht. Die Elastizität der Nachfrage ist hier so beschaffen, daß die Preisabnahme die Mengenzunahme gerade kompensiert (oder umgekehrt). Vergleiche in Abb. 7 den Punkt C.

c) Im unelastischen Bereich, also für $\eta < 1$, ist E' negativ. Der Erlös fällt mit fallenden Preisen, da auf Grund der Starrheit der Nachfrage die Preisabnahmen durch die Mengenzunahmen nicht mehr kompensiert werden. Vergleiche in Abb. 7 den Bereich AB[1].

---

[1] Mathematisch gesehen ist der Grenzerlös der Anstieg oder die erste Ableitung der Erlösfunktion:
$$E = x \cdot p$$
$$E = x \cdot f(x)$$
$$E' = x f'(x) + f(x).$$

Im Bereich OA steigt der Erlös, so daß der Grenzerlös positiv sein muß. Für $x = 0$ ergibt sich aus der obigen Formel
$$E' = f(0) = \text{Höchstpreis der Absatzfunktion.}$$
Hieraus folgt, daß die Grenzerlöskurve die Ordinate im gleichen Punkt schneiden muß wie die Absatzkurve. Im Maximum der Erlöskurve ist der Anstieg gleich Null. Die Grenzerlöskurve muß also an dieser Stelle die x-Achse schneiden. Im Bereich OA der Abb. 7 verläuft die Grenzerlöskurve fallend. Auch hinter dem Punkt A, also im Bereich AB fällt der Grenzerlös, der jetzt aber nicht positiv, sondern negativ ist. Wir erhalten also den in Abb. 7 gestrichelt eingezeichneten Verlauf der Grenzerlöskurve.

AMOROSO und J. ROBINSON haben nachgewiesen, daß ein eindeutiger Zusammenhang zwischen dem Verlauf des Grenzerlöses, also der Änderungsrichtung des Erlöses, und der Elastizität der Absatzkurve besteht. Für den Grenzerlös erhielten wir durch Differentiation der Erlösfunktion den folgenden Ausdruck:
$$E' = x f'(x) + f(x).$$
Hierin ist $f(x)$ gleich p und folglich können wir auch für $f'(x)$ den Ausdruck $dp : dx$ einsetzen:
$$E' = x \frac{dp}{dx} + p.$$

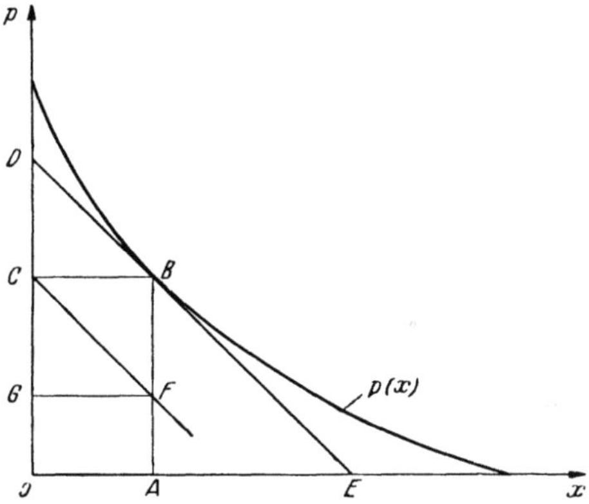

Abb. 8.

Klammern wir auf der rechten Seite p aus, so erhalten wir:
$$E' = p \left[\frac{x}{p} \frac{dp}{dx} + 1 \right].$$
Da die Elastizität der Nachfrage nichts anderes ist, als $\eta = -\frac{dx}{dp} \frac{p}{x}$, so können wir also den Grenzerlös wie folgt ausdrücken:
$$E' = p \left[1 - \frac{1}{\eta} \right].$$

Ausgehend von einer gegebenen Absatzkurve ermöglicht die AMOROSO-ROBINSON-Formel eine einfache geometrische Konstruktion der zugehörigen Grenzerlöskurve. Für eine beliebige Absatzmenge OA ergibt sich der Grenzerlös so, wie es die Abb. 8 darstellt. Man legt über der Absatzmenge OA an die Absatzkurve die Tangente DE und verschiebt sie parallel, so daß sie die Ordinatenachse gerade in dem zu der Absatzmenge OA gehörenden Preis OC schneidet. Die so verschobene Tangente schneidet dann auf AB den zugehörigen Grenzerlös AF ab. Kon-

3. Angenommen, ein Monopolbetrieb sehe sich einer ganz bestimmten Absatzkurve gegenüber. Sie ist das eine Datum seiner Preispolitik. Das zweite Datum bildet seine Kostenkurve, denn bei seinen preispolitischen Überlegungen muß er, da er vom Prinzip der Gewinnmaximierung geleitet wird, bei jeder Absatzmenge wissen, mit welchen Kosten er sie herstellen kann. Mit der gegebenen Kostenkurve wird zugleich eine gegebene Betriebsgröße mit gegebenen Produktionsverhältnissen unterstellt. Da die Untersuchungen über den Verlauf von Kostenkurven[1] zu dem Ergebnis führten, daß in der Mehrzahl der Fälle mit linearem Gesamtkostenverlauf zu rechnen ist, seien auch hier zunächst lineare Gesamtkosten unterstellt.

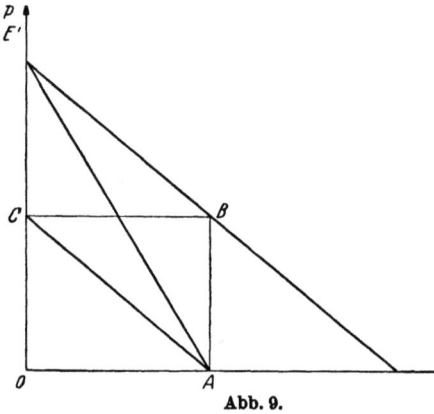

Abb. 9.

Es gilt nunmehr, bei gegebener Absatzkurve und gegebener Kostenkurve denjenigen Preis und diejenige Menge des Monopolbetriebes zu bestimmen, welche den größten Gewinn erbringt.

Angenommen, ein Monopolist sehe sich folgender Absatzlage gegenüber: Der Grenzerlös beträgt bei einer Absatzmenge von 49 Einheiten 3,06 DM, bei einer Absatzmenge von 50 Einheiten 3,00 DM und bei einer Absatzmenge von

struiert man auf diese Weise den Grenzerlös auch für alle übrigen Absatzmengen und verbindet man sie miteinander, dann erhält man die Grenzerlöskurve.

Den Beweis für die Richtigkeit dieser Konstruktion kann man wie folgt führen: Bedenkt man, daß $EB:BD$ die Preisabsatzelastizität für den Preis $P = AB$ ist, so läßt sich die AMOROSO-ROBINSON-Formel folgendermaßen ausdrücken:

$$E' = AB\left(1 - \frac{BD}{EB}\right).$$

Nach dem Strahlensatz ist $BD:EB = CD:OC$. OC ist aber gleich dem Preis AB, so daß wir in die obige Formel für $BD:EB$ den Ausdruck $CD:AB$ einsetzen können:

$$E' = AB\left(1 - \frac{CD}{AB}\right)$$
$$E' = AB - CD$$

oder da $CD = BF$ ist, kann man schreiben:

$$E' = AB - BF = AF.$$

Einfacher läßt sich die Konstruktion der Grenzerlöskurve durchführen, wenn die Absatzkurve linear verläuft. Führt man hier die oben beschriebene Konstruktion durch, so sieht man, daß die Grenzerlöskurve die x-Achse stets bei der halben Sättigungsmenge schneiden muß. Sie läßt sich auf diese Art leicht konstruieren (vgl. Abb. 9).

[1] Vgl. GUTENBERG, E., Über den Verlauf von Kostenkurven und seine Begründung, Z. f. handelswissenschaftliche Forschung, N. F., 5. Jahrg. (1953), S. 1ff.

Der COURNOTsche Punkt.

51 Einheiten 2,94 DM. Die Absatzmenge 49 sei zu einem Preis von 4,53 DM, die Absatzmenge 50 zu einem Preis von 4,50 DM und die Absatzmenge 51 zu einem Preis von 4,47 DM zu verkaufen. Das ergebe sich aus der Absatzkurve des Monopolisten. Die Grenzkosten sollen in unserem Beispiel für jede Absatzmenge 3,00 DM und die fixen Kosten 50,— DM betragen. Die Grenzkosten sind bei einer solchen Kostenstruktur gleich den proportionalen Stückkosten[1]. Setzt der Monopolist in dieser Situation seinen Preis z. B. von 4,53 auf 4,50 herab, so vergrößert sich sein Gewinn um 0,03:

$$\text{Gewinn (bei } p = 4{,}50) = 50\,(4{,}50 - 3{,}00) - 50 = 25{,}00 \text{ DM}$$
$$./.\ \text{Gewinn (bei } p = 4{,}53) = 49\,(4{,}53 - 3{,}00) - 50 = 24{,}97 \text{ DM}$$
$$= \text{Gewinnveränderung} \qquad\qquad\qquad = +\,0{,}03 \text{ DM}$$

Diese Gewinnzunahme ergibt sich offensichtlich dadurch, daß die Preissenkung den Erlös in stärkerem Maße erhöht, als die zugehörige Absatzmengenzunahme die Kosten ansteigen läßt. Anders ausgedrückt: Die Gewinnzunahme ist darauf zurückzuführen, daß der Grenzerlös für den alten Preis von 4,53 größer als die zugehörigen Grenzkosten ist. Wie würde sich nun der Gewinn des Monopolisten verändern, wenn er seinen Preis senken, ihn also z. B. von 4,50 auf 4,47 verringern würde? Die Rechnung zeigt, daß sich dann der Gewinn nicht weiter vermehren würde, sondern eine Gewinnverminderung um 0,03 DM eintreten müßte.

$$\text{Gewinn bei } (p = 4{,}47) = 51\,(4{,}47 - 3{,}00) - 50 = 24{,}97 \text{ DM}$$
$$./.\ \text{Gewinn bei } (p = 4{,}50) = 50\,(4{,}50 - 3{,}00) - 50 = 25{,}00 \text{ DM}$$
$$= \text{Gewinnveränderung} \qquad\qquad\qquad = ./.\ 0{,}03 \text{ DM}$$

Diese Gewinnabnahme tritt offensichtlich deshalb ein, weil die Preissenkung den Erlös nur in geringerem Maße vermehrt als die zugehörige Absatzmengenzunahme die Kosten ansteigen läßt, oder anders ausgedrückt, weil der Grenzerlös für den neuen Preis von 4,47 geringer als die zugehörigen Grenzkosten ist. Das Beispiel läßt erkennen, daß eine Preissteigerung die Gewinnlage verbessert, wenn und solange der Grenzerlös kleiner als die Grenzkosten ist, und daß stets dann eine Preissenkung die Gewinnlage verbessert, wenn und solange der Grenzerlös größer als die Grenzkosten ist. Hieraus folgt, daß das Gewinnmaximum bei dem Preise liegen muß, bei dem Grenzkosten und Grenzerlös einander gleich sind.

Diese These läßt sich auf folgende Weise unter Verwendung mathematischer Symbole exakt ableiten.

So erhält man den folgenden Ausdruck für den Gewinn eines Monopolbetriebes:

$$G(x) = E(x) - K(x).$$

---
[1] Dem Beispiel liegt eine Absatzkurve der Gleichung $p = 6{,}00 - 0{,}03\,x$ und eine Kostenkurve der Gleichung $K = 50 + 3{,}00\,x$ zugrunde.

200 Die Preispolitik.

Diese Gewinnfunktion besitzt dort ihr Maximum, wo die erste Ableitung des Gewinnes nach der Absatzmenge gleich Null und zugleich die zweite Ableitung dort negativ ist[1]:

$$G'(x) = E'(x) - K'(x) = 0,$$

woraus folgt $E'(x) = K'(x)$.

Das Gewinnmaximum eines Monopolbetriebes ist dann realisiert, wenn er denjenigen Preis setzt bzw. diejenige Menge anbietet, für die Grenzkosten und Grenzerlös einander gleich sind. Diese Preis-Mengen-Kombination nennt man zu Ehren von A. COURNOT den COURNOTschen Monopolpunkt (C). Die zugehörige Absatzmenge ist die COURNOTsche Menge (x_c), der zugehörige Preis ist der COURNOTsche Preis (p_c).

Graphisch läßt sich der COURNOTsche Punkt auf zweifache Weise ermitteln. Zunächst sei von der Abb. 10 ausgegangen, welche die Absatzkurve, die Grenzerlöskurve, die Grenzkostenkurve[2] und die Durchschnittskostenkurve des Monopolbetriebes graphisch darstellt. Die

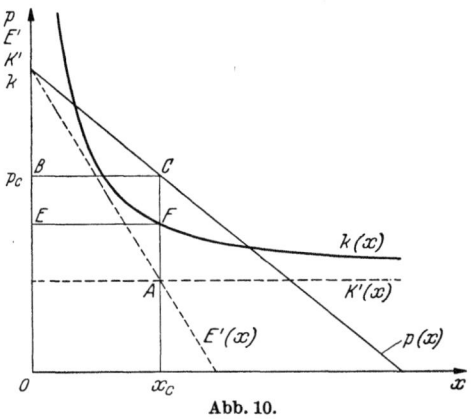
Abb. 10.

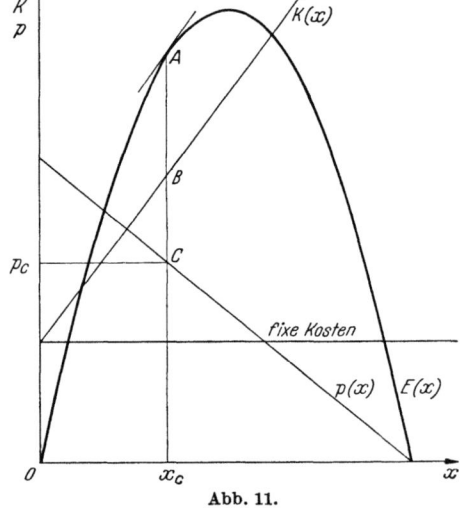
Abb. 11.

Grenzkosten $K'(x)$ schneiden im Punkte A die Grenzerlöskurve $E'(x)$. Erhöht der Monopolbetrieb seine Absatzmenge um eine Einheit, so liegen die Grenzkosten über dem zugehörigen Grenzerlös. Der Grenzgewinn ist also negativ, und der Gesamtgewinn nimmt ab. Vermindert der Monopolbetrieb seine Absatzmenge um eine Einheit, so liegt der Grenz-

---

[1] Die Bedingung, daß zugleich die zweite Ableitung negativ sein muß, sagt in diesem Fall aus, daß das Gewinnmaximum nur bei einer Absatzmenge möglich ist, bei der die Grenzerlöskurve weniger stark ansteigt als die Grenzkostenkurve: $G''(x) = E''(x) - K''(x) < 0$. Hieraus folgt: $E''(x) < K''(x)$. Für lineare Gesamtkosten ist $K''(x) = 0$, so daß bei monoton fallenden Grenzerlöskurven diese Bedingung immer erfüllt ist.

[2] Die Grenzkosten sind konstant, da eine lineare Gesamtkostenfunktion unterstellt wird.

erlös über den Grenzkosten, der Erlös vermindert sich also stärker als die Kosten. Somit ist die gewinngünstigste Absatzmenge bei x_c gegeben. Benutzt der Monopolbetrieb nicht die Absatzmenge, sondern den Preis als Aktionsparameter, so muß er, um sein Gewinnmaximum zu realisieren, gerade den Preis setzen, für den er die Absatzmenge x_c absetzen kann. Diesen Preis erhält man in Abb. 10 dadurch, daß man durch Punkt A die Parallele zur Ordinatenachse legt. Der Schnittpunkt mit der Absatzkurve ist der COURNOTsche Punkt C.

Ausgehend von der Gesamtkostenkurve $K(x)$ und der Erlöskurve $E(x)$ erhält man den COURNOTschen Punkt auch auf die Weise, daß man an die Erlöskurve diejenige Tangente zeichnet, die den gleichen Anstieg wie die Gesamtkostenkurve hat (Abb. 11). Lotet man von dem Tangentialpunkt A auf die Abszissenachse, so erhält man die COURNOTsche Menge x_c, lotet man vom COURNOTschen Punkt auf die Ordinatenachse, so erhält man den COURNOTschen Preis p_c, denn an der Stelle x_c sind Grenzkosten und Grenzerlös einander gleich, da der Anstieg der Gesamtkostenkurve gleich dem Anstieg der Erlöskurve ist.

Der COURNOTsche Punkt stellt unter den angegebenen Bedingungen das betriebsindividuelle Gleichgewicht des Monopolbetriebes dar. Der in dieser Lage erzielte Gewinn ist der unter den zugehörigen Bedingungen größte Gewinn, den der Monopolbetrieb überhaupt erzielen kann. In der Abb. 10 ist der Monopolgewinn gleich dem Viereck $EFCB$. In der Abb. 11 ist der Monopolgewinn gleich der Strecke AB. Für den Fall, daß die Stück-

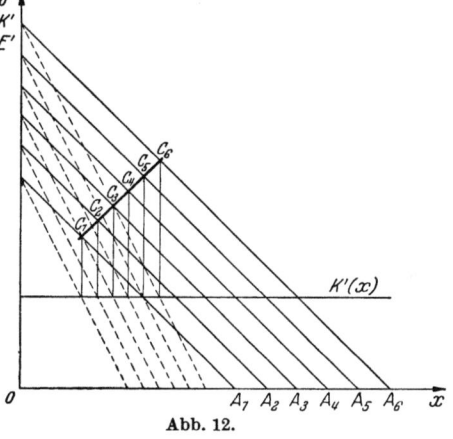
Abb. 12.

kosten $k(x)$ völlig über der Absatzkurve und die Gesamtkosten $K(x)$ völlig über der Erlöskurve liegen, gibt der COURNOTsche Punkt den minimalen Verlust an.

Die Abb. 10 zeigt, daß der COURNOTsche Preis immer höher als die Grenzkosten sein muß. Ein Monopolbetrieb der geschilderten Art begrenzt seine Absatzmenge also bereits an einer Stelle, bei der jede zusätzliche Einheit geringere Grenzkosten verursacht, als ihr Marktpreis beträgt. Trotzdem wäre es für den Monopolbetrieb ungünstig, seine Absatzmenge weiter auszudehnen.

4. Bisher wurde das Problem der Gewinnmaximierung eines Monopolbetriebes nur unter der Voraussetzung betrachtet, daß er sich einer

gegebenen Absatzkurve gegenübersieht. Aus Gründen, die hier nicht weiter untersucht werden sollen, können sich nun aber die Marktbedingungen selbst ändern, d.h. die Absatzkurve des Monopolbetriebes verschiebt sich im Zeitablauf. Der Monopolbetrieb sieht sich dann in jeder Absatzperiode einer anderen Absatzkurve gegenüber, die mit A_1, A_2, A_3 usw. bezeichnet werden. Jede dieser Absatzkurven sagt aus, zu welchem Preis der Monopolist bestimmte Absatzmengen verkaufen kann, und für jede dieser verschiedenen Absatzkurven muß der Monopolbetrieb sein Gewinnmaximum bestimmen (vgl. Abb. 12).

Angenommen, der Monopolist sieht sich einer Abfolge von sechs Absatzkurven gegenüber, die parallel zueinander verlaufen und den gleichen Abstand voneinander haben, wobei die Kurve A_1 den niedrigsten Höchstpreis und die geringste Sättigungsmenge und A_6 den größten Höchstpreis und die größte Sättigungsmenge aufweisen möge. Erfolgt im Zeitablauf eine Verschiebung von A_1 nach A_6, so sagt man, die Absatzlage des Monopolisten hat sich verbessert, während sie sich im umgekehrten Fall verschlechtert hat.

Für jede einzelne Absatzkurve erfolgt die Bestimmung der gewinnmaximalen Absatzmenge so, wie es im vorigen Abschnitt bereits beschrieben wurde, indem von dem Schnittpunkt zwischen der zugehörigen Grenzerlöskurve und der Grenzkostenkurve das Lot auf die Abszissenachse gefällt wird. Im Beispiel ergeben sich sechs COURNOTsche Punkte C_1 bis C_6, wie Abb. 12 zeigt.

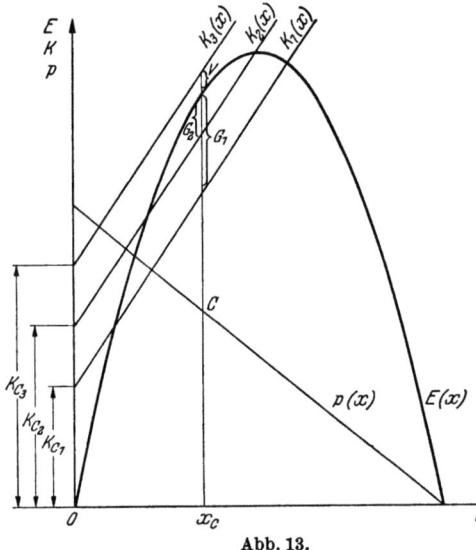

Abb. 13.

In gleicher Weise erhält man für jede andersartige Abfolge von Absatzkurven, zum Beispiel für Scharen von Absatzkurven mit verschiedenen Anstiegen, verschiedenen Krümmungen usw. eine zugehörige Abfolge von COURNOTschen Punkten. Die Verbindungslinie dieser COURNOTschen Punkte bezeichnet man als die COURNOTsche Kurve. Diese COURNOTsche Kurve ist die zu einer bestimmten Schar von Absatzkurven gehörende Angebotskurve eines Monopolbetriebes.

5. Bisher war stets eine unveränderte Kostenstruktur des Monopolbetriebes, und zwar eine lineare Gesamtkostenkurve angenommen worden.

Jetzt soll untersucht werden, wie Veränderungen der Kostenstruktur die Lage des COURNOTschen Punktes beeinflussen.

Zunächst sei untersucht, ob sich Veränderungen im Bereich der fixen Kosten auf den COURNOTschen Preis auswirken. Da der COURNOTsche Punkt durch die Grenzkosten und den Grenzerlös bestimmt wird und beide Größen völlig unabhängig von den fixen Kosten sind, ist die Höhe der fixen Kosten ohne Einfluß auf die Lage des COURNOTschen Punktes[1]. Die Höhe der fixen Kosten bestimmt aber entscheidend den in dieser Preislage erzielten Monopolgewinn, wie die Abb. 13 erkennen läßt. Hierin sind K_{C_1}, K_{C_2} und K_{C_3} die verschiedenen Fixkostenbeträge von drei linearen Gesamtkostenkurven K_1, K_2 und K_3, die in der Struktur der proportionalen Kosten übereinstimmen, also lediglich parallel zueinander verschoben sind. Die Abb. 13 zeigt, daß für alle drei Gesamtkostenkurven der COURNOTsche Punkt bei C liegt, daß aber mit wachsenden fixen Kosten der Gewinn abnimmt (G_1 und G_2), bis im Falle der Gesamtkostenkurve K_3 sogar eine Verlustsituation erreicht ist (V).

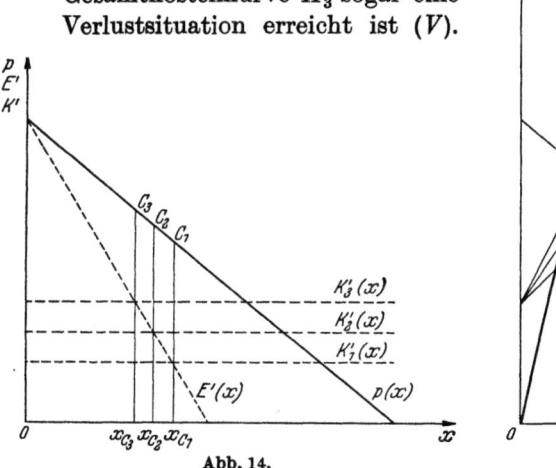

Abb. 14.

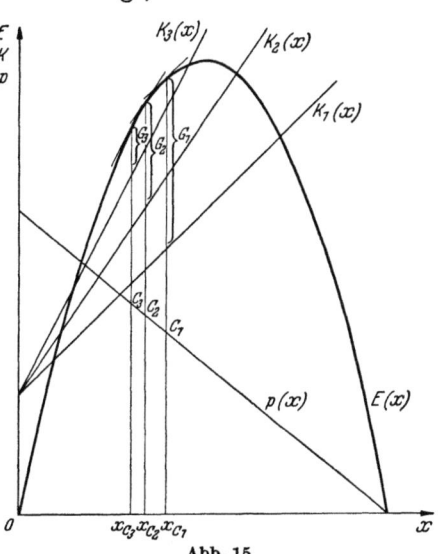

Abb. 15.

Anders liegen die Dinge, wenn sich die Struktur der proportionalen Kosten verändert, da eine solche Änderung die Grenzkostenkurve beeinflußt. In solchen Fällen ändert sich also nicht nur die Höhe des Monopolgewinnes, sondern auch die Lage des COURNOTschen Punktes. Die Abb. 14 und 15 verdeutlichen diesen Sachverhalt für drei Gesamtkostenkurven K_1, K_2 und K_3, die sich im Anstieg ihrer proportionalen Kosten unterscheiden. Mit fallendem Anstieg der Gesamtkostenkurve fallen die Grenzkosten, und der COURNOTsche Punkt verschiebt sich

---

[1] Da die fixen Kosten sich auch bei anderen Marktformen für die Preispolitik als nicht relevant erweisen, verrechnet sie die moderne Kostenrechnung nicht mehr auf die Erzeugnisse. Vgl. PLAUT, H. G., Grundlagen der Grenz-Plankostenrechnung, Z. f. Betriebswirtschaft, 1953, S. 322.

immer weiter nach rechts. Die Absatzmenge des Monopolbetriebes steigt, und der Monopolpreis fällt mit niedrigeren Grenzkosten. Da die Grenzerlöskurve steiler verlaufen muß als die Preisabsatzkurve, nimmt jedoch der Preis stets nur in geringerem Maße als die Grenzkosten ab. Bei linearen Absatzkurven muß die Preisabnahme stets genau die Hälfte der sie verursachenden Grenzerlössenkung betragen, da die Grenzerlöskurve doppelt so steil fällt wie die Absatzkurve. Als theoretischer Extremfall wäre ein Betrieb denkbar, der nur mit fixen Kosten arbeitet[1]. Die Grenzkosten eines solchen Betriebes wären gleich Null. In unserem Beispiel würde ein solcher Betrieb also die halbe Sättigungsmenge zum halben Höchstpreis absetzen, oder, anders ausgedrückt, er würde sein Erlösmaximum realisieren. Bei gegebenen fixen Kosten sind die Monopolgewinne um so größer, je flacher die proportionalen Kosten verlaufen und umgekehrt. Vergleiche die Gewinne G_1, G_2 und G_3 in der Abb. 15.

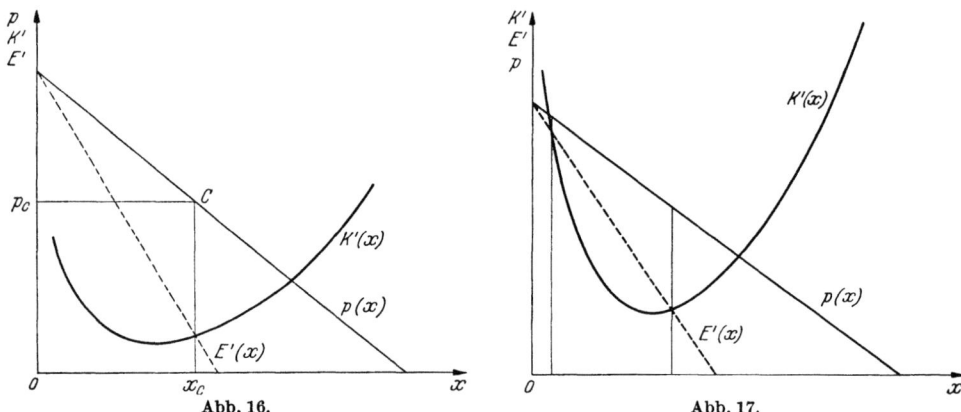

Abb. 16.   Abb. 17.

Bisher wurde stets angenommen, daß die Gesamtkostenkurve linear verläuft, so wie es wohl auch in vielen Fällen der betrieblichen Praxis sein dürfte. Der Vollständigkeit wegen soll aber jetzt noch dargestellt werden, wie sich die Monopolpreisbildung gestaltet, wenn ein Monopolbetrieb mit gekrümmter Gesamtkostenkurve und U-förmiger Grenzkostenkurve gegeben ist. Wie die Abb. 16 zeigt, ergibt sich auch hier in ganz analoger Weise der COURNOTsche Punkt, nämlich an der Stelle, an der die Grenzerlöskurve die Grenzkostenkurve schneidet[2]. Liegt dieser Schnittpunkt in der Zone progressiver Grenzkosten, so ist die Kapazität

---

[1] Praktisch gibt es solche Betriebe natürlich nicht. Angenähert ist dieser Extremfall aber zum Beispiel bei Wasserkraft-Elektrizitätswerken gegeben, die nahezu ausschließlich mit fixen Kosten arbeiten.

[2] Es ist zu bemerken, daß bei U-förmigen Grenzkosten zwei Schnittpunkte zwischen der Grenzerlös- und der Grenzkostenkurve entstehen können. Hier entscheidet die Bedingung, daß die zweite Ableitung der Gewinnfunktion negativ

des Betriebes für seine Absatzlage zu klein. Liegt der COURNOTsche Punkt dagegen in der Degressionszone, so ist sie für seine Absatzlage zu groß.

6a) Bisher wurde unterstellt, daß das Monopolunternehmen nur ein Erzeugnis herstellt und daß die vorhandene Produktionskapazität ausreicht, jede verlangte Menge zu produzieren. Wenn nun die vorhandene Kapazität des Unternehmens nicht ausreichen sollte, um eine bestimmte Produktmenge herzustellen, dann bleibt dem Unternehmen lediglich die Wahl zwischen Auslastung der vorgegebenen Kapazität oder einer Kapazitätsausweitung.

Dagegen ergibt sich eine neue Situation, wenn ein Monopolunternehmen mit seinen verfügbaren Betriebsmitteln zugleich mehrere Erzeugnisse herzustellen vermag. Auch in diesem Fall kann die Produktionskapazität als beschränkt angenommen werden. Zunächst sei aber davon ausgegangen, daß die Produktionsanlagen ausreichen, um jede verlangte Produktmenge herstellen zu können. Die Frage lautet: Welche Preise und Absatzmengen sind am gewinngünstigsten? Zunächst sei unterstellt, daß die Produktion keine Kosten verursacht.

Angenommen, ein Monopolunternehmen stellt die beiden Produkte A und B her. Zwischen den beiden Erzeugnissen möge ein substitutives Verhältnis derart bestehen, daß, wenn sich der Absatz des einen Gutes vermehrt, sich die Absatzmenge des anderen Gutes vermindert. Wird zum Beispiel der Preis p_1 des Gutes A um eine Geldeinheit erhöht und der Preis p_2 des Gutes B unverändert gelassen, dann möge die Absatzmenge x_1 des Gutes A um $3/5$ Mengeneinheiten (ME) (zum Beispiel 1 ME = 1000 kg) zurückgehen, die des Gutes B soll dagegen um $1/5$ ME steigen. Umgekehrt: Bleibt der Preis p_1 des Gutes A konstant, während sich der Preis p_2 des Gutes B um eine Geldeinheit erhöht, dann sollen von Gut A $1/5$ ME mehr abgesetzt werden können, während sich die Absatzmenge x_2 des Gutes B um $2/5$ ME vermindert. In dem Beispiel wird also ein verhältnismäßig hoher Grad an Substitutionalität angenommen.

Sind die Preise p_1 und p_2 gleich Null, dann mögen die Sättigungsmengen für beide Güter je 10 ME sein. Für die Güter A und B ergeben sich demnach folgende Preisabsatzfunktionen, die als stetig und linear angenommen werden sollen:

$$x_1 = 10 - \frac{3}{5} p_1 + \frac{1}{5} p_2$$
$$x_2 = 10 + \frac{1}{5} p_1 - \frac{2}{5} p_2.$$

---

sein muß, darüber, bei welchem dieser beiden Schnittpunkte das Gewinnmaximum liegt:

$$G''(x) = E''(x) - K''(x) < 0 \text{ also } E''(x) < K''(x).$$

Diese Bedingung kann aber, wie man sich leicht überzeugen kann, stets nur im zweiten Schnittpunkt erfüllt sein (vgl. Abb. 17).

Den Erlös findet man, indem man die Absatzmengen mit den zugehörigen Preisen multipliziert und dann für alle Güter addiert:

$$E = x_1 p_1 + x_2 p_2.$$

Um den Erlös nicht als Funktion der Preise und der Mengen beider Güter, sondern nur als Funktion der Mengen zu erhalten, sind die obigen Preisabsatzfunktionen nach p_1 und p_2 aufzulösen und in die Erlösgleichung einzusetzen. Für den Erlös gilt dann die Gleichung:

$$E = 30 x_1 + 40 x_2 - 2 x_1^2 - 2 x_1 x_2 - 3 x_2^2.$$

Das Monopolunternehmen strebt nun nach maximalem Gewinn. Da die Produktion keine Kosten verursachen soll, ist der maximale Gesamtgewinn gleich dem maximalen Gesamterlös. Die vorliegende Erlösfunktion soll also maximiert werden. Hierzu bildet man die partiellen Ableitungen der Erlösfunktion und setzt diese gleich Null.

$$\frac{\partial E}{\partial x_1} = 30 - 4 x_1 - 2 x_2 = 0$$

$$\frac{\partial E}{\partial x_2} = 40 - 2 x_1 - 6 x_2 = 0.$$

Löst man dieses Gleichungssystem auf, so erhält man als gewinngünstigste Absatzmengen und Absatzpreise des Monopolunternehmens[1]:

$$\bar{x}_1 = 5 \quad \bar{p}_1 = 15$$
$$\bar{x}_2 = 5 \quad \bar{p}_2 = 20.$$

Der maximale Gesamterlös beträgt in diesem Falle 175 Geldeinheiten.

b) Nunmehr sei der Fall untersucht, daß das Unternehmen nicht in der Lage ist, beliebig viele Erzeugnisse der Güter A und B zu produzieren. Es sei unterstellt, daß die Produktion der beiden Erzeugnisse A und B in zwei hintereinander geschalteten Produktionsprozessen erfolgt. Von beiden Gütern können im ersten Prozeß maximal 9 ME in der zu betrachtenden Zeitperiode hergestellt werden. Die Herstellung einer Einheit von Gut A oder B soll in diesem Prozeß die gleiche Fertigungszeit in Anspruch nehmen. Die gewinngünstigste Gesamtausbringungsmenge, die bei a) ermittelt wurde, liegt demnach jetzt außerhalb dieser Kapazitätsgrenze. Die Frage lautet nun: Welche gewinngünstigsten Absatzmengen und Preise ergeben sich nach Einführung der genannten Kapazitätsbeschränkung, die sich durch folgende Ungleichung ausdrücken läßt.

(I) $$x_1 + x_2 \leqq 9.$$

---

[1] Die hinreichenden Bedingungen für den Eintritt eines Maximums sind ebenfalls erfüllt.

Der Fall sei in der Weise fortgeführt, daß die Herstellung einer Einheit des Gutes A in dem zweiten Prozeß die doppelte Fertigungszeit in Anspruch nimmt wie die des Gutes B. Zum Beispiel soll die Herstellung einer ME des Gutes A zwei Zeiteinheiten (ZE) in Anspruch nehmen, während die Fertigungszeit für eine ME des Gutes B eine ZE benötigt. Maximal sollen pro Zeitperiode 11 ZE zur Verfügung stehen. Diese Produktionsbeschränkung läßt sich demnach in folgender Ungleichung ausdrücken:

(II) $\qquad 2\,x_1 + x_2 \leqq 11$.

Zusammenfassend ergibt sich folgende Aufgabe: Maximiere die Funktion

$$E = 30\,x_1 + 40\,x_2 - 2\,x_1^2 - 2\,x_1\,x_2 - 3\,x_2^2$$

unter Beachtung der Nebenbedingungen

(I) $\qquad\qquad x_1 + x_2 \leqq 9$

(II) $\qquad\qquad 2\,x_1 + x_2 \leqq 11$

$\qquad\qquad x_1, x_2 \geqq 0$.

Diese quadratische Programmierungsaufgabe läßt sich nicht mit partiellen Ableitungen allein lösen, da in diesem Fall die gewinngünstigsten Absatzmengen außerhalb der Kapazitätsgrenzen liegen. Die Aufgabe ist auch nicht mit Hilfe der LAGRANGEschen Multiplikatormethode lösbar, denn die Kapazitätsgrenzen sind obere Grenzen und brauchen nicht notwendig erreicht werden, das heißt, es können und werden sogar „freie Kapazitäten" übrig bleiben.

Zur Lösung derartiger Aufgaben sind in den letzten Jahren eigene mathematische Verfahren entwickelt worden. Sie sollen hier nicht weiter erläutert werden. Es sei auf die entsprechende Fachliteratur hingewiesen[1].

Für den Fall, daß nur die Ungleichung (I) gilt, erhält man für das Monopolunternehmen als gewinngünstigste Absatzmengen und Preise:

$$\bar{\bar{x}}_1 = 4^1/_3 \qquad \bar{\bar{p}}_1 = 16^2/_3$$
$$\bar{\bar{x}}_2 = 4^2/_3 \qquad \bar{\bar{p}}_2 = 21^2/_3.$$

---

[1] BARANKIN, E. W., and R. DORFMAN, On Quadratic Programming, University of California Publications in Statistics, Vol. 2 (1958), S. 285—318. HOUTHAKKER, H. S., The Capacity Method of Quadratic Programming, Econometrica, Vol. 28 (1960), S. 62—87. THEIL, H., and C. VAN DE PANNE, Quadratic Programming as an Extension of Classical Quadratic Maximization, Management Science, Vol. 7 (1960), S. 1—20. WOLFE, P., The Simplex Method for Quadratic Programming, Econometrica, Vol. 27 (1959), S. 382—398. FRANK, M., and P. WOLFE, An Algorithm for Quadratic Programming, Naval Research Logistics Quarterly, Vol. 3 (1956), S. 95. KÜNZI, H. P., und W. KRELLE, Nichtlineare Programmierung, Berlin-Göttingen-Heidelberg 1962. HADLEY, G., Nonlinear and Dynamic Programming, Reading, Mass. 1964.

Wird das vollständige Programm [also mit (I) und (II)] durchgerechnet, so liefert die Rechnung folgende Ergebnisse:

$$\bar{\bar{x}}_1 = 3 \qquad \bar{\bar{p}}_1 = 19$$
$$\bar{\bar{x}}_2 = 5 \qquad \bar{\bar{p}}_2 = 22.$$

Im letzten Fall wird die kapazitätsmäßige Beschränkung des ersten Prozesses (Ungleichung I) nicht voll ausgenutzt (3 + 5 = 8). Auffallend gegenüber der ersten Lösung ist ferner, daß sich nicht beide Produktmengen verringern, sondern nur die des Gutes A, während die des Gutes B wieder zunimmt.

c) Die folgende Tabelle bringt eine Zusammenstellung der gewinngünstigsten Absatzmengen und Preise der in a) und b) dargestellten Beispiele.

Tabelle 8

	$x_{1\text{opt.}}$	$p_{1\text{opt.}}$	$x_{2\text{opt.}}$	$p_{2\text{opt.}}$	$x_1 + x_2$	Erlös-Maximum
Ohne Kapazitätsbeschränkung	5	15	5	20	10	175
Mit (I)	$4^1/_3$	$16^2/_3$	$4^2/_3$	$21^2/_3$	9	$173^1/_3$
Mit (II) (I)	3	19	5	22	8	167

Der eben dargestellte Sachverhalt soll durch eine zeichnerische Darstellung veranschaulicht werden (Abb. 18). Die in der (x_1, x_2)-Ebene eingezeichneten Geraden sind die Kapazitätslinien: Die Lösung muß die Ungleichung (I) erfüllen, das heißt, sie muß unterhalb BD liegen; wegen (II) muß sie unterhalb AC liegen. Da die Lösung weiterhin im positiven Quadranten liegen muß, wird der zulässige Lösungsbereich durch das Viereck $OBGC$ begrenzt. Die zu maximierende Funktion (Zielfunktion) stellt für $E(x_1, x_2) = $ const. eine Ellipse dar. Das Maximum ohne Nebenbedingungen wird immer dann erreicht, wenn die Ellipse auf einen Punkt (ihren Mittelpunkt) zusammengeschrumpft ist. Liegt der Ellipsenmittelpunkt innerhalb des Lösungsbereiches, so sind die Koordinaten dieses Mittelpunktes die optimalen Absatzmengen. Liegt er außerhalb des Lösungsbereiches (wie im obigen Beispiel), dann ist die Ellipse so lange „aufzublähen", das heißt, der Gewinn ist so lange zu vermindern, bis die Ellipse den Lösungsbereich berührt (das braucht nicht notwendig eine tangentiale Berührung zu sein, die Ellipse kann den Lösungsbereich auch in einer Ecke berühren).

Es gilt nun zu untersuchen, wie sich das Modell ändert, wenn Kosten berücksichtigt werden. Bei linearem Kostenverlauf ändern sich in der Zielfunktion nur die Koeffizienten. Man erkennt das leicht, wenn von E die Kosten k_1 und k_2 subtrahiert werden. Für das Gut A gelte: $k_1 = q_1 + s_1 x_1 + t_1 x_2$ und für das Gut B: $k_2 = q_2 + s_2 x_1 + t_2 x_2$.

Liegt keine Abhängigkeit zwischen den Kosten der beiden Güter vor, dann ist $t_1 = s_2 = 0$ zu setzen. Die Fixkostenbeträge q_1 und q_2 können unberücksichtigt bleiben, da sie auf die Rechnung keinen Einfluß haben. Das formulierte Modell bleibt also prinzipiell bestehen.

Damit sind die gewinngünstigsten Preise und Absatzmengen eines Monopolunternehmens für den Fall bestimmt, daß das Unternehmen zwei Produkte herstellt. Der Fall, daß mehr als zwei Erzeugnisse produziert werden, läßt sich in entsprechender Abwandlung mit den gleichen Verfahren lösen.

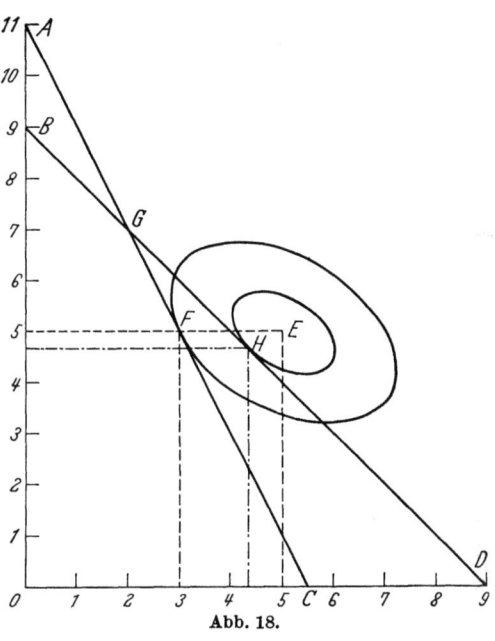

Abb. 18.

7. Im folgenden soll ebenfalls ein Monopolunternehmen, das vor Preisentscheidungen steht, betrachtet werden. Im Gegensatz zu Punkt 6 soll das Unternehmen nicht alle möglichen Preisstellungen gedanklich durchexperimentieren, etwa in der Art, daß es sich bei seinen Preisüberlegungen entlang einer stetigen Preisabsatzfunktion bewegt. Vielmehr sollen, wie das in der Praxis zu sein pflegt, nur drei oder vier Preise als mögliche Verkaufspreise eines Erzeugnisses in Frage kommen. Für diese begrenzte Zahl von Preisen (die sich nicht unerheblich voneinander unterscheiden mögen) soll nun der jeweils zu erzielende Höchstabsatz bestimmt werden. Diejenigen Preise, die zwischen den ausgewählten Preisen liegen, sollen unberücksichtigt bleiben. Es ist klar, daß das Unternehmen sich für denjenigen der möglichen Verkaufspreise entscheidet, der unter Berücksichtigung der Kosten der günstigste ist. Das Problem kompliziert sich jedoch in dem Augenblick, wenn angenommen wird, daß das Unternehmen mehrere Erzeugnisse (zum Beispiel A und B) zu jeweils einem von mehreren möglichen Preisen auf den Markt bringen will. Handelt es sich um Güter, die weder komplementären noch substitutiven Charakter besitzen, dann bereitet die Lösung des Problems keine Schwierigkeiten, solange nicht die Erzeugnisse im wesentlichen auf den gleichen Anlagen hergestellt werden und die Kapazität dieser Anlagen als begrenzt angenommen wird.

Für das folgende Beispiel sei jedoch unterstellt, daß die Erzeugnisse A und B im wesentlichen unter Benutzung der gleichen Produktionseinrichtungen hergestellt werden und daß die Kapazität dieser Anlagen nicht erweitert werden kann. Weiterhin soll zunächst davon ausgegangen werden, daß die Produktion keine Kosten verursacht. Zur Vereinfachung des Beispiels soll weiterhin angenommen werden, daß für Gut B nur ein möglicher Preis existiert, während für Gut A drei mögliche Preise in Frage kommen. Für jeden der möglichen Preise soll eine maximale Absatzmenge gegeben sein. Nach Ansicht des Unternehmens sei p_3 der niedrigste Preis für Gut A, der überhaupt in Frage kommt. Die zu diesem Preis maximal absetzbare Menge des Erzeugnisses A möge die Produktionsmöglichkeiten übersteigen, wenn das Gut B im bisherigen Umfang hergestellt wird. Es ergibt sich nun die Frage, ob es vorteilhaft ist, die bisherige Menge des Erzeugnisses B herzustellen und von dem Gut A zu dem niedrigsten Preis p_3 nur soviel zu produzieren, wie die Produktionseinrichtungen herzustellen erlauben. Andererseits ist zu prüfen, ob es nicht vorteilhafter ist, die Produktion von B zugunsten von A einzuschränken. — Die Menge des Gutes A, die das Unternehmen zum Preis p_1 absetzen kann, wird mit x_1 bezeichnet, die Menge, die es zum Preis p_2 absetzen kann, mit x_2, und die Menge, die es zum Preis p_3 absetzen kann, mit x_3. Das Unternehmen kann das Erzeugnis A nur zu einem Preis verkaufen (entweder p_1, p_2 oder p_3); d.h. in der Lösung darf nur eine der drei Variablen x_1, x_2 oder x_3 einen positiven Wert annehmen. Dies sei am folgenden Zahlenbeispiel erläutert:

Das Unternehmen geht davon aus, daß von Erzeugnis A

zum Preise $p_1 = 1{,}25$ DM maximal $x_{1\,\text{max}} = 150$ ME,
zum Preise $p_2 = 1{,}00$ DM maximal $x_{2\,\text{max}} = 200$ ME,
zum Preise $p_3 = 0{,}90$ DM maximal $x_{3\,\text{max}} = 250$ ME,
von Erzeugnis B
zum Preise $p_4 = 2{,}00$ DM maximal $x_{4\,\text{max}} = 100$ ME

abgesetzt werden können. Die Herstellung von 1 ME Gut A benötige 5 ZE (Zeiteinheiten), die von Gut B 8 ZE. Insgesamt stehen in der betrachteten Zeitperiode nur 1700 ZE (zum Beispiel Maschinenstunden) zur Verfügung. Die Aufgabe lautet, herauszufinden, welche Mengen zu welchem der möglichen Preise unter Beachtung der vorgegebenen kapazitätsmäßigen Beschränkung produziert und abgesetzt werden sollen. Hierbei soll sich das Unternehmen von dem Ziel leiten lassen, den Gesamtgewinn (in diesem Beispiel: den Gesamterlös) in der betrachteten Periode zu maximieren.

Aufgaben dieser Art sind in besonders einfachen Fällen durch Probieren lösbar. Komplizierte Fälle verlangen besondere mathematische Methoden.

Das eben beschriebene Beispiel führt zu folgendem Programm:
Maximiere den Gesamterlös

$$E = 1{,}25\, x_1 + 1{,}00\, x_2 + 0{,}90\, x_3 + 2{,}00\, x_4$$

unter den Nebenbedingungen

$$x_1 \leqq 150\, u_1$$
$$x_2 \leqq 200\, u_2$$
$$x_3 \leqq 250\, u_3$$
$$x_4 \leqq 100$$
$$5\,(x_1 + x_2 + x_3) + 8\, x_4 \leqq 1700$$
$$u_1 + u_2 + u_3 \leqq 1$$
$$x_i, u_j \geqq 0 \quad i = 1,2,3,4;\; j = 1,2,3.$$
$$u_j \quad \text{ganzzahlig!}$$

Durch die Einführung von u_1 bis u_3 wird erreicht, daß Gut A nur zu einem Preise angeboten wird, das heißt, daß Preisdifferenzierung ausgeschlossen ist[1].

Diese Aufgabe läßt sich nach den Methoden der linearen Programmierung, insbesondere der gemischt ganzzahligen Programmierung lösen[2]. Das Ergebnis lautet: Das Monopolunternehmen stellt von Gut A 150 ME und von Gut B 100 ME her. Das Unternehmen verkauft Gut A zum Preise von 1,25 DM und Gut B nach wie vor zum Preise von 2,— DM. Wenn es sich so verhält, dann erzielt das Unternehmen den maximalen Erlös von 387,50 DM. Würde man Kosten berücksichtigen, so kompliziert sich das Modell, die prinzipielle Lösbarkeit wird dadurch aber nicht in Frage gestellt.

Damit ist die Frage nach dem günstigsten Monopolpreis eines Mehrproduktunternehmens unter der Annahme begrenzter Kapazität und unstetiger Preisabsatzfunktionen gelöst.

8. Das reine Angebotsmonopol stellt einen Grenzfall durchaus hypothetischen Charakters dar. In Wirklichkeit gibt es kein Unternehmen, dessen Erzeugnisse nicht in irgendeiner Weise mit Gütern anderer Art konkurrieren. Die Breite des modernen volkswirtschaft-

---

[1] Die Variablen u_1, u_2, u_3 können, da jedes u ganzzahlig und die Summe aller u kleiner oder gleich 1 sein soll, nur die Werte 0 oder 1 annehmen. Diese Bedingung besagt ferner, daß höchstens ein u, zum Beispiel u_1, gleich 1 werden kann, während dann alle anderen u gleich 0 sind, das heißt, daß die Mengen des Gutes A, die zum Preise von 1,00 DM und 0,90 DM angeboten werden sollen, gleich 0 sind, also nicht in das Verkaufsprogramm aufgenommen werden, während das Gut A zum Preise von 1,25 DM bis zu der vorgegebenen Höchstmenge produziert und abgesetzt werden kann.

[2] DANTZIG, G. B., On the Significance of Solving Linear Programming Problems with Some Integer Variables, Econometrica, Vol. 28 (1960), S. 30—44. GASS, S. I., Linear Programming, New York—Toronto—London 1958. GOMORY, R. E., An Algorithm for the Mixed Integer Problem, The RAND Corporation, Paper 1885, 1960. GOMORY, R. E., and W. J. BAUMOL, Integer Programming and Pricing, Econometrica, Vol. 28 (1960), S. 521—550.

lichen Warensortiments rückt das Produktionsprogramm eines Unternehmens in den Zusammenhang mit dem Produktionsprogramm von Unternehmen, die Erzeugnisse vergleichbarer Art auf den Markt bringen. Die Produktdifferenzierung hat jene Art von Wettbewerb zur Folge, die gemeinhin als Surrogatkonkurrenz bezeichnet wird und die Produkte eines bestimmten Unternehmens in einem wie weit auch immer gezogenen Rahmen durch Produkte mit ähnlichen Eigenschaften oder Wirkungen anderer Unternehmen ersetzbar macht. Zudem stehen alle Unternehmen in jener totalen Konkurrenz (VERSHOFEN), die die Leistungen eines Unternehmens mit Leistungen völlig anderer Art konkurrieren läßt. In diesem Sinne konkurriert zum Beispiel Bekleidungsbedarf mit dem Bedarf an Kraftfahrzeugen oder Reisen. In diesem Falle spricht man von ,,unvollkommenem Monopol".[1]

Unternehmen, die sich eine dominierende, monopolartige Stellung auf einem bestimmten Waren- oder Leistungsmarkt erworben haben, müssen damit rechnen, daß ihre Monopolstellung eines Tages untergraben ist. Eine solche ungünstige Entwicklung kann auf mehrere Umstände zurückzuführen sein. Einmal sind es die Nachahmer, die trotz des Erfindungsschutzes in Form von Patenten Erzeugnisse mit ähnlichen Eigenschaften herzustellen in der Lage sind, zum anderen die Neuerer, die den Markt mit verbesserten oder völlig neuartigen Erzeugnissen beliefern. Es gibt kein Monopolunternehmen, das nicht mit Vorgängen der geschilderten Art rechnen müßte[2]. Zum anderen aber ziehen Unternehmen, die eine monopolartige Stellung besitzen, die Aufmerksamkeit der Öffentlichkeit auf sich, wenn sie Preise fordern, die den Käufern überhöht erscheinen. In Ländern, die bestimmte Institutionen zur Bekämpfung von Monopolmacht geschaffen haben, werden die marktbeherrschenden Unternehmen ihre Monopolstellung auch deshalb nur in gewissen Grenzen ausnutzen, weil sie befürchten müssen, daß sie mit den Gesetzen und den Antimonopol-Institutionen in Konflikt geraten, wenn sie ihre Erzeugnisse zu teuer verkaufen.

Angesichts dieser Umstände sind Unternehmungen, die eine dominierende, monopolartige Stellung besitzen, bestrebt, eine Preispolitik zu betreiben, die auf kurzfristige Gewinnmaximierung verzichtet und auf weite Sicht gerichtet ist. Würde ein Monopolunternehmen seine Stellung im Markte preispolitisch kurzfristig ausnutzen, dann kann die Gefahr bestehen, daß damit Konkurrenten auf Gewinnchancen aufmerksam gemacht werden, die sie sich wahrscheinlich nicht entgehen lassen wollen.

---

[1] Das Teilmonopol kann als eine Unterart des unvollkommenen Monopols aufgefaßt werden. In diesem Falle steht einem großen Unternehmen eine große Zahl kleiner Unternehmen gegenüber. Diese Unternehmen akzeptieren die Preise des Großen, da ihre Gesamterzeugung so klein ist, daß der Große an keinen Preiskampf denkt. Die Kleinen verhalten sich wie Mengenanpasser. Dieser Fall wird in dem Abschnitt über Preisführerschaft beschrieben.

[2] Vgl. auch LEHMANN, G., Marktformenlehre und Monopolpolitik, Berlin 1956.

Die Unternehmen werden auch alles tun, um zu vermeiden, daß die Öffentlichkeit verärgert wird und die Antimonopolgesetzgebung in Kraft tritt. Das Streben nach Sicherheit verlangt also eine Preispolitik, die den Monopolmarkt auf die Dauer erhält und die gleichwohl zu — langfristig gesehen — hoher Rentabilität führt. Sie ist ihrerseits wiederum die Voraussetzung für die Vornahme von Investitionen, ohne die sich die technische und absatzwirtschaftliche Führung auf die Dauer nicht erhalten läßt.

Die Frage, um welchen Betrag der COURNOTsche Angebotspreis ermäßigt werden muß, wenn ein Monopolunternehmen sicher sein will, daß die zu verhindernden Ereignisse (Substitutionskonkurrenz, Verärgerung der öffentlichen Meinung) nicht eintreten, läßt sich nicht nach einer bestimmten Regel errechnen. Diesen gerade auf der Grenze liegenden Preis bezeichnet J. S. BAIN als limit price und seine Ermittlung als limit price analysis[1].

9. a) Die Frage, welche Maßstäbe geeignet sind zu messen, in welchem Umfang ein Markt durch ein oder einige Unternehmen beherrscht und der Wettbewerb ausgeschaltet oder eingeschränkt wird, läßt sich nicht völlig befriedigend lösen. Zu viele Einflußgrößen sind im Spiel, als daß sich jede einzelne Größe isolieren oder gar messen ließe.

Konzentriert sich das Angebot an Waren oder Leistungen bestimmter Art auf ein Unternehmen oder einige wenige Unternehmen derart, daß das auf dieses oder diese Unternehmen entfallende Angebot den Hauptanteil des Gesamtangebotes des Produktionszweiges darstellt, dann heißt es, der Produktionszweig weist einen hohen Konzentrationsgrad auf. Ein solcher Fall kann zum Beispiel vorliegen, wenn der Marktanteil eines Unternehmens 60%, der der anderen Unternehmen dagegen jeweils nur 10% beträgt oder 60% des Gesamtangebotes auf zwei oder drei Unternehmen entfallen.

Als Anhaltspunkte für das Maß an Konzentration in einem Industriezweig können der relative Anteil eines Unternehmens oder einer kleinen Zahl von Unternehmen an der Gesamterzeugung oder am Gesamtumsatz oder der Beschäftigtenzahl oder den Bilanzaktiva des Industriezweiges dienen. Wie immer man diese Anhaltspunkte wählen und für praktische statistische Zwecke verfeinern mag — ein hohes Maß an Konzentration bedeutet keineswegs das Fehlen von Wettbewerb wie andererseits ein geringes Maß an Konzentration keineswegs mit starkem Wettbewerb verbunden sein muß. Dabei ist zu berücksichtigen, daß der Wettbewerbskampf nicht nur in den Formen des Preiskampfes, sondern auch der Qualitäts- und der Werbekonkurrenz ausgefochten wird. Man muß wissen, in welchem Maße die Erzeugnisse oder Leistungen der anbietenden Unternehmen mit den Erzeugnissen oder Leistungen der

---

[1] Vgl. hierzu: BAIN, J. S., A Note on Pricing in Monopoly and Oligopoly, American Economic Review, Vol. 39 (1949), S. 454ff.

Wettbewerber konkurrieren und inwieweit sie gegeneinander substituierbar sind. Selbst wenn bekannt wäre, wo die Substitutionsketten enden, würde immer noch jene — totale — Konkurrenz zu berücksichtigen sein, in der bestimmte Bedürfnisse mit Bedürfnissen anderer Art stehen. Es läßt sich also nicht sagen, daß das Maß an Konzentration, das einen bestimmten Produktionszweig kennzeichnet, oder die Größe der Marktanteile an sich schon ein Urteil darüber zulassen, in welchem Maße ein Industrie- oder Geschäftszweig monopolisiert ist.

b) Es liegt nahe, bei der Beantwortung der Frage nach Anhaltspunkten für die monopolistische Beherrschung eines Marktes durch ein Unternehmen oder eine kleine Anzahl von Unternehmungen von der Überlegung auszugehen, daß die Kreuzpreiselastizität Triffins die Monopolmacht eines Unternehmens wenigstens grundsätzlich zum Ausdruck bringen müsse. Der TRIFFINsche Koeffizient indiziert die Wirkung, die die Änderung eines Preises durch das Unternehmen i auf den Absatz des Unternehmens j unter der Bedingung gleichbleibender Preise der übrigen Wettbewerber und des Unternehmens j selbst ausübt. Im einzelnen sei hierbei auf die Ausführungen über den TRIFFINschen Koeffizienten im Abschnitt I, 2 dieses Kapitels verwiesen. Der TRIFFINsche Koeffizient lautet: $\tau_{ij} = \dfrac{dx_j}{x_j} : \dfrac{dp_i}{p_i}$. Ist τ_{ij} endlich und von Null unterschieden, so liegt heterogene Konkurrenz vor. Treten zirkuläre Rückwirkungen ein, beeinflußt also die durch das Unternehmen i hervorgerufene Absatzänderung des Unternehmens j wiederum den Preis des Unternehmens i, weist also $\tau'_{ji} = \dfrac{dp_i}{p_i} : \dfrac{dx_j}{x_j}$ einen von Null verschiedenen Wert auf, ist also $0 < \tau'_{ji} < \infty$, dann liegt heterogene Konkurrenz mit zirkularen Rückwirkungen vor. Je kleiner τ'_{ji} wird, um so schwächer sind die Rückwirkungen der eigenen preispolitischen Maßnahmen des Unternehmens i, um so stärker ist also die monopolistisch-marktbeherrschende Stellung dieses Unternehmens.

Mit dem TRIFFINschen Koeffizienten koppelt MORGAN die Marktanteile der Unternehmen. Es ist jederzeit möglich, daß das Unternehmen i einen großen und j nur einen kleinen Marktanteil besitzt. Die Position des Unternehmens i wird deshalb stärker sein als die des Unternehmens j. Die Monopolmacht eines Unternehmens wird so als Resultante aus der Substituierbarkeit seiner Erzeugnisse (Heterogenität) und der Größe seines Marktanteils aufgefaßt. Je geringer die Substitutionskoeffizienten und je größer der Marktanteil, um so ausgeprägter ist die Monopolstellung eines Unternehmens. Damit hat die TRIFFINsche Klassifizierung der Märkte nach Elastizitätskoeffizienten eine interessante Abwandlung erfahren[1].

---

[1] MORGAN, TH., A Measure of Monopoly in Selling, Quarterly Journal of Economics, Vol. 60 (1946), S. 461ff.

Ausgehend von den Koeffizienten TRIFFINS, versucht PAPANDREOU die Kreuzpreiselastizität der Nachfrage nach den Erzeugnissen eines Unternehmens und die direkte Elastizität der Nachfrage durch einen Faktor zu ergänzen, der die Fähigkeit des Unternehmens zum Ausdruck bringt, die als Folge einer Preissenkung eintretende Nachfragesteigerung auch tatsächlich befriedigen zu können[1]. Indem er die Angebotselastizität als dritte Komponente einführt, entwickelt er einen Koeffizienten, der darüber Auskunft gibt, in welchem Maße ein Unternehmen in die Märkte seiner Konkurrenten auch tatsächlich einzudringen, also Kunden zu gewinnen und ihre Nachfrage zu decken, in der Lage ist (Coefficient of Penetration). Dieser Koeffizient sagt aber noch nichts darüber aus, in welchem Maße das Unternehmen selbst imstande ist, sein eigenes Absatzvolumen gegen die Wirkung von Preissenkungen seiner Konkurrenten zu verteidigen. Diese Fähigkeit hängt von der Kreuzpreiselastizität und der direkten Elastizität der Nachfrage nach seinen Erzeugnissen und denen der Konkurrenten und von seiner eigenen Angebotselastizität und der der Konkurrenten ab. Der sich aus diesen Faktoren zusammensetzende Koeffizient (Coefficient of Insulation) zeigt die relative Abwehrkraft des Unternehmens. Je mehr ein Unternehmen von den preispolitischen Maßnahmen des Wettbewerbes unberührt bleibt, um so stärker ist offenbar seine Stellung im Markt.

Die Berücksichtigung der freien Kapazitäten, der Kreuzpreiselastizitäten und der direkten Nachfrageelastizitäten, in denen auch die Größe der Marktanteile zum Ausdruck kommt, und die Verdoppelung der Monopolaspekte stellt einen instruktiven Beitrag zur Lösung der Frage dar, wie der Grad an Monopolisierung auf Märkten gemessen werden kann.

Es ist nicht nötig, im einzelnen zu untersuchen, in welchem Maße die Koeffizienten von MORGAN und PAPANDREOU praktisch für die Monopolgrad-Messung verwendbar sind. Die herrschende Meinung ist, daß die aufgezeigten Koeffizienten ebenso wenig wie die von ROTHSCHILD[2], LERNER[3], BAIN[4] u. a. das Problem befriedigend, das heißt praktikabel gelöst haben. Da die Erweiterungen der TRIFFINschen Kreuzpreiselastizitäten vor allem durch MORGAN und PAPANDREOU interessante Aufschlüsse über die Abhängigkeit der Monopolmacht von einer Anzahl

---

[1] PAPANDREOU, A. G., Market Structure and Monopoly Power, American Economic Review, Vol. 39 (1949).

[2] ROTHSCHILD, K. W., The Degree of Monopoly, in: Economica, NS. Vol. 10 (1942). Er betrachtet das Neigungsverhältnis zwischen den Nachfragekurven eines Industriezweiges und einer zur Gruppe gehörenden Unternehmens als Indiz für Marktbeherrschung eines Unternehmens (ausgehend von der Theorie CHAMBERLINs).

[3] LERNER, A. P., The Concept of Monopoly and the Measurement of Monopoly Power, Review of Economic Studies, Vol. 1 (1934). Er verwendet die Differenz zwischen Preis und Grenzkosten als Grundlage für die Entwicklung eines Monopolgradmaßstabes.

[4] BAIN, J. S., The Profit Rate as a Measure of Monopoly Power, Quarterly Journal of Economics, Vol. 55 (1941), S. 246.

theoretisch und empirisch interessanter Faktoren bieten, erschien es angebracht, auf diese Fragen kurz einzugehen[1].

III. Die Preispolitik bei atomistischer Konkurrenz.

A. Die Preispolitik bei atomistischer Konkurrenz auf vollkommenen Märkten.

B. Die Preispolitik bei atomistischer Konkurrenz auf unvollkommenen Märkten.

A. Die Preispolitik bei atomistischer Konkurrenz auf vollkommenen Märkten.

1. Zur geschichtlichen Entwicklung der Theorie der vollkommen atomistischen Konkurrenz.
2. Das Wesen der vollkommenen atomistischen Konkurrenz.
3. Absatzkurve, Erlöskurve und Grenzerlöskurve eines Betriebes bei vollkommener atomistischer Konkurrenz.
4. Die gewinnmaximale Absatzmenge bei gegebenem Preis und gekrümmter Kostenkurve.
5. Die gewinnmaximale Absatzmenge bei gegebenem Preis und linearer Kostenkurve.
6. Der Einfluß von Preisänderungen auf die gewinnmaximale Absatzmenge.
7. Der Einfluß von Kostenverschiebungen auf die gewinnmaximale Absatzmenge.
8. Das Gruppengleichgewicht.
9. Vergleichende Betrachtung des vollkommen Monopols und der vollkommenen atomistischen Konkurrenz.

1. Bei der vollkommenen atomistischen Konkurrenz handelt es sich wie beim vollkommenen Monopol um einen Grenzfall der Theorie. Die Konkurrenzpreisbildung unter den Bedingungen, die diesem Fall zugrunde liegen, begreift keineswegs die Fülle konkurrenzwirtschaftlicher Möglichkeiten der Preisbildung in sich ein. Es wäre jedoch verfehlt anzunehmen, daß das System von Bedingungen, das die vollkommene atomistische Konkurrenz kennzeichnet, gewissermaßen einem Spiel abstrakter Phantasie entsprungen sei. Vielmehr ist es so, daß, historisch gesehen, das System von Annahmen und Voraussetzungen, das heute der Analyse der Preispolitik bei atomistischer Konkurrenz zugrunde liegt, nicht am Anfang der Preisbildungsdiskussion stand. Vielmehr ist das Modell der vollkommenen atomistischen Konkurrenz das Ergebnis einer jahrzehntelangen Diskussion des klassischen Preisbildungsschemas bei freier Konkurrenz und der Besinnung darauf, ob das klassische Kostengesetz, strenger gefaßt, ob der Satz von der Proportionalität zwischen Tauschwert und Arbeitsaufwand imstande ist, die Vielförmigkeit und Vielschichtigkeit

---
[1] Vgl. hierzu auch die Darlegungen bei F. MACHLUP über das Monopol, Hdwb. d. Sozw., 7. Bd. (1961), S. 427 ff., u. The Economics of Sellers' Competition, Baltimore 1952, S. 559 ff.

empirischer Preisbildungsvorgänge hinreichend genau zu beschreiben. Es hat sich gezeigt, daß in der klassischen Theorie überhaupt nur eine Grenzsituation mehr oder weniger hypothetischen Charakters diskutiert wurde. Diese Lage muß man sich vor Augen halten, wenn man in der Theorie heute die Bedingungen und Annahmen, die der Analyse und damit den Untersuchungsergebnissen zugrunde liegen, von vornherein klar und nachprüfbar angibt. Man kann sich nun mit einer Theorieaussage auf die Weise auseinandersetzen, daß man entweder die Voraussetzungen des Gedankenganges oder den Gedankengang selbst, d.h. seine Schlüssigkeit angreift. Die Ausgangslage der Kritik ist in beiden Fällen verschieden. Ohne Zweifel ist eine solche Trennung der kritischen Gesichtspunkte ein Vorteil wissenschaftlicher Erörterungen, und diesen Vorteil besitzt ein methodisches Vorgehen, das die Bedingungen der Analyse von vornherein genau festlegt. Ein solches Vorgehen führt dann dazu, daß der Schwerpunkt der Analyse auf diejenige Bedingungskonstellation gelegt wird, die den tatsächlichen Vorgängen am nächsten kommt.

Wie das Modell der vollkommenen atomistischen Konkurrenz nicht als gewissermaßen a priori geschaffen, sondern als Ergebnis kritischer Auseinandersetzungen mit den klassischen Formulierungen der Preisbildung bei freier Konkurrenz verstanden werden muß, so ist auch das Generalthema der Preistheorie, die Frage nach dem Gleichgewicht, nicht erst eine neuere Erfindung. In Wirklichkeit beherrscht dieses Thema die Preistheorie von Anfang an. Indem zwischen dem „natürlichen" (oder „notwendigen" oder „dauernden") Preis und dem Marktpreis unterschieden wurde, ist der Akzent der Erörterungen auf preistheoretischem Gebiete eindeutig in eine ganz bestimmte Richtung gelegt. Denn im Sinne der klassischen Nationalökonomie ist der natürliche Preis derjenige Preis, der sich in der Konkurrenzwirtschaft, die als frei von außerökonomischen Einflüssen angenommen wird, zustandekommt, wenn keine Änderungen in den Grundbedingungen des Systems eintreten. Auf dieses Tendenzzentrum marktlicher Preisoszillationen konzentrierte sich das Interesse von Anfang an. Der Marktpreis und seine Bewegung wurde nur als ein akzidenteller Fall betrachtet und aus Angebots- und Nachfragevorgängen, nicht aus dem essentiellen Preisbildungsgesetz zu erklären versucht. Nicht die Marktpreise, sondern die „natürlichen" Preise sind es, auf deren Erklärung das Schwergewicht der klassischen Deutung der Preisbildungsprozesse liegt. So etwa wenn J. ST. MILL sagt, daß die Güter außer ihrem „zeitweiligen" Marktpreis einen „dauernden" („natürlichen") Wert haben, zu dem der Marktpreis nach jeder Veränderung zurückzukehren die Tendenz habe[1].

---

[1] MILL, J. ST., Principles of Political Economy, with some of their Applications to Social Psychology, 1st ed., London 1848, übersetzt von A. WÄNTIG, Jena 1924. Hier interessiert vor allem der dritte Teil des ersten Bandes, besonders S. 701.

Die Oszillationen, fährt er fort, gleichen sich aus, so daß durchschnittlich die Güter nach ihrem natürlichen Wert ausgetauscht werden. Dieser natürliche Wert aber bilde sich nicht nach Angebot und Nachfrage, vielmehr bestimme er sich nach den Arbeitsmengen, die in den Gütern enthalten sind. Der natürliche Wert der Güter (ihr Tauschverhältnis) sei den in ihnen enthaltenen Arbeitsmengen proportional. Wenn das Gleichgewicht von den Klassikern grundsätzlich auch als eine langfristige Erscheinung betrachtet wird, läßt sich doch nicht verkennen, daß das Gleichgewichtsthema die Diskussion über die Preisbildung in marktwirtschaftlichen Systemen von jeher beherrscht hat und nicht erst neueren Datums ist.

2. Zunächst sei die Frage untersucht, ob unter den Bedingungen der vollkommenen atomistischen Konkurrenz für einen Betrieb die Möglichkeit gegeben ist, aktiv Preispolitik zu betreiben. Bei atomistischer Angebots- und Nachfragestruktur stehen sich Käufer und Verkäufer in großer Zahl mit geringen, in der Masse der Marktteilnehmer verschwindenden Marktanteilen gegenüber. Betrachtet man alle Nachfragenden zusammen, so wird die von ihnen nachgefragte Menge eine fallende Funktion des Preises sein. Es existiert hier also die gleiche Gesamtnachfragekurve, der sich auch ein Monopolist gegenübersieht. Im Gegensatz zum Monopolfall steht aber dieser Gesamtnachfragekurve bei atomistischer Konkurrenz nicht nur ein Anbieter, sondern eine sehr große Anzahl von Anbietern gegenüber. Jedes einzelne Unternehmen wird um so mehr anbieten, je höher der Preis ist, zu dem es verkaufen kann, d. h. jeder Betrieb wird auf einer steigenden individuellen Angebotskurve operieren. Ohne zunächst im einzelnen darauf einzugehen, wie sie zustande kommt, ist es offensichtlich, daß die Horizontaladdition[1] aller betriebsindividuellen Angebotskurven stets eine Gesamtangebotskurve ergeben muß, die in irgendeiner Weise steigend verläuft.

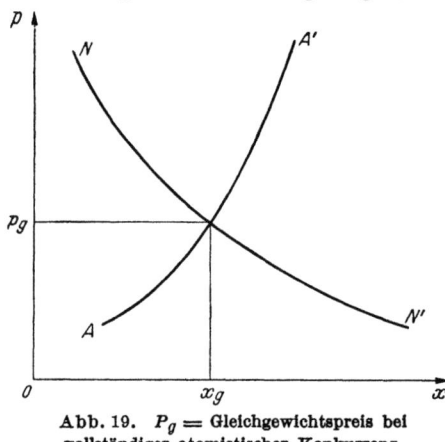

Abb. 19. P_g = Gleichgewichtspreis bei vollständiger atomistischer Konkurrenz.

---

[1] Die Horizontaladdition der individuellen Angebotskurven zur Gesamtangebotskurve ist ein makroökonomisches Problem und wird deshalb nicht hier im einzelnen behandelt. Vgl. hierüber E. SCHNEIDER, Einführung in die Wirtschaftstheorie, II. Teil, 6. verbesserte. Aufl., Tübingen 1960.

Das Gleichgewicht auf einem vollkommenen atomistischen Markt kann allein bei einem Preis liegen, bei dem die Gesamtangebotsmenge und die Gesamtnachfragemenge einander gleich sind. Graphisch erhält man diesen Preis, indem man die Gesamtnachfragekurve NN' mit der Gesamtangebotskurve AA' zum Schnitt bringt, wie es die Abb. 19 zeigt.

Unter den Voraussetzungen vollkommener atomistischer Konkurrenz kann es nur den so ermittelten einheitlichen Marktpreis geben. Dieser Marktpreis ändert sich nur dann, wenn im Verhältnis zum Gesamtangebot und zur Gesamtnachfrage erhebliche Änderungen des Angebots bzw. der Nachfrage vorliegen, d. h. wenn sich die Gesamtnachfragekurve bzw. die Gesamtangebotskurve in irgendeiner Weise verschiebt. Der Marktanteil eines einzelnen Anbieters (oder natürlich auch eines einzelnen Nachfragenden) ist aber als so gering angenommen, daß durch eine Änderung der Größe seines Angebotes (Nachfrage) der Preis nur so geringfügig beeinflußt zu werden vermag, daß dieser Einfluß unberücksichtigt bleiben kann. Würde andererseits ein Anbieter versuchen, einen Preis zu setzen, der von dem einheitlichen Marktpreis abweicht, so würde sich der Bedingungssatz des vollkommenen Marktes derart auswirken, daß der Anbieter im Falle der Preiserhöhung alle Kunden verlieren würde, während im Falle der Preisunterbietung alle Nachfrager auf ihn allein übergehen müßten. Unter diesen Umständen kann also nur *ein* Preis existieren[1]. Dieser Preis muß für die einzelnen Anbieter als „gegeben" angesehen werden, die einzelnen Betriebe können also keine aktive Preispolitik treiben, d. h. sie können nicht den Preis als absatzpolitischen Parameter benutzen. Bei dem Modell der vollständigen atomistischen Konkurrenz kann also nicht von einer Preispolitik der Betriebe gesprochen werden. Vielmehr bleibt den Betrieben in einem solchen System nur die Möglichkeit, sich mit ihren Absatzmengen dem durch das konkurrenzwirtschaftliche System vorgegebenen Preis so anzupassen, daß sie ihr Gewinnmaximum realisieren. Hierin kommt das Wesen der vollkommenen atomistischen Konkurrenz zum Ausdruck.

3. Da der Marktanteil eines einzelnen Betriebes bei atomistischer Angebotsstruktur auf vollkommenen Märkten so gering ist, daß der Betrieb jede innerhalb seiner Kapazitätsgrenze liegende Absatzmenge anbieten kann, ohne daß der Marktpreis eine Änderung erfährt, muß seine Absatzkurve unendlich elastisch sein, d. h. waagerecht zur x-Achse verlaufen, so wie es die Abb. 20 zeigt.

Den Erlös erhält man, indem die abgesetzten Mengeneinheiten mit ihrem Preise multipliziert werden. Da der Preis in bezug auf die Absatz-

---

[1] „Law of indifference" nach JEVONS.

menge eines einzelnen Betriebes konstant ist, ist der Erlös der Absatzmenge proportional:

$$E = p \cdot x \quad (p = \text{konstant}).$$

Die Erlöskurve stellt also eine Gerade dar, die durch den Nullpunkt verläuft und deren Anstieg um so größer ist, je größer der Marktpreis ist und umgekehrt (Abb. 21).

Wird die Absatzmenge sukzessiv um eine Einheit erhöht, so vermehrt sich der Erlös jeweils um den konstanten Preis. Der Grenzerlös ist in diesem Falle gleich dem Preise[1].

Graphisch gesehen deckt sich in diesem Fall die Absatzkurve mit der Grenzerlöskurve.

4. Angenommen, der einheitliche Marktpreis habe sich auf ein ganz bestimmtes Niveau eingespielt. Die Frage lautet jetzt: Wie soll ein Betrieb bei gegebener Kostenstruktur seine Absatzmengen regulieren, damit sein Gewinn unter den

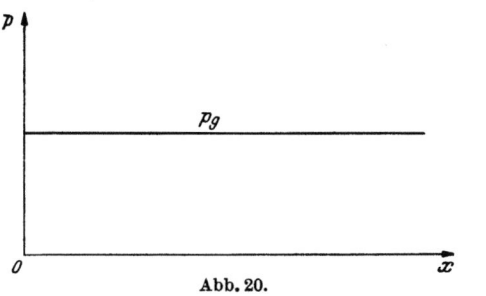

Abb. 20.

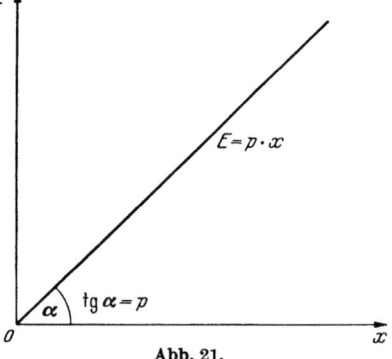

Abb. 21.

vorliegenden Umständen am größten wird? Die Daten einer solchen Absatzpolitik der „Mengenanpassung" sind also der konstante Marktpreis und die Kostenstruktur des Betriebes. Bezüglich der Kostenstruktur ist bereits bei der Analyse des vollkommenen Monopols darauf hingewiesen, daß angenähert linearen Gesamtkostenkurven mehr Bedeutung zukommt als gekrümmten und daß deshalb auch in der Preistheorie in erster Linie lineare Gesamtkostenkurven unterstellt werden müssen. Diese Tatsache ist für die meisten Marktformen ohne wesentlichen Einfluß auf die Preispolitik. Im Falle der vollkommenen atomistischen Konkurrenz jedoch bedeutet die Zugrundelegung linearer Gesamtkostenkurven einen wesentlichen

---

[1] Mathematisch ausgedrückt ist unter den gegebenen Umständen der Grenzerlös die erste Ableitung der Erlösfunktion

$$E' = p.$$

Setzt man in die AMOROSO-ROBINSON-Formel $\eta = \infty$ ein, so erhält man ebenfalls für E' den Wert p.

Bruch mit der bisherigen traditionellen Darstellung. Aus diesem Grund sei bei der Erörterung der Frage nach der gewinnmaximalen Absatzmenge zunächst von der Annahme einer gekrümmten Gesamtkostenkurve ausgegangen, der ein U-förmiger Grenzkostenverlauf entspricht[1].

Das zu lösende Problem sei auch hier an Hand eines Zahlenbeispiels beleuchtet. Angenommen, ein Betrieb bei vollständiger atomistischer Konkurrenz sehe sich einem von ihm nicht beeinflußbaren Preis von 8,20 DM gegenüber. Zu diesem Preise kann der Anbieter jede innerhalb seiner Kapazitätsgrenze, die bei 150 Einheiten angenommen sei, liegende Absatzmenge verkaufen. Hierbei mögen sich seine Grenzkosten wie folgt verhalten:

Tabelle 9.

Anzahl der Produkteinheiten	0	20	40	60	80	100	120	121	122	123	124	130	140	150
Grenzkosten	7,0	6,0	5,4	5,2	5,4	6,2	8,0	8,1	8,2	8,3	8,4	9,1	10,5	12,3

Angenommen, der Anbieter bringt zunächst 20 Einheiten auf den Markt. Er wird einen gewissen Gewinn erzielen. Vermehrt er seine Absatzmenge über 20 Einheiten, so bringt ihm die letzte Einheit einen Erlöszuwachs (Grenzerlös = Preis) von 8,20 DM, wohingegen seine Kosten sich nur um 6,00 DM vermehren. Der Grenzerlös ist also bei der Absatzmenge 20 größer als die Grenzkosten. Die Differenz Grenzerlös minus Grenzkosten, also der Grenzgewinn, ist positiv. Der Gewinn steigt folglich, wenn der Anbieter seine Absatzmenge über 20 erhöht. Führen wir diese gleiche Überlegung zum Beispiel für die Absatzmengen 40, 60, 80, 100, 120 und 121 durch, so ergeben sich jedesmal positive Grenzgewinne, da der Grenzerlös von 8,20 DM stets über den Grenzkosten liegt. Erst bei der Absatzmenge von 122 nehmen im Fall einer weiteren Absatzausweitung die Kosten um den gleichen Betrag zu wie die Erlöse, d. h. in diesem Punkte sind die Grenzkosten gleich dem Grenzerlös, und der Grenzgewinn ist gleich Null. Würde der Anbieter trotzdem seinen Absatz auf 123 erhöhen, so würde die letzte Absatzeinheit seinen Erlös um 8,20 DM und seine Kosten um 8,30 DM erhöhen, der Gewinn würde also unter dem Gewinn liegen, welchen der Anbieter erzielt, wenn er 122 Mengeneinheiten anbieten würde. Die gewinnmaximale Absatzmenge eines Betriebes bei vollkommener atomistischer Konkurrenz liegt also dort, wo die Grenzkosten gleich dem Preise sind[2].

---

[1] Ein solcher Verlauf ist auch dann möglich, wenn das Ertragsgesetz nicht in seiner bisherigen Formulierung Gültigkeit hat; denn auch die *Produktionsfunktion B* kann hierzu führen, wenn allerdings auch nur in Ausnahmefällen (s. Band I, Teil II).

[2] Diese These läßt sich exakter und übersichtlicher unter Verwendung mathematischer Symbole ableiten. Der Gewinn eines Unternehmens ist die Differenz zwischen dem Erlös und den Kosten in einer bestimmten Zeitperiode, wobei Erlös

222 Die Preispolitik.

Graphisch läßt sich die gewinnmaximale Absatzmenge auf zweifache Weise ermitteln: Zunächst sei von der Abb. 22 ausgegangen, welche die Preisgerade, die Grenzkostenkurve und Durchschnittskostenkurve einer Unternehmung bei vollständiger atomistischer Konkurrenz darstellt.

In dieser Abbildung schneidet die Grenzkostenkurve die Preisgerade in den Punkten F und B. Es ist aber offensichtlich, daß der erste dieser beiden Schnittpunkte kein Gewinnmaximum sein kann,

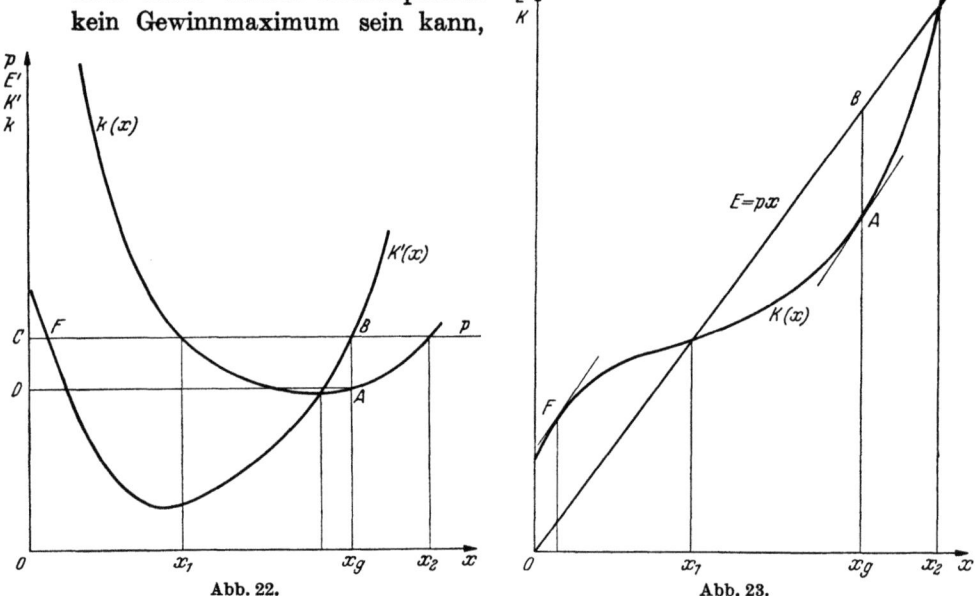

Abb. 22. Abb. 23.

denn die Grenzkostenkurve schneidet hier die Preisgerade von oben nach unten. Erst bei einer rechts von diesem Punkt liegenden Absatz-

---

und Kosten als eine Funktion der Produktmenge aufgefaßt sind. Bezeichnet man den Gewinn als $G(x)$, den Erlös als $E(x)$ und die Kosten als $K(x)$, so kann man schreiben:

$$G(x) = E(x) - K(x).$$

Da im Falle der vollständigen atomistischen Konkurrenz der Preis p konstant ist — der Betrieb vermag absatzpolitisch ja nur Mengenanpassung zu treiben — so kann man für den Erlös in die obige Formel px einsetzen:

$$G(x) = p\,x - K(x).$$

Diese Funktion hat dort ein Maximum, wo die erste Ableitung gleich Null ist.

$$G'(x) = p - K'(x),$$
$$p - K'(x) = 0,$$
$$p = K'(x).$$

Diese Bedingung sagt aus, daß die gewinnmaximale Absatzmenge eines Betriebes bei vollkommener atomistischer Konkurrenz nur dort liegen kann, wo die Grenzkosten gleich dem Preis sind.

menge kann daher überhaupt ein Gewinn erzielt werden. Bei geringen Absatzmengen sind die Kostenverhältnisse so ungünstig, daß jede weitere Einheit zusätzliche Kosten (Grenzkosten) verursacht, die über dem Absatzpreis liegen[1]. Das Gewinnmaximum kann also nur im Punkte B, d.h. also bei der Absatzmenge x_g liegen.

In analoger Weise läßt sich die gewinnmaximale Absatzmenge -x_g auch finden, indem man von der Erlöskurve und der Gesamtkostenkurve ausgeht, wie die Abb. 23 zeigt. Der Gewinn oder Verlust ist hierbei graphisch gesehen nichts anderes als die Differenz der entsprechenden Ordinaten der Erlöskurve und der Gesamtkostenkurve. Bei den Absatzmengen, bei denen die Gesamtkosten über den Erlösen liegen, erleidet der Betrieb Verluste. Dies ist bei Absatzmengen der Fall, die kleiner als x_1 und größer als x_2 sind. Bei Absatzmengen, die über x_1 und unter x_2 liegen, erzielt der Betrieb dagegen Gewinne. Diese Tatsache ist auch aus der Abb. 22 zu ersehen, da in dem Bereich x_1 bis x_2 die Stückkosten geringer als der Preis sind. Man nennt diesen Bereich auch die Gewinnlinse eines Betriebes und seine Begrenzungen die obere und untere Gewinnschwelle. Die Abb. 23 zeigt, daß der günstigste Punkt in dieser Gewinnlinse dort liegen muß, wo die Tangente an die Gesamtkostenkurve parallel zur Erlöskurve verläuft, denn hier muß die Differenz der Ordinaten beider Kurvenpunkte und damit der Gewinn am größten sein. Da der Anstieg der Tangente an die Gesamtkostenkurve gleich den Grenzkosten und der Anstieg der Erlöskurve gleich dem Preis ist, so sind in diesem Punkt die Grenzkosten gleich dem Preise. Vergleiche den Punkt B in Abb. 22.

In der Wirtschaftstheorie wird die Situation eines Betriebes bei vollkommener atomistischer Konkurrenz, in der die Grenzkosten dieses Betriebes gleich dem Marktpreis sind, als „betriebsindividuelles Gleichgewicht" bezeichnet. Wenn also keine Datenänderung eintritt, dann besteht bei einem solchen Betrieb keine Tendenz, diese für ihn gewinngünstigste Situation durch Veränderung seiner Angebotsmenge zu ändern.

5. Bisher ist nur der traditionelle Fall der vollkommenen atomistischen Konkurrenz betrachtet, in welchem angenommen wird, daß die Betriebe Kostenstrukturen mit aufsteigenden Grenzkosten aufweisen. Nunmehr sei in Anlehnung an die Ergebnisse der modernen Kostentheorie die Frage untersucht, wie sich die gewinnmaximale Absatzmenge ergibt, wenn die Gesamtkosten linear verlaufen.

---

[1] Es ist weiterhin noch zu berücksichtigen, daß bei geringen Absatzmengen die fixen Stückkosten sehr hoch sind, so daß hier in der Regel kein Gewinn erzielt werden kann. Im übrigen wirken sich aber auch hier die fixen Kosten auf die Lage der günstigsten Absatzmenge nicht aus, wie im einzelnen noch zu zeigen sein wird.

224   Die Preispolitik.

Wiederum sei angenommen, der allgemeine Marktpreis liege bei 8,20 DM. Die Gesamtkosten aber mögen jetzt bei jeder zusätzlichen Produkteinheit um 7,50 DM zunehmen. Die Grenzkosten dieses Betriebes liegen dann konstant bei 7,50 DM. Es ist offensichtlich, daß es sich für einen solchen Betrieb lohnt, den Absatz soweit wie möglich auszudehnen, denn jede zusätzliche Einheit vermehrt den Erlös um 8,20 DM, während die Kosten nur um 7,50 DM zunehmen. Unter diesen Umständen liegt die gewinnmaximale Absatzmenge an der oberen Kapa-

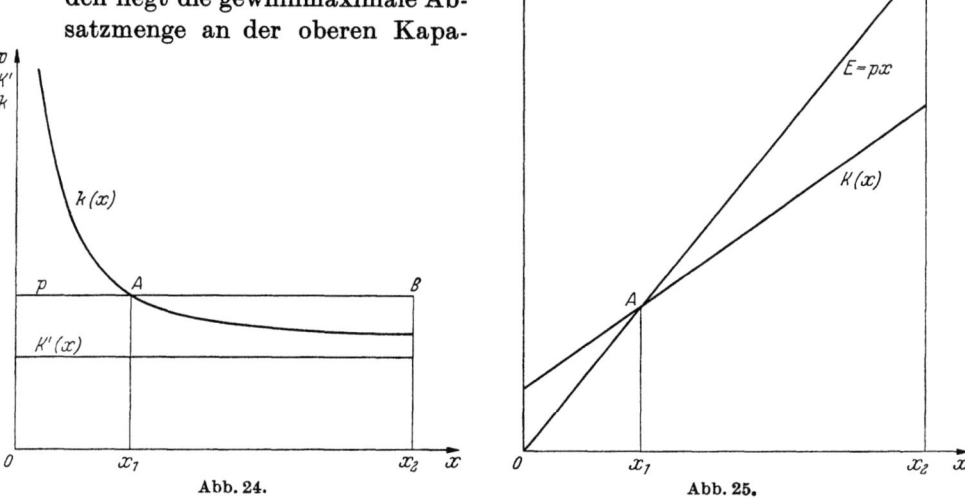

Abb. 24.   Abb. 25.

zitätsgrenze, d. h. bei der im Rahmen der gegebenen technischen und organisatorischen Einrichtungen möglichen Maximalausbringung. Das klassische Kriterium Grenzkosten gleich Preis versagt also bei linearem Gesamtkostenverlauf[1].

---
[1] Geht man von der Gewinngleichung
$$G(x) = px - K(x)$$
aus, dann kann die Gesamtkostenfunktion $K(x)$ durch die lineare Funktion $K(x) = xk_p + K_c$ ersetzt werden, wobei k_p die proportionalen Durchschnittskosten bzw. die (konstanten) Grenzkosten und K_c die fixen Gesamtkosten sind. Man erhält dann:
$$G(x) = px - (xk_p + K_c)$$
$$\text{oder } G(x) = x(p - k_p) - K_c.$$
Durch Differenzieren ergibt sich demnach hier:
$$G'(x) = p - k_p.$$
Ein Gewinnmaximum liegt stets dann vor, wenn die erste Ableitung der Gewinnfunktion gleich Null ist. Da aber sowohl der Preis p als auch die Grenzkosten k_p konstant sind und die beiden Größen im Regelfall keineswegs einander gleich zu sein brauchen, kann keine Absatzmenge x angegeben werden, für die die erste Ableitung der Gewinnfunktion gleich Null ist, also der Gewinn vom Steigen zum Fallen umkehrt.

Diesen Sachverhalt zeigt Abb. 24. In dieses Diagramm sind der Preis, die Grenzkosten und die Stückkosten eingezeichnet.

Die Grenzkostenkurve und die Preisgerade laufen parallel zueinander und schneiden sich nicht. Bei der Ausbringung x_1 liegt die untere Gewinnschwelle. Eine obere Gewinnschwelle gibt es nicht. Die Gewinne nehmen bis zur Kapazitätsgrenze x_2 zu. Dieser Tatbestand läßt sich aus der Abb. 25 ersehen, welche die Erlöskurve und die Gesamtkostenkurve enthält. Bei Absatzmengen, die geringer als x_1 sind, erleidet der Betrieb Verluste, da die Erlöse hier geringer als die Gesamtkosten sind. Von der Absatzmenge x_1 an werden Gewinne erzielt, die mit jeder abgesetzten Einheit größer werden, um an der Kapazitätsgrenze x_2 ihr Maximum zu erreichen. Hier ist der Abstand der Erlöskurve von der Kostenkurve am größten.

6. Bisher wurde angenommen, daß sich das hier betrachtete Unternehmen einem ganz bestimmten Preise gegenübersieht. Nunmehr sei untersucht, wie sich die gewinnmaximale Absatzmenge verändert, wenn sich der Marktpreis sukzessive verändert, weil sich zum Beispiel die Gesamtnachfragekurve aus irgendwelchen Gründen verschiebt. Hierbei sei zunächst wieder von gekrümmten Kostenkurven ausgegangen, um den Anschluß an die traditionelle Theorie der vollkommenen atomistischen Konkurrenz zu wahren.

Nimmt man an, der Preis falle sukzessiv von p_1 bis auf p_5, wie es die Abb. 26 zeigt, dann schrumpft die Gewinnzone immer mehr zusammen, bis bei dem Preis p_3 kein Gewinn mehr entsteht (vgl. den Punkt Q).

Der Preis ist in diesem Fall sowohl gleich den Stückkosten als auch gleich den Grenzkosten: $p = k(x) = K'(x)$.

Abb. 27 zeigt, daß mit fallenden Preisen der Anstieg der Erlösgeraden Zug um Zug abnimmt. Beim Preise p_3 tangiert die Erlösgerade E_3 die Gesamtkostenkurve. Ein Gewinn kann folglich für keine Absatzmenge mehr entstehen.

Ist der Betrieb nicht gewillt, auf einen Teil seiner Kosten zugunsten der Weiterführung des Betriebes zu verzichten, so bildet der Preis p_3 im obigen Beispiel die Preisuntergrenze. Bei Preisen unterhalb dieses Preises würde der Betrieb aus dem Markt ausscheiden. Da für jeden über p_3 liegenden Preis diejenige Menge angeboten wird, für die $K'(x) = p$ ist, so ist bei vollkommener atomistischer Konkurrenz die betriebsindividuelle Angebotskurve identisch mit der Grenzkostenkurve vom Punkte Q, also vom Betriebsoptimum an, bis zur Kapazitätsgrenze x_k[1]. Man kann davon ausgehen, daß das Unternehmen „kurzfristig" in der

---

[1] Auch hier gilt selbstverständlich, daß diese Grenze durch quantitative Anpassung verschoben werden kann.

Lage ist, auf die Deckung eines Teiles seiner fixen Kosten zu verzichten, und diesen Fall einer Stillegung vorzieht. Nimmt man an, daß der Betrieb völlig auf die Deckung seiner fixen Kosten verzichtet, wenn der Preis entsprechend sinkt, und erst dann zur Stillegung übergeht, wenn der Preis niedriger liegt als die proportionalen Stückkosten, so ist auch in diesem Fall, wie die Abb. 26 und 27 für die Preise p_4 und p_5 erkennen lassen, die betriebsindividuelle Angebotskurve gleich der Grenzkostenkurve, aber bereits vom Punkte M, also vom sog. Betriebsminimum[1]

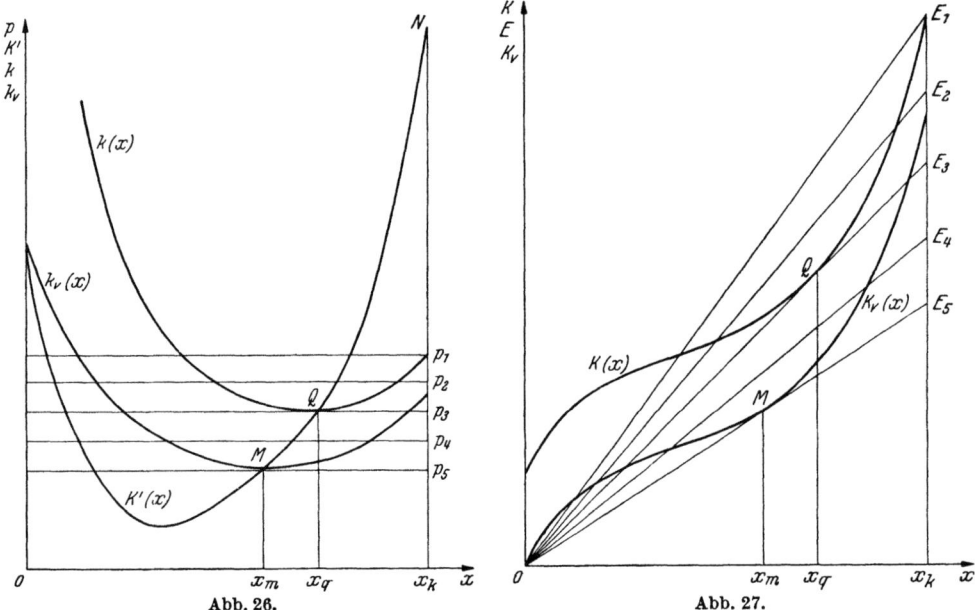

Abb. 26. Abb. 27.

an. Ob eine solche Unterstellung, die ja den Begriff „kurzfristig" enthält, also auf den Zeitfaktor irgendwie Bezug nimmt, mit der oben gegebenen statischen Analyse zu vereinbaren ist, dürfte zweifelhaft sein. Hierauf soll jedoch nicht näher eingegangen werden.

Nunmehr sei untersucht, wie sich Preisveränderungen bei linearem Gesamtkostenverlauf auswirken. Die Abb. 28 und 29 lassen erkennen,

---

[1] Liegen für alle Betriebe auf diese Weise die individuellen Angebotskurven fest, so ergibt sich aus diesen die Gesamtangebotsfunktion genau so durch Horizontaladdition, wie sich die Gesamtnachfragefunktion durch Horizontaladdition der individuellen Nachfragefunktionen ergibt. Hierauf soll aber in diesen, allein auf die betriebsindividuellen Probleme der Absatzpolitik abgestellten Abhandlungen nicht näher eingegangen werden. Vgl. hierüber vor allem SCHNEIDER, E., a.a.O., S. 127ff. Im Rahmen dieser Abhandlungen interessiert nur der durch den Schnittpunkt der Gesamtangebots- und der Gesamtnachfragekurve festgelegte Preis als Datum der betriebsindividuellen Absatzpolitik.

daß sich auch hier der Gewinnbereich verringert, wenn der Preis von p_1 auf p_5 sinkt.

Hierbei bleibt die günstigste Absatzmenge unverändert. Sie beträgt stets x_k. Für den Preis p_3 ist der Gewinn gleich Null, denn dieser Preis ist, wie die Abb. 28 erkennen läßt, gerade gleich den Stückkosten der maximalen Absatzmenge. Die Erlöskurve schneidet in diesem Fall die Gesamtkostenkurve bei x_k. Sinkt der Preis weiter, z. B. auf p_4, so wird ein Teil der fixen Kosten nicht mehr gedeckt. Der Betrieb wird also zu diesem Preis nur dann noch anbieten, wenn er bereit ist, diesen teilweisen Verlust an fixen Kosten in Kauf zu nehmen,

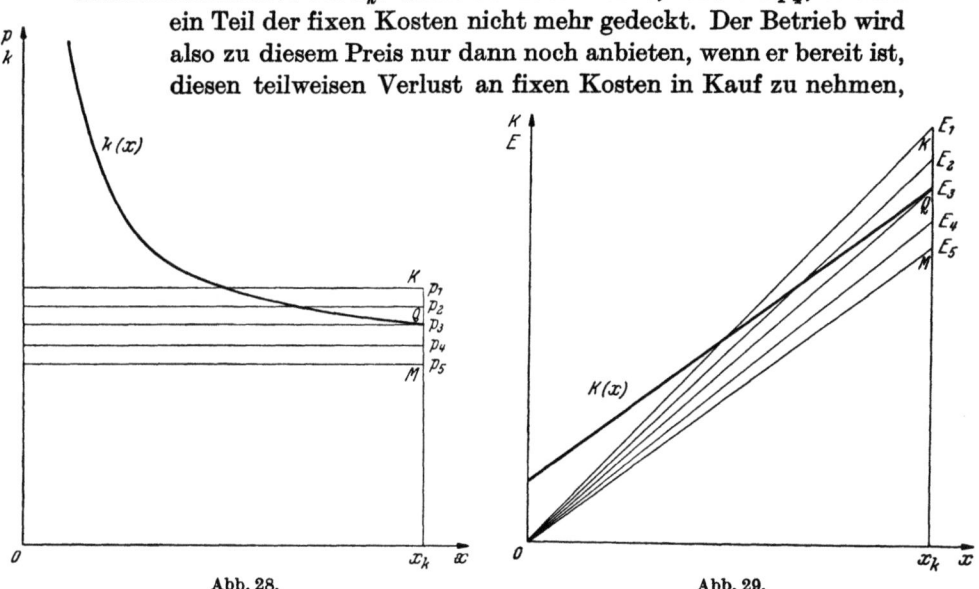

Abb. 28.   Abb. 29.

um beschäftigt zu bleiben. Bei dem Preis p_5 sind die gesamten fixen Kosten ungedeckt, denn dieser Preis ist gleich den proportionalen Durchschnittskosten bzw. Grenzkosten. Die zu diesem Preise gehörende Erlöskurve läuft zur Gesamtkostenkurve parallel. Hier liegt also die absolute Preisuntergrenze des Betriebes[1]. Auch durch Ausweitung der Kapazitätsgrenze ist bei diesem Preise keine Verlustminderung mehr möglich, während bei den über p_5 (aber unter p_3) liegenden Preisen diese Möglichkeit besteht. Die Punkte Q in den Abb. 28 und 29 entsprechen dem Optimum bei gekrümmten Kostenkurven. Hierbei ist aber zu bemerken, daß sich dieser Punkt mit jeder Kapazitätsausweitung verschiebt. Der Punkt M in den Abb. 28 und 29 entspricht dem Betriebsminimum bei gekrümmten Kostenkurven.

Im Gegensatz zu den betriebsindividuellen Angebotskurven, wie sie sich bei gekrümmten Kostenkurven ergaben, ergibt sich hier eine

---

[1] Auf das Problem von Unterkostenverkäufen wird im Abschnitt V dieses Kapitels noch näher eingegangen.

über der jeweiligen Kapazitätsgrenze von der Grenzkostenkurve an senkrecht nach oben verlaufende individuelle Angebotskurve. Auch hier ist die Gesamtangebotskurve die Horizontaladdition sämtlicher betriebsindividueller Angebotskurven.

7. Bisher wurde angenommen, daß die Kostenstruktur der Unternehmen unverändert bleibt, wobei in beiden Fällen unterstellt wurde, daß die Gesamtkostenkurve entweder gekrümmt oder linear verläuft. Nunmehr sei untersucht, wie Verschiebungen der Kostenkurve die gewinnmaximale Absatzpolitik eines Betriebes bei vollkommener atomistischer Konkurrenz beeinflussen.

Zunächst sei wieder von gekrümmten Kostenkurven ausgegangen, wie sie den Abb. 22 und 23 zugrunde liegen. An Hand der Abb. 22 und 23 wird besonders deutlich, daß die Höhe der fixen Kosten die Lage der gewinnmaximalen Absatzmenge x_g nicht beeinflußt. Denn, wenn die Gesamtkostenkurve $K(x)$ parallel verschoben wird, also größere oder kleinere fixe Kosten angenommen werden, bleibt der größte vertikale Abstand von der Erlöskurve immer über der gleichen Absatzmenge x_g. Allerdings beeinflußt die absolute Höhe der fixen Kosten den Gewinn. Werden in dem der Abb. 23 zugrunde liegenden Beispiel die fixen Kosten um AB nach oben verschoben, so wird gerade kein Gewinn mehr erzielt. In diesem Fall tangiert in Abb. 23 die Erlöskurve die Kostenkurve und in Abb. 22 die Stückkostenkurve die Preisgerade. Bei noch höheren fixen Kosten entstehen Verluste.

Änderungen in der Struktur der variablen Kosten beeinflussen dagegen sowohl die Gewinnhöhe als auch die Lage der gewinnmaximalen Absatzmenge. Allgemein kann wegen der Vielgestaltigkeit der möglichen variablen Gesamtkosten keine Aussage über die Lage der gewinnmaximalen Absatzmenge gemacht werden. Die Abb. 26 und 27 lassen jedoch erkennen, daß die gewinnmaximale Absatzmenge bei gegebenem Preise um so größer ist, je flacher und je langgestreckter die variablen Gesamtkosten- und damit auch die Grenzkostenkurven verlaufen.

Nunmehr sei noch der Einfluß betrachtet, den Änderungen der Kostenstruktur bei linearen Gesamtkosten auf die gewinnmaximale Absatzmenge ausüben. Aus den Abb. 24 und 25 ist ersichtlich, daß die Höhe der fixen Kosten die gewinnmaximale Absatzmenge auch hier nicht beeinflußt. Sie liegt immer an der jeweiligen Kapazitätsgrenze.

Sind die fixen Kosten so groß, daß sich die Gesamtkostenkurve und die Erlöskurve gerade über der Kapazitätsgrenze x_2 schneiden, dann wird kein Gewinn mehr erzielt.

Bisher wurde immer von einem gegebenen produktionstechnischen und organisatorischen Apparat der Betriebe und damit von einer gegebenen begrenzten Kapazität ausgegangen. Hierbei lag die gewinnmaximale Absatzmenge bei linearem Gesamtkostenverlauf stets an der äußersten Kapazitätsgrenze. Diese Erscheinung führte bereits oben zu dem Gedanken, daß es vielleicht für einen solchen Betrieb vorteilhaft sein könnte, seine Kapazität zu erweitern. Angenommen, eine solche Erweiterung sei möglich, ohne daß sich die proportionalen Stückkosten verändern, indem jeweils nach einer Absatzmenge von x_1 ein Fixkostensprung erfolgt[1], wobei der Einfachheit halber die Höhe der Fixkostensprünge als gleich angenommen sei.

Abb. 30 zeigt, daß für die gegebene Erlöskurve $E(x)$ bei der Kostenkurve $K_1(x)$, d. h. bei der Kapazität x_1, der Gewinn G_1 beträgt. Wird die Kapazität auf $2x_1$ verdoppelt, so ergibt sich die Kostenkurve $K_2(x)$. Der Gewinn beträgt in diesem Fall G_2. Er nimmt um 100% zu. Wird die Kapazität auf $3x_1$ verdreifacht, so erhält man die Kostenkurve $K_3(x)$.

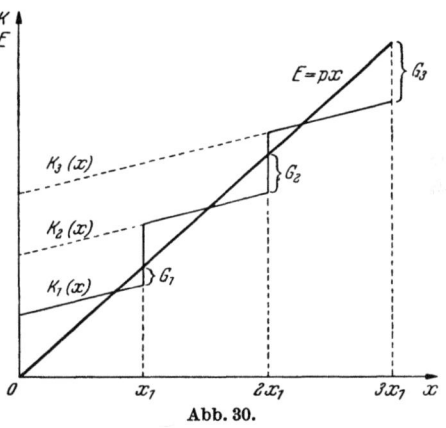

Abb. 30.

Der Gewinn steigt auf G_3 an, d. h. er nimmt gegenüber G_1 um 200% zu, wie aus der Abb. 30 leicht zu ersehen ist. Unter den Bedingungen des stark vereinfachenden Beispiels steigen die Gewinne proportional zur Kapazitätsausweitung. Hieraus resultiert notwendigerweise eine entsprechend starke Wachstumstendenz der Unternehmen. Praktisch liegt aber der Fall der vollkommenen atomistischen Konkurrenz höchstens nur tendenziell vor, so daß von einem gewissen Punkt an Absatzausweitungen auf marktliche Grenzen stoßen müssen.

8. Wird eine Gruppe von Unternehmungen angenommen, die die Bedingungen vollkommener atomistischer Konkurrenz erfüllt, dann wird ein Preis, der mit großem Gewinn zu produzieren erlaubt, dem Marktprozeß zusätzliche Konkurrenten zuführen. Die zusätzliche Produktion wird die Gesamtangebotskurve nach rechts verschieben und damit den Preis sinken lassen. Wenn die Preisgerade so weit sinkt, daß sie für einen Betrieb die Stückkostenkurve im Minimum, also in dem Punkt berührt, an dem die Durchschnittskosten den Grenzkosten gleich sind, dann erzielt dieser Betrieb keinen Gewinn mehr. Sinkt der Preis weiter,

---

[1] Dieser Fall ist ausführlich in Band I, beschrieben. Vgl. ferner GUTENBERG, E., Über den Verlauf von Kostenkurven und seine Begründung, Z. f. handelswissenschaftliche Forschung, N.F., 5. Jahrg. (1953), S. 1 ff.

so muß der Betrieb langfristig entweder aus der Gruppe ausscheiden oder seine Kostenstruktur durch produktionstechnische oder organisatorische Maßnahmen verbessern. Solange der Zustrom an neuen Konkurrenten anhält, d.h. solange es in der Gruppe noch Unternehmungen gibt, für die der Preis über dem Minimum der Stückkostenkurve[1] liegt, wobei in die Stückkosten ein gewisser Gewinnbetrag einbezogen sein mag, der nicht hoch genug ist, um neue Unternehmer anzulocken, aber auch nicht klein genug, um die Produktion einzustellen, werden immer wieder Unternehmen vor die Alternative gestellt, auszuscheiden oder ihre Kostenstruktur zu verbessern. Ein Unternehmen,

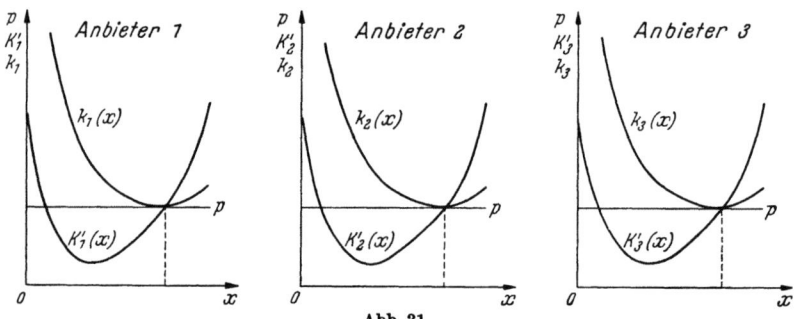

Abb. 31.

das vor diese Entscheidung gestellt ist, weil der Preis unter sein Stückkostenminimum abzusinken droht, wird in der ökonomischen Theorie als Grenzbetrieb bezeichnet. Durch den ständigen Prozeß von Gründungen und Stillegungen, Betriebserweiterungen und Einschränkungen gleichen sich die Minimalpunkte der Stückkostenkurven aller Betriebe der Gruppe aneinander an. Auf diese Weise entsteht eine Gleichgewichtslage, die durch die dreifache Bedingung: Grenzkosten = Stückkosten = Preis charakterisiert wird. Die Unternehmen arbeiten unter diesen Umständen im Kostenoptimum, d.h. mit den geringsten Kosten je Erzeugungseinheit, wie es die Abb. 31 erkennen läßt[2].

Ein betriebsindividuelles Gleichgewicht liegt dann vor, wenn die Bedingung Grenzkosten = Preis (bzw. Grenzerlös) erfüllt ist, Gruppengleichgewicht besteht dann, wenn zusätzlich die Stückkosten gleich dem Preis sind, also die Bedingung Grenzkosten = Preis = Stückkosten gegeben ist.

Im Falle des betriebsindividuellen Gleichgewichts ist die Ausbringung im allgemeinen größer als die kostengünstigste (kostenminimale) Produktmenge. Nur dann, wenn gleichzeitig auch ein

---
[1] Dieses liegt bei linearen Gesamtkosten an der jeweiligen Kapazitätsgrenze.
[2] Selbstverständlich liegt bei drei Anbietern keine atomistische Konkurrenz vor. Man muß sich die in Abb. 31 wiedergegebene Gruppe entsprechend erweitert vorstellen.

Gruppengleichgewicht vorliegt, produzieren alle Betriebe ihre Ausbringungen mit den geringsten Kosten je Erzeugniseinheit.

Wenn nun für alle Betriebe gilt, daß die zur Produktion erforderlichen Sachgüter, Arbeits- und Dienstleistungen einschließlich der dispositiven Leistungen beliebig verfügbar sind, dann werden die Betriebe bei atomistischer Konkurrenz mit gleichen Produktionsfunktionen, also auch Kostenfunktionen, arbeiten. Berücksichtigt man jedoch die Möglichkeit, daß einige Betriebe über gewisse Produktionsvorteile verfügen, die den anderen Betrieben nicht erreichbar sind (z. B. besondere Rohstoffe, knapper Grund und Boden, besondere technische oder dispositive Leistungen, günstige Lage), dann verschaffen diese natürlichen Produktionsvorteile denjenigen Betrieben, die sie besitzen, gewisse Vorzugsstellungen. Sie wirken sich als eine Art von Renten auf diese Vorzugspositionen aus und können auch dadurch nicht beseitigt werden, daß die Märkte „offen" sind.

Nimmt man an, die Märkte seien nicht „offen" (alle übrigen Bedingungen unverändert), dann kann das System offenbar die Preise und Mengen bei Gruppengleichgewicht nicht erreichen. Vielmehr gilt in diesem Falle für alle zur Gruppe gehörenden Betriebe die Bedingung: Grenzkosten gleich Preis, d. h. nur das betriebsindividuelle Gleichgewicht wird realisiert. Die Betriebe arbeiten mit Gewinn.

Unter den Voraussetzungen vollkommener atomistischer Konkurrenz gibt es also keinen Grenzbetrieb, denn alle Betriebe sind nach den gemachten Annahmen in der Lage, die zur Produktion erforderlichen Güter zu beschaffen. Ist das der Fall, dann besteht für jeden Betrieb die Möglichkeit, sich fertigungstechnisch genau so einzurichten wie die anderen Betriebe. Theoretisch kommt das darin zum Ausdruck, daß alle Betriebe mit der gleichen Produktions- bzw. Kostenkurve arbeiten. Wenn man zu unterschiedlichem Kostenniveau der Betriebe gelangen will, muß die Voraussetzung vollkommener Märkte aufgehoben und die Anpassungsgeschwindigkeit der betrieblichen Vorgänge nicht mehr als unendlich angenommen werden. Werden „time-lags" zugelassen, wird also eine Grenzüberschreitung in Richtung auf unvollkommene Märkte vorgenommen[1], dann arbeiten die Betriebe mit verschiedenen Produktions- bzw. Kostenfunktionen, solange der Anpassungsprozeß noch nicht vollständig vollzogen ist.

Die Folge ist, daß es einige Betriebe gibt, die die Bedingung: Grenzkosten = Durchschnittskosten = Preis erfüllen, andere Betriebe realisieren dagegen lediglich die Bedingung Grenzkosten = Preis. Das System enthält in diesem Falle zwei Arten von Betrieben. Diejenigen Betriebe, die die Bedingung: Grenzkosten = Durchschnittskosten = Preis

---

[1] Wobei dieser Begriff nunmehr in dem hier für zulässig erachteten weiteren Sinne gebraucht wird.

erfüllen, werden als „Grenzbetriebe" bezeichnet, denn eine weitere Preissenkung stellt diese Betriebe, langfristig gesehen, vor die Alternative, aus dem Markt auszuscheiden oder ihre Kostenstruktur zu verbessern. Es sind die innerhalb einer Gruppe von Betrieben mit den ungünstigsten Kosten arbeitenden Betriebe. Da Kostenunterschiede nur auf unvollkommenen Märkten bestehen können, gehört der Begriff „Grenzbetrieb" nicht in den Vorstellungsbereich vollkommener Märkte.

Es ist zu beachten, daß der Begriff „Grenzbetrieb", wenn er so verstanden wird, wie er hier aufgefaßt wird, ein Begriff der Theorie ist. Zu ihm gelangt man, wenn im hypothetischen System der Theorie gewisse Annahmen gemacht oder fallen gelassen werden. Man sollte sich dieser Tatsache bewußt sein, wenn man diesen Begriff in wirtschaftspolitischen Diskussionen verwendet.

Nimmt man an, daß die Märkte unter im übrigen gleichen Bedingungen nicht offen sind, dann besteht keine Möglichkeit, daß unbegrenzt neue Konkurrenzbetriebe in den Markt eintreten. Das Gruppengleichgewicht wird also nicht erreicht, weil die Betriebe mit verschieden hohen Kosten arbeiten. Der Preis wird bis auf die Höhe des Kostenminimums des kostenmäßig ungünstigsten Betriebes sinken. Die übrigen (intramarginalen) Betriebe arbeiten mit Gewinn. Das Vorhandensein von Gewinnen zeigt an, daß sich die gesamte Gruppe in einer Lage befindet, die gewisse monopolistische Elemente enthält.

9. Noch kurz seien die beiden bisher geschilderten absatzpolitischen Grenzsituationen, das vollkommene Monopol und die vollkommene atomistische Konkurrenz miteinander verglichen.

Der Monopolbetrieb der Theorie ist in dem ganzen, durch seine Absatzkurve charakterisierten Preisbereich absatzpolitisch autonom. Er kann entweder den Preis oder die Absatzmenge frei bestimmen und sich mit den übrigen Größen anpassen. Ein Betrieb im System der vollständigen atomistischen Konkurrenz hat dagegen diese Möglichkeit nicht. Er kann sich vielmehr nur mengenmäßig an den von ihm nicht beeinflußbaren Marktpreis anpassen, d. h. er ist absatzpolitisch völlig konkurrenzgebunden.

Vergleicht man die betriebsindividuellen Gleichgewichtslagen eines Monopolbetriebes und eines Betriebes im System der vollkommenen atomistischen Konkurrenz miteinander, dann zeigt sich, daß der Monopolpreis stets über den Grenzkosten liegt. Der Angebotspreis des Konkurrenzbetriebes ist stets gleich den Grenzkosten. Die Angebotsmenge ist unter sonst gleichen Umständen im Monopolfalle kleiner als im Konkurrenzfalle.

Tendenziell läßt sich also sagen, der Monopolpreis liege höher als der Konkurrenzpreis und die Monopolmenge sei geringer als das gesamte

Konkurrenzangebot. Hieraus ist der Satz abzuleiten: je größer die absatzpolitische Autonomie eines Unternehmens ist, um so höher ist der Preis und um so geringer ist die Absatzmenge; je konkurrenzgebundener die Absatzpolitik eines Unternehmens ist, um so niedriger ist der Preis und um so größer ist die Absatzmenge. Dieser Satz ist aber nur unter Vorbehalt richtig, denn in der Regel verschieben sich mit zunehmender absatzpolitischer Autonomie die Größenverhältnisse der Betriebe. So kann zum Beispiel angenommen werden, daß in vielen Fällen die Kostenstruktur eines großen Betriebes günstiger als die der kleineren Konkurrenzbetriebe ist. Seine Größe gibt dem Monopolbetrieb, falls es sich hierbei um einen Großbetrieb handelt, die Möglichkeit, Produktionsvorteile zu verwirklichen, die die Konkurrenzbetriebe nicht zu realisieren vermögen. Hierdurch können die Grenzkosten eines Monopolbetriebes im Grenzfall so günstig werden, daß der COURNOTsche Monopolpreis nicht mehr weit über dem Konkurrenzpreis liegt. Unter Umständen kann er sogar unter ihm liegen.

B. Die Preispolitik bei atomistischer Konkurrenz auf unvollkommenen Märkten.
1. Wesen und Bedeutung der unvollständigen atomistischen Konkurrenz.
2. Preislagen und Produktqualitäten.
3. Der Begriff des akquisitorischen Potentials.
4. Der Begriff des Intervalls preispolitischer Autonomie.
5. Die Wirkung des akquisitorischen Potentials.
6. Der Charakter der polypolistischen Preisabsatzfunktion.
7. Die Ableitung der individuellen Absatzkurve bei unvollkommener atomistischer Konkurrenz.
8. Die Erlösgestaltung bei unvollkommener atomistischer Konkurrenz und der Verlauf der Grenzerlöskurve.
9. Allgemeine Ausführungen zur Gewinnmaximierung bei unvollkommener atomistischer Konkurrenz.
10. Der gewinnmaximale Preis bei gegebener Absatz- und Kostenkurve.
11. Die bremsende Wirkung des monopolistischen Kurvenabschnittes.
12. Schlußbetrachtung.

1. Nunmehr sei die Preispolitik von Unternehmen mit atomistischer Angebotsstruktur auf unvollkommenen Märkten (polypolistische Konkurrenz) untersucht. Zu diesem Zwecke seien zunächst alle Voraussetzungen und Theoreme, wie sie bisher für die Fragen der Preispolitik unter den Bedingungen atomistischer Konkurrenz auf vollkommenen Märkten benutzt wurden, beiseite gelassen. Zunächst sei kurz ein Fall

betrachtet, wie er sich in der Wirklichkeit täglich abspielen kann. Für die Analyse dieses Falles sei lediglich die Annahme gemacht, daß die Zahl der Konkurrenten so groß ist, daß eine preispolitische Maßnahme eines Anbieters die Absatzmengen der übrigen Unternehmen nicht merklich beeinflußt.

Ein Käufer möge beabsichtigen, einen Anzug zu kaufen. Der Verkäufer wird den präsumtiven Käufer fragen: ,,In welcher Preislage etwa wünschen Sie den Anzug ?" Der Käufer mag sagen: ,,Etwa um 180 DM", oder (zu sich selbst), ,,etwa zwischen 170 und 190 DM". Der Verkäufer führt dem Kunden eine Anzahl von Anzügen vor, die zwischen 170 und 190 DM kosten. Der Käufer wird sich (,,wenn er etwas Passendes findet") für einen Anzug entscheiden, der seinen persönlichen Wünschen entspricht und den er für preiswert hält.

Dieser einfache Fall gibt zu folgenden Überlegungen Anlaß: Dem Käufer werden Anzüge vorgelegt, die sich in ihren besonderen Eigenschaften voneinander unterscheiden, etwa hinsichtlich ihres Schnittes, ihrer Stoffart, ihrer Farbe u.a. Es gibt also nicht ,,einen" Anzug zu einem bestimmten Preis, sondern eine Anzahl von Anzügen, die sich in ihren Eigenschaften (in gewissen Grenzen) unterscheiden. Mithin handelt es sich nicht um völlig gleichartige, sondern um mehr oder weniger gleichartige Waren, in der Sprache der Theorie gesprochen: nicht um homogene, sondern um heterogene, differenzierte Erzeugnisse. Sie dienen alle dem gleichen Verwendungszweck, sind aber doch nicht von jener Gleichförmigkeit, die die Erzeugnisse kennzeichnet, wie man sie für vollkommene Märkte unterstellt. In dem Bedingungssatz für unvollkommene Märkte ist die Homogenitätsbedingung durch die Heterogenitätsbedingung ersetzt worden.

Im Beispiel wird der Käufer den Anzug nur dann kaufen, wenn er der Ansicht ist, daß der Anzug preiswert sei. Diese Tatsache besagt, daß der Käufer sich ein Urteil darüber zu bilden versucht, ob die Art und Qualität des ihm vorgelegten Anzuges in einem ihm günstig erscheinenden Verhältnis zu dem geforderten Preise steht. Denn jeder Käufer möchte preiswert kaufen, d.h. eine Ware erwerben, deren Preis ihm in Hinsicht auf ihre Eigenschaften günstig erscheint[1].

---

[1] Auf die Bedeutung des Verhältnisses zwischen Warenpreis und Warenqualität hat vor allem SANDIG aufmerksam gemacht. Er weist hierbei darauf hin, daß im Sortiment jede Preisstufe, jede Qualität, jede Form- und Farbgebung mit einer anderen konkurriert. So sieht er denn auch deutlich, daß die betriebswirtschaftliche Preispolitik nur ein Ausschnitt aus der gesamten Absatzpolitik ist. Damit hat SANDIG die Preispolitik und damit die Absatzpolitik in das Ganze des betrieblichen Geschehens eingeordnet, ein Bemühen, das in der gleichen Richtung liegt, in der hier vorgegangen wird. Vgl. SANDIG, C., Die Führung des Betriebes, Betriebswirtschaftspolitik, Stuttgart 1953, insbesondere S. 189/190.

Die Überlegungen des Käufers gehen aber noch weiter. Der Käufer wird sich sagen: „In dieser Preislage kann ich keine bessere Qualität verlangen" oder: „In dieser Preislage kann ich eine bessere Qualität fordern". Nur Waren, die dem gleichen Verwendungszweck zu dienen in der Lage sind und die Eigenschaften aufweisen, wie sie füglich bei diesem Preise oder etwa bei diesen Preisen (einem oberen oder unteren Preise) verlangt werden können, gehören zur gleichen „Preisklasse" oder „Preislage".

Offenbar gibt es eine Art mittlerer Produktbeschaffenheit, von der die Waren, die zu einer Preislage gehören, bis zu einem oberen oder unteren Grenzwert abweichen können, ohne einer anderen Preislage zugeordnet werden zu müssen oder ohne das Gleichgewicht zwischen den Preislagen zu stören. Dieser mittlere Wert an Produkteigenschaften, die „qualitative Norm" der Preislage, ist kein statistischer Wert, denn die verschiedenen Produkteigenschaften lassen sich nicht auf einen numerischen Nenner bringen. Es gibt im Bewußtsein der Käufer und Verkäufer aber so etwas wie eine mittlere Beschaffenheit bei Gegenständen, die zu einer Preislage gehören. Jeder Produzent kennt sie, und jeder Käufer hat manchmal sehr konkrete, oft wenig genaue Vorstellungen über das, was er an Qualität innerhalb einer Preislage verlangen kann. Ganz ohne Zweifel ist dabei das Urteil der Käufer von Subjektivismen durchsetzt, die um so mehr in den Vordergrund treten, je mehr die Käufer glauben, ein wirkliches Urteil über die Eigenschaften der Kaufgegenstände zu haben, obwohl sie keine Fachkenntnisse besitzen. Zudem fehlen oft die Vergleichsmaßstäbe, denn der Erfahrungsbereich der einzelnen Käufer, vornehmlich hier der Konsumenten, ist angesichts der Fülle an Warenqualitäten, die angeboten werden, begrenzt. Aber auf einem derartigen Boden entstehen nun einmal die Preis- und Qualitätsurteile der Käufer. Es gibt kaum einen Verkäufer, der um diese Situation nicht wüßte und nicht mit ihr rechnete.

Vom verkaufenden Unternehmen aus gesehen gibt es innerhalb einer Preislage zwei Grenzsituationen. Im ersten Falle verbindet sich mit niedrigstem Preise ein Höchstmaß an Produktqualität, im zweiten Falle dagegen mit höchstem Preise ein sehr geringes Maß an Produktqualität. Zwischen diesen beiden Grenzen setzen die Betriebe ihre Preise an, wobei sie in der Regel bestrebt sind, bei den Käufern den Eindruck zu erwecken, daß sie „preiswert" kaufen.

Als besonders preiswert gilt ein Kauf, bei dem der Käufer der Ansicht ist, daß er bei dem von ihm gezahlten Preis eine Qualität in der Nähe der oberen qualitativen Grenze erhält. Wenig preiswert wird er gekauft haben, wenn die Qualität bei dem von ihm gezahlten Preis an der unteren qualitativen Grenze der Preislage liegt.

Für diese beiden Begriffe „Preislage" und „preiswert" ist im System vollkommener Märkte kein Raum, denn in ihm ist jedem Preis ein Gut mit eindeutig bestimmten Eigenschaften zugeordnet. Man muß deshalb unter den Voraussetzungen vollkommener Märkte für jede Produktvariante einen besonderen isolierten Markt annehmen (Begriff der „Industrie" bei MARSHALL). Aber dieser Weg führt gerade an der praktisch entscheidenden Tatsache vorbei, daß in weitaus der Mehrzahl aller Fälle jedes Gut immer nur als Variante eines an sich gar nicht existierenden Gutes gegeben ist. Sieht man von dieser Tatsache ab, dann kann man zwar sagen, eine Ware sei billig oder teuer. Aber man kann es nur sagen in Hinsicht auf frühere Preise, zu denen sie gekauft wurde. Es läßt sich jedoch nicht sagen, die Ware sei zwar teuer, aber sie sei trotzdem preiswert, d.h. der Preis sei angesichts der Wareneigenschaften im Verhältnis zu den von anderen Unternehmen in der gleichen Preislage angebotenen Qualitäten niedrig. Der Begriff preiswert setzt also Vergleichsmöglichkeiten mit Waren ähnlicher Art voraus. Derartige Möglichkeiten sind aber nur auf unvollkommenen Märkten gegeben. Also kann es die Begriffe „preiswert" und „Preislage" nur im Rahmen unvollkommener Märkte geben.

2. Der Begriff der Preislage läßt sich nicht entbehren, wenn die Produktdifferenzierung zum Angelpunkt preistheoretischer Erörterungen gemacht wird. Aus diesem Grunde muß der Begriff der Preislage noch genauer untersucht werden.

Es gibt Märkte, auf denen in bestimmten Preislagen Erzeugnisse mit Eigenschaften angeboten werden, die von der durchschnittlichen qualitativen Norm aller Erzeugnisse dieser Art, wenigstens innerhalb gewisser Zeitspannen, nicht wesentlich abweichen. In solchen Fällen handelt es sich mehr um eine gewisse Streuung der Produkteigenschaften und weniger um eine Verbesserung der Warenbeschaffenheit, also mehr um eine Auswechselung und reine Variation von Eigenschaften als um eine Hebung des Qualitätsniveaus. Die Preislagen sind also, qualitativ gesehen, relativ konstant, d.h. es liegen zwar Abweichungen von der qualitativen Norm vor, die für eine Preislage gilt, aber die Norm selbst ist eben verhältnismäßig unverändert. Derart liegen die Dinge häufig in konsumnahen Produktionszweigen oder in Industrien, deren Erzeugnisse fertigungstechnisch ausgereift sind. Man ändert die Produkteigenschaften, aber man ändert nicht das qualitative Niveau der Preislage. In solchen Fällen sei hier von Preislagen mit relativer Konstanz der Produktqualität gesprochen.

Eine andere Situation weisen Industriezweige auf, die technisch noch nicht zu einer gewissen, wenn auch nur vorübergehenden Ruhelage gelangt sind. In solchen Produktionszweigen hat sich weder die Produktgestaltung noch die Fertigungstechnik stabilisiert. Je weniger das der Fall ist, um so schneller „veralten" die Erzeugnisse. In der Automobilindustrie beispielsweise verändern technische Fortschritte in ständiger Abfolge das Verhältnis zwischen Produktqualität und Produktpreis. Jedes neue Modell, das auf den Markt gebracht wird, soll eine Verbesserung des bisherigen Typs sein. Unter solchen Umständen ändert sich, mehr oder weniger schnell, die qualitative Norm, die für die Preislage oder Preisklasse gilt. Es sind also in diesem Falle nicht so sehr Marktvorgänge, die die Preislage in Unruhe halten, vielmehr sind es technische Umstände, die die Unruhe innerhalb einer Preislage oder zwischen den Preislagen verursachen. Die technische Entwicklung läßt in diesem Falle die Preislage „qualitativ" nicht zur Ruhe kommen — ein Umstand, der später noch eingehend auf seine preispolitischen Konsequenzen hin untersucht wird.

Liegen die Dinge so, dann erhält man Preislagen, die sich durch relative Veränderlichkeit ihrer qualitativen Norm kennzeichnen.

Die Erfahrung zeigt weiter, daß sich in den höheren Preislagen die Beziehungen zwischen Produktqualität und Produktpreis lockern. Und zwar in dem Sinne, daß mit zunehmender Höhe der Preislagen der Preis als kaufentscheidender Faktor zurücktritt und damit die Produktbeschaffenheit in den Vordergrund des Kaufinteresses rückt. Hoher Lebensstandard beispielsweise gibt dem Käufer freiere Wahl bei seinen Kaufentscheidungen, d. h. der Produktpreis begrenzt sein Kaufbegehren nicht in dem Maße, wie er das Kaufbegehren von Käufern bestimmt, die einen niedrigen Lebensstandard aufweisen. In unteren Preislagen steigt deshalb die Bedeutung des Warenpreises für den Kaufentschluß. Die Folge ist, daß nicht nur der Käufer, sondern auch der Verkäufer gerade in den unteren Preislagen „äußerst kalkuliert", wie die Praxis sagt. In größeren Umsätzen findet der Verkäufer hierfür einen Ausgleich.

Es ist also zwischen Preislagen zu unterscheiden, bei denen mehr der Produktpreis oder mehr die Produktqualität die Entscheidungen der Käufer beeinflußt.

3. Im tatsächlichen Marktgeschehen sind die Betriebe bestrebt, im Rahmen der ihnen gegebenen Möglichkeiten ihren Absatzmarkt zu individualisieren, um sich auf diese Weise einen „Firmenmarkt" zu schaffen. Zu diesem Zwecke versuchen sie, ihre Absatzorganisation so zu gestalten, daß ein möglichst enger Kontakt mit den Kunden hergestellt wird. Sie sind weiter bemüht, ihren Erzeugnissen die Formen und Eigenschaften zu geben, die sie den Käufern besonders begehrenswert erscheinen lassen. Dabei pflegt in unterschiedlicher Weise in den einzelnen Produktionszweigen von der Fülle an Möglichkeiten Gebrauch gemacht zu werden, die die modernen Methoden der Werbung[1] in ihrer vielfältigen Art gewähren. Mit der Qualität der Waren, die angeboten

---
[1] Vgl. hierüber die Ausführungen im achten Kapitel.

werden, dem Ansehen des Unternehmens, seinem Kundendienst, seinen Lieferungs- und Zahlungsbedingungen und gegebenenfalls auch mit seinem Standort verschmelzen alle diese, oft rational gar nicht faßbaren Umstände zu einer Einheit, die das „akquisitorische Potential" eines Unternehmens genannt sei.

Ein Blick auf das tatsächliche marktliche Geschehen genügt, um zu erkennen, daß die größere oder geringere, zunehmende oder abnehmende Wirkung dieses Potentials in dem Verhalten der Käufer dem Unternehmen gegenüber zum Ausdruck kommt. Oft führt dieses akquisitorische Potential mit den Präferenzen, die es auf seiten der Käufer schafft, zu einer Kundschaft, die sich in ihren Kaufentscheidungen weitgehend auf das Ansehen des Unternehmens verläßt, bei dem sie auf Grund eigener oder fremder Erfahrungen glaubt, günstig zu kaufen. Eine solche Kundschaft wird als Stammkundschaft bezeichnet, im Gegensatz zur Laufkundschaft, als einer Käufergruppe, die keine engen Bindungen an ein bestimmtes Unternehmen aufweist. Ist es einem Unternehmen gelungen, eine enge Verbindung mit seinen Kunden herzustellen, dann verfügt ein solches Unternehmen offenbar über ein großes akquisitorisches Potential.

Welche Bewandtnis es nun in diesem Zusammenhang mit der Stammkundschaft auch immer haben mag, grundsätzlich wird sich sagen lassen, daß verschieden hohes akquisitorisches Potential verschiedene Möglichkeiten preispolitischen Verhaltens bietet. Es ist klar, daß ein Unternehmen, das eine hohe Anziehungskraft auf die Kunden ausübt, bei einem bestimmten Preise für eine bestimmte Warenqualität eine andere Nachfrage erwarten kann (und eine andere Reaktion der Käufer bei Änderung des Verkaufspreises) als ein Unternehmen, dessen akquisitorisches Potential nur gering ist. In diesem Falle wirken die Präferenzen nur schwach, sofern Präferenzen überhaupt vorhanden sind. In der Sprache der Theorie ausgedrückt heißt das: jedes Unternehmen hat eine andere individuelle Absatzkurve. Sie bringt jeweils das für ein bestimmtes Unternehmen charakteristische Verhältnis zwischen Absatzmengen und Absatzpreisen zum Ausdruck.

4. Nunmehr sei ein Betrieb gegeben, dessen akquisitorisches Potential nur gering ist. Es mögen zwar auf seiten der Käufer Präferenzen für den verkaufenden Betrieb bestehen, aber ihre Wirkung soll nur schwach sein. Die von dem Betriebe hergestellte Ware soll gegenüber den Waren der Konkurrenzbetriebe nur wenig Qualitätsunterschiede aufweisen. Es sei angenommen, daß diese Bedingungen für eine Anzahl etwa gleich großer Getreidemühlen gelten. Die Kostenstruktur der Mühlen und die Entfernung zu den Käufern weisen nur geringe Unterschiede auf. Sie sollen vernachlässigt werden können.

Jede Mühle stehe seit Jahren mit ihren Kunden in Geschäftsbeziehungen. Die Kunden wechseln sehr selten. Gewohnheit, persönliche

Bekanntschaft, Zufriedenheit mit den Leistungen der Mühle, Vertrautsein mit der qualitativen Beschaffenheit der gelieferten Mehlsorten, Annehmlichkeiten bei der Mehlanlieferung und in den Zahlungs- und Kreditbedingungen haben geschäftliche Beziehungen zwischen den Mühlen und ihrer Kundschaft entstehen lassen, die von einer gewissen, nicht allzugroßen Intensität sind. Jede Mühle verfügt also über ein bestimmtes, im vorliegenden Falle nicht allzu großes akquisitorisches Potential. Die Präferenzen sollen nur schwach wirksam sein. Ihre Intensität sei aber immerhin so groß, daß die Kunden ihre Geschäftsbeziehungen mit einer Mühle nicht sofort aufgeben, wenn zwischen den Mühlen kleine Unterschiede in den Preisen, besser: in den Rabatten, bestehen.

Angenommen, der Verkaufspreis für einen Doppelzentner Weizenmehl betrage im Durchschnitt 61,— DM. Wie dieser Preis zustande kommt, bleibe unerörtert. Er sei als Ausgangsdatum gegeben. Tatsächlich liefern die Mühlen nicht alle zu dem gleichen Preise. Vor allem gewähren sie unterschiedliche Rabatte, die nach außen hin nicht deutlich in Erscheinung treten. Jeder Kunde weiß aber, daß solche Rabatte (in gewissen Grenzen) gewährt werden. Der Verkaufspreis der Mühlen ist infolge der Gewährung von Rabatten verschieden hoch.

Würde nun die Mühle A den Preis für ihre Erzeugnisse etwas erhöhen, während die Mühlen B, C, D ... ihre Preise unverändert lassen, dann würde sie die Kunden verlieren, denen die Erzeugnisse damit zu teuer werden. Wenn die Preiserhöhung aber nicht zu groß ist, dann wird trotzdem ein erheblicher Teil der Käufer nach wie vor bei der Mühle A einkaufen. Das sind diejenigen Käufer, die bereit sind, wegen der persönlichen, sachlichen oder standortlichen Vorzüge, die ihnen der Einkauf bei der Mühle A bietet, einen etwas höheren Preis in Kauf zu nehmen. Überschreitet die Preiserhöhung aber ein gewisses Maß, dann gibt es einen Punkt, bei dem diese Vorteile nicht mehr groß genug sind, um die Kunden an die Mühle A zu binden. Die Bevorzugung der Mühle A durch die Käufer läßt nach, die Präferenzen verlieren an Wirksamkeit. Wieviel Kunden die Mühle bei dieser Situation verliert, hängt neben der Preiserhöhung davon ab, wie groß die Anziehungskraft ist, die das Unternehmen auf seine Käufer ausübt, von der Schnelligkeit, mit der die Preisänderung bekannt wird und von der Gewöhnung der Käufer an das Unternehmen.

Umgekehrt: Wenn die Mühle A ihre Preise nur geringfügig senkt, während die Mühlen B, C, D ... ihre Preise unverändert lassen, dann wird die Mühle A zunächst nur die Käufer gewinnen, deren finanzielle Verhältnisse es nunmehr zulassen, zu dem niedrigeren Preise zu kaufen. In diesem Falle mobilisiert die Preissenkung latente Nachfrage. Wenn die Preisermäßigung aber ein gewisses Maß überschreitet, dann werden sich zusätzlich auch Käufer der Mühle A zuwenden, deren finanzielle

Verhältnisse es an sich erlaubt hätten, weiterhin zu den höheren Preisen zu kaufen. Je größer der Abstand des Preises, den die Mühle A fordert, von den (unverändert hohen) Preisen der Mühlen B, C, D ... wird, um so mehr lockern sich die Bindungen der Käufer an diese Mühlen. Nunmehr gewinnt die Mühle A Käufer, die sie von den Konkurrenzunternehmen abzieht.

Überschreitet also der Preis eine gewisse Grenze nach unten, dann kaufen nicht nur diejenigen bei der Mühle A, deren finanzielle Verhältnisse den Kauf bisher nicht zuließen (latente Nachfrage), sondern auch diejenigen, die, an sich durchaus kaufkräftig, ihre Beziehungen zu den Konkurrenzmühlen lösen, mit denen sie bisher in geschäftlicher Verbindung gestanden haben.

Im Beispiel verfügt somit jede Mühle in einem kleinen Preisintervall über die Möglichkeit, ihre Verkaufspreise zu erhöhen oder zu senken, ohne daß sie spürbar Käufer an ihre Konkurrenzunternehmen abgeben müßte oder von ihnen abzieht.

Dieses Preisintervall soll als der monopolistische Abschnitt der polypolistischen Absatzkurve bezeichnet werden. Er wird durch einen oberen und einen unteren Grenzpreis bestimmt.

5. Ganz allgemein lassen sich nach ihrem Verhalten im Falle von Preiserhöhungen drei Gruppen von Käufern unterscheiden, erstens diejenigen, die im Falle einer Erhöhung der Verkaufspreise von dem Kauf der Güter bei dem die Preiserhöhung vornehmenden Unternehmen Abstand nehmen, weil der erhöhte Preis über dem Preislimit liegt, das sie sich nach Maßgabe ihrer Einkommens- und Bedarfsverhältnisse gesetzt haben, zweitens diejenigen Käufer, die auch bei den erhöhten Preisen ihre Einkäufe bei dem Unternehmen tätigen, aber einschränken und drittens diejenigen Käufer, deren Preislimit über den erhöhten Preisen liegt und die die Freiheit besitzen, weiter bei dem Unternehmen zu kaufen oder ihre Einkäufe bei anderen Unternehmen vorzunehmen.

Wenn ein Unternehmen den Preis für seine Erzeugnisse von p_0 auf p_1 erhöht, wird es diejenigen Käufer verlieren, deren Preislimit zwischen den Preisen p_0 und p_1 liegt (vgl. Abb. 32a). Das Umsatzvolumen wird weiter um den Betrag zurückgehen, um den die zweite Käufergruppe ihre Einkäufe einschränkt. Die dritte Käufergruppe hat die Wahl, entweder bei dem Unternehmen zu bleiben oder abzuwandern und seine Einkäufe bei anderen Unternehmen zu tätigen.

Mit zunehmendem Abstand der Preisforderung des seinen Verkaufspreis erhöhenden Unternehmens von dem Ausgangspreis soll, so sei angenommen, die werbende Kraft des akquisitorischen Potentials nachlassen. Die dritte Käufergruppe trifft nun ihre Entscheidungen in

Das Intervall preispolitischer Autonomie.

Abhängigkeit vom Ausmaß der Preisänderung. Sie bleibt nicht bei dem Unternehmen über den gesamten Preisbereich, verläßt vielmehr das Unternehmen in um so größerem Maße, je größer der Abstand vom Ausgangspreis p_0 ist. Das besondere Kennzeichen der absatzpolitischen Situation, in der sich die Polypolunternehmen befinden, liegt nicht so sehr darin, daß Fluktuationen grundsätzlich zugelassen sind, sondern darin, daß der Umfang der Fluktuationen progressiv zunimmt, je weiter sich die Preiserhöhung vom Ausgangspreis entfernt.

Im Rahmen dieser Annahmen gibt es viele Möglichkeiten des Kaufverhaltens, hier speziell des Verhaltens der dritten Käufergruppe. Eine geringe Erhöhung der Verkaufspreise kann in einem Unternehmen bereits zu einem stark spürbaren Verlust an Käufern der dritten Gruppe führen, umgekehrt sind Fälle denkbar, in denen erst bei sehr beträchtlichen Preiserhöhungen ein Verlust an Käufern spürbar in Erscheinung tritt. In beiden Fällen wird allerdings angenommen, daß die Zahl der sich von den Unternehmen abwendenden Käufer der dritten Gruppe mit zunehmendem Abstand vom Ausgangspreis progressiv wächst. Diese Vorstellung erscheint durchaus realistisch. Denn je größer der Abstand des Preises des verkaufenden Unternehmens von den durchschnittlichen Preisen der Preisklasse ist, um so mehr Personen werden sich sagen, daß der Vorzug, bei dem die Preise erhöhenden Unternehmen kaufen zu können, den immer größer werdenden Abstand der Verkaufspreise des Unternehmens von den Preisen anderer Unternehmen, bei denen Waren ähnlicher Art und Qualität nunmehr erheblich billiger gekauft werden können, nicht mehr lohnt. Die Absatzkurve verläuft jetzt nicht nur deshalb nach links geneigt, weil Käufer der ersten beiden Gruppen ausfallen bzw. ihre Einkäufe einschränken, sondern auch deshalb, weil in zunehmendem Maße Käufer der dritten Gruppe verlorengehen.

Es ist nun leicht einzusehen, daß dasjenige Unternehmen am spätesten einen spürbaren Verlust an Käufern (der Gruppe drei) zu verzeichnen haben wird, das über das höchste akquisitorische Potential verfügt. Dieser Effekt wird in dem Maße verstärkt, in dem sich die akquisitorischen Potentiale der Konkurrenzunternehmen als schwach erweisen. Berücksichtigt man die sich progressiv vollziehenden Fluktuationen, dann muß der Verlauf der Absatzkurve mit zunehmendem Abstand des Verkaufspreises von den Durchschnittspreisen der Preisklasse immer flacher verlaufen, bis schließlich der Preis erreicht ist, bei dem sowohl die Käufer der Gruppe eins als auch die der Gruppe zwei als auch die der Gruppe drei ausfallen (vgl. hierzu die Abb. 32a und 32b).

Ist das akquisitorische Potential eines Unternehmens stark und sind die akquisitorischen Potentiale der Konkurrenzunternehmen schwach, dann wird das Unternehmen im Falle von Preisermäßigungen nicht nur Käufer gewinnen, die bisher ihrer niedrigen Preislimite wegen nicht kaufen konnten, und Käufer, die bisher Kunden des Unternehmens waren, nunmehr aber ihre Einkäufe vergrößern, sondern auch Käufer, die von den Konkurrenzunternehmen abwandern. Wiederum wird dabei davon auszugehen sein, daß sich die Fluktuationen der Käufer zwischen den Unternehmen nunmehr so vollziehen werden, daß mit zunehmendem Abstand der eigenen Verkaufspreise von den Durchschnittspreisen der Preisklasse, progressiv Käufer zuwandern, die bisher bei den Konkurrenzunternehmen gekauft haben. Die Kurve wird also

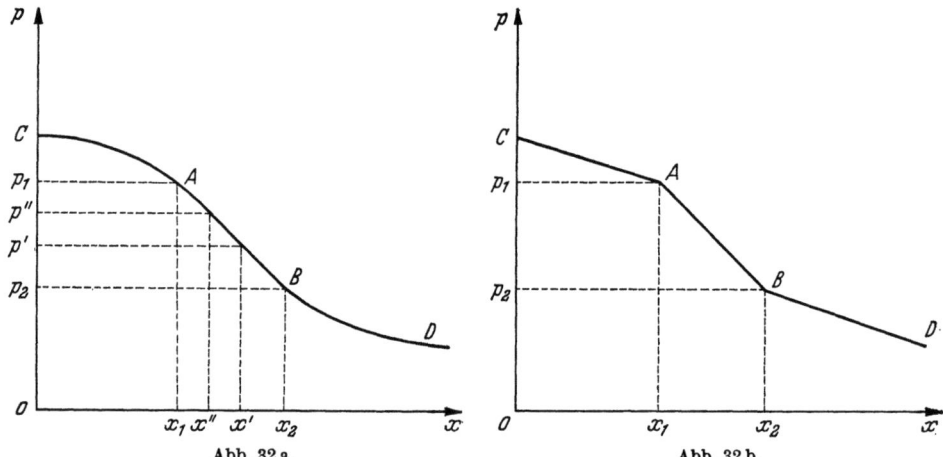

Abb. 32 a.   Abb. 32 b.

bei starkem Potential des den Preis senkenden Unternehmens und schwachem Potential der Konkurrenzunternehmen im unteren Abschnitt zunehmend flacher verlaufen.

Der Verlauf der Absatzkurve im Fall polypolistischer Konkurrenz beruht mithin darauf, daß die Wirkung des akquisitorischen Potentials vom Abstand der Preisforderungen eines Unternehmens zum Durchschnittspreis der Preisklasse abhängig ist, und zwar derart, daß diese Wirkung im Falle einer Erhöhung der Preisforderungen immer geringer und im Falle einer Ermäßigung der Preisforderungen eines Unternehmens immer größer wird. Da jedes Unternehmen unter den Bedingungen der polypolistischen Konkurrenz im Wettbewerb mit den anderen steht, beeinflussen die akquisitorischen Potentiale der Konkurrenten die Wirksamkeit des eigenen akquisitorischen Potentials. Die von links oben nach rechts unten verlaufende doppelt geknickte Absatzkurve unterstellt also akquisitorische Potentiale, die so stark zu sein vermögen, daß sie für bestimmte Abschnitte der Kurve Käuferfluktuationen ausschließen[1,2].

6. Nunmehr sei angenommen, daß die Präferenzen der dritten Käufergruppe so groß sind, daß die Käufer sich entschließen, dem Unternehmen über das ganze Preisintervall treu zu bleiben. Die Anziehungskraft des Unternehmens, die Wirkung seines akquisitorischen Potentials ist so stark, daß es alle Käufer bindet außer denjenigen, deren Einkommensverhältnisse es nicht mehr zulassen, bei dem Unternehmen zu kaufen. Das akquisitorische Potential schirmt das die Preiserhöhung vornehmende Unternehmen so intensiv gegen die konkurrierenden Unternehmen ab, daß es in dem Intervall p_0 bis p_{max} seine Preise wie ein Monopolunternehmen setzen kann.

Erhöht das Unternehmen seine Verkaufspreise bis p_{max}, dann wird es jeweils die Käufer verlieren, deren Preislimit den verlangten Preis nicht mehr erreicht oder zur Einschränkung der Käufe führt. Bleibt der jeweils restliche Bestand an Käufern dem Unternehmen erhalten, weil diese Abnehmer bereit sind, aus welchen Gründen auch immer, die höheren Preise zu bewilligen, dann erstreckt sich die bindende Kraft des akquisitorischen Potentials über den gesamten Preisbereich vom Ausgangspreis bis zu dem Preis, den kein Käufer mehr zu bewilligen in der Lage ist. Unter diesen Umständen ersetzt die in diesem Falle hohe Intensität des akquisitorischen Potentials die aus der Marktform stammende Position des monopolistischen Anbieters. Das Polypolunternehmen kann sich wie ein Monopolist verhalten, nicht, weil es als einziges Unternehmen der Nachfrage gegenübersteht, nicht also aufgrund einer bestimmten volkswirtschaftlichen Angebotsstruktur, sondern weil in ihm Kräfte wirksam sind, die ihm trotz seiner Konkurrenzgebundenheit eine solche Marktposition verschaffen, daß ihm die gleichen

---

[1] Hierin besteht der Unterschied zur *dd'*-Kurve CHAMBERLINs, der Fluktuationen entlang der gesamten *dd'*-Kurve zuläßt. CHAMBERLIN kennt nur einen Grund, der Fluktuationen ausschließt, nämlich paralleles preispolitisches Verhalten der Konkurrenten. Die polypolistische Absatzkurve mit doppelten Knicks kennt dagegen noch einen zweiten Grund für das Ausschließen von Fluktuationen, die akquisitorischen Potentiale. Die doppelt geknickte Absatzkurve stellt deshalb neben der *dd'*-Kurve und der *DD'*-Kurve CHAMBERLINs eine dritte polypolistische Absatzkurve eigener Art dar. Vgl. hierzu im einzelnen GUTENBERG, E., Zur Diskussion der polypolistischen Absatzkurve, Jahrbücher für Nationalökonomie und Statistik, Band 177 (1965).

[2] Vgl. hierzu OTT, A. E., Preistheorie, Jahrbuch für Sozialwissenschaft, Band 13 (1962), S. 54; ferner KILGER, W., Die quantitative Ableitung polypolistischer Preisabsatzfunktionen aus den Heterogenitätsbedingungen atomistischer Märkte, in: Zur Theorie der Unternehmung, herausg. von H. KOCH, Wiesbaden 1962, S. 269ff.; JACOB, H., Preispolitik, in: Die Wirtschaftswissenschaften, Wiesbaden 1963, S. 127ff.

preispolitischen Möglichkeiten zur Verfügung stehen, über die auch ein Monopolist verfügt. Die Nachfragekurve des Polypolunternehmens ist in diesem Falle also formal identisch mit der Nachfragekurve des Monopolunternehmens. Aber diese Identität kommt nur zustande, wenn die polypolistische Nachfragekurve die Bedingung erfüllt, daß keine Fluktuationen eintreten, daß also das akquisitorische Potential des die Preiserhöhung vornehmenden Unternehmens so stark und das akquisitorische Potential der Konkurrenzunternehmen so schwach ist, daß die Voraussetzungen für ein monopolistisches Verhalten polypolistischer Unternehmen gegeben sind.

Geht man nun davon aus, daß das Polypolunternehmen seine Preise senkt, dann wird kein Käuferschwund eintreten. Die bisherigen Käufer erhalten die bisherige Qualität zu niedrigen Preisen. Es ist deshalb nicht einzusehen, aus welchem Grund die Käufer das Unternehmen verlassen sollten. Die Preisermäßigung wird jedoch zur Folge haben, daß sich Personen zum Kauf der Erzeugnisse des Unternehmens entschließen, deren Einkommensverhältnisse es bisher nicht erlaubten, die Erzeugnisse des Unternehmens zu erwerben. Entweder haben diese neuen Käufer ihren Bedarf an derartigen Erzeugnissen überhaupt noch nicht decken können, oder sie kaufen nun von dem Unternehmen bessere Qualitäten zu den niedrigeren Preisen. Andere Käufer werden, veranlaßt durch die niedrigeren Preise, ihre Einkäufe bei dem Unternehmen erweitern. Die Preisermäßigung hat also eine Absatzausweitung zur Folge, die der Absatzerhöhung vergleichbar ist, wie sie ein Monopolunternehmen zu verzeichnen haben würde, wenn es seine Preise entlang seiner Absatzkurve ermäßigt. Die Tatsache, daß Märkte mit Produktdifferenzierung mit vielen Varianten einer Erzeugnisart ausgestattet sind, läßt eine vollständige Identifizierung des Nachfragezuwachses im Falle des Polypols und im Falle des Monopols bei Preissenkung nicht zu. Gleichwohl soll, um die Darstellung zu erleichtern, diese Identität angenommen werden.

Wie aber steht es mit denjenigen Personen, die ihren Bedarf an Gütern dieser Art bei den Konkurrenzunternehmen decken? Wenn das akquisitorische Potential dieser Unternehmen sehr stark ist, werden sie ihre bisherigen Käufer halten. Diese Wirkung wird um so wahrscheinlicher sein, je geringer das akquisitorische Potential des die Preissenkung vornehmenden Unternehmens ist. Angenommen, dieses Potential sei äußerst schwach, das Potential der Konkurrenzunternehmen jedoch äußerst stark, dann gewinnt das die Preissenkung vornehmende Unternehmen nur diejenigen Käufer, die nunmehr kaufen können, weil ihr Preislimit nicht mehr unter dem Verkaufspreis des anbietenden Unternehmens liegt, außerdem den Nachfragezuwachs, der darauf zurückzuführen ist, daß die bisherigen Käufer ihre Einkäufe steigern. Tritt also keine Fluktuation von den Konkurrenzunternehmen zu den die Preissenkung vornehmenden Unternehmen ein, schirmen also die akquisitorischen Potentiale die Konkurrenzunternehmen gegen die preispolitische Aktivität des den Preis senkenden Unternehmens ab, dann verläuft die Absatzkurve dieses Unternehmens wie die Absatzkurve eines Monopolunternehmens im Falle von Preissenkungen. Die Nachfragekurven von Polypolunternehmen und von Monopolunternehmen sind also unter diesen Umständen formal weitgehend (als Folge der unterstellten Produktdifferenzierung nicht voll) identisch, obwohl die Marktstrukturen völlig verschiedener Art sind. Es liegt hier insofern ein unsymmetrisches Verhältnis zwischen dem vom Durchschnittspreis der Preisklasse gerechneten oberen und unteren Teil der Nachfragekurven im Falle polypolistischer Konkurrenz vor, als der obere Teil extrem hohes akquisitorisches Potential des die Preiserhöhung vornehmenden Unternehmens und extrem niedriges Potential der Konkurrenzunternehmen voraussetzt. Dagegen verlangt der untere Kurvenabschnitt ein extrem schwaches akquisitorisches Potential des die Preisermäßigung vornehmenden Unternehmens und extrem starke Potentiale der Konkurrenzunternehmen. Nur wenn diese Voraussetzungen gegeben sind, kann unter den Bedingungen polypolistischer Konkurrenz eine Nachfragekurve zustande kommen, die formal mit der Nachfragekurve im reinen Monopol identisch ist oder ihr doch weitgehend gleicht. Die Voraussetzungen, auf denen eine derartige Nachfragekurve beruht, zeigen, daß es sich hier um einen Grenzfall — wahrscheinlich wenig realistischer Art — handelt[1] (vgl. Abb. 33).

Der andere Grenzfall ergibt sich, wenn man die akquisitorischen Potentiale der Unternehmen auf Null zusammenschrumpfen läßt, ein Umstand, der zugleich bedeutet, daß die Produktdifferenzierung völlig aufgehoben ist. In diesem Falle wird die Nachfragekurve zu einer Preisgeraden. Eine eigene betriebsindividuelle Nachfragekurve läßt sich

---

[1] E. SCHNEIDER behandelt in „Preisbildung und Preispolitik unter Berücksichtigung der geographischen Verteilung von Erzeugern und Verbrauchern", SCHMOLLERs Jahrbuch, 58. Jahrg., 1934 I, die Preisbildung bei polypolistischer Konkurrenz unter der Voraussetzung, daß nur die Punktförmigkeitsbedingung aufgehoben ist, also keine lokalen Präferenzen bestehen. Er kommt dabei zu zwei möglichen Ergebnissen:
1. Es ergeben sich n-Monopole und damit stabiles Gleichgewicht.
2. Es ergibt sich eine unbestimmte Konkurrenzlage und damit labiles Gleichgewicht.
Der erste Fall entspricht der hier gefundenen Lösung völlig, wenn es sich allerdings auch um den Extremfall handelt, daß die Transportkostendifferenz den Höchstpreis der individuellen Nachfragekurve eines Anbieters überschreitet und diese folglich nicht umbiegt.
Der zweite Fall kann erst beurteilt werden, wenn die Gewinnmaximierung bei Zugrundelegung der typischen Nachfragekurve, wie sie den Verhältnissen unvollkommener atomistischer Konkurrenz entspricht, behandelt worden ist.

nicht mehr aufbauen. Dieser Grenzfall erscheint ebenso exzeptionell wie der Fall, daß die Nachfragekurven von Polypol- und Monopolunternehmen formal identisch sind.

Es entspricht der der doppelt geknickten Absatzkurve zugrunde liegenden Konzeption, daß der obere und der untere Kurvenast geneigt verlaufen. In bestimmten Grenzsituationen ist im Falle von Preisstellungen außerhalb der Grenzpreise der Schutz von Präferenzen nicht mehr gewährleistet. Die Elastizitäten tendieren nach unendlich. Das anbietende Unternehmen sieht sich mit den Bedingungen vollkommener Märkte konfrontiert. In diesem Grenzfall steht das Unternehmen außerhalb des monopolistischen Bereiches parallel zur Abszissenachse verlaufenden Abschnitten der Preisabsatzfunktion gegenüber (vgl. Abb. 33).

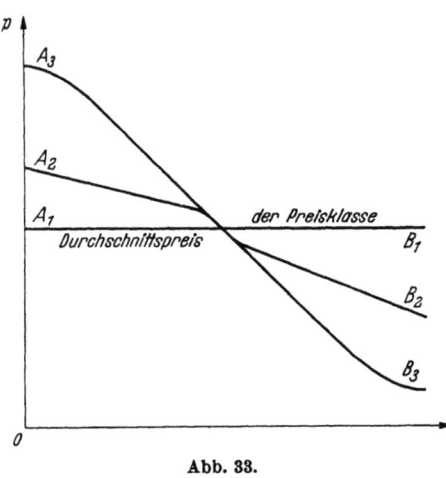

Abb. 33.

7. Die polypolistische Absatzkurve soll genauer untersucht werden. Zunächst sei der monopolistische Bereich der Kurve analysiert: Hier geht es insbesondere um die Frage, wie sich die oberen und unteren Grenzpreise bestimmen, die den monopolistischen Bereich der Kurve nach oben und unten gegen die atomistischen Bereiche abgrenzen.

Bereits an anderer Stelle wurde gezeigt, welche Gründe einen Käufer veranlassen könnten, einem Unternehmen vor anderen den Vorzug zu geben.

a) Der Abstand der oberen und der unteren Intervallgrenze ist um so größer, je stärker die Bindung der Käufer an jeweils ein Unternehmen ist, d.h. also, je individueller die Unternehmen ihren Absatzmarkt zu gestalten vermögen. Diese Tatsache soll nicht besagen, daß keine Käufer von Betrieb zu Betrieb fluktuieren. Zwischen den Betrieben findet sogar ständig ein gewisser Ausgleich von Käufern statt, die einmal bei diesem, dann bei jenem Unternehmen kaufen. Allein die Tatsache, daß die einzelnen Unternehmen keine gleich hohen Umsätze haben, ist ein Zeichen dafür, daß die Präferenzen mit verschiedener Stärke wirksam sind. Trotz des Käuferausgleiches sind also verschieden stark wirksame Anziehungskräfte der Unternehmen auf Käufer vorhanden. Auf diese Tatsache ist es zurückzuführen, daß sie durchaus individuelle Absatzkurven aufweisen. Wären alle Präferenzen gleich stark, dann würden sich die Präferenzwirkungen aufheben. Die einzelnen Betriebe würden sich nicht mehr individuell verschiedenen Absatzkurven gegenübersehen.

Wären die Präferenzen alle gleich stark wirksam, dann würde sich eine Situation ergeben, wie sie für atomistische Konkurrenz auf einem vollkommenen Markte charakteristisch ist. Würden sich die Präferenzen der Käufer einseitig auf einen Betrieb konzentrieren, dann würde man eine Monopolkurve wie bei einem Meinungsmonopol erhalten. Also nur dann, wenn die verschiedenen Präferenzen ungleichmäßig und verschieden stark auf die konkurrierenden Unternehmen verteilt sind, die einen bestimmten Markt mit Waren beschicken, erhält man individuelle Absatzkurven, in deren Form und Lage die Anziehungskraft zum Ausdruck kommt, die das Unternehmen auf die Käufer ausübt.

b) Nunmehr sei untersucht, wie die unteren und oberen Grenzpunkte des monopolistischen Bereiches zu bestimmen sind, wenn zunächst die Bedingung homogener Produktqualitäten und zugleich auch die Bedingung vollständiger Markttransparenz (einschließlich Qualitätstransparenz) aufgehoben werden.

Zunächst ist auf die Tatsache aufmerksam zu machen, daß der monopolistische Bereich um so kleiner sein wird, je größer die Substituierbarkeit der innerhalb einer Preislage für einen bestimmten Verwendungszweck auf den Markt gebrachten Waren ist. Wenn sich die miteinander konkurrierenden Waren in ihren Eigenschaften wenig voneinander unterscheiden, dann nähert sich die Situation einer Lage, wie sie für vollkommene Märkte charakteristisch ist, auf denen homogene Erzeugnisse angeboten werden. Homogene Erzeugnisse aber schließen das gleichzeitige Vorhandensein mehrerer Preise für ein und dieselbe Ware aus. Die Verkäufer sind in diesem Falle preispolitisch stets konkurrenzgebunden, d.h. es fehlt ihnen hier die Möglichkeit, auch in engen Grenzen preispolitisch frei vorgehen zu können. Diese Tatsache läßt sich auch so ausdrücken: die oberen und unteren Grenzpreise des monopolistischen Preisbereiches rücken mit zunehmender Substituierbarkeit der Waren aneinander, bis sie zusammenfallen, wie das unter den Bedingungen vollkommener Märkte der Fall ist.

Umgekehrt rücken die Grenzpreise um so mehr auseinander, je mehr sich die Eigenschaften der miteinander konkurrierenden Waren gleichen Verwendungszweckes voneinander unterscheiden, je mehr sie sich also individualisieren und Präferenzen wirksam werden. Die Lage nähert sich mit zunehmender Verkaufsisolierung als Folge geringer Substituierbarkeit der angebotenen Waren einer monopolistischen Angebotssituation an, bis dann im Grenzfalle der Verkäufer als isolierter Alleinanbieter für diese bestimmte Ware auf dem Markte ist. Der Abstand der oberen und unteren Grenzpreise ist also von dem Grade an Substituierbarkeit, d.h. an qualitativer Homogenität bzw. Heterogenität abhängig, den die

Waren aufweisen. Sind die Substitutionsmöglichkeiten groß, dann ist der Abstand der beiden Grenzpreise voneinander, also das monopolistische Intervall, klein. Sind die Substitutionsmöglichkeiten dagegen gering, dann ist das Intervall groß.

Diese Tatsache läßt sich auch in einer anderen Weise beschreiben. Ein Betrieb hat es zum Beispiel mit Käufern zu tun, die einen verhältnismäßig hohen Lebensstandard aufweisen und deshalb in der Lage sind, ihre Kaufentscheidungen nicht so sehr nach den Preisen als nach ihren individuellen, in der Regel differenzierten Wünschen zu treffen. Dementsprechend pflegen in solchen Geschäften Waren angeboten zu werden, die diesem Wunsche nach Individualisierung bzw. den gesteigerten Ansprüchen der Käufer an die von ihnen zu kaufende Ware entsprechen. Diese Waren gehören meist höheren Preislagen an. Die Käufer pflegen unter solchen Umständen mehr auf die Qualität der Ware als auf den Preis zu sehen. Diese Tatsache bedeutet für das anbietende Unternehmen, daß sich der monopolistische Bereich erweitert. In hohen Preislagen pflegt er also größer zu sein als bei niedrigen Preislagen, denn die Käufer, die einen niedrigeren Lebensstandard aufweisen, müssen bei ihren Wareneinkäufen auf gewisse Wünsche nach Individualisierung verzichten. Da die Waren einen höheren Grad an Gleichförmigkeit, d. h. hier an Ersetzbarkeit, aufweisen, verengt sich der Spielraum zwischen den oberen und unteren Grenzpreisen.

Sind die Verkäufer oder, hier bedeutsamer, die Käufer unzureichend über Warenqualitäten und Warenpreise, über die Solidität und die Verkaufsumstände der Unternehmen unterrichtet, bei denen sie zu kaufen pflegen, dann kann der Fall eintreten, daß die Käufer für die gleiche Ware bei dem einen Unternehmen einen höheren Preis zahlen als bei dem anderen. Das bedeutet aber nichts anderes, als daß sich bei mangelnder Marktübersicht der preispolitische Spielraum der Verkäufer ausweitet, der monopolistische Preisbereich also verhältnismäßig groß wird.

Bedeutsamer noch als dieser mehr objektive Tatbestand mangelnder Marktübersicht ist ein anderer, mehr subjektiver Sachverhalt, der in diesen Zusammenhang gehört. Die Tatsache nämlich, daß eine bestimmte Ware in einer großen Anzahl von Varianten auf den Markt gebracht wird, erschwert den Käufern ein Urteil darüber, ob die Ware preiswert ist, d. h., ob Warenqualität und Warenpreis in einem der Preislage entsprechenden Verhältnis zueinander stehen. Oft sind überhaupt nur Sachverständige in der Lage, ein Urteil darüber abzugeben, ob eine Ware den qualitativen Anforderungen genügt, die ein Käufer bei diesem Preise zu stellen berechtigt ist. Nun scheinen sich zwar viele Menschen, vor allem in konsumnahen Bereichen, für sachverständig zu halten, obwohl ihre Warenkenntnis in Wirklichkeit gering ist. Dieser

Mangel an wirklichem Urteil über Warenpreis und Warenqualität ist aber für die Vorgänge beim Warenkauf ungemein bedeutsam. Man denke daran, daß beim Verkauf an Grossisten, die über genaue Warenkenntnis und große Marktübersicht verfügen, oder überhaupt beim Verkauf an sachkundige Käufer, der Spielraum preispolitischer Möglichkeiten viel stärker eingeengt ist als bei Verkäufen an Personen, die über diese Warenkenntnis und über diese Marktübersicht nicht verfügen. Wie dem im einzelnen auch sei, die Schwierigkeiten der Kunden, die qualitative Norm der Preislage beurteilen zu können, verstärkt bei unvollkommener, allgemeiner Marktübersicht die Tendenz zu preispolitischer Autonomie der verkaufenden Unternehmen und weitet die Zone zwischen oberen und unteren Grenzpreisen aus.

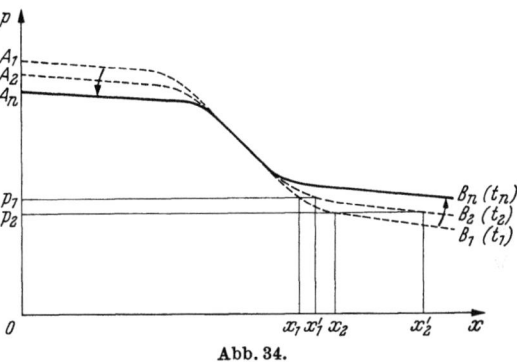

Abb. 34.

Die Breite des monopolistischen Bereiches richtet sich also nach der Substituierbarkeit der angebotenen Güter und nach dem Maß an allgemeiner Markt- und Qualitätstransparenz.

c) Die Bedingung unendlich schneller Reaktionsgeschwindigkeit sei nunmehr fallen gelassen. Die Frage lautet: wie beeinflußt die Tatsache, daß die Reaktionen und Anpassungsprozesse Zeit verlangen, die Form der Absatzkurve auf unvollkommenen Märkten.

Unter diesen Umständen werden die Käufer nicht sofort, sondern erst allmählich abwandern, wenn der obere Grenzpreis von dem verkaufenden Unternehmen überschritten wird. Entsprechend wird auch die Zuwanderung bei einer Unterschreitung des unteren Grenzpreises erst langsam einsetzen. Der Zuwachs an Kunden, den ein Unternehmen beim Unterschreiten des unteren Grenzpreises erzielt, wird um so größer sein, je größer die Unterschreitung des unteren Grenzpreises ist, je länger der Zustand dauert und je größer die Geschwindigkeit ist, mit der die Käufer auf den niedrigeren Preis reagieren. Diese Geschwindigkeit ist abhängig von der Transparenz der Märkte und von der Stärke des akquisitorischen Potentials der Unternehmen, die von den Käufern verlassen werden.

In der Abb. 34 ist sowohl der Einfluß der Zeitdauer als auch der Einfluß der Größe der Unterschreitung des unteren Grenzpreises dargestellt, und zwar unter der Voraussetzung konstanter Reaktionsgeschwindigkeit der Käufer. Angenommen, das Unternehmen setzt einen Preis auf p_1 fest. Nach Ablauf des Zeitraumes t_1 (z.B. eines Monats) wird die Absatzmenge x_1 betragen. Würde das Unternehmen einen noch niedrigeren Preis, z.B. p_2 wählen, dann würde die Absatzmenge x_2 sein, wenn das Zeitintervall ebenfalls t_1 beträgt. Die Kurve $A_1 B_1$ zeigt die Abhängigkeit der Absatzmenge von dem verlangten Verkaufspreis bei gegebener Reaktionsgeschwindigkeit der Käufer und nach Ablauf des Zeitraumes t_1. Aus ihr geht ebenfalls die Lage des oberen bzw. unteren Grenzpreises hervor.

Nunmehr sei die Beziehung zwischen den Preisen und den Absatzmengen für einen längeren Zeitraum t_2, z.B. für zwei Monate betrachtet. In dieser Zeit wird eine größere Zahl an Käufern von den niedrigeren bzw. höheren Preisen Kenntnis erhalten und dementsprechend reagiert haben. Die Absatzmengen zu den Preisen p_1 und p_2 werden dann z.B. x'_1 und x'_2 betragen. Man erhält dann die Absatzkurve $A_2 B_2$.

Läßt man den Zeitraum t immer größer werden, so verlaufen die Kurvenäste immer flacher. Der Grenzfall wird durch die Kurve $A_n B_n$ dargestellt. Die Bewegung ist durch die in Abb. 34 eingezeichneten Pfeile angedeutet.

Bisher wurde von einer konstanten Reaktionsgeschwindigkeit ausgegangen. Nunmehr sei kurz untersucht, wie sich unterschiedliche Reaktionsgeschwindigkeiten auf den Kurvenverlauf auswirken. Hierbei wird unterstellt, daß die Zeitdauer t konstant ist. Es kann zum Beispiel sein, daß sich die Käufer bei einigen Waren schneller zu einem Wechsel entschließen als bei anderen Waren. Oder auch, daß bei einzelnen Warengruppen die Preisänderung schneller in das Bewußtsein der Käufer eindringt als bei anderen. Je größer die durchschnittliche Reaktionsgeschwindigkeit der Käufer ist, um so flacher werden die Kurvenäste verlaufen. Würde man diesen Sachverhalt zeichnerisch darstellen, dann würde man ähnliche Kurvenscharen erhalten, wie für die in Abb. 34 dargestellten Abhängigkeiten.

In diesem Zusammenhange sei darauf hingewiesen, daß die Absatzkurve bei einer Unterschreitung des unteren Grenzpreises nicht unbegrenzt nach rechts weiter verläuft. Da es sich bei den hier diskutierten Fällen um atomistische Konkurrenz handelt, wird die Kapazität der Betriebe bei weiterer Zuwanderung an Käufern bald erreicht sein. Hält es die Leitung des Unternehmens für vorteilhaft, dem Druck der steigenden Nachfrage nachzugeben, dann wird sie eine Erweiterung der Kapazität vornehmen müssen. Damit mündet die Preistheorie in die Investitionstheorie ein, d. h. alle Kriterien die die Vorteilhaftigkeit einer Investition bestimmen, müßten berücksichtigt werden, um einen solchen Investitionsentschluß gerechtfertigt erscheinen zu lassen. Dies bedeutet aber einen Übergang von preispolitischen auf investitionspolitische Entscheidungen. Deshalb läßt sich diese Frage nicht im Rahmen und mit Mitteln der polypolistischen Konkurrenz behandeln.

Damit ist die typische Form der Absatzkurve von Unternehmungen bei atomistischer Angebotsstruktur auf unvollkommenen Märkten entwickelt. Gleichzeitig sind die Faktoren aufgezeigt, von denen der Abstand der unteren und oberen Grenzpreise des monopolistischen Kurvenabschnittes abhängig ist.

8. Es ist jetzt zu untersuchen, wie sich bei der polypolistischen Absatzkurve, deren Form im vorigen Abschnitt abgeleitet wurde, die Erlöskurve und die zugehörige Grenzerlöskurve verhalten.

Zunächst sei der Verlauf der zu einer solchen Absatzkurve gehörenden Erlöskurve betrachtet und dabei von der Frage ausgegangen, wo unter diesen Bedingungen das Maximum des Erlöses liegt. Der Erlös ist gleich dem Produkt aus der Absatzmenge x und dem zugehörigen Preis p. Es gilt also auch hier der Satz: Der Erlös steigt, solange die Elastizität größer als 1 ist, der Erlös erreicht sein Maximum, wenn die Elastizität der Nachfrage gleich 1 ist, der Erlös nimmt ab, wenn die Elastizität der Nachfrage kleiner als 1 ist. Im Hinblick auf die zugehörige Erlösgestaltung sind die folgenden drei Fälle zu untersuchen, wobei der monopolistische Bereich der individuellen Absatzkurve der Einfachheit halber als geradlinig angenommen sei[1].

Tabelle 10.

Preis	Absatzmenge	Erlös
6,0	40	240,—
5,5	45	247,50
5,0	50	250,—
4,5	55	247,50
4,0	60	240,—

a) Der monopolistische Bereich enthalte einen Preis, für den die Elastizität der Nachfrage gleich 1 ist, so daß die Erlöskurve über diesem Bereich ein Maximum aufweist. Diesen Sachverhalt möge das folgende Beispiel verdeutlichen, wobei $p=6$ der obere und $p=4$ der untere Grenzpreis der monopolistischen Zone sei.

Bei $p=5$ liegt ein Erlösmaximum. Graphisch ist dieser Fall in der Abb. 35 dargestellt, in der das Erlösmaximum im Punkte A liegt. Für den zugehörigen Preis p_1 ist die Elastizität gerade gleich 1, was sich graphisch daraus ergibt, daß die Strecke BC gleich der Strecke CD ist[2].

---

[1] Auf die Tatsache, daß auch im Monopolfalle nur ein Kurvenabschnitt gilt, weist insbesondere Braess, P., in „Kritisches zur Monopol- und Duopoltheorie" hin (Archiv f. Soz.wissensch. Jg. 65 (1931), S. 526ff.).

[2] Vgl. den in Abschnitt II, 2 dieses Kapitels abgeleiteten geometrischen Ausdruck für die Elastizität der Nachfrage.

Den Grenzerlös $E'(x)$ für den als linear angenommenen monopolistischen Bereich erhält man graphisch auf gleiche Weise, wie es für die monopolistische Absatzkurve geschildert wurde[1]. Die Abb. 35 läßt erkennen, daß der Grenzerlös bis zur Absatzmenge x_1 positiv und bei größeren Absatzmengen negativ ist, um dann wieder positiv zu werden.

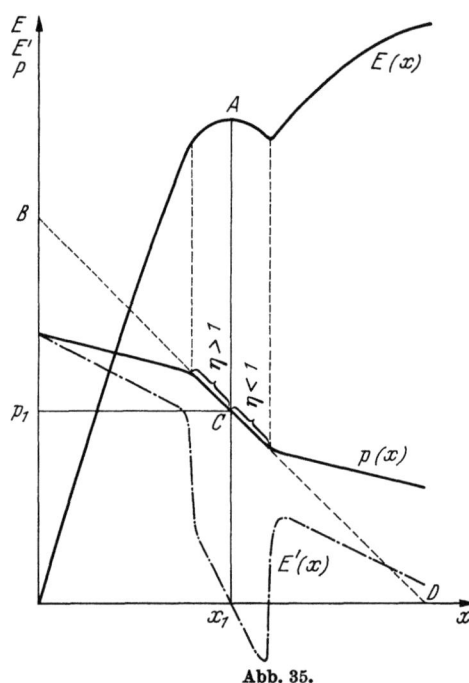

Abb. 35.

Links von der monopolistischen Zone zeigt die Erlöskurve einen schwach konkaven Verlauf. Die Absatzkurve verläuft in ihrem oberen atomistischen Bereich linear und etwas geneigt. Die Grenzerlöskurve $E'(x)$ ist infolgedessen in diesem Bereich ebenfalls linear. Falls der Übergang zum monopolistischen Bereich in einem scharfen Knick erfolgt, weist die Grenzerlöskurve bei dem oberen Grenzpreis einen Sprung auf. Wenn der Übergang allmählich ohne Knick erfolgt, wie es in der Abb. 35 angenommen ist, wird der Übergang der Grenzerlöskurve vom oberen atomistischen zum monopolistischen Kurvenabschnitt stetig.

Rechts von der monopolistischen Zone steigen die Erlöse wieder an, da die Grenzerlöse wieder positiv sind. Der weitere Verlauf hängt von der Form der Absatzkurve im rechten atomistischen Bereich ab. Unter Umständen kann sich hier ein zweites Maximum ergeben.

b) Der monopolistische Bereich enthalte nur Preise, für die die Elastizität der Nachfrage größer als 1 ist, so daß die Erlöskurve über diesem Kurvenabschnitt kein Maximum aufweisen kann. Sie muß vielmehr über dem gesamten Intervall monoton ansteigen. Dieser Sachverhalt sei wiederum durch ein Beispiel verdeutlicht,

Tabelle 11.

Preis	Absatzmenge	Erlös
11	20	220
10	30	300
9	40	360
8	50	400
7	60	420

[1] Vgl. die Ausführungen in Abschnitt II dieses Kapitels.

wobei $p=11$ der obere und $p=7$ der untere Grenzpreis des monopolistischen Bereiches sei.

In diesem Falle erhält man in der monopolistischen Zone kein Erlösmaximum. Der höchstmögliche Erlös liegt bei dem niedrigsten Preis der Preisklasse. Dieser Fall ist in der Abb. 36 dargestellt.

Für alle Preise des Intervalls ist die Elastizität größer als 1. Die Grenzerlöskurve $E'(x)$ ist innerhalb des gesamten monopolistischen Bereiches positiv. Die Gesamterlöskurve steigt über diesem Abschnitt an, jedoch nimmt der Anstieg bis zum unteren Grenzpreis ab. Rechts vom monopolistischen Bereich nimmt der Anstieg der Gesamterlöskurve wieder zu. Die Ausführungen für den Fall a) gelten hier entsprechend.

c) Die monopolistische Zone enthalte nur Preise, für die die Elastizität der Nachfrage kleiner als 1 ist. Auch in diesem Falle kann folglich die Erlöskurve über diesem Bereiche kein Maximum aufweisen, vielmehr muß sie über ihm monoton fallen. Auch dieser Sachverhalt sei an einem Beispiel verdeutlicht, in dem $p=8$ der obere und $p=6$ der untere Grenzpreis der monopolistischen Zone ist.

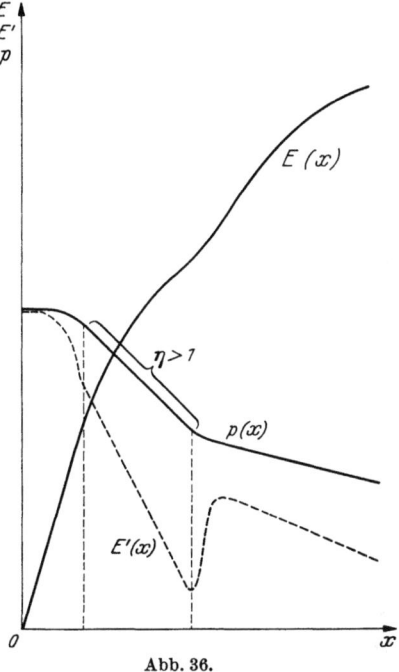

Abb. 36.

In diesem Falle erhält man ebenfalls über dem monopolistischen Abschnitt kein Erlösmaximum. Graphisch ist dieser Fall in Abb. 37 dargestellt. Für alle Preise des Intervalles ist die Elastizität kleiner als 1. Der Grenzerlös $E'(x)$ ist innerhalb des gesamten monopolistischen Bereiches negativ.

Es besteht auch die Möglichkeit, daß die Gesamterlöse über der monopolistischen Zone konstant bleiben. Dieser Verlauf ergibt sich dann, wenn die Absatzkurve im monopolistischen Abschnitt die Form einer Hyperbel aufweist.

Tabelle 12.

Preis	Absatzmenge	Erlös
8,0	90	720,00
7,5	95	712,50
7,0	100	700,00
6,5	105	682,50
6,0	110	660,00

9. Nunmehr ist die Frage zu untersuchen: Zu welchem Preise werden Unternehmungen ihre Erzeugnisse oder Dienste anbieten, wenn atomistische Angebotsstruktur auf unvollkommenen Märkten angenommen wird? Die Homogenitätsbedingung soll dabei fallen gelassen und auch die Bedingung vollkommener Markt- und Qualitätstransparenz aufgegeben werden. Jedoch wird daran festgehalten, daß die Betriebe ihr Gewinnmaximum anstreben.

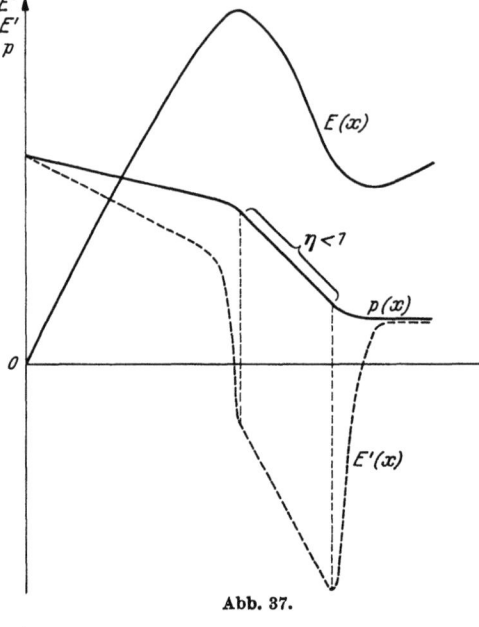

Abb. 37.

Im Gegensatz zur Lage bei atomistischer Angebotsstruktur auf vollkommenen Märkten bedeutet atomistische Angebotsstruktur auf unvollkommenen Märkten, daß die verkaufenden Unternehmen infolge des Vorhandenseins von regionalen, zeitlichen, persönlichen und sachlichen Präferenzen, also von Produktdifferenzierung, Preispolitik betreiben können. Diese Tatsache kommt in der für polypolistische Konkurrenz typischen Absatzkurve zum Ausdruck. Die Spannung zwischen betriebsindividueller Absatzstruktur und betriebsindividueller Kostenstruktur findet im Angebotspreis ihren Ausgleich.

a) Die Probleme der Preispolitik bei atomistischer Angebotsstruktur auf unvollkommenen Märkten seien an Hand eines Zahlenbeispiels untersucht. Um die Darstellung zu vereinfachen, wurde eine Absatzkurve gewählt, die sich aus drei linearen Abschnitten

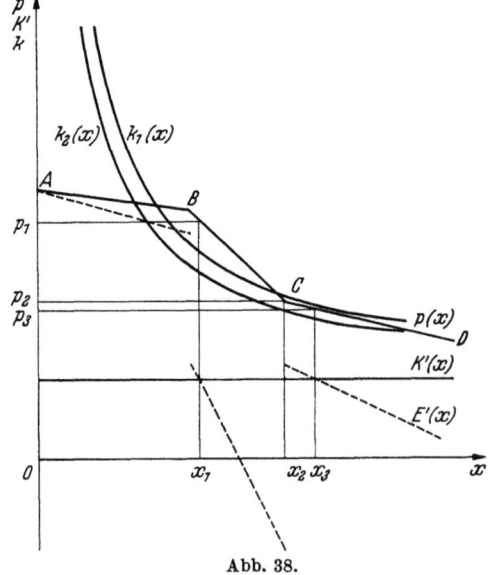

Abb. 38.

zusammensetzt (s. Abb. 38). Die Übergänge von dem oberen atomistischen Kurvenabschnitt zum mittleren monopolistischen Abschnitt und von diesem zum unteren atomistischen Kurvenabschnitt weisen an diesen Stellen Knicke auf. An sich wäre es richtiger, diese Übergangsstellen ohne Knick anzunehmen. Hierdurch würde sich aber das Zahlenbeispiel komplizieren. Die Ergebnisse der Untersuchungen werden durch diese Vereinfachung des Kurvenverlaufes nicht beeinflußt.

Die Spalten 1 und 2 in der Tabelle 13 geben die Zahlenwerte an, die die Absatzkurve repräsentieren[1].

Tabelle 13.

p	x	E	E'	K_1	K_2	$K'_{1,2}$	k_1	k_2	G_1	G_2
1	2	3	4	5	6	7	8	9	10	11
8,8	10	88	8,6	245	205	2,50	24,50	20,50	— 157	— 117
8,6	20	172	8,2	270	230	2,50	13,50	11,50	— 98	— 58
8,4	30	252	7,8	295	255	2,50	9,83	8,50	— 43	— 3
8,2	40	328	7,4	320	280	2,50	8,00	7,00	8	48
8	50	400	$\frac{7}{3}$	345	305	2,50	6,90	6,10	55	95
7,75	52,5	406,9	2,5	351,25	311,25	2,50	6,69	5,93	55,65	95,65
7	60	420	1	370	330	2,50	6,17	5,50	50	90
6	70	420	— 1	395	355	2,50	5,64	5,07	25	65
5	80	400	$\frac{-3}{3}$	420	380	2,50	5,25	4,75	— 20	20
4,75	90	427,5	2,5	445	405	2,50	4,94	4,50	— 17,50	22,50
4,50	100	450	2,0	470	430	2,50	4,70	4,30	— 20,—	20
4,25	110	467,5	1,5	495	455	2,50	4,50	4,14	— 27,50	12,50
4,00	120	480	1,0	520	480	2,50	4,33	4,00	— 40,—	0

Der obere Grenzpreis des monopolistischen Bereiches beträgt 8,— DM. Würde das Unternehmen einen höheren Preis wählen, so würde der Absatz stark zurückgehen, denn das Unternehmen würde nunmehr seine Erzeugnisse zu Preisen verkaufen, zu denen die Konkurrenzunternehmen Erzeugnisse mit entsprechend besseren Eigenschaften anbieten. Hierauf ist es zurückzuführen, daß die Käufer zu denjenigen Unternehmen abwandern, die in dieser Preislage bessere Qualitäten verkaufen. Wenn das Unternehmen den Preis 8,— DM wählt, dann wird es 50 Mengeneinheiten absetzen können. Bei einer Ermäßigung des Preises auf 7,— DM steigt der Absatz zwar an, aber nur in verhältnismäßig geringem Maße, da in diesem Falle noch keine Käufer von den Konkurrenzunternehmen abwandern. Der Preis-Anreiz ist noch nicht stark genug, um sie

---

[1] Die Absatzfunktion entspricht der Gleichung:
$$p = \begin{cases} 9 - 1/50\, x & \text{für } 0 \leq x \leq 50 \\ 13 - 1/10\, x & \text{für } 50 \leq x \leq 80 \\ 7 - 1/40\, x & \text{für } 80 \leq x \leq 280. \end{cases}$$

von den anderen Unternehmen abzuziehen. Der Nachfragezuwachs ist lediglich auf die Tatsache zurückzuführen, daß bei dem niedrigeren Preise bisher latente Nachfrage wirksam zu werden vermag. Auch bei einer Ermäßigung des Preises auf 6,— DM bzw. 5,— DM ist der Nachfragezuwachs im wesentlichen auf die Mobilisierung bisher latenter Nachfrage zurückzuführen und daher ebenfalls noch relativ gering. Die Situation ändert sich grundlegend, wenn das Unternehmen den Preis unter 5,— DM herabsetzt. Er bildet in unserem Beispiel den unteren Grenzpunkt des monopolistischen Kurvenabschnittes. Ermäßigt das Unternehmen seinen

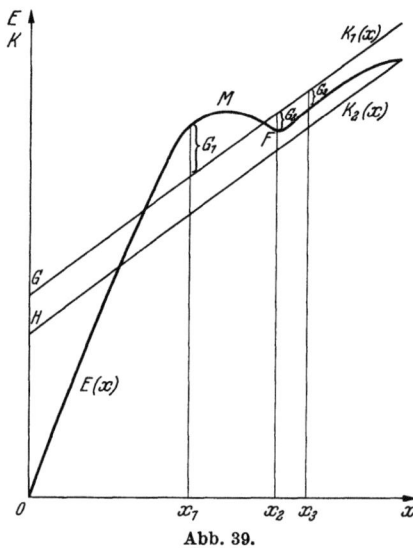

Abb. 39.

Verkaufspreis von 5,— DM auf 4,— DM, so nimmt die Absatzmenge um 40 Mengeneinheiten zu, während sie bei einer gleichgroßen Preissenkung innerhalb des monopolistischen Bereiches jeweils nur um 10 Mengeneinheiten ansteigt. Diese erheblich größere Wirkung der Preissenkung ist darauf zurückzuführen, daß nun nicht mehr lediglich latente Nachfrage mobilisiert wird, sondern eine Zuwanderung von Käufern einsetzt, die bisher bei Konkurrenzunternehmen kauften. Sie wandern von diesem Unternehmen ab, weil sie nunmehr die gleichen Qualitäten zu niedrigeren Preisen kaufen können.

Zugleich aber ragt das Unternehmen mit seinem neuen Preis in die Preisklasse hinein, in der bisher nur Waren weniger guter Qualität angeboten wurden. Diese Tatsache ist ebenfalls eine Ursache für das starke Anwachsen der Nachfrage nach den Erzeugnissen des aus seiner bisherigen Preisklasse nach unten ausbrechenden Unternehmens.

Wie bei atomistischer Konkurrenz wirkt sich nun auch bei polypolistischer Konkurrenz die besondere Angebotsstruktur aus. Der Marktanteil der Beteiligten ist so klein und die Markttransparenz so ungenügend, daß die Zunahme von Kunden zwar bei dem unterbietenden Unternehmen in Erscheinung tritt (eben in Form der nach rechts abbiegenden Absatzkurve), aber die Konkurrenten spüren diese Abwanderung nicht und so löst sie bei ihnen auch keine preispolitische Gegenmaßnahmen aus.

Da nach den Bedingungen der atomistischen Konkurrenz die Marktanteile der einzelnen Unternehmen sehr klein sind, wird davon aus-

Der gewinnmaximale Preis.

zugehen sein, daß die Kapazität dieser Unternehmen nicht allzu groß ist. Wenn also als Folge der Herabsetzung des Preises unter den unteren Grenzpreis die Nachfrage stark zunimmt, dann wird die Kapazität des Unternehmens einer solchen Nachfragesteigerung nur in engen Grenzen gewachsen sein. Der untere rechte Kurvenabschnitt ist deshalb nur insoweit interessant, als das Unternehmen diese Nachfrage mit seiner vorhandenen Kapazität bewältigen kann.

b) Auf Grund der soeben beschriebenen Absatzkurve sieht sich das Unternehmen nunmehr folgender Erlössituation gegenüber: Wie sich aus Spalte 3 der Tabelle 10 und aus Abb. 39 ergibt, steigt die Erlöskurve im unteren atomistischen Bereich monoton an und zwar bis zum Absatz von 50 Mengeneinheiten. Im Beispiel muß das Unternehmen den Preis unter 8,— DM je Mengeneinheit senken um zu erreichen, daß die Absatzmenge über x_1 hinaus zunimmt. Erlösmäßig gesehen bedeutet aber diese preispolitische Maßnahme einen Knick im bisherigen Kurvenverlauf. Zwar steigen die Erlöse bei einer Senkung des Preises bis auf 6,50 DM noch an, jedoch wird der Anstieg immer schwächer. Er ist bei einem Preise von 6,50 DM gleich Null (s. das in der Abb. 39 mit M bezeichnete relative Erlösmaximum). Bei einer weiteren Senkung des Preises nimmt die Gesamterlöskurve sogar ab, und zwar in unserem Beispiel bis zum unteren Grenzpreis (5,— DM) des monopolistischen Bereiches der Absatzkurve. Der Gesamterlös beträgt an dieser Stelle lediglich 400,— DM gegenüber 422,50 DM im relativen Erlösmaximum. Ist der untere Grenzpreis überschritten, dann führen weitere Preissenkungen zunächst zu einer so starken Zunahme der Absatzmenge, daß die Mengenzunahme die Preissenkung kompensiert und somit der Gesamterlös wieder ansteigt.

Die besondere Form der Absatzkurve hat also zur Folge, daß der Erlösanstieg in einem bestimmten (nämlich dem monopolistischen) Bereich abnimmt und unter Umständen sogar negativ wird. Diese Tatsache ist für preispolitische Erwägungen von ganz entscheidender Bedeutung. Die Grenzerlöskurve [s. Spalte 4 der Tabelle 13 und die Kurve $E'(x)$ in der Abb. 38] bringt diesen Sachverhalt klar zum Ausdruck.

c) Zur Beantwortung der Frage, welcher Preis der günstigste ist, genügt eine Betrachtung der Absatz- bzw. der Erlöskurve nicht. Es ist vielmehr notwendig, auch die Kostenstruktur der Betriebe, wie sie in den Kostenkurven zum Ausdruck kommt, in die Untersuchung einzubeziehen.

In dem Beispiel wurde von zwei Kostenkurven ausgegangen. Die Kostenkurve K_1 [s. Spalte 5 der Tabelle 13 und die Kurve $K_1(x)$ in der Abb. 39] beruht auf der Annahme proportionaler Stückkosten von 2,50 DM (konstante Grenzkosten) und fixer Kosten von insgesamt

220,— DM[1]. Die zweite, aus Darstellungsgründen in das Beispiel aufgenommene Kostenkurve K_2 (s. Spalte 6 der Tabelle 13 und die Kurve $K_2(x)$ in der Abb. 39] unterscheidet sich von der ersten Kostenkurve nur dadurch, daß die fixen Kosten statt mit 220,—DM hier mit 180,—DM angenommen werden[2].

d) Aus der Tabelle 13 und Abb. 38 und 39 ist zu ersehen, daß ein relatives Gewinnmaximum bei der Absatzmenge $x_1 = 52{,}5$ liegt. Der zugehörige Preis beträgt $p_1 = 7{,}75$ DM.

Dem unteren Grenzpreis des monopolistischen Kurvenabschnittes von 5,— DM entspricht eine Absatzmenge von x_2 gleich 80. Das Beispiel zeigt einen zweiten Schnittpunkt bei der Absatzmenge $x_3 = 90$. Der zugehörige Preis beträgt 4,75 DM[3].

Um feststellen zu können, welche Bedeutung diesen zwei (eventuell drei, vgl. Fußnote 3) Schnittpunkten der Grenzkosten- mit der Grenzerlöskurve zukommt, muß zunächst auf die Gesamtkosten und den Gesamterlös eingegangen werden. Der Abstand zwischen den entsprechenden Ordinaten der Erlöskurve und der Kostenkurve gibt den jeweiligen Gewinn bzw. Verlust an. Aus Abb. 38 und 39 und der Spalte 10 der Tabelle 13 ergibt sich, daß bei der Absatzmenge x_1 ein relatives Gewinnmaximum vorliegt. Demgegenüber ergibt sich bei der Menge x_2 ein relatives Verlustmaximum (Abb. 38). Von der Menge x_2 an nimmt der Verlust wieder ab und erreicht sein Minimum bei der Menge x_3.

Wird das Problem unter Berücksichtigung der Kostenkurve K_2 betrachtet, so zeigen sich insofern Unterschiede, als bei x_2 nunmehr kein Verlustmaximum, sondern ein Gewinnminimum und bei x_3 statt eines Verlustminimums ein relatives Gewinnmaximum vorliegt. Gemeinsam ist beiden Beispielen, daß die dem zweiten Schnittpunkt entsprechenden Preise und Absatzmengen die ungünstigste Situation darstellen, die in dem in Frage kommenden Bereich überhaupt möglich ist. Die Frage, die das Unternehmen beantworten muß, besteht also darin zu entscheiden, ob es günstiger ist, die Menge x_1 oder die Menge x_3 anzubieten bzw. die Preise für die Erzeugnisse auf p_1 oder p_3 festzusetzen. Im vorliegenden Beispiel wird der Betrieb den Preis p_1 fordern, denn er erzielt damit sein absolutes Gewinnmaximum (G_1), ohne Rücksicht darauf, ob für ihn die Kostenkurve K_1 oder die Kostenkurve K_2 gilt.

Grundsätzlich läßt sich sagen, daß bei gegebener Absatzkurve und damit gegebener Gesamt- bzw. Grenzerlöskurve mehrere Fälle zu unterscheiden sind.

---

[1] Diese Kostenkurve entspricht der Gleichung $K_1 = 220 + 2{,}50\,x$.
[2] Diese Kostenkurve entspricht der Gleichung $K_2 = 180 + 2{,}50\,x$.
[3] Falls in der Umgebung von x_2 der Übergang von negativen zu positiven Grenzerlösen stetig verläuft, ist dort ein weiterer Schnittpunkt der Grenzerlöskurve mit der Grenzkostenkurve gegeben.

Der gewinnmaximale Preis.

Sind die Grenzkosten höher als die Grenzerlöse nach Unterschreiten des unteren Grenzpreises des monopolistischen Bereiches, dann gibt es nur einen Schnittpunkt zwischen der Grenzkosten- und der Grenzerlöskurve. Damit ist grundsätzlich geklärt, zu welchen Preisen ein solches Unternehmen seine Erzeugnisse verkaufen muß, wenn es seine gewinngünstigste Situation verwirklichen will.

Wenn dagegen die Grenzkosten zunächst nach Unterschreiten des unteren Grenzpreises (also im Bereich des unteren atomistischen Astes) niedriger sind als die Grenzerlöse, dann entstehen ein, eventuell zwei weitere Schnittpunkte, von denen der erste nicht interessiert. Auf welchem Wege ist nun grundsätzlich festzustellen, welcher Preis in diesem Falle für das Warenangebot zu wählen ist?

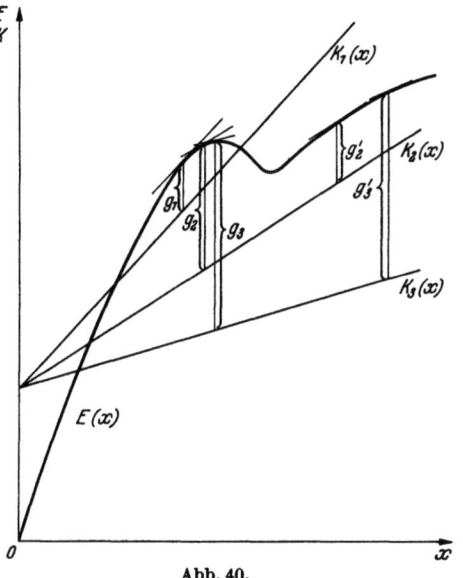

Abb. 40.

10. Zur Beantwortung dieser Frage stehen grundsätzlich zwei Wege offen. Hierbei sei davon ausgegangen, daß die Unternehmen mit linearen Gesamtkosten arbeiten.

a) Zunächst kann in der Weise verfahren werden, daß die Gesamterlös- und die Gesamtkostenkurve zur Lösung dieses Problems herangezogen werden. Zeichnet man beide Kurven in das gleiche Koordinatensystem ein, dann ist der Abstand zwischen den entsprechenden Ordinaten beider Kurven der Gewinn bzw. Verlust, der sich bei der jeweiligen Absatzmenge ergibt. Der Gewinn bzw. Verlust wird in diesem Falle durch eine Strecke gekennzeichnet. Aus diesem Grunde sei hier von „Streckenanalyse" gesprochen.

Das Gewinnmaximum liegt bei der Ausbringung, bei der die Grenzkosten gleich den Grenzerlösen sind, d. h. bei der Ausbringung, bei der die Anstiege der Gesamtkostenkurve und der Gesamterlöskurve gleich sind. Diese Punkte werden gefunden, indem die Kostenkurve so lange parallel verschoben wird, bis sie die Gesamterlöskurve tangiert. Das ist in der Abb. 40 geschehen. Aus ihr ist folgender Zusammenhang ersichtlich:

Für den Fall, daß die Kostenkurve K_1 gegeben ist, ergibt sich nur ein Gewinnmaximum. Es ist in Abb. 40 durch die Strecke g_1 dargestellt. Damit ist auch die preispolitische Frage gelöst. Es muß derjenige Preis gestellt werden, der der zu g_1 gehörenden Absatzmenge entspricht.

Ist dagegen die Kostenkurve K_2 für das Unternehmen charakteristisch, dann erhalten wir nach der Abb. 40 zwei relative Gewinnmaxima g_2 und g_2', von denen g_2 das größere Maximum ist. Preispolitisch ist damit das Problem ebenfalls gelöst. Das Unternehmen wird denjenigen Preis stellen, der dem Gewinn g_2 entspricht. So besteht kein Anlaß für das Unternehmen, den monopolistischen Bereich zu verlassen und preispolitisch auf dem rechten unteren atomistischen Kurvenabschnitt zu operieren.

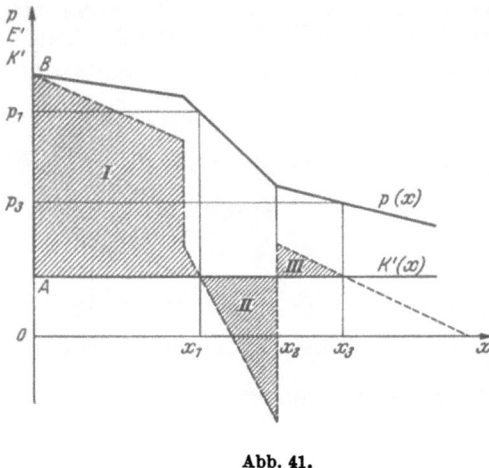

Abb. 41.

Wird die Kostensituation eines Unternehmens durch die Kostenkurve K_3 charakterisiert, dann ergeben sich wiederum zwei Gewinnmaxima g_3 und g_3', von denen g_3' das größere ist. In einer solchen Absatzlage würde es für das Unternehmen unter dem Gesichtspunkte der Gewinnmaximierung lohnend sein, den unteren Grenzpunkt des monopolistischen Bereiches zu unterschreiten und Preispolitik entlang dem unteren atomistischen Kurvenabschnitt zu betreiben. In diesem Falle stellt die in dem monopolistischen Abschnitt der Absatzkurve zum Ausdruck kommende Preissituation kein Hindernis für eine Preispolitik jenseits des monopolistischen Preisbereiches dar.

Die angenommenen Kostenkurven unterscheiden sich lediglich in der Höhe der proportionalen Stückkosten, die den Anstieg der Gesamtkostenkurven bestimmen. Die fixen Kosten haben auf die Lage der Gewinnmaxima keinen Einfluß, da ihre Änderung lediglich eine Parallelverschiebung der Kostenkurven zur Folge hat. Eine derartige Verschiebung führt nur zu einer Änderung der absoluten Höhe der Gewinne bzw. Verluste.

Bei dem zuletzt charakterisierten Fall, bei dem die gegebene Absatzkurve es zuläßt, daß das Unternehmen den monopolistischen Bereich verläßt und außerhalb dieses Bereichs, also entlang des unteren atomistischen Kurvenabschnittes, seine Preispolitik betreibt, ergibt sich eine Absatzmenge, die sehr viel größer ist als die im monopolistischen Bereich. Kann das Unternehmen mit den vorhandenen Produktionsmitteln diese Absatzmenge überhaupt herstellen? Es ist möglich, daß ein Unternehmen ohne große Änderungen, insbesondere ohne gewisse Investitionen, eine solche

Erweiterung seiner gegenwärtigen Produktions- bzw. Absatzmenge nicht vornehmen kann. Um den Gewinn g_3', der auf Grund der Marktsituation möglich erscheint, auch realisieren zu können, muß also das Unternehmen möglicherweise eine Kapazitätserweiterung vornehmen. Hier verschmelzen die Fragen des Absatzes mit denen der Investition. Denn erst eine Investitionsüberlegung über die zur Verwirklichung des Gewinnes g_3' notwendigen Erweiterungen kann die Entscheidung bringen, ob auch nach einer eventuellen Vornahme einer Betriebserweiterung der Gewinn g_3' noch der maximale sein wird.

b) Es gibt noch eine zweite Möglichkeit, die hier erörterten Probleme zur Darstellung zu bringen. In diesem Falle wird nicht von den Gesamterlösen und den Gesamtkosten, sondern von den Grenzerlösen und den Grenzkosten ausgegangen. Diese Methode soll an dem Fall konstanter Grenzkosten (d. h. linear verlaufender Gesamtkostenkurve) demonstriert werden (vgl. Abb. 41).

Die Differenz zwischen Grenzerlös und Grenzkosten läßt sich als Grenzgewinn bezeichnen, wobei zum Beispiel OA die Grenzkosten und OB den Grenzerlös angeben. Die Differenz zwischen diesen beiden Größen ist der Grenzgewinn an der Stelle x gleich Null.

Die gestrichelte Fläche I in Abb. 41 gibt die Summe der Grenzgewinne mit zunehmendem Absatz x an[1]. Bei steigendem Absatz fällt der Grenzgewinn bis kurz vor x_1 zunächst schwach, um dann stärker abzunehmen, da die Grenzkosten konstant bleiben und der Grenzerlös zunächst allmählich und dann steil abfällt. Der Grenzgewinn ist aber immer positiv, so daß der Gesamtgewinn zunimmt. Bei dem Absatz x_1 sind Grenzkosten und Grenzerlös gleich groß. An dieser Stelle erreicht der Betrieb ein relatives Gewinnmaximum.

Nimmt der Absatz weiter zu, dann werden die Grenzerlöse weiter sinken. Sie sind nunmehr kleiner als die Grenzkosten. Die Grenzgewinne sind mithin jetzt negativ. Der Gesamtgewinn vermindert sich. Da die Grenzerlöse zunächst noch ständig sinken, wird der negative Grenzgewinn immer größer. Der Gesamtgewinn nimmt mithin immer stärker ab. An der Stelle x_2 hört die Minderung des Gesamtgewinnes auf. Hat die Summe der Grenzverluste zu einem Verlust geführt, dann hört an dieser Stelle die Verlustzunahme auf. Bei x_2 ergibt sich also in diesem Falle ein Verlustmaximum. Hat aber die Summe der Grenzverluste den Gesamtgewinn nicht aufgezehrt, dann ist an dieser Stelle ein relatives Gewinnminimum gegeben. Diese Lage muß also immer ungünstiger sein als das relative Gewinnmaximum bei x_1.

---

[1] Die Analyse wird hier in Anlehnung an die Flächenbetrachtung von ROBINSON, J., The Economics of Imperfect Competition, London 1948, S. 57ff., vorgenommen.

Nimmt die Absatzmenge über x_2 hinaus zu, dann entstehen wieder positive Grenzgewinne, denn die Grenzerlöse sind nunmehr wieder größer als die Grenzkosten.

Damit entsteht die Frage: Wann ist ein über x_2 hinausgehender Absatz günstiger als der Absatz in Höhe von x_1?

Will ein Betrieb eine günstigere Absatzsituation erreichen als sie bei x_1 gegeben ist, dann muß die Summe der Grenzgewinne der Ausbringungen x_2 bis x_3 größer sein als die Summe der negativen Grenzgewinne der Ausbringung x_1 bis x_2. Dies ist der Fall, wenn die Fläche

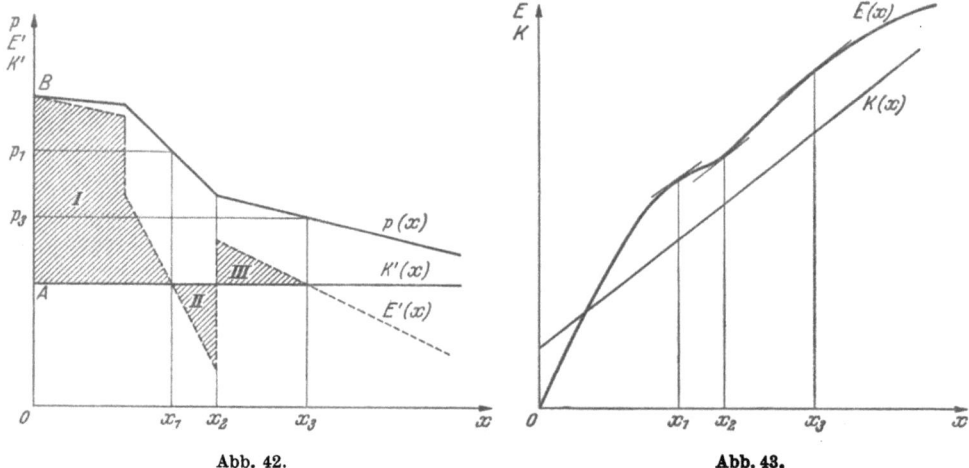

Abb. 42.   Abb. 43.

III größer ist als die Fläche II. Erst wenn diese Bedingung erfüllt ist, wird eine gewinngünstigere Situation als bei der Absatzmenge x_1 erreicht. Es zeigt sich also, daß der Absatz im Regelfall erheblich vergrößert werden muß, wenn die Summe der Gewinnminderungen (Fläche II, negative Grenzgewinne) wieder ausgeglichen werden soll.

In vielen Fällen werden die technischen Möglichkeiten der Produktion nicht ausreichen, so viel zu produzieren, daß die Summe negativer Grenzgewinne (Fläche II) durch die Summe der positiven Grenzgewinne (Fläche III) überkompensiert wird. Denn es gibt in der Regel eine Höchstausbringung, die ohne beträchtliche Erweiterungen des Produktionsapparates nicht überschritten werden kann, d.h. die nicht zuläßt, die Menge x_3 zu produzieren. Selbst dann, wenn die Kapazität nicht ausreichen würde, die Menge x_3 zu produzieren, könnte es vorteilhaft sein, bis zur Kapazitätsgrenze zu gehen. Das wäre dann der Fall, wenn die Fläche III bis zur Kapazitätsgrenze größer wäre als die Fläche II.

Im allgemeinen wird die Ausbringung x_1 die wahrscheinlichere sein. Und zwar deshalb, weil erstens der Bereich negativer Grenzgewinne ($x_1 \leq x \leq x_2$) preispolitisch wie eine Bremse wirkt und weil zweitens in der Regel das Kostenniveau der Betriebe so hoch liegen wird, daß es keine so große Preisermäßigung zuläßt, daß der zur Überwindung der Zone der negativen Grenzgewinne erforderliche Mehrabsatz erreicht wird[1].

c) Bei der Beschreibung der Erlösgestaltung im Falle einer polypolistischen Absatzkurve unter Punkt 8 dieses Abschnittes wurden drei Fälle unterschieden. Im Falle a) war die Absatzkurve über dem speziellen monopolistischen Bereich teils elastisch, teils unelastisch, im Falle b) war sie in diesem Bereich an jeder Stelle elastisch und im Falle c) an jeder Stelle unelastisch.

Bisher wurde die Ableitung des gewinngünstigsten Preises bei atomistischer Konkurrenz auf unvollkommenen Märkten nur für den Fall a) untersucht. Nunmehr soll nachgewiesen werden, daß sich in den übrigen beiden Fällen die Ableitung des gewinngünstigsten Preises auf die gleiche Weise vornehmen läßt.

Ausgangspunkt sei eine polypolistische Absatzkurve, deren monopolistischer Abschnitt völlig elastisch ist, wie sie in der Abb. 42 dargestellt wurde. Wiederum sei angenommen, daß das Unternehmen mit einer linearen Gesamtkostenkurve und somit mit konstanten Grenzkosten arbeitet. Der Gesamterlös steigt dann mindestens bis zum unteren atomistischen Kurvenast monoton an.

Auch unter diesen Verhältnissen ergibt sowohl die Flächenanalyse (vgl. Abb. 42) als auch die Streckenanalyse (vgl. Abb. 43), daß entweder der Preis p_1 oder der Preis p_3 am gewinngünstigsten ist. Im Beispiel ergibt sich die günstigste Situation für den Preis p_3. Ein Vergleich der Abb. 42 und 41 läßt erkennen, daß im Falle des elastischen monopolistischen Bereiches (Abb. 42) die Fläche II bei gleicher Kostenstruktur in der Regel erheblich kleiner ausfallen muß. Dies bedeutet, daß in diesem Falle regelmäßig mit einer viel schwächeren Bremswirkung der monopolistischen Zone zu rechnen ist.

Auch für den Fall c), in dem der monopolistische Abschnitt an jeder Stelle unelastisch ist, läßt sich der gewinngünstigste Preis auf die gleiche Weise durch die Streckenanalyse bzw. die Flächenanalyse bestimmen. Auf die graphische Darstellung dieses Falles kann somit verzichtet werden. Es sei nur angemerkt, daß der gewinngünstigste Preis hier nicht

---

[1] Es soll hier darauf verzichtet werden, die oben erörterten Fragen für den Fall zu untersuchen, daß man es mit U-förmigen Grenzkostenkurven zu tun hat. Bei diesem Falle ist es infolge des Ansteigens der Grenzkostenkurve sehr viel unwahrscheinlicher, daß bei der Menge x_3 ein relatives Gewinnmaximum entsteht, das günstiger als das Gewinnmaximum bei der Absatzmenge x_1 ist. Im Prinzip ist die Analyse hier genau so durchzuführen, wie bei linearen Gesamtkostenverläufen.

im monopolistischen Kurvenabschnitt liegen kann, da über ihm die Grenzerlöse überall negativ sind und somit kein Schnittpunkt mit der Grenzkostenkurve zustande kommen kann[1].

11. Kurz sei noch untersucht, von welchen Faktoren die soeben geschilderte Bremswirkung des monopolistischen Kurvenabschnittes abhängig ist. Der hemmende Einfluß, den der monopolistische Bereich auf Preissenkungen ausübt, wird einmal von der Form und Lage der Absatzkurve und zum andern von der Form und Lage der Kostenkurve bestimmt. Je unelastischer der Verlauf der Absatzkurve im monopolistischen Abschnitt ist, je größer der Abstand zwischen dem oberen und unteren Grenzpreis ist und je höher die Grenzkosten liegen, um so mehr wird sich der gewinngünstigste Preis dem oberen Grenzpreise des monopolistischen Bereiches nähern (und umgekehrt). Liegt der gewinngünstigste Preis verhältnismäßig hoch über dem unteren Grenzpreise, dann sind erhebliche Preissenkungen erforderlich, um eine Zunahme der Absatzmenge zu erreichen, die groß genug ist, um erwarten zu können, daß sich ein neues günstigeres Gewinnmaximum rechts vom unteren Grenzpreis des monopolistischen Bereiches aufbauen läßt. Im anderen Falle sind nur verhältnismäßig geringe Preissenkungen erforderlich, um den gewünschten Effekt zu erzielen.

In beiden Fällen entstehen bei Preissenkungen innerhalb des monopolistischen Bereiches zunächst Gewinnminderungen, die überwunden werden müssen, bevor die Aussicht besteht, eine neue gewinngünstigere Situation erreichen zu können. Diese Gewinnminderungen stellen eine Art Barriere dar, die erst übersprungen werden muß, wenn Unternehmen mit Hilfe von Preissenkungen ihre Gewinnsituation verbessern wollen. Eine Ursache für die Erstarrung des preispolitischen Verhaltens der Unternehmen in marktwirtschaftlichen Systemen wird damit deutlich sichtbar.

12. Die Untersuchungen haben zu dem Ergebnis geführt, daß im Falle atomistischer Angebotsstruktur auf unvollkommenen Märkten das monopolistische und das konkurrenzwirtschaftliche Preisbildungsprinzip zu einer Einheit verbunden sind. Diese Einheit bringt die Absatzkurve, wie sie soeben entwickelt wurde, zum Ausdruck.

Die Absatzkurven, wie sie E. CHAMBERLIN für den Fall der „monopolistic competition" und J. ROBINSON[2] für den Fall der „imperfect competition" bringen, tragen diesem Umstande nicht genügend

---

[1] Die Gewinnmaxima liegen dort, wo der monopolistische Bereich endet.
[2] CHAMBERLIN, E. H., The Theory of Monopolistic Competition. Cambridge, Mass. 1950. ROBINSON, J., The Economics of Imperfect Competition. London 1948.

Rechnung. Beide Autoren halten das Prinzip der Produktdifferenzierung, das sie ihrem theoretischen Ansatz zugrunde legen, nicht streng genug durch. Die Absatzkurve, wie sie J. ROBINSON verwendet, weicht von der Absatzkurve MARSHALLS nur unwesentlich ab.

CHAMBERLIN verwendet bei seinen Untersuchungen über die Preisbildung im Falle monopolistischer Konkurrenz Absatzkurven, die die gleiche Form aufweisen, wie sie bei der Analyse der monopolistischen Preispolitik benutzt werden. Das Charakteristische seiner Leistung liegt nicht in der Form der Absatzkurven, die er wählt, sondern in der Tangentenlösung, die es ihm erlaubt, die Frage nach der Preisbildung im Falle monopolistischer Konkurrenz zu beantworten.

Es ist ohne Zweifel richtig, für den Fall der atomistischen Angebotsstruktur auf unvollkommenen Märkten davon auszugehen, daß die anderen Unternehmen ihre Preise unverändert lassen, wenn ein Unternehmen seinen eigenen Preis variiert, wie das auch von den beiden genannten Autoren unterstellt wird. Trotzdem hat die Absatzkurve der Unternehmen bei polypolistischer Konkurrenz nicht die gleiche Form wie die Absatzkurve monopolistischer Anbieter. Denn die betriebsindividuelle Absatzkurve bei polypolistischer Konkurrenz ist gerade dadurch charakterisiert, daß sie zwei Preisprinzipien in sich zu einer Einheit verknüpft. Die hier für atomistische Angebotsstruktur auf unvollkommenen Märkten und damit für weite Bereiche der empirischen Wirtschaft als typisch nachgewiesene Form der Absatzkurve folgt mit Notwendigkeit aus dem Prinzip der Produktdifferenzierung, wenn es konsequent durchgehalten wird.

IV. Die Preispolitik bei oligopolistischer Konkurrenz.

A. Die typische Oligopolsituation.
B. Die ologopolistische Absatzpolitik unter der Voraussetzung totaler Interdependenz.
C. Die oligopolistische Preispolitik auf unvollkommenen Märkten unter der Voraussetzung partieller Interdependenz.
D. Spieltheoretische Lösungsansätze.
E. Verdrängungs- und Kampfsituationen unter der Voraussetzung totaler Interdependenz.
F. Die kollektive Preispolitik.

A. Die typische Oligopolsituation.

1. Oligopolistische Angebotsstruktur.
2. Verhaltensweisen im Oligopol.
3. Preispolitische und mengenpolitische Interdependenz.
4. Die Gewinnfunktion oligopolistischer Unternehmen.

1. Verteilt sich das Angebot an bestimmten Waren oder Leistungen auf eine geringe Zahl von Unternehmen, deren Marktanteile so groß sind, daß Änderungen im absatzpolitischen Verhalten eines Unternehmens den Absatz der anderen Unternehmen spürbar beeinflussen, dann liegt eine oligopolistische Struktur des Waren- und Leistungsangebotes vor[1]. Besteht die Angebotsseite nur aus zwei Unternehmen mit entsprechend großen Marktanteilen, dann spricht man von einem Angebotsdyopol. Setzt sich die Angebotsseite aus einer Oligopolgruppe und einer Anzahl von Unternehmen mit geringfügigen Marktanteilen zusammen, dann ist ein Teiloligopol gegeben. Je größer die Zahl der Oligopolunternehmen ist, und je kleiner ihre Marktanteile sind, um so mehr nähert sich das Oligopol dem Polypol bzw. der atomistischen Konkurrenz an.

Die zur Oligopolgruppe gehörenden Unternehmen haben die Möglichkeit, mit dem gesamten absatzpolitischen Instrumentarium zu operieren. Sie können sich bei ihren absatzpolitischen Maßnahmen also der Preispolitik, der Produktvariation, der Werbung und aller Verfahren der Absatztechnik bedienen. Hier wird grundsätzlich davon ausgegangen, daß die Unternehmen nur die Preispolitik als absatzpolitisches Instrument verwenden.

Dem Angebotsoligopol kann ein Nachfragemonopol, ein Nachfrageoligopol oder ein Nachfragepolypol gegenüberstehen. Hier wird grundsätzlich angenommen, daß die Nachfrage polypolistisch-atomistischen Charakter besitzt.

2. Die zu einer Oligopolgruppe gehörenden Unternehmen haben drei Möglichkeiten, sich preispolitisch zu verhalten:

a) Die Unternehmen treffen ihre absatzpolitischen Entscheidungen nach den Regeln geordneten Preiswettbewerbs. Der Wettbewerb wird in diesen Fällen mit wirtschaftsfriedlichen Mitteln ausgetragen.

b) Die Geschäftspolitik der Unternehmen ist darauf gerichtet, die Position anderer zur Gruppe gehörender Unternehmen mit solchen preis-

---

[1] Zur Oligopolliteratur sei auf folgende Arbeiten verwiesen: CHAMBLEY, P., L'Oligopole, Paris 1944; MARCHAL, J., Le Mécanisme des Prix, 3. Aufl., Paris 1948; STACKELBERG, H. v., Marktform und Gleichgewicht, Wien und Berlin 1934; ders., Grundlagen der theoretischen Volkswirtschaftslehre, 2. Aufl., Bern-Tübingen 1951; MACHLUP, F., The Economics of Sellers' Competition, Baltimore 1952; RICHTER, R., Das Konkurrenzproblem im Oligopol, Berlin 1954; SHUBIK, M., Strategy and Market Structure, New York 1959; SCHNEIDER, E., Reine Theorie monopolistischer Wirtschaftsformen, Tübingen 1932; ders., Einführung in die Wirtschaftstheorie, II. Teil, 6. Aufl., Tübingen 1960; BRANDT, K., Preistheorie, Ludwigshafen 1960; KRELLE, W., Preistheorie, Tübingen-Zürich 1961; JACOB, H., Preispolitik, in: Die Wirtschaftswissenschaften, Wiesbaden 1963, S. 155ff.

politischen Methoden zu schwächen, die mehr einen Ausdruck der Macht als Spielregeln geordneten Wettbewerbs darstellen. Das gleiche gilt für die angegriffenen Unternehmen, wenn sie zu ähnlichen preispolitischen Mitteln greifen, um den Kampf zu bestehen und zu überleben. Die Oligopolgruppe kennzeichnet sich in diesem Fall durch preispolitischen **Kampf**.

c) Die Unternehmen sind stillschweigend oder durch Abreden oder durch Vertrag übereingekommen, sich preispolitisch keine Konkurrenz zu machen. Die Preispolitik der Unternehmen beruht in diesem Falle auf Verständigung.

Die drei preispolitischen Verhaltensweisen — wirtschaftsfriedliches Verhalten, Kampf, Verständigung — sind nicht ableitbar. Sie stellen ein Datum des oligopolistischen Preisbildungsprozesses dar.

3. Jedes zu einer Oligopolgruppe gehörende Unternehmen sieht sich einer bestimmten Preis-Absatzfunktion gegenüber. Es hat also die Möglichkeit, entweder seine Angebotsmengen zu regulieren, um auf diese Weise die Preise zu beeinflussen, oder die Preise festzusetzen, um es den Käufern zu überlassen, welche Menge sie bei diesem Preise kaufen. Im ersten Falle bilden die Angebotsmengen, im zweiten die Preise den Aktionsparameter. Das Unternehmen treibt dementsprechend Mengen- oder Preispolitik. Benutzt es nicht nur die Angebotsmenge und die Angebotspreise, sondern auch die anderen Instrumente des absatzpolitischen Instrumentariums als Aktionsparameter, dann treibt es Absatzpolitik im weitesten Sinne des Wortes.

Ob ein Oligopolunternehmen die Angebotsmengen oder die Angebotspreise als Mittel seiner preispolitischen Planungen verwendet, berührt nicht die Tatsache, daß es mit seinen Maßnahmen im Reaktionsbereich der Konkurrenzbetriebe liegt, wenn die Bedingungen vollkommener Märkte unterstellt werden. Angenommen, die Oligopolgruppe bestehe aus den beiden Unternehmen A und B. Beide Unternehmen benutzen die Angebotspreise als preispolitische Instrumente. Das Unternehmen A ändere den Preis für das Erzeugnis X. Da jedem Preise eine andere Absatzmenge zugeordnet ist, ändert sich die Menge der verkauften Erzeugnisse. Der durch die Maßnahme des Unternehmens A verursachten Änderung der Absatzsituation muß B durch preispolitische Gegenmaßnahmen begegnen, wenn B weiterhin seinen Gewinn maximieren will. Die auf die Maßnahmen des Unternehmens B zurückzuführende Änderung der Absatzsituation muß nun wiederum das Unternehmen A preispolitisch berücksichtigen und einen Preis wählen, der einer Verschlechterung seiner Gewinnsituation wirksam zu begegnen erlaubt. Damit ergibt sich für das Unternehmen B eine neue Situation, der es preispolitisch entsprechen muß. Diese Kette von Wirkungen und Rückwirkungen preispolitischer Maßnahmen ist ein Kennzeichen der Preisbildung unter den Bedingungen oligopolistischer Konkurrenz auf vollkommenen Märkten. Hat jede, auch die kleinste Änderung des preis- oder mengenpolitischen Verhaltens eines zur Gruppe gehörenden Unternehmens Gegenmaßnahmen der anderen Unternehmen zur Folge, dann liegt totale mengen- oder preispolitische Interdependenz vor. Sie ist für die Oligopolpreisbildung auf vollkommenen Märkten kennzeichnend.

Bilden die Angebotsmengen den Aktionsparameter, dann stellt sich der oligopolistische Preisbildungsprozeß als ein System mengenpolitischer Interdependenz dar, werden die Angebotspreise als Aktionsparameter verwandt, dann ist der oligopolistische Prozeß ein System preispolitischer Interdependenz.

Grundsätzlich erstreckt sich die oligopolistische Interdependenz auf das gesamte absatzpolitische Instrumentarium. Ändert also zum Beispiel ein oligopolistischer Anbieter die Qualität seiner Erzeugnisse, so besteht die Möglichkeit, daß die Konkurrenten hierauf ebenfalls mit einer Änderung der Erzeugniseigenschaften reagieren. Es ist jedoch keineswegs ausgeschlossen, daß sie ein anderes absatzpolitisches Instrument, zum Beispiel die Preise oder die Werbung, als Aktionsparameter benutzen. Preispolitische und mengenpolitische Interdependenz bilden also nur einen Ausschnitt aus dem großen System absatzpolitischer Interdependenz.

4. Mit Hilfe der Oligopolpreistheorie gilt es die Frage zu beantworten, ob sich unter Oligopolbedingungen Preise ableiten lassen, die zu ändern im Interesse keines Unternehmens liegt. Führt also der Preisbildungsprozeß im Oligopol zu Gleichgewichtspreisen, oder ist das Oligopol ein gleichgewichtsloses System? Die Aufgabe besteht mithin darin, den gewinngünstigsten Preis unter Berücksichtigung der zu erwartenden absatzpolitischen Reaktionen der Konkurrenten zu bestimmen.

Die Absatzmengen der beiden Dyopolunternehmen A und B seien mit x_A und x_B, die Angebotspreise mit p_A und p_B, die Erlöse mit E_A und E_B, die Produktionskosten mit K_A und K_B und die Gewinne mit G_A und G_B bezeichnet. Die Absatzfunktionen der beiden Unternehmen lassen sich dann schreiben:

$$x_A = f(p_A, p_B)$$
$$x_B = g(p_B, p_A).$$

Für die Gewinne der Unternehmungen A und B gelten die Gleichungen:

$$G_A = E_A - K_A$$
$$G_A = p_A \cdot x_A - K_A(x_A)$$
$$G_A = p_A \cdot [f(p_A, p_B)] - K_A[f(p_A, p_B)]$$

und

$$G_B = E_B - K_B$$
$$G_B = p_B \cdot x_B - K_B(x_B)$$
$$G_B = p_B \cdot [g(p_B, p_A)] - K_B[g(p_B, p_A)].$$

In diesen Gleichungen kommen die Interdependenzen zum Ausdruck, die das Oligopol kennzeichnen.

Eine eindeutige Entscheidung über den gewinngünstigsten Preis kann nur dann getroffen werden, wenn in die Gewinnfunktion, die zu maximieren ist, Größen eingehen, die das Unternehmen kontrolliert. In Wirklichkeit sind aber zum Entscheidungszeitpunkt die preis- oder mengenpolitischen Reaktionen der Konkurrenzunternehmen und die durch sie verursachten eigenen preis- und mengenpolitischen Gegenaktionen nicht bekannt. Die Unternehmen kontrollieren also nicht alle Variablen ihrer Gewinnfunktionen. Die bisherige Oligopolpreistheorie hat diese Schwierigkeiten auf die Weise zu umgehen versucht, daß sie in die Analyse des Preisbildungsprozesses gewisse Erwartungsstrukturen eingebaut hat, die Aussagen darüber enthalten, wie sich nach Ansicht der eine Preis- oder Mengenaktion vornehmenden Unternehmung die Gegner verhalten werden. Die Schwierigkeiten der Oligopolpreistheorie werden dadurch mehr umgangen als gelöst. Trotz aller Anstrengungen und Verfeinerungen ist es der Theorie nicht gelungen, eine vollständig befriedigende Lösung des Oligopolpreisproblems zu entwickeln. Ob die neueren Ansätze der Spieltheorie zu befriedigenden Lösungen führen werden, soll hier noch nicht untersucht werden[1].

Die Einfügung von Erwartungsstrukturen in den theoretischen Zusammenhang ist keineswegs unrealistisch. Denn auch in der betrieblichen Praxis haben die Unternehmungen bestimmte Anschauungen darüber, wie sich die Konkurrenzunternehmen auf preis- oder mengenpolitische Maßnahmen ihrer Gegner voraussichtlich verhalten werden. Man sagt etwa: Wir rechnen damit, daß die Konkurrenzunternehmen so oder so reagieren werden. In der Wendung „wir rechnen damit ..." kommt eine bestimmte Erwartung zum Ausdruck. Diese Erwartungen

---

[1] Vgl. hierzu die Ausführungen unter Punkt D dieses Abschnittes.

können zutreffen. Sie müssen es aber nicht. Unabhängig hiervon sind sie ein bestimmendes Datum der oligopolistischen Preispolitik (Mengenpolitik). Die Theorie steht also nicht im grundsätzlichen Gegensatz zum Verhalten der Praxis, wenn sie mit Erwartungsstrukturen arbeitet.

B. Die oligopolistische Absatzpolitik unter der Voraussetzung totaler Interdependenz.

1. Autonomes Verhalten.
2. Autonom-konjekturales Verhalten.
3. Konjekturales Verhalten unter Verwendung von Reaktionskoeffizienten.

1. Welche Erwartungsstrukturen benutzt die Oligopoltheorie — sofern sie nicht spieltheoretische Ansätze verwendet — zur Lösung ihrer Probleme? Wie sind diese Strukturen einmal als Bestandteile der theoretischen Konzeption, zum anderen betriebswirtschaftlich zu beurteilen? Welcher Art ist der theoretische Apparat, der zur Analyse des Prozesses geschaffen wurde?

Die Beantwortung dieser Fragen soll sich auf drei Strukturtypen beschränken. Dabei wird wirtschaftsfriedliches Verhalten vorausgesetzt. Die Oligopolpreisbildung im Falle kämpferischen Verhaltens und gemeinsamer Preispolitik wird hier nicht untersucht.

a) Die erste Erwartungsstruktur, auf die eingegangen werden soll, läßt sich so beschreiben: Jedes zur Oligopolgruppe gehörende Unternehmen nimmt an, daß die Konkurrenzunternehmen ihre Angebotsmengen oder ihre Angebotspreise nicht ändern werden, wenn es sein Angebot oder seine Preise ändert. Die gegnerischen Angebotsmengen oder Angebotspreise sind Daten der eigenen mengen- oder preispolitischen Überlegungen. Im Falle des Dyopols nimmt zum Beispiel das Unternehmen A die Angebotsmenge x_{B1} des Unternehmens als konstant an, wenn es die Menge x_{A1} auf den Markt bringen will, um seine Gewinnlage zu verbessern. Das Unternehmen B betrachtet die Angebotsmenge x_{A1} des Unternehmens A als unveränderlich, wenn es die Menge x_{B2} anbietet. Jedes der beiden Unternehmen unterstellt also, daß der Gegner nicht reagieren wird, wenn es seine mengen- oder preispolitischen Maßnahmen trifft. Da jedes Unternehmen vom anderen das gleiche mengen- oder preispolitische Verhalten erwartet, kann man sagen, die Erwartungsstrukturen der beiden Unternehmen sind symmetrisch. Das Verhalten der Konkurrenten wird als autonom bezeichnet.

Die Verhaltensweise der Unternehmen ist unverständlich. Sie legen ihren Entscheidungen ein gegnerisches Verhalten zugrunde, von dem sie aus Erfahrung wissen müssen, daß es völlig unrealistisch ist. Denn wenn die Unternehmen ihren Gewinn maximieren wollen, dann müssen sie notwendig ihre Angebotsmengen oder Angebotspreise der neuen Situation anpassen. In Wirklichkeit ist die Preisbildung im Oligopol ein Prozeß ständiger Anpassungen an die Entscheidungen der anderen. So, vom Empirischen her gesehen, stellt sich der Anpassungsprozeß als eine Abfolge irrtümlicher Erwartungen dar.

Als Arbeitshypothese läßt sich die autonome Erwartungsstruktur jedoch halten. In diesem Sinne besagt sie: die Unternehmen verhalten sich so, als ob die Konkurrenten ihre Mengen oder Preise unverändert lassen würden, wenn sie eigene Maßnahmen ergreifen. Deutet man die Erwartungsstruktur im Sinne einer Als-ob-Konstruktion, dann behält sie ihren Wert als Mittel der theoretischen Analyse. Dem steht nicht entgegen, daß die Annahmen über das Verhalten der Konkurrenz, die diesem Erwartungstyp zugrunde liegen, betriebswirtschaftlich wenig sinnvoll erscheinen.

Gleichwohl ist die Art, wie das Problem gestellt und gelöst wird, auch betriebswirtschaftlich von großem Interesse. COURNOT untersuchte als erster die oligopolistische Preisbildung, und zwar für den Fall der Mengenpolitik[1]. Später ist der Prozeß der Oligopolpreisbildung von BERTRAND, EDGEWORTH und im Prinzip auch von LAUNHARDT und HOTELLING für den Fall untersucht worden, daß die Unternehmen nicht ihre Angebotsmengen, sondern ihre Verkaufspreise als Aktionsparameter benutzen[2]. Die Erwartungsstruktur ist die gleiche, mit der COURNOT arbeitet. Insofern unterscheiden sich die Untersuchungen dieser Autoren nicht von dem methodischen Vorgehen COURNOTS.

Als Beispiel für autonomes Verhalten im Oligopolprozeß sei die Theorie von COURNOT behandelt. Hierbei soll von der Preisabsatzfunktion

$$p = p_A = p_B = a - b(x_A + x_B)$$

---

[1] Vgl. COURNOT, A., Recherches sur les Principes Mathématiques de la Théorie des Richesses, Paris 1838. Dtsch. Übersetzung von W. G. WAFFENSCHMIDT, Jena 1924, S. 68—78, erschienen in der Sammlung sozialwissenschaftlicher Meister. Vgl. ferner STACKELBERG, H. v., Grundlagen der theoretischen Volkswirtschaftslehre, 2. Aufl., Bern-Tübingen 1951; SCHNEIDER, E., Reine Theorie monopolistischer Wirtschaftsformen, Tübingen 1932; ders., Einführung in die Wirtschaftstheorie, II. Teil, 6. Aufl., Tübingen 1960; MÖLLER, H., Kalkulation, Absatzpolitik und Preisbildung, Wien 1941; KRELLE, W., Preistheorie, Tübingen-Zürich 1961.

[2] Vgl. BERTRAND, J., Théorie Mathématique de la Richesse Sociale, Jour. des Savants, Paris 1883; EDGEWORTH, F. Y., La Teoria Pura del Monopolio, Giornale degli Economisti, Vol. 15 (1897), engl. Übersetzung in: Papers Relating to Political Economy, Vol. I, London 1925, LAUNHARDT, W., Mathematische Begründung der Volkswirtschaftslehre, Leipzig 1885; HOTELLING, H., Stability in Competition, Economic Journal, Vol. 39 (1929), S. 41 ff.

und den Abb. 44 und 45 ausgegangen werden. Ihnen liegt die Annahme zugrunde, daß die beiden Unternehmen A und B mit ihren Angebotsmengen operieren.

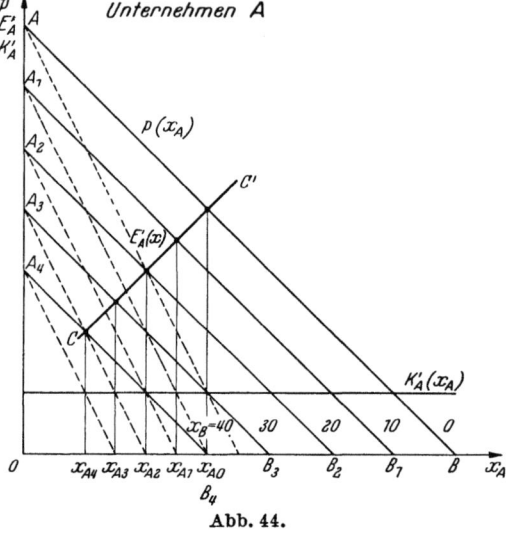

Abb. 44.

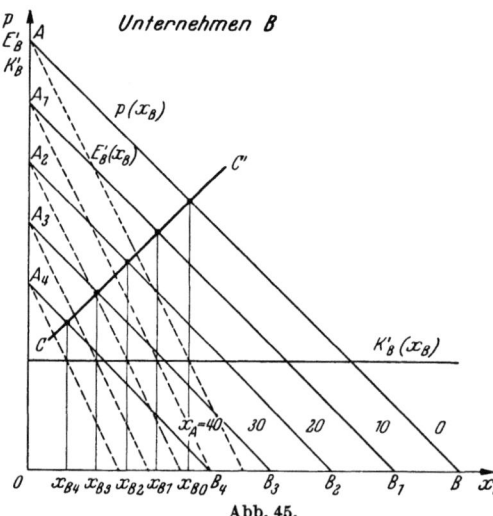

Abb. 45.

In den beiden Abbildungen gibt AB die Gesamtabsatzkurve von A oder B unter der Voraussetzung an, daß der Konkurrent keine Waren anbietet und daher nicht auf dem Markt erscheint. Wenn nun das Unternehmen B beispielsweise 10 Mengeneinheiten auf den Markt bringt, also der Wert von x_B 10 beträgt, dann erhält man für A die Absatzkurve $A_1 B_1$, der der Index $x_B = 10$ beigefügt wird. Mit jeder weiteren Zunahme der Angebotsmenge x_B und mithin einer Reduzierung der Preise p_B verschiebt sich die Kurve $A_1 B_1$ des A weiter nach links zu $A_2 B_2$, $A_3 B_3$ und $A_4 B_4$, wobei die Indices $x_B = 20$, 30, 40 die jeweils zugehörige Angebotsmenge des B angeben. In entsprechender Weise verfährt man auch für das Unternehmen B (s. Abb. 45). Zeichnet man nun die zu den einzelnen Absatzkurven gehörenden Grenzerlös- bzw. Grenzkostenkurven der beiden Unternehmen ein und errichtet man in ihren Schnittpunkten die Senkrechten, so erhält man eine Anzahl von Schnittpunkten mit den Absatzkurven (COURNOTsche Punkte), die miteinander verbunden zur COURNOTschen Linie oder auch mengenbezogenen Reaktionslinie CC' für jedes der beiden Unternehmen führen. Sie gibt an, mit welchen gewinnmaximalen Mengen $x_{A0} \ldots x_{A4}$ bzw. $x_{B0} \ldots x_{B4}$ sich A oder B

der dem Index der zugehörenden Absatzkurve entsprechenden gegnerischen Angebotsmenge unter der Voraussetzung anpassen werden, daß der Konkurrent diese Menge konstant hält. Überträgt man diese Mengen in Abhängigkeit von der gegnerischen Ausbringung in ein Koordinatensystem, dessen Abszissenachse die Angebotsmenge des A und dessen Ordinatenachse die des B bezeichnen, dann erhält man, wie die Abb. 46 zeigt, zwei sich schneidende Reaktionslinien, nach denen sich der Anpassungsprozeß der beiden Unternehmen vollzieht:

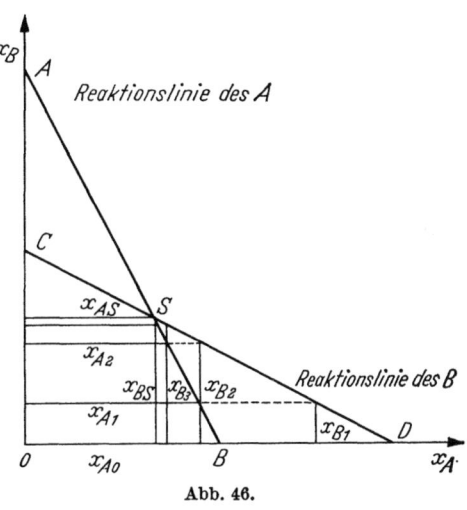

Abb. 46.

Angenommen A biete seine Monopolmenge OB gleich x_{A0} an, bei der B zunächst nichts absetzt, und B biete sodann die Menge x_{B1} an, dann wird sich A entsprechend seiner Reaktionslinie AB, wie sich aus der Abbildung ergibt, durch die Wahl der Menge x_{A1} gewinnmaximal anpassen, weil er von der Erwartung ausgeht, daß B diese Menge konstant hält[1]. Wenn das Unternehmen B wiederum annimmt, daß die Menge x_{A1} konstant bleibt, wird es sich entlang seiner Reaktionslinie CD durch die Wahl der Menge x_{B2} gewinnmaximal anpassen, weil es seinerseits davon ausgeht, daß die Menge x_{A1} unverändert angeboten wird. Die weiteren Anpassungen des A führen unter diesen Bedingungen zu einer Reduzierung seiner Menge auf x_{A2}, x_{A3} und die des B zu einer Erhöhung seiner Ausbringung auf x_{B3}. Auf diese Weise nähert sich der Anpassungsprozeß, der bei einer beliebigen Ausgangsmengenkombination seinen Anfang nehmen kann, entlang den beiden Reaktionslinien AB und CD schließlich den Koordinaten x_{AS} und x_{BS} des Schnittpunktes S. Unter der Voraussetzung, daß jedes der beiden Unternehmen die nicht kontrollierbare Variable, d. h. die Angebotsmenge des Konkurrenten, als konstant und daher als unabhängig von der eigenen Ausbringung betrachtet, stellt sich eine stabile Gleichgewichtslage zwischen A und B ein.

Da jedes der beiden Unternehmen seine Angebotsmenge in Abhängigkeit von der als konstant angesehenen Angebotsmenge des

---

[1] Die in der Abb. 46 verwendeten Bezeichnungen stimmen nicht mit denen der Abb. 44 und 45 überein.

Gegners festsetzt, wird das geschilderte Verhalten auch als abhängig bezeichnet. Besser spricht man von autonomem Verhalten, weil keiner der beiden Konkurrenten Reaktionen des Gegners erwartet[1].

b) Im COURNOTschen Falle wurde ein vollkommener Markt unterstellt, auf dem für beide Anbieter nur ein einziger Preis bestehen kann. Nun sei angenommen, daß zwei Unternehmen auf einem unvollkommenen Markt anbieten und ihre Angebotspreise als Aktionsparameter benutzen. Für jeden von beiden gibt es dann eine individuelle Preisabsatzfunktion:

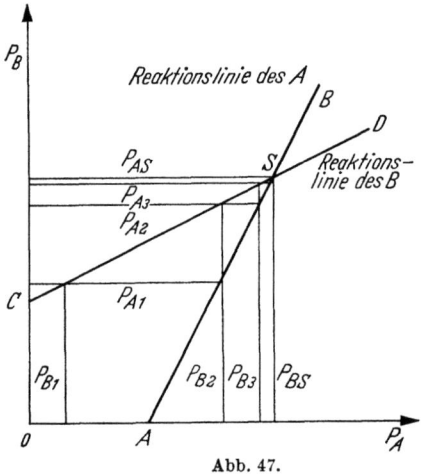
Abb. 47.

$$x_A = a - b p_A + c p_B$$
$$x_B = d - e p_B + f p_A$$

Jedem Wert von p_B entspricht eine Absatzkurve von A; je größer p_B ist, desto weiter nach rechts verschiebt sich diese Kurve[2].

Wenn nun beide wieder das abhängige Verhalten wählen, also von der Annahme ausgehen, daß der Gegner den einmal gewählten Preis beibehält, kann man für jeden der beiden die verschiedenen Preisen des Gegners entsprechenden COURNOTschen Punkte ermitteln. Man erhält so zwei sich schneidende preisbezogene Reaktionslinien, wie sie in Abb. 47 dargestellt sind. Entlang diesen beiden Reaktionslinien vollzieht sich der Anpassungsprozeß in ähnlicher Weise wie im Fall des COURNOTschen Dyopols.

In Abb. 47 möge das Unternehmen B seinen Preis auf p_{B1} für die kommende Periode festsetzen und A glauben, daß dieser Preis konstant gehalten wird. In diesem Falle wird sich A entsprechend seiner Reaktionslinie AB gewinnmaximal anpassen, indem es den Preis p_{A1} wählt. Wenn B davon ausgeht, daß der Preis p_{A1} konstant bleibt, wird es entsprechend seiner Reaktionslinie CD den Preis p_{B2} fixieren. Dadurch paßt es sich dem Preis des Unternehmens A am vorteilhaftesten an. Die weiteren Anpassungen des Unternehmens A führen sodann zur Wahl der Preise p_{A2}, p_{A3}, die des B zu p_{B3}, bis der Anpassungsprozeß zu den

---

[1] Vgl. FRISCH, R., Monopole — Polypole — La Notion de Force dans L'Economie, Westergaard-Festschrift 1933, S. 249—251. FRISCH spricht in diesem Zusammenhang von „action autonome".
[2] Vgl. auch die Darstellung bei SCHNEIDER, E., Einführung in die Wirtschaftstheorie, II. Teil, 6. Aufl., Tübingen 1960, S. 333ff.

beiden Gleichgewichtspreisen p_{AS} und p_{BS} führt, die als Koordinaten des Schnittpunktes S das System zum Ausgleich bringen. Auch in diesem Fall ist die Verwirklichung einer stabilen Gleichgewichtslage an die Bedingung gebunden, daß jedes von beiden Unternehmen die nicht kontrollierbare Variable, den Preis des Konkurrenten, als konstant, das heißt daher als unabhängig von der eigenen Preishöhe, betrachtet und sich durch die Wahl des eigenen Preises abhängig anpaßt. Das Problem erscheint auf diese Weise grundsätzlich gelöst. Die Erwartungsstruktur, die dieser Lösung zugrunde liegt, befriedigt betriebswirtschaftlich ebenso wenig wie die der COURNOTschen Konzeption zugrunde liegende Erwartungsstruktur.

2. Die zweite Erwartungsstruktur, hier als autonom-konjektural bezeichnet, unterscheidet sich in wesentlichen Punkten von dem bisher behandelten Erwartungstyp. Der Erwartungsstruktur liegt die Annahme zugrunde, daß zur Oligopolgruppe gehörende Unternehmen die Angebotsmengen oder die Angebotspreise der Konkurrenten nicht als konstant ansehen. Vielmehr bieten sie einfach eine bestimmte Angebotsmenge „drauflos" an, und zwar gerade die Menge, von der die mengenpolitisch aktiv werdenden Unternehmen haben möchten, daß sich die Konkurrenten nach ihr richten. Das ist die Gutsmenge, die die aktiv werdenden Unternehmen anbieten würden, wenn sie den Markt bereits beherrschen und ihre Konkurrenten ihre Mitläufer sein würden. Diese Mitläufer ordnen jedem beliebigen Angebot ihrer Konkurrenten ein bestimmtes eigenes Angebot zu, das ihnen unter den gegebenen Bedingungen den größten Gewinn liefert. Das Angebot der zweiten Anbieter erscheint also als Funktion des Angebots der aktiven Anbieter.

Jedes Unternehmen, das sich in der beschriebenen Weise unabhängig verhält, strebt nach der Marktherrschaft. Sie läßt sich aber nur erreichen, wenn es dem Unternehmen gelingt, den anderen Unternehmen die Überzeugung beizubringen, daß sie das jeweilige Angebot des ersten Oligopolisten als eine unabhängige Größe anzusehen haben. Wenn die Unternehmen diese Beeinflussung der Konkurrenten durchzusetzen vermögen, dann beziehen die anderen, die Mitläufer, die Abhängigkeitsposition. In diesem Fall liegt ein asymmetrisches Dyopol bzw. Oligopol vor.

Gelingt es nicht, den Konkurrenzunternehmen die Überzeugung beizubringen, daß es für sie vorteilhafter ist, sich abhängig anzupassen, ziehen diese Unternehmen es ebenfalls vor, sich mengenpolitisch unabhängig zu verhalten, dann liegt ein symmetrisches Dyopol bzw. Oligopol vor. In diesem Falle streben beide nach der Marktherrschaft. Jeder versucht, dem anderen beizubringen, daß es für ihn günstiger ist, sich gewinnmaximierend anzupassen, also Mitläufer zu sein.

18*

Von STACKELBERG hat den Beweis zu erbringen versucht, daß das asymmetrische Dyopol zu einem — labilen — Gleichgewicht führen müsse, während das symmetrische Dyopol — beide Unternehmen verhalten sich unabhängig — Kampf zur Folge habe[1], weil jedes Unternehmen weiß, daß die Unabhängigkeitsposition zu höheren Gewinnen als die Abhängigkeitsposition führt[2]. Aus diesem Grunde erscheint es betriebswirtschaftlich wenig wahrscheinlich, daß ein Unternehmen sich abhängig anpaßt, weil es damit seine Lage verschlechtern würde. Die Erwartung der aktiv Mengenpolitik betreibenden Unternehmen beruht jedenfalls auf der Annahme, daß sich die Konkurrenzunternehmen abhängig verhalten, d.h. daß sie den aktiven Unternehmen bewußt die günstigere Position überlassen. Eine solche Erwartungsstruktur ist allerdings wenig realistisch[3].

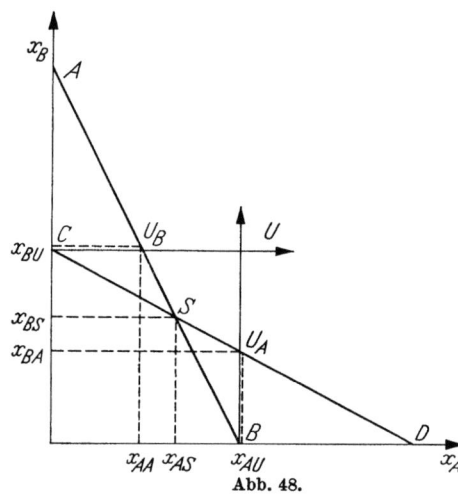
Abb. 48.

Dieser Sachverhalt, d.h. die Kombination der möglichen Abhängigkeits- und Unabhängigkeitsverhalten, ist für den Fall des Dyopols in der Abb. 48 dargestellt worden. Sie unterscheidet sich von der Darstellung des COURNOTschen Mengendyopols (vgl. Abb. 46) nur dadurch, daß außer den beiden Abhängigkeitslinien AB und CD die beiden Unabhängigkeitsmengen x_{AU} und x_{BU} der Unternehmen A und B auf den Achsen abgetragen und die ihnen entsprechenden Unabhängigkeitslinien BU und CU in die Abbildung eingezeichnet worden sind.

Die Unabhängigkeitsmenge x_{AU} des Unternehmens A wird nun in der Weise ermittelt, daß A einer jeden als konstant angenommenen Absatzmenge x_B in der Abb. 44 einen eigenen gewinnmaximalen Preis p_A

---

[1] Das symmetrische Dyopol, in dem beide Unternehmen die Unabhängigkeitsposition beziehen, ist zuerst von BOWLEY beschrieben worden. Es wird deshalb als BOWLEYsches Dyopol bezeichnet.

[2] Vgl. STACKELBERG, H. v., Marktform und Gleichgewicht, Wien und Berlin 1934, insbesondere S. 18ff.; ders., Grundlagen der theoretischen Volkswirtschaftslehre, Bern-Tübingen 1951, S. 210ff.; MÖLLER, H., Kalkulation, Absatzpolitik und Preisbildung, Wien 1941.

[3] Auf eine ausführliche Darstellung der STACKELBERGschen Theorie muß an dieser Stelle verzichtet werden. Vgl. hierzu die entsprechende Wiedergabe und Kritik durch HALLER, H., Der Erkenntniswert der Oligopoltheorien, Jahrb. f. Nationalökonomie u. Statistik, Bd. 162 (1950), S. 81—98.

zuordnet, den es dann setzen wird, wenn das Unternehmen B diese Menge absetzt. Angenommen B setzt keine Waren ab, so gilt für das Unternehmen A die Preisabsatzgerade AB. Der zugehörige Preis ist unter diesen Umständen am höchsten. Mit steigender Absatzmenge x_B werden die entsprechenden Absatzgeraden und damit auch die zugehörigen gewinnmaximalen Preise p_A immer kleiner, so daß man schließlich, wie die Abb. 48a zeigt, eine monoton fallende Preisabsatzgerade erhält, die für alle alternativ konstant gehaltenen Mengen x_B die zugehörigen Preise des Unternehmens A angibt.

Zeichnet man in dieses Diagramm sodann die Grenzerlöskurve und die Grenzkostengerade $K'_A(x_A)$ ein, so erhält man im Schnittpunkt der

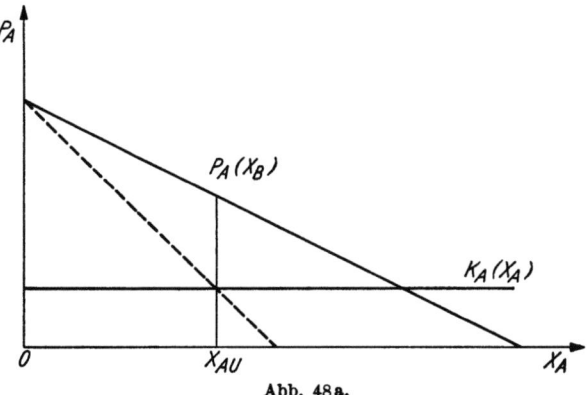

Abb. 48a.

beiden Kurven die gewinnmaximale Unabhängigkeitsmenge x_{AU}, die das Unternehmen A im Falle einer angestrebten Marktbeherrschung auf den Markt bringt. Entsprechende Überlegungen gelten auch für die Ermittlung der Unabhängigkeitsmenge x_{BU} des Unternehmens B, so daß man schließlich bei einer Gegenüberstellung der möglichen Verhaltensweisen beider Unternehmen folgende Marktkonstellationen in der Abb. 48 erhält[1]:

Wenn A seine Unabhängigkeitsmenge x_{AU} wählt, indem er entlang der Linie BU operiert, und B sich entlang seiner Reaktionslinie CD durch die Wahl der Abhängigkeitsmenge x_{BA} anpaßt, dann entsteht das asymmetrische Dyopol U_A, das durch die Unabhängigkeitsposition des A und die Abhängigkeitsposition des B gekennzeichnet wird. Wenn B hingegen seine Unabhängigkeitsmenge x_{BU} anstrebt, indem er entlang der Linie CU vorgeht, und sich A entlang seiner Reaktionslinie AB durch die Wahl der Abhängigkeitsmenge x_{AA} anpaßt, dann entwickelt sich

---

[1] Aus Gründen der zeichnerischen Vereinfachung ist für das Unternehmen B die gleiche Kostenstruktur wie für A unterstellt worden, so daß sich die Unabhängigkeitsmengen x_{AU} und x_{BU} in der Abb. 48 miteinander decken.

das asymmetrische Dyopol U_B, das in umgekehrter Weise durch die Unabhängigkeitsposition des B und die Abhängigkeitsposition des A bestimmt wird. Wenn beide Unternehmen jedoch ihre Unabhängigkeitsposition zu verwirklichen suchen, indem sie ihre Mengen x_{AU} bzw. x_{BU} entlang den Linien BU und CU auf den Markt bringen, dann ergibt sich das sog. BOWLEYsche Dyopol U, das durch eine ausgesprochene Kampfsituation der beiden Anbieter gekennzeichnet wird.

Das Verhalten des Unternehmens, das die Unabhängigkeitsposition zu beziehen sucht, charakterisiert sich dadurch, daß es die voraussichtlichen Reaktionen des Konkurrenzunternehmens berücksichtigt. Ein solches Verhalten wird dem Prinzip nach als konjekturales Verhalten bezeichnet[1].

3. Die dritte Art oligopolistischen Verhaltens wird dadurch gekennzeichnet, daß die Unternehmen zwar ebenfalls die erwarteten Reaktionen der Konkurrenzunternehmen in Rechnung stellen, diese Reaktionen aber durch konkrete Reaktionskoeffizienten bestimmt werden.

Auf Grund von Erfahrungen und aus ihrer Kenntnis der konkurrenzwirtschaftlichen Situation heraus haben die Betriebe gewisse Vorstellungen darüber, wie sich die Konkurrenten bei mengen- oder preispolitischen Aktionen verhalten werden. Diese Vorstellungen konkretisieren sich zu bestimmten Erwartungen, etwa derart, daß das Unternehmen A annimmt, das Konkurrenzunternehmen B werde seinen Preis um 5,— DM herabsetzen, wenn es selbst seinen Preis um 6,— DM senkt. Das Verhältnis zwischen der als Reaktion erwarteten Preisermäßigung des Unternehmens B und der sie verursachenden Preissenkung des Unternehmens A wird dabei als „Reaktionskoeffizient" bezeichnet. Er kennzeichnet die Erwartungsstruktur des Unternehmens A. Im Beispiel beträgt er absolut gesehen $5:6 = 0,83$. Die Reaktionskoeffizienten können für mehrere Preisänderungen im Zeitablauf als konstant angesehen werden. Es besteht aber auch die Möglichkeit, daß die Erwartungsstrukturen und damit die Koeffizienten von Preisänderung zu Preisänderung variieren.

Das Problem besteht nun darin, die gewinngünstigsten Preise unter Berücksichtigung der erwarteten preispolitischen Reaktionen der Konkurrenzbetriebe zu bestimmen. Hierbei soll davon ausgegangen werden, daß zwei im wesentlichen gleich strukturierte Unternehmen A und B im Wettbewerbskampf miteinander stehen. Insofern liegt also eine

---

[1] Vgl. FRISCH, R., a.a.O., S. 252. Die Erwartungsstrukturen, welche der oligopolistischen Interdependenz Rechnung tragen, faßt FRISCH unter dem Begriff der „adaption conjecturale" zusammen. FRISCH kennt außerdem noch eine Situation, die er als „adaption supérieur" bezeichnet. In diesem Fall wird angenommen, daß sich ein Teil der Unternehmen autonom, der andere konjektural verhält.

symmetrische Dyopolsituation vor. Für beide Unternehmen gilt eine bestimmte Reaktionsfunktion von gleicher Art. Auf diese Weise wird das Problem grundsätzlich lösbar gemacht. Die sich aus der Zirkularität des Verhaltens ergebenden Schwierigkeiten werden beseitigt, weil in eindeutiger Weise festgelegt ist, wie B sich verhält, wenn A eine Preisänderung vornimmt, und wie A antwortet, wenn B sich zu einer Änderung seiner Verkaufspreise entschließt. Auch für den Fall von wiederholten Aktionen und Reaktionen sollen diese Koeffizienten erhalten bleiben. Es ist allerdings dabei zu berücksichtigen, daß die Reaktionskoeffizienten beider Unternehmen nicht die tatsächlichen, sondern die erwarteten Reaktionen des Konkurrenten angeben. Stimmen die eingetretenen Reaktionen nicht mit den erwarteten überein, dann stellt sich ein fortlaufender Prozeß von preispolitischen Aktionen und Reaktionen ein, der nur mit den Mitteln der Sequenzanalyse untersucht werden kann[1], d.h. die Frage nach dem Gleichgewicht läßt sich in diesem Zusammenhang nur dann hinreichend genau beantworten, wenn für A eine Kurve entwickelt wird, die angibt, welche alternativen Preise von B das Unternehmen A seinen verschiedenen Preisen konjektural zuordnet, und eine Kurve für B, die darüber Aufschluß gibt, welche Preise von A das Unternehmen B erwartet, wenn es seine Preise in unterschiedlicher Höhe ansetzt.

In der Oligopoltheorie wird diese von FRISCH entwickelte Konzeption der gegenseitigen Reaktionsverbundenheit[2] unter Verwendung von sog. Iso-Gewinnkurven, d.h. Kurven gleicher Gewinnhöhe, dargestellt[3]. Eine solche Gewinnkurve gibt an, welche alternativen Preise des Unternehmens A und B bei gegebenen Absatz- und Kostenfunktionen zu einem bestimmten Gewinn führen. Wenn derartige Preiskombinationen von p_A und p_B für verschieden hohe Gewinne konstruiert werden, dann erhält man schließlich eine Schar von Iso-Gewinnkurven, die sich aus der Sicht des Unternehmens A in der in den Abb. 49 und 50 dargestellten Form über das Koordinatensystem verteilen[4].

---

[1] Vgl. hierzu SCHNEIDER, E., Einführung in die Wirtschaftstheorie, II. Teil, 6. verbess. Aufl., Tübingen 1960, S. 344ff., KAYSEN, C., Dynamic Aspects of Oligopoly Price Theory, American Economic Review, Pap. and Proc., Vol. 42 (1952), S. 198ff.

[2] FRISCH, R., a.a.O., S. 252.

[3] SCHNEIDER, E., a.a.O., S. 339ff., KRELLE, W., a.a.O., S. 247ff.

[4] Eine Iso-Gewinnkurve des Unternehmens A läßt sich für den betrachteten Fall in der Weise bestimmen, daß man im System der parallelen Preisabsatzfunktion eine bestimmte dyopolistische Funktion unterstellt, in der die Erwartungen des Unternehmens A über das voraussichtliche Verhalten des Unternehmens B zum Ausdruck kommen. Ermittelt man sodann die zugehörige Gewinnfunktion und setzt bei einer gegebenen Gewinngröße alternative Werte des Preises p_A in diese Funktion ein, dann erhält man die entsprechenden Preise p_B, die, kombiniert mit p_A, zur Iso-Gewinnkurve des Unternehmens A für die angenommene Gewinngröße führen.

Wenn nun das Unternehmen A wie im Falle autonomen Verhaltens davon ausgeht, daß das Unternehmen B zum Beispiel seine Preise p_B von $OB_1 \ldots OB_4$ bei einer Änderung seines eigenen Preises jeweils konstant halten wird, also nicht auf Maßnahmen von A reagieren wird, dann läßt sich diese Erwartung in der Abb. 49 durch eine Schar von Geraden wiedergeben, die im Abstand $OB_1 \ldots OB_4$ parallel zur p_A-Achse verlaufen; denn sie stellen alle diejenigen Preiskombinationen von p_A und p_B dar, für die der Preis p_B jeweils eine konstante Höhe hat. Wenn es seine gewinnmaximalen Anpassungspreise für diese Preise von B zu

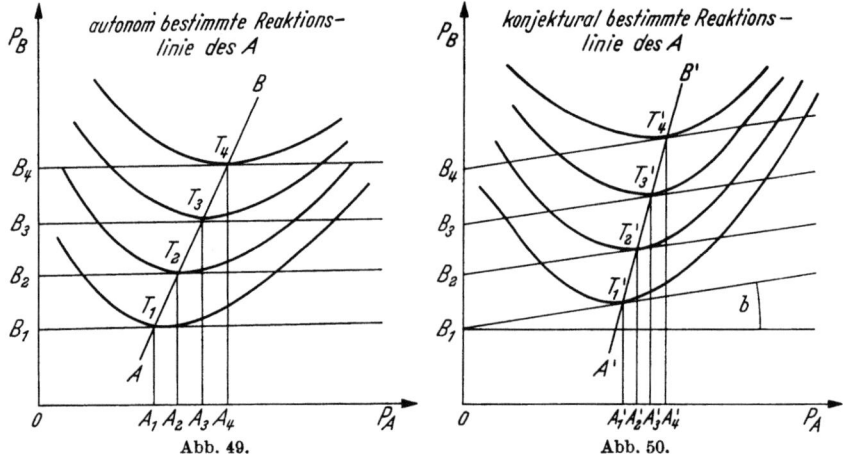

Abb. 49. Abb. 50.

ermitteln sucht, dann wird es offensichtlich die Preise von $OA_1 \ldots OA_4$ wählen, die den Tangentialpunkten $T_1 \ldots T_4$ der Iso-Gewinnkurven mit den Geraden entsprechen. Verbindet man diese Punkte miteinander, dann erhält man die Reaktionslinie AB, die unter der Voraussetzung konstant angenommener gegnerischer Preise mit der Linie AB in der Abb. 47 identisch ist.

Wenn das Unternehmen A jedoch damit rechnet, daß, wenn es selbst seinen Preis um eine Einheit erhöht oder senkt, das Unternehmen B mit einer Erhöhung oder Senkung seiner Preise $OB_1 \ldots OB_4$ um b Einheiten reagieren wird, so kann diese Erwartung, wie die Abb. 50 zeigt, durch eine Schar von parallelen Geraden wiedergegeben werden, die einen auf die p_A-Achse bezogenen Anstiegswinkel von b aufweisen. Der Taugens dieses Anstiegswinkels, d.h. das Verhältnis zwischen der erwarteten Preisreaktion des B und der sie verursachenden Preisänderung des A, gibt den Wert des von dem Unternehmen A unterstellten Reaktionskoeffizienten wieder[1]. Werden die gewinngünstigsten Preise von A unter

---

[1] Es ist unmittelbar aus den beiden Abbildungen zu ersehen, daß die autonome Anpassung als ein Spezialfall der konjekturalen mit einem Reaktionskoeffizienten von Null betrachtet werden kann.

der Voraussetzung der angenommenen Erwartungsstruktur ermittelt (s. Abb. 50), dann wird das Unternehmen A bei einer Änderung der Preise p_B von $OB_1 \ldots OB_4$ die Preise $OA'_1 \ldots OA'_4$ wählen, die den Tangentialpunkten der Iso-Gewinnkurven mit den nach oben verschobenen Geraden entsprechen. Werden diese Punkte ebenfalls miteinander verbunden, erhält man die Reaktions- oder Attraktionslinie $A'B'$, die unter der Voraussetzung eines bestimmten gegnerischen Preisverhaltens für das Unternehmen A bestimmt ist[1]. In gleicher Weise läßt sich auch die Attraktionslinie $C'D'$ des Unternehmens B für alternative Werte des Preises p_A als die Verbindungslinie derjenigen Punkte ableiten, in denen die die Erwartungen des B darstellende Parallelenschar die Iso-Gewinnkurven des B berührt, so daß man bei einer Gegenüberstellung gegebenenfalls zwei sich schneidende Linien erhält. Sie unterscheiden sich von denen der Abb. 47 dadurch, daß sie nicht autonom, sondern nach Maßgabe der erwarteten Reaktion des Konkurrenzunternehmens bestimmt worden sind. Wenn sich also jedes der beiden Unternehmen nach Maßgabe dieser beiden Reaktionslinien anpaßt und damit von der Erwartung ausgeht, daß das Konkurrenzunternehmen auf eine Preisänderung in einer bestimmten Weise mit einer Änderung seines Preises reagieren wird, dann wird in ihrem Schnittpunkt S' ein Gleichgewicht erreicht. Dieser Schnittpunkt besagt, daß der von A erwartete Preis des Unternehmens B für A der gewinngünstigste ist und daß zugleich der von B erwartete Preis des Unternehmens A für B den gewinnmaximalen Preis darstellt.

Die drei bisher beschriebenen Versuche, das Oligopolpreisproblem zu lösen, verwenden also Erwartungsstrukturen völlig verschiedener Art:

1. Die Erwartung, daß die Konkurrenzunternehmen ihre Angebotsmengen oder ihre Angebotspreise unverändert lassen werden, wenn ein zur Gruppe gehörendes Unternehmen preispolitisch aktiv wird oder reagiert. Die Erwartung kann dabei entweder auf einer irrtümlichen Annahme über das gegnerische Verhalten oder auf einer Als-ob-Vorstellung beruhen. Ein solches mengen- oder preispolitisches Verhalten wird als „autonom" bezeichnet.

2. Die Erwartung, daß die Konkurrenzunternehmen auf die Änderung der Angebotsmengen und damit der Angebotspreise eines Unternehmens derart mengenpolitisch reagieren werden, daß sie sich an jede mengenpolitische Maßnahme eines Unternehmens abhängig, und zwar gewinnmaximierend anpassen. Ein solches Verhalten wird als „konjektural" bezeichnet, hier mit dem besonderen Merkmal der abhängigen Gewinnmaximierung.

---

[1] FRISCH spricht in diesem Zusammenhang von einer Reaktionslinie, die er als „frontière d'attraction" bezeichnet. Vgl. ebenda, S. 256.

3. Die Erwartung, daß die Konkurrenzunternehmen auf eine Änderung der Angebotsmengen oder Angebotspreise eines Unternehmens nach Maßgabe bestimmter Reaktionskoeffizienten reagieren werden. Auch in diesem Fall liegt ein konjekturales Verhalten vor. Jedoch wird nicht angenommen, daß sich die Reaktionen gewinnmaximierend vollziehen.

Die beiden ersten Erwartungsstrukturen sind für eine betriebswirtschaftlich befriedigende Theorie oligopolistischer Preispolitik nicht geeignet, zumal sich automatisch die Reaktionsfunktionen der Unternehmen ändern werden, wenn sich ihre Erwartungen nicht erfüllen. Damit wird es aber unwahrscheinlich, daß jemals ein Gleichgewicht zustande kommt. Es erscheint mithin fraglich, ob die Reaktionsfunktionen überhaupt den geeigneten Weg zur Lösung des Oligopolproblems darstellen.

Die dritte Erwartungsstruktur entspricht dagegen in höherem Maße dem betrieblichen Verhalten in der Praxis. Denn in der wirtschaftlichen Wirklichkeit beruhen alle preispolitischen Maßnahmen eines jeden Unternehmens auf bestimmten Vorstellungen über die voraussichtliche Stärke der gegnerischen Reaktionen. Die Annahme unveränderter Erwartungskoeffizienten schränkt jedoch auch hier den Geltungsbereich der Theorie stark ein.

Wie später noch zu zeigen sein wird, sind die Erwartungen, mit denen die Unternehmen preispolitisch rechnen, viel komplexer als die drei bisher beschriebenen Erwartungen. Es scheint deshalb angebracht, das preispolitische Verhalten der Unternehmen unter Oligopolbedingungen ganz unmittelbar, d.h. unter Verzicht auf für theoretische Zwecke konstruierte oder a priori gegebene Erwartungsstrukturen, zu analysieren, um auf diese Weise herauszufinden, ob Gleichgewichtspreise bei oligopolistischer Angebotsstruktur unter der Bedingung unvollkommener Märkte möglich sind, und wenn ja, wie sie zustande kommen.

C. Die oligopolistische Preispolitik auf unvollkommenen Märkten unter der Voraussetzung partieller Interdependenz.

1. Partielle Interdependenz.
2. Oligopolistische Preispolitik, wenn alle Anbieter preispolitisch innerhalb des reaktionsfreien Preisintervalls operieren.
3. Die Verschiebung der Preisabsatzkurve beim Überschreiten der oberen und unteren Grenzpreise.
4. Die oligopolistische Preispolitik, wenn ein oder mehrere Anbieter preispolitisch außerhalb des autonomen Preisintervalls operieren.
5. Preispolitische Entscheidungen und Erwartungen über das Konkurrentenverhalten.

1. Unter den Bedingungen unvollkommener Märkte weist jedes Unternehmen eine ihm eigentümliche Präferenzstruktur auf, die in seinem

akquisitorischen Potential zum Ausdruck kommt. Standortliche, sachliche und persönliche Umstände bestimmen dieses Potential, das in den Entscheidungen der Käufer wirksam ist. Es kann zur Folge haben, daß die Fabrikate gewisser Unternehmen auch dann von bestimmten Käufern oder Käufergruppen bevorzugt werden, wenn der Preis der Erzeugnisse des Unternehmens, verglichen mit den Preisen der Konkurrenzunternehmen für ähnliche, gleichwertige Produkte, verhältnismäßig hoch ist. Ein Unternehmen mit starkem akquisitorischen Potential braucht dann noch nicht mit der Abwanderung von Käufern zu den Konkurrenzunternehmen zu rechnen, wenn es seine Preise erhöht und diese Preiserhöhungen in gewissen Grenzen bleiben. Die Unternehmen haben also durchaus die Möglichkeit, innerhalb eines bestimmten Preisintervalls Preisänderungen vorzunehmen, ohne daß die Konkurrenten preispolitisch reagieren. So wird eine Automobilfabrik innerhalb der Zweiliterklasse sowohl einen Preis von 9400,— DM als auch von 9200,— DM oder 9600,— DM fordern können, ohne daß die Konkurrenzfirmen hiervon Notiz nehmen. Das freie Preisintervall ist von Unternehmen zu Unternehmen und zu verschiedenen Zeitpunkten verschieden groß. Aber die Tatsache ändert nichts daran, daß, wie jederzeit empirisch nachweisbar ist, derartige freie Preisintervalle bestehen. In diesem Zusammenhang sei auf die Textilindustrie und die Lederindustrie hingewiesen, auch auf Fabriken, die Kühlschränke, Nähmaschinen, Radio- und Fernsehapparate, Schreib- und Rechenmaschinen, Elektromotoren, Milchzentrifugen und andere Güter nicht homogener Art herstellen.

Der Abstand zwischen den beiden Grenzpreisen des preisautonomen Intervalls bei Oligopolunternehmen hängt von den gleichen Faktoren ab, die die Lage des oberen und unteren Grenzpreises des monopolistischen Kurvenabschnittes im Falle polypolistischer Konkurrenz bestimmen[1]. Der monopolistische Abschnitt polypolistischer Absatzkurven ist wie der reaktionsfreie Bereich der oligopolistischen Absatzkurven eine Folge der Unvollkommenheit des Marktes, insbesondere fehlender Homogenität der Güter und unzureichender Markttransparenz. Je geringer die Substituierbarkeit der miteinander konkurrierenden Güter oder Produktvarianten ist, um so größer ist der reaktionsfreie Preisbereich. Umgekehrt grenzt die Substituierbarkeit der von den Unternehmen angebotenen Güter den Raum reaktionsfreier preispolitischer Aktivität um so mehr ein, je größer die Substituierbarkeit der Güter ist. Je stärker zudem die Bindung der Käufer an das Unternehmen, um so größer ist der Raum reaktionsfreier preispolitischer Aktivität. Mangelnde Warenkenntnis und unzureichende Markttransparenz erhöhen den Spielraum des reaktionsfreien preispolitischen Verhaltens.

---

[1] Vgl. hierzu die Ausführungen Teil III, B dieses Kapitels.

Von einer gewissen Grenze an werden die Konkurrenzunternehmen auf preispolitische Gegenmaßnahmen nicht verzichten können, wenn sie im Wettbewerbskampf bestehen wollen.

Nimmt zum Beispiel ein Unternehmen mit oligopolistischer Angebotsstruktur eine Preisermäßigung in einem solchen Umfang vor, daß damit das Preisklassengleichgewicht gestört wird, dann wird es einmal für seine Erzeugnisse Käufer gewinnen, deren Einkommensverhältnisse bisher den Kauf der Erzeugnisse des Unternehmens nicht zuließen, zum anderen aber auch Käufer, die bisher bei den Konkurrenzunternehmen kauften, nunmehr aber von der billigeren Einkaufsmöglichkeit Gebrauch machen. Denn sie erhalten nun eine gleichwertige Ware zu niedrigerem Preis. Mit zunehmendem Abstand der neuen Preise lockert sich die Bindung der Käufer an die Unternehmen, bei denen sie bisher kauften. Die Käufer lösen sich immer dann aus dem Anziehungsbereich von Unternehmen (ihrem akquisitorischen Potential oder ihrer Präferenzstrahlung), wenn das Unternehmen preispolitisch aus der bisherigen Preisklasse ausbricht. Denn in diesem Falle bietet das Unternehmen Warenqualitäten zu Preisen an, die einer niedrigeren Preisklasse angehören. Das Preisklassengleichgewicht ist gestört.

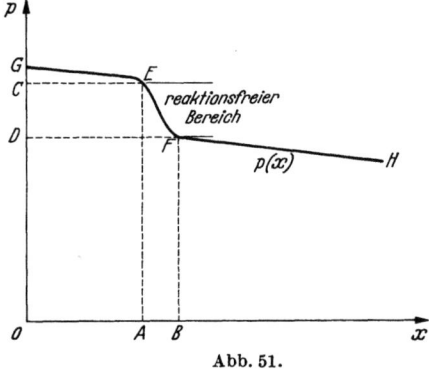

Abb. 51.

Die gleiche Situation zeigt sich dann, wenn das Unternehmen den oberen Grenzpreis überschreitet. Folgen die Konkurrenten dem preispolitischen Vorgehen des preispolitisch aktiven Unternehmens nicht, dann verliert das Unternehmen einmal Käufer, deren Einkommensverhältnisse einen Kauf zu den erhöhten Preisen nicht zulassen, und zum anderen Käufer, die die Chance ausnutzen, gleichartige oder gleichwertige Güter zu Preisen zu kaufen, die niedriger als die Preise sind, zu denen das Unternehmen nunmehr seine Erzeugnisse anbietet. Störung des Preisklassengleichgewichtes durch ein Unternehmen bedeutet auch hier Verlust an attraktiver Wirkung. Die Präferenzen binden nicht mehr, das akquisitorische Potential erlischt.

Innerhalb eines Intervalls, das durch einen oberen und einen unteren Grenzpreis begrenzt wird, kann ein Unternehmen, wie die Abb. 51 zeigt, auch für den Fall autonome Preispolitik betreiben, daß seine Angebotsstruktur oligopolistischen Charakter besitzt. In diesem reaktionsfreien Preisbereich haben zu einer Oligopolgruppe gehörende Unternehmen die Freiheit, sich preispolitisch wie Monopolisten zu verhalten. Die reaktionsfreie Zone läßt sich auch als Monopolbereich eines Oligopolisten bezeichnen. Er ist jeweils nach oben und unten durch zwei Abschnitte oligopolistischer Konkurrenzgebundenheit abgegrenzt.

Der autonome Bereich ist frei von Konkurrenzreaktionen. Die beiden nach oben und unten angrenzenden Preisbereiche sind dagegen nicht frei von preispolitischen Konkurrenzreaktionen. Ist zwischen zwei oligopolistischen Kurvenabschnitten ein Kurvenabschnitt eingegliedert, der die Möglichkeit preispolitisch autonomen Verhaltens zum Ausdruck bringt, dann liegt eine partielle preispolitische Interdependenz bei oligopolistischer Angebotsstruktur auf unvollkommenen Märkten vor.

Für den Fall, daß die Konkurrenzunternehmen in ihrem autonomen Intervall bleiben, weist die Absatzkurve einen Verlauf auf, wie ihn Abb. 51 zeigt.

In dieser Abbildung ist EF der Bereich preispolitisch autonomen Verhaltens bzw. der reaktionsfreie Bereich und CD das autonome Preisintervall. GE ist der obere und FH der untere oligopolistische Kurvenabschnitt. Operiert ein Unternehmen unter den angegebenen Bedingungen preispolitisch auf dem Kurvenabschnitt EF, dann treten keine preispolitischen Reaktionen der Konkurrenzunternehmen ein. Im Gegensatz hierzu können Preisänderungen, die ein Verlassen des monopolistischen Bereiches der Absatzkurve zur Folge haben, eine große Variation der Absatzmengen mit sich bringen. Diese Absatzzu- oder -abnahme wirkt sich im Absatzbereich der Konkurrenzunternehmen spürbar aus. Sie führt dazu, daß diese Unternehmen preispolitische Gegenmaßnahmen ergreifen.

Die oligopolistische Absatzkurve stimmt insofern mit der polypolistischen überein, als im monopolistischen Bereich der polypolistischen Kurve und im reaktionsfreien Bereich der oligopolistischen Kurve (unter der Bedingung unvollkommener Märkte) die Konkurrenzunternehmen auf Preisänderungen nicht reagieren. Wenn bei der polypolistischen Konkurrenz der Preis unter den unteren Grenzpreis sinkt, dann zieht das den Preis senkende Unternehmen Kunden von seinen Konkurrenten ab. Eine preispolitische Reaktion der Konkurrenten erfolgt aber nicht, da die Marktanteile der einzelnen Unternehmen zu klein sind, als daß der Ausfall an Nachfrage zu Preisreaktionen Anlaß gebe. Das Unternehmen gewinnt also Nachfrage, die bei den bisherigen Preisen latent blieb, und außerdem noch Nachfrage, die bisher von den Konkurrenzunternehmen befriedigt wurde.

Bei der oligopolistischen Situation treten die gleichen Wirkungen auf, wie sie soeben geschildert wurden, nur daß in diesem Falle außerhalb des reaktionsfreien Bereiches mit preispolitischen Gegenmaßnahmen der Konkurrenten gerechnet werden muß.

So wie nun im Falle der polypolistischen Absatzkurve der mittlere monopolistische Bereich Absatzelastizitäten aufweisen kann, die

a) kleiner, gleich und größer als 1, b) sämtlich größer als 1, oder c) sämtlich kleiner als 1

sind, so kann auch der reaktionsfreie Kurvenabschnitt Absatzelastizitäten der drei oben aufgeführten Strukturen aufweisen. Entsprechend der jeweils vorliegenden Elastizitätsstruktur zeigt dann die Erlöskurve im Falle a) zunächst zunehmende, dann, nach Erreichen eines Maximums, abnehmende Erlöse. Im Falle b) erhält man nur steigende, im Falle c) nur sinkende Erlöse. Im Falle a) verläuft die Grenzerlöskurve bis zum Maximum abnehmend positiv und danach abnehmend negativ. Im Falle b) ergeben sich nur fallend positive und im Falle c) nur fallend negative Grenzerlöse. Auf die graphische Darstellung dieser Sachverhalte kann hier verzichtet werden, da sie bereits im Zusammenhang mit der Analyse der polypolistischen Absatzkurve vorgenommen wurde[1]. Die besondere Lage bei oligopolistischer Angebotsstruktur auf unvollkommenen Märkten hat also zur Folge, daß sich ein Unternehmen streng genommen nur dem Kurvenabschnitt gegenübersieht, der den von Konkurrenzreaktionen freien Bereich angibt. Sobald ein zur Oligopolgruppe gehörendes Unternehmen dazu übergeht, preispolitisch auf einem der beiden oligopolistischen Kurvenabschnitte zu operieren, löst es bei Käufern und Konkurrenten Reaktionen aus, die bedeuten, daß sich praktisch für alle anbietenden Unternehmen neue Absatzkurven bilden.

2. Nunmehr sei die Preispolitik von Unternehmungen mit oligopolistischer Angebotsstruktur unter den Bedingungen unvollkommener Märkte untersucht. Hier sind zwei Fälle zu unterscheiden. Erstens der Fall, daß sich die Preispolitik aller Unternehmungen in ihren reaktionsfreien Bereichen abspielt. Das besagt: Keines der anbietenden Unternehmen stellt einen Preis, der außerhalb der Grenzpreise liegt, die den reaktionsfreien Bereich begrenzen. Der zweite Fall kennzeichnet sich dadurch, daß mindestens eines der zur Oligopolgruppe gehörenden Unternehmen preispolitisch außerhalb der Intervall-Grenzpreise operiert.

Zunächst sei der erste Fall behandelt. Hierbei sei davon ausgegangen, daß zwei Unternehmen A und B miteinander konkurrieren. Beide Unternehmen sollen mit einer linear verlaufenden Gesamtkostenkurve arbeiten, deren Anstiege verschieden sind. Dabei soll angenommen werden, daß die Grenzkosten des Unternehmens B größer als die Grenzkosten des Unternehmens A sind. Das Unternehmen A operiere preispolitisch in seinem reaktionsfreien Bereich a und das Unternehmen B in seinem reaktionsfreien Bereich b. Beide Unternehmen sehen sich also einer individuellen Absatzkurve gegenüber. In den Abb. 52 und 53 ist AB

---

[1] Vgl. hierzu die Abb. 35, 36 und 37.

die Absatzkurve des Unternehmens A und CD die Absatzkurve des Unternehmens B. Da die außerhalb der reaktionsfreien Bereiche a und b liegenden Kurvenäste gemäß den Annahmen hier für preispolitische Zwecke nicht in Frage kommen, sind sie hier gestrichelt gezeichnet.

K'_A bzw. K'_B sind die Grenzkostenkurven der beiden Betriebe und E'_A und E'_B die Grenzerlöskurven, die hier nur für die reaktionsfreien Bereiche gezeichnet sind[1].

Unter den angegebenen Bedingungen erhält man für das Unternehmen A den Preis p_{A_1} und für das Unternehmen B den Preis p_{B_1} als gewinngünstigsten Preis.

Wie die Abb. 52 und 53 zeigen, sind beide Preise verschieden hoch.

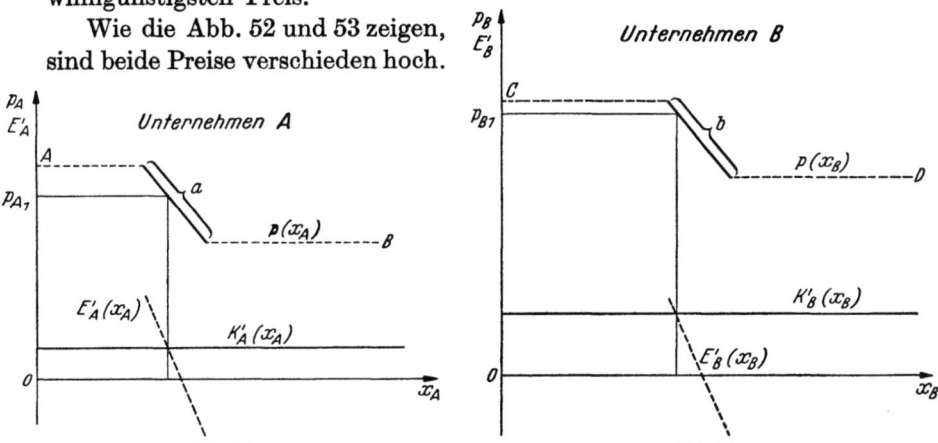

Abb. 52.   Abb. 53.

Diese Tatsache ist auf die Verschiedenartigkeit der Kostenkurven und auf die Verschiedenartigkeit der individuellen Absatzkurven zurückzuführen. Da beide Unternehmungen bei diesen Preisen ihr Gewinnmaximum realisieren, befinden sie sich in ihrem betriebsindividuellen Gleichgewicht, d.h. sie weisen keine Tendenz auf, ihre Preise zu ändern.

Dieser Gleichgewichtszustand ist solange stabil, als sich die Bedingungen nicht ändern, insbesondere solange keine neuen Anbieter auftreten, sich also keine Nachfrageverschiebungen ergeben.

Verändert sich die Kostensituation der Betriebe, erhöhen sich z.B. die Grenzkosten, dann verschiebt sich auch der Schnittpunkt zwischen der Grenzkosten- und der Grenzerlöskurve nach links oben. Das Unternehmen wird also seinen Preis erhöhen, um das der neuen Kostensituation entsprechende Gewinnmaximum zu realisieren. Solange der neue Angebotspreis innerhalb des reaktionsfreien Bereiches liegt, wird eine solche preispolitische Maßnahme keine Reaktionen der Konkurrenz-

---

[1] Die Konstruktion dieser Kurven ist aus den Ausführungen in Teil II dieses Kapitels zu ersehen.

betriebe auslösen. Würde es jedoch als Folge der Kostenerhöhung seinen Verkaufspreis über den oberen Grenzpreis erhöhen, dann muß es mit Reaktionen seiner Konkurrenten rechnen. Auf die Frage, wann ein Unternehmen Preispolitik außerhalb der beiden Grenzpreise betreibt, wird später eingegangen.

Häufig ist die Verschlechterung der Kostenlage auf Umstände zurückzuführen, die alle Unternehmen der Oligopolgruppe mehr oder weniger gleichmäßig treffen. Dabei wird an den Fall gedacht, daß gewisse Rohstoffpreise steigen oder Lohnerhöhungen vorgenommen werden u. ä. Unter solchen Umständen sehen sich alle Unternehmen gezwungen, die Preise zu erhöhen. Die gleichen Überlegungen gelten umgekehrt für den Fall, daß die Preise der Kostengüter (Rohstoffpreise, Löhne usw.) sinken.

Für den Fall, daß allgemein Nachfrageveränderungen eintreten, weil sich zum Beispiel die Absatzsituation für den gesamten Wirtschaftszweig verschlechtert, verschiebt sich bei unveränderter Kostenstruktur der Betriebe der Schnittpunkt zwischen der Grenzkosten- und der Grenzerlöskurve nach links. Die Unternehmen werden ihre Preise herabsetzen. Oft werden die neuen Preise in dem neuen reaktionsfreien Bereich der Anbieter liegen. Es ist aber auch der Fall denkbar, daß Nachfrageveränderungen ein Unternehmen dazu zwingen, seine Verkaufspreise außerhalb seines reaktionsfreien Bereiches anzusetzen. Dieser Fall wird später erörtert werden.

Die bei den Preisen p_{A_1} und p_{B_1} erreichte Gleichgewichtslage ist zustande gekommen, ohne daß jenes System von Aktionen und Reaktionen zum Zuge gekommen wäre, welches die Oligopoltheorie bei totaler absatzpolitischer Interdependenz der Anbieter charakterisiert. Diese Loslösung der Preispolitik aus dem preispolitischen Reaktionsprozeß, wie ihn die klassische Oligopoltheorie beschreibt, ist nichts anderes als die konsequente Durchführung der Grundgedanken, die der Konzeption unvollkommener Märkte, insbesondere dem Phänomen der Produktdifferenzierung zugrunde liegen. Das Prinzip der „Unvollkommenheit" erlaubt, die Konkurrenten partiell, d.h. für bestimmte Preisintervalle gegeneinander zu isolieren. Auf diese Weise wird es möglich, die Oligopolisten praktisch wie Monopolisten zu behandeln und das Preisbildungsproblem für bestimmte Preisintervalle aus den oligopolistischen Reaktionszusammenhängen zu lösen.

Damit ist zugleich eine gewisse Annäherung der preistheoretischen Konzeption an das preispolitische Verhalten der Praxis erreicht. Denn viele Unternehmen, die unter Oligopolbedingungen anbieten, besitzen tatsächlich innerhalb gewisser Grenzen jene Freiheit der Preisstellung, die es ihnen erlaubt, Preisveränderungen vorzunehmen, ohne befürchten zu müssen, daß sie hierdurch die Konkurrenzunternehmen zu preispolitischen Gegenmaßnahmen veranlassen. Es ist in Wirklichkeit nicht immer so, daß die Unternehmen bei jeder eigenen Preisheraufsetzung oder bei jeder Preissenkung der Konkurrenzunternehmen ins Gewicht fallende Einbußen an Kunden erleiden. Auch läßt sich keineswegs sagen, daß ein Unternehmen unbedingt jeder Preisänderung der Konkurrenzunternehmen folgen müßte. Die Unvollkommenheit der Märkte, insbesondere die Produktdifferenzierung, schaltet sich gewissermaßen wie ein Widerstand vor die Auslösung des preispolitischen Aktions- und Reaktionssystems. Der Widerstand ist um so geringer, d. h. die Auslösung des oligopolistischen Reaktionssystems geschieht um so schneller, je größer die Substituierbarkeit der Erzeugnisse, die Transparenz der Märkte und je geringer die Intensität der Präferenzen ist. Der Auslösung des oligopolistischen Aktions- und Reaktionssystems stehen um so größere Widerstände entgegen, je unvollkommener die Märkte, d.h. je heterogener die Erzeugnisse oder Leistungen sind, je geringer die Marktübersicht, und je stärker die Bindung der Käufer an die Unternehmen, je größer also die Intensität der Präferenzen bzw. die attraktive Wirkung des akquisitorischen Potentials der Unternehmungen ist.

3. Bisher wurde das preispolitische Verhalten oligopolistischer Unternehmungen für den Fall untersucht, daß sich ihre Verkaufspreise in dem Preisintervall bewegen, in dem autonome Preispolitik betrieben werden kann. Nunmehr gilt es zu untersuchen, welche Umstände die Unternehmen veranlassen können, Preise zu wählen, die außerhalb des oberen und unteren Grenzpreises liegen.

Zunächst sei die Wirkung eines solchen Verhaltens auf die Form und Lage der Absatzkurve betrachtet.

Wie bereits im Zusammenhang mit der Darstellung der Absatzkurve bei polypolistischer Konkurrenz gezeigt wurde, liegen die oberen und unteren Grenzpreise des monopolistischen Bereiches in einem jeweils durch die Präferenzstruktur oder, wie man auch sagen kann, durch das akquisitorische Potential der Unternehmen bestimmten Abstand von dem Durchschnittspreis der Preisklasse. Sinkt nun aus irgendwelchen Gründen der Durchschnittspreis der Preisklasse, dann wird hiervon die Präferenzstruktur der Unternehmen nicht berührt. So bleiben zum Beispiel die Standortvorteile, auch die Bevorzugungen, die die Käufer den Unternehmungen aus persönlichen oder sachlichen Gründen entgegenbringen, erhalten. Wenn also die oberen und unteren Grenzpreise der autonomen Bereiche, wie angegeben, in einem durch die Präferenzstruktur der Unternehmen bestimmten Abstand von den Durchschnittspreisen der Preisklassen stehen und die Durchschnittspreise sinken, dann müssen auch die oberen und die unteren Grenzpreise der autonomen Bereiche sinken. Solange die Präferenzstruktur bleibt, kann der Abstand der beiden Grenzpreise voneinander nicht wesentlich verändert werden. Man kommt also zu dem Ergebnis, daß auch bei einer Verschiebung der Absatzkurven die Form dieser Kurven unverändert bleibt.

Was geschieht, wenn ein zu einer Oligopolgruppe gehörendes Unternehmen preispolitisch den reaktionsfreien Bereich verläßt?

Die beiden Unternehmen A und B sollen miteinander konkurrieren. Das Unternehmen A hat seine Erzeugnisse bisher zu Preisen angeboten, die innerhalb des autonomen Intervalls liegen, welches durch die Strecke a_1 in Abb. 54 gekennzeichnet sei. Die Verkaufspreise des

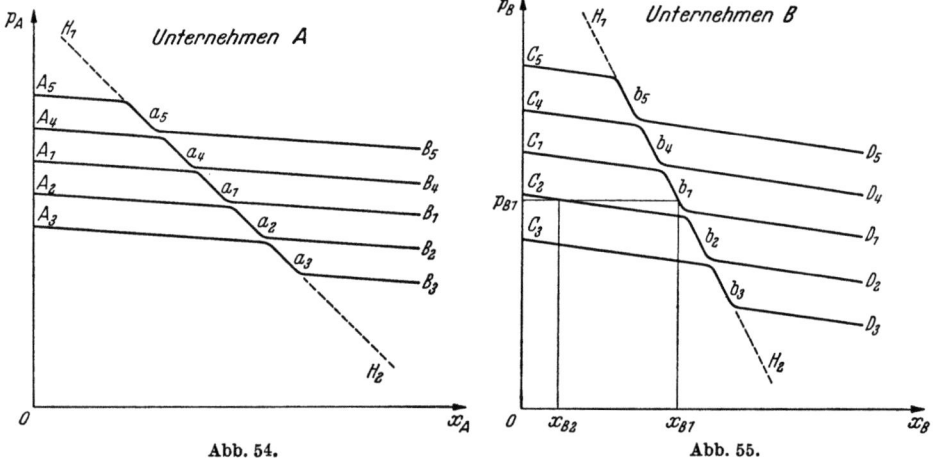

Abb. 54.   Abb. 55.

Unternehmens B liegen in dem autonomen Intervall, dargestellt durch die Strecke b_1 in Abb. 55.

Aus irgendeinem, hier nicht weiter interessierenden Grunde nehme das Unternehmen A eine Preissenkung vor. Solange sie im Preisintervall a_1 liegt, bleiben Konkurrenzreaktionen preispolitischer Art aus. Die Absatzkurven beider Unternehmen, also die Kurven A_1B_1 und C_1D_1, bleiben unverändert.

Nun senkt aber das Unternehmen A seinen Preis unter den unteren Grenzpreis der Zone a_1. Die Folge ist, daß das Unternehmen B Käufer verliert. Nimmt es daraufhin selbst eine entsprechende Preissenkung vor, dann baut es sich auf Grund der neuen Absatzerwartungen eine neue Preis-Absatzkurve auf, etwa C_2D_2 mit dem nach rechts unten verschobenen reaktionsfreien Bereich b_2. Die Verschiebung wird um so größer sein, je größer der Abstand des neuen, durch A gesetzten Preises von dem bisher für A geltenden unteren Grenzpreis seines reaktionsfreien Bereiches ist.

In diesem Falle würde die Kurve C_3D_3 mit dem reaktionsfreien Bereich b_3 gelten. Die reaktionsfreien Zonen b_1, b_2, b_3 liegen auf der Gleitkurve H_1H_2. Falls das Unternehmen B preispolitisch nicht reagiert, sondern an seinem Preise p_{B1} festhält[1], erleidet es eine Absatzeinbuße von x_{B1} auf x_{B2}, sofern die Kurve C_2D_2 gilt. Wenn dagegen die Preissenkung des Unternehmens A so beträchtlich ist, daß die neue Absatzsituation des Unternehmens B durch die Kurve C_3D_3 dargestellt wird, würde das Unternehmen B zu dem Preise p_{B1} nichts mehr absetzen können. Es ist aber nicht wahrscheinlich, daß sich das Unternehmen B einer solchen Situation aussetzt, vielmehr ist anzunehmen, daß es ebenfalls seinen Preis senken wird. Das bedeutet für das Unternehmen A eine neue Absatzsituation, denn seine bisherige Absatzkurve verschiebt sich nach rechts unten und nimmt zum Beispiel die Lage der Kurve A_2B_2 oder A_3B_3 an.

Entsprechende Verschiebungen der Absatzkurve bzw. -kurven kommen zustande, wenn eines der beiden Unternehmen den oberen Grenzpreis überschreitet.

Diese Kurvenverschiebungen nach rechts unten, wie sie in den Abb. 54 und 55 dargestellt sind, bringen zum Ausdruck: die Preisvorteile, die das Unternehmen A seinen Käufern im Falle einer Herabsetzung seines Preises unter den unteren Grenzpreis bietet, sind so groß, daß hierdurch die Präferenz-Bindungen neutralisiert werden, die bisher einen großen Teil der Verbraucher veranlaßten, bei dem Unternehmen B zu kaufen. Diese Käufer streben dem Unternehmen A zu, weil sie bei ihm Erzeugnisse zu erheblich niedrigeren Preisen kaufen können, die in etwa der gleichen Qualität von dem Unternehmen B zu den bisherigen, d.h. höheren Preisen angeboten werden. Die Käufer, die nunmehr ihren Bedarf bei dem Unternehmen A decken, kommen also von Unternehmen, die bisher Güter der gleichen Preisklasse auf den Markt gebracht haben und somit zu der gleichen Preisklassengruppe gehörten.

In der Regel sind die Unternehmungen in ein bestimmtes Preisklassengefüge eingeordnet. Das heißt, die von ihnen angebotenen Güter gleichen Verwendungszweckes staffeln sich nach Preisen, zu denen bestimmte Arten und Qualitäten gehören. Es besteht also nicht nur eine absatzpolitische Interdependenz zwischen Unternehmen, die Erzeugnisse der gleichen Preisklasse anbieten, sondern auch zwischen Unternehmungen, die Erzeugnisse in verschiedenen Preisklassen auf den Markt bringen[2].

Wenn ein Unternehmen seinen Preis genügend tief senkt, dann ruft es auch in der nach unten anschließenden Preisklassengruppe Bewegungen hervor. Und zwar derart, daß nunmehr Käufer von den Unter-

---
[1] Für das Unternehmen A gilt in diesem Falle nach wie vor die Absatzkurve A_1B_1.
[2] Es muß sich in den hier geschilderten Fällen nicht immer um verschiedene Unternehmen handeln, vielmehr können die einzelnen Unternehmungen selbst Erzeugnisse verschiedener Art sowie verschiedener Qualität herstellen.

nehmen der preisklassenmäßig anschließenden Gruppe zu dem Unternehmen A herüberwechseln, denn sie können nunmehr dort zu den gleichen Preisen Waren erheblich besserer Qualität kaufen.

Der Zustrom an Käufern, der in dem unteren nach rechts abbiegenden Kurvenast der Absatzkurve des Unternehmens A zum Ausdruck kommt, stammt also einmal von denjenigen Unternehmen, die bis zum Zeitpunkt der Preissenkung der gleichen Preisklasse angehört haben, zum andern aber von denjenigen Unternehmen, die preisklassenmäßig nach unten anschließen.

4. Nachdem die Wirkung von Preisänderungen auf die Lage der Absatzkurve untersucht worden ist, gilt es nunmehr zu erörtern, welche Gründe die Unternehmungen veranlassen können, Preispolitik außerhalb ihrer reaktionsfreien Zone zu treiben, und zu beschreiben, welche preispolitischen Vorgänge sich dann abspielen werden.

Zunächst sei untersucht, ob es für die Unternehmen möglich und sinnvoll ist, preispolitisch oberhalb des oberen Grenzpreises zu operieren. Anschließend soll dann die Frage behandelt werden, ob ein preispolitisches Operieren unterhalb des unteren Grenzpreises möglich und sinnvoll ist, und, wenn ja, welche Gründe die Unternehmen zu einem solchen Vorgehen veranlassen können.

a) Geht man davon aus, daß ein Unternehmen sein Gewinnmaximum in der preisautonomen Zone realisiert hat, dann wird es eine Änderung seiner Preissituation vor allem dann in Betracht ziehen, wenn Änderungen in seinen Produktionsbedingungen — hier Verschlechterungen — eintreten.

Eine solche Entwicklung kann darauf zurückzuführen sein, daß ein Unternehmen unwirtschaftlicher als bisher arbeitet. Möglicherweise ist es dem Unternehmen nicht gelungen, seine maschinellen Einrichtungen rechtzeitig zu erneuern. Die hierauf zurückzuführende Verschlechterung der Kostenlage kommt darin zum Ausdruck, daß das Unternehmen mit höheren Kosten, insbesondere mit höheren Grenzkosten, arbeitet. Die neue Grenzkostenkurve kann sich dabei so hoch nach oben verschieben, daß der Preis in der Nähe des oberen Grenzpreises liegt.

Die Absatz- und Kostensituation eines zur Oligopolgruppe gehörenden Unternehmens A sei durch die Absatzkurve AD und die Grenzkostenkurve K'_{A1} in der Abb. 56 gekennzeichnet. Das Unternehmen stelle bei dieser Situation den Preis p_{A1}, bei dem es sein Gewinnmaximum realisiert. Nun verschlechtert sich die Produktions- und Kostenlage, und die Grenzkostenkurve K'_{A1} verschiebt sich nach oben. Als Grenzkostenkurve nach der Kostenverschlechterung sei zunächst K'_{A2} angenommen. Der gewinngünstigste Preis ist in diesem Falle p_{A2}. Er deckt sich annähernd mit dem oberen Grenzpreis des reaktionsfreien Bereiches. Verschiebt sich die Grenzkostenkurve als Folge der Produktionsverschlechterung noch weiter nach oben, dann erhält man als gewinngünstigsten Preis, der etwas über p_{A2} liegt. Die Gewinne nehmen hierbei immer mehr ab.

Der Verlauf der Kurven zeigt, daß nur eine ganz erhebliche Kostenerhöhung das Unternehmen veranlassen kann, seine Preise über den oberen Grenzpreis zu erhöhen. Würde ein Unternehmen eine solche Preiserhöhung als Reaktion auf eine Kostenverschlechterung vornehmen, so würde es eine derartige Umsatzeinbuße erleiden, daß es praktisch aus dem Wettbewerbskampf ausscheiden müßte.

Zu dem gleichen Ergebnis gelangt man, wenn man die Absatzkurve nicht so stark nach links abbiegen läßt, wie das in Abb. 56 der Fall ist. Verläuft die obere Grenzzone des reaktionsfreien Bereiches leicht gekrümmt, um dann parallel zur Abszissenachse zu verlaufen, dann kann sich ein gewinngünstiger Preis in dieser Krümmung ergeben. Niemals jedoch kann dieser Preis bei konstanten Grenzkosten in

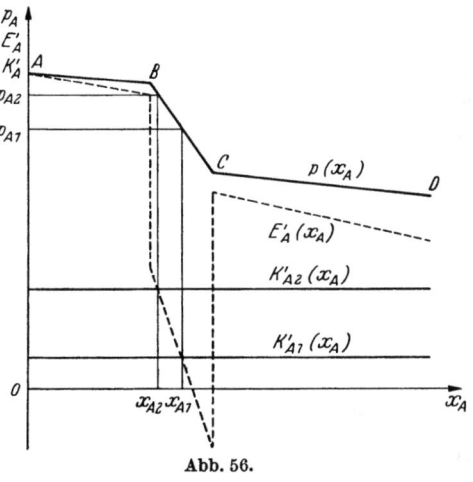

Abb. 56.

dem parallel zur Abszissenachse verlaufenden Abschnitt der Absatzkurve liegen. Was für das Unternehmen A zutrifft, gilt grundsätzlich auch für die anderen zur Oligopolgruppe gehörenden Unternehmen.

Bisher wurde davon ausgegangen, daß die Kosten nur in einem Unternehmen der Gruppe als Folge betriebsindividueller Verschlechterungen der Produktionsbedingungen gestiegen sind. Nun kann es aber auch sein, daß Umstände zu einer Kostenerhöhung führen, die für alle Unternehmungen der Gruppe zutreffen. Eine solche gemeinsame Änderung in den Produktionsbedingungen wird jedes Unternehmen veranlassen, der ungünstigen Kostenentwicklung durch Preiserhöhungen Rechnung zu tragen. Auch in diesem Falle sind Preiserhöhungen nur in begrenztem Maße möglich. Ist in der anschließenden höheren Preisklassengruppe nicht der gleiche kostenerhöhende Umstand wirksam gewesen, dann besteht für die obere Anschlußgruppe kein Anlaß, davon abzugehen, ihre bisherigen Qualitäten zu den bisherigen Preisen zu verkaufen. Würden alle Unternehmen der Gruppe, in der die Kostenverschlechterung eingetreten ist, ihre Preise über einen gewissen Punkt hinaus erhöhen, dann würden alle diese Unternehmen in den Reaktionsbereich der qualitätsmäßig nach oben anschließenden Gruppe geraten.

Der soeben geschilderte Fall wird aber verhältnismäßig selten sein. Als Regelfall wird man annehmen können, daß eine Kostenverschlechterung, etwa als Folge einer Steigerung der Werkstoffpreise oder einer Lohn- und Gehaltserhöhung, alle Qualitätsgruppen eines Wirtschaftszweiges gleichmäßig trifft. Eine solche Entwicklung wird dahin führen, daß die Preise des gesamten Wirtschaftszweiges erhöht werden, ohne daß sich hierdurch das Preisklassengefüge prinzipiell ändern würde; der Abstand der Durchschnittspreise der hintereinander gestaffelten Preisklassen bleibt im wesentlichen gleich. Lediglich die absolute Höhe der Durchschnittspreise der einzelnen Preisklassen steigt an. Die betriebsindividuellen Absatzkurven behalten ihre charakteristische Form. Dagegen verändert sich ihre Lage. Die Kurven sämtlicher Unternehmen verschieben sich nach links oben. Das oligopolistische Reaktionssystem wird in diesem Falle nicht ausgelöst.

b) Angenommen, eine Oligopolgruppe bestehe aus den beiden Unternehmen A und B. Die Verkaufspreise der beiden Unternehmen sollen in den reaktionsfreien Bereichen liegen. Dabei seien die Preise so gestellt, daß sowohl A als auch B das Gewinnmaximum verwirklichen. Das Unternehmen A sehe sich in diesem Zusammenhang einer Absatzsituation gegenüber, wie sie durch die Absatzkurve $A_1 B_1$ in Abb. 57a dargestellt wird. Die Kurve K'_{A1} sei die zugehörige Grenzkostenkurve, p_{A1} sei der für das Unternehmen A gewinngünstigste Preis.

Einer ähnlichen Absatzlage sehe sich auch das Unternehmen B gegenüber. Auch sein Preis sei der gewinngünstigste und liege im reaktionsfreien Bereiche des Unternehmens.

In Abb. 57b stellt die Kurve $E_A(x)$ die der Absatzkurve $A_1 B_1$ entsprechende Erlöskurve dar. Bei der Produktmenge x_1 erzielt das Unternehmen A den durch die Strecke g_1 angezeigten maximalen Gewinn.

Nun möge das Unternehmen A in der Lage sein, Produktionsvorteile zu realisieren, die die Produktionskosten erheblich zu senken erlauben. Macht das Unternehmen von diesen Möglichkeiten Gebrauch, dann arbeitet es mit der Kostenkurve K_{A2} (s. Abb. 57b).

In diesem Falle kann es seinen Preis unter den unteren Grenzpreis senken. Solange die Konkurrenten nicht reagieren, entwickelt sich sein Erlös entsprechend der Kurve $E_A(x)$ in Abb. 57b. Der neue Gewinn beträgt in diesem Falle g_3. Die günstige Erlösgestaltung ist darauf zurückzuführen, daß der niedrigere Preis für das Unternehmen bisher latente Nachfrage wirksam werden läßt und daß Käufer dem Unternehmen zuwandern, die bisher bei dem Konkurrenzunternehmen gekauft haben.

Der preispolitische Anpassungsprozeß, wie er sich unter den soeben genannten Bedingungen abspielen wird, sei zunächst ganz allgemein

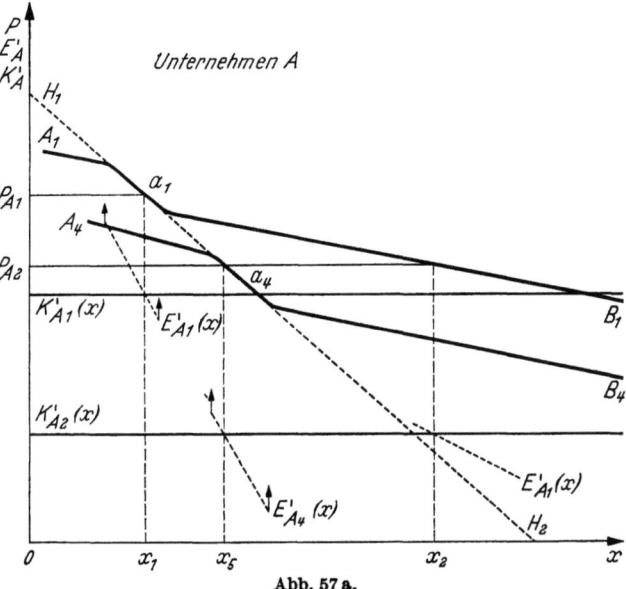

Abb. 57 a.

an Hand der Abb. 58 betrachtet. Ein Unternehmen senke auf Grund seiner günstigeren Kostensituation seinen Preis von p_{A1} auf p_{A2}. Das

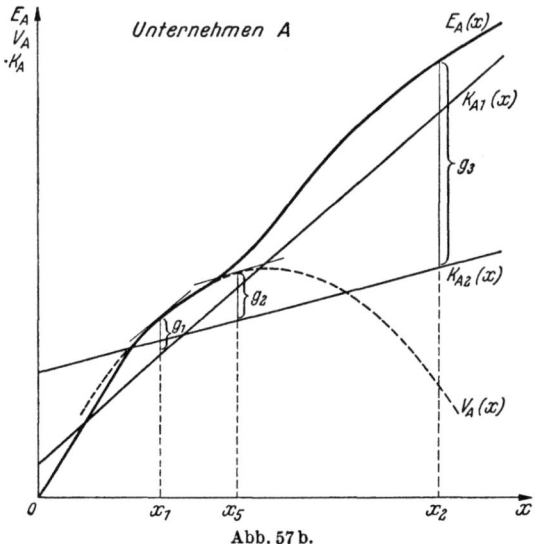

Abb. 57 b.

Unternehmen B, dessen Preis in seinem preisautonomen Intervall liegt, reagiere noch nicht. Die Folge ist, daß beim Unternehmen A der Absatz von x_1 auf x_2 steigt. Da der Preis p_{A2} unter dem unteren Grenzpreis und damit auf dem unteren elastischen Ast der Kurve $A_1 B_1$ liegt, so nimmt der Absatz des Unternehmens A erheblich zu. Diese Zunahme ist zurückzuführen auf mobilisierte latente Nachfrage und vom Unternehmen B abgezogene Käufer. Der Prozeß vollzieht sich jedoch nicht ruckartig, er benötigt vielmehr Zeit.

Der starke Verlust an Käufern veranlaßt das Unternehmen B, seine Preise ebenfalls zu senken, und zwar mit der Absicht, seinen verlorenen prozentualen Marktanteil zurückzugewinnen. Wenn keine Änderungen

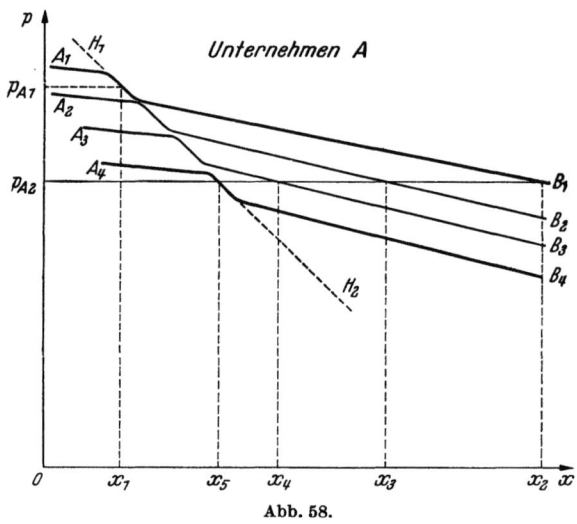

Abb. 58.

in der Präferenzstruktur eintreten, dann wird das Unternehmen B seinen Preis so tief senken, daß in etwa das alte Preisverhältnis wiederhergestellt wird, d. h., daß die Preise beider Unternehmen wieder in den reaktionsfreien Bereichen der jeweiligen Absatzkurven liegen. Unter diesen Umständen werden die Proportionen zwischen den Marktanteilen der beiden Unternehmen der Ausgangslage in etwa entsprechen. In dem Augenblick, in dem das Unternehmen preispolitisch reagiert, hört die Kurve $A_1 B_1$ auf, für das Unternehmen A aktuell zu sein. Da die Käufer auf die Preissenkung des B nicht sofort reagieren, wird B erst nach und nach seine Käufer wiedergewinnen. Diese Situation werde beispielsweise zum Zeitpunkt t_2 durch die Kurve $A_2 B_2$ dargestellt. In diesem Falle hat das Unternehmen B seine Käufer noch nicht vollständig zurückgewonnen. Jedoch ist beim Unternehmen A der Absatz von x_2 auf x_3 zurückgegangen. Im weiteren Verlaufe des Prozesses vermindert sich als Folge des preispolitischen Verhaltens von B der Absatz bei dem Unternehmen A weiter auf x_4. Für den Zeitpunkt t_3 gilt die Kurve $A_3 B_3$.

Wenn es nun dem Unternehmen B zum Zeitpunkt t_4 gelungen ist, seinen alten prozentualen Marktanteil wiederzugewinnen, und der Anpassungsprozeß zum Abschluß gelangt ist, dann beträgt der Absatz des Unternehmens A x_5. Diese Absatzmenge und der zugehörige Preis fallen in den preisautonomen Bereich der Absatzkurve A_4B_4. Das Unternehmen A hat nun alle Käufer wieder abgegeben, die es vorübergehend von B gewonnen hatte. Es hat lediglich eine Absatzsteigerung von x_1 auf x_5 erzielt. Sie ist allein auf die Mobilisierung bis dahin latenter Nachfrage zurückzuführen.

Die Proportion zwischen den Marktanteilen der Unternehmen A und B bleibt also grundsätzlich erhalten, wenn die preispolitische Aktion des Unternehmens A keine Änderungen in der Präferenzstruktur der beiden Unternehmen auslöst.

Ist das jedoch der Fall, haben beispielsweise die preispolitischen Maßnahmen des Unternehmens A zur Folge, daß die von ihm vorgenommenen Preisermäßigungen zusätzliche Präferenzen schaffen, dann kann die für den Abschluß des Prozesses geltende Absatzkurve A_4B_4 ihre Form und Lage verändert haben. Das gilt insbesondere für den preisautonomen Bereich der Kurve A_4B_4, der dann nicht mehr auf der ursprünglichen Gleitkurve H_1H_2 liegt. Dieser Fall sei nicht weiter untersucht.

Nunmehr sei der soeben geschilderte Prozeß unter Einbeziehung von Kostenkurven erörtert. In Abb. 57a stellt a_1 den Bereich preispolitischer Autonomie dar. Der Preis p_{A1} ist der gewinnmaximale Preis. Er ergibt sich bei demjenigen Absatz, bei dem der Grenzerlös den Grenzkosten der Gesamtkostenkurve K_{A1} in Abb. 57a entspricht. Die Endsituation wird durch den Preis p_{A2} gekennzeichnet, bei dem die zur Kurve A_4B_4 gehörende Grenzerlöskurve die Grenzkostenkurve K'_{A2} schneidet.

In Abb. 57b entspricht die Kurve $E_A(x)$ der Absatzkurve A_1B_1 in Abb. 57a. Sie gilt für den Fall, daß das Unternehmen B preispolitisch noch nicht reagiert hat. Die Gewinnsituation g_3 ist aber für das Unternehmen A auf die Dauer nicht zu halten. Es muß damit rechnen, daß das Unternehmen B seinen Preis in etwa gleichem Umfang senken wird, um seinen prozentualen Marktanteil zu erhalten. Von der Endsituation aus gesehen kann also das Unternehmen A nur damit rechnen, daß ihm seine günstige Kostenentwicklung (Kostenkurve K_{A2}) einen Gewinn in Höhe von g_2 bringt. Diesen Gewinn wird es auf die Dauer realisieren können, weil er nur auf die zusätzlich mobilisierte latente Nachfrage zurückzuführen ist, nicht aber darauf, daß den Konkurrenzunternehmen Nachfrage entzogen wurde. Das Unternehmen A operiert also bei seiner preispolitischen Planung in Wirklichkeit auf der Erlöskurve $V_A(x)$, die der Gleitkurve H_1H_2 entspricht. Die V-Kurve stellt aber eine

Erlöskurve dar, die lediglich die Beziehung zwischen Produktpreis und der mobilisierten latenten Nachfrage zum Ausdruck bringt.

Der Gewinn g_2 ist so lange nicht im eigentlichen Sinne gefährdet, als das Unternehmen B bzw. die anderen zur Oligopolgruppe gehörenden Unternehmen nicht ihrerseits neue Kostenvorteile zu verwirklichen imstande sind, die es erlauben, den neuen unteren Grenzpreis des Unternehmens A zu unterbieten. Solange das nicht der Fall ist, hat das Unternehmen A die Macht, seinen Preis p_{A2} und seine Ausbringung x_5 durchzusetzen.

Die Konkurrenzunternehmen müssen sich dem durch A bestimmten Preisniveau anpassen, auch wenn ihre Produktionskosten ungünstig sind, und zwar ohne Rücksicht auf ihre Kostenlage[1]. Gelingt ihnen die fertigungstechnische und damit kostenmäßige Anpassung nicht oder nicht schnell genug, dann verschlechtert sich ihre Gewinnlage. Unter Umständen treten sogar Verluste ein, und es kann sich der Fall ergeben, daß das Unternehmen zusammenbricht. In dem Maße jedoch, in welchem die fertigungstechnische Anpassung gelingt, verbessert sich die Gewinnlage der Konkurrenzunternehmen bei unverändertem, durch das Unternehmen A bestimmten Preisspiegel der Oligopolgruppe.

Das Unternehmen A wird in der gegebenen Situation denjenigen Preis anstreben, der auf Grund der Kurve $V_A(x)$ und nicht auf Grund der Kurve $E_A(x)$ der gewinngünstigste ist. Für die preispolitischen Entscheidungen des Unternehmens sind die durch den oligopolistischen Reaktionsmechanismus ausgelösten Zu- und Abwanderungen innerhalb der Oligopolgruppe von sekundärer Bedeutung. Der von preispolitischen Wettbewerbsaktionen und Reaktionen freie, lediglich auf die Mobilisierung latenter Nachfrage abgestellte Preis bildet das preispolitische Zentrum, auf das die oligopolistische Preispolitik im Falle einer möglichen Realisierung von Produktionsvorteilen tendiert.

So gesehen sind also die Verkaufspreise der Unternehmen nicht so sehr ein Mittel des Wettbewerbskampfes, mit dem die Unternehmen versuchen, Käufer von den Konkurrenten abzuziehen, als vielmehr lediglich ein Mittel, um Käuferschichten zu gewinnen, deren Kaufkraft nicht

---

[1] Die Abb. 57a und 57b lassen übrigens erkennen, daß es im wesentlichen auf die Elastizität der latenten Nachfrage ankommt, ob eine Kostenverbesserung eine Preissenkung unter den unteren Grenzpreis als günstig erscheinen läßt. Solange die Elastizität der latenten Nachfrage größer als 1, der Bedarf also noch nicht gesättigt ist, steigt die Kurve $V(x)$. In diesem Falle führt das Verlassen des reaktionsfreien Bereiches, falls eine Kostenverbesserung vorliegt, in der Regel zu größeren Gewinnen. Wenn die Elastizität der Kurve $V(x)$ dagegen kleiner als 1 ist, dann ergibt sich eine sehr viel ungünstigere Situation. Dieses Risiko bedroht jede preissenkende Maßnahme, denn es ist im Anfang noch nicht abzusehen, zu welcher Absatz- bzw. Gewinnentwicklung eine preispolitische Aktion führen wird.

ausreichte, die zu den bisherigen höheren Preisen angebotenen Erzeugnisse zu erwerben.

Es wurde bereits darauf hingewiesen, daß die Reaktionen der Käufer und der Konkurrenten auf die preispolitischen Maßnahmen eines Unternehmens Zeit erfordern. Man kann zwar davon ausgehen, wie das bei der klassischen Oligopoltheorie der Fall ist, daß die Käufer eines Unternehmens auf eine Preissenkung sofort reagieren und ihre Einkäufe nur noch bei diesem Unternehmen tätigen. Aber dieser Fall unendlich großer Reaktionsgeschwindigkeit ist unwahrscheinlich, denn im allgemeinen dauert es eine gewisse Zeit, bis die Preisermäßigung, die ein Unternehmen durchgeführt hat, bekannt wird. Die Schnelligkeit, mit der die Käufer bzw. die Konkurrenzunternehmen auf die Preissenkung des Unternehmens A reagieren werden, ist also von der Zeit abhängig, die verstreicht, bis die Preisermäßigung bekannt wird, also von der „Markttransparenz".

Bei der Betrachtung dieser Vorgänge ist weiter zu berücksichtigen, daß die zur Oligopolgruppe gehörenden anderen Unternehmen ihre eigenen Käufer in sehr verschieden starkem Maße binden. Die Präferenzwirkungen des Standortes und persönlicher oder sachlicher Umstände hören nicht sofort auf, die Kaufentscheidungen der Käufer zu beeinflussen. Das akquisitorische Potential verleiht den Unternehmen nicht nur eine gewisse absatzpolitische Aktivität, sondern auch ein gewisses absatzpolitisches Beharrungsvermögen. Je stärker nun die akquisitorische Anziehungskraft ist, die die Konkurrenzunternehmen auf Grund der geltenden Präferenzen auf ihre Käufer ausüben, um so langsamer wird sich die Abwanderung der Käufer von den Unternehmen vollziehen, bei denen sie bisher ihre Käufe tätigten.

Weiter wird man davon ausgehen müssen, daß der Sog des die Preisermäßigung vornehmenden Unternehmens um so größer ist, je mehr der neue Preis, z. B. des Unternehmens A, unter dem bisherigen unteren Grenzpreise des preisautonomen Bereiches liegt. Bei diesem Sog handelt es sich einmal um Käufer, die bisher in der niedrigeren Preisklasse kauften und nun sehen, daß sie zu den bisherigen Preisen eine bessere Qualität erwerben können, zum anderen um Käufer, die nunmehr die gleiche Qualität wie bisher zu niedrigeren Preisen zu erwerben imstande sind[1].

Je größer mithin die Markttransparenz ist, je schwächer die Bindungen der Käufer an die Konkurrenzunternehmen, also die Präferenzwirkungen

---

[1] Die Frage nach den Möglichkeiten eines Gleichgewichtes ist für den Fall konstanter Gesamtnachfrage bei homogener Konkurrenz untersucht worden von H. JACOB, Die dynamische Problematik der Oligopolpreisbildung, Diss. Frankfurt 1954.

sind, und je größer der Abstand des neuen Verkaufspreises eines Unternehmens von dem unteren Grenzpreis der bisherigen Preisklasse ist, um so schneller werden die Konkurrenzunternehmen mit Preisherabsetzungen folgen müssen, wenn sie sich nicht gefährden wollen.

Angenommen, das Unternehmen A habe bei dem Ausgangspreise p_{A1} und der zugehörigen Absatzmenge x_1 einen Erlös von E_1 erzielt. Auf eine Zeiteinheit bezogen (z. B. Tag, Monat, Quartal) läßt sich dieser Erlös oder, wie man gleichbedeutend sagen kann, dieser Umsatz in der in Abb. 59 angegebenen Weise darstellen. In dieser Abbildung sind auf der Abszissenachse die Zeiteinheiten, auf der Ordinatenachse die Erlöse je Zeiteinheit bzw. Umsätze je Zeiteinheit eingetragen. Die Linie E_1 gibt die Erlöse oder auch Umsätze beim Preise p_{A1} an (Ausgangslage). Die Linie zeigt die im Durchschnitt bei diesen Preisen auf die Zeiteinheit entfallenden Erlös- bzw. Umsatzbeträge.

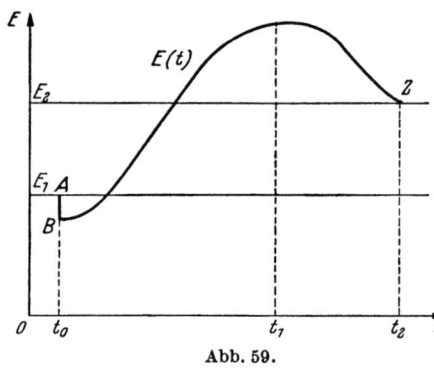

Abb. 59.

Würden nun die Konkurrenzunternehmen ihre Preise sofort auf die durch den Preis p_{A2} fixierte Höhe herabsetzen, würde sich für das Unternehmen A ein neues, zweites Erlös- oder Umsatzvolumen E_2 ergeben. Die Linie E_2 zeigt im Beispiel die nach Vornahme der Preisherabsetzung bei unendlicher Reaktionsgeschwindigkeit der Käufer im Durchschnitt auf eine Zeiteinheit, z. B. einen Monat, entfallenden Umsatzbeträge.

Nun vollzieht sich aber, wie bereits gezeigt wurde, die Reaktion von Käufern und Konkurrenten auf Preissenkungen eines Unternehmens in der Regel nicht sofort und ruckartig, sondern in allmählichem Übergang. Das Unternehmen A wird als Folge der Ermäßigung seines Verkaufspreises (bei konstanten Präferenzbedingungen) Nachfrage gewinnen und zwar einmal Käufer von denjenigen Unternehmen, die bis zum Zeitpunkt der Preissenkung in der gleichen Preisklasse verkauft haben; zum anderen aber auch Käufer von denjenigen Unternehmen, die preis- und qualitätsklassenmäßig nach unten anschließen. Da die von dem Unternehmen A durchgesetzte Preissenkung erst allmählich bekannt wird, vermag die Preisermäßigung erst im Laufe der Zeit wirksam zu werden. Im Zeitpunkt der Preissenkung t_0 muß das Unternehmen A gegebenenfalls in Kauf nehmen, daß der Erlös (Umsatz) zunächst absinkt (AB in Abb. 59), da die Preisherabsetzung noch nicht nachfragewirksam geworden ist. Dann aber wird der Erlös je Zeiteinheit steigen, vorausgesetzt, daß die Konkurrenzunternehmen noch nicht reagieren. Der Erlös wird außerdem um so schneller zunehmen, je geringer im einzelnen die Bindung der Käufer an die Konkurrenzunternehmen ist. Je mehr nun die Preissenkung den präsumtiven Käufern bekannt wird, um so mehr wird der Erlös anwachsen, also z. B. der Umsatz je Woche oder Monat über die Umsatzlinie E_1 und, solange die Konkurrenzunternehmen noch nicht reagieren, auch über die Umsatzlinie E_2 steigen. Der Umsatz E_2 wird durch die Umsatzsteigerung bestimmt, die lediglich auf die Mobilisierung bisher latenter Nachfrage zurückzuführen ist. Die Erlös- bzw. Umsatzentwicklung, die soeben geschildert wurde, wird durch die Kurve $E(t)$ in Abb. 59 wiedergegeben. Sie fällt zunächst ab, erreicht dann wieder den Ausgangsumsatz E_1 und übersteigt die Umsatzlinie E_2. Im Zeitpunkte t_1 möge die preispolitische Reaktion der Konkurrenzunternehmen einsetzen. Sie wird, wie gezeigt, um so früher beginnen, je geringer die Bindungen der Käufer an die Konkurrenzunternehmen und je größer Markttransparenz und Preissenkung sind. Die ursprünglich von diesen Unternehmen stammenden Käufer wandern von dem Unternehmen A wieder ab, sofern die Präferenzstrukturen bzw. die akquisitorischen Potentiale der Konkurrenzunternehmen unverändert geblieben sind. Es dauert wiederum eine gewisse Zeit, bis die Masse der Käufer von der Preisherabsetzung des Unternehmens B bzw. der anderen zur Oligopolgruppe gehörenden Unternehmen Kenntnis erhält. Wenn das Unternehmen A die von dem Unternehmen B oder den anderen Konkurrenzunternehmen vorübergehend gewonnenen Käufer wieder abgegeben hat und ihm nur die aus der Mobilisierung latenter Nachfrage stammenden Käufer als effektiver Nachfragezuwachs verbleiben, dann erreicht die Kurve $E(t)$ wieder die Erlös- bzw. Umsatzlinie E_2. Das mag zum Zeitpunkt t_2 der Fall sein. Zu diesem Zeitpunkte erreicht der Prozeß sein Ende. Der Schnittpunkt der Kurve $E(t)$ mit dem das Erlös- bzw. Umsatzvolumen E_2 andeutenden Linienzug, also der Punkt Z, stellt das Tendenzzentrum dar, auf das der oligopolistische Prozeß unter den angegebenen Bedingungen hinstrebt. Die Preise der zur Oligopolgruppe gehörenden Unternehmen stehen zum Zeitpunkte t_2 dann in etwa wieder in den alten, durch die verschiedenen Präferenzstrukturen der Unternehmen bestimmten Proportionen. Diese Preise liegen nun wiederum in den Bereichen, in denen die Unternehmen preisautonom sind. Aber das neue Preisniveau der Gruppe wird nun durch den Preis desjenigen Unternehmens bestimmt, das in der Lage war, Produktionsvorteile zu realisieren.

Es mag sein, daß es Situationen gibt, in denen es zu einem zeitweiligen Oszillieren der Preise kommen kann. Im allgemeinen wird man jedoch davon ausgehen können, daß sich der preispolitische Reaktionsprozeß ohne oszillierende Schwankungen vollzieht.

In diesem Zusammenhang ist es weiterhin von Bedeutung, daß der Preis um einen bestimmten, oft recht erheblichen Betrag gesenkt werden muß, wenn eine ins Gewicht fallende Umsatzsteigerung erreicht werden soll. Wird der Preis nur geringfügig geändert und bleibt er im preispolitisch autonomen Bereich, dann wird sich die Gewinnlage des Unternehmens verschlechtern, sofern es bereits in diesem Bereich seinen günstigsten Preis gewählt hatte. Will das Unternehmen eine vollkommen neue, verbesserte Gewinnsituation realisieren, dann muß es in der Lage sein, diesen Graben zu überspringen, d. h. es muß für das Unternehmen vorteilhafter sein, seinen Preis unter den unteren Grenzpreis zu senken. Es kann aber nicht damit gerechnet werden, daß diese Bedingung immer erfüllt ist. Diese Unsicherheit legt sich wie eine Barriere vor alle Entschlüsse, Preissenkungen vorzunehmen. Insofern wirkt sie preisstabilisierend.

Aber selbst dann, wenn für ein Unternehmen die Chance besteht, durch eine erhebliche Preisermäßigung zunächst eine günstigere Gewinnlage zu realisieren, muß es damit rechnen, daß die Konkurrenten preispolitisch reagieren werden. Der zunächst erzielte Gewinn kann also nur vorübergehender Natur, nur ein Zwischengewinn sein. Dabei ist keineswegs ausgeschlossen, daß die Gewinnsituation nach dem Wirksamwerden der preispolitischen Gegenmaßnahmen der Konkurrenten ungünstiger ist als die Situation vor Beginn der Aktion. Diese Lage wird sich immer dann ergeben, wenn die aktiv gewordene latente Nachfrage, die dem Unternehmen nach der preispolitischen Reaktion der Konkurrenten verbleibt, den Erlösverlust nicht ausgleicht, den die Preissenkung als solche — Erlösverlust je Produkteinheit — verursacht. Die Möglichkeit, daß diese unerwünschte Situation eintreten kann, hemmt den Entschluß, Preissenkungen größeren Umfanges vorzunehmen. Sie wirkt als ein retardierendes Moment in der Preispolitik der Unternehmen.

In die gleiche Richtung tendiert auch die — im Regelfall zu Recht bestehende — Befürchtung, einen einmal ermäßigten Preis nicht mehr erhöhen zu können, weil die Konkurrenten dieser Preispolitik nicht folgen.

Im Zuge des oben beschriebenen Prozesses können sich die Proportionen zwischen den Marktanteilen der einzelnen Unternehmen nicht wesentlich ändern, wenn die Präferenzstrukturen unverändert bleiben. Für die preispolitischen Maßnahmen eines Unternehmens ist also, wie die Untersuchungen gezeigt haben, in erster Linie die Aussicht entscheidend, latente Nachfrage zu gewinnen. Dagegen wird dem anderen preispolitischen Motiv, nämlich die preispolitischen Maßnahmen für die Zwecke des speziellen Wettbewerbskampfes zu benutzen, um Nachfrage von anderen Unternehmen abzuziehen, von den Unternehmen nur sekundäre Bedeutung beigemessen. Denn sie müssen damit rechnen (und rechnen auch damit), daß die auf diese Weise gewonnene Nachfrage ganz oder zum weitaus größten Teile wieder verlorengeht, sobald sich die Konkurrenzunternehmen preispolitisch angepaßt haben und die Präferenzstruktur unverändert bleibt. Die geschilderten preispolitischen Maßnahmen führen also lediglich zu dem Ergebnis, daß die nunmehr niedrigeren Preise der gesamten Oligopolgruppe bisher latente Nachfrage zuführen. Die Proportionen zwischen den Marktanteilen der Unternehmen aber ändern sich nicht, wenn und solange keine Änderung in den Präferenzstrukturen eintritt. Die Kurve $E(t)$ bringt diese Tatsache deutlich zum Ausdruck.

Eine nachhaltige Änderung der Marktanteile kann also über den Preis nicht erreicht werden, weil eine Preisänderung in der Regel durch eine entsprechende Preisänderung der Konkurrenzunternehmen neutralisiert wird, die Unternehmen also doch nur latente, nicht aber Nachfrage (Käufer) von den Konkurrenzunternehmen gewinnen können. Den Unternehmen bleiben also nur absatzorganisatorische, produktgestaltende und Werbemaßnahmen, um ihre Marktanteile gegenüber den Konkurrenzunternehmen zu erhalten oder zu vergrößern. Diese Maßnahmen bestimmen die Präferenzstruktur der Unternehmen. Und diese Strukturen sind es ihrerseits wieder, von denen die Größe der Marktanteile der Unternehmungen (die Form und Lage ihrer individuellen Absatzkurven) abhängig ist.

Unter gewissen Voraussetzungen besteht die Möglichkeit, daß sich im Zusammenhang mit rein preispolitischen Maßnahmen auch die Präferenzstruktur und damit der Marktanteil eines Unternehmens ändert. Werden beispielsweise gewisse preispolitische Maßnahmen eines Unternehmens (z.B. einer Automobilfabrik) in der Öffentlichkeit stark diskutiert, dann kann sich als Folge dieser Tatsache der Marktanteil des Unternehmens ändern. Aber diese Änderung ist dann mehr auf eine Reklamewirkung des preispolitischen Vorgehens als auf die preispolitische Maßnahme selbst zurückzuführen. Unter den geschilderten Verhältnissen kann die Änderung des Marktanteils (über die geschilderte Änderung der Präferenzstruktur) auch dann bestehen bleiben, wenn die Konkurrenzunternehmen preispolitisch reagiert haben[1].

Im übrigen zeigt sich deutlich, daß Unternehmen, die vor preispolitischen Entscheidungen stehen, zwei völlig verschiedene Gewinnerwartungen haben. Die erste Gewinnerwartung kennzeichnet sich als eine Erwartung von Gewinnen, die aus der Mobilisierung bisher latenter Nachfrage entstehen; die zweite Gewinnerwartung dagegen als eine Erwartung von Gewinnen, die auf der vorübergehenden Anziehung von Kunden der Konkurrenzunternehmen beruhen (sofern sich die Präferenzstrukturen nicht wesentlich ändern). Die erste Gewinnerwartung gibt für preispolitische Maßnahmen den Ausschlag, denn sie hat die

---

[1] In diesem Falle ändert auch die Gleitkurve ihre Form und Lage.

Aussicht, von Dauer zu sein. Die zweite Gewinnerwartung kann immer nur einen zusätzlichen Anreiz für Preisänderungen, insbesondere Preisermäßigungen, darstellen. Der Anreiz ist dann groß, wenn starke Reaktionsverzögerungen große zwischenzeitliche Gewinne erwarten lassen.

Sollte die Kurve $E(t)$ den Punkt Z nicht erreichen, dann wird das vor allem darauf zurückzuführen sein, daß der Marktanteil des Unternehmens A im Verhältnis zu dem Anteil der anderen Unternehmen klein ist. In diesen Fällen kann es für die Konkurrenzunternehmen vorteilhafter sein, die Preise nicht ganz auf die Höhe des Unternehmens A zu senken. Das System nähert sich in diesem Falle der Preispolitik bei atomistischer Angebotsstruktur auf unvollkommenen Märkten (polypolistische Konkurrenz), und es gilt entsprechend die für diesen Fall im Abschnitt III B dieses Kapitels entwickelte Theorie.

c) Betriebs- und volkswirtschaftlich ist das soeben beschriebene preispolitische Verhalten des Unternehmens A zu verantworten, da das Unternehmen einen echten Produktionsvorteil zu realisieren in der Lage ist und es die Konkurrenzunternehmen dazu zwingt, im Fertigungsbereich Rationalisierungen vorzunehmen.

Anders liegen dagegen die Dinge bei solchen Unternehmen, die gezwungen sind, ihre Preise herabzusetzen, ohne daß ein produktionstechnischer Vorsprung dazu Anlaß gibt.

Es kann sein, daß ein Unternehmen auf Grund von Umständen, die es selbst verschuldet oder auch nicht selbst verschuldet hat, in eine schwierige finanzielle Lage gerät. Diese Situation kommt darin zum Ausdruck, daß sich die Proportionen zwischen den Vermögens- und Kapitalteilen ungünstig entwickeln. Jeder normale Geschäftsablauf setzt aber voraus, daß zwischen den einzelnen Vermögens- und Kapitalgrößen Beziehungen bestehen, die den finanziellen Ablauf des betrieblichen und absatzwirtschaftlichen Geschehens nicht stören. Solange sich ein Unternehmen im „finanziellen Gleichgewicht" befindet, ist das gesamtbetriebliche Geschehen von der finanziellen Seite her gesichert.

Es kann jedoch der Fall eintreten, daß aus irgendwelchen Gründen die Fristen der Kapitalüberlassung und die Fristen der betrieblichen Kapitalnutzung nicht mehr in Übereinstimmung zu bringen sind. Dann entstehen Spannungen im finanziellen Gefüge des Unternehmens. Je größer diese Spannungen sind, um so mehr wird das finanzielle Gleichgewicht gestört, und es muß alles versucht werden, um es wieder herzustellen.

Nun können in solchen Fällen die in dem Anlagevermögen festliegenden Kapitalbeträge nur schwer wieder freigemacht werden. Aus diesem

Grunde wird die Geschäftsleitung versuchen, zunächst die in dem Umlaufvermögen, vor allem in den Warenbeständen festliegenden Kapitalbeträge dadurch möglichst bald wieder freizusetzen, daß die Verkaufspreise ermäßigt werden.

Unter solchen Umständen sind die Verkaufspreise aus ihrem Zusammenhang mit den Kosten gelöst. Sie sind nichts anderes als ein Mittel, um Spannungen, die sich im finanziellen Gefüge eines Unternehmens finden, auszugleichen und das finanzielle Gleichgewicht wieder herzustellen.

Bei oligopolistischer Angebotsstruktur dringt das Unternehmen, von dem hier gesprochen wird, unter Umständen preispolitisch in eine niedrigere Preisklasse ein. Solange die Konkurrenzbetriebe nicht reagieren, biegt seine Absatzkurve nach rechts um. Falls alle anderen betrieblichen Bedingungen es zulassen, vermag das Unternehmen seine Warenvorräte bei niedrigen Preisen unter Umständen schnell zu mobilisieren. Damit kann es sich aus der schwierigen finanziellen Lage befreien, in die es mit oder ohne Verschulden geraten ist.

Zieht das Unternehmen das ganze Preisniveau auf die von ihm angegebene Höhe herab, dann hat das Unternehmen, wie man in der Praxis sagt, „die Preise verdorben".

Man sieht, daß es sich hier um einen völlig anderen Fall handelt, als er unter b) besprochen wurde. Dort ging es darum, Produktionsvorteile und damit Gewinnvorteile mit Hilfe einer nach unten tendierenden Preispolitik zu verwirklichen. Es war ein fertigungstechnisch und seiner Kostensituation nach bevorzugtes Unternehmen, um nicht zu sagen, ein Spitzenunternehmen, das seine Preise senkte und seine fertigungstechnisch nachhinkenden Konkurrenten in eine schwierige Lage brachte. In dem Falle c) handelt es sich jedoch um ein Unternehmen, das infolge von unglücklichen Umständen oder infolge von Fehlmaßnahmen der Geschäftsleitung in eine schwierige finanzielle Lage geriet. Es will sich mit Hilfe preispolitischer Maßnahmen wieder konsolidieren, bringt aber damit die guten Unternehmen in eine schwierige Lage. Gleichwohl kann man nicht sagen, daß grundsätzlich preispolitische Maßnahmen zum Zwecke der Wiederherstellung des gestörten finanziellen Gleichgewichtes betriebs- und volkswirtschaftlich abzulehnen seien. Aber es muß bedenklich stimmen, wenn auf der anderen Seite ein finanziell schlecht stehendes Unternehmen die guten in Gefahr bringt. Betriebs- und volkswirtschaftlich erwünscht ist der umgekehrte Fall, daß nämlich die guten Unternehmen die weniger guten dazu zwingen, technisch aufzuholen.

d) Der soeben beschriebene Fall kennzeichnet sich durch eine Loslösung der einzelbetrieblichen Preisstellung vom Prinzip der

Gewinnmaximierung. Störungen im finanziellen Gleichgewicht der Unternehmungen können also unter Umständen die Preispolitik bestimmen.

Eine wenigstens zeitweilige Loslösung von dem Prinzip maximaler Gewinnerzielung liegt auch dann vor, wenn zwei oder mehrere miteinander im Wettbewerb stehende Unternehmen den Konkurrenzkampf nicht mehr mit wirtschaftsfriedlichen Mitteln, sondern in den Formen kämpfenden Wettbewerbs führen. Das Ziel eines solchen Kampfes besteht darin, daß ein Unternehmen ein anderes Unternehmen oder mehrere andere Unternehmen vom Markt verdrängen will. Ein solcher Kampf der Unternehmen gegeneinander kann mit Mitteln der Preispolitik ausgetragen werden. Solange eine Kampfsituation besteht, bestimmen nicht mehr Gewinn-, sondern Kampfüberlegungen das preispolitische Verhalten. Das den Kampf beginnende Unternehmen versucht, seine Verkaufspreise so zu setzen, daß das andere Unternehmen dem Preisdruck auf die Dauer nicht widerstehen kann. Der Gegner muß seine Preise ebenfalls herabsetzen und versuchen, aus der schwierigen Situation herauszukommen, in die er von dem den Kampf führenden Unternehmen hineingedrängt wird. Läßt die Preis- und Kostenlage des um seine Existenz kämpfenden Unternehmens Verluste entstehen, die sein Kapital aufzehren, dann können die Spannungen im Vermögens- und Kapitalaufbau zur Störung des finanziellen Gleichgewichtes führen. Sind diese Störungen nicht wieder zu beseitigen, dann kommt es zum Zusammenbruch des Unternehmens. In solchen Lagen wird es in der Regel nicht bis zum völligen Niedergang des bekämpften Unternehmens kommen. Vielmehr wird man versuchen, zu einer Einigung zu gelangen, die die Machtverhältnisse zwischen den sich bekämpfenden Unternehmen berücksichtigt.

5. a) Die klassische Oligopoltheorie legt ihrer Erklärung des oligopolistischen Preisbildungsprozesses Unternehmenserwartungen zugrunde, die genereller Art sind und für den ganzen Ablauf des Prozesses beibehalten werden. Hierauf sind die großen Schwierigkeiten und Unzulänglichkeiten der Oligopoltheorie zurückzuführen. Es ist deshalb zu prüfen, ob die oligopolistische Preisbildung dem Verständnis nicht dadurch nähergebracht werden kann, daß die generellen Verhaltensmaximen durch betriebsindividuelle, situationsgebundene Verhaltensweisen ersetzt werden.

Steht ein zur Oligopolgruppe gehörendes Unternehmen vor der Frage, ob es vorteilhaft sein würde, gewisse Korrekturen seiner Verkaufspreise vorzunehmen, dann hängt seine Entscheidung ganz offenbar von seiner Beurteilung der eigenen Lage, der Lage der Konkurrenten und der allgemeinen wirtschaftlichen Lage ab. Die eigene Lage kann sich dadurch kennzeichnen, daß die Situation im fertigungstechnischen und finanziellen Bereich, auch das akquisitorische Potential ein hohes

Maß an absatzpolitischer Aktivität erlaubt. In gleicher Weise ist es möglich, daß die angegebenen Faktoren absatzpolitische Zurückhaltung zweckmäßig erscheinen lassen. Ein starkes Unternehmen, d.h. hier ein Unternehmen mit hohem Fertigungsstand, starken finanziellen Rücklagen und mit Erzeugnissen, die großes Ansehen genießen, weist günstigere Voraussetzungen für eine offensive Preispolitik auf als ein Unternehmen, dessen Position schwach ist. Preispolitik ist kein isoliertes betriebliches Phänomen. Sie gründet vielmehr in allen betrieblichen Teilbereichen. Ob das Wagnis preispolitischer Aktivität übernommen werden kann, richtet sich also nicht nur nach der Lage in einem Sektor, sondern nach dem Gesamtzusammenhang betrieblicher Tatbestände.

Es ist klar, daß vor allem solche Unternehmen zu preispolitischer Aktivität neigen, die einen fertigungstechnischen Zustand erreicht haben, der echte und große Kostenvorteile bringt. In diesem Falle liegt es nahe zu prüfen, ob nicht Preiskorrekturen eine günstigere Gewinnentwicklung erwarten lassen. Auch Unternehmen, die sich so stark fühlen, daß sie eine Vergrößerung ihrer Marktanteile glauben erreichen zu können, werden preispolitische Aktionen in Erwägung ziehen.

Die Entscheidung darüber, ob die Zeit für eine Änderung der Preispolitik gekommen ist, hängt zum anderen davon ab, wie die Unternehmen die Lage der Wettbewerbsunternehmen beurteilen. Die entscheidend wichtige Frage lautet: Wie stark ist die Position der gegnerischen Unternehmen, welchen fertigungstechnischen Stand haben sie erreicht, wie ist ihre finanzielle Lage, welche Stellung haben sie im Markt, welche Geschäftspolitik betreiben sie? Mit welchem Widerstand ist bei ihnen zu rechnen? Werden sie sich mehr passiv verhalten, oder erlaubt ihnen ihre Lage, zu preispolitischer Gegenoffensive überzugehen?

Auch weiß jedes Unternehmen, das glaubt, die Voraussetzungen für eine Überprüfung seiner Verkaufspreise aufzuweisen, daß die Wirkung der eigenen und gegnerischen Maßnahmen von dem Trend der allgemeinen wirtschaftlichen Entwicklung und dem Trend des Produktions- oder Geschäftszweiges abhängig ist, dem es angehört.

Diese drei Tatbestände: eigene Lage, Lage der Konkurrenten und Lage des allgemeinen und des speziellen Trends, bilden in der Praxis die Grundlage für preispolitische Entscheidungen von zu einer Oligopolgruppe gehörenden Unternehmen. Die Entscheidungen bereiten um so geringere Schwierigkeiten, je vollkommener die Informationen sind, über die die Unternehmen verfügen. Im allgemeinen wird man davon ausgehen dürfen, daß ein gewisses Mindestmaß an Information über die gegnerischen Unternehmen vorliegen muß, wenn absatzpolitische Entscheidungen getroffen werden. Die Gefahr von Fehlentscheidungen ist um so größer, je unvollständiger und schlechter die Informationen sind, über die die Unternehmen verfügen. Grundsätzlich wird man davon ausgehen können, daß die wenigen zu einer Oligopolgruppe gehörenden Unternehmen sehr konkrete Vorstellungen über ihre eigene Lage und die der Konkurrenten haben. Sie beruhen auf Erfahrungen, die die Unternehmen im engen Nebeneinander oligopolistischen Wettbewerbs machen.

b) Wenn ein Oligopolunternehmen überlegt, wie sich die Konkurrenzunternehmen bei einer Änderung seiner Angebotspreise verhalten werden, weiß es aus Erfahrung, daß die Konkurrenten keine Änderung ihrer Verkaufspreise vornehmen werden, wenn die eigenen Preisänderungen in gewissen, nicht zu weiten Grenzen bleiben. Die Erwartung, daß die Konkurrenzunternehmen in einem bestimmten Preisintervall voraussichtlich nicht reagieren werden, beruht also auf Erfahrung und nicht auf Irrtum oder auf einer Als-ob-Konstruktion wie bei COURNOT. Die Unternehmen erwarten auch nicht, daß, wenn sie preispolitisch im autonomen Intervall operieren, die Gegner eine Abhängigkeitsposition beziehen werden, ein Verhalten, das die Konstruktion des asymmetrischen Dyopols bei v. STACKELBERG beherrscht. Der typische Oligopolfall in der Praxis kennzeichnet sich vielmehr dadurch, daß die Unternehmen preis- oder mengenpolitisch aktiv gegeneinander operieren, und nicht dadurch, daß sich ein Unternehmen an ein anderes passiv anpaßt. Im Gegensatz zu v. STACKELBERGs Ansicht, daß sich kein Marktgleichgewicht einstellen wird, wenn beide Unternehmen die Unabhängigkeitsposition beziehen, zeigt ein Blick auf die wirtschaftliche Wirklichkeit, daß es tatsächlich einen Gleichgewichtszustand unter Oligopolbedingungen gibt. Offenbar reichen die klassischen Erwartungsstrukturen (einschließlich der von v. STACKELBERG verwandten) nicht aus, zu erklären, wie Preisgleichgewichte unter Oligopolbedingungen in der wirtschaftlichen Praxis zustande kommen.

Eine völlig andere Lage erhält man, wenn ein zur Oligopolgruppe gehörendes Unternehmen erwägt, unterhalb des bisherigen unteren Grenzpreises seiner reaktionsfreien Zone zu operieren. Ein solches Unternehmen wird überlegen, mit welchen Reaktionen der Konkurrenten es rechnen muß, wenn es — so sei zunächst angenommen — seinen Verkaufspreis für ein von ihm hergestelltes oder auf den Markt gebrachtes Erzeugnis so stark ermäßigt, daß der untere Grenzpreis des bisherigen autonomen Preisbereiches unterschritten wird. Da dem Unternehmen bekannt ist, daß die Stärke der Gegenmaßnahmen seiner Wettbewerber unter anderem von der Stärke der Preisermäßigung abhängt, es also in gewissem Maße die Möglichkeit hat, auf die Stärke der Gegenmaßnahmen Einfluß zu nehmen, wird es Überlegungen für eine Anzahl von Preisermäßigungen anstellen. Damit entsteht die Frage:

Wie werden die Konkurrenzunternehmen wahrscheinlich reagieren, wenn der Verkaufspreis von p_0 auf p_1 oder p_2 oder p_3... ermäßigt wird, wobei $p_1 > p_2 > p_3$? Die Preise sollen unter dem bisherigen unteren Grenzpreis liegen.

Das Unternehmen wird den Preisen p_1, p_2, p_3 eine Anzahl von Möglichkeiten gegnerischen preispolitischen Verhaltens zuordnen. Von ihnen sind vor allem drei Fälle interessant, auf die sich die nachstehende Analyse beschränken soll. Der Einfachheit halber sei eine dyopolistische Situation angenommen. Das Unternehmen A sei das die preispolitische Maßnahme erwägende Unternehmen. Das Unternehmen B sei der Konkurrent.

Als Reaktion auf das preispolitische Verhalten des Unternehmens A kann das Unternehmen B seinen Preis derart ändern, daß er

a) über dem neuen reaktionsfreien Bereich des Unternehmens A bleibt oder

b) in dem neunen reaktionsfreien Bereich von A oder

c) unterhalb der neuen reaktionsfreien Zone von A liegt.

Glaubt das Unternehmen A auf Grund seiner Beurteilung der allgemeinen Lage und der speziellen Lage des B damit rechnen zu dürfen, daß B sich gemäß a) verhält, dann wird eine solche Beurteilung des B den Preisermäßigungsbeschluß nicht hemmen, da dem Unternehmen A Nachfrage von B zuwachsen wird, solange B an den relativ hohen Preisen festhält.

Die Lage ist anders zu beurteilen, wenn das Unternehmen B imstande ist, durch Änderung der Produkteigenschaften oder durch Werbung den Verlust an Käufern — zurückzuführen auf die relativ hohen Preise — auszugleichen. In diesem Falle baut B sich eine neue Absatzkurve auf. Diese Möglichkeiten sollen hier nicht weiter untersucht werden.

Vollzieht sich der Anpassungsprozeß so, daß das Unternehmen B kurzfristig oder nach mehreren preispolitischen Experimenten einen Preis stellt, der in der neuen reaktionsfreien Zone von A liegt, dann wird, wenn nicht Qualitäts- oder Werbekonkurrenz oder besondere Umstände eine Änderung von Form und Lage der Absatzkurve von A und B zur Folge haben, der Absatz von A und B absolut zunehmen, aber die relativen Marktanteile werden gleich bleiben. Rechnet A damit, daß die Anpassungsverzögerung zusätzliche Gewinne entstehen läßt, dann wird nicht anzunehmen sein, daß diese Gewinnerwartung die preispolitische Aktivität des Unternehmens A wesentlich beeinflussen wird, weil diese Gewinne nur vorübergehenden Charakter haben können. Glaubt aber A bei dem neuen Preis und dem für wahrscheinlich angenommenen Verhalten von B eine Gewinnlage verwirklichen zu können, die günstiger ist als die bisherige Gewinnlage, dann ist nicht einzusehen, warum das Unternehmen A seine preispolitischen Ziele nicht verwirklichen soll.

Rechnet jedoch das Unternehmen A mit Preisreaktionen gemäß c), die es ihm unmöglich machen, seinen Umsatz auf den geplanten, für günstig gehaltenen Umfang einzuspielen, dann ergibt sich eine andere Situation. Wird B von A für so stark angesehen, daß B den Preiskampf aufnimmt, dann kann das Unternehmen nicht damit rechnen, daß es den für erstrebenswert angesehenen Umsatz zu stabilisieren vermag. Es muß vielmehr davon ausgehen, daß es, wenn es dem offenbar stärkeren oder zum Kampf entschlossenen B preispolitisch nicht folgt, in eine sehr ungünstige Lage hineinmanövriert wird. Sieht man hier wieder davon ab, daß es auch andere als preispolitische Möglichkeiten gibt, die schwierige Lage zu meistern, dann ist es wahrscheinlich, daß das Unternehmen vor einer Preisstellung zurückschrecken wird, die derartige Folgen hat. Will also das Unternehmen A keinen Preiskampf um jeden Preis, dann wird es prüfen, ob mit einer ähnlichen Situation bei einer geringen Preisermäßigung gerechnet werden muß.

Nunmehr werden die Möglichkeiten bei dem Preise p_2 ($p_2 < p_1$) durchkalkuliert usf., bis der Preis gefunden ist, bei dem das Unternehmen A glaubt, preispolitische Reaktionen des Unternehmens B erwarten zu dürfen, die einer Verbesserung seiner Rentabilitätssituation nicht entgegenstehen. Führt aber das Durchdenken der wahrscheinlichen Reaktionen der Konkurrenten zu dem Ergebnis, daß eine Verbesserung der gegenwärtigen Lage nur mit großem Risiko zu erreichen ist, und glaubt das Unternehmen, im eigenen Interesse ein solches Risiko nicht wagen zu sollen, dann wird die Geschäftsleitung zu dem Entschluß kommen, daß es besser ist, die preispolitische Aktivität zu bremsen und von Preiskorrekturen abzusehen.

Wird ex-ante eine für ein Unternehmen unerwünschte preispolitische Reaktion der Konkurrenten erwartet, dann legt sich diese Erwartung wie eine Barriere vor den Entschluß, die Preise herabzusetzen. Wird außerdem mit einer unerwünschten Elastizität der Nachfrage gerechnet, dann hemmen zwei Barrieren die preispolitische Aktivität.

c) In der Sicht des Unternehmens B spielt sich der Prozeß etwas anders ab. Für B bedeutet eine von A vorgenommene Preisänderung (hier: Preisherabsetzung) Änderung eines Datums seiner preispolitischen Entscheidungen. Das bisherige Preisgleichgewicht wird gestört. B muß sich für eine preispolitische Maßnahme entscheiden. (Von durchaus möglichen Maßnahmen der Produktgestaltung und der Werbung sei hier wiederum abgesehen.) Die Lage möge sich ferner dadurch kennzeichnen, daß B von sich aus keinen Anlaß gehabt hat, preispolitisch aktiv zu werden. Das Gesetz des Handelns wird ihm aufgezwungen. Viele Möglichkeiten, auf die Preisermäßigung des A zu antworten, stehen dem B zur Verfügung. Welche Maßnahme B ergreift, hängt wiederum ab von der Stärke seiner eigenen Position, von seinem

Urteil über die Stärke, Beweggründe, Erfolgschancen der gegnerischen Maßnahmen und von seiner Beurteilung der allgemeinen und speziellen Lage in naher und ferner Zeit. Glaubt B, daß sein akquisitorisches Potential, also die Anziehungskraft seiner Erzeugnisse auf die Käufer, so groß ist, daß eine mäßige Preissenkung genügt, um die gegnerische Maßnahme aufzufangen und auszugleichen, dann wird es den Preismaßnahmen des A vorsichtig oder überhaupt nicht folgen. Es kommt hierbei wesentlich darauf an, für wie stark sich B hält, insbesondere auch darauf, für wie stark sich die übrigen zum Oligopol gehörenden Unternehmen fühlen und wie sie die Entwicklung auf die Dauer beurteilen. Unternehmen mit starker Stellung im Markt, also hohem Marktanteil, werden sich in einer solchen Lage anders verhalten als Unternehmen, die zufrieden sind, wenn sie überleben. Ergibt dagegen ein Durchrechnen der preispolitischen Möglichkeiten, daß das Unternehmen B höhere Gewinne erzielt, wenn es einen Preis innerhalb des eigenen, sich neu einspielenden reaktionsfreien Bereiches stellt, der das Ergebnis experimentierenden Versuchens sein kann, dann wird es sich in diesem Sinne entscheiden. Nur sehr starke Unternehmen werden die Preissenkung des Unternehmens A zum Anlaß nehmen, den Kampf um den Marktanteil von einer Position aus zu beginnen, die für sie keineswegs die günstige Ausgangslage für derartige Maßnahmen sein muß. Wie B sich entscheidet, ist aber nicht nur von seiner eigenen, sondern auch von der unternehmerischen Stärke des A und der der übrigen Konkurrenten abhängig.

Die Entscheidungen beruhen auf der Beurteilung der eigenen Lage, der Beurteilung der Markt- und Konkurrenzverhältnisse und der Beurteilung der Wirksamkeit der eigenen absatzpolitischen Instrumente. Es sind die wahrscheinlichsten Werte, die die Grundlage absatzpolitischer, hier preispolitischer Entscheidungen bilden.

Treffen die Erwartungen nicht zu, verhalten sich die Konkurrenten anders als angenommen wurde, dann vollzieht sich der oligopolistische Preisbildungsprozeß als eine Abfolge von Korrekturen. Die Theorie wird dann zu einer Sequenzanalyse, auf deren Darstellung hier verzichtet wird.

Der oligopolistische Anpassungsprozeß kann sich nicht in der Form des beweglichen Konkurrenzsystems entlang der Gleitkurve vollziehen, wenn durch Maßnahmen produkt- und werbepolitischer Art neue Präferenzstrukturen entstehen und sich die Marktanteile verschieben. Die oligopolistische Absatzkurve ändert dann ihre Form und Lage. Der Abstand der oberen und unteren Grenzpreise nimmt zu oder ab, d.h., das Maß an Substituierbarkeit und der Elastizität der Nachfrage innerhalb des autonomen Bereiches nimmt neue Formen an. Die Unternehmen bauen Absatzkurven auf, die sich von den bisherigen unterscheiden. Die Analyse dieses Prozesses setzt voraus, daß Produktvariation und Werbung als zusätzliche Bestimmungsfaktoren in den oligopolistischen Preisbildungsprozeß einbezogen werden[1].

D. Spieltheoretische Lösungssätze.
1. Kritische Anmerkungen zur Theorie der Nullsummen-Matrix-Spiele.
2. Ausblick auf weitere Spieltypen.

1. Nunmehr soll die Frage untersucht werden, wie die Theorie der Spiele das Oligopolproblem oder Teile desselben zu lösen versucht hat. Dabei ist insbesondere zu klären, welche Erwartungsstrukturen der spieltheoretischen Konzeption zugrunde liegen.

Angewandt auf eine Oligopolsituation, geht die Spieltheorie davon aus, daß in Analogie zu den beiden Spielern I und II die beiden Unternehmen A und B alle möglichen eigenen und gegnerischen absatzpolitischen Maßnahmen in ihre Überlegungen einbeziehen. Insofern entspricht diese Ausgangssituation der Vorstellung von konjekturalem Verhalten der Konkurrenten. Im Gegensatz zur klassischen Oligopoltheorie machen aber die Unternehmen im Falle des spieltheoretischen Ansatzes zunächst keine eindeutig bestimmten Annahmen darüber, welche preispolitische Maßnahme der Gegner jeweils ergreifen wird. Das Unternehmen A kann m, das Unternehmen B n Maßnahmen ergreifen. Welche Maßnahme A ergreift, weiß B nicht, und umgekehrt weiß A im Zeitpunkt seiner Entscheidung nicht, wozu sich sein Gegner B entscheidet. Die Wahl der Strategien vollzieht sich also unabhängig voneinander. Das Unternehmen A legt seine Maßnahmen autonom und unwiderruflich fest, bevor es Kenntnis von den Maßnahmen des gegnerischen Unternehmens erlangt hat. Beide müssen ihre Maßnahmen so kundtun, daß der eine auf Grund seiner Kenntnis der Maßnahmen des anderen seine Maßnahmen nicht mehr ändern kann. Die Reaktionsverbundenheit, wie sie in der klassischen Oligopoltheorie so stark hervortritt, ist also in diesem Sinne nicht typisch für den klassischen spieltheoretischen Ansatz im Rahmen der Oligopoltheorie. Insofern sind hier Elemente autonomen absatzpolitischen Verhaltens vorhanden.

Die Spieltheorie setzt voraus, daß beide Spieler, hier beide Unternehmen, die eigenen und gegnerischen Gewinnfunktionen kennen, die zwar nicht in Form einer Matrix angegeben werden müssen, für die jedoch in der Spieltheorie vorherrschend diese Form verwandt wird. Aus dieser Gewinnmatrix können die Spielteilnehmer, wenn sie ihre Strategien ausgewählt und aufgedeckt haben, ihren Gewinn bzw. ihren Verlust ablesen. Wird die gleiche Voraussetzung für die beiden Oligopolunternehmen A

---
[1] Vgl. hierzu die Ausführungen über Produktvariation und Marktbeherrschung des siebten Kapitels (Punkt 9).

und B gemacht, entscheiden sie sich also im oben erwähnten Sinne unabhängig — ohne Kenntnis der gegnerischen Entscheidungen — voneinander, dann können die beiden Unternehmen die Gewinne bzw. Verluste, die sie erzielt haben, der Matrix entnehmen.

Eine solche Situation entspricht einem Zweipersonenspiel der Spieltheorie, in deren Mittelpunkt diejenigen Spiele stehen, die die zusätzliche Voraussetzung erfüllen, daß die Summe der Gewinne und Verluste der beiden Unternehmen bei jeder Entscheidungssituation gleich einer Konstanten, speziell gleich Null ist. Man spricht unter diesen Umständen von einem Zweipersonenspiel mit der Spielsumme Null (Nullsummenspiel).

Die Lösung, die die Spieltheorie unter diesen Voraussetzungen gibt, setzt weiterhin voraus, daß die beiden Unternehmen A und B sich gewinnmaximierend verhalten, und zwar hier in dem Sinne, daß jedes der beiden Unternehmen die bei gegebener Lage günstigste Situation zu erreichen bestrebt ist. Die nicht in der Matrix berücksichtigten betrieblichen Umstände, Unwägbarkeiten, Langfristigkeiten u. a. üben keinen Einfluß auf die Entscheidung aus.

Nach den Regeln der Spieltheorie kommt es dadurch zu einem Gleichgewicht, also zu einem Ausgleich der entgegengesetzten Interessen beider Spieler bzw. Unternehmen, daß ein Spieler bzw. ein Unternehmen, wenn es von seiner Gleichgewichtsstrategie abweicht, seinen Gewinn nur verringern, aber niemals vergrößern kann, sofern sein Gegner seine Gleichgewichtsstrategie beibehält. Das Minimaxprinzip bestimmt ein solches Gleichgewicht, und die Minimaxstrategien, hier auch optimale Strategien genannt, haben also zur Folge, daß wenn A (bzw. B) seine optimale Strategie spielt, B (bzw. A) seinen Gewinn durch Abweichen von seiner optimalen Strategie nur verringern bzw. seinen Verlust nur vergrößern kann.

Diese kurze Skizze zeigt:

Erstens: Die Spieltheorie setzt die Kenntnis der Gewinnfunktionen voraus. Insofern liegt kein Fortschritt gegenüber der bisherigen Oligopoltheorie vor.

Zweitens: Die Spieltheorie verlangt, daß die Oligopolunternehmen ihre absatzpolitischen Maßnahmen unabhängig und unwiderruflich festlegen. In diesem Sinne wurde oben von Gleichzeitigkeit gesprochen. Die Spieltheorie vermag nicht die für die oligopolistische Wettbewerbssituation so typische Reaktionsverbundenheit zu berücksichtigen. Denn in Wirklichkeit vollziehen sich die absatzpolitischen Maßnahmen in einer bestimmten zeitlichen Abfolge, nur in wenigen Ausnahmefällen simultan. Nach jedem Zuge, nach jeder absatzpolitischen Maßnahme ändern sich die Gewinnkonstellationen, d. h., es muß eine neue Matrix aufgestellt werden.

Drittens: Der strenge Interessengegensatz, der die Voraussetzung des Minimaxprinzips ist, kommt in der Nullsummenbedingung zum Ausdruck[1]. In der wirtschaftlichen Wirklichkeit ist es jedoch nicht so, daß der Gewinn des einen Unternehmens notwendig gleich dem Verlust des anderen Unternehmens ist.

Viertens: Die Spieltheorie kennt auch den Begriff der gemischten Strategie. In diesem Falle hat der Spieler zwischen mehreren einzelnen (reinen) Strategien nach bestimmten Wahrscheinlichkeiten regellos zu wechseln, die auf Grund der Gewinnfunktionen so bestimmt werden, daß sich insgesamt wieder ein Gleichgewicht ergibt. Ohne auf diese spieltheoretische Konstruktion näher einzugehen, läßt sich leicht einsehen, daß eine mit einer bestimmten Wahrscheinlichkeit versehene Entscheidung betriebswirtschaftlich nur dann sinnvoll ist, wenn sich die Entscheidungssituation mehrmals identisch, d. h. unter gleichen Bedingungen, wiederholt. Die preispolitischen Entscheidungen, die die Oligopolunternehmen vorzunehmen haben, kennzeichnen sich aber gerade dadurch, daß sie einmalig sind. Selbst wenn sich Entscheidungen über den gleichen Gegenstand häufig wiederholen, so ändern sich doch die Voraussetzungen, hier insbesondere auch die Gewinnfunktionen, ständig.

Fünftens: Das Minimaxprinzip stellt eine sehr vorsichtige Verhaltensvorschrift dar, denn die Unternehmen gehen unter den genannten Voraussetzungen praktisch kein Risiko ein. Der Minimaxgewinn, der sich ergibt, wenn beide Partner ihre optimalen Strategien spielen, ist zwar nicht der absolut höchste, aber der sicherste Gewinn. Hierbei werden jedoch gewisse spielexterne Gegebenheiten, Trends der allgemeinen und speziellen wirtschaftlichen Entwicklung u. a. nicht berücksichtigt. Die Spieltheorie sieht hiervon ab; sie sind aber Bestandteil der wirtschaftlichen Wirklichkeit. So kann zum Beispiel das Monopolunternehmen A bereits eine starke Marktstellung erreicht haben oder aber über finanzielle Reserven verfügen, die ihm eine Art Rückendeckung geben und ihm erlauben, gewisse risikoreiche Maßnahmen zu ergreifen, die ein anderes, nicht so starkes Unternehmen nicht wagen kann.

Wird das Zweipersonen-Nullsummenspiel durch Aufnahme weiterer Spieler zum Drei-, Vier-, oder n-Personenspiel mit der Summe Null erweitert, dann rückt damit das Problem der Bildung von Koalitionen

---

[1] Hier sei auf die Ausführungen im ersten Kapitel verwiesen. Vgl. hierzu unter anderem: NEUMANN, J. v., and O. MORGENSTERN, Theory of Games and Economic Behavior, Princeton 1944, 3. Aufl. 1953 (deutsche Übersetzung: Spieltheorie und wirtschaftliches Verhalten, Würzburg 1961); McKINSEY, J. C. C., Introduction to the Theory of Games, New York 1952; VAJDA, S., The Theory of Games and Linear Programming, London 1956; BURGER, E., Einführung in die Theorie der Spiele, Berlin 1959.

und der Verteilung des Gewinnes unter die Partner in den Vordergrund. Da aber auch für den Fall des kooperativen n-Personenspiels die Nullsummen- bzw. Konstantsummenbedingung besteht und vollständige Information über die Gewinnfunktionen angenommen wird, bleiben die Bedenken gegen die Verwendbarkeit der bisher betrachteten Spieltypen für die Lösung der oligopolistischen Preisprobleme bestehen.

2. a) Die Spieltheorie hat dadurch, daß sie das Gleichgewichtsproblem im Rahmen ihrer Voraussetzungen und Verfahren in eine neue und weite Sicht gerückt hat, wesentlich zur Weiterentwicklung der oligopoltheoretischen Diskussion beigetragen. Das gilt vor allem insofern, als sie auch Spielsituationen erörtert hat, die für die theoretische Behandlung des Oligopolproblems günstigere Voraussetzungen aufweisen als die bisher erwähnten Nullsummenspiele. Zwar ist das Nullsummenspiel zusammen mit dem Minimaxprinzip wesentlicher Bestandteil der von v. NEUMANN und MORGENSTERN entwickelten Spieltheorie. Aber die Nicht-Nullsummenspiele weisen für wirtschaftliche Anwendungen gewisse Vorzüge auf, wie nun zu zeigen ist.

Eine erste Erweiterung der Nullsummen-Matrixspiele besteht darin, daß zwei Ergebnismatrizen vorliegen, eine erste für das Unternehmen A (Spieler 1) und eine zweite für das Unternehmen B (Spieler 2). Um eine gute Übersicht über die Gewinne (Auszahlungswerte) zu bekommen, ist es üblich, die zwei Matrizen ineinanderzuschreiben, d. h., zu jeder Zeilen-Spalten-Kombination gehören zwei Gewinnbeträge, ein erster für das Unternehmen A und ein zweiter für das Unternehmen B. Erwägen zum Beispiel die beiden Unternehmen je zwei mögliche Preisstellungen (das Unternehmen A möge die Preise von 11,— DM und 6,— DM, das Unternehmen B von 10,— DM und 5,— DM in Betracht ziehen) und hat jedes Unternehmen Vorstellungen darüber, wie der Gewinn des eigenen und des gegnerischen Unternehmens für alle möglichen Preiskombinationen sein wird, dann könnte die Gewinnmatrix zum Beispiel folgende Gestalt haben:

		B	
		10	5
A	11	(50,50)	(30,85)
	6	(80,25)	(55,55)

Würde Unternehmen A seinen hohen Preis von 11,— DM fordern, das Unternehmen B dagegen seinen Preis auf 5,— DM festsetzen, dann würde das Unternehmen B, da mehr Käufer jetzt bei ihm kaufen als bei seinem Konkurrenten A, einen Gewinn von 85 erzielen, der um 55 größer ist als der des Unternehmens A, da sich auf Grund der unterschiedlichen

Preisstellung der Umsatz zugunsten des Unternehmens B verschieben wird.

In dieser Lage ist also die Nullsummenbeschränkung weggefallen, dafür entstehen auf der anderen Seite Schwierigkeiten bei der Frage nach einer optimalen Strategie. Es hat zwar NASH[1] die Existenz wenigstens einer (gemischten) Gleichgewichtsstrategie nachgewiesen, doch können durchaus mehrere, untereinander nicht äquivalente Gleichgewichte existieren. Die Theorie ist also im allgemeinen nicht imstande, hier eine eindeutige Lösung zu ermitteln.

Eine etwas andere Situation ergibt sich, wenn das Unternehmen A von der Zielsetzung ausgeht, die Differenz zwischen seinem eigenen Gewinn und dem des Unternehmens B zu maximieren. Wenn das Unternehmen B die gleichen Absichten verfolgt, so ist das gleichbedeutend damit, daß das Unternehmen B die Differenz zwischen dem Gewinn des Unternehmens A und dem eigenen Gewinn zu minimieren sucht. Diese Lage entspricht dann einem Nullsummenspiel mit diesen Differenzen als Spielergebnissen, in dem Beispiel also:

		B	
		10	5
A	11	0	−55
	6	+55	0

Diejenigen Strategien (Preiskombinationen), die dieses Spiel lösen, können als Drohstrategien aufgefaßt werden, die jedem Unternehmen eine gewisse Gewinndifferenz garantieren. Man kann diese sicher zu erreichende Gewinndifferenz nun dazu benutzen, den Gewinn, der durch die gemeinsame Gewinnmaximierung (in dem Beispiel: 115) zu erzielen ist, aufzuteilen.

b) Geht man statt von Gewinnmatrizen von stetigen Gewinnfunktionen aus, so kann eine solche Situation durch folgendes Beispiel erläutert werden: Zwei Dyopolisten, deren Kostenfunktionen $K_A(x_A)$ und $K_B(x_B)$ gegeben seien, beabsichtigen, ihren Gewinn zu maximieren unter der Annahme, daß eine gemeinsame Preisabsatzfunktion $f(x_A, x_B)$ vorliege. Die Gewinne der beiden Unternehmen werden dann durch folgende Gleichungen ausgedrückt:

$$G_A = x_A \cdot f(x_A, x_B) - K_A(x_A),$$
$$G_B = x_B \cdot f(x_A, x_B) - K_B(x_B).$$

Auch hier ist die Nullsummenbeschränkung nicht erforderlich. Die Strategien, die den einzelnen Unternehmen zur Verfügung stehen, sind

---

[1] NASH, I. F., Non-cooperative games, Annals of Mathematics, Vol. 54 (1951), S. 286—295. Siehe auch LUCE, R. D., and H. RAIFFA, Games and Decisions, New York, 1957, insbesondere Kapitel 5.

in diesem Beispiel die zur Anbietung gelangenden Mengen x_A und x_B. Durch sie ist dann der Preis gleichzeitig durch die Preis-Absatzfunktion $f(x_A, x_B)$ mitbestimmt.

Die Lösung eines solchen Beispiels führt, wenn man jegliche Zusammenarbeit untersagt, also völlige Unabhängigkeit vorliegt, auf die bekannte COURNOT-Lösung. Im Rahmen allgemeiner spieltheoretischer Überlegungen findet sich hier also einer der bekannten klassischen Lösungsvorschläge wieder. Die v. NEUMANN-MORGENSTERNsche Lösung allgemeiner Spiele führt auf die gemeinsame Gewinnmaximierung ohne Angabe der Gewinnaufteilung. Diese könnte beispielsweise mit Hilfe der oben erwähnten Drohstrategien vorgenommen werden[1].

c) Bei den sogenannten Ruinspielen (Games of Survival), die so lange gespielt, besser vielleicht gekämpft werden, bis einer der beiden Teilnehmer ruiniert ist, das heißt seine finanziellen Mittel unter eine vorher festzulegende Grenze gesunken sind, werden sowohl der dynamische Prozeß als auch die finanziellen Ausgangssituationen der Unternehmen in die Betrachtung einbezogen. Ein solches Spiel kann zum Beispiel durch folgende Daten charakterisiert werden:

1. die Spieleinsätze, das heißt diejenigen Beträge an finanziellen Mitteln, die die Unternehmen für den Einsatz gewisser Preis-, Werbe- oder sonstiger Aktionen bei Beginn der Auseinandersetzung auszugeben bereit sind;

2. die „Preise des Spieles", das heißt diejenigen Beträge, die das jeweils „überlebende" Unternehmen als Belohnung erhält;

3. die Gewinnfunktionen, die die Beträge angeben, die bei irgendeiner Aktion des Unternehmens A und irgendeiner Aktion des Unternehmens B an einen der Partner zur Auszahlung gelangen;

4. der Abzinsungsfaktor.

Wie schon erwähnt, können die den Unternehmen zur Verfügung stehenden Aktionen aus dem gesamten Bereich der Absatzpolitik stammen[2]. Auch hier geht, wie so oft, eine größere Wirklichkeitsnähe auf Kosten der Lösbarkeit dieser Probleme. Die Erörterungen dieser Fragen sind noch zu sehr im Fluß, als daß ein abschließendes Urteil über die betriebswirtschaftliche Brauchbarkeit dieser theoretischen Ansätze abgegeben werden könnte.

---

[1] Eine Übersicht über die verschiedenen Lösungsmöglichkeiten einer Dyopolsituation enthält der Aufsatz von MAYBERRY, I. P., I. F. NASH, and M. SHUBIK, A Comparison of Treatments of a Duopoly Situation, Econometrica, Vol. 21 (1953), S. 141—154. Siehe auch SHUBIK, M., Strategy and Market Structure, New York 1959, und BURGER, E., Einführung in die Theorie der Spiele, Berlin 1959.

[2] Vgl. hierzu SHUBIK, a.a.O., Kapitel X.

E. Verdrängungs- und Kampfsituationen unter der Voraussetzung totaler Interdependenz.

Wenn alle Oligopolunternehmen unter den Bedingungen vollkommener Märkte und totaler Interdependenz eine auf Marktbeherrschung zielende Politik betreiben, also die Unabhängigkeitsposition einzunehmen bestrebt sind, dann kommt kein Gleichgewichtspreis zustande. Das System ist gleichgewichtslos. Die Untersuchungen von v. STACKELBERG und BOWLEY haben diesen Satz bewiesen.

Mit Aussicht auf Erfolg kann allerdings ein solches Ziel, Verdrängung eines anderen Unternehmens vom Markt, nur von solchen Unter-

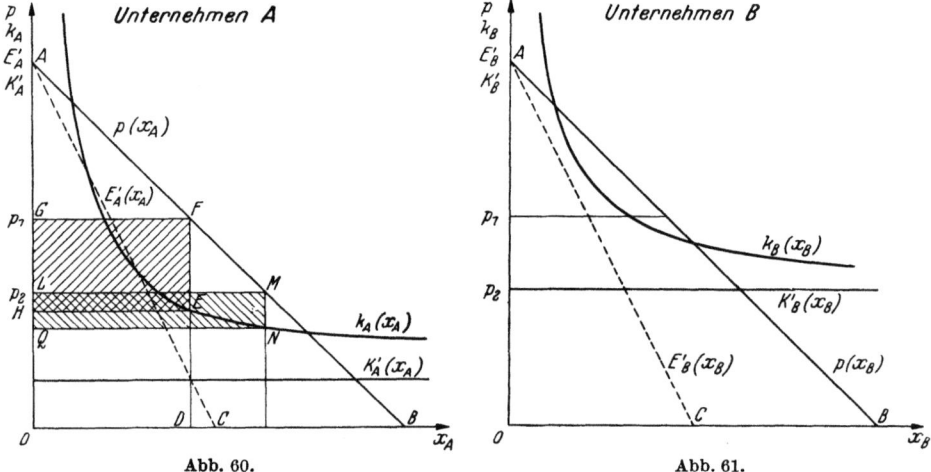

Abb. 60. Abb. 61.

nehmungen erreicht werden, die wesentlich stärker sind, vor allem von solchen, die besonders günstige Gestehungskosten haben und die finanziell zu einem Machtkampf gerüstet sind.

Die beiden Unternehmen A und B mögen bei gleicher Nachfragestruktur unterschiedliche Kostenstrukturen aufweisen. Diese Lage ist in den Abb. 60 und 61 dargestellt worden. Die Kostenstruktur des Unternehmens A sei günstiger als die des Unternehmens B. Dies kommt darin zum Ausdruck, daß die Grenzkostenkurve K'_A des A niedriger als die Kurve K'_B des B liegt. Die Verläufe der Stückkosten zeigen die Kurven k_A und k_B. Der gewinngünstigste Preis für A ist p_1. Sein Gewinn zu diesem Preis beträgt $HEFG$. Bei diesem Preis ist keine Verdrängung des B möglich, weil die Durchschnittskosten des Unternehmens B unter p_1 liegen. Das Unternehmen A muß also seinen Preis so tief herabsetzen, daß er kleiner ist als die geringsten Stückkosten, mit denen das Unternehmen B bei gegebener Kapazität produzieren kann. Man kann noch einen Schritt weiter gehen und sagen, daß der Preis bis auf die Grenzkosten des Unternehmens B, die ja in diesem Fall die proportionalen Stückkosten sind, gesenkt werden müsse. Erst hier wird eine Verdrängung wirklich wirksam, weil das Unternehmen B kurzfristig auf die vollständige Deckung seiner fixen Kosten verzichten kann. Im Beispiel ist der Preis p_2 der Verdrängungspreis. Der Gewinn des Unternehmens A vermindert sich während der Verdrängung im Beispiel bis auf $LQNM$. Nach der Verdrängung ergibt sich eine Situation, wie sie die Abb. 62 zeigt.

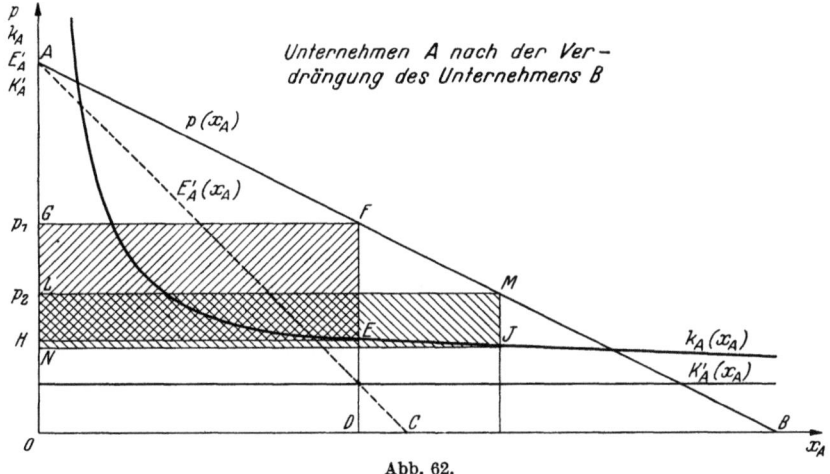

Abb. 62.

Dem Unternehmen A ist bei dem Preis p_2 die gesamte Nachfrage zugewachsen. Es erzielt unter diesen Umständen den Gewinn $LNJM$. Die Verdrängung hat sich dann gelohnt, wenn der Gewinn $LNJM$ größer ist als der Gewinn $GHEF$ in Abb. 60.

Aus der Abb. 62 wird weiterhin ersichtlich, daß der Monopolgewinn $GHEF$ größer sein kann als der Gewinn bei dem Verdrängungspreis p_2. Das Unternehmen A wird so lange sein absolutes Gewinnmaximum (bei dem Preis p_1) nicht realisieren können, wie es damit rechnen muß, daß wiederum ein Konkurrenzunternehmen auf den Markt tritt[1]. Bei dem Verdrängungspreis p_2 vermag es seine Position zu halten, solange kein Betrieb existiert, dessen Grenzkosten niedriger sind als dieser Preis. Gegen neue Unternehmen mit günstigeren Kostenstrukturen ist das Unternehmen A jedoch auch zu diesem Preis nicht gesichert. Damit wird bereits unter so einfachen Bedingungen, wie sie hier angenommen worden sind, die Problematik der sog. Kampf- und Verdrängungspolitik offensichtlich, wie sie auch in den Modellen von BERTRAND, EDGEWORTH und BOWLEY bereits enthalten ist.

[1] Vgl. hierzu die Ausführungen im Abschnitt II, 8 dieses Kapitels über die „Limit-price"-Analyse von J. S. BAIN.

Diese Problematik wird aber noch deutlicher, wenn davon ausgegangen wird, daß bei dem Verdrängungspreis die Kapazität des Unternehmens A nicht ausreicht, die gesamte Nachfrage zu befriedigen. Unter diesen Umständen ist der Konkurrenzbetrieb zur Deckung der Nachfrage schlechthin erforderlich. Er wird auch zu einem Preis verkaufen können, der über dem Verdrängungspreis p_2 liegt, denn es ist genug kaufkräftige Nachfrage übriggeblieben, die einen höheren Preis zahlen würde. Das Unternehmen A wird also seinen Preis ebenfalls erhöhen. Eine Verdrängung ist ihm wegen seiner zu geringen Kapazität nicht gelungen. Ob es zu einem Oszillieren der Preise kommen muß, wie EDGEWORTH glaubt nachgewiesen zu haben, soll nicht weiter untersucht werden[1], da es hier nur darum geht, die für nicht wirtschaftsfriedliches Verhalten charakteristischen preispolitischen Situationen aufzuzeigen. Es mag jedoch noch darauf hingewiesen werden, daß dann, wenn die Kapazität des Unternehmens A nicht groß genug ist, um zu dem Verdrängungspreis die gesamte Nachfrage zu befriedigen, bei dem Versuch, die Produktion bis zum äußersten auszuweiten, Kosten der Überbeanspruchung entstehen können. Sie verschlechtern die Gewinnlage des Unternehmens. Bei quantitativer Anpassung kann es sein, daß bei der Kapazitätsausweitung Sprungkosten auftreten, die die Durchschnittskosten ruckartig erhöhen. Auch in diesem Fall verschlechtert sich die Gewinnlage des Unternehmens A nach der Verdrängung. Beide Umstände verstärken also die Schwierigkeiten einer auf Verdrängung abzielenden Preis- und Absatzpolitik.

F. Die kollektive Preispolitik.

1. Begriff und Formen der kollektiven Preispolitik.
2. Gemeinsame Gewinnmaximierung.
3. Einige Fragen der Kartellpreisbildung.
4. Preisführerschaft.

1. Die Untersuchungen über die Preispolitik von Unternehmungen mit oligopolistischer Angebotsstruktur haben gezeigt, daß die Möglichkeiten preispolitisch autonomen Verhaltens abnehmen, je mehr sich das System totaler preispolitischer Interdependenz nähert. Die starke Abhängigkeit des preispolitischen Verhaltens jedes Unternehmens von der Preispolitik der Konkurrenzunternehmen kann dazu führen, daß keine Gleichgewichtssituationen erreicht werden und die Unternehmen mit geringen Gewinnen oder unter Umständen sogar mit Verlusten arbeiten müssen. Oft führen derartige Situationen zu Kämpfen, welche die Existenz der Unternehmen gefährden.

---

[1] Die Tatsache, daß EDGEWORTH zu dem Ergebnis kommt, daß die Preise zwischen zwei Grenzen oszillieren, beruht, wie auch H. J. NICHOL in EDGEWORTHs Theory of Duopoly Price, Econ. Jour. 1935, S. 66, richtig sagt, vor allem darauf, daß EDGEWORTH Verhaltensweisen der Anbieter annimmt, die bei der Unterstellung vollkommener Markttransparenz unmöglich sind.

Angesichts dieser Sachlage ergibt sich für die zur Oligopolgruppe gehörenden Unternehmen die Frage, ob es nicht vorteilhafter ist, auf eine eigene Preispolitik zu verzichten und mit den Konkurrenzunternehmen zu ausdrücklichen oder stillschweigenden Vereinbarungen über eine gemeinsame Preispolitik zu gelangen. Wenn rechtlich und wirtschaftlich selbständige Unternehmen zu derartigen Vereinbarungen kommen, dann spricht man von kollektiver Preispolitik. Für sie lassen sich grundsätzlich drei verschiedene Formen unterscheiden: das Kartell, das Quasi-Agreement und die Preisführerschaft. Da es den Rahmen dieser Untersuchung sprengen würde, das umfangreiche und vielschichtige Gebiet kollektiver Preispolitik vollständig zu behandeln, sollen nur die besonderen Problemsituationen aufgezeigt werden, die die erwähnten drei Arten kollektiver Preispolitik kennzeichnen.

2. Aus den Schwierigkeiten, die die Theorie individueller Gewinnmaximierung enthält, versucht die sog. ,,reine" Theorie gemeinsamer Gewinnmaximierung, wie sie von v. STACKELBERG zur Lösung des Problems vorgeschlagen und von CHAMBERLIN zum ersten Mal entwickelt worden ist, einen Ausweg zu finden[1]. Gegen diese Theorie von CHAMBERLIN sind eine Reihe von Einwendungen erhoben worden[2]. FELLNER hat sie in der Weise zu berücksichtigen versucht, daß er an Stelle der reinen eine ,,eingeschränkte" Theorie gemeinsamer Gewinnmaximierung entwickelte[3]. Dabei geht er davon aus, daß die von der traditionellen Oligopoltheorie verwandten Absatz- und Reaktionsfunktionen angesichts der Zirkularität des unternehmerischen Verhaltens unbestimmt bleiben müssen und daher für die Ableitung einer eindeutig bestimmten Gleichgewichtslage nicht geeignet sind. Die Erfahrung lehrt zudem, daß in vielen Oligopolgruppen die Tendenz wirksam ist, den Gewinn gemeinsam zu maximieren, also auf individuelle Gewinnmaximierung zu verzichten. Diese Tendenz äußert sich in stillschweigender oder bewußter Koordinierung aller preispolitischen Maßnahmen der zur

---

[1] Vgl. STACKELBERG, H. v., Grundlagen der theoretischen Volkswirtschaftslehre, Bern-Tübingen 1951, insbesondere S. 218; CHAMBERLIN, E. H., Duopoly: Value Where Sellers are Few, Quarterly Journal of Economics, Vol. 44 (1929), S. 63ff.; ders., The Theory of Monopolistic Competition, 6th ed., Cambridge (Mass.) 1950, S. 30ff.

[2] Vgl. hierzu die speziellen Arbeiten von NICHOL, A. J., Professor CHAMBERLIN's Theory of Limited Competition, Quarterly Journal of Economics, Vol. 48 (1934), S. 317—337; KAHN, R. F., The Problem of Duopoly, Economic Journal, Vol. 47 (1937), S. 1—20; STIGLER, G. J., Notes on the Theory of Duopoly, Journal of Political Economy, Vol. 48 (1940), S. 521—541; HALL, R. L., u. C. J. HITCH, Price Theory and Business Behaviour, Oxford Economic Papers, Nr. 2 (1939), S. 12ff.; ROTHSCHILD, K. W., Price Theory and Oligopoly, Economic Journal, Vol. 42 (1947), S. 299—320.

[3] FELLNER, W., Competition Among the Few, New York 1949.

Gruppe gehörenden Unternehmen. Sie beabsichtigen, für die Gruppe einen Gewinn zu erzielen, der größer als die Summe der Gewinne ist, die sich bei individueller Gewinnmaximierung ergeben würde. Jedes Unternehmen strebt danach, mit einem möglichst großen Anteil am Gesamtgewinn der Gruppe beteiligt zu sein. „Joint profit maximization" bedeutet also nicht nur ein Gewinnmaximierungs-, sondern zugleich auch ein Verteilungsproblem.

Das reine Prinzip gemeinsamer Gewinnmaximierung wird bei FELLNER eingeschränkt durch Berücksichtigung langfristiger Zielsetzungen

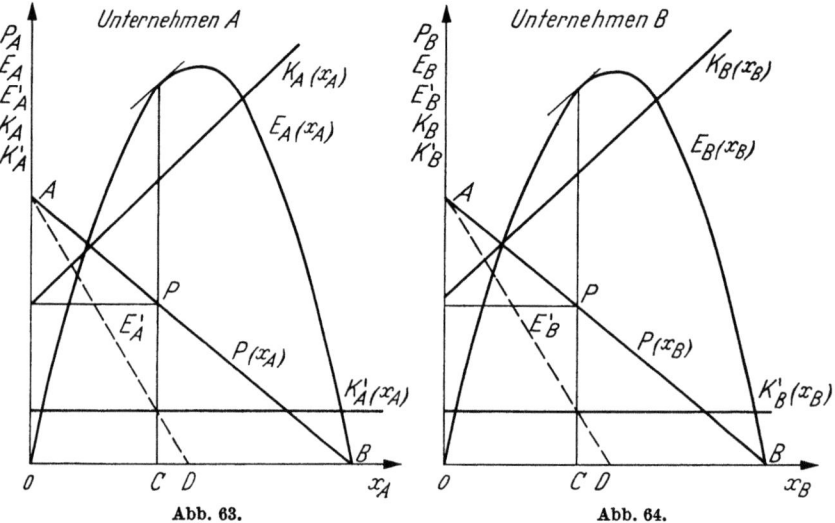

Abb. 63.   Abb. 64.

und des Strebens nach Sicherheit[1]. Diese Faktoren verhindern nach Ansicht von FELLNER die radikale Ausnutzung der Oligopolsituation durch die Anbieter.

FELLNER sieht deutlich, daß die gemeinsame Gewinnpolitik ständig durch Interessenkonflikte bedroht ist. Unterschiede in der Höhe der Produktionskosten, Produktvariation, Werbung und andere Mittel oder Ungleichheiten des Wettbewerbs tragen die Gefahr in sich, daß der Wettbewerb aggressive Formen annimmt. Diesen Gefahren werden die Unternehmen dadurch zu begegnen versuchen, daß sie zu einer Politik starrer Preise übergehen, ihre Marktanteile, Kapazitäten und Gewinne zusammenlegen, gegebenenfalls zwischenbetriebliche Ausgleichszahlungen vornehmen.

Wenn im Fall des Dyopols die beiden Unternehmen A und B auf einem vollkommenen Markt über die gleichen Marktanteile, die gleiche

---

[1] Vgl. erstes Kapitel, Abschnitt 3.

Stärke und damit über gleiche Absatz- und Kostenkurven verfügen, dann ergibt sich in den Abb. 63 und 64 ein gewinnmaximaler Preis für beide Unternehmen, d.h., unter diesen Voraussetzungen stimmen die Bedingungen der individuellen Gewinnmaximierung mit denen der gemeinsamen Maximierung überein, so daß jedes der beiden Unternehmen ein Interesse an der gemeinsamen Preispolitik haben muß. Wenn beide Unternehmen jedoch unterschiedlich stark sind, so daß die Absatzkurve des A in der Abb. 65 nach unten und die Kostenkurve des B in der Abb. 66 nach oben verschoben werden muß, dann entstehen zwei unterschiedliche

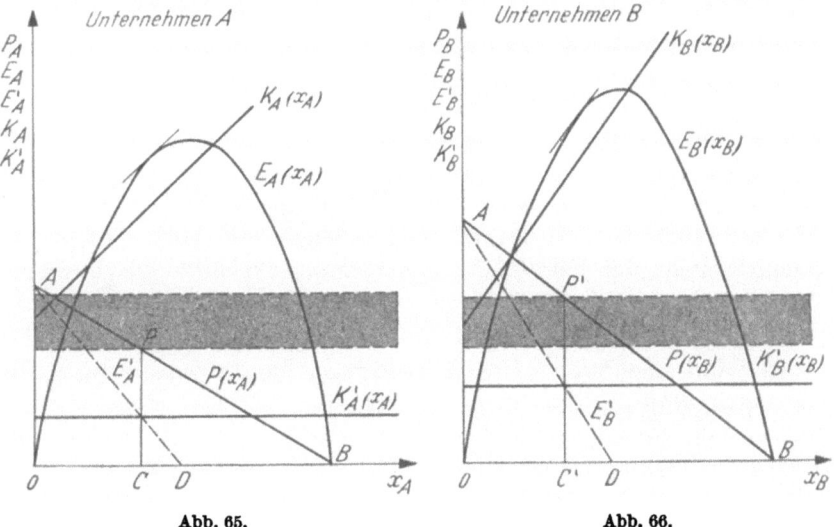

Abb. 65. Abb. 66.

gewinnmaximale Preise und damit ein Preisbereich (vgl. die getönte Fläche in den Abb. 65 und 66), innerhalb dessen die Interessen der beiden Unternehmen entgegengesetzt sind. Der für beide Unternehmen optimale Preis läßt sich unter diesen Bedingungen nicht mehr eindeutig ableiten und kann nur durch Verhandlungen unter Berücksichtigung der individuellen Stärke gefunden werden. Entweder kommen die Unternehmen überein, preispolitisch zu experimentieren, um einen für beide Betriebe annehmbaren Preis zu finden, oder sie erkennen im Falle des Oligopols ein Unternehmen als Preisführer an. Damit wird aber der Oligopolpreistheorie eine Wendung gegeben, die nicht mehr den Kern des Problems, die individuelle Gewinnmaximierung, trifft[1].

---

[1] Zur Kritik an FELLNER vgl. insbesondere STIGLER, G. J., Competition Among the Few by W. FELLNER, American Economic Review, Vol. 40 (1950), S. 699ff.; ROTHSCHILD, K. W., FELLNER on Competition Among the Few, Quarterly Journal of Economics, Vol. 66 (1952), S. 128ff.; KAYSEN, C., Dynamic Aspects of Oligopoly Price Theory, American Economic Review, Pap. and Proc., Vol. 42 (1952), S. 198ff.

3. a) Nun sei angenommen, daß sich die zur Oligopolgruppe gehörenden Unternehmen zu einem Preiskartell zusammenschließen. Ein solches Kartell liegt vor, wenn sich wirtschaftlich und rechtlich selbständige Unternehmen verpflichten, gemeinsame Preispolitik zu treiben.

Dem Kartell kann von den beteiligten Unternehmen das Recht gegeben werden, auf das Produktionsvolumen und die technische Kapazität der angeschlossenen Unternehmen Einfluß zu nehmen.

Preiskartelle werden auch als Kollektivmonopole bezeichnet. Kollektivmonopole unterscheiden sich von Individualmonopolen, d. h. von Monopolen, die nur aus einem Unternehmen bestehen, erstens dadurch, daß das Kollektivmonopol nicht durch eine einheitliche Kostenkurve repräsentiert wird, denn es besteht aus vielen selbständigen Unternehmen, die sich in der Regel durch ihre Produktionsanlagen und damit durch ihre Kostenstruktur voneinander unterscheiden. Der zweite Unterschied ergibt sich aus der Tatsache, daß die Unternehmen als rechtlich und wirtschaftlich selbständige Einheiten trotz ihrer Kartellzugehörigkeit ihre eigenen unternehmungspolitischen Interessen verfolgen und daher ständig die Gefahr besteht, daß sich ein Unternehmen nicht mehr an die getroffenen Vereinbarungen hält, vielmehr durch eigene Preispolitik das Kollektivmonopol sprengt.

b) Wann sind nun, so lautet die Frage, die Voraussetzungen für ein gemeinsames absatzpolitisches Verhalten gegeben? Für das reine Preiskartell, auf das sich hier beschränkt wird, lautet die Frage, unter welchen Bedingungen ein zu einer bestimmten Gruppe gehörendes Unternehmen zu gemeinsamer Preispolitik bereit sein wird. Offenbar wird das nur dann der Fall sein, wenn die Unternehmen der Auffassung sind, daß der erreichbare Gewinn bei gemeinsamer Preispolitik auf die Dauer höher sein wird als der Gewinn, der bei individueller Preispolitik zu erzielen ist. Die Unternehmen müssen sich also eine Verbesserung ihrer Gewinnlage versprechen, wenn sie bereit sein sollen, ihre individuelle Preispolitik aufzugeben. Ein Kartell kann daher nur dann zustande kommen, wenn die einen solchen Zusammenschluß erwägenden Unternehmen der Auffassung sind, daß es einen Preis gibt, der für alle vorteilhafter ist als der jeweils individuelle Preis.

Die Unternehmen einer solchen Gruppe werden im übrigen dann gemeinsame Preispolitik zu betreiben bereit sein, wenn sich so viele und so mächtige Unternehmen hierzu bereit erklären, daß das Kollektivmonopol die Macht hat, seine Preise auf dem Markt durchzusetzen. Die Monopolmacht des Kollektivmonopols wird durch die Größe des Anteils am Gesamtangebot bestimmt, der auf alle Kartellmitglieder zusammen entfällt. Auf das „Außenseiterproblem" soll hier nicht eingegangen werden.

Im übrigen wird die Tendenz zur Kartellbildung, vorausgesetzt, daß auch gewisse andere Bedingungen gegeben sind, um so stärker sein, je gleichartiger die Erzeugnisse sind, die von den Unternehmen auf den Markt gebracht werden. In diesem Falle ist den Unternehmen die Möglichkeit genommen, mit Mitteln der Produktdifferenzierung oder der Werbung zu konkurrieren. Sie können den Konkurrenzkampf deshalb vornehmlich nur mit preispolitischen Mitteln führen. Da der preispolitische Zusammenhang der Unternehmen infolge der Homogenität ihrer Erzeugnisse sehr eng ist, führt jede, über den in diesem Fall sehr kleinen reaktionsfreien Bereich hinausgehende Änderung von Verkaufspreisen zu preispolitischen Reaktionen der Konkurrenten. Um den hieraus resultierenden Gefahren vorzubeugen, besteht eine gewisse Bereitschaft, die Preispolitik zu koordinieren. Dabei ist zu beachten, daß die Homogenität der Erzeugnisse die verwaltungstechnische Durchführung der gemeinsamen Preispolitik erleichtert. Die Bereitschaft zum Zusammenschluß mit dem Ziel, die Preispolitik gemeinsam festzulegen, pflegt außerdem um so größer zu sein, je geringer die Möglichkeiten sind, den Absatz durch individuelle Preissenkungen spürbar auszuweiten.

Weiter wird sich sagen lassen, daß in Zeiten der Depression, also der Unterbeschäftigung, in gewissen Produktionszweigen eine größere Bereitschaft zur Aufgabe der individuellen Preispolitik besteht als in Zeiten der Prosperität.

Im Falle der Unterbeschäftigung ist die Gefahr einer „cut-throat-competition" besonders groß. Je mehr Produktionskapazität unbeschäftigt ist, d.h. je größer die Angebotselastizität ist, um so mehr werden die Unternehmen nach Ausschaltung des Konkurrenzmechanismus streben, weil sie hoffen, auf diese Weise eine günstigere Position erreichen zu können. Im Falle der Vollbeschäftigung wird dieses Interesse verhältnismäßig gering sein, da die vorhandenen Konkurrenzbedingungen günstige Voraussetzungen für die Rentabilitätsentwicklung der Unternehmen bieten[1]. Der relativ niedrige Preisstand in der Depression und die damit in der Regel verbundene ungünstige Gewinnlage bilden eine stärkere Antriebskraft zu einer kollektiven Preispolitik als die hohen Preise und Gewinne in Zeiten konjunkturellen Hochstandes.

Es ist weiter zu berücksichtigen, daß in der Regel die absatzpolitische Interdependenz und damit die Neigung zur Kartellbildung um so stärker zu sein pflegt, je kleiner die Zahl der zu einer Gruppe gehörenden Unternehmen ist. Auch besteht im Falle einer kleinen Anzahl von

---

[1] In diesem Zusammenhang muß auch auf die Ansicht von SCHMALENBACH hingewiesen werden, wonach die Unternehmen unter dem Druck der fixen Kosten im Falle von Unterbeschäftigung jede nur mögliche Maßnahme ergreifen, um aus diesem Zustand herauszukommen.

Unternehmen eine größere Wahrscheinlichkeit dafür, daß die Zahl der Außenseiter gering sein wird. Beteiligen sich allerdings, wenn die Gruppe nur aus einigen wenigen Unternehmen besteht, nicht alle Unternehmen, dann ist damit das Kartell in Frage gestellt. Auch verwaltungstechnisch vereinfacht sich die Durchführung des Kartells mit abnehmender Mitgliederzahl. Aus diesen Gründen ist also die Wahrscheinlichkeit, daß es zu einem kartellmäßigen Zusammenschluß kommt, um so größer, je geringer die Zahl der zu einem Produktionszweig gehörenden Unternehmen ist.

Schließlich ist es von Bedeutung, inwieweit die offizielle Wirtschaftspolitik und die Gesetzgebung die Entstehung von Kartellen fördert oder hemmt.

Eine Anzahl von Bedingungen muß also vorliegen, wenn die zu einer Oligopolgruppe gehörenden Unternehmen sich bereit finden sollen, auf ihre eigene Preispolitik zugunsten kollektiver Preispolitik zu verzichten.

c) Angenommen, ein Kartell sei zustande gekommen. Nach welchen Gesichtspunkten und in welcher Höhe wird der gemeinsame Preis festgesetzt? Die Unternehmen, die zur Oligopolgruppe gehören, mögen verschiedene Kostenstrukturen aufweisen, so daß sich ihre Kostenkurven nach Form und Lage voneinander unterscheiden.

Da sich alle Unternehmen verpflichtet haben, den gleichen Preis zu verlangen, also parallele Preispolitik treiben, ist der Gesamtabsatz an Erzeugnissen dieser Gruppe nur noch von einem Preise abhängig. Im Gegensatz zu der Lage bei individueller Preispolitik besteht also eine Gesamtabsatzkurve, die sich auf die zur Gruppe gehörenden Unternehmen aufteilt. Der Aufteilungsmodus selbst hängt von der Größe der Unternehmen, ihrem akquisitorischen Potential u.a. ab. Unter diesen Bedingungen gibt es für jedes Unternehmen nach dem COURNOTschen Theorem einen gewinngünstigsten Preis, den es als den für alle Unternehmen verbindlichen Kartellpreis durchzusetzen versuchen wird. Dieser Preis kann nicht individuell fixiert werden, denn jedes Unternehmen hat sich ja verpflichtet, seine Erzeugnisse zu dem von dem Kartell festzusetzenden einheitlichen Preis zu verkaufen, um den Unsicherheiten und Gefährdungen des Reaktionsmechanismus auszuweichen, die an anderer Stelle ausführlich beschrieben wurden. Die Frage lautet nun, welcher von den in Vorschlag gebrachten Preisen für alle als verbindlich erklärt werden soll. Dieser Preis ist theoretisch nicht ableitbar. Wenn in dem Kartell eine Art interner Preisführerschaft besteht, dann wird der für verbindlich erklärte Preis in der Nähe des Preises liegen, den der Preisführer durchzusetzen sich bemüht. Ist eine solche Situation für ein Kartell nicht charakteristisch, dann wird der Preis das Ergebnis von Verhandlungen sein. Hierbei pflegen sich Gruppen mit mehr oder weniger gemeinsamen Interessen zu bilden, die versuchen, nach oft sehr langwierigen und harten Verhandlungen mit ihren Kontrahenten zu einer Einigung zu gelangen. Gelingt es nicht, die widerstreitenden Interessen durch einen Kompromißvorschlag zum Ausgleich zu bringen, dann bleibt als letztes Mittel das der Abstimmung.

Angesichts dieser Lage wird verständlich, daß der auf diese Weise zustande gekommene Preis nicht immer den Beifall aller Beteiligten finden wird. Hieraus erklärt sich auch die Tatsache, daß viele Kartelle ständig von der Gefahr bedroht sind auseinanderzufallen[1].

Es erscheint deshalb nicht richtig, das Unternehmen mit den höchsten Kosten gewissermaßen als Preisführer anzusehen und die Auffassung zu vertreten, daß das Kostenniveau dieses Unternehmens den Kartellpreis bestimme. Der Kartellpreis ist nicht das Ergebnis einer Preisfixierung nach Maßgabe des kostenungünstigsten Grenzbetriebes, sondern das Ergebnis eines Kompromisses.

Durch den Verzicht auf individuelle Preispolitik und die damit verbundene teilweise Ausschaltung des Konkurrenzmechanismus treten monopolistische Elemente in das System ein, die die Tendenz haben, die Preise über diejenigen Preise zu erhöhen, die sich ohne die kollektive Bindung ergeben würden.

Wie hoch der vom Kartell festgesetzte Preis über einem bei freier oligopolistischer Preisbildung zustande kommenden Preise liegt, läßt sich generell nicht sagen. Diese Frage ist für jedes Kartell und jede konkrete Situation, in der sich ein Kartell befindet, verschieden zu beantworten. Sind in einem Kartell Unternehmungen zusammengeschlossen, die weitgehend substituierbare Erzeugnisse herstellen, vereinigen diese Unternehmen nur einen verhältnismäßig geringen Teil des Gesamtangebotes eines Produktionszweiges auf sich, bestehen also verhältnismäßig viel Außenseiter, begrenzen sich die Befugnisse des Kartells lediglich auf die Fixierung der Preise, nicht der Produktionsmengen, ist die Zahl der Mitglieder so groß, daß das Kartell das preispolitische Verhalten der Mitglieder nicht vollständig unter seiner Kontrolle hat, dann verfügt ein solches Kartell über eine verhältnismäßig geringe Monopol- und damit Preissetzungsmacht. Der vom Kartell festgesetzte Preis wird in solchen Fällen in der Nähe derjenigen Preise liegen, die sich bei selbständiger Preispolitik der Unternehmungen bilden würden. Kartelle dagegen, denen Unternehmungen angehören, die Erzeugnisse nur geringer Substituierbarkeit herstellen und die fast das gesamte Warenangebot des

---

[1] In der Regel sind Verhandlungen über die Verkaufspreise schwierig, so daß derartige Verhandlungen nur vorgenommen werden, wenn wirklich wesentliche Änderungen in den betrieblichen oder marktlichen Verhältnissen eingetreten sind. Hierauf führt MACHLUP die verhältnismäßige Starrheit der Kartellpreise zurück; MACHLUP, F., The Economics of Sellers' Competition, Baltimore 1952, S. 469ff.

Produktionszweiges in sich vereinigen, und Kartelle, die nicht nur die Preise, sondern auch die Produktionsmengen fixieren und deren Mitgliederzahl so gering ist, daß sie das preispolitische Verhalten der Kartellfirmen weitgehend zu kontrollieren vermögen, charakterisieren sich strukturell durch verhältnismäßig große Monopol- und damit Preissetzungsmacht. Wenn solche Kartelle von dieser Gebrauch machen, kann der Kartellpreis beträchtlich über den Preisen liegen, die sich bei selbständiger Preispolitik der Unternehmungen ergeben würden.

4. **Preisführerschaft** liegt dann vor, wenn die Preisbildung sich auf einem Markt in der Weise vollzieht, daß alle Anbieter sich in ihrer Preisstellung nach einem Preisführer richten, also auf eine autonome Preissetzung verzichten. Handelt es sich um das Angebot eines homogenen Gutes, so setzen alle Anbieter den Preis in gleicher Höhe wie der Preisführer fest.

In Anlehnung an STIGLER wird zwischen dominierender und barometrischer Preisführerschaft unterschieden[1]. Dominierende Preisführerschaft liegt vor, wenn der Preisführer infolge seines hohen Marktanteils die preispolitische Situation so beherrscht, daß die übrigen Unternehmen sich seinen Preisen anschließen. Das große Unternehmen weiß, daß die vielen kleinen Unternehmen seinen Preis übernehmen. Für die Kleinen ist der Preis des Großen ein Datum[2].

Als Beispiel für dominierende Preisführerschaft werden in der amerikanischen Literatur die Verhältnisse auf dem Ölmarkt angegeben, auf dem die Nachfolgegesellschaften der ehemaligen Standard Oil Company in den einzelnen Staaten der USA den Preis bestimmt haben. Diese Gesellschaften wiesen den größten Geschäftsumsatz in allen Staaten auf. Zudem galten sie als am besten über die wirtschaftliche Lage informiert. Im Verkaufsgebiet Mid-Continent wurden in der Zeit von Januar 1922 bis Juni 1927 von 39 Preisänderungen für Rohöl nur zwei Preisänderungen von Konkurrenten der Standard Oil Company vorgenommen. Von den Konkurrenten der Standard Oil Company sind langfristige Lieferverträge auf Grundlage der jeweils geltenden Preise der Standard

---

[1] STIGLER, G. J., The Kinky Oligopoly Demand Curve and Rigid Prices, Journal of Political Economy, 1947, S. 432ff.; mit dem Problem der Preisführerschaft befaßt sich eingehend der Aufsatz von LAMPERT, H., Die Preisführerschaft, Jahrbücher für Nationalökonomie und Statistik, Bd. 172 (1960), S. 203ff.; vgl. ferner MACHLUP, F., The Economics of Sellers' Competition, Baltimore 1952, S. 491ff.; NICHOL, A. J., Partial Monopoly and Price Leadership, New York 1930; MARKHAM, J. W., The Nature and Significance of Price Leadership, American Economic Review 1951, S. 891ff.; OXENFELDT, A. R., Professor Markham on Price Leadership, American Economic Review 1952, S. 380ff.

[2] Diese Preisführerschaft stellt einen Fall des Teilmonopols dar: Ein großes Unternehmen und viele kleine Unternehmen, die auf selbständige Preispolitik verzichten.

Oil Company abgeschlossen worden. Anhaltspunkte für eine Kampfpreispolitik der Standard Oil Company haben sich nicht ergeben[1]. Weitere Beispiele für dominierende Preisführerschaft werden aus der amerikanischen Aluminium-, Nickel- und Landmaschinenindustrie angegeben.

Diese Art der Preisführerschaft setzt, wie auch die oben erwähnten Beispiele zeigen, weitgehend homogene Erzeugnisse voraus. Außerdem muß die Bedingung erfüllt sein, daß der Marktanteil des Preisführers sehr groß ist und die übrigen Unternehmen auf eine aktive Preispolitik verzichten.

Die Unterordnung der anderen Anbieter unter die Preisführerschaft des dominierenden Unternehmens kann auf verschiedenen Gründen beruhen[2]:

a) Die kleineren Anbieter verzichten auf Unter- oder Überbietung des vom dominierenden Unternehmen gesetzten Preises, weil sie bei diesem Preis jede beliebige Menge absetzen können. Das dominierende Unternehmen findet sich mit jedem Mengenangebot der kleineren Anbieter ab, weil sein Umsatz im Verhältnis zur Kapazität dieser Anbieter so groß ist, daß deren Mengenvariationen für ihn überhaupt nicht ins Gewicht fallen. Die kleineren Anbieter verhalten sich in diesem Fall als Mengenanpasser. Eine solche Lage ist nur bei sehr großem Marktanteil des dominierenden Anbieters denkbar.

b) Die kleineren Anbieter können sich stets dem dominierenden Unternehmen unterordnen, weil sie andernfalls Repressalien des Großunternehmens befürchten müssen, etwa ruinösen Wettbewerb, bei dem sich das Großunternehmen auf die Dauer durchsetzen würde. Denkbar ist auch, daß die kleineren Anbieter nicht so sehr Vergeltungsmaßnahmen des Großen befürchten, von sich aus aber keine Veranlassung sehen, ein günstiges Preisniveau durch Unterbietungen zu verderben; hier liegt allerdings schon ein Grenzfall zur barometrischen Preisführerschaft vor. Kennzeichnend für den Fall b) ist, daß die kleineren Anbieter zu dem durch den Preisführer bestimmten Preis nicht beliebige Mengen absetzen können, sondern sich mit der Nachfrage begnügen müssen, die sich ihnen bei diesem Preis zuwendet.

c) Als Fall der dominierenden Preisführerschaft wird von einigen Autoren auch eine bestimmte Oligopolsituation genannt, bei der sich alle Anbieter einem Preisführer anpassen müssen, der infolge seiner besonderen Kosten- und Absatzlage einen niedrigeren Preis als alle anderen zu wählen in der Lage ist[3]. Für diesen Fall müssen besondere

---

[1] BURNS, A. R., The Decline of Competition, New York 1936, S. 93ff.
[2] Vgl. MACHLUP, a.a.O., S. 494.
[3] BOULDING, K. E., Economic Analysis, 3. Aufl., New York 1955, S. 645; vgl. die Darstellung und Kritik des Modells von BOULDING bei LAMPERT, a. a. O., S. 211ff.

Annahmen über die Marktaufteilung gemacht werden. BOULDING erörtert ein Dyopolmodell unter der Annahme, daß bei unterschiedlichen Preisen die gesamte Nachfrage stets dem zum niedrigsten Preise anbietenden Unternehmen zufließt, während bei gleichen Preisen eine konstante Marktaufteilung gegeben sein soll. Diese Annahme ist sehr willkürlich. Im übrigen handelt es sich um ein typisches Oligopolproblem. Es erscheint deshalb nicht zweckmäßig, hier von Preisführerschaft zu sprechen.

Somit bleiben die Fälle a) und b) als typische Fälle dominierender Preisführerschaft. Die Frage lautet: Wie bestimmt das dominierende Unternehmen in diesen beiden Fällen seinen gewinnmaximalen Preis?

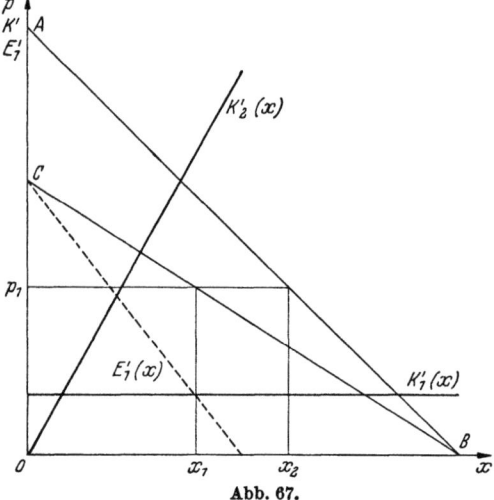

Abb. 67.

Zu Fall a)[1]: Angenommen, eine Oligopolgruppe bestehe aus einem Unternehmen mit einem verhältnismäßig großen Marktanteil und aus mehreren kleinen Unternehmen. Angesichts der überragenden Stellung auf dem Markt, welche das große Unternehmen innehat, sollen, so sei weiter unterstellt, die kleinen Unternehmen von vornherein auf eine eigene Preispolitik verzichten und den jeweiligen Preis des großen Unternehmens, das damit zum Preisführer wird, übernehmen[2].

Unter dieser Voraussetzung gibt es jeweils nur einen einheitlichen Marktpreis, und zwar den, den der Preisführer festsetzt. Die Frage lautet nun, auf welche Weise und in welcher Höhe der Preisführer diesen Preis bestimmt. Hierbei sei angenommen, daß der Preisführer unter den gegebenen Voraussetzungen sein Gewinnmaximum realisieren will. In der Abb. 67 stellt AB die Gesamtabsatzkurve dar, der sich die Oligopolgruppe unter den Voraussetzungen eines einheitlichen Preises gegenübersieht. Sie gibt an, welche Mengen x zu den einzelnen von dem Preisführer festgesetzten Preisen p insgesamt abgesetzt werden können.

---

[1] Vgl. NICHOL, A. J., Partial Monopoly and Price Leadership, Philadelphia 1930; STIGLER, G. J., The Theory of Price, New York 1947, S. 227ff.

[2] Etwas anders liegen die Verhältnisse, wenn das große Unternehmen nicht von vornherein als Preisführer anerkannt wird, sondern mit den übrigen Unternehmen in eine Kampfsituation gerät.

Da sich die übrigen Anbieter absatzpolitisch genau so wie unter den Bedingungen der atomistischen Konkurrenz auf vollkommenen Märkten verhalten, stellt ihre Angebotskurve nichts anderes dar als die Horizontaladdition ihrer Grenzkostenkurven vom Betriebsminimum an. Denn zu dem vom Preisführer festgesetzten Preis bringen sie jeweils gerade die Menge auf den Markt, für den der Preis gleich den Grenzkosten ist. Die Unternehmen sollen verschiedene Grenzkosten aufweisen. Die Horizontaladdition derselben stelle den ansteigenden Linienzug K_2' in Abb. 67 dar[1]. Diese Kurve ist die Gesamtangebotskurve der übrigen Unternehmen. Dem Preisführer bleibt jeweils nur die Differenz zwischen der durch AB wiedergegebenen Gesamtabsatzmenge und der durch K_2' bestimmten Angebotsmenge der übrigen Unternehmen. Er sieht sich also der durch horizontale Subtraktion von AB und K_2' entstehenden Absatzkurve CB gegenüber. Die zugehörige Grenzerlöskurve E_1' schneidet die in diesem Falle als konstant angenommene Grenzkostenkurve des Preisführers K_1' über der Absatzmenge x_1. Der für den Preisführer

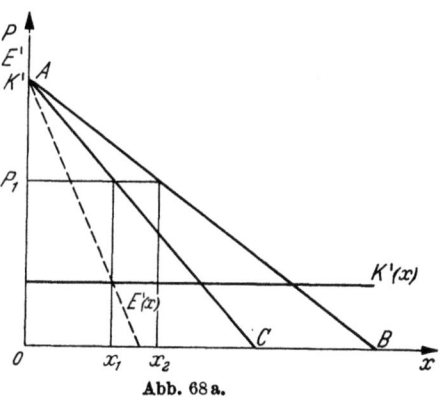

Abb. 68a.

günstigste Preis beträgt also p_1. Zu diesem Preis wird insgesamt die Menge x_2 abgesetzt, von der x_1 auf den Preisführer und $x_2 - x_1$ auf die übrigen Unternehmen entfällt.

Zu Fall b): Der Fall b) unterscheidet sich von dem Fall a) dadurch, daß die kleineren Anbieter zwar den Preis des dominierenden Unternehmens übernehmen, aber nicht, weil sie bei diesem Preis beliebig viel absetzen können, sondern weil sie Repressalien befürchten. Es muß also angenommen werden, daß der Markt bei jedem beliebigen Preis in einer bestimmten Weise aufgeteilt ist. Damit müssen sich die kleineren Anbieter zufriedengeben. Dieser Fall ist im Gegensatz zu dem unter a) erwähnten auch dann noch denkbar, wenn der dominierende Anbieter zwar noch den größten Marktanteil hat, aber doch nicht mehr einen so großen Anteil, daß die auf die anderen Anbieter entfallende Nachfrage für ihn völlig bedeutungslos ist. Im Falle a) muß das dominierende Unternehmen doch mindestens einen Marktanteil von über 90% haben,

---

[1] Strenggenommen stellt K_2' eine Treppenkurve dar, und zwar um so ausgeprägter, je kleiner die Anzahl der übrigen Marktteilnehmer ist. Das Ergebnis wird jedoch dadurch, daß diese Treppenkurve durch eine gerade Linie ersetzt wird, nicht wesentlich beeinflußt, die Darstellung dagegen wird erheblich vereinfacht.

während Fall b) schon bei einem Anteil von etwa 40 bis 50% denkbar ist.

Wie vollzieht sich nun die Preisbildung im Fall b) ? In der Abb. 68a stellt AB die Gesamtabsatzkurve der Gruppe dar. Der Preisführer muß damit rechnen, daß sich bei jedem Preis ein Teil der Nachfrage den kleineren Anbietern zuwendet. Unter der Annahme stets gleichbleibender Marktanteile hat seine individuelle Nachfragekurve die Form einer Geraden wie AC. Wird von einer anderen Marktaufteilung ausgegangen, so entsteht eine andere Gerade, möglicherweise sogar eine gekrümmte Linie. Aus dieser individuellen Absatzkurve des Preisführers läßt sich eine Grenzerlöskurve herleiten, deren Schnittpunkt mit der Grenzkostenkurve $K'(x)$ des Preisführers das Gewinnmaximum des Preisführers angibt. Der Preisführer wird also den Preis p_1 wählen und hierbei die Menge x_1 absetzen. Den kleineren Anbietern, die sich seiner Preisstellung anschließen, verbleibt dann noch die Nachfragemenge $x_2 - x_1$.

Während im Falle dominierender Preisführerschaft ein Unternehmen eine beherrschende Stellung am Markt einnimmt und alle anderen Anbieter sich diesem dominierenden Unternehmen unterordnen, gibt es im Gegensatz hierzu bei barometrischer Preisführerschaft kein beherrschendes Unternehmen, sondern nur eine Gruppe von Anbietern annähernd gleicher Größe, die ihre Preise an den Preisen des Preisführers ausrichten. Dieser Preisführer muß nicht unbedingt der Anbieter mit dem größten Marktanteil sein. Denkbar ist auch, daß die Rolle des Preisführers gelegentlich von einem Mitglied der Gruppe auf ein anderes übergeht.

Welche Gründe können die Mitglieder einer Gruppe von Unternehmen veranlassen, in dieser Weise auf autonome Preispolitik zu verzichten? Im allgemeinen die Überlegung, daß ein Abweichen von der Preisstellung des Preisführers nur zu einem allgemeinen Preiskampf und damit zur Verschlechterung der Situation aller Unternehmen führen kann. Der Verzicht auf autonome Preispolitik und damit die stillschweigende Anerkennung der Preispolitik eines Unternehmens als verbindlich für alle Unternehmen liegt unter solchen Umständen im Interesse aller Unternehmen. Die Preisführerschaft ist in diesem Falle also nur ein Mittel zur Bildung eines Quasi-Agreements.

STIGLER, der die barometrische Preisführerschaft eingehend untersucht hat, führt unter anderem ein Beispiel aus der amerikanischen Zigarettenindustrie an. Bis zum Jahre 1923 bestand eine langandauernde Periode der Preiskämpfe und aggressiver Absatzpolitik unter den drei führenden amerikanischen Zigarettenfabriken. Von 1923 bis 1940 haben die „großen Drei" für ihre Erzeugnisse, von geringfügigen Ausnahmen abgesehen, die gleichen Preise gefordert. In dieser Zeit sind achtmal die Preise geändert worden. Hierbei führte fast ausschließlich der größte Produzent. Sobald dieses Unternehmen seine Preise herauf- oder herabsetzte, folgten die anderen Unternehmen innerhalb weniger Tage[1]. Der Wettbewerbskampf ist von den Unternehmen vornehmlich mit den Mitteln der Werbung geführt worden.

Damit ergibt sich die Frage, in welcher Weise ein Unternehmen, dessen Preispolitik sich durch barometrische Preisführerschaft kennzeichnet, seine besondere preispolitische Lage ausnutzen kann. Die Konkurrenten werden den Preisführer nur anerkennen, wenn er die Bedingung erfüllt, daß er einen Preis bestimmen wird, bei dem alle günstiger gestellt sind als bei ungehemmtem Preiswettbewerb. Die Unternehmen erkennen seine Preisführerschaft an, weil sie glauben, er habe die beste Marktübersicht und sei am ehesten befähigt, den für die Gruppe günstigsten Preis zu finden. Die Unternehmen vertrauen auch darauf, daß der Preisführer seine Stellung nicht zum Nachteil der Gruppe ausnutzen wird.

Zunächst sei angenommen, daß die verschiedenen Anbieter bei jeweils gleichen Preisen gleich große Marktanteile besitzen und daß es keine Unterschiede in der Kostenstruktur der Unternehmen gibt. Dieser Fall ist für drei Anbieter in Abb. 68b dargestellt.

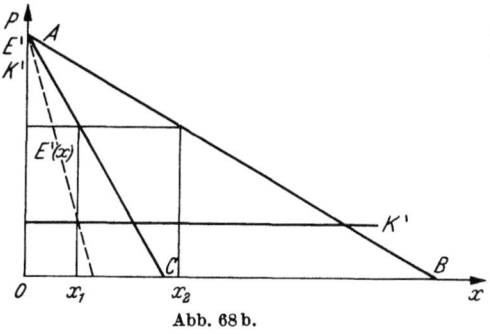

Abb. 68b.

AB ist hier die Gesamtnachfragekurve, AC die Nachfragekurve des Preisführers, dem bei jedem Preis ein Drittel der Nachfrage zufällt. Die Nachfragekurve des Preisführers stimmt hierbei mit den individuellen Nachfragekurven der beiden anderen Anbieter (stets unter der Annahme gleicher Preise) überein. Da auch keine Kostenunterschiede bestehen, stimmen auch die COURNOTschen Punkte der drei Kurven miteinander überein. Wenn der Preisführer also seinen gewinnmaximalen Preis setzt, wird er damit auch den Interessen seiner Konkurrenten gerecht. Mit dieser Preisstellung wird gleichzeitig der Gesamtgewinn der Gruppe maximiert. Es handelt sich also um einen eindeutigen Fall gemeinsamer Gewinnmaximierung einer Gruppe von Oligopolisten. Die Preisführerschaft dient hier dazu, zu verhindern, daß einer der Anbieter durch Unterbietung seinen Marktanteil zu erhöhen sucht, dadurch die Preise verdirbt, so daß letztlich alle schlechter stehen als zuvor.

---

[1] Vgl. STIGLER, G. J., The Kinky Oligopoly Demand Curve and Rigid Prices, Journal of Political Economy, Vol. 55 (1947), S. 432ff.

Infolge der Gleichheit von Marktanteilen und Kostenverläufen tritt in dem zunächst behandelten Beispiel kein Interessenkonflikt zwischen den Anbietern hinsichtlich der Preishöhe auf. Der Realisierung des gemeinsamen Gewinnmaximums steht also nichts im Wege. Nicht so einfach gestaltet sich die Lösung bei unterschiedlichen Kosten und Marktanteilen. In Abb. 68c ist zunächst die Gesamtnachfragekurve dargestellt, dann wie sich die Nachfrage bei jeweils gleicher Preisstellung auf die drei Anbieter verteilt. Die Grenzkosten sind bei den Anbietern unterschiedlich hoch. Der gewinnmaximale Preis des Preisführers stimmt in diesem Fall nicht mehr mit den gewinnmaximalen Preisen seiner Konkurrenten überein. Eine eindeutige Lösung im Sinne der gemeinsamen Gewinnmaximierung ergibt sich hier nicht.

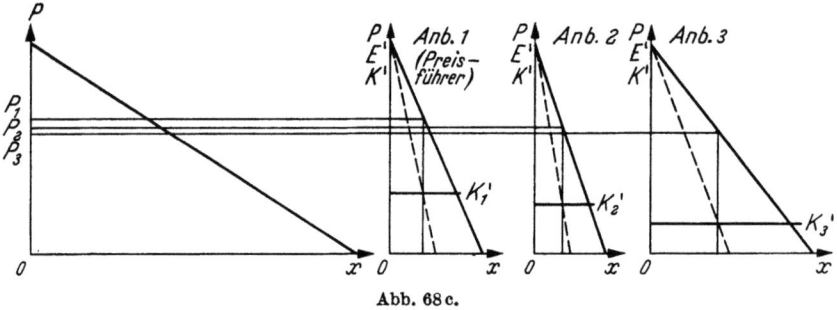

Abb. 68c.

Es ist denkbar, daß es trotz des bestehenden Interessenkonflikts zu einer Anerkennung der Preisführerschaft kommt, weil die beiden anderen Anbieter der Ansicht sind, der von ihrem gewinnmaximalen Preis abweichende Preis des Preisführers sei für sie immer noch günstiger als ein Preis, der bei gegenseitiger Unterbietung zustande kommt. Möglich ist auch, daß der Preisführer aus der gleichen Erwägung heraus geneigt ist, von seinem gewinnmaximalen Preis abzuweichen und eine Kompromißlösung zwischen seiner Optimallösung und der seiner Konkurrenten zu suchen. Zu einem derartigen Kompromiß wird es stets kommen, wenn die Unterschiede in Marktanteil und Kostenstruktur gering sind. Es ist allerdings auch nicht unwahrscheinlich, daß der Interessenkonflikt so stark wird, daß keine Einigung zu erzielen ist. Der Preisführer wird dann nicht gewillt sein, so weit von seinem gewinnmaximalen Preis abzuweichen, wie erforderlich wäre, um den Preis den anderen Anbietern annehmbar zu machen. Die Preisführerschaft bricht dann zusammen.

Barometrische Preisführerschaft kann unter Umständen auch beim Angebot heterogener Güter vorliegen. Dann haben die Preise der Anbieter nicht stets die gleiche Höhe. Sie sind vielmehr nach Qualitätsunterschieden abgestuft. Auf Preisänderungen des Preisführers reagieren die Anbieter mit relativ gleichen Änderungen ihrer Preise, so daß also die Relationen zwischen den Preisen stets erhalten bleiben. Voraussetzung für ein Funktionieren dieser Art der Preisführerschaft ist allerdings, daß sich bei den Preisänderungen die Marktanteile nicht verändern. Eine Verschiebung in den Marktanteilen tritt ein, wenn sich bei einer allgemeinen Preiserhöhung die Nachfrage in stärkerem Maße als bisher den Anbietern qualitativ geringwertigerer und billigerer Waren zuwendet. Treten derartige Verschiebungen ein, dann wird Preisführerschaft kaum entstehen können. Die Unternehmen können im Höchstfall stillschweigend übereinkommen, das gegebene Preisniveau unverändert zu lassen, also keine Unterbietungen vorzunehmen.

V. Spezialprobleme der Preispolitik.

1. Preisdifferenzierung.
2. Preisstellung auf der Basis der Durchschnittskosten.
3. Der „günstigste" Beschäftigungsgrad als preispolitisches Ziel.
4. Preisstellung bei Zusatzaufträgen.
5. Preispolitik und Wiederbeschaffungspreis.
6. Der „kalkulatorische Ausgleich" als preispolitisches Prinzip.
7. Zur Frage der Preisbindung bei Markenartikeln.

1. a) Preisdifferenzierung liegt dann vor, wenn ein Unternehmer seinen Kunden Güter gleicher Art zu verschiedenen Preisen verkauft. Dazu ist erforderlich, daß der Gesamtmarkt des betrachteten Gutes in isolierte Teilmärkte aufspaltbar ist. Grundsätzlich kann dabei zwischen einer horizontalen und einer vertikalen Aufspaltung des Marktes unterschieden werden.

Im Falle der horizontalen Marktaufspaltung wird der Gesamtmarkt in mehrere, in sich gleiche Käuferschichten zerlegt. Sie unterscheiden sich dadurch, daß die Käufer der einen Schicht für das angebotene Gut einen höheren oder auch niedrigeren Preis zu zahlen gewillt sind als die Käufer der anderen Schichten (vgl. Abb. 69). Eine Aufteilung des Marktes nach Käuferschichten kann gegebenenfalls in der Weise erreicht werden, daß das in Frage stehende Gut in verschiedenen Ausführungen angeboten wird. Preisdifferenzierung und Produktvariation sind hier eng miteinander verknüpft. Man wird solange noch von einer echten Preisdifferenzierung sprechen können, als das Anbieten unterschiedlicher Ausführungen und Qualitätsstufen eines bestimmten Gutes in der Hauptsache dem Zwecke dient, eine Aufspaltung des Gesamtmarktes in mehr oder weniger gut voneinander isolierte Teilmärkte zu ermöglichen, und die Qualitäts- bzw. Kostenunterschiede geringer sind als die Preisunterschiede. Dagegen liegt eine Preisdifferenzierung in dem hier gemeinten Sinne nicht mehr vor, wenn die Kosten- und Preisunterschiede der verschiedenen Qualitätsstufen einander entsprechen.

Statt horizontal kann der Gesamtmarkt gegebenenfalls auch vertikal aufgespalten werden. Eine solche vertikale Markaufteilung ist dann gegeben, wenn jeder Teilmarkt Käufer aller oder doch mehrerer Preisschichten umfaßt, d. h. die Nachfragesituation durch eine von links oben (maximaler Preis) nach rechts unten verlaufende Nachfragekurve gekennzeichnet ist. Wie noch gezeigt werden soll, ist eine vertikale Aufteilung des Gesamtmarktes für das Unternehmen nur dann vorteilhaft, wenn die Elastizitäten der Nachfragekurven auf den Teilmärkten bei gleichen Preisen unterschiedlich sind, einfacher ausgedrückt: die einzelnen Nachfragekurven unterschiedliche Neigungswinkel aufweisen.

Abgesehen von dem soeben aufgezeigten grundsätzlichen Unterschied in der Marktaufspaltung, lassen sich nach der Art, wie die Marktaufteilung in der einen oder anderen Weise erreicht wird, mehrere Formen der Preisdifferenzierung unterscheiden.

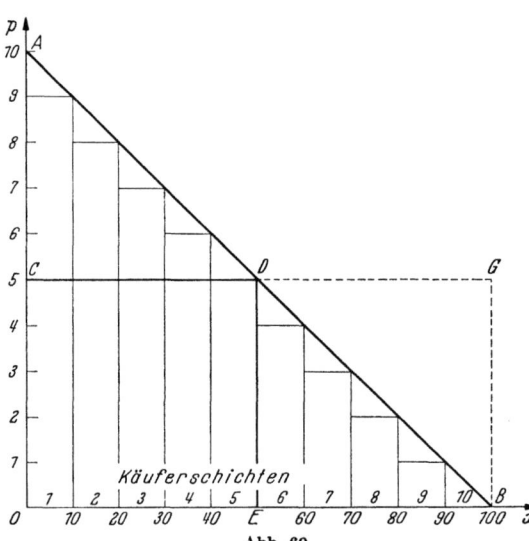

Abb. 69.

Von räumlicher Preisdifferenzierung spricht man, wenn ein Unternehmen auf regional abgegrenzten Märkten seine Waren zu verschieden hohen Preisen verkauft.

Zeitliche Preisdifferenzierung liegt dann vor, wenn ein Unternehmen für gleiche Leistungen je nach ihrer zeitlichen Inanspruchnahme verschieden hohe Preise fordert.

Preisdifferenzierung nach Absatzmengen ist dann gegeben, wenn ein Unternehmen seine Preise nach der Menge der abgenommenen Waren staffelt.

Werden die Preise nach dem Verwendungszweck der Ware unterschiedlich angesetzt, dann liegt Preisdifferenzierung nach dem Verwendungszweck vor.

b) Nunmehr sei das Prinzip der Preisdifferenzierung herausgearbeitet, und zwar zunächst für den Fall einer Teilung des Marktes nach Käuferschichten. Zu diesem Zweck sei angenommen, ein Unternehmen sehe sich einer Absatzkurve AB gegenüber, wie sie in der Abb. 69 dargestellt ist. Diese Absatzkurve entspricht den Zahlenwerten der Tabelle 14.

Preisdifferenzierung.

Verlangt das Unternehmen von allen Käufern den gleichen Preis, dann kann es höchstens den Erlös $CDEO = 250$,— DM erzielen (s. Spalte 3).

Dieser maximale Erlöswert liegt bei einem Preise von $OC = 5$,— DM und einer Absatzmenge von $OE = 50$ Mengeneinheiten. Bei diesem Preis entsteht eine Konsumentenrente[1], die den zwischen O und E liegenden Käufern zufällt. Sie wären an sich bereit, einen höheren Preis als ED zu zahlen. Da sie aber nur den Preis ED (5,— DM) zu entrichten

Tabelle 14.

Preis	Menge	Erlös ohne Preisdifferenzierung	Erlös bei fünffacher Preisdifferenzierung		Erlös bei neunfacher Preisdifferenzierung	
			je Käuferschicht	gesamt	je Käuferschicht	gesamt
1	2	3	4	5	6	7
10	0	0			0	0
9	10	90	90	90	90	90
8	20	160			80	170
7	30	210	140	230	70	240
6	40	240			60	300
5	50	250	100	330	50	350
4	60	240			40	390
3	70	210	60	390	30	420
2	80	160			20	440
1	90	90	20	410	10	450
0	100	0			0	

haben, gelangen sie in den Genuß einer Rente, eben der „Konsumentenrente". Bei 10,— DM würde der Absatz gleich Null sein, bei 9,90 DM würde 1 Mengeneinheit verkauft werden, bei 9,80 DM eine weitere, bei 9,70 DM wiederum 1 Einheit usw. Bei dem Preis von 5,— DM erzielen der erste, zweite, dritte Käufer usw. „Renten" von 4,90 DM, 4,80 DM, 4,70 DM usw.

Das Ziel der Preisdifferenzierung ist es, diese Konsumentenrenten abzuschöpfen und in Erlös umzuwandeln, um den Gewinn zu steigern. Hierbei spielen Kostenüberlegungen eine entscheidende Rolle: der zusätzliche Erlös muß den eventuellen Mehrkosten gegenübergestellt

---

[1] Der Ausdruck Konsumentenrente stammt von A. MARSHALL. Er ist für unsere Begriffe etwas zu eng, da nicht jeder Käufer Konsument zu sein braucht. Richtiger wäre daher der Ausdruck „Käuferrente". Wir wollen aber trotzdem an dem alten Begriff festhalten und ihn in diesem weiteren Sinne verstehen.
Zum Begriff der Konsumentenrente vgl. z.B. BOULDING, K. E., Economic Analysis, New York, rev. ed. 1948, S. 545.

werden. Erst dann ist eine Aussage darüber möglich, ob eine Preisdifferenzierung den Gewinn steigert; bleiben die Kosten konstant, nimmt der Gewinn im Umfang des Mehrerlöses zu.

Offenbar setzt eine Preisdifferenzierung voraus, daß eine Konsumentenrente existiert; die Absatzkurve muß also geneigt sein (Abb. 69). Mit anderen Worten: Eine Preisdifferenzierung ist nur auf unvollkommenen Märkten möglich, und zwar nur dort, wo die Marktstruktur so geartet ist, daß sie dem Unternehmen einen monopolistischen Spielraum läßt. Bei der Betrachtung von Teilmärkten ist diese Bedingung notwendig, aber nicht hinreichend, wie noch zu zeigen sein wird.

Nunmehr sei unterstellt, die Unvollkommenheit des Marktes erlaube einem Monopolbetrieb, den Gesamtmarkt in fünf Teilmärkte (Käufergruppen) aufzuspalten und auf jedem dieser Märkte, also von jeder Käufergruppe, einen anderen Preis zu verlangen. Käufe und Verkäufe zwischen den Gruppen seien ausgeschlossen, so daß also keine Verbindung zwischen den Teilmärkten besteht. Von den Käufern des ersten Teilmarktes[1] fordert das Unternehmen den Preis 9,00 DM und setzt zu diesem Preis auf diesem Markte 10 Einheiten ab. Der Erlös beträgt 90,— DM. Von den Käufern auf dem zweiten Teilmarkt wird der Preis 7,00 DM verlangt. Bei diesem Preis werden 20 Einheiten verkauft, so daß der Erlös aus dieser Gruppe 140,— DM beträgt. Der Preis für die dritte Käufergruppe (Teilmarkt 3) liegt bei 5,— DM, die Absatzmenge beträgt wieder 20 Mengeneinheiten, der Erlös also 100,— DM[2]. Ermäßigt das Unternehmen seinen Preis nicht unter 5,—DM, verkauft es also auf dem ersten Teilmarkt für 9,— DM, auf dem zweiten Teilmarkt für 7,— DM und auf dem dritten Teilmarkt für 5,— DM, dann setzt es insgesamt 50 Mengeneinheiten ab. Sein Absatz und seine Kosten stimmen mit den Absatzmengen und Kosten überein[3], die sich ergeben hätten, wenn es von allen Käufern den einheitlichen Preis von DM 5,— verlangt hätte. Der Erlös ist aber um 80,— DM höher als im Falle einheitlicher Preisstellung. Diese 80,— DM stellen abgeschöpfte Konsumentenrente dar. Verkauft der Monopolbetrieb an die übrigen beiden Käufergruppen zu Preisen von 3,— und 1,— DM, so nimmt der Gesamterlös auf maximal 410,— DM zu, während bei einem einheitlichen Preis dagegen im Höchstfall ein Erlös von 250,— DM hätte erzielt werden können.

Noch kurz sei der Fall untersucht, daß die Unvollkommenheit des Marktes dem Monopolbetrieb erlaube, die gesamte Nachfrage in

---

[1] An Stelle dieses Begriffes verwendet H. v. STACKELBERG auch den Ausdruck „Absatzschicht" in seinem Aufsatz: Preisdiskrimination bei willkürlicher Teilung des Marktes, Arch. f. Math. Wirtschafts- und Sozialforschung 1939, S. 1ff.

[2] Vgl. die Spalten 4 und 5 der Tabelle 14, in denen die Erlöse je Käuferschicht (Teilmarkt) sowie auch die kumulierten Gesamterlöse enthalten sind.

[3] Für die Preisdifferenzierung dürfen keine besonderen Kosten anfallen.

neun Käuferschichten (auf neun Teilmärkte) aufzuspalten. Von diesen fordert das Unternehmen 9,—, 8,— usw. bis 1,— DM. Für diesen Fall zeigt die Tabelle 14, daß an die ersten fünf Käufergruppen 50 Einheiten abgesetzt werden (Spalte 2). Aus diesen Verkäufen erzielt das Unternehmen einen Erlös von 350,— DM (Spalte 7). Der Erlös liegt also um 100,— DM über dem Erlös, der sich für die gleiche Absatzmenge ohne Preisdifferenzierung ergeben würde. Gegenüber dem Erlös bei fünffacher Preisdifferenzierung liegt der Erlös bei neunfacher Preisdifferenzierung um 20,— DM höher. Wird an alle neun Käuferschichten verkauft, dann würde das Unternehmen einen Erlös von insgesamt 450,— DM erzielen. Er liegt um 200,— DM über dem maximalen Erlös bei einheitlicher Preisfestsetzung (5,— DM).

Die beiden in der Tabelle 14 zusammengefaßten Zahlenbeispiele lassen deutlich erkennen, daß Preisdifferenzierungen bei im übrigen gleichen Absatzbedingungen zu höheren Erlösen führen als Verkauf zu einheitlichen Preisen. Die Umwandlung von Konsumentenrenten in Erlöse führt zu Erlösen, die um so größer sind, je höher der Grad an Preisdifferenzierung ist, d. h. in je mehr Teilmärkte (Käuferschichten) der Gesamtmarkt aufgespalten wird.

Die Abb. 69 zeigt, daß beim Verkauf zu einem für alle Käufer gleich hohen Preise der größtmögliche Erlös $OCDE$ beträgt, und daß die Preisdifferenzierung im Falle von neun Käufergruppen zu einem höheren Gesamterlös führt. Die neun unterhalb der Absatzkurve eingezeichneten Rechtecke zeigen diesen Tatbestand. Sie geben die Erlöse aus dem Verkauf an die einzelnen Käuferschichten an. Die zwischen der Absatzkurve und den oberen Rechteckseiten liegenden kleinen rechtwinkligen Dreiecke stellen die trotz der Preisdifferenzierung verbleibenden Konsumentenrenten dar. Je höher der Grad der Preisdifferenzierung ist, d. h. je mehr es gelingt, den Gesamtmarkt in Käufergruppen aufzuspalten, um so kleiner ist die Flächensumme dieser Dreiecke, d. h. um so mehr Konsumentenrente wird abgeschöpft. Den Extremfall würde totale Preisdifferenzierung darstellen. In diesem Falle wären so viele Preisstufen gebildet, wie Preispunkte auf der Absatzkurve vorhanden sind, und für jede Absatzeinheit würde unter diesen Umständen der höchstmögliche Preis verlangt und bezahlt werden. In diesem Grenzfall blieben keine Konsumentenrenten übrig. Der höchstmögliche Gesamterlös wäre gleich der Fläche AOB, die gleich dem Rechteck $COBG$ ist, und der Maximalerlös wäre hierbei doppelt so hoch wie der Maximalerlös $COED$ bei einheitlichem Preis. PIGOU spricht in diesem Fall von einer perfekten Preisdifferenzierung oder einer Preisdifferenzierung ersten Grades (all-or-nothing bargain)[1].

---
[1] Vgl. PIGOU, A. C., Economics of Welfare, 4th ed. London 1932. Zur Frage der perfekten Preisdifferenzierung vgl. auch vor allem BAIN, J. S., Price Theory, New York 1952, 2. Aufl., S. 400ff. Alle übrigen Fälle der Preisdifferenzierung bezeichnet

c) Nunmehr sei der Fall der Preisdifferenzierung bei regionaler Aufspaltung des Absatzmarktes untersucht. Hierzu wird angenommen, daß zwischen den Teilmärkten — wir beschränken uns auf den Fall von nur zwei Teilmärkten — keine Verbindung besteht. Es soll also nicht möglich sein, daß zwischen den Teilmärkten eine Art Arbitrage betrieben wird, die dahin tendiert, die Preisunterschiede auf den verschiedenen Teilmärkten auszugleichen. Die regionale Abgrenzung der Märkte wird im zwischenstaatlichen Verkehr vornehmlich auf zollpolitische Maßnahmen, im inländischen Verkehr auf tarifpolitische Gründe, Frachtkosten usw. (bestrittenes — unbestrittenes Gebiet u. ä.) zurückzuführen sein. Ausländische Märkte kennzeichnen sich durch eine unterschiedlich starke Elastizität der Nachfrage. Man erhält dementsprechend für die Teilmärkte Absatzkurven, die nach Form und Lage voneinander abweichen.

In der Abb. 70 stellt der Linienzug ABC die Gesamtnachfragekurve dar[1]. Diese Gesamtnachfragekurve setzt sich zusammen aus den beiden Nachfragekurven der Teilmärkte 1 und 2, die in den Abb. 71 und 72 durch die Kurven DE und FG dargestellt sind. Die Gesamtnachfragekurve ABC ist also nichts anderes als die Horizontaladdition der beiden Teilnachfragekurven. Man erhält sie, indem man zu jedem Preise die auf beiden Teilmärkten absetzbaren Mengen horizontal, d. h. in Richtung der Abszissenachse, addiert und in ein gemeinsames Achsenkreuz einträgt. Die auf dem Teilmarkt 1 absetzbaren Mengen seien mit x und die auf dem Teilmarkt 2 absetzbaren Mengen mit y bezeichnet. Da sich x und y qualitativ nicht (oder nur sehr unbedeutend) voneinander unterscheiden, beziehen sich die verschiedenen Symbole nur auf den Absatzmarkt. Die gesamte Absatzmenge wird mit z bezeichnet, so daß stets gilt $x + y = z$. Bei Preisen, die über OF liegen (s. Abb. 72) deckt sich die Gesamtnachfragekurve völlig mit der Absatzkurve des Teilmarktes 1, und zwar deshalb, weil OF der Höchstpreis auf dem Teilmarkt 2 ist. Zu über OF liegenden Preisen kann daher nur auf dem

---

man in der angloamerikanischen Literatur in Anlehnung an A. C. PIGOU vielfach als „Preisdifferenzierung zweiten Grades". Dieser Begriff ist aber nicht eindeutig, da er viele Variationsmöglichkeiten enthält.

[1] Bezüglich der hier durchgeführten Analyse vgl. vor allem die entsprechenden Abschnitte der folgenden Werke: BAIN, J. S., Price Theory, New York, 2. Aufl., 1952; BOULDING, K. E., Economic Analysis, New York, rev. ed. 1948; WEINTRAUB, S., Price Theory, New York-Toronto-London 1949; PIGOU, A. C., Economics of Welfare, London 1932; ROBINSON, J., The Economics of Imperfect Competition, London 1933; SCHNEIDER, E., Einführung in die Wirtschaftstheorie, Teil II, 6. Aufl., Tübingen 1960; PESL, L. D., Das Dumping, München 1921; SCHMALENBACH, E., Selbstkostenrechnung und Preispolitik, 6. Aufl., Leipzig 1934, S. 286 ff.; SCHMIDT, F., Kalkulation und Preispolitik, Berlin 1930, S. 103 ff.; BERGER, A., Preisdifferenzierung, Köln 1933; KRÜGEL, H., Preisdifferenzierung, Berlin 1936.

ersten Teilmarkt abgesetzt werden. Für alle unter OF liegenden Preise addieren sich die Absatzmengen beider Teilmärkte horizontal, so daß die Gesamtabsatzkurve bei diesem Preis einen Knick erhält.

Die Grenzerlöskurven lassen sich sowohl für die Gesamtabsatzkurve als auch für die Teilmärkte in der üblichen Weise angeben. Die Grenzerlöskurve der Gesamtabsatzkurve weist unter dem Knick bei B einen Sprung auf (s. den gestrichelt gezeichneten Linienzug in der Abb. 70).

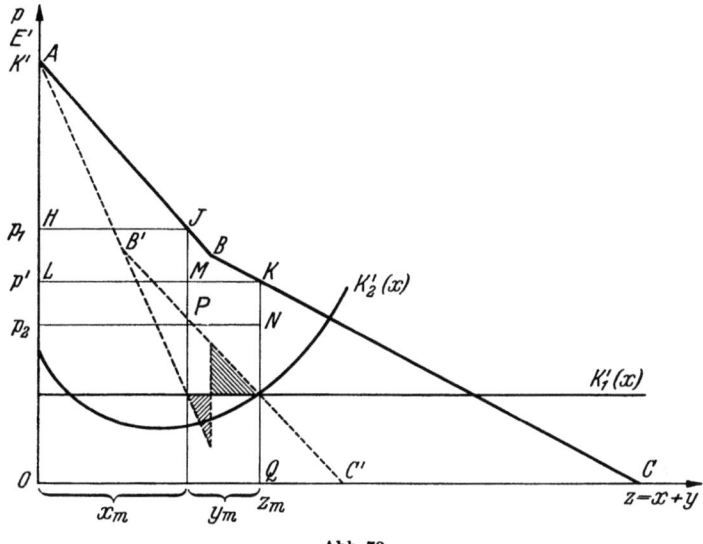

Abb. 70.

Zunächst sei unterstellt, daß das hier betrachtete Unternehmen mit konstanten Grenzkosten K_1' arbeitet. Unter dieser Bedingung würde das Unternehmen, wenn es von einer Preisdifferenzierung absieht, den Preis p' stellen, charakterisiert durch den am weitesten rechts liegenden Schnittpunkt der Grenzerlöskurve mit der Grenzkostenkurve[1] (COURNOTscher Punkt). Hierbei würde die Gesamtabsatzmenge z_m abgesetzt und der Gesamterlös $OQKL$ erzielt (s. die Abb. 70).

Es bleibt nun zu untersuchen, ob das Unternehmen seine Gewinnlage nicht verbessern kann, wenn es auf beiden Teilmärkten getrennt Preispolitik betreibt, d. h. für jeden Teilmarkt einen gesonderten Preis stellt.

---

[1] Wäre die Fläche des unter der Grenzkostenkurve liegenden schraffierten Dreiecks größer als die Fläche des über der Grenzkostenkurve liegenden schraffierten Dreiecks, so entspräche der am weitesten links liegende Schnittpunkt der Grenzerlöskurve mit der Grenzkostenkurve dem COURNOTschen Punkt, und p' würde mit p_1 zusammenfallen.

Da die Grenzkosten konstant sind, läßt sich die Grenzkostenkurve „zerlegen" und in die Abb. 71 und 72 für die beiden Teilmärkte einzeichnen. Die Abbildungen lassen nun folgenden Tatbestand erkennen:

Der bisherige gemeinsame Preis p' ist für den Teilmarkt 1 zu niedrig, denn bei diesem Preis liegt der Grenzerlös E_1' unter den Grenzkosten. Auf diesem Teilmarkt muß folglich der Preis so lange erhöht werden, bis die Grenzerlöse gleich den Grenzkosten sind ($E_1' = K_1'$). Auf dem Teilmarkt 1 liegt der gewinngünstigste Preis also bei p_1.

Bei diesem Preise wird die Absatzmenge x_m abgesetzt und der Erlös $E_1 = ORST$ erzielt.

Für den Teilmarkt 2 erweist sich der bisherige Preis p' als zu hoch, denn bei diesem Preise liegt der Grenzerlös E_2' über den Grenzkosten.

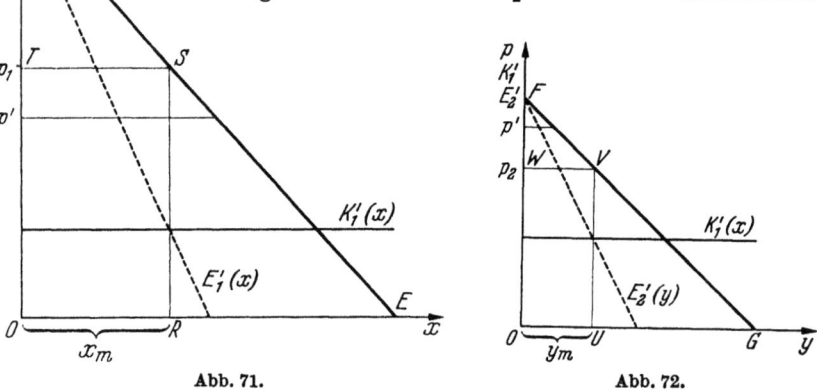

Abb. 71. Abb. 72.

Auf diesem Teilmarkt muß daher der Preis so lange gesenkt werden, bis die Grenzerlöse gleich den Grenzkosten sind ($E_2' = K_1'$). Solange nun die Preissenkung den Erlös stärker steigen läßt als die Kosten zunehmen, steigt der Gewinn an. Auf dem Teilmarkt 2 liegt der gewinngünstigste Preis also bei p_2. Zu diesem Preise wird die Absatzmenge y_m verkauft und der Erlös $E_2 = OUVW$ erzielt.

Der in der Abb. 70 eingezeichnete, gebrochene Linienzug $AB'C'$ ist die Horizontaladdition der partiellen Grenzerlöse E_1' und E_2'. Im Falle der Preispolitik ohne Preisdifferenzierung ist die Absatzmenge z_m die COURNOTsche Menge. Solange sich über dieser Absatzmenge die Grenzerlöskurve der Gesamtabsatzkurve mit der Horizontaladdition der partiellen Grenzerlöse deckt, muß die Summe der partiellen gewinnmaximalen Absatzmengen $x_m + y_m$ stets gleich z_m sein. Die Preisdifferenzierung führt in diesen Fällen also nicht zu einer Veränderung der Gesamtabsatzmenge gegenüber der einheitlichen Preispolitik[1]. Da

---

[1] Eine etwas andere Situation kann sich ergeben, wenn der COURNOTsche Punkt im Falle der einheitlichen Preispolitik links von der Unstetigkeitsstelle der Ge-

die Gesamtabsatzmenge nicht verändert wird, so können sich auch die Gesamtkosten nicht verändert haben[1], wobei dann aber die Preisdifferenzierung auf beiden Teilmärkten zu einer Erlössteigerung führt und — bei den genannten Annahmen — auch den Gewinn in gleichem Maße erhöht.

Ohne Preisdifferenzierung wurde der Gesamterlös $OQKL$ erzielt. Die Abb. 70 läßt erkennen, daß die Summe der durch die Preisdifferenzierung erzielbaren Teilerlöse größer als $OQKL$ ist. Das Rechteck $LMJH$ ist größer als das Rechteck $PNKM$.

Das Unternehmen erreicht also dann seine gewinngünstigste Situation, wenn sowohl der Grenzerlös auf dem Teilmarkt 1 als auch der Grenzerlös auf dem Teilmarkt 2 gleich den Grenzkosten ist:

$$E'_1(x) = E'_2(y) = K'_1(z).$$

Bisher ist immer angenommen worden, daß das hier betrachtete Unternehmen mit konstanten Grenzkosten arbeitet. Jetzt ist noch kurz zu untersuchen, wie sich die Preisdifferenzierung abspielen würde, wenn das Unternehmen eine Kostenstruktur mit U-förmigem Grenzkostenverlauf aufweist. In der Abb. 70 ist eine U-förmige Grenzkostenkurve K'_2 eingezeichnet. Um die Zeichnung nicht zu überlasten, sei angenommen, daß diese Grenzkostenkurve die Grenzerlöskurve an der gleichen Stelle schneidet wie die konstanten Grenzkosten. Die Abb. 70 zeigt, daß sich die Preispolitik mit Hilfe der Preisdifferenzierung hier genau so abspielt wie bei konstanten Grenzkosten. Ein formaler Unterschied liegt lediglich darin, daß man hier die Grenzkostenkurve nicht mehr „aufteilen" und in die Abb. 71 und 72 einzeichnen kann. Nun ist man in der Lage, die Horizontaladdition der partiellen Grenzerlöskurve (siehe den gebrochenen Kurvenzug $AB'C'$) in der Abb. 70 mit der Grenzkostenkurve zum Schnitt zu bringen. An dieser Stelle ist die Bedingung erfüllt, daß die Grenzkosten gleich den Grenzerlösen 1 und gleich den Grenzerlösen 2 sind, also $K'_2 = E'_1 = E'_2$. Lotet man diesen Schnittpunkt parallel zu den Abszissenachsen in die Abb. 71 und 72 hinüber und von den Schnittpunkten dieses Lotes mit den partiellen Grenzerlöskurven senkrecht auf die zugehörigen Absatz-

---

samtabsatzkurve liegt, und zwar gerade da, wo sich die Grenzerlöskurve mit der Horizontaladdition der partiellen Grenzerlöse nicht mehr deckt. Diese Situation kann aber nur bei abnorm hohen Grenzkosten eintreten, so daß hier auf ihre Behandlung verzichtet werden kann.

Vgl. über die Behandlung von Fällen, in denen die Preisdifferenzierung zu anderen Absatzmengen als die einheitliche Preispolitik führt, vor allem J. ROBINSON, The Economics of Imperfect Competition, London 1933, S. 103, 181ff. und 190ff.

[1] Es sei davon abgesehen, daß die Preisdifferenzierung mit besonderen Vertriebskosten und Verwaltungskosten verbunden ist.

kurven, dann erhält man die gewinnmaximalen Preise auf den Teilmärkten.

Aus den Abb. 71 und 72 ist deutlich zu ersehen, daß die Elastizitäten der Absatzkurven auf den beiden Teilmärkten verschieden sind. Diese Tatsache ist die Voraussetzung dafür, daß es möglich ist, durch eine differenzierte Preisstellung auf beiden Märkten die Gewinnlage zu verbessern. Wären die Elastizitäten der beiden Kurven bei jedem Preise gleich, dann ergäbe sich auch für jeden Teilmarkt der gleiche gewinngünstigste Preis[1].

Die Tatsache, daß gerade im internationalen Verkehr von dem gleichen Unternehmen für seine Erzeugnisse verschieden hohe Preise gefordert werden, erklärt sich aus der unterschiedlichen Elastizität der Nachfrage auf diesen Märkten. Insbesondere ist auch das sog. Dumping hierauf zurückzuführen.

d) Es gilt nun den Fall zu betrachten, daß sich ein Unternehmen zu verschiedenen Zeiten verschiedenen Nachfragesituationen gegenübersieht, und zwar innerhalb eines gegebenen Wirtschaftsraumes. In diesem Falle kann man sagen, daß sich der Markt zeitlich aufspaltet. So sind zum Beispiel die Elastizitäten der Nachfrage nach Beförderungsleistungen von Straßenbahnen, Omnibussen, Autotaxen usw. im Laufe des Tages verschieden groß. Mit einem gegebenen Preise verbindet sich in den Hauptzeiten des Verkehrs eine andere Nachfrage nach Transportleistungen als in den verkehrsarmen Zeiten. Die Folge ist, daß sich die Transportunternehmen dieser Sachlage preispolitisch anpassen, also die Preise für Transport- bzw. Beförderungsleistungen in den verkehrsarmen Zeiten ermäßigen. Ähnliche Überlegungen gelten für die Preisfixierung in Lichtspieltheatern zu verschiedenen Zeiten oder auch für Kohlenpreise in Sommer- und Wintermonaten[2].

Auf die Probleme der zeitlichen Preisdifferenzierung soll nur kurz eingegangen und dabei angenommen werden, daß ein seine Preise zeitlich differenzierendes Unternehmen seine Erzeugnisse oder Leistungen zu konstanten Grenzkosten zu produzieren in der Lage ist. Die Grenzkostenkurve verläuft in diesem Falle also parallel zur Abszissenachse. Will ein solcher Betrieb sein Gewinnmaximum realisieren, dann wird er zu erreichen versuchen, daß die Grenzerlöse auf den zeitlich verschiedenen Märkten einander gleich sind und daß diese Grenzerlöse mit den Grenzkosten übereinstimmen. Es vollzieht sich also, rein theoretisch

---

[1] Man kann den Beweis hierfür auch mittels der AMOROSO-ROBINSON-Formel führen. Vgl. hierzu K. E. BOULDING, a.a.O., S. 536, und E. SCHNEIDER, a.a.O., S. 105f.

[2] Im deutschen Steinkohlenbergbau werden zu den Kohlenpreisen Ab- und Aufschläge berechnet.

gesehen, der gleiche Anpassungsprozeß, wie er unter c) für den Fall der Preisdifferenzierung bei regionaler Teilung des Marktes beschrieben wurde. Auch für den Fall zeitlich verschiedener Absatzkurven ist es gewinngünstiger, die gleichen Erzeugnisse oder Leistungen zu verschiedenen Preisen anzubieten. Und zwar sind die Preise am gewinngünstigsten, bei denen wiederum die Bedingung: Grenzerlös 1 = Grenzerlös 2 = Grenzkosten erfüllt ist (s. Abb. 73 und 74).

e) Preisdifferenzierung kann auch dann vorliegen, wenn die Preise nach der Menge der abgenommenen Waren gestaffelt werden.

So ist zum Beispiel Elektrizitätswerken auf Grund der Tatsache, daß sie stets auf die Spitzenbelastung des Stromnetzes eingestellt sein müssen und nur in ge-

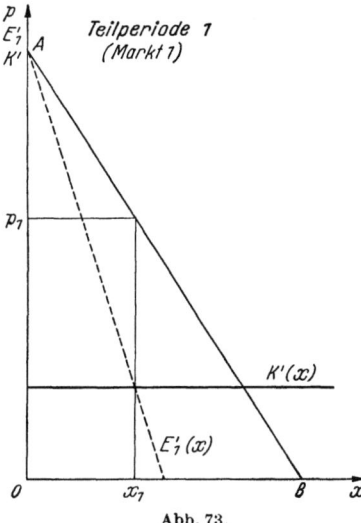
Abb. 73.

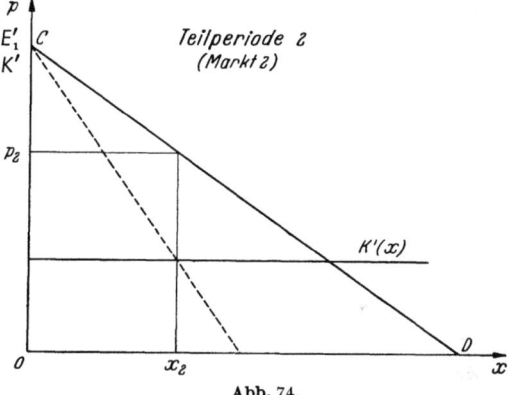
Abb. 74.

ringem Umfange Strom speichern können, daran gelegen, eine möglichst ausgeglichene Belastung des Stromnetzes zu erreichen. Das kann unter anderem auf die Weise geschehen, daß Großabnehmern „Sonderpreise" gewährt werden, die unter den Tarifpreisen liegen. Die Einräumung derartiger Sonderpreise an industrielle Großabnehmer hat einmal zur Folge, daß diese Unternehmen auf eigene Stromerzeugungsanlagen verzichten. Der Vorteil der Sonderpreise für Werke der geschilderten Art besteht auch darin, daß diese Werke gerade in den Stunden zwischen den Belastungsspitzen Strom beziehen.

Aus gleichen oder ähnlichen Gründen vereinbaren auch Gas- und Wasserwerke, Eisenbahnen, Schiffahrtsunternehmen u. a. Sonderpreise mit Großabnehmern.

Die Gewährung von solchen Mengenrabatten stellt ebenfalls eine Preisdifferenzierung dar. Diese Rabatte werden entweder gewährt, wenn innerhalb eines bestimmten Zeitraumes eine bestimmte Mindestmenge von Waren abgenommen wird, oder wenn die von den Kunden erteilten Aufträge eine gewisse Mindestgröße überschreiten. So werden von Eisenbahnunternehmen die Streckensätze in DM für das Tonnenkilometer nicht nur nach der Länge des Transportweges, sondern auch nach der Menge der von den Kunden abgenommenen Verkehrsleistungen gestaffelt. Markenartikelunternehmungen gewähren ihren Kunden nicht nur Rabatte nach Maßgabe der Größe des Jahresumsatzes, sondern auch nach Maßgabe der Größe der einzelnen Bestellung.

Eine gewisse Abwandlung des Prinzips der Preisdifferenzierung nach der Menge der abgenommenen Waren ergibt sich für den Fall, daß Rabatte für regelmäßigen Warenbezug gewährt werden. Man bezeichnet diese Rabatte auch als Treurabatte. Sie sind im Zusammenhang mit der Einfügung einer Treuklausel in die vertraglichen Abmachungen zwischen Kartellen und ihren Kunden entstanden. Durch die Gewährung von Vorzugspreisen soll erreicht werden, daß die Kunden grundsätzlich beim Kartell und nicht bei Außenseitern kaufen. Heute ist dieser Ausdruck Treurabatt auch für den Fall geblieben, daß Kunden von den Unternehmungen regelmäßig Waren beziehen[1].

f) Preisdifferenzierung findet sich schließlich in der Form, daß die Verkaufspreise nach dem Verwendungszweck der Waren gestaffelt werden. Für eine solche Differenzierung der Preise ist Voraussetzung, daß die Ware nur für den Zweck verwandt werden kann, für den der Sonderpreis festgesetzt ist. Besteht diese Möglichkeit nicht, dann würde sofort eine Art Zwischenhandel unter den zu verschieden hohen Preisen auf den Markt kommenden Waren einsetzen. Aus diesem Grunde werden beispielsweise beim Salz die Verwendungszwecke durch Denaturierung des Salzes bestimmt, indem man das Speisesalz dadurch vom Viehsalz unterscheidet, daß man es zum Gebrauch als Viehsalz mit Eisenoxyd färbt und zum Gebrauch als Industriesalz mit Glaubersalz vermengt. Ähnliche Verfahren werden auch beim Verkauf von Branntwein, gegebenenfalls auch beim Verkauf von Roggen und Gerste angewendet, wenn man für spezielle Verwendungszwecke dieser Güter spezielle Preise festsetzen will. Auch die elektrische Energie stellt ein Gut dar, das in Form von Licht, Kraft oder Wärme zu verschiedenen Zwecken benutzt werden kann. Die Elektrizitätswerke haben zwar, was den Haushaltsstrom anbetrifft (Strom für Licht und kleine elektrische Geräte), eine fast vollkommene Monopolstellung inne, wenn sie auch nicht von privatwirtschaftlicher Art ist, sondern mehr gemeinwirtschaftlichen Gesichtspunkten Rechnung trägt. Hinsichtlich der

---

[1] Skonti werden hier grundsätzlich als Äquivalent für beschleunigte Bezahlung des Kaufpreises verstanden. Sie gehören also der finanziellen, nicht der absatzpolitischen Sphäre an. Es kann aber auch sein, daß das Skonto als absatzpolitisches Instrument verwandt wird, und zwar dann, wenn die Skontosätze sehr hoch sind. In diesem Falle haben sie eine Art von Rabattfunktion.

Bereitstellung von Energie für Kraft- und Heizzwecke stehen sie jedoch mit den Gaswerken und den Elektrizitätswerken großer Unternehmungen in oft sehr starkem Wettbewerb. Diesem Umstande versuchen sie durch Preisdifferenzierung Rechnung zu tragen, indem sie für Kraftstrom einen anderen Tarif verlangen als für Haushaltsstrom. Hierzu besteht deshalb rein technisch die Möglichkeit, weil der Strom je nach Verwendungszweck durch besondere Stromzähler erfaßt werden kann. Die Preisdifferenzierung setzt die Unternehmen also in die Lage, mit den anderen Energieträgern konkurrieren zu können.

Eine ähnliche Differenzierung der Preise nach dem Verwendungszweck gibt es auch bei Gas- und Wasserwerken.

Die Unternehmen können nur dann von dem absatzpolitischen Instrument der Preisdifferenzierung Gebrauch machen, wenn gewisse Voraussetzungen hierfür vorliegen. Zu diesen Voraussetzungen gehört nicht unbedingt das Vorhandensein einer Monopolsituation. Sie würde nur für den Extremfall bestehen müssen, daß ein Unternehmen alle Konsumentenrenten in Erlöse umwandelt. Sobald Konkurrenzunternehmen vorhanden wären, die gleiche oder ähnliche Waren anbieten, wäre der geschilderten Preisdifferenzierung extremer Art der Boden entzogen. Denn die Preisbildung würde sich unter diesen Umständen nach den Prinzipien der Konkurrenzpreisbildung vollziehen und damit nach dem Prinzip des Ausgleichs von Angebot und Nachfrage durch einen Einheitspreis. Dagegen setzt Preisdifferenzierung auf regional voneinander abgegrenzten Märkten eine absolute Monopolstellung der eine solche Preispolitik betreibenden Unternehmen nicht voraus. Die Unternehmen konkurrieren vielmehr in der Regel mit solchen Unternehmen, die ebenfalls den ausländischen Markt beliefern. Voraussetzung für eine solche regionale Preisdifferenzierung ist lediglich, daß die Märkte so gegeneinander isoliert sind, daß keine Arbitrage zwischen ihnen entstehen kann.

Eine Monopolstellung ist nicht Voraussetzung für die Anwendung zeitlicher Preisdifferenzierungen. Warum sollen beispielsweise Bergwerksgesellschaften nicht auch unter Wettbewerbsbedingungen Saisonabschläge und Saisonzuschläge zu den Kohlenpreisen machen können? Eine solche Preisdifferenzierung liegt in ihrem Interesse. Und warum sollten mehrere, den gleichen Markt beliefernde Elektrizitätsgesellschaften nicht zu niedrigeren Nachtstromtarifen Strom liefern können?

Preisdifferenzierung nach Maßgabe der von dem Kunden abgenommenen Warenmenge setzt eine Monopolstellung nicht voraus, vielmehr genügen monopolistische Bereiche, die sich aus der Unvollkommenheit der Märkte ergeben. Fast jedes Unternehmen betreibt Rabattpolitik und versucht, Großabnehmer für seine Erzeugnisse und Leistungen durch Einräumen besonders günstiger Preise zu gewinnen.

Auch für den Fall der Preisdifferenzierung nach dem Verwendungszweck der Waren läßt sich nicht generell sagen, daß das Vorliegen einer absoluten Monopolstellung die Voraussetzung für eine solche Preispolitik sei. Wahrscheinlich wird zwischen den Unternehmungen eine gewisse Tendenz bestehen, zu einem Übereinkommen darüber zu gelangen, wie man sich hinsichtlich der Preisdifferenzierung verhalten solle. Aber, wenn beispielsweise mehrere Elektrizitätsunternehmungen in Konkurrenz miteinander stehen, warum sollten sie nicht Haushalts- oder Kraftstrom zu verschiedenen Preisen liefern?

Der entscheidende Gesichtspunkt dafür, ob Preisdifferenzierung in der geschilderten Form vorgenommen werden kann, besteht darin, daß das Unternehmen jedem seiner Kunden die Vorteile der Preisdifferenzierung einräumen muß.

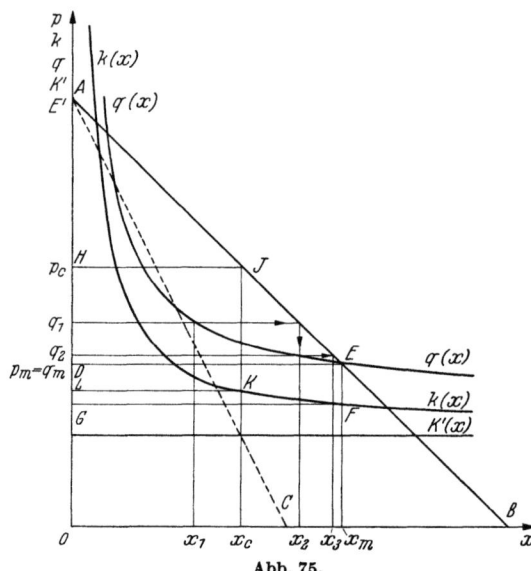

Abb. 75.

Dabei ist zu beachten, daß die Unternehmen, die Preisdifferenzierung betreiben, hiermit nicht nur absatzpolitische Zwecke verfolgen, vielmehr spielen hierbei in erster Linie Kostenüberlegungen eine Rolle. Denn entweder soll die Preisdifferenzierung zu einer kostengünstigen, ausgeglichenen Beschäftigung des Unternehmens führen oder sie soll die Voraussetzung dafür schaffen, daß die Fertigungsaufträge eine optimale Größe aufweisen, oder es sollen Einsparungen an Vertriebskosten ermöglicht werden.

Soweit alle diese Zwecke mit Hilfe der Preisdifferenzierung erreicht werden, ist die Preisdifferenzierung als absatzpolitisches Instrument anzusehen.

2. Welche Konsequenzen ergeben sich, wenn ein Unternehmen preispolitisch in der Weise operiert, daß es auf die ermittelten Durchschnittskosten einen bestimmten Gewinnzuschlag, ausgedrückt in Prozenten der Stückkosten, rechnet.

In Abb. 75 stellt die Kurve $k(x)$ die Stückkostenkurve für linearen Gesamtkostenverlauf dar. Die Kurve $K'(x)$ ist die Grenzkostenkurve.

Die Kurve $q(x)$ ist die Angebotskurve, welche angibt, zu welchen Preisen die Erzeugnisse des Unternehmens bei verschiedener Beschäftigung des Betriebes angeboten werden. Sie ist aus der Stückkostenkurve $k(x)$ derart abgeleitet, daß zu den Stückkosten jeweils ein bestimmter Prozentsatz hinzugeschlagen wird. Dieser Zuschlag ist gleich $\frac{1}{n}k$, so daß die Angebotskurve der Gleichung

$$q = k\left(1 + \frac{1}{n}\right)$$

entspricht. Hierin charakterisiert $\frac{1}{n}$ die Höhe des Gewinnzuschlages, es gibt den Bruchteil der Stückkosten an, der auf die Stückkosten aufzuschlagen ist. Betragen z.B. die Stückkosten 87,50 DM und ist $n = 8$, d.h. der Gewinnzuschlag 12,5% (gleich 100:8), dann ergibt sich folgender Angebotspreis:

$$q = 87{,}50\,(1 + 0{,}125) = 87{,}50 \cdot 1{,}125 = 98{,}44 \text{ DM}.$$

AB ist die Nachfragekurve, d.h. die Kurve, die angibt, zu welchen Preisen bestimmte Mengen auf Grund der vorliegenden Marktsituation abgesetzt werden können. AC ist die zugehörige Grenzerlöskurve.

Das Unternehmen habe auf Grund seiner Absatzerwartungen die Menge x_1 produziert. Es bietet diese Menge zum Preise q_1 an, der sich nach der obigen Formel aus den Stückkosten und dem prozentualen Gewinnzuschlag errechnet. Praktisch hätte es aber, wie die Nachfragekurve zeigt, zu diesem Preise die Menge x_2 absetzen können. In der folgenden Periode wird es daher seine Produktion ausweiten. Hierdurch sinken seine Stückkosten. Der Angebotspreis beträgt nunmehr q_2. Bei diesem Preis kann die Menge x_3 abgesetzt werden. Die betriebliche Anpassung an diese Nachfragemenge führt wieder zu einer Kosten- und Preissenkung. Dieser Prozeß wiederholt sich so lange, bis der Angebotspreis mit dem Nachfragepreis übereinstimmt. Dies ist bei der Menge x_m und dem Preis $p_m = q_m$ der Fall. Der hierbei erzielte Gewinn wird durch das Rechteck $EFGD$ dargestellt.

Hätte das Unternehmen seinen Preis entsprechend dem COURNOTschen Prinzip gestellt, dann würde es die Menge x_c zum Preise p_c absetzen und einen Gewinn erzielen, der durch das Rechteck $HJKL$ dargestellt wird. Wie sich aus der Zeichnung ersehen läßt, ist der Gewinn zum Preise p_c höher als der Gewinn zum Preise p_m.

Nach den Bedingungen, die diesem Falle zugrunde liegen, verfehlt also das Unternehmen sein Gewinnmaximum, wenn es seine Preise auf die oben beschriebene Weise stellt. Wie groß die Abweichung von dem maximal möglichen Gewinn ist, hängt von der Höhe des Zuschlagssatzes ab.

Bisher wurde angenommen, daß das Unternehmen seine Preise streng auf der Basis Stückkosten plus einem konstanten prozentualen Gewinnzuschlag stellt. Mit Recht weist SCHMALENBACH darauf hin, daß es bei der Errechnung des erzielten Preises darauf ankomme, ,,den Markt fortgesetzt abzutasten", und daß der Gewinnzuschlag deshalb elastisch zu halten sei[1]. In der Praxis geht man ja auch weitgehend so vor. Entscheidend dafür, welche Gewinnzuschläge und damit, welche Preise man wählen soll, ist aber stets das Ziel, die gewinngünstigste Situation (ob auf kurze oder längere Sicht mag hier dahingestellt bleiben) zu erreichen. Man tastet sich also an dieses günstigste Ergebnis heran, weil man die Absatz- und Kostenkurven nicht genau kennt bzw. nicht genau ermittelt. SCHMALENBACH weist darauf hin, daß preispolitisch eine Situation anzustreben sei, in der der Preis gleich den Grenzkosten ist[2]. Das gilt allerdings nur dann, wenn die Nachfragekurve waagerecht verläuft, eine Situation, wie sie speziell für den Fall der atomistischen Konkurrenz auf vollkommenen Märkten charakteristisch ist. Die Ausbringung, bei der die Bedingung Grenzkosten gleich Preis gilt, ist im übrigen nur dann mit dem Kostenoptimum (Ausbringung zu niedrigsten Stückkosten) identisch, wenn die Bedingung erfüllt ist, daß Grenzkosten = Preis = Durchschnittskosten sind.

3. In der Betriebswirtschaftslehre wird vor allem von SCHMALENBACH und SCHMIDT die Ansicht vertreten, daß die Unternehmen eine möglichst bewegliche Preispolitik betreiben sollten, um auf diese Weise eine möglichst ausgeglichene Beschäftigung zu erreichen. Sie opponieren dabei gegen die Preispolitik vieler Unternehmen, die ihre Preise verhältnismäßig starr halten und damit nach Ansicht der beiden Autoren in Kauf nehmen müssen, daß die Beschäftigung ihrer Unternehmungen ständig schwankt.

SCHMALENBACH will dieses Ziel erreichen, indem er vorschlägt, die Preisstellung auf der Basis der Grenzkosten vorzunehmen. Da im Falle der Überbeschäftigung nach der von ihm unterstellten Kostenkurve die Grenzkosten größer sind als die Durchschnittskosten, muß eine Preisstellung auf der Grundlage der Grenzkosten zu relativ hohen Angebotspreisen führen. Hiervon wird dann ein entsprechender Rückgang des Absatzes erwartet. Bei Unterbeschäftigung des Betriebes liegen die Grenzkosten unter den Durchschnittskosten. Stellt man die Angebotspreise auf Basis Grenzkosten, so bietet man zu verhältnismäßig niedrigen Preisen an (Teilkostenkalkulation). Die Beschäftigung wird dann ansteigen. Durch die Verwendung der Grenzkostenkurve als Angebots-

---

[1] SCHMALENBACH, E., Selbstkostenrechnung und Preispolitik, 6. Aufl., Leipzig 1934, S. 280. So sagt er z. B. auf S. 273: ,,Der zugeschlagene Gewinn ist vielmehr eine veränderliche Größe, mit der der Kalkulator sich an den erzielbaren Marktpreis heranfühlt."

[2] SCHMALENBACH, E., a.a.O., S. 279.

kurve soll also erreicht werden, daß die Unternehmen im Kostenoptimum (Minimum der Durchschnittskosten) beschäftigt werden. Nach SCHMALENBACH würde dann etwa der Zustand größter gemeinwirtschaftlicher Wirtschaftlichkeit erreicht sein[1].

Die Frage: stabile oder schwankende Preise? wird von SCHMIDT dem Prinzip nach in gleicher Weise beantwortet wie von SCHMALENBACH. Er vertritt die Auffassung, daß das Ziel der Preispolitik die „Erreichung des günstigsten Betriebserfolges durch Vollbeschäftigung" sei. Der Grundsatz der Anpassung der Preispolitik an alle Veränderungen im Markt macht „Änderungen des Preises unbedingt notwendig, wenn an irgendeiner Stelle des in Betracht kommenden Marktes wesentliche Verschiebungen eintreten"[2]. Expressis verbis sagt SCHMIDT, der normale und gleichzeitig günstigste Preis könne nur „an dem Punkte des Beschäftigungsgrades liegen, wo die niedrigsten Kosten pro Stück entstehen". Alle Preispolitik müsse darauf eingestellt sein, die Produktionsmenge so zu regeln, daß immer Vollbeschäftigung vorliege[3].

Das Mittel, mit dem SCHMIDT dieses Ziel zu erreichen versucht, ist die „Staffelkalkulation". Ihr Prinzip besteht darin, daß nicht die gesamte Produktion zu Grenzkostenpreisen der letzten Einheit angeboten wird, wie das SCHMALENBACH vorschlägt, sondern daß jeder Auftrag hereingenommen wird, sofern sein Preis über seinen Grenzkosten liegt[4].

Beide Autoren bauen also das Grenzkostenprinzip in ihre Theorie der Preispolitik ein. Unterstellt man es als einen richtigen preispolitischen Grundsatz, zu erreichen, daß die Betriebe im Bereich kostenminimaler Ausbringung produzieren, dann bleibt die Frage zu prüfen, ob die angegebenen Mittel dieses Ziel erreichen lassen. Zur Beantwortung dieser Frage ist es notwendig, Absatzkurven in das Problem einzubeziehen. Solange der durch den Grenzkostenverlauf eines Betriebes bestimmte Angebotspreis nicht mit dem zu der gleichen Absatzmenge gehörenden Preise der Nachfragekurve (Nachfragepreis) übereinstimmt, werden von dem Unternehmen entweder Kunden abwandern, oder es werden ihm Kunden zuströmen. Hieraus folgt, daß eine Gleichgewichtslage nur dann eintreten kann, wenn der Angebotspreis (Grenzkosten) gleich dem Nachfragepreis ist. Geometrisch gesehen

---

[1] Diese preispolitische Konzeption ist nur ein Teil eines großen Systems, welches das Grenzkostenprinzip nicht nur für die außerbetrieblichen, sondern auch für die innerbetrieblichen Bereiche der Unternehmen als Regulativ verwendet. Diese „pretiale" Lenkung wird dabei als ein Organisationsprinzip aufgefaßt, welches auf unbürokratische Weise die Unternehmen zu führen erlaubt.
Vgl. hierzu insbesondere die Lehre vom „Betriebswert" in: Selbstkostenrechnung und Preispolitik, S. 10ff., und: Pretiale Wirtschaftslenkung, Bd. I, Bremen-Horn 1947, Bd. II, Bremen-Horn 1948.
[2] SCHMIDT, F., Kalkulation und Preispolitik, Berlin 1930, S. 114 und S. 118.
[3] SCHMIDT, F., a.a.O., S. 124.
[4] SCHMIDT, F., a.a.O., S. 103.

ist das nur im Schnittpunkt zwischen der Grenzkostenkurve und der Nachfragekurve der Fall. In der Abb. 76 ist diese Lage dargestellt. Wir nehmen an, daß der Betrieb überbeschäftigt ist und die Menge x_A (Ausgangslage) produziert. Um aus der Überbeschäftigung herauszukommen, verlangt der Betrieb die zu x_A gehörenden Grenzkosten als Preis ($p_{K'}$). Bei diesem Preise geht der Absatz von x_A auf x_1 zurück. Dem Preise $p_{K'}$ auf der Grenzkostenkurve entspricht der Preis P_N auf der Nachfragekurve. Der Menge x_1 entspricht ein neuer, tiefer liegender Grenzkostenpreis. Bei diesem Preis nimmt die Menge wieder zu, der Grenzkostenpreis steigt wiederum usw. Wie die in die Abb. 76 eingezeichneten Pfeile erkennen lassen, nähert sich dieser Prozeß bei der Absatzmenge einem Gleichgewicht, bei dem die Grenzkosten gleich dem Preis (Nachfragepreis) sind. Das Optimum (Kostenminimum), das preispolitisch angestrebt wird, wird also nicht erreicht. Nur für den Fall, daß die Nachfragekurve zufällig durch das Kostenminimum geht und einen relativ steilen Verlauf aufweist, läßt sich mit Hilfe der Preispolitik auf Grenzkostenbasis eine Beschäftigung im Kostenminimum erreichen.

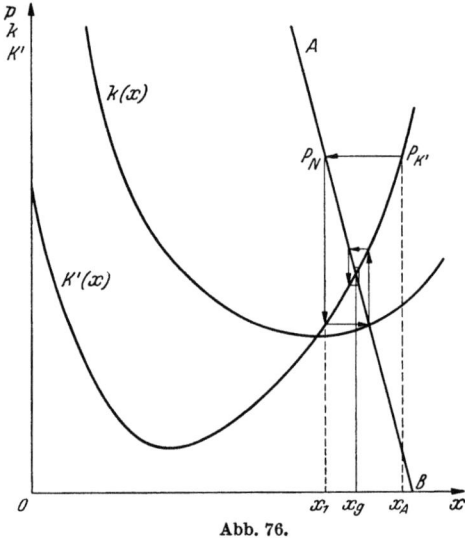

Abb. 76.

Im übrigen sei noch darauf hingewiesen, daß das Durchschnittskostenminimum und das Gewinnmaximum bei verschiedenen Ausbringungen liegen[1]. Es erscheint deshalb zweifelhaft, ob die Unternehmungen bei ihren preispolitischen Überlegungen dem Schnittpunkt zwischen Durchschnittskosten und Grenzkosten (Stückkostenminimum) vor dem Schnittpunkt zwischen Grenzkostenkurve und Grenzerlöskurve bzw. der Preisgeraden (Gewinnmaximum) den Vorzug geben werden[2].

4. Unter welchen Voraussetzungen kann ein zusätzlicher Auftrag von einem Unternehmen hereingenommen werden, dessen Kapazität noch nicht voll ausgelastet ist?

---

[1] Kurzfristig betrachtet.

[2] Im Falle linearer Gesamtkosten und atomistischer Konkurrenz auf einem vollkommenen Markt deckt sich das Gewinnmaximum (an der Kapazitätsgrenze) mit der Ausbringung der geringsten Stückkosten.

Preisstellung bei Zusatzaufträgen.

Bei der Untersuchung dieser Frage sind zwei Fälle zu unterscheiden. Im ersten Falle soll angenommen werden, daß durch den für den zusätzlichen Auftrag verlangten Preis die Preise der übrigen Aufträge nicht beeinflußt werden. Im zweiten Falle sei davon ausgegangen, daß der Preis des zusätzlich hereingenommenen Auftrags auf die Preise der übrigen Aufträge nicht ohne Wirkung ist.

Der erste Fall mag an folgendem Beispiel erläutert werden. Ein Unternehmen produziere 700 Produkteinheiten. Die fixen Kosten betragen 20000,— DM, die proportionalen Kosten 50,— DM je Einheit. Da linearer Verlauf der Gesamtkostenkurve angenommen wird, sind die Grenzkosten gleich den proportionalen Stückkosten. Die Stückkosten betragen 55000,— DM : 700 = 78,58 DM. Der Preis betrage ebenfalls 78,58 DM. Dem Unternehmen erscheint es angesichts der Kostenlage unmöglich, Aufträge zu einem niedrigeren Preise anzunehmen, weil nach Ansicht des Unternehmens in diesem Falle ein Verlust entstehen würde. Zu dem Preis von 78,58 DM können aber nur 700 Produkteinheiten abgesetzt werden. Das Unternehmen steht nun vor der Frage, ob es einen Auftrag über zusätzliche 100 Einheiten übernehmen soll, den es nur dann erhalten kann, wenn es für diesen Auftrag einen Preis von 70,— DM verlangt. Das Unternehmen rechnet den Auftrag durch und kommt zu folgendem Ergebnis:

Fixe Kosten	= 20000,— DM
Proportionale Kosten 800 · 50	= 40000,— DM
Gesamtkosten	= 60000,— DM
Stückkosten	= $\frac{60000,— \text{ DM}}{800 \text{ Einheiten}}$ = 75,— DM
./. Preis	= 70,— DM
Verlust	= ./.5,— DM je Einheit
Gesamtverlust = 5 · 100	= ./. 500,— DM

Demgegenüber läßt sich nun aber folgende Rechnung aufstellen:

Erlöse aus bisherigen Aufträgen	= 55000,— DM
Erlöse aus zusätzlichem Auftrag	= 7000,— DM
Gesamterlös	62000,— DM
Gesamtkosten	60000,— DM
Gewinn:	2000,— DM

Beide Kalkulationen führen also zu verschiedenen Ergebnissen. Diese Tatsache ist auf folgenden Umstand zurückzuführen: In der ersten Rechnung ist unberücksichtigt geblieben, daß die bisherigen Aufträge nach wie vor zu 78,58 DM abgesetzt werden können. Der Erlös aus den ersten Aufträgen in Höhe von 700 Einheiten liegt effektiv um 700 · 3,58 = 2500,— DM höher als dies in der ersten Kalkulation angenommen wurde. Zieht man hiervon den Verlust an dem zusätzlichen Auftrag in Höhe von 500,— DM ab, so erhält man den erzielbaren Gesamtgewinn von 2000,— DM. Im vorliegenden Fall ist es also für das Unternehmen günstig, den zusätzlichen Auftrag zum Preise von 70,— DM auszuführen.

Selbst dann, wenn der erzielbare Preis des letzten Auftrages unter 70,— DM liegt, würde es sich lohnen, den Auftrag zu übernehmen, solange der Preis noch über den durch den zusätzlichen Auftrag verursachten Kosten der einzelnen Erzeugniseinheit (Grenzkosten) liegt.

Die Grenzkosten bilden also die Preisuntergrenze[1].

Für den zweiten Fall, daß nämlich der niedrigere Preis des Zusatzauftrages Rückwirkungen auf die Preise der übrigen Aufträge hat, gilt ein ähnlicher Kalkulationssatz. Es ist hierbei jedoch zu beachten, daß der Preis des zusätzlichen Auftrages nunmehr nicht nur seine Grenzkosten, sondern auch die Erlösminderung, die durch den Rückgang des Preises für die bisherigen Aufträge verursacht wird (bezogen auf eine Einheit des zusätzlichen Auftrages), decken muß. Nur wenn dies der Fall ist, wird das Unternehmen zweckmäßigerweise den zusätzlichen Auftrag ausführen.

Eine solche Art der Preispolitik birgt aber gewisse Gefahren, vor allem psychologischer Art, in sich. Denn die bisherigen Kunden können durch die Einräumung von Vorzugspreisen verärgert werden. Unter Umständen wandern sie zur Konkurrenz ab.

Je geringer die Markttransparenz ist, um so größer ist die Möglichkeit, von diesem Prinzip Gebrauch zu machen. In der Praxis ist es üblich, den Kunden derartige Preisvergünstigungen in Form der Gewährung von Rabatten zukommen zu lassen.

Das soeben entwickelte Prinzip enthält auch insofern gewisse Gefahren, als es dazu verleiten kann, eine sehr nachgiebige Preispolitik zu betreiben. Aus diesem Grunde ist es erforderlich, die Entscheidung in solchen Fällen der Verkaufsleitung vorzubehalten.

In diesem Zusammenhang sei noch kurz darauf hingewiesen, daß hinsichtlich der Preisuntergrenze nicht nur ein Zusammenhang zwischen Preisstellung und Kosten, sondern auch ein Zusammenhang zwischen Preisstellung und Aufrechterhaltung der Zahlungsbereitschaft besteht. Unter diesem finanziellen Aspekt wäre zu sagen, daß die Verkaufspreise so hoch sein müssen, daß in ihnen alle Kosten ersetzt werden, die kurz-

---

[1] Dieser Fall liegt abgewandelt auch der Staffelkalkulation von F. SCHMIDT zugrunde. Vgl. SCHMIDT, F., Kalkulation und Preispolitik, Berlin 1930, S. 104. Vgl. hierzu auch die Differentialkalkulation von SCHÄR, J. F., Allgemeine Handelsbetriebslehre, 5. Aufl. 1923.

fristig Ausgaben sind. Ob es sich bei diesen Ausgaben um proportionale oder fixe Kosten handelt, ist dabei nicht entscheidend[1].

5. Besondere Probleme entstehen im Zusammenhang mit der Preispolitik, wenn es sich um die Beantwortung der Frage handelt, ob und in welchem Umfange Preissteigerungen oder Preissenkungen der Kostengüter bei der Preisstellung Berücksichtigung finden sollen, wenn z. B. noch Rohstoffe vorhanden sind, die zu niedrigeren bzw. höheren Preisen eingekauft wurden.

Dieses Problem ist innerhalb der Betriebswirtschaftslehre vor allem von SCHMIDT, aber auch von SCHMALENBACH behandelt worden[2]. Im allgemeinen läuft die betriebswirtschaftliche Lehrmeinung darauf hinaus, daß die Preisstellung nach Möglichkeit auf Grund von Kalkulationen vorgenommen werden sollte, in denen die Kostengüter zu ihren Wiederbeschaffungspreisen zu bewerten seien. Da diese Wiederbeschaffungspreise im Zeitpunkt der Preisstellung noch nicht bekannt sind, wird insbesondere von SCHMIDT vorgeschlagen, hierfür ersatzweise die Tageswerte zum Verkaufszeitpunkt zu verwenden.

Die Situation spitzt sich auf die Frage zu, ob Unternehmungen bei ihrer Preisstellung gestiegene Rohstoffpreise bereits berücksichtigen sollen, wenn sie noch Rohstoffe verarbeiten, die sie zu niedrigeren Preisen eingekauft haben (und umgekehrt). Diese Frage wird von SCHMIDT bejaht. Die Steigerung der Kostengüterpreise muß nach seiner Auffassung bei der Preisstellung bereits berücksichtigt werden, bevor die Preissteigerungen der Kostengüter (Rohstoffe, Löhne usw.) in den effektiven Kosten ihren Niederschlag finden. SCHMIDT vertritt die Ansicht, daß nur auf diese Weise (in Verbindung mit einer entsprechenden Bilanzierung) dem Prinzip der substantiellen Kapitalerhaltung Rechnung getragen werden könne.

Nach unserem Dafürhalten hängt dagegen die Frage, ob die Forderung von SCHMIDT tatsächlich mit Hilfe der Preispolitik erreicht werden kann, von der Elastizität des Absatzes und dem preispolitischen Verhalten der Konkurrenzbetriebe ab, worüber an anderer Stelle ausführlich berichtet wurde.

---

[1] Auf diese Tatsache hat neuerdings vor allem H. KOCH hingewiesen; vgl. KOCH, H., Die Ermittlung der Durchschnittskosten als Grundprinzip der Kostenrechnung, Z. f. handelswissenschaftliche Forschung 1953, 5. Jg., S. 315.

[2] Vgl. SCHMIDT, F., Der Wiederbeschaffungspreis in Kalkulation und Volkswirtschaft, Berlin 1923.

SCHMALENBACH behandelt das Problem im Rahmen seiner Betriebsbewertung. Dadurch kommen Momente in das Zeitwertproblem hinein, die dem Prinzip gewisse Modifikationen verleihen, auf die hier nicht näher einzugehen ist. Vgl. SCHMALENBACH, E., Selbstkostenrechnung und Preispolitik, Leipzig 1934, S. 13ff.

Die zeitliche Vorverlagerung der Preiserhöhung oder Preisermäßigung, wie sie von SCHMIDT vorgeschlagen wird, enthält für die Theorie der Preispolitik kein besonderes Problem. Wie sich die Gewinnlage der Unternehmen als Folge effektiver oder vorverlagerter Kostenverschiebungen verändert, hängt einzig und allein von Form und Lage der Absatzkurven ab. Es ist deshalb durchaus möglich, daß sich auch bei einer Preisstellung auf Basis der Wiederbeschaffungskosten ein Verlust ergibt, und zwar ein echter Verlust im Sinne des Prinzips der substantiellen Kapitalerhaltung. Jedenfalls ist es ausgeschlossen, daß sich lediglich mit Hilfe preispolitischer Maßnahmen eine Substanzerhaltung erzwingen läßt, ohne daß der Markt die notwendigen Voraussetzungen dafür bietet.

6. Nunmehr seien die besonderen Probleme aufgezeigt, vor die sich ein Unternehmen preispolitisch gestellt sieht, wenn sein Fertigungsprogramm aus einer größeren Anzahl von Erzeugnissen besteht. Die gleichen Probleme finden sich in Handelsunternehmungen, wenn sie in großen Sortimenten anbieten. Diese Fragen pflegen in der kaufmännischen Praxis und auch in der betriebswirtschaftlichen Literatur unter dem Begriff des kalkulatorischen Ausgleiches zusammengefaßt zu werden. Diese Fragen sollen hier nur am Beispiel des Handels aufgezeigt werden. Da sie nicht ohne den Begriff der Handelsspanne erörtert werden können, sei auf diesen Begriff kurz eingegangen.

a) Unter Handelsspannen soll mit SEYFFERT die Differenz zwischen dem Einkaufspreis und dem Verkaufspreis einer Ware verstanden werden. Bei einem Vergleich verschiedener Handelsspannen entstehen daraus gewisse Schwierigkeiten, daß in einem Falle die Transportkosten von den Herstellern getragen werden, also in der Handelsspanne nicht enthalten sind, während sie im anderen Falle in die Handelsspanne eingerechnet werden. Im einzelnen sind auseinanderzuhalten: erstens die Stückspanne, zweitens die Warengruppenspanne und drittens die Betriebsspanne. Die Stückspanne gibt an, wie groß die Differenz zwischen dem Einkaufspreis und dem Verkaufspreis einer Wareneinheit ist. Wird die Spanne für eine innerhalb eines Betriebes zusammengefaßte Warengruppe gebildet, dann handelt es sich um eine Warengruppenspanne (bzw. Sortenspanne). Die Betriebsspanne ist die Gesamtspanne eines Betriebes, berechnet als Durchschnittsspanne für das gesamte Sortiment eines Betriebes[1]. KOSIOL bezeichnet die in Prozenten der Einstandskosten

---
[1] Vgl. SEYFFERT, R., Wirtschaftslehre des Handels, 4. Aufl., Köln-Opladen 1961, S. 532ff. Eine Systematisierung aller möglichen Handelsspannen gibt E. SUNDHOFF in seinem Buch, Die Handelsspanne, Köln-Opladen 1953, S. 4ff. Vor allem sei auch auf die Untersuchungen hingewiesen, die C. RUBERG diesen Fragen widmet in „Der Einzelhandelsbetrieb", Essen 1953, S. 149ff. Vgl. ferner: BUDDEBERG, H., Der Betriebsvergleich als Instrument der Handelsforschung, in: Betriebsökonomisierung, Festschrift für R. SEYFFERT, Köln-Opladen, 1958, S. 83. NIESCHLAG, R., Ausbau des industriellen Vertriebswesens und Erstarkung des Handels. Kooperative oder Kampf, ebenda S. 55.

bzw. des Verkaufspreises ausgedrückte Differenz zwischen Verkaufspreis und Einstandskosten als relative Handelsspanne. Bezogen auf den Einstandspreis wird sie Handels- oder Kalkulationsaufschlag, dagegen bezogen auf den Verkaufspreis Handels- oder Kalkulationsabschlag genannt[1].

Gedanklich läßt sich die Handelsspanne aufspalten in einen Kosten- und einen Gewinnbestandteil, wobei der letztere positiv oder negativ sein kann. Der Kostenbestandteil setzt sich zusammen aus den Handelseinzelkosten und den variablen und fixen Handelsgemeinkosten. Bei der Reichhaltigkeit des Warensortiments moderner Handelsbetriebe entstehen erhebliche Schwierigkeiten, die Gemeinkosten, insbesondere die fixen Kosten auf die Wareneinheiten bzw. auf die einzelnen Warengruppen zu verteilen.

Die Tatsache, daß die auf die einzelne Ware entfallenden Kosten im Handel nicht hinreichend genau berechnet werden können und sich die Handelsunternehmen mit ihren Sortimenten elastisch an die Marktverhältnisse anpassen müssen, führt weitgehend zur Anwendung des kalkulatorischen Ausgleichs. Hierunter versteht man ein Verfahren, nach dem besonders günstig eingekaufte Waren höher belastet werden, um umgekehrt ungünstig eingekaufte Waren mit unternormalen Zuschlägen verkaufen zu können[2].

In der Bezeichnung kalkulatorischer Ausgleich könnte der Ausdruck „kalkulatorisch" zu Mißverständnissen Anlaß geben. Der Preis wird nicht im eigentlichen Sinne kalkuliert. Er ist nicht nur eine Funktion der Kosten, sondern auch der Marktverhältnisse. Grundsätzlich setzen die Unternehmen ihre Preise nach Maßgabe ihrer Marktchancen an. Glaubt ein Unternehmen angesichts der Marktlage, ein bestimmter Preis sei der günstigste, so wird es seinen Brutto-Gewinnzuschlag so wählen, daß dieser Preis auch „kalkulatorisch" erreicht wird. Es wäre daher richtiger, statt von kalkulatorischem Ausgleich von preispolitischem Ausgleich zu sprechen. Mit Kostenrechnung hat der kalkulatorische Ausgleich nichts zu tun. Er stellt vielmehr für Unternehmen mit reichhaltigem Fertigungsprogramm oder Warensortiment ein Prinzip dar, welches sie in den Stand setzt, für bestimmte Güter Preise zu akzeptieren, die für diese Güter keine volle Kostendeckung zulassen, allerdings unter der Voraussetzung, daß die Preise anderer Güter so hoch liegen, daß hierdurch ein Ausgleich geschaffen wird. Die Notwendigkeit, in einem Sortiment auch Waren zu führen, deren Preise ungünstig sind, beruht auf der Tatsache, daß die Käufer Wert darauf legen, ein geschlossenes Sortiment vorzufinden, das

---

[1] KOSIOL, E., Warenkalkulation in Handel und Industrie, 2. Aufl., Stuttgart 1953, S. 51ff.
[2] Vgl. SEYFFERT, R., a.a.O., S. 535, und HUMBEL, P., Preispolitische Gewinndifferenzierung im Einzelhandel, Zürich 1958.

ihnen eine reiche Auswahlmöglichkeit gewährt und ihnen die Möglichkeit gibt, Waren, die zu einer bestimmten Bedarfsart gehören, in einem Geschäft kaufen zu können. Das akquisitorische Potential eines Einzelhandelsgeschäftes beruht in entscheidender Weise auf seinem Sortiment. Man kann geradezu sagen, daß die Einzelhandelsgeschäfte untereinander nicht mit einzelnen Artikeln, sondern mit ihren Sortimenten konkurrieren. Das Phänomen des kalkulatorischen Ausgleichs ist also unter absatzpolitischem Aspekt zu sehen. Selbst Unterkostenverkäufe können Mittel zum Zwecke der Gewinnmaximierung sein, wobei allerdings die Bedingung erfüllt sein muß, daß der Preis nicht unter die Kosten sinkt, die die einzelne Ware verursacht. Das preispolitische Ziel der Unternehmen besteht nicht darin, für jede einzelne Ware bzw. Warengattung, Produktions- oder Handelssparte den größtmöglichen Gewinn zu erzielen, vielmehr ergibt sich als absatzpolitische Aufgabe, mit dem gesamten Verkaufsprogramm bzw. dem Gesamtsortiment ein möglichst günstiges Betriebsergebnis zu erreichen. Die Höhe der Stückhandelsspannen wird, falls die Unternehmen von dem Prinzip des preispolitischen Ausgleichs Gebrauch machen, von der Marktlage bestimmt. Die Handelsspanne sollte jedoch stets so hoch sein, daß die auf das Erzeugnis entfallenden proportionalen Handelskosten gedeckt werden.

b) In dem Warensortiment lassen sich zwei Hauptgruppen von Waren unterscheiden, einmal die Gruppe derjenigen Waren, die frei kalkulierbar sind, und zum anderen die Gruppe der Waren, bei denen die Handelsspannen auf Grund vertraglicher Vereinbarungen oder gesetzlicher Bestimmungen festliegen. Die Möglichkeit, preispolitisch frei zu operieren, besteht grundsätzlich nur für die erste Gruppe von Waren. In diesem Falle können die Einzelhandelsbetriebe die Preise für ihre Waren innerhalb der Zone preispolitisch autonomen Verhaltens ansetzen, wie sie ihnen am gewinngünstigsten erscheinen. So hat ein Einzelhandelsgeschäft beispielsweise durchaus die Möglichkeit, für eine bestimmte Krawatte 7,40 DM oder 7,50 DM oder unter Umständen auch 7,80 DM zu fordern, ohne daß es damit rechnen müßte, wegen der Preisforderung Käufer von den Konkurrenzunternehmen abzuziehen oder an diese Unternehmen zu verlieren (polypolistische Situation) oder preispolitische Reaktionen bei den Konkurrenzunternehmen auszulösen (oligopolistische Situation). Stellen alle Einzelhandelsunternehmen die Preise für ihre Waren in der geschilderten Weise jeweils nach Maßgabe der für sie typischen Kosten-, Nachfrage- und Konkurrenzsituation (Kosten- und Absatzkurven), dann vollzieht sich die Preisbildung in den Handelsstufen nach den Regeln des marktwirtschaftlichen Systems. Unter diesen Umständen kann es keine zu hohen Handelsspannen geben.

c) Oft wird die Ansicht geäußert, daß viele Stückhandelsspannen bzw. die Handelsspannen für ganze Warengruppen zu hoch seien. Ist diese Ansicht richtig, dann müssen offenbar in der Preisbildung auf den Handelsstufen zusätzlich Elemente wirksam sein, die den konkurrenzwirtschaftlichen Preisbildungsprozeß hindern, sich frei zu entfalten. Geht man dieser Überlegung weiter nach, dann zeigt sich, daß empirisch statistische Untersuchungen auf die Frage, ob die Handelsspannen zu hoch seien, keine Antwort geben können, weil sie kein Kriterium dafür liefern, was im Einzelfall unter „zu hoch" zu verstehen ist. In dieser Schwierigkeit hilft vielleicht folgende Überlegung weiter: Angenommen, alle Einzelhandelsgeschäfte einer bestimmten Sparte und eines bestimmten Wirtschaftsraumes ermitteln den Verkaufspreis für eine bestimmte Ware oder Warenart auf die Weise, daß sie einen gleich hohen Zuschlag auf den Fabrikpreis vornehmen. Wie dieser Zuschlag (diese Handelsspanne) zustande kommt, ob er branchenüblich ist oder auf Tradition oder auf betriebswirtschaftlichen Berechnungen beruht, soll unerörtert bleiben. Für unsere Betrachtung genüge die Tatsache, daß alle Betriebe für die Festsetzung ihrer Verkaufspreise mit der gleichen Handelsspanne rechnen. Weiter sei hier angenommen, daß die Handelsspannen unverändert beibehalten werden, ob der Umsatz in dem Artikel den Erwartungen entspricht oder widerspricht, ob er klein oder groß ist. Vorausgesetzt sei ferner, daß bei der Festsetzung der Spanne den Grundsätzen des kalkulatorischen Ausgleiches Rechnung getragen wird.

Angenommen, es sei eine bestimmte Gruppe von Einzelhandelsunternehmen gegeben. Ein Unternehmen wähle einen Bruttozuschlag von $33^1/_3\%$ auf den Fabrikpreis, während die Konkurrenzunternehmen sich mit einem Zuschlag von 20% zufrieden geben, wie er ihrer betriebsindividuellen Kosten- und Absatzlage entspricht. Angesichts dieser Sachlage wird das Unternehmen, welches mit $33^1/_3\%$ kalkuliert, trotz vorhandener standortlicher, persönlicher und sachlicher Präferenzen Kunden verlieren, wenn es sich nicht auf die Dauer dem niedrigeren Preisniveau der Konkurrenzunternehmen anpaßt. Die Handelsspanne von $33^1/_3\%$ würde sich also nur dann halten lassen, wenn alle Unternehmen mit ihr kalkulieren würden.

Setzen nun alle Unternehmen den Verkaufspreis für die Ware oder Warenart ohne zwingende Notwendigkeit auf der Grundlage einer Handelsspanne von $33^1/_3\%$ an, dann bildet sich der Preis in den Handelsstufen nicht nach „Angebot und Nachfrage", genauer gesagt, nicht nach Maßgabe der für die einzelnen Handelsbetriebe geltenden individuellen Kosten- und Nachfragesituationen. Der Preisbildungsprozeß vollzieht sich vielmehr nach einem Prinzip, das hinsichtlich seiner Wirkungen Ähnlichkeit mit einem Preiskartell hat[1]. Die Tatsache, daß alle Unternehmen einen gleich hohen Bruttozuschlag auf den Fabrikpreis berechnen, bedeutet nicht, daß hier ein echtes Kartell oder auch nur ein Quasi-Kartell vorliege. Sie besagt lediglich, daß die Wirkungen, die das gemeinsame preis-

---

[1] In dieser Richtung ist wohl die Äußerung von L. BERGHÄNDLER in Wirtschaftsdienst, 33. Jg. (1953), S. 482 zu verstehen.

politische Verhalten der Einzelhandelsgeschäfte zeigt, der Wirkung eines Preiskartells gleichkomme. Wenn alle Beteiligten den Preis ohne Rücksicht auf ihre betriebsindividuelle Kosten-, Nachfrage- und Konkurrenzsituation gleich hoch ansetzen und durchhalten, dann läßt sich unter keinen Umständen sagen, daß der Preis nach den Regeln der Konkurrenzpreisbildung zustande komme. Die kartellartigen Elemente, die dann in dem System vorhanden sind, schließen eine solche Preisbildung aus. Sie können zur Folge haben, daß der Preis, zu dem die Ware angeboten wird, höher ist als der Preis, der sich bilden würde, wenn alle Unternehmungen ihre Preise nach ihren betriebsindividuellen Kosten- und Nachfragesituationen bestimmen würden.

Es bedürfte einer eingehenden Untersuchung darüber, wie sich die Einzelhandelsgeschäfte in dieser Hinsicht tatsächlich preispolitisch verhalten, wenn ein endgültiges Urteil darüber abzugeben sein sollte, ob kartellähnliche Elemente in der Preisbildung auf den Handelsstufen, insbesondere im Einzelhandel, enthalten sind. Die Aussagen der Sachverständigen, die RUBERG in seiner Untersuchung über das Kostenprinzip und Wertprinzip bei der Kalkulation im Einzelhandel anführt[1], lassen keine eindeutige Antwort auf die Frage zu. Einige Sachverständige bejahen die weitgehende Anwendung fester branchenüblicher Zuschläge im Einzelhandel, während andere Sachverständige die preispolitische Anpassung als charakteristisch für die Preisbildung im Einzelhandel bezeichnen. BEHRENS, der der Frage, wie die zu hohen Handelsspannen gesenkt werden könnten, eine umfangreiche Abhandlung widmet[2], führt die Ansicht eines Sachverständigen an, wonach die Detaillisten die schematische Anwendung fester Prozentspannen so gewohnt seien, daß 95% von ihnen auch außergewöhnlich billig einzukaufende Waren gedankenlos mit dem üblichen prozentualen Aufschlag an die Haushaltungen abgeben. SEYFFERT spricht von einer weitverbreiteten Verwendung starrer Handelsspannen. Er führt sie auf die Tatsache zurück, daß der Einzelhandel immer noch an den Spannen festhält, die ihm in der Zeit der Planwirtschaft in Deutschland vorgeschrieben wurden[3]. Auch HENZLER spricht von einem starren Festhalten an den prozentualen

---
[1] RUBERG, C., Kostenprinzip und Wertprinzip bei der Kalkulation im Einzelhandel. Z. f. handelswissenschaftliche Forschung, Jg. 1949, S. 193. Vgl. auch RUBERG, C., Der Einzelhandelsbetrieb, Essen 1951, wo auf S. 160 angeführt wird, daß die Handelsaufschläge immer mehr erstarren und das Kosten- und Wertdenken bei der Bestimmung der Angebotspreise zurückgedrängt wird.

[2] BEHRENS, K. CH., Die Senkung der Handelsspannen. Z. f. handelswissenschaftliche Forschung 1949, S. 361 ff., hier insbesonders S. 366. Mit starkem Nachdruck weist BEHRENS an anderer Stelle darauf hin, daß die unbefriedigenden Wettbewerbsverhältnisse im Einzelhandel darauf zurückzuführen seien, daß die optimale Betriebsgröße nicht erreicht wird. (Die Problematik der optimalen Betriebsgröße im Einzelhandel. Z. f. Betriebswirtschaft, 22. Jg., 1952, S. 205 ff.).

[3] SEYFFERT, R., Die Problematik der Distribution. Köln-Opladen 1952.

Handelsaufschlägen und weist insbesondere darauf hin, daß dieses preispolitische Verhalten bei steigenden Fabrikpreisen zu steigenden Gewinnen des Handels führen müsse[1]. In gleicher Weise erklärt NIESCHLAG, daß nur ein verhältnismäßig kleiner Kreis von Einzelhandelsbetrieben in den Handelsspannen keine festen Größen sehe und vom Geiste des Wagens und des Wettbewerbs erfüllt sei[2].

Im Rahmen dieser Ausführungen sollen keine Untersuchungen darüber angestellt werden, ob die Einzelhandelsbetriebe ihre Handelsspannen individuell oder starr und nach branchenüblicher Gewohnheit in Ansatz bringen. Wenn aber die Einzelhandelsbetriebe, wie die Sachverständigen behaupten, bestimmte Waren oder Warenarten ohne Rücksicht auf ihre individuelle Kosten- und Absatzlage mit dem gleichen Bruttozuschlag, also der gleichen Handelsspanne, kalkulieren, dann müssen in der Preisbildung auf den Handelsstufen kartellähnliche Elemente enthalten sein. Der Ausleseprozeß ist dann gestört.

7. Die Probleme, die mit der Preisbildung bei Markenartikeln[3] verbunden sind, lassen sich in zwei Gruppen untergliedern. Einmal handelt

---

[1] HENZLER, R., Zur Kritik an der Handelsspanne, Z. f. Betriebswirtschaft, 20. Jg. (1950) S. 133 ff.

[2] NIESCHLAG, R., Die Gewerbefreiheit im Handel, Köln-Opladen 1953, S. 50.

[3] Der Begriff des Markenartikels wird im 5. Abschnitt des 7. Kapitels näher erörtert. Zu den speziell hier interessierenden Fragen der Preisbindung bei Markenartikeln sei auf folgende Abhandlungen verwiesen: BEHRENS, K. CHR., und W. D. BECKER, Die Problematik horizontaler und vertikaler Preisbindungen, in: Wirtschaftsdienst, 33. Jg. (1953), S. 489ff.; BERGHÄNDLER, L., Markenartikel und Marktwirtschaft, in: Wirtschaftsdienst, 33. Jg. (1953), S. 481ff.; BREDT, O., Warum vertikale Preisbindung? in: Die Wirtschaftsprüfung, 7. Jg. (1954), S. 337ff.; COREY, E. R., Fair Trade Pricing: A Reappraisal, in: Harvard Business Review, 30. Bd. Heft 5, S. 47ff.; GABRIEL, S., Zur Preisbindung der zweiten Hand, in: Wirtschaft und Wettbewerb, 4. Jg. (1954), S. 683ff.; GAMMELGAARD, S., Resale Price Maintenance, Paris 1958; HAX, H., Vertikale Preisbindung in der Markenartikelindustrie, Köln-Opladen 1961; HENZLER, R., Der Markenartikel als ökonomischer Problemkreis, in: Wirtschaftsdienst, 33. Jg. (1953), S. 493ff.; HOPPMANN, E., Vertikale Preisbindung und Handel, Berlin 1957; KÜHNE, K., Funktionsfähige Konkurrenz, Berlin 1958; LUTZ, H., Warum feste Preise für Markenartikel?, München 1952; MARZEN, W., Die Preisbindung bei Markenartikeln und das Verbraucherinteresse, in: Neue Betriebswirtschaft, 10. Jg. (1957) S. 49f.; MELLEROWICZ, K., Markenartikel — Die ökonomischen Gesetze ihrer Preisbildung und Preisbindung, München-Berlin 1955; ders., Der Markenartikel als Vertriebsform und als Mittel zur Steigerung der Produktivität im Vertriebe, Freiburg 1959; MEYER, F. W., Warum feste Preise für Markenartikel, in: Ordo, Bd. VI (1954), S. 133ff.; NIESCHLAG, R., Die Gewerbefreiheit im Handel, Köln-Opladen 1953, S. 51ff.; POLLERT, E., Die Preisbildung bei Markenwaren und ihre Beziehungen zur Absatzpolitik, Stuttgart 1930; RÖPER, B., Die vertikale Preisbindung bei Markenartikeln, Tübingen 1955; SANDIG, C., Die Führung des Betriebes, Stuttgart 1953, S. 204ff.; SELIGMAN, E. R. A., and R. A. LOVE, Price Cutting and Price Maintenance, New York 1932; TSCHIERSCHKY, S., Die Preisbindung der zweiten Hand als wirtschaft-

es sich um Fragen, die mit den Preisbindungen in Zusammenhang stehen, die Markenartikelunternehmen den Groß- und Einzelhändlern auferlegen. In diesem Falle müssen sich die Händler verpflichten, die Erzeugnisse der Markenartikelunternehmen zu den von diesen Unternehmen festgesetzten Endverkaufspreisen an die Konsumenten abzugeben. In diesem Sinne spricht man von Preisbindung der zweiten Hand oder auch von vertikaler Preisbindung (im Gegensatz zur horizontalen Preisbindung, wie sie für Kartelle charakteristisch ist). Die Verpflichtung des Groß- und Einzelhandels gegenüber den Herstellerbetrieben kann auf die Weise vollzogen werden, daß sich die Handelsbetriebe entweder generell einem Verband, z. B. dem „Markenschutzverband" gegenüber zur Einhaltung der vorgeschriebenen Endverkaufspreise verpflichten, oder daß sie einen Revers unterschreiben, in welchem sie dem einzelnen Markenartikelunternehmen gegenüber die Verpflichtung eingehen, die von ihm bezogenen Waren zu den festgesetzten Preisen zu verkaufen. Zum Teil werden die Bestimmungen über die Preisbindung bereits in die Lieferungsbedingungen der Herstellerbetriebe aufgenommen[1].

---

liches Organisations- und Rechtsproblem, in: Kartell-Rundschau, 27. Jg. (1929), S. 88ff., 136ff. und 200ff.; YAMEY, B. S., The Economics of Resale Price Maintenance, London 1954.

[1] In Deutschland war die Preisbindung der zweiten Hand bis zum Jahre 1936 unbeschränkt möglich. Seit dem Jahre 1936 war die Zustimmung der Preisbehörden erforderlich. Nach dem Kriege fielen vertikale Preisbindungen zunächst unter das Kartellverbot der Alliierten. Diese Vorschriften wurden jedoch seit 1952 praktisch nicht mehr angewandt. Eine endgültige Klärung der Rechtslage brachte das „Gesetz gegen Wettbewerbsbeschränkungen" vom Jahre 1957. Nach diesem Gesetz sind Preisabsprachen grundsätzlich verboten, die vertikale Preisbindung bei Markenwaren und Verlagserzeugnissen ist jedoch von diesem Verbot ausgenommen.

In den USA sind Preisbindungen nach der Sherman Act vom Jahre 1890 unzulässig, soweit nicht die einzelstaatliche Gesetzgebung Ausnahmen zuläßt. Für die vertikale Preisbindung sind derartige Ausnahmegesetze in den Jahren 1931 bis 1941 in 45 Staaten erlassen worden. Verboten ist die vertikale Preisbindung nur in den Staaten Missouri, Texas und Vermont und im District of Columbia. Für den zwischenstaatlichen Handel ist die Bundesgesetzgebung zuständig. 1937 wurden durch das Tydings-Miller Amendment zur Sherman Act vertikale Preisbindungen im Verkehr zwischen Staaten, die eine Bindung der Wiederverkaufspreise zulassen, legalisiert. Im Jahre 1951 entschied der Oberste Gerichtshof der Vereinigten Staaten, das Tydings-Miller Amendment gestatte nicht, im zwischenstaatlichen Verkehr gegen preisunterbietende Händler vorzugehen, die nicht unmittelbar vertraglich zur Einhaltung der gebundenen Preise verpflichtet seien. Das widersprach der bis dahin gültigen Auffassung und führte zu einem Zusammenbruch der vertikalen Preisbindung. Allerdings wurde schon im Sommer des gleichen Jahres durch die McGuire-Bill die alte Rechtslage wiederhergestellt (vgl. COREY, a.a.O., S. 50f.).

In Kanada ist die vertikale Preisbindung seit 1951 verboten. Zwei staatliche Untersuchungen über die Auswirkungen dieses Verbots wurden in den Jahren 1954 und 1955 veröffentlicht. (Restrictive Trade Practices Commission, Material collected

Ein zweiter Komplex von Fragen besteht darin, daß die Markenartikelfirmen das Bestreben haben, die einmal festgesetzten Endverkaufspreise eine möglichst lange Zeit hindurch unverändert zu lassen. In diesem Falle spielt sich der Wettbewerb zwischen den Markenartikelunternehmen, nachdem die Endverkaufspreise einmal festgesetzt sind, nicht mehr in den Formen der Preiskonkurrenz ab. Der Kampf um den Marktanteil wird vielmehr auf die Qualitäts- und Werbekonkurrenz abgedrängt. Es handelt sich hier also nicht um die Beziehungen zwischen den Markenartikelunternehmen und den ihnen vorgelagerten Handelsstufen, sondern um die Konkurrenzbeziehungen zwischen den Markenartikelunternehmen selbst und damit um die Frage, ob ein so weitgehender Verzicht auf das absatzpolitische Instrument „Preispolitik" mit den Prinzipien eines marktwirtschaftlichen Systems zu vereinbaren ist.

a) Zunächst sei die Preisbindung der zweiten Hand erörtert.

Häufig wird die Auffassung vertreten, daß das Markenartikelsystem gefährdet sei, wenn es den Groß- und Einzelhandelsbetrieben überlassen werde, die Markenartikel zu Preisen zu verkaufen, die sie nach ihrem individuellen Geschäftsinteresse festsetzen. Als Hauptgrund hierfür wird angegeben, daß ein Fortfallen der Preisbindung zu einer Preiskonkurrenz der Handelsbetriebe untereinander führen würde. Eine solche Konkurrenz im Bereich der vorgelagerten Handelsstufe bedeute, daß die Produzenten die Preisbildung für ihre Erzeugnisse der Preispolitik der Handelsbetriebe überlassen müßten. Das einzelne Markenartikelunternehmen begebe sich damit der eigenen Preispolitik als eines absatzpolitischen Instrumentes. Statt dessen machten die Handelsbetriebe von den absatzpolitischen Möglichkeiten Gebrauch, die ihnen die Preispolitik biete. Dabei würden dann die Handelsbetriebe die Endverkaufspreise der Markenartikel nicht nach der Interessenlage der Produzenten, sondern nach ihrem eigenen Interesse festsetzen, auch wenn diese beiden Interessen nicht miteinander übereinstimmen.

Das Problem bekommt ohne Zweifel dadurch eine besondere Note, daß es sich im vorliegenden Falle nicht um Stapelwaren, sondern um durch Warenzeichen oder Ausstattung markierte Waren handelt. In welchen Geschäften und zu welchen Zeitpunkten diese Waren verkauft werden — niemals verliert diese Ware ihre Herkunftsbezeichnung. Sie geht deshalb auch nicht in der Anonymität der Märkte unter. Handelt

by Director of Investigation and Research in connection with an inquiry into loss-leader selling [Green Book], Ottawa 1954, und Restrictive Trade Practices Commission, Report on an Inquiry into Loss-leader Selling [Blue Book], Ottawa 1955; vgl. STEINHOFF, E., Wirkungen des Verbots vertikaler Preisbindungen in Kanada, in: Wirtschaft und Wettbewerb, 7. Jg. [1957], S. 61 ff.)

Ein Verbot vertikaler Preisbindungen besteht außerdem in Frankreich, Schweden und mit gewissen Ausnahmen in Dänemark. (Vgl. GAMMELGAARD, S., Resale Price Maintenance, Paris 1958, S. 23 ff.)

es sich um echte Markenware, die sich durchgesetzt hat, dann ist sie Bestandteil des Kaufbewußtseins breitester Bevölkerungskreise. Diese Tatsache darf bei der Beurteilung der Frage, ob Markenartikel preisgebunden sein sollen, nicht außer acht gelassen werden.

Zu klären ist, ob es vom Standpunkt des Markenartikelherstellers wirtschaftlich vertretbar erscheint, den Preisbildungsprozeß bei Markenartikeln dem Handel, hier insbesondere dem Einzelhandel, zu überlassen.

Im Absatzprozeß von Stapelwaren oder, ganz allgemein gesagt, der nicht durch Warenzeichen oder Ausstattungen markierten Waren lassen sich zwei Preisbildungsprozesse unterscheiden, erstens ein Preisbildungsprozeß beim Verkauf der Ware durch den Produzenten an den Handel und zweitens ein Preisbildungsprozeß beim Verkauf der Ware durch den Handel an die Verbraucher. Im Rahmen des zuerst genannten Preisbildungsprozesses stellt der Herstellerbetrieb seinen Preis nach Maßgabe seiner Kosten-, Nachfrage- und Konkurrenzsituation. Im Bereiche des zweiten Preisbildungsprozesses wird der Verkaufspreis von den Einzelhandelsbetrieben nach Maßgabe ihrer Kosten-, Nachfrage- und Konkurrenzsituation gesetzt. Die beiden Preisbildungsprozesse bzw. Preisbildungsbereiche sind also verhältnismäßig unabhängig voneinander, wenn sie auch nicht als völlig gegeneinander isoliert angesehen werden können.

Der sich im Bereich des Einzelhandels vollziehende zweite Preisbildungsprozeß erscheint unter marktwirtschaftlichen Gesichtspunkten gerechtfertigt, weil die Waren keinerlei Kennzeichen der Herstellerbetriebe mehr an sich haben, nachdem sie den ersten Preisbildungsbereich verließen. Im Gegensatz zu den Markenartikeln, deren Herkunft stets erkennbar bleibt, ist die Stapelware ihrer Herkunft nach neutralisiert, wenn sie in den zweiten Preisbildungsbereich eintritt. Aus dieser Neutralisierung oder auch Anonymität tritt sie jedoch wieder heraus, wenn sie von den Einzelhandelsbetrieben den Verbrauchern angeboten wird. Sie erhält dann die besondere Note des Einzelhandelsgeschäftes, das nun an Stelle des Herstellerbetriebes den Käufern gegenüber für sie eine gewisse Verantwortung übernimmt. Denn nunmehr bürgt das Einzelhandelsgeschäft seinen Käufern für die Qualität der Ware, und zwar entsprechend der Preislage, in der sie angeboten wird. Das Handelsunternehmen also ist es, das nunmehr mit seinem geschäftlichen Ansehen für die Ware eintritt, und nicht mehr der Herstellerbetrieb, an dessen Stelle das Einzelhandelsgeschäft getreten ist. Dieses Geschäft hat die Ware für sein Sortiment ausgesucht. Es wirbt für sie mit seinem geschäftlichen Ansehen und mit den Mitteln der Werbung, die es betreibt. Diese Tatsachen berechtigen die Einzelhandelsunternehmen zu eigener Preisstellung im Rahmen ihrer individuellen geschäftlichen Situation, also nach Maßgabe ihrer Kosten- und Absatzkurven.

Eine völlig andere Situation besteht dagegen für Unternehmen, die Markenartikel herstellen. Diese Artikel tragen ihre Herkunftsbezeichnung bis zum Verkauf an die Verbraucher bzw. Gebraucher oder Verarbeiter an sich. Infolge der Markierung bleibt im Grunde alle Verantwortung für Warenqualität und Preis bei den Produzenten. Sie statten die Ware aus, betreiben die Werbung, übernehmen auch weitgehend die Lagerhaltung. Den Einzelhandelsbetrieben bleibt verhältnismäßig wenig Raum für die Ausübung besonderer unternehmerischer Tätigkeit. Sie übernehmen für die Ware auch keine eigene Verantwortung.

Angesichts dieser Sachlage scheint die Preisbindung der zweiten Hand bei Markenartikeln nicht ganz unberechtigt. Jedenfalls besteht nicht in gleicher Weise wie bei markenlosen Waren Anlaß zu einem besonderen zweiten Preisbildungsprozeß.

Besondere absatzwirtschaftliche Überlegungen lassen den Markenartikelherstellern eine Ausschaltung dieses zweiten Preisbildungsprozesses zweckmäßig erscheinen.

Gesetzt den Fall, bei Markenartikeln wäre eine Preisbindung der zweiten Hand nicht vereinbart. Die Einzelhandelsgeschäfte würden also jeweils nach ihrer eigenen individuellen Verkaufssituation die Preise stellen. Wenn nun ein Einzelhandelsgeschäft auf Grund seiner besonderen geschäftlichen Lage den Preis für einen bestimmten Markenartikel im Verhältnis zum Preise, den andere Geschäfte für diesen Artikel fordern, verhältnismäßig niedrig ansetzen würde, dann würde eine solche preispolitische Maßnahme nicht ohne Auswirkung auf die Preisstellung der anderen Einzelhändler bleiben können. Denn es handelt sich bei diesen Artikeln um völlig gleichartige Waren. Für solche Waren kann es, von den Auswirkungen örtlicher, persönlicher und sachlicher Präferenzen abgesehen, stets nur einen Preis geben. Seine Höhe wird in diesem Fall durch den Preis desjenigen Einzelhandelsgeschäftes bestimmt, das zu dem niedrigsten Preise verkauft. Damit würde die individuelle Kosten-, Nachfrage- und Konkurrenzsituation eines Handelsbetriebes und nicht die individuelle Kosten-, Nachfrage- und Konkurrenzsituation des Herstellerbetriebes für die Preisgestaltung des betreffenden Markenartikels bestimmend sein.

Betrachtet man die möglichen Auswirkungen dieses Sachverhalts. Angenommen, ein bestimmtes Markenartikelunternehmen beliefere unter der Marke Z zu einem bestimmten Preise eine gegebene Anzahl von Einzelhandelsbetrieben. Die bestehende Preisbindung werde aufgehoben. Das Handelsunternehmen H möge es nun aus Gründen, über die später noch zu sprechen sein wird, für vorteilhaft halten, die Ware seinen Kunden zu einem herabgesetzten Preise zu verkaufen. Sieht man von örtlichen, persönlichen und sachlichen Präferenzen ab, dann ist hier eine Situation gegeben, die mit der Lage bei homogener Konkurrenz eine gewisse Ähnlichkeit aufweist. Denn da es sich bei dem Markenartikel, der von den Handelsbetrieben in ihrem Sortiment geführt wird, um den gleichen Gegenstand handelt, wird das Unternehmen H als Folge seiner Preisherabsetzung Nachfrage gewinnen. Wird dieser Vorgang bei den anderen Handelsbetrieben nachhaltig spürbar, dann müssen sie ebenfalls ihre Preise herabsetzen, weil für homogene Erzeugnisse auf die Dauer nur ein Preis existieren kann.

Wie wirkt sich nun dieses Konkurrenzspiel in den Handelsstufen auf das produzierende Unternehmen selbst aus ?

Hat dieses Unternehmen eine starke Stellung im Markte, das heißt, hat es durch die Qualität seiner Erzeugnisse und durch die Wirksamkeit seiner Werbung erreicht, daß die Konsumenten seine Erzeugnisse bei den Händlern verlangen, dann müssen die Handelsbetriebe dieses Erzeugnis führen, wenn sie ein repräsentatives Sortiment anbieten wollen. Die Absatzsteigerung, die sich als Folge der Herabsetzung des Endverkaufspreises ergibt, muß dem Herstellerbetrieb zugute kommen. Er kann also jetzt zum gleichen Preise mehr absetzen als bisher, das heißt, der Kampf um den Marktanteil in den Handelsstufen wirkt sich für den Produzenten und die Konsumenten vorteilhaft aus.

Im umgekehrten Falle, also dann, wenn die Position des Produzenten gegenüber dem Handel verhältnismäßig schwach ist, weil seine Erzeugnisse bisher nur wenig bekannt sind, würde es für einen Handelsbetrieb keine Minderung der akquisitorischen Wirkung seines Sortimentes bedeuten, wenn er den Artikel des Produzenten nicht führen würde. Nimmt er ihn dennoch in sein Sortiment auf und besteht keine Preisbindung, so wird er das durch die Konkurrenz im Handel verursachte Sinken des Endpreises zum Anlaß nehmen, einen niedrigeren Fabrikpreis zu fordern. Geht der Herstellerbetrieb auf diese Forderung nicht ein, dann wird er unter Umständen damit rechnen müssen, daß das Interesse der Handelsbetriebe an dem Verkauf seiner Erzeugnisse nachläßt. Der Absatz des Produzenten würde in dem Falle abnehmen. Angesichts dieser Entwicklung kann er sich gezwungen sehen, der Forderung des Handels nach niedrigeren Preisen zu entsprechen. Das würde allerdings nur dann in Frage kommen, wenn es dem Handel möglich wäre, bei anderen Firmen Artikel der gleichen Art zu beziehen, deren Verkauf ihm einen höheren Verdienst bringt. Unter den geschilderten Umständen ergibt sich aber für den Hersteller eine Situation, die für ihn von Nachteil ist.

Man kann also nicht generell sagen, daß sich die Preiskonkurrenz innerhalb des Handels für die Produzenten günstig oder ungünstig auswirken müsse. Ob das eine oder das andere der Fall ist, hängt von der jeweiligen Marktposition der Herstellerbetriebe ab.

Jedenfalls erscheint in Hinblick auf diese Sachlage das Bestreben der Markenartikelhersteller, die Handelsspannen unter Kontrolle zu halten, unter rein betriebswirtschaftlichen Gesichtspunkten durchaus gerechtfertigt. Es ist zwar kaum anzunehmen, daß, wie gelegentlich behauptet wird, ein Verzicht auf die Bindung der Endverkaufspreise für viele Markenartikelhersteller eine Bedrohung ihrer Existenz darstellen würde. Denn es bleibt zu bedenken, daß ihr durch Qualität erworbenes Ansehen den meisten Markenartikeln zu einer hohen Gewinnmarge verhilft, so daß Preissenkungen durchaus nicht existenzgefährdend sein müssen. Außerdem werden die Auswirkungen der Preiskonkurrenz im Handel keineswegs immer so durchgreifend sein wie in dem geschilderten Modellfall. Präferenzen aller Art können verhindern, daß sich Preissenkungen einzelner Händler im gesamten Absatzgebiet eines Herstellers ausbreiten[1]. Gewisse Schädigungen, wenn auch nur auf lokal begrenzten Märkten, sind jedoch immer möglich, und es ist durchaus verständlich, wenn die Hersteller sich durch die vertikale Preisbindung hiergegen abzusichern versuchen.

b) Nunmehr bleibt noch die Frage zu untersuchen, ob die grundsätzliche Anerkennung des Prinzips vertikaler Preisbindung notwendig auch die Anerkennung des Festpreissystems bedeutet, das die Markenartikelunternehmen heute bevorzugt anwenden.

Dieses Festpreissystem kennzeichnet sich dadurch, daß die Markenartikelunternehmen die Preise für ihre Erzeugnisse lange Zeit hindurch unverändert lassen, es sei denn, daß außergewöhnliche wirtschaftliche Umstände zu einer Überprüfung der Preise zwingen. Die Berechtigung für eine solche Preispolitik wird damit begründet, daß der feste Preis bei Markenartikeln von den Verbrauchern als eine Art Garantie für gleichbleibende Güte der Ware angesehen wird. Bleibt der Preis für eine durch Warenzeichen oder Warenausstattung markierte Ware auf lange Zeit unverändert und wird die Ware zusammen mit ihrem Preise durch Werbung und Gebrauch bekannt, dann läßt sich nicht bestreiten, daß im Bewußtsein der Käufer der behauptete Zusammenhang zwischen Warengüte und Warenpreis tatsächlich besteht. Eine andere Frage ist es jedoch, ob man einen solchen Zusammenhang bei Markenartikeln unter allen Umständen als gegeben und für ihren Verkauf als notwendig ansehen muß.

Diese Frage kann nicht uneingeschränkt bejaht werden. Die Vorstellung von Qualität ist so weitgehend mit Markenware verbunden, daß

---

[1] Eine Untersuchung der kanadischen Regierung, die sich speziell mit den Auswirkungen der Preisunterbietung durch Handelsbetriebe nach dem Verbot der vertikalen Preisbindung befaßte, kam zu dem Ergebnis: "No proof satisfactory to the Commission was offered that over-all sales volume had in fact suffered in any instance in Canadian business." (Blue Book, a. a. O., S. 258).

die Konstanz der Markenartikelpreise für das Zustandekommen von Gütevorstellungen nicht notwendig vorausgesetzt werden muß. Wenn der Preis in gewissen Grenzen und in nicht allzu kurzen zeitlichen Intervallen schwanken würde, dann brauchte damit bei den Käufern keineswegs die Überzeugung verbunden zu sein, daß sich mit der Preisänderung auch die Qualität der Ware ändert. Die Käufer kennen heute nur zu genau schwankende Preise im ganzen Bereiche der Wirtschaft. Fast könnte man sagen, sie werden mißtrauisch, wenn die Preise für bestimmte Erzeugnisse lange Zeiträume hindurch unverändert gelassen werden. Da sie nicht annehmen, daß die Herstellerfirmen zu ihren eigenen Ungunsten kalkulieren, müssen sie annehmen, daß der Preis zumindest in Zeiten guter Konjunktur relativ hoch liegt und daß nur dadurch, daß sie durchschnittlich einen relativ hohen Preis bezahlen, die Preise auf lange Zeit in unveränderter Höhe gehalten werden können.

Empirische Untersuchungen über die Stellung des Verbrauchers zum Festpreis des Markenartikels haben zu widersprechenden Ergebnissen geführt. Im Jahre 1953 wurde eine Umfrage bei Hamburger Konsumenten vorgenommen. Bei einer großen Zahl von Markenartikeln wurde der Tatsache keine allzu große Bedeutung beigemessen, daß die Preise fest sind[1]. Eine neuere Umfrage im ganzen Bundesgebiet führte jedoch zu anderen Ergebnissen: Die überwiegende Zahl der befragten Verbraucher sah den Festpreis als notwendiges Merkmal des Markenartikels an[2]. Möglicherweise kommt hierin zum Ausdruck, daß der Verbraucher heute nur Markenartikel mit festen Preisen kennt und sich daher einen Markenartikel mit schwankenden Preisen nicht vorstellen kann. Im Jahre 1953, als hinsichtlich der rechtlichen Zulässigkeit der vertikalen Preisbindung noch weitgehend Unklarheit herrschte, war die Vorstellung vom Markenartikel noch nicht so untrennbar mit der des Festpreises verknüpft. Wenn diese Deutung zutrifft, darf man schließen, daß die Verbraucher sich bei einer Aufgabe der Festpreispolitik durch die Markenartikelhersteller bald auch wieder an die neue Situation gewöhnen und den Markenartikel auch ohne Festpreis anerkennen würden.

Weiter wird darauf hingewiesen, daß die Werbung für Markenartikel feste Preise voraussetze. Aber auch dieses Argument scheint nicht von wirklich entscheidender Bedeutung zu sein. Da die Werbung nicht über längere Zeiträume unverändert bleibt, so ließe sich damit durchaus ein Wechsel in den Preisen verbinden. Zudem enthält die Werbung für Markenartikel oft gar keine Preisangaben. Die werbende Wirkung von Markenartikeln liegt nicht vornehmlich in den Preisen,

---

[1] SCHWENZNER, J. E., Marke und Preis als Bestimmungsgründe für den Verbraucher, Wirtschaftsdienst, 25. Jg. (1953), H. 8.

[2] Der Markenartikel im Urteil der Verbraucher, Institut für Demoskopie, Allensbach 1959, insbes. S. 19ff.

sondern in der Tatsache, daß eine gewisse Garantie für die Qualität der Ware zugesichert wird, wobei dann im einzelnen die Frage offen bleiben mag, ob diese Zusicherung den Tatsachen gerecht wird.

Zwar mögen bei der praktischen Handhabung einer mehr elastischen Preispolitik der Markenartikel insofern gewisse Schwierigkeiten entstehen, als jeweils zum Zeitpunkte einer Preisänderung noch Bestände bei dem Groß- und Einzelhandel lagern, die zu den früheren Preisen eingekauft wurden. Damit entsteht die Frage, wer das Preisrisiko aus diesen Beständen tragen soll. Auch hierfür wird sich irgendwie eine tragbare Lösung finden, wenn über das Ziel, die Auflockerung der starren Preispolitik, wie sie die Markenartikelunternehmen in der Regel heute betreiben, Einigkeit bestehen würde.

Die Preisbindung der zweiten Hand schließt also die Möglichkeit für eine elastischere Preispolitik der Markenartikelunternehmen nicht aus.

c) Noch kurz soll auf die Frage eingegangen werden, ob nicht die Markenartikelpreise im Verhältnis zu den Preisen vergleichbarer Nicht-Markenware zu hoch seien[1]. Die Erfahrung zeigt, daß Markenartikelunternehmen, welche gleichartige Erzeugnisse herstellen, ihre Erzeugnisse zu unterschiedlich hohen Preisen anbieten. Das ist nur deshalb möglich, weil Produktdifferenzierung grundsätzlich ein Gleichgewicht bei unterschiedlich hohen Preisen zuläßt, wie an anderer Stelle nachgewiesen wurde. Die Markenartikelunternehmen setzen praktisch ihre Preise nach Maßgabe ihrer Qualitäten, ihrer Kosten- und Absatzsituation fest. Vornehmlich ist es ihr akquisitorisches Potential, welches in ihrer Preissetzung zum Ausdruck kommt. Insofern liegt hier echte Preiskonkurrenz vor. In dem Augenblick jedoch, in dem diese Preise erstarren, hören sie auf, ein Instrument der Absatzpolitik zu sein. Der Kampf um den Marktanteil vollzieht sich nun nicht mehr mit Hilfe der Preis-, sondern der Qualitäts- und Werbekonkurrenz bzw. der unterschiedlichen Handhabung der Verkaufsmethoden. Die Stabilisierung der Preisproportionen zwischen Markenartikeln einer bestimmten Art und Preislage bedeutet eine Loslösung des Preisprozesses von den Schwankungen zwischen Angebot und Nachfrage, wie sie für marktwirtschaftliche Systeme charakteristisch sind. Insofern kann man sagen, daß die Festpreispolitik von Markenartikelunternehmen kartellähnliche Elemente enthalte. Zwar gibt es in diesem Falle nicht einen bestimmten Preis für ein bestimmtes Erzeugnis oder bestimmte Sorten, wie das bei einem echten Preiskartell der Fall ist, sondern ein gleichbleibendes System von Preisstaffelungen qualitativ nicht völlig gleichartiger Waren, die dem gleichen Zweck zu dienen in der Lage sind.

Die Feststellung, daß mit der Festpreispolitik (und nicht mit dem Prinzip der vertikalen Preisbindung) kartellähnliche Faktoren in den

---

[1] Vgl. hierzu auch HAX, H., a.a.O., insbesondere S. 35ff.

Preisbildungsvorgang bei Markenartikeln eintreten, sagt noch nichts darüber aus, ob die Markenartikelpreise höher sein müssen als die Preise, die sich bei nicht starrer Bindung an die Ausgangspreise ergeben würden. Lediglich zwei Tatbestände sind es, die einen indirekten Schluß darauf zulassen, daß die Markenartikelpreise höher sein werden als die Preise bei elastischer Preispolitik. Erstens wird man annehmen können, daß die Preise von dem Markenartikelunternehmen so hoch angesetzt werden, daß sie ungünstige Kostenentwicklungen aufzufangen erlauben. Diese Entwicklungen mögen auf pretiale Umstände (Erhöhung der Rohstoffpreise oder der Arbeitsentgelte), auf qualitative Momente (ungünstige Entwicklungen fertigungstechnischer Art) oder quantitative Faktoren (ungünstige Entwicklung des Verhältnisses zwischen Betriebsanlagen und Produktionsvolumen) zurückzuführen sein. Zweitens lassen feste Preise nicht zu, den Konsumenten Produktivitätsverbesserungen zugute kommen zu lassen. Die Unternehmen werden deshalb die auf eine solche Produktivitätszunahme zurückzuführenden Betriebsüberschüsse in der Weise verwenden, daß sie das Arbeitsentgelt der Beschäftigten erhöhen oder aber die Überschüsse für Investitionen oder für Ausschüttungen benutzen. Ob die eine oder andere Verwendung der durch Produktivitätssteigerung erzielten Überschüsse volkswirtschaftlich vorteilhafter ist, braucht hier nicht untersucht zu werden. Jedenfalls setzen sich die Einsparungen an Kosten, die die fertigungstechnischen Verbesserungen zur Folge haben, nicht in Preissenkungen um, ein Umstand, welcher der in marktwirtschaftlichen Systemen bestehenden Tendenz, Produktivitätssteigerungen den Konsumenten durch Preissenkungen zugute kommen zu lassen, nicht entspricht.

Diese beiden Momente lassen den Schluß zu, daß die Preise für Markenartikel so hoch angesetzt werden, daß sie über den Preisen liegen, die sich bei freiem Spiel der Preise ergeben würden.

In der Auffassung, daß das Preisbildungssystem von Markenartikeln kartellähnliche Elemente enthält, kann MEYER, BEHRENS, BECKER, SANDIG, YAMEY und GAMMELGAARD zugestimmt werden[1]. Fraglich ist nur, inwieweit diese Elemente eine Folge der Preisbindung der zweiten Hand sind. Die insbesondere von MEYER vertretene Ansicht, daß die vertikale Preisbindung dazu diene, eine kartellähnliche Übereinkunft zu bilden, die auf andere Weise nicht zustande kommen könnte, vermag nicht akzeptiert zu werden. Die oligopolistische Struktur der meisten Markenartikelmärkte führt dazu, daß die Hersteller vielfach in stillschweigendem gegenseitigem Einverständnis darauf verzichten, von der Waffe der Preiskonkurrenz Gebrauch zu machen. Derartige stillschweigende Übereinkommen können sich auch beim Fehlen vertikaler Preisbindungen bilden. Denkbar ist allerdings, daß die Preisbindung die

---

[1] Vgl. hierzu die zu Beginn dieses Abschnittes angegebene Literatur zur Frage der Preisbindung bei Markenartikeln.

Ausschaltung des Preiswettbewerbs erleichtert. Sie zwingt zur allgemeinen Bekanntgabe des Preises und ermöglicht daher eine einfache gegenseitige Kontrolle. Sie verhindert, daß Preissenkungen auf der Handelsstufe das auf gegenseitigem Einverständnis beruhende Gleichgewicht stören. Sie sorgt schließlich dafür, daß Einzel- und Großhändler den einzelnen Hersteller nicht mehr unter Druck setzen, damit er eine Preissenkung vornimmt. Der Handel drängt nur noch auf Zugeständnisse in der Höhe seiner Rabatte; der Verbraucherpreis bleibt hiervon unberührt. Wenn also auch die vertikale Preisbindung keineswegs als einzige, vielleicht auch nicht als wichtigste Ursache kartellähnlicher Elemente in der Markenartikelpreisbildung angesehen werden kann, so bleibt doch festzustellen, daß sie die Bildung kartellähnlicher Übereinkünfte, die den Preiswettbewerb ausschalten, zumindest erleichtert.

Es erscheint allerdings notwendig, die Festpreispolitik der Markenartikelunternehmen in diesem Zusammenhang noch von einer anderen Seite zu betrachten. Zu diesem Zweck sei angenommen, daß mehrere Markenartikelunternehmen für ihre Erzeugnisse Preise verlangen, die angesichts der individuellen Kosten- und Absatzlage dieser Unternehmungen die gewinngünstigsten sind. Die Preise mögen sämtlich im preisautonomen Intervall der Unternehmen liegen, und es herrsche Gleichgewicht.

Erwägt ein Unternehmen, eine Preissenkung vorzunehmen, dann wird es so lange nicht mit preispolitischen Gegenmaßnahmen seiner Konkurrenten zu rechnen haben, als die geplante Preisermäßigung nur verhältnismäßig gering ist und über den unteren Grenzpreis der Preisklasse nicht hinausgeht. Bei genauer Betrachtung zeigt sich jedoch sofort, daß das Unternehmen an sich keine Veranlassung hat, eine Preissenkung in dem angegebenen Rahmen vorzunehmen, da es ja seinen günstigsten Preis bereits gewählt hat und praktiziert. Es würde deshalb eine Gewinneinbuße erleiden, wenn es seinen Preis herabsetzt, aber im Intervall autonomer Preispolitik bleibt. Nur dann würde eine solche Preisherabsetzung betriebswirtschaftlich vorteilhaft sein, wenn der bisher von ihm für seine Erzeugnisse geforderte Preis nicht der gewinngünstigste Preis ist. Ist der von dem Unternehmen geforderte Preis dagegen der gewinngünstigste, dann legt sich die Gewinneinbuße, die das Unternehmen im Falle einer Preissenkung erleiden würde, wie eine Barriere vor den Entschluß, eine Preisherabsetzung vorzunehmen.

Hat dagegen das Unternehmen die Absicht, den Preis so tief zu senken, daß er niedriger ist als der untere Grenzpreis der Preisklasse, dann geschieht das in der Erwartung, daß der Erlösverlust je Erzeugniseinheit — als Folge des herabgesetzten Preises — durch eine entsprechende Absatzsteigerung zum mindesten ausgeglichen wird. Das Unternehmen muß allerdings bei seiner Planung weiter berücksichtigen, daß die bisher bestehenden Relationen zwischen den Preisen der miteinander konkurrierenden Markenartikelfirmen bei einer großen Preissenkung nicht aufrechterhalten werden können, wenn die Beziehungen zwischen diesen Unternehmen durch eine gewisse oligopolistische Angebotsstruktur charakterisiert sind. Das Unternehmen, welches eine Preissenkung in Erwägung zieht, muß also damit rechnen, daß sein niedrigerer Preis nur vorübergehend zu einem Ansteigen der Nachfrage führt und zwar so lange, bis die Konkurrenten ihre Preise ebenfalls ändern. Bis zu diesem Zeitpunkt kann, wie früher gezeigt wurde, eine Art Zwischengewinn erwartet werden (vgl. Abb. 59), dessen Existenz und Dauer von dem Verhalten der Käufer, vor allem aber von dem Verhalten der Konkurrenten abhängig ist. Setzen die Konkurrenzunternehmen ihre Preise ebenfalls herab, dann wird der Zwischengewinn, den das Unternehmen möglicherweise erzielt hat, durch die preispolitischen Maßnahmen der Konkurrenzunternehmen zum Verschwinden gebracht. Der von den Konkurrenzunternehmen stammende Nachfragezuwachs verliert sich wieder. Dem Unternehmen bleibt als Ergebnis seiner preispolitischen Maßnahmen schließlich nur der Nachfragezuwachs, der darauf zurückzuführen ist, daß bis dahin latente, zu dem früheren höheren Preise noch nicht effektiv gewordene Nachfrage wirksam wird.

Die Frage ist nun, ob das Unternehmen nach Durchführung seiner Preissenkungsaktion auf die Dauer einen Erlös (Umsatz) erzielen wird, der auch dann einen höheren Gewinn erbringt, wenn die Konkurrenten reagiert haben. Ohne Zweifel wird das Unternehmen nur dann den Entschluß fassen, seine Preise herabzusetzen, wenn es glaubt, auf diese Art und Weise seine Gewinnlage verbessern zu können[1].

Hält man sich diese Sachlage vor Augen, dann wird verständlich, daß der Übergang von der starren zur elastischen Preispolitik für die Markenartikelunternehmen einen schweren Entschluß bedeuten muß, wobei dann allerdings darauf hinzuweisen wäre, daß auch Nichtmarkenartikelunternehmen ein solcher Entschluß nicht leicht fallen wird.

Die Ausführungen sollen nicht besagen, daß hier der relativ starren Handhabung der Preispolitik, wie sie die Markenartikelunternehmen betreiben, zugestimmt werde. Sie sollen lediglich die Vielfalt an Faktoren sichtbar machen, die in diese Fragen hineinspielen.

Aus diesem Grunde sei auch noch einmal auf die Frage nach der Höhe der Markenartikelpreise eingegangen.

Wenn oben von kartellähnlichen Elementen im Preisbildungsprozesse von Markenartikeln gesprochen und auf zwei Gesichtspunkte aufmerksam gemacht wurde, die den indirekten Schluß zulassen, daß die Markenartikelpreise über den entsprechenden konkurrenzwirtschaftlichen Preisen liegen müssen, so ist damit noch kein Urteil über die

---

[1] Ob das der Fall ist, hängt von der Gleitkurve ab, wie sie die Kurve $H_1 H_2$ in Abb. 58 und die Kurve $V(x)$ in Abb. 57b zeigen.

absolute Höhe dieser Preise selbst abgegeben. Man wird vielmehr berücksichtigen müssen, daß die Nichtbenutzung der Preispolitik als Wettbewerbsmittel keineswegs eine Milderung des Konkurrenzkampfes unter den Markenartikelunternehmen bedeuten muß. Der Sachverhalt ist einfach der, daß diese Unternehmen nun gezwungen sind, sich vornehmlich der anderen absatzpolitischen Instrumente zu bedienen, also den Konkurrenzkampf durch Intensivierung der Verkaufsmethoden und der Werbung durchzufechten. Echte Produktvariation fällt als absatzpolitisches Instrument weitgehend aus, da ja die Qualitäten unter Umständen Jahre hindurch unverändert gehalten werden.

Der Verzicht auf die Preisstellung, zum Teil auch auf die Produktvariation als absatzpolitische Instrumente im Wettbewerbskampf fordert eine um so intensivere Benutzung der beiden anderen absatzpolitischen Instrumente. Hierbei muß man sich die besondere Lage vor Augen halten, in der sich die Markenartikelunternehmen befinden. Da sie keine unmittelbaren Geschäftsbeziehungen zu den Verbrauchern haben, sich vielmehr des Einzelhandels (unter Umständen auch des Großhandels) bedienen müssen, um ihre Erzeugnisse verkaufen zu können, befinden sie sich verkaufspolitisch in einer gewissen Abhängigkeit vom Einzelhandel. Sie sind darauf angewiesen, daß die Einzelhandelsgeschäfte ihre Waren führen, und es ist ihnen auch daran gelegen, daß die Einzelhandelsgeschäfte ihre Artikel empfehlen. Aus diesen Gründen sind sie gezwungen, ihre Position dem Einzelhandel gegenüber zu stärken. Hierzu stehen ihnen zwei Wege zur Verfügung. Die erste Möglichkeit kennzeichnet sich dadurch, daß die Produzenten dem Handel günstige Preise bieten, also relativ hohe Rabatte einräumen. Damit entsteht eine Preiskonkurrenz, bzw. Rabattkonkurrenz der Produzenten beim Eintritt ihrer Erzeugnisse in den Handelsbereich. Sind die Rabattsätze zwischen den Markenartikelunternehmen vereinbart und werden sie eingehalten, dann tritt ein zweites kartellähnliches Element in die Preisbildung bei Markenartikeln ein, und zwar in Form bewußter Preisbindungen, in diesem Zusammenhange Rabattbindungen, die die Markenartikelunternehmen untereinander eingehen.

Wie dem im einzelnen auch sei, es steht außer Zweifel, daß die Rabatte, die die Markenartikelunternehmen dem Einzelhandel zu vergüten haben, den Preis nicht unbeträchtlich erhöhen. (Eine andere Frage ist es, ob diese Rabatte für den Einzelhandel ausreichend sind. Das hängt aber nicht von der Höhe der Rabatte, sondern von der Zahl der Verkäufe, also dem Umsatz ab, den der Einzelhändler mit dem Markenartikel erzielt.)

Angenommen, ein Markenartikelunternehmen der kosmetischen Industrie gewähre dem Einzelhandel einen Rabatt von $33^1/_3\%$ vom Verkaufspreise, das sind 50% auf den Herstellwert gerechnet. Das Unternehmen gewähre weiter je nach der Größe der Bestellmenge (z. B.

über 300,— DM) einen weiteren Rabatt von 2—3%, außerdem noch einen Umsatzbonus am Ende des Geschäftsjahres von 2—4%, gegebenenfalls auch einen (in der Regel nicht zulässigen) Materialrabatt in Form von Waren als Zugabe, dann zeigt sich, daß die Absatzkosten (die in diesem Falle zugleich die „Verteilungskosten" sind) keineswegs niedriger liegen als beim Vertrieb von Waren, die keine Markenartikel darstellen. Berücksichtigt man ferner die Rabatte, die dem Großhandel gezahlt werden müssen oder, falls dieser Absatzweg nicht gangbar ist, die Entgelte, die in Form von Fixum, Provision, Autokosten usw. an die betriebseigenen und betriebsfremden Verkaufsorgane (Reisende, Vertreter) gezahlt werden müssen, dann wird man nicht sagen können, daß der mit diesen Mitteln geführte Wettbewerbskampf nicht kostspielig sei. Daß dabei in der Höhe der Rabatte und in ihrer tatsächlichen Handhabung die Stärke zum Ausdruck kommt, die jeweils die Markenartikelunternehmen gegenüber dem Einzelhandel, auf der anderen Seite aber auch die Einzelhandelsbetriebe gegenüber den Markenartikelunternehmen aufweisen, bedarf keiner weiteren Ausführung.

Die Abhängigkeit der Markenartikelunternehmen von dem Einzelhandel, wie sie nicht schlechthin typisch, aber doch für viele Fälle charakteristisch ist, zwingt die Markenartikelunternehmen dazu, ihre Erzeugnisse so intensiv zum Bestandteil des Kaufbewußtseins weiter Bevölkerungskreise zu machen, daß die kaufende Bevölkerung die Erzeugnisse der Herstellerbetriebe beim Einkauf in den Einzelhandelsgeschäften verlangt. Je mehr das der Fall ist, um so stärker ist die Position der Markenartikelunternehmen gegenüber den Handelsunternehmen. Denn nun werden diese Unternehmen gezwungen, die von dem Produzenten hergestellten Artikel in ihr Sortiment aufzunehmen, wenn sie geschäftlich nicht an Ansehen verlieren wollen. Dieses Ziel ist der Sinn der Markenartikelwerbung. Da nun jedes Markenartikelunternehmen die beschriebene Wirkung hervorrufen muß, nimmt die Werbung gerade bei diesen Unternehmen die exzessiven Formen an, die für den modernen Wettbewerbskampf unter Markenartikelunternehmen so charakteristisch sind.

In Wirklichkeit befinden sich die Markenartikelunternehmen in einer gewissen Zwangslage. Sie ist darauf zurückzuführen, daß sie auf die Preisstellung und zum Teil auch auf die Produktvariation als Instrumente der Absatzpolitik verzichten bzw. verzichten zu müssen glauben. Die Beträge, die sie hier einsparen, gehen zum großen Teil im Zusammenhang mit der Verwendung der anderen absatzpolitischen Mittel wieder verloren, denn der Widerstand, den der Markt einer zusätzlichen Absatzausweitung bzw. unter Umständen einer Erhaltung des Absatzvolumens leistet, ist nicht ohne finanzielle Opfer zu überwinden. Dabei ist es prinzipiell ohne Bedeutung, ob diese finanziellen Mittel darin bestehen, daß der Preis je Erzeugniseinheit herabgesetzt wird, also an der Erzeugniseinheit ein „Preisverlust" entsteht, oder ob durch zusätzliche Investitionen in der Außenorganisation oder durch das Einschlagen neuer Absatzwege oder durch Werbung der Marktwiderstand überwunden wird.

Man muß sich aller dieser Dinge bewußt bleiben, wenn man die kartellähnlichen Elemente, die der Preisbildungsprozeß für Markenartikel ohne Zweifel enthält, nicht allzusehr als reine Realisierung von Monopolsituationen deuten will.

Siebtes Kapitel.
Die Produktgestaltung.
1. Begriffliche Feststellungen.
2. Der polare Charakter des Faktors „Bedarf".
3. Die polare Struktur der „Mode".
4. Der Einfluß des technischen Fortschrittes auf die Produktgestaltung.
5. Die Warenmarken als Mittel der Absatzpolitik.
6. Das Problem der „Packungen" in absatzpolitischer Sicht.
7. Sortimentspolitik im Handel.
8. Analyse des Absatzprozesses im Falle der Produktvariation.
9. Produktvariation und Marktbeherrschung.

1. Nunmehr sei die „Produktgestaltung" als Bestandteil des absatzpolitischen Instrumentariums erörtert. Produktgestaltung wird hier nicht als ein technisches, sondern als ein absatzpolitisches Phänomen aufgefaßt. Es wird also nach den marktwirtschaftlichen Faktoren gefragt, welche ein Unternehmen veranlassen, seine Erzeugnisse gerade in dieser und nicht in jener Art auf den Markt zu bringen.

Die Produktgestaltung kann einmal darin bestehen, daß gewisse Eigenschaften bereits produzierter Güter geändert werden. Hierbei kann es sich um technische, ästhetische und sonstige Eigenschaften handeln, die ein Gut charakterisieren. Produktgestaltung umfaßt aber auch den Fall, daß von einem Gut mehrere Muster, Typen, Qualitäten, Dessins hergestellt werden. Von Produktgestaltung spricht man auch dann, wenn das Verkaufsprogramm eines Unternehmens erweitert oder eingeengt wird.

Im Bereiche des Handels tritt an die Stelle der Produktgestaltung die Gestaltung des zum Verkauf angebotenen Warensortimentes. Denn so, wie die industriellen Unternehmen bestrebt sind, durch die Ausgestaltung ihrer Produkte bzw. ihres Verkaufsprogramms möglichst große akquisitorische Wirkungen zu erzielen, versuchen auch die Handelsbetriebe, mit Hilfe ihrer Sortimentsgestaltung diesen akquisitorischen Effekt zu erreichen.

2. In welcher Art und in welchem Umfange die Industrieunternehmen und Handelsbetriebe von den Möglichkeiten der Produktvariation Gebrauch machen, hängt unter anderem von den Kräften ab, die

in dem Faktor „Bedarf" wirksam sind. „Bedarf" soll dabei als eine objektive Größe verstanden werden, und zwar so, wie man etwa von dem Bedarf der Bevölkerung eines bestimmten Wirtschaftsraumes an Nahrungsmitteln, an Bekleidung oder an Automobilen spricht. „Bedürfnis" soll dagegen als subjektiver Tatbestand aufgefaßt werden, eben als das subjektive Verlangen der Wirtschaftssubjekte nach Gütern bestimmter Art.

Nur ein Teil der Bedürfnisse bildet den Bedarf, nämlich der Teil, der als effektive Nachfrage auf dem Markt wirksam zu werden vermag.

a) Die Träger des konsumtiven Bedarfes kennzeichnen sich durch eine sehr individuelle Art, sich den Dingen des Lebens gegenüber zu verhalten. Diese Individualität prägt sich mehr oder weniger stark in den Kaufentscheidungen der Konsumenten aus. Sie pflegen ihre Kaufentschlüsse so zu fassen, wie es ihren individuellen Wünschen, Neigungen und Möglichkeiten entspricht. Je mehr ein Konsument in diesem Sinne „Individualität" besitzt, um so stärker ist sein Bestreben, sich von den anderen zu unterscheiden und sich in den Gegenständen als Individualität zu repräsentieren, mit denen er sich umgibt. Mag es nun echte Individualität oder lediglich persönliches Geltungsbedürfnis sein, mag der Kreis seiner individualisierten Bedarfsäußerungen eng oder weit sein, entscheidend wichtig bleibt die Tatsache, daß es in den Bedarfsäußerungen der Konsumenten eine individualisierende Tendenz gibt, die die wirkliche oder vermeintliche Eigenart des einzelnen betont, also irgendwie auf persönliche Distanzierung gerichtet ist. Diese, in der menschlichen Natur angelegte Bereitschaft zur Individualisierung führt zu individuellen Bedarfsäußerungen und Kaufentscheidungen.

Das Datum „Bedarf" kennzeichnet sich aber nicht nur durch das Bestreben der Bedarfsträger, sich durch Betonung persönlicher Eigenart von anderen abzuheben. Es charakterisiert sich auch durch eine in den einzelnen Bedarfsträgern unterschiedlich stark vorhandene Neigung zum Wechsel in den Befriedigungsmitteln des Bedarfes. Diese Anlage ist der Feind der Gewöhnung und des Verharrens im Althergebrachten und Überkommenen. In weiten Bereichen des Bedarfes, d.h. also bei einer großen Zahl von Bedarfsträgern ist das Verlangen nach Abwechslung ein stark ausgeprägtes Motiv in den Kaufentscheidungen. Die Freude am Gewohnten und Vorhandenen erschöpft sich. Der Mensch verlangt nach neuen Eindrücken, neuen Reizen und neuen Ausdrucksformen seiner persönlichen Existenz. Er empfindet einen solchen Wechsel als eine Steigerung seiner selbst, als eine Erhöhung seines Lebensgefühls. Es handelt sich hier also nicht um ein Verhältnis zwischen dem einen Bedarfsträger und dem anderen, sondern um einen sich im Subjekt selbst abspielenden Prozeß, der die Kaufentschlüsse entscheidend beeinflußt.

b) Der Wille zur persönlichen Differenzierung und Individualisierung der Bedarfsdeckung und zum Wechsel in den Mitteln der Bedürfnisbefriedigung schließt nun aber den entgegengesetzten Willen zur Gleichförmigkeit der Bedürfnisbefriedigung nicht aus. Der Wille zur Konformität ist vielmehr in gleicher Weise in dem Faktor Bedarf bzw. seinen Trägern vorhanden wie der Wille zur Individualisierung. Der Verlust an Individualität kann in gleicher Weise als Reiz empfunden werden wie die äußerste Steigerung der Individualität. Und der Mensch ist nun einmal von einer solchen Art, daß das, was er kauft, überhaupt sein ganzes Kaufverhalten von dem Kaufverhalten seiner Mitmenschen mitbestimmt wird, und zwar vor allem von dem Verhalten der sozialen Gruppe, zu der er gehört. Als ein gesellschaftliches Wesen wird er auch von der Gesellschaft oder seiner Gruppe verfemt, wenn er sich seinem Willen nach Individuation zu sehr überläßt. Zudem sind in der Regel auch in ihm selbst genügend Regulative vorhanden, die einer Überspitzung des individualistischen Prinzips im Zusammenhang mit der Bedarfsdeckung entgegenwirken. Alles auffällige und extravagante Verhalten führt irgendwie zu einer ablehnenden gesellschaftlichen Reaktion, und wenn die persönlichen Regulative und Hemmungen nicht ausreichen, verfügt die Gesellschaft über hinreichend abgestufte Monita, die den einzelnen zurückrufen, wenn er sich zu weit abgesondert hat. Sie besorgen jenes gesellschaftliche Einnivellieren auf den Status der Gruppe, dessen sich der einzelne gar nicht bewußt ist und das meist nur von wenigen schmerzlich empfunden wird.

Weniger gesellschaftlich-sozialer als vielmehr individueller Natur ist die Neigung der Menschen, am Überkommenen, Traditionellen festzuhalten. Es handelt sich dabei um eine menschliche Anlage, die, wenn auch durch das Verhalten anderer Personen beeinflußbar, dennoch wesentlich in der Individualität des einzelnen wurzelt. Es gibt Menschen mit einer mehr konservativen und mit einer mehr aufgelockerten Haltung den Dingen des Lebens gegenüber. Die konservative starre Haltung, also die Neigung zum Festhalten am Gewohnten und Überlieferten, führt zu Bedarfsäußerungen, die sich mehr durch Stetigkeit als durch Willen zur Abwechslung kennzeichnen. Hiermit rechnet der Produzent. Und niemand wird bestreiten, daß in der Art der Produktgestaltung und in der Zusammensetzung des volkswirtschaftlichen Warensortiments die Tendenz zur Konformität der Bedarfsbefriedigung — stammend aus der Neigung zum gesellschaftlichen Nivellement und aus der Neigung zum Festhalten am Traditionalen — in gleicher Weise wirksam ist, wie die Tendenz zur Individualisierung der Bedarfsbefriedigung, die auf die Neigung zur persönlichen Distanzierung und zum Wechsel in den Mitteln der Bedürfnisbefriedigung zurückzuführen ist.

Hiernach erweist sich also der Bedarf als ein Gebilde, das sowohl die Tendenz zur Individualisierung als auch zur Konformität der Bedarfsäußerungen in sich enthält. Dieses merkwürdige Nebeneinander zweier in entgegengesetzter Richtung wirkender Kräfte ist ein Kennzeichen des Faktors Bedarf. Gerade diese innere Unbestimmtheit macht ihn zu einem so schwierigen einzelbetrieblichen Tatbestand.

Die Frage, ob die in dem Faktor „Bedarf" wirksamen Kräfte die Ausweitung der Fertigungsprogramme und der Sortimente fördern, oder ob sie dem Bestreben nach einer solchen Ausweitung hemmend entgegenstehen, läßt sich nach den bisherigen Feststellungen nicht eindeutig mit ja oder nein beantworten. Man kann auch nicht sagen, daß ein Gleichgewicht zwischen dem Willen nach Individualisierung auf der einen und dem Willen nach gesellschaftlichem Nivellement auf der anderen Seite bestände. Die Kräfte wirken ungleichmäßig und ihre Intensität schwankt, denn sie ist von vielen Faktoren abhängig, die mannigfach ineinander verwoben sind. Aber sie sind als Bereitschaft und als Wille jederzeit vorhanden, und im konkreten Falle ist bald zu spüren, in welchem Verhältnis sie zueinander stehen. Dieses Verhältnis selbst allgemein und eindeutig zu bestimmen, ist nicht unsere Aufgabe. Aber es bedarf hier einer solchen Bestimmung auch gar nicht, denn es gilt ja nur, die polaren Triebkräfte sichtbar zu machen, die dem Bedarf als ökonomischem Datum innewohnen und mit denen jeder Betrieb bei seiner Absatzpolitik zu rechnen hat.

Wird das Problem mehr in dem Blickwinkel Individualbedarf—Kollektivbedarf betrachtet, so zeigt sich, daß dem Kollektivbedarf eine besonders starke Tendenz zum Uniformen innewohnt. Man denke hierbei vor allem an Hotels, Gaststätten, Wohnblocks, Verwaltungen u.ä. und die Einförmigkeit ihres Bedarfs an Einrichtungs- und Gebrauchsgegenständen. Diese großen Bedarfsträger haben nicht das Bestreben, die Gegenstände ihres Bedarfes zu differenzieren, sondern vielmehr, sie zu standardisieren. Hier hat sich die Tendenz zur Konformität durchgesetzt, obwohl es auch in diesem Bereiche nicht an entgegengesetzten Tendenzen fehlt.

Die Frage nach der Spontaneität der Konsumentenbedürfnisse ist dahingehend zu beantworten, daß das Verhalten der Konsumenten im gesamtwirtschaftlichen Gang der Bedürfnisbefriedigung mehr passiv-rezeptiver als spontaner Natur ist. Die Konsumenten sagen nur selten von sich aus, in welcher Richtung sie eine Änderung der Mittel wünschen, die ihnen zur Deckung ihrer Bedürfnisse zur Verfügung stehen. Auf der anderen Seite sind die Konsumenten stets mehr oder weniger bereit, den Bestrebungen der Produzenten nach Änderung der Warenbeschaffenheit oder der Sortimente zu folgen. Wohl leisten sie Widerstand, wenn eine Ware ihren Wünschen oder dem allgemeinen Qualitäts- und Preisniveau nicht entspricht. Dieser Widerstand kann so groß sein, daß das Bemühen der Hersteller, die neue Ware oder neue Qualität oder Type durchzusetzen, trotz großen Aufwandes an Werbung und anderen absatzpolitischen Maßnahmen erfolglos bleibt. Aber auch in solchen Fällen handelt es sich doch eben nur mehr um Widerstand als um Spontaneität. Es fehlt die originelle, von sich aus aktiv werdende Einflußnahme auf die Produkt- und Sortimentsgestaltung. Gleichwohl ist der Bedarf keine passive Größe, sondern ein Zentrum voller Spannungen und weitreichender Einflüsse, da er in sich beide Möglichkeiten, sowohl die Tendenz zur Individualisierung als auch die zur Entindividualisierung der Bedarfsäußerungen enthält.

Von so uneinheitlicher, durch entgegengesetzt wirkende Kräfte (Individualisierung, Uniformität) gekennzeichneter Art ist der Faktor „Bedarf", mit dem es die Unternehmungen bei ihren absatzpolitischen Maßnahmen zu tun haben.

3. In diesem Zusammenhang ist nun weiter von Interesse, daß einem so bedarfsbestimmenden Faktor wie der Mode[1] dieselbe Duplizität der Möglichkeiten innewohnt wie dem Faktor Bedarf. Auf der einen Seite steigt ständig die Zahl derjenigen, die sich den Geboten und Verboten der Mode unterwerfen, und wahrscheinlich sind auch die Gebiete, die der Mode unterliegen, ständig in Zunahme begriffen. In diesem Sinne bedeutet Herrschaft der Mode Uniformierung des Bedarfes und damit Reduktion der Produktgestaltung auf eine begrenzte Zahl von Mustern, Farben, Formen, Schnitten, Qualitäten, Macharten, Typen. Sie müssen jedoch alle den Stempel des Modischen tragen. Der Spielraum der Erzeugnisgestaltung wird eingeengt, der Prozeß der Entindividualisierung des Bedarfes macht um so mehr Fortschritte, je mehr die Mode bestimmt.

Wiewohl so mit Recht gesagt werden kann, der Mode wohne eine gleichmachende Tendenz inne, so läßt sich aber auch mit der gleichen Berechtigung sagen, die Mode differenziere. Denn innerhalb des durch die Mode vorgeschriebenen Spielraumes versucht jeder, seinem persönlichen Geschmack Ausdruck zu geben. Und die Produzenten kommen diesem Verlangen durchaus entgegen, wie z.B. auf dem Gebiete der Bekleidungsindustrie die Fülle an Qualitäten, Dessins, Farbschattierungen und dergleichen beweist. So groß auch die Serien sein mögen, in denen Stoffe mittlerer, niedrigerer, aber auch höherer Preislagen angefertigt werden, sie sind doch nie so groß, daß die Gefahr besteht, die gleichen Stoffe könnten von zu vielen getragen werden[2]. Auf dem Gebiete des

---

[1] Vgl. hierzu SANDIG, C., Bedarfsforschung, Stuttgart 1934; SCHÄFER, E., Grundlagen der Marktforschung, Köln-Opladen 1953; NYSTROM, P. H., Economics of Fashion, New York 1928; ABBOTT, L., Quality and Competition, New York 1955, deutsche Übersetzung: Qualität und Wettbewerb, Berlin 1958.

[2] Wiewohl das Bestreben vor allem der großen Versandhäuser dem entgegensteht.

Einrichtungsbedarfes liegen die Dinge ähnlich. Wenn es sich hier auch nicht um ein ausgesprochen dem Modischen unterworfenes Gebiet handelt, so besteht dennoch bei allen Möbelgeschäften das deutlich erkennbare Bestreben, ihr Lager an Möbeln so zu assortieren, daß es möglichst wenig gleiche Typen oder Muster enthält. Wenn die Fabrikanten aus fertigungstechnischen Gründen hierzu nicht in der Lage sind, so greift der Handel ein, diese Mischung vorzunehmen, um dem Wunsch der Käufer nach Differenzierung Rechnung zu tragen.

So kann man sagen, die Mode forciere zwar mit ihrer Tendenz zur Gleichmacherei die Produktvereinheitlichung, aber man muß hinzufügen, daß sie zugleich die Tendenz der Kunden nach Differenzierung und Individuation nicht hemmt, sondern fördert.

Die Mode ist aber gleichzeitig ein sich im Zeitablauf vollziehender Prozeß. Es besteht eine verhältnismäßig kleine Gruppe von Personen, von denen die modischen Impulse ausgehen. Ohne diese Wirkungszentren würde es keine Mode geben. Aus welchen geistigen, gesellschaftlichen und wirtschaftlichen Quellen die Mode entsteht, soll hier nicht weiter untersucht werden. Nur so viel sei hier gesagt, daß Stilwandlungen nicht als modische Vorgänge angesehen werden können. Diese Stilwandlungen wurzeln in anderen geistigen Bezirken als der Wechsel der Mode.

Die von den Zentren der Mode ausgehenden Kräfte dringen im Zeitablauf je nach der Sachlage kürzer oder schneller in breite Bevölkerungsschichten ein. Mit der Ausbreitung des modisch Neuen verliert sich das Exklusive der ursprünglichen modischen Konzeption. Die breite Masse übernimmt nur die Grundtendenz weitgehend unter Verzicht auf die Extravagans ihrer Initiatoren.

Mit der zunehmenden Ausbreitung der ursprünglichen modischen Gedanken entsteht gleichzeitig in den Trägern der modischen Impulse das Bestreben, sich wiederum zu distanzieren und zu individualisieren, um der Gefahr der Konformierung zu entgehen. Auf diese Weise entstehen neue modische Antriebe, die sich, wie oben beschrieben, zunächst auf eine kleine Gruppe konzentrieren. Indem sich sich ausweiten, verebben sie zugleich, um schließlich zu verschwinden.

Die Dauer des Prozesses und die Breitenwirkung der modischen Impulse hängt von ihrer Stärke, von der Art des modischen Gegenstandes, von der Aufnahmebereitschaft der Bevölkerung, von regionalen Unterschieden u. a. ab.

4. Im Bereiche der Produktion ist der technische Fortschritt derjenige Faktor, der es ermöglicht, die Produktdifferenzierung als absatzpolitisches Instrument zu verwenden. Unter technischem Fortschritt verstehe man in diesem Zusammenhang einmal die Herstellung

verbesserter oder völlig neuartiger Produkte und zum anderen die Verbesserung vorhandener oder die Einführung völlig neuartiger Produktionsmethoden.

a) Den sichtbarsten Ausdruck technischen Fortschrittes bildet die Erfindung. Das Neuartige einer Erfindung kann bestehen

1. in der Konzeption einer noch nicht gekannten Aufgabe, deren Lösung auf der Benutzung bereits bekannter technischer Möglichkeiten und Mittel beruht;

2. in der Lösung einer an sich bekannten technischen Aufgabe mit bisher unbekannten Mitteln, und

3. in der Konzeption einer noch nicht bekannten technischen Aufgabe und deren Lösung mit bisher noch nicht bekannten technischen Mitteln.

Die Erfindungen pflegen weiter nach der Erfindungshöhe charakterisiert zu werden, also nach ihrer Bedeutung für den technischen Fortschritt. Dementsprechend werden unterschieden

a) bahnbrechende Erfindungen (Pioniererfindungen),

b) Verbesserungserfindungen (Konstruktionserfindungen).

Die Pioniererfindungen erschließen der Technik ganz neue Gebiete und vermitteln bahnbrechende Erkenntnisse, z.B. beweglicher Letternsatz, Kohlenfaden, Gewinnung von Webfäden aus Zellulose usw. Die Verbesserungserfindungen bereichern die Technik um einzelne Gestaltungsformen, ohne ihr einen neuen allgemeinen Erfindungsgedanken zu geben. Man spricht deshalb von ihnen auch als von Variations- oder Entwicklungserfindungen, zum Beispiel Setzmaschine, Satzabguß, Metallfadenlampen als Ersatz für Kohlenfadenlampen. Im allgemeinen handelt es sich bei Verbesserungserfindungen lediglich um Neuerungen auf Gebieten, die von der Technik bereits mehr oder weniger intensiv bearbeitet wurden. Sie charakterisieren sich weniger durch die Neuartigkeit der konstruktiven Idee als durch die Abwandlung bereits bekannter erfinderischer Gedanken. Die Verbesserungserfindung liegt also zwischen der Pioniererfindung und der normalen Weiterentwicklung konstruktiver oder verfahrenstechnischer Gegebenheiten.

Die Erfindungshöhe bildet nicht das schlechthin entscheidende Kriterium für den technischen Fortschritt, wie es überhaupt nicht angebracht erscheint, diesen Begriff auf den Bereich von Erfindungen einzuengen. Zwar bildet die Erfindungshöhe in vielen Fällen das Maß für die erreichten Fortschritte. Sie ist deshalb auch mit Recht die Grundlage für die Gewährung von gewerblichen Schutzrechten. Aber technischer Fortschritt liegt bereits dann vor, wenn es sich lediglich um konstruktive Weiterentwicklungen oder Verbesserungen der chemischen oder physikalischen Eigenschaften der Erzeugnisse und Leistungen eines Betriebes handelt. Technischer Fortschritt ist also weniger der Inbegriff von Erfindungen, welche die Technik ruckartig vorwärtstreiben, als vielmehr ein kontinuierlicher Prozeß technischer Vervollkommnung, der zwar auf den einzelnen Gebieten der Technik unterschiedlich und unregelmäßig verläuft, im großen gesehen aber doch verhältnismäßig stetig vor sich geht und sich mehr durch „Weiterentwicklung" als durch abrupte Neuschöpfungen kennzeichnet.

Der technische Fortschritt äußert sich aber in dem Sinne, wie er hier verstanden sein soll, nicht nur in Erfindungen und in der normalen Weiterentwicklung und Verbesserung von Sachgütern oder Herstellverfahren, sondern auch in der Schaffung neuartiger bzw. in der Verbesserung bereits bekannter „Dienstleistungen". So ist zwar die Gewährung von Versicherungsschutz gegen Unfall keine technische Erfindung, aber sie stellte seinerzeit doch eine neuartige Leistung auf dem Gebiete des Versicherungswesens dar. Man mag ferner an Auskunfteien denken oder an Bausparkassen, die auf einem durchaus originellen Gedanken beruhen. Die Neuartigkeit der Dienstleistungen mag dabei der „Erfindungshöhe" nach mehr der Pioniererfindung oder der Verbesserungserfindung zuneigen. Entscheidend ist nur, daß es sich um einen bis dahin ökonomisch noch nicht realisierten und verwerteten Gedanken handelt, der entweder zu den bisherigen Leistungen neu hinzutritt oder eine Verbesserung dieser Leistungen bedeutet. In diesem Sinne ist also die Bereitstellung solcher zusätzlichen oder neuartigen, verbesserten Dienstleistungen der Schaffung zusätzlicher Sachgüter gleichzusetzen.

Der technische Fortschritt wirkt produktvariierend und zwar produktdifferenzierend, wenn er neuartige Produkte entstehen läßt oder neue Typen, Formen, Muster, Qualitäten als Abwandlungen bereits bekannter Güterarten schafft.

Geht man dem technischen Fortschritt nicht nur in dem Bereich der Erzeugnisgestaltung, sondern auch in dem der Leistungserstellung, also in dem mehr technischen Bereiche nach, so zeigt er sich hier als Vervollkommnung bereits im Betriebe verwandter Arbeits- oder Fertigungsverfahren oder als Entwicklung völlig neuartiger Verfahren, mit denen entweder die bisherigen oder völlig neue Erzeugnisse hergestellt werden. In dieser Form hat der technische Fortschritt nicht notwendig eine kontrahierende, vielmehr unter Umständen sogar eine expandierende Wirkung insofern, als die Zahl der erstellten Leistungsarten (Baumuster, Typen, Qualitäten) durch solche Änderungen in der Fertigungstechnik nicht berührt zu werden braucht. Erst wenn es sich um Fortschritte in der Fertigungstechnik handelt, welche Massenfabrikation voraussetzen, wird das Verhältnis zwischen Fertigungsverfahren und Erzeugungsprogramm berührt, und zwar in dem Sinne, daß das Fertigungsprogramm durch Reduktion auf einige wenige Typen verringert werden muß, wenn die Fortschritte in der Fertigungstechnik realisiert werden sollen. Der ökonomische Vorteil solcher auf Fortschritten in der Fertigungstechnik beruhenden Produktvariationen (im Sinne von Typenbeschränkung) besteht darin, daß die durch die neuen Verfahren erzielbaren Kosteneinsparungen Preisherabsetzungen möglich machen. Aber an sich kann das die Wirkung aller Fortschritte in der Fertigungstechnik sein und wenn lediglich Preissenkungen die Folge solcher Fortschritte sind, so berührt das nicht unser Problem. Erst wenn die Fortschritte in der Fertigungstechnik derart sind, daß ein Betrieb, um sie auszunützen, gezwungen wird, mit einem reduzierten Sortiment auf dem Markte zu erscheinen, wird die unifizierende, typeneinschränkende Kraft des technischen Fortschrittes wirksam. Nicht jede Verbesserung der Verfahren führt also bereits zu einer Änderung in der Erzeugnisgestaltung, insbesondere auch nicht zu einer Änderung im Fertigungsprogramm im Sinne von Produktunifizierung (Standardisierung und Typenbeschränkung), vielmehr nur solche Verfahrensänderungen, die, um ausgenutzt werden zu können, Erzeugnismengen voraussetzen, welche ohne Beschränkung der Typenzahl nicht erreicht werden können.

Der technische Fortschritt wirkt also unter solchen Umständen im Bereich der Erzeugnisgestaltung, hier insbesondere der Sortimentsgestaltung, sortenvermindernd. Gerade die fertigungstechnisch modernsten Werke beschränken sich auf die Herstellung und Lieferung nur weniger Standardtypen. Man kann sogar sagen, daß dieser Prozeß der Verminderung des Sortiments immer dann besonders stark einsetzt, wenn die Erzeugnisse konstruktiv ausgereift sind und die Möglichkeiten der Erzeugnisgestaltung bei dem gegenwärtigen Zustand der Technik und Wissenschaft erschöpft sind. Unter solchen Voraussetzungen verlagert sich dann häufig der technische Fortschritt aus dem Bereich der Erzeugnisgestaltung in den der Fertigung. Er zwingt zur Produktvariation und wird damit zur Triebkraft der Produkt- und Sortimentsgestaltung bzw. ihrer Änderung.

b) In diesem Zusammenhange muß aber auch noch auf einen Umstand besonderer Art aufmerksam gemacht werden, der sich aus dem Verhältnis zwischen Marktorganisation und technischem Fortschritt ergibt.

Die zunehmende Vergrößerung und Verflechtung des Marktgeschehens hat keine ihr entsprechende Abnahme der Marktübersicht nach sich gezogen. Diese Tatsache ist vor allem auf Verbesserungen in der modernen Marktorganisation zurückzuführen. Die neuzeitlichen Informationsmöglichkeiten über Vorgänge wirtschaftlicher oder technischer Art haben einen Prozeß eingeleitet, welcher die Betriebe dazu gezwungen hat, ihre Leistungen den Spitzenleistungen der Konkurrenzbetriebe anzupassen und die Rückständigkeiten oder Fehlentwicklungen zu beseitigen, sobald sie sichtbar werden. Der Prozeß, der zur Qualitätsangleichung an die jeweiligen Spitzenleistungen zwingt, verhindert, daß die Güterarten und Qualitäten (wie die Art ihrer Herstellung und ihres Vertriebes) fortschrittsfeindlichem Traditionalismus verfallen. Der gewerbliche Rechtsschutz hat diesen Prozeß vielleicht hier und da verlangsamt. Aber die Gewalt des Prozesses qualitativer Angleichung der Erzeugnisse (und Verfahren) an die Spitzenleistungen des Wirtschaftszweiges hat er im ganzen gesehen nicht verhindern können. Immer mehr hat sich der Zeitraum verkürzt, der notwendig ist, um das qualitative und fertigungstechnische Niveau der Spitzenleistung anzupassen. Diese Tendenz zu möglichst schnellem Aufholen verlorenen Vorsprunges verhindert, volkswirtschaftlich gesehen, die Zersplitterung der Warenerzeugung und der Erzeugnisgestaltung auf qualitätsmäßig allzusehr streuende Abweichungen von der qualitativen Norm des Produktionszweiges oder der Branche. Volkswirtschaftlich reduziert dieser Prozeß die Fülle an sich möglicher Formen und Varianten von Gütern auf einige wenige und zwar gerade auf solche, die die Träger der Entwicklung sind. Betriebswirtschaftlich geht von diesem Zwang der Angleichung der Eigenschaften der eigenen Erzeugnisse an die Erzeugnisse fortschrittlicher Betriebe ein ständiger Druck auf die Produkt- und Sortimentsgestaltung derjenigen Betriebe aus, die in dieser Hinsicht zurückgeblieben sind. Auf diese Weise beeinflußt der technische Fortschritt die Produkt- und Sortimentsgestaltung nicht nur unmittelbar in den Spitzenbetrieben, sondern mittelbar auch in den Betrieben, die zu Anpassungs- und Aufholungsprozessen der geschilderten Art gezwungen werden. Aber wie gesagt, ohne die großen Fortschritte auf dem Gebiet der modernen Marktorganisation, insbesondere der Marktunterrichtung, wären die geschilderten „mittelbaren" Wirkungen des technischen Fortschrittes, auch die ständig fortschreitende regionale und zeitliche Einnivellierung des Preisniveaus im System der freien Marktwirtschaft in dem Maße gar nicht möglich gewesen, wie das heute in fast allen Produktionszweigen der Fall ist.

Zusammenfassend läßt sich sagen, daß der technische Fortschritt als ein starker Antrieb im Bereiche der Produkt- und Sortimentsgestaltung wirksam ist, und daß er sich durch die Gleichzeitigkeit zweier, in entgegengesetzter Richtung wirkender Kräfte, der Tendenz nach Produkt- und Sortimentsdifferenzierung (Typenerweiterung) und der Tendenz nach Produktunifizierung (Typenbeschränkung) charakterisiert.

5. In einer Anzahl von Produktions- und Geschäftszweigen sehen es die Unternehmer als eine absatzpolitische Notwendigkeit an, ihre Erzeugnisse durch Warenzeichen oder durch Warenausstattung zu kennzeichnen. Sie versuchen auf diese Weise zu vermeiden, daß ihre Firma oder ihre Erzeugnisse in der Anonymität des gesamtwirtschaftlichen Warenangebotes untergehen. Unter bestimmten Voraussetzungen

werden Warenzeichen und Warenausstattung gegen mißbräuchliche Verwendung durch andere Unternehmen gesetzlich geschützt. In Deutschland geschieht das durch Eintragung der Warenzeichen in die beim Patentamt geführte Warenzeichenrolle. Die Eintragung hat die Wirkung, daß allein dem Inhaber des Warenzeichens das Recht zusteht, Waren der bezeichneten Art oder ihre Verpackung oder Umhüllung mit dem Warenzeichen zu versehen, die bezeichneten Waren in Verkehr zu setzen und auf Ankündigungen, Preislisten, Geschäftsbriefen, Empfehlungen, Rechnungen und dergleichen das Zeichen anzubringen. Warenausstattungen werden nicht wie die Warenzeichen durch Eintragung geschützt. Der Ausstattungsschutz wird vielmehr grundsätzlich dann gewährt, wenn die Ausstattung im wirtschaftlichen Verkehr als Kennzeichen eines bestimmten Unternehmens gilt. Die „Verkehrsgeltung" tritt damit als Voraussetzung für die Gewährung des Ausstattungsschutzes an die Stelle der patentamtlichen Eintragung. Die Ausstattung hat mit dem Warenzeichen rechtlich durchaus gleichen Rang, so daß z.B. beim Zusammenfallen von Ausstattung und Warenzeichen die Ausstattung nicht etwa deshalb hinter dem eingetragenen Zeichen zurücktreten muß, weil sie einen geringeren rechtlichen Wert besitzt[1].

Warenzeichen konnten ursprünglich nur Bildzeichen sein. Später haben sich auch Wortzeichen und aus Wort und Bild gemischte Zeichen eingeführt. In den USA gibt es seit 1946 auch Hörzeichen. Zahlen und Buchstaben können nur dann Warenzeichen sein, wenn sie sich im wirtschaftlichen Verkehr durchgesetzt haben, wie zum Beispiel 4711, AEG usw. Das gilt auch für Angaben über den Herstellungsort.

Warenzeichen können sowohl Fabrik- als auch Handelsmarken sein. Fabrikmarken weisen auf Fabriken, Handelsmarken auf die Auswahl von Fabrikaten durch einen bestimmten Handelsbetrieb hin. Handelsmarken dürfen nicht den Eindruck erwecken, als handele es sich bei ihnen um Fabrikmarken.

Unter „Ausstattung" ist alles zu verstehen, was als Hinweis auf die Herkunft einer Ware aus einem bestimmten Unternehmen zu dienen vermag. Dabei können die Ausstattungen aus Wörtern, Bildern, gegebenenfalls auch aus Zahlen bestehen. Am häufigsten kennzeichnen sich Ausstattungen durch bestimmte Formen der Waren oder der Verpackung, durch Farben oder Farbzusammenstellungen, Farbmuster und dergleichen. Auch Firmenmarken können Ausstattung sein, wenn eine charakteristische Verbindung zwischen Firma und Ware bei den Käufern den Gedanken an ein bestimmtes Unternehmen als Herkunftsunternehmen der Ware auslöst. Die Form und Farbgebung muß jeweils so

---

[1] So die Regelung in Deutschland nach dem Warenzeichengesetz vom 5. 4. 1936 in der Fassung des Gesetzes vom 18. 7. 1953.

charakteristisch sein, daß sie auf ein bestimmtes Unternehmen als Herkunftsstätte der Ware hinweist. In der Regel bedarf es eines längeren Zeitraumes, bis sich eine bestimmte Warenausstattung im Bewußtsein der Käufer als Kennzeichen für die Herkunft einer Ware von einem bestimmten Unternehmen durchgesetzt hat.

Warenzeichen und Warenausstattung sind also Kennzeichen für die Erzeugnisse oder Waren eines bestimmten Unternehmens. Sie sollen den Käufern die Möglichkeit geben, die Waren dieses Unternehmens von den Waren der Konkurrenzunternehmen zu unterscheiden. In diesem Sinne spricht man von einer „Herkunftsfunktion" der Warenzeichen und der Warenausstattung. Diese Funktion ist unbestritten. Sie macht das Charakteristikum der Warenmarken aus.

Warenzeichen und Warenausstattungen können im Zusammenhang mit Werbemaßnahmen Verwendung finden. Von diesen Möglichkeiten macht vor allem die Markenartikelwerbung Gebrauch. Diese Tatsache bedeutet jedoch nicht, daß Produktgestaltung und Werbung auf dasselbe hinausliefen. Gäbe es überhaupt keine Werbung in den Formen und mit den Mitteln, wie sie das moderne Wirtschaftsleben beherrscht, dann würde gleichwohl den Warenmarken eine werbende oder, wie man besser sagen würde, eine akquisitorische Wirkung zukommen. Dabei wird vorausgesetzt, daß sie ihrer Art und Beschaffenheit nach derartige Wirkungen überhaupt zu erzielen vermögen. Der akquisitorische Effekt würde jedoch in dem geschilderten Falle lediglich auf der Tatsache beruhen, daß es sich um „markierte" Ware handelt. So gesehen, sind Warenzeichen und Warenausstattung Mittel der „Produktgestaltung" und insofern ein absatzpolitisches Instrument von anderer Art als die „Werbung".

Häufig wird auch die Auffassung vertreten, daß die Warenmarken eine gewisse Garantiefunktion besäßen, und zwar in dem Sinne, daß sie für gleichbleibende Qualität der Ware einer bestimmten Firma bürgen. Eine derartige Auffassung erscheint in dieser Allgemeinheit nicht haltbar. In vielen Produktionszweigen ist es so gut wie unmöglich, zur Herstellung der Waren Rohstoffe von stets gleichbleibender Beschaffenheit zu verwenden. Qualitätsgarantie setzt ferner voraus, daß die fabrikationstechnischen Einrichtungen, Herstellungsverfahren und Kontrollen ebenfalls auf lange Zeit hinaus unverändert bleiben. Schließlich ist es ja doch auch so, daß die Herstellerbetriebe mit verbesserten Qualitäten konkurrieren. Ist ein Unternehmen zurückgeblieben, dann kann zwar die Beschaffenheit seiner durch Marken gekennzeichneten Erzeugnisse gleichgeblieben sein. Im Verhältnis aber zu den verbesserten Erzeugnissen der Konkurrenzunternehmen hat die Qualität der Erzeugnisse trotz gleichbleibender Marken oder Ausstattungen an Wert verloren.

Im übrigen können selbstverständlich Waren durchaus verschiedener Qualität unter Verwendung von Warenzeichen oder Warenausstattungen verkauft werden. Markierung durch Warenzeichen oder Ausstattung bedeutet keineswegs, daß es sich immer um Waren bester Qualität handeln müsse. Nur eine bestimmte Qualität soll „garantiert" werden, sofern das aus den oben angegebenen Gründen überhaupt möglich erscheint.

Man muß bei der Betrachtung dieser Dinge jedoch davon ausgehen, daß Unternehmen, welche durch Warenzeichen oder Ausstattungen gekennzeichnete Waren verkaufen, bestrebt sind, ihre Erzeugnisse auf möglichst hohem qualitativem Niveau zu halten. Ob dieses Ziel erreicht wird, hängt einzig und allein von fertigungstechnischen und betriebspolitischen Maßnahmen ab. Die Marken können immer nur die Erzeugnisse eines Unternehmens kennzeichnen. Ob unter diesen Kennzeichen mehr oder weniger gute Ware verkauft wird, das hat mit der Markierung nichts zu tun, ist vielmehr, wie gesagt, allein Sache der Betriebspolitik der Unternehmen.

Von Markenartikeln wird hier dann gesprochen, wenn folgende Merkmale gegeben sind:

1. Die Waren müssen standardisierbare Erzeugnisse für differenzierten Massenbedarf sein.

2. Die Waren müssen durch Warenzeichen oder Ausstattung markiert sein.

3. Bei dem Verkauf der Waren müssen sich die Hersteller bevorzugt der Methoden moderner Werbung bedienen. Die Werbung muß in erster Linie direkte Werbung sein.

4. Die Käufer müssen die Vorstellung gewonnen haben, daß die Marke für gleichbleibende Qualität bürgt (Verkehrsgeltung)[1]. Das besagt nicht, daß tatsächlich eine bestimmte Qualität garantiert ist[2]. Jedoch darf davon ausgegangen werden, daß die Unternehmen, die Markenartikel verkaufen, aus absatzpolitischen Gründen den größten Wert darauf legen, die Warenqualität unverändert zu halten.

Im allgemeinen müssen sich Großhändler und Einzelhändler verpflichten, die Markenartikel zu den vom Hersteller festgesetzten Preisen zu verkaufen (Preisbindung der zweiten Hand; vertikale Preisbindung). Da es aber ohne Zweifel auch anerkannte Markenartikel gibt, die von den

---

[1] In der Definition des Gesetzes gegen Wettbewerbsbeschränkungen vom 27. 7. 57 (Kartellgesetz) wird dieses Merkmal nicht genannt. Gleichwohl erscheint es zweckmäßig, auf diesen Punkt in einer wirtschaftlichen Definition nicht zu verzichten; denn ihre volle Ausprägung als Markenartikel erreicht eine markierte Ware erst dann, wenn die Käufer mit ihr die Vorstellung gleichbleibender Qualität verbinden.

[2] Nach dem Gesetz gegen Wettbewerbsbeschränkungen vom 27. 7. 57 (Kartellgesetz) ist die vertikale Preisbindung nur für Markenwaren zulässig, deren gleichbleibende Qualität gewährleistet ist. Nach herrschender Auffassung wird hierdurch jedoch kein zivilrechtlicher Garantieanspruch des Markenartikelkäufers begründet. Bei Qualitätsschwankungen entfällt lediglich eine der unerläßlichen Voraussetzungen für die Zulässigkeit der vertikalen Preisbindung.

Herstellern auch ohne Preisbindung angeboten werden (zum Beispiel Coca-Cola), kann die Preisbindung der zweiten Hand nicht als notwendiger Bestandteil des Markenartikelbegriffs angesehen werden.

Da feststeht, daß die Verkaufspreise für Markenartikel lange Zeiträume hindurch nicht verändert werden, ist des öfteren die „Festpreispolitik" als wesentliches Merkmal für den Begriff des Markenartikels bezeichnet worden. Da aber jederzeit nachweisbar ist, daß bekannte Markenfirmen die Verkaufspreise für ihre Erzeugnisse auch in kurzen Zeitabschnitten ändern, läßt sich die Auffassung, die Festpreispolitik sei ein wesentliches Merkmal des Markenartikels, nicht halten.

Das im Jahre 1957 erlassene Gesetz gegen Wettbewerbsbeschränkungen (Kartellgesetz) kennt den Ausdruck Markenartikel nicht, spricht vielmehr nur von Markenwaren, die es als Erzeugnisse definiert, deren Lieferung in gleichbleibender oder verbesserter Güte von dem preisbindenden Unternehmen gewährleistet wird und die erstens selbst oder zweitens deren für die Abgabe an den Verbraucher bestimmte Umhüllung oder Ausstattung oder drittens deren Behältnisse, aus denen sie verkauft werden, mit einem ihre Herkunft kennzeichnenden Merkmal (Firmen-, Wort- oder Bildzeichen) versehen sind. Danach verlangt das Gesetz für die Anerkennung einer Ware als Markenware lediglich Markierung und gleichbleibende Qualität. Die Verkehrsgeltung, die hier als wesentliche Voraussetzung für das Vorliegen eines Markenartikels angesehen wird, verlangt das Gesetz nicht. Diese Tatsache wird im wesentlichen darauf zurückzuführen sein, daß die Verkehrsgeltung einen Begriff darstellt, der im streitigen Verfahren nicht gut verwendbar ist, da er sich nicht hinreichend streng genug bestimmen läßt. Dabei mag auch die Überlegung mitgespielt haben, daß die Einführung neuer Markenartikel dann Schwierigkeiten bereiten muß, wenn die Verkehrsgeltung als Voraussetzung für die Qualifikation einer Ware als Markenware angenommen wird. In rein wirtschaftlicher Sicht und ohne Rücksicht auf die praktischen Zwecke von Rechtsprechung und Wirtschaftspolitik bleibt mit dem Begriff des Markenartikels die Vorstellung verbunden, daß eine Ware erst dann die typischen Markenartikeleigenschaften besitzt, wenn sich mit ihr im Bewußtsein der Käufer die Vorstellung gleichbleibender Güte verbindet[1].

---

[1] Zur Frage der Begriffsbestimmung von Markenartikeln sei hier vor allem auf die Werke von SEYFFERT, R., Wirtschaftslehre des Handels, 4. Aufl., Köln-Opladen 1961, insbesondere S. 83ff.; KOCH, W., Grundlagen und Technik des Vertriebes, Berlin 1950, Bd. I, vor allem S. 450ff.; SCHÄFER, E., Die Aufgabe der Absatzwirtschaft, Köln-Opladen 1950, S. 129ff.; BERGLER, G., Markenartikel im Rahmen der modernen Absatzwirtschaft, in: Marktwirtschaft und Wirtschaftswissenschaft, Festgabe für W. VERSHOFEN, Berlin 1939, hingewiesen. Vgl. im übrigen hierzu die zu den Ausführungen über die Preisbindung bei Markenartikeln angegebene Literatur im sechsten Kapitel, Abschnitt V, 7.

6. Im Zusammenhang mit der Frage der Produktgestaltung sei noch kurz auf ein Spezialproblem eingegangen, dem in der modernen Wirtschaft eine immer größere absatzpolitische Bedeutung zukommt. Aus der Aufgabe, die verkauften Waren durch Verpackung vor Beschädigungen während des Transportes und der Lagerung zu bewahren, ist das Problem der „Packung" geworden. Hierunter ist die verkaufsgerechte Form der Ware nach Menge, Art und äußerer Aufmachung zu verstehen. Beim Verkauf wird also die Ware nicht mehr von dem Verkäufer gezählt, gemessen oder abgewogen, sondern in der bereits vorliegenden fertigen Packung an die Kunden übergeben. Die Waren können dabei von den Herstellern bereits in bestimmten Packungen geliefert werden. Oft kaufen aber die Einzelhandelsgeschäfte selbst oder auch die Großhandelsunternehmen von den Herstellern Waren in großen Mengen ein, die sie dann selbst in kleinere Mengen abpacken und in diesen Packungen verkaufen[1].

Die akquisitorische Wirkung der Packungen ist von verschiedenen Faktoren abhängig: Erstens von ihrer Größe, also zum Beispiel von der Stückzahl (z. B. Zahl der Zigaretten in einer Packung), dem Gewicht, dem Inhalt der Schachteln, Dosen, Tuben, Flaschen u. a. Wenn die Größe der Packungen den Wünschen der Käufer nicht entspricht, dann ist die gewählte Form der Packung verfehlt, und die Unternehmen müssen eine Änderung der von ihnen gewählten Packungen vornehmen. Die richtige Größe der Packung ist diejenige, in der sich die Ware am leichtesten verkaufen läßt. Der akquisitorische Effekt von Packungen hängt zweitens davon ab, ob die gewählte Form der Packung von den Käufern als praktisch empfunden wird, d. h. also davon, ob das für die Packungen gewählte Material die Ware vor Beschädigung, Verderb usw. schützt. Eine Packung wird auch dann nach Art und Größe als praktisch empfunden, wenn sie sich für die Aufbewahrung der gekauften Ware eignet, wenn sie sich leicht öffnen und schließen läßt oder wenn sich die Flasche oder der Karton usw. mehrere Male verwenden läßt. Oft pflegt man den Packungen zum Beispiel kleine Meßgefäße, Löffel, Rezepte, Gebrauchsanweisungen beizulegen, um den Gebrauch der Ware zu erleichtern. Die modernen Werkstoffe, insbesondere aber auch die technische Weiterentwicklung der Verpackungs-, Abfüllmaschinen usw. haben die Entwicklung auf diesem Gebiete sehr gefördert. Die akquisitorische Wirkung der Packung wird drittens von der gewählten Form und Farbe, der graphischen Ausgestaltung der Packung, der Marke und dem Slogan bestimmt. Hierfür gelten die Gesichtspunkte, wie sie für den Entwurf und die Gestaltung von Plakaten, Anzeigen usw. maßgebend sind. Auch bei

---
[1] Vgl. hierzu auch SCHÄFER, E., Die Aufgabe der Absatzwirtschaft, Köln-Opladen 1950, S. 154; KROPFF, H. F. J., Die Werbemittel und ihre psychologische, künstlerische und technische Gestaltung, Essen 1953, S. 100ff.

Packungen sind Form und Farbe, Muster und Marke um so günstiger gewählt, je größer die Aufmerksamkeit ist, die sie erregen, und je nachhaltiger die Wirkung ist, die sie erzielen.

7. Noch kurz sei auf einige Fragen eingegangen, die speziell mit der Sortimentspolitik des Handels zusammenhängen, weil sie auch für die Absatzpolitik der industriellen Unternehmungen Bedeutung haben. Diese Fragen sind vor allem von SEYFFERT[1], in etwas anderer Blickrichtung von SCHÄFER[2] behandelt worden. Unter Rationalisierungsgesichtspunkten betrachten BEHRENS, RUBERG und HUNDHAUSEN diese Fragen[3]. Neuerdings hat SANDIG das Problem der Sortimentspolitik aufgegriffen. Dadurch, daß er es in engen Zusammenhang mit der Preispolitik rückt und beide Phänomene als Mittel und Möglichkeiten einer übergeordneten Absatz- bzw. Betriebswirtschaftspolitik auffaßt, gewinnt er einen neuen Aspekt für die Betrachtung sortimentspolitischer Fragen[4].

a) Bei der Untersuchung aller Fragen, die mit der Sortimentspolitik in Zusammenhang stehen, wird hier grundsätzlich von der Überlegung ausgegangen, daß für den Groß- wie für den Einzelhandel dasjenige Sortiment erstrebenswert ist, welches die größte akquisitorische Wirkung auf die Käufer ausübt. Diese Wirkung läßt sich möglicherweise mit durchaus verschiedenartig zusammengesetzten Sortimenten erzielen. So gibt es Sortimente, welche sich aus einer großen Zahl von verschiedenen Warengattungen zusammensetzen, aber auch solche, die nur aus einer Warengattung bestehen. Im ersten Falle wollen wir von einem breiten, im zweiten Falle von einem engen oder spezialisierten Warensortiment sprechen. Der erste Fall zum Beispiel liegt vor, wenn ein Einzelhandelsgeschäft mit seinem Sortiment ein aus mehreren Bedarfsarten bestehendes Bedarfsgesamt decken will. Man denke an Lebensmittel- und Feinkostgeschäfte, die Fleischwaren, Butter und Käse, Fischkonserven, Gemüsekonserven, Spirituosen, Süßwaren, Früchte u. a. in ihrem Sortiment führen. Zu den Einzelhandelsgeschäften mit breitem Sortiment gehören auch die Gemischtwarengeschäfte, wie man sie heute noch in landwirtschaftlichen Gegenden und kleinen Städten findet. Auch Warenhäuser, Einheitspreisgeschäfte u. a. rechnen grundsätzlich hierher.

---

[1] SEYFFERT, R., Wirtschaftslehre des Handels, 4. Aufl., Köln-Opladen 1961.
[2] SCHÄFER, E., Die Aufgabe der Absatzwirtschaft, Köln-Opladen 1950.
[3] BEHRENS, K. CHR., Senkung der Handelsspanne, Köln-Opladen 1949; RUBERG, C., Der Einzelhandelsbetrieb, Essen 1953; ders., Kostenprinzip und Wertprinzip bei der Kalkulation im Einzelhandel, Z. für handelswissenschaftliche Forschung, Jg. 1949, S. 193 ff; HUNDHAUSEN, C., Vertriebskosten in Industrie und Handel. Z. f. handelswissenschaftliche Forschung, Jg. 1953, S. 513 ff.
[4] SANDIG, C., Die Führung der Betriebe, Betriebswirtschaftspolitik, Stuttgart 1953; vgl. vor allem auch SUNDHOFF, E., Absatzorganisation, Wiesbaden 1958.

Ein enges oder spezialisiertes Sortiment besteht dagegen aus Gegenständen, welche zur Deckung nur einer Bedarfsart oder eines speziellen Bedarfes aus einer Bedarfsart bestimmt sind. Hierher gehören die Sortimente der modernen Einzelhandelsspezialgeschäfte, also zum Beispiel der Spezialgeschäfte für Herrenbekleidung, Herrenhüte, Kinderbekleidung, Keramik und Porzellan. Auch „Kaufhäuser" muß man hierher rechnen, sofern sie auf einen bestimmten Bedarf, etwa auf den Bedarf an Textilwaren, spezialisiert sind.

Die Sortimentspolitik im Einzelhandel, die hier speziell interessiert, richtet sich aber nicht nur danach, ob ein breites oder ein spezialisiertes Sortiment angestrebt wird, vielmehr geht es bei der Festlegung des Sortimentes auch um die Frage, ob die im Sortiment geführten Warengattungen in vielen Varianten (Qualitäten, Mustern, Farben, Größen, Formen, Preislagen) geführt werden sollen oder ob man sich nur auf eine begrenzte Zahl von Varianten einer Warengattung beschränken soll. Man kann auch sagen, daß die Sortimente eine verschiedene „Tiefe" aufweisen. Je größer die Tiefe des Sortimentes ist, d. h. je mehr Varianten von einer Warengattung vorliegen, um so mehr wird ein Einzelhandelsunternehmen mit einem solchen Sortiment in der Lage sein, differenzierten Individualbedarf zu befriedigen, gegebenenfalls auch Sonderwünschen der Kunden nachzukommen und Bedarfsvarianten aufzuspüren. Je mehr ein Einzelhandelsunternehmen sein Sortiment auf einige wenige Muster, Qualitäten, Dessins oder nur auf eine bestimmte Preislage konzentriert, um so flacher ist das Sortiment. Absatzpolitisch gesehen kann sowohl das eine als auch das andere Sortiment vorteilhaft sein. Entscheidend ist allein die richtige Abstimmung der Warengruppierung auf die Wünsche und Bedarfsäußerungen derjenigen, die bevorzugt bei dem Unternehmen kaufen. In diesem Sinne ist jedes Sortiment nachfrage- oder bedarfsorientiert. In absatzpolitischer Perspektive gesehen, gibt es keine fertigungsorientierten Sortimente.

Wenn ein Einzelhandelsunternehmen sein Sortiment so gestaltet, daß es einen echten Querschnitt durch das Warenangebot in diesem Geschäftszweige bildet — wenn es insbesondere Waren in seinem Sortiment führt, die von sehr angesehenen und leistungsfähigen Produktionsunternehmen geliefert werden, und das Sortiment Waren enthält, die dem neuesten Stand der Technik und der Mode entsprechen, dann kann man sagen, das Unternehmen führe ein „repräsentatives" Warensortiment. Es braucht nicht „vollständig" zu sein, aber es muß ein gültiger Ausdruck dessen sein, was an Qualitäten in dieser Sparte geboten wird. Das repräsentative Sortiment stellt aber das absatzpolitische Ziel der Sortimentsgestaltung ebensowenig dar wie das sich möglicherweise nur auf wenige Qualitäts- und Preisklassen beschränkende Sortiment. Betriebswirtschaftlich entscheidend für die Frage, ob ein Sortiment richtig oder falsch zusammengestellt ist, ist einzig und allein der Gesichtspunkt, ob das Sortiment der Nachfrage, den Wünschen der Kunden, entspricht. Je mehr das der Fall ist, d.h. je größer der akquisitorische Effekt gerade dieses Sortimentes ist, um so mehr entspricht es den Anforderungen, die aus betriebswirtschaftlich-absatzpolitischen Gründen an die Sortimentsgestaltung der Einzelhandelsbetriebe zu stellen sind. Man müßte genau die Struktur der Nachfrage kennen, wenn man ein Urteil darüber abgeben wollte, ob die Sortimentspolitik eines Einzelhandelsunternehmens betriebswirtschaftlich als richtig oder falsch anzusehen ist. Dabei muß man sich darüber im klaren sein, daß an sich jede Einengung einen Verlust an attraktiver Wirkung des Sortimentes bedeutet. Er muß dadurch wettgemacht werden, daß dem engen Sortiment eine entsprechende Tiefe gegeben wird, d.h., daß ein zwar enges, aber entsprechend reich differenziertes Sortiment angeboten wird[1].

Für die große Masse der Einzelhandelsgeschäfte mit breitem Sortiment gilt, daß ihr Sortiment bei gleicher Breite eine durchaus verschiedene Tiefe aufweisen kann. Und es gilt auch, daß Breite und Tiefe des Sortiments einzig und allein von dem Bedarf abhängig sind, der nachfragewirksam bei den Geschäften in Erscheinung tritt. Offenbar besteht nun in einigen Sparten des Spezialeinzelhandels die Tendenz, das Sortiment zu erweitern. So gibt es Möbelgeschäfte, die nicht nur Zimmereinrichtungen, sondern auch Teppiche, Dekorationsstoffe u. a. verkaufen. Auch Schuhgeschäfte versuchen gelegentlich, in ihr Sortiment Strumpfwaren aufzunehmen. Ob diese Fälle eine allgemeine Tendenz zur Verbreiterung des Sortiments von Spezialgeschäften anzeigen, ist schwierig zu beurteilen. Zum mindesten müssen derartige Geschäfte mit einer starken Konkurrenz der Spezialgeschäfte rechnen, die, wenn es sich um

---

[1] Für die große Gruppe der Einzelhandelsgeschäfte, die nicht mit spezialisiertem, sondern mit breitem Sortiment arbeiten, fehlt ein treffender Name. Die wissenschaftliche Terminologie, die zur Kennzeichnung der Einzelhandelsgeschäfte mit breitem Sortiment geschaffen wurde, ist wenig befriedigend. Man spricht von Gemischtwarengeschäften, Branchengeschäften, Sortimentsgeschäften u. a. Aber diese Ausdrücke sind begrifflich wenig präzises und auch sprachlich nicht einprägsam. Das gilt auch für die Bezeichnung „Fachgeschäft". Sieht man davon ab, daß dieser Ausdruck von vielen Unternehmen für Werbezwecke als offenbar besonders geeignet angesehen wird, so verbindet sich mit dem Ausdruck Fachgeschäft die Vorstellung von fachmännischer Beratung und von fachlicher Gewähr für die Güte der angebotenen Gegenstände. In diesem Sinne spricht man von Fachgeschäften für Optik, von orthopädischen Fachgeschäften, von Radio- und Möbelfachgeschäften usw., obwohl man in den beiden letztgenannten Fällen durchaus darüber streiten kann, ob diese Bezeichnung zu Recht besteht. Immer aber wird, wenigstens im deutschen Sprachgebrauch, mit dem Ausdruck Fachgeschäft die Erinnerung an die handwerkliche Herkunft vieler Einzelhandelsbetriebe wach.

erste Firmen handelt, sicherlich ein tieferes und damit reichhaltigeres Sortiment aufweisen als die Spezialgeschäfte, die ihr Sortiment in der angegebenen Richtung zu erweitern bestrebt sind. Auf der anderen Seite aber ist auch die Tendenz feststellbar, daß sich Spezialgeschäfte noch weiter spezialisieren, also ihr Sortiment einengen, um ihm zugleich eine größere Tiefe, d.h. Vielgestaltigkeit zu geben.

b) In den großbetrieblichen Formen des Einzelhandels lassen sich hinsichtlich der Sortimentspolitik ähnliche Beobachtungen machen wie in den mehr klein- oder mittelbetrieblichen Formen des Einzelhandels. Dabei ist die Tatsache, daß es sich im einen Fall um Einzelhandelsgeschäfte handelt, die sich bevorzugt des Ladens als Vertriebsform bedienen, oder im anderen Falle um Einzelhandelsgeschäfte, die von diesen absatzpolitischen Möglichkeiten nicht Gebrauch machen (Hausierhandel, Straßenhandel, Versandgeschäfte), für die Sortimentspolitik ohne entscheidende Bedeutung. Denn die Gruppierung des Warenangebotes unterliegt in gleicher Weise dem Grundsatz aller Sortimentspolitik, der Abstimmung des Warenangebotes auf den Bedarf, so wie er gerade in diesem Geschäfte in Erscheinung tritt. Auch Einzelhandelsgeschäfte mit vielen Filialen können diesem Grundsatz nicht zuwiderhandeln. Im allgemeinen weist das Warensortiment von Einzelhandelsunternehmen, die ihre Geschäfte nach den Grundsätzen und in den Formen des „Massenfilialsystems" verkaufen, ein weitgehend gleichartiges, verhältnismäßig breites, aber wenig tiefes Warensortiment auf. Nur wenn die Voraussetzung gegeben ist, daß die eine Filiale, sortimentsmäßig gesehen, mehr oder weniger das Spiegelbild der anderen Filialen ist, lassen sich auch die besonderen Vorteile derartiger Unternehmen, der Großeinkauf und die Möglichkeit, zentral zu disponieren, nutzen. Trotz der Möglichkeit, in großen Mengen einzukaufen, bleiben aber auch die Massenfilialbetriebe (chain stores) Einzelhandelsbetriebe. Sobald jedoch die Bedarfsstruktur, insbesondere auch der Lebensstandard der Bevölkerung in den einzelnen Stadt- oder Landesteilen, in denen die Filialen unterhalten werden, beträchtliche Unterschiede zeigt, können die Vorteile des Großeinkaufes in Frage gestellt werden. Denn je stärker die Bedarfsstrukturen in den Bezirken, in denen die Filialen domizilieren, voneinander abweichen, um so mehr individualisieren die Filialen ihr Sortiment. Von entscheidender Bedeutung ist in diesem Zusammenhange aber nicht nur die standortliche Lage der Filialen, sondern auch die Zahl, Art und Leistungsfähigkeit derjenigen Einzelhandelsgeschäfte, mit denen die Filialen standortsmäßig und leistungsmäßig in Wettbewerb stehen. Die einheitliche Aufmachung der Filialen pflegt dabei wettbewerbsmäßig ein nicht zu unterschätzendes Aktivum zu sein. Je mehr aber ein Massenfilialbetrieb gezwungen ist, bei seinen Einkäufen auf die Besonderheiten des Filialbedarfes Rücksicht zu nehmen, um so geringer werden die Möglichkeiten für den

Großeinkauf bestimmter, sich in den Filialen differenzierender Warenarten.

In gewissem Umfange nutzt auch das „Einheitspreisgeschäft" die Entindividualisierung des Bedarfs aus. Auch hier handelt es sich um Unternehmen, die sich die Vorteile des Großeinkaufes zunutze machen und sich dabei des Ladens als Vertriebsform bedienen. Sie sind deshalb grundsätzlich Einzelhandelsbetriebe. Betriebswirtschaftlich gesehen, beruhen sie dabei auf dem Prinzip, Waren aus einer großen Anzahl von Warengattungen, die verschiedenen Arten von Bedarfen zu dienen bestimmt sind, in ein bestimmtes Preisklassenschema einzuordnen. Das Preisklassenniveau ist verhältnismäßig niedrig. Bei den geringen Umsatzwerten der von ihnen geführten Waren, bezogen auf den einzelnen Verkaufsakt, sind die Einheitspreisgeschäfte auf Massenumsatz angewiesen. Die Zeitdauer je Verkaufsvorgang läßt sich mit Hilfe der Preisstandardisierung auf ein Minimum reduzieren. Jede individuelle Bedienung der Kunden, auch jeder Kundendienst, fällt fort, äußerste Raumersparnis je Verkaufsstand, niedrigste Lagerhaltung und die Möglichkeit, mit verhältnismäßig wenig geschultem Verkaufspersonal arbeiten zu können, sind die betriebswirtschaftlichen Besonderheiten der Einheitspreisgeschäfte.

Die Gestaltung des Sortiments ist den Einheitspreisgeschäften durch ihr Geschäftsprinzip gewissermaßen vorgeschrieben. Das Sortiment muß breit sein, um den Käufern Anreiz zu geben, in den Geschäften zu kaufen. Es ist aber wenig tief, weil nur verhältnismäßig niedrige Preislagen und damit ein verhältnismäßig niedriges Qualitätsniveau angeboten wird.

Der Typ des Einheitspreisgeschäftes, wie er sich in Anlehnung an amerikanische Vorbilder in Deutschland in der Zeit nach dem ersten Weltkrieg entwickelt hat, ist den gesetzlichen Maßnahmen von 1932 zum Opfer gefallen. Heute sind an die Stelle dieser Einheitspreisgeschäfte die sog. „Kleinpreisgeschäfte" getreten, deren Sortiment aus Waren in sehr niedrigen Preislagen besteht. Die Preisstaffelungen sind differenzierter geworden, und das Prinzip des Einheitspreises, das früher die Einheitspreisgeschäfte charakterisierte, gilt in diesem Sinne nicht mehr.

Einheitspreisgeschäfte und Kleinpreisgeschäfte führen im allgemeinen Waren, die die Warenhäuser nicht in ihr Sortiment aufnehmen. Sie ergänzen also sortimentsmäßig die Warenhäuser, von denen sie abstammen und zu denen sie beteiligungsmäßig in enger Verbindung zu stehen pflegen.

Noch kurz sei auf einige Fragen eingegangen, die mit der Sortimentspolitik von „Warenhäusern" im Zusammenhang stehen. Im Warenhaus sind Einzelhandelsgeschäfte der verschiedensten Sparten in äußerster räumlicher, finanzieller, organisatorischer und führungstechnischer Konzentration zu einem Einzelhandelsgroßbetrieb zusammengefaßt. Trotz der vielen Geschäftszweige, die ein solches Warenhaus in sich beherbergt, ist es ein einziger großer Laden. In ihm werden Gegenstände, die den verschiedensten Warengattungen angehören und welche die verschiedensten Bedarfsarten zu decken bestimmt sind, geführt. Bei den deutschen Warenhäusern entfällt der weitaus größte Teil des Umsatzes auf Textilwaren. Die Umsätze in Haushaltsgegenständen, Nahrungs- und Genußmitteln, kosmetischen Artikeln usw. pflegen oft erst in großem Abstand dem Umsatz in Textilwaren zu folgen.

Betriebswirtschaftlich kennzeichnen sich die Warenhäuser durch den Zwang zu straffer organisatorischer Durchgliederung. Hierzu ist zum Teil hochwertiges Leitungs- und Überwachungspersonal in den oberen und mittleren Instanzen der betrieblichen Hierarchie erforderlich. Das Verkaufspersonal erreicht im allgemeinen ein Leistungsniveau, das dem von Verkäufern in Einzelhandelsfachgeschäften nicht nachsteht. Diese Tatsache ist vor allem darauf zurückzuführen, daß die Warenhäuser von den Möglichkeiten der Verkäuferschulung in großem Umfange Gebrauch machen. Die Ausgaben für Ausstattung und Reklame sind groß. Sie passen sich dem Geschäftsgang wenig an. Insbesondere sinken sie bei abnehmendem Umsatz nicht entsprechend mit, sondern nehmen vielmehr zu, weil die Werbung eines der wirksamsten Mittel ist, Umsatzrückgänge aufzufangen. Die hohen Raum- und Zinskosten, der verhältnismäßig große Lenkungs- und Überwachungsapparat, die großen Ausgaben für Ausstattung und Werbung haben zur Folge, daß diese Großbetriebe des Einzelhandels verhältnismäßig hohe feste Kosten aufweisen, die sich den Schwankungen des Geschäftsganges nur wenig anpassen. Äußerste Forcierung des Gesamtumsatzes und des Umsatzes in seinen einzelnen Teilen ist deshalb die oberste Maxime für die Führung von Warenhäusern. So stehen denn auch tatsächlich alle organisatorischen und geschäftspolitischen Maßnahmen bei Warenhäusern im Zeichen dieser betrieblichen Notwendigkeit.

Gewisse Änderungen in der wirtschaftlichen Entwicklung haben die Warenhäuser vor allem in den USA veranlaßt, in den Vorortzentren der Großstädte Filialen zu errichten. Diese Tatsache bedeutet eine Abwandlung des ursprünglichen Gedankens, der den Warenhäusern zugrunde liegt. Sie können sich aber der Notwendigkeit, von dem Prinzip äußerster betrieblicher Konzentration abzuweichen, nicht entziehen, weil die wirtschaftliche Entwicklung in den Großstädten sie dazu zwingt.

Wenn oben gesagt wurde, daß es sich bei Warenhäusern um eine Zusammenfassung der verschiedenartigsten Spezialgeschäfte auf engstem

Raume zu einer betrieblichen Einheit handelt, so ist dem einschränkend hinzuzufügen, daß der Ausdruck „Spezialgeschäft" nicht bedeuten soll, die einzelnen Abteilungen eines Warenhauses enthielten ein ebenso reichhaltiges und individuelles Warenangebot wie führende selbständige Spezialgeschäfte des Einzelhandels. „Spezialgeschäftliche Zusammenfassung" soll lediglich besagen, daß es sich nicht um eine Koordinierung gleichartiger, sondern verschiedenartiger Geschäftssparten zu einer betrieblichen Einheit handelt. In jeder Sparte lassen sich große Umsätze nur dann erzielen, wenn die Warenzahl in den einzelnen Abteilungen den Wünschen der Käufer entspricht, die anstatt in selbständigen Einzelhandelsgeschäften von durchschnittlicher Leistungsfähigkeit in den Abteilungen eines Warenhauses kaufen. Das Sortiment des Warenhauses muß dem Sortiment solcher mittleren Einzelhandelsgeschäfte ähneln, und zwar mehr in den mittleren und weniger in den höheren Preislagen. In den unteren, zum Teil auch in den mittleren Preislagen ist der Bedarf heute bereits verhältnismäßig stark entindividualisiert. Weitgehend konformer Massenbedarf ist also die Voraussetzung zur Erzielung von Großumsätzen in Warenhäusern. Immer bildet dabei das Sortiments- und Qualitätsniveau des konkurrierenden durchschnittlichen Einzelhandelsgeschäftes die Norm für die Reichhaltigkeit und das Qualitäts- und Preisniveau der von Warenhäusern angebotenen Sortimente. Diese Tatsache schließt nicht aus, daß sich die Warenhaussortimente dem Leistungsniveau der Fachgeschäfte annähern können.

Die „Versandgeschäfte" sind grundsätzlich Einzelhandelsgeschäfte, da sie direkt an die Verbraucher verkaufen. Sie bedienen sich hierbei jedoch nicht des Ladens als Vertriebsform. Ihr Verkauf wird vielmehr in der Regel auf Grund von schriftlichen Bestellungen getätigt, die die Kunden an Hand von Katalogen der Versandhäuser vornehmen. Es ist auch durchaus üblich, daß sich die Versandhäuser betriebseigener und betriebsfremder Verkaufsorgane (Reisender, Vertreter) bedienen. Die Werbung, der im Verkaufsprozeß der Versandgeschäfte eine entscheidend wichtige Bedeutung zukommt, ist vornehmlich Katalog- und Anzeigenwerbung. Von der Zusendung von Warenproben und Mustern für Werbezwecke wird Gebrauch gemacht. Die von den Kunden bestellten Waren wurden den Käufern ursprünglich nur mit der Post zugesandt. Die moderne Entwicklung auf dem Gebiete des Kraftfahrwesens hat nun dahin geführt, daß die Versandgeschäfte sich auch der Kraftfahrzeuge bei der Zusendung der Bestellungen bedienen. Es ist klar, daß die Versandgeschäfte um so mehr an Boden verlieren, je mehr die in ländlichen Bezirken wohnenden Verbraucher mit eigenen Kraftfahrzeugen in die Stadt fahren, um ihre Einkäufe zu tätigen. Unter solchen Umständen sind die Versandgeschäfte gezwungen,

Filialen zu errichten. Damit wandelt sich dann allerdings grundsätzlich die betriebliche Struktur dieser Geschäfte. Sie besteht gerade darin, keine kostspieligen Läden zu unterhalten, um innerbetrieblich besonders rationell arbeiten und disponieren zu können. Der Raumbedarf ist also bei den Versandgeschäften verhältnismäßig gering, zumal es sich in erster Linie um Lagerraum handelt. Die Versandgeschäfte haben auch den großen Vorteil, daß sie nicht nur zentral einkaufen, sondern auch zentral kollektionieren können.

Viele Versandhäuser sind auf bestimmte Warengattungen spezialisiert, zum Beispiel auf Textilien, Spirituosen, Konserven, Kaffee, Tee usw. Vor allen Dingen sind es Sortimente für differenzierten Bedarf, die von diesen Versandgeschäften angeboten werden. Nur wenn sie durch die Qualität ihrer Leistungen hervorragen, können sie den fehlenden unmittelbaren persönlichen und geschäftlichen Kontakt wettmachen, den das Ladengeschäft als Vertriebsform so leicht herzustellen in der Lage ist. Die Tatsache, daß sich diese Versandgeschäfte durch besondere Leistungen kennzeichnen, macht verständlich, daß sie auch an Kunden liefern, die in Großstädten wohnen, obwohl die Versandgeschäfte doch gerade in diesen Städten besonders stark auf die Konkurrenz der Einzelhandelsgeschäfte stoßen.

Auf der anderen Seite gibt es aber auch große Versandhäuser mit breitem Sortiment, das sich aus besonders preiswerten Waren zusammensetzt, d. h. also aus Waren, bei denen das Verhältnis zwischen Warenqualität und Warenpreis besonders günstig ist. Diese Versandgeschäfte liefern dann allerdings Waren in den niedrigeren Preisklassen. Die Versandhäuser kaufen beispielsweise Stoffe in großen Mengen ein, entwerfen die Modelle, zum Beispiel für Kleider, selbst und lassen in Lohn konfektionieren. Zum Teil gliedern sie sich auch Fabrikationsbetriebe an. Bei der Sortimentsgestaltung handelt es sich in solchen Fällen aber nicht so sehr um differenzierten Individualbedarf, sondern mehr um differenzierten Massenbedarf.

In Deutschland haben Versandgeschäfte mit breitem Sortiment erst in jüngster Zeit größere Bedeutung erlangt. Dagegen ist diese Sortimentsgestaltung für viele große Versandgeschäfte in den USA schon seit längerer Zeit charakteristisch, deren Sortiment aus Textilwaren, Lederwaren, Lebensmitteln, Sportartikeln, Radioapparaten usw. besteht. Ein erprobtes System von Maßangaben ermöglicht es, bei der Lieferung von Herren- und Damenbekleidung individuellen Wünschen in einem gewissen Rahmen Rechnung zu tragen. Da die Käufer grundsätzlich berechtigt sind, die Waren wieder zurückzugeben, wenn sie Anlaß zu Beanstandungen haben, ist der Warenkauf für sie ohne großes Risiko.

Wie gezeigt wurde, sind es mehrere Gesichtspunkte, die das Warensortiment von Versandgeschäften bestimmen. Immer aber ist es der konkrete Bedarf, wie er sich dem Versandgeschäft gegenüber äußert, auf den die Sortimente abgestellt werden. Das gilt auch für solche Versandgeschäfte, die nur Abteilungen von Einzelhandelsladengeschäften sind.

c) Bereits an anderer Stelle ist darauf hingewiesen worden, daß sich der Großhandel nach der Art seines Sortimentes in Spezialgroßhandel und Sortimentsgroßhandel unterscheiden läßt. Das Sortiment des Spezialgroßhandels kennzeichnet sich dadurch, daß es in der Regel nur aus einer Warengattung besteht, die in vielen Sorten angeboten wird, wie das beispielsweise beim Leder-, Holz-, Eisen-, Papier-, Düngemittelgroßhandel der Fall ist. Das verhältnismäßig enge Sortiment dieses Spezialgroßhandels zeichnet sich in der Regel durch große Tiefe aus. Fast kann man sagen, daß angesehene Großhandelsbetriebe über ein für das Warenangebot in diesem Geschäftszweig repräsentatives Sortiment verfügen. Eben weil die Verwendungsmöglichkeiten für Leder, Eisen, Papier usw. fast unübersehbar sind, ist der Spezialhandel gezwungen, tief zu sortimentieren, wenn er den Wünschen seiner aus vielen Produktionszweigen stammenden Geschäftsfreunde Rechnung tragen will. In diesem Sinne ist also auch der nach Produktionszweigen spezialisierte Großhandel sortimentspolitisch auf seine Nachfrage eingerichtet. Das gilt selbstverständlich auch für Spezialgroßhandelsbetriebe, die industrielle Fertigwaren vertreiben (Werkzeugmaschinen, landwirtschaftliche Maschinen, sanitäre Einrichtungen u. a.), und auch für den Spezialgroßhandel, der mit bestimmten Rohstoffen oder Konsumgütern handelt (zum Beispiel Lebensmitteln, Tabak, Kaffee usw.). Die Stärke dieser Sortimentspolitik besteht darin, daß in den oft sehr engen Sparten ein äußerst reichhaltiges und differenziertes Sortiment angeboten wird, das den vielfältigen Wünschen der Kunden Rechnung zu tragen vermag.

Von anderer Art ist die Sortimentspolitik des ,,Sortimentsgroßhandels". Die Dienste, die diese Großhandelsbetriebe dem Einzelhandel und auch den Weiterverarbeitern zu leisten in der Lage sind, wurden bereits an anderer Stelle beschrieben. Hier gilt es nur, darauf hinzuweisen, daß sich die besondere Stellung des Sortimentsgroßhandels zwischen den Produzenten auf der einen Seite, den Einzelhändlern und den kleingewerblichen Weiterverarbeitern auf der anderen Seite in der Sortimentspolitik der Großhandelsbetriebe dieser Art widerspiegeln muß. Die vielfältigen Wünsche seiner Händler- und kleingewerblichen Kunden verlangen von dem Großhandel ein Sortiment, welches jederzeit eine Ergänzung und Vervollständigung des Einzelhandelssortiments gewährleistet. Diese Funktionen des Großhandels gehen unter Umständen auch noch weiter, und zwar insofern, als es Großhandelsbetriebe gibt, die auch die ganze Einrichtung für kleingewerbliche und handwerkliche Betriebe liefern. Nur wenn der Sortimentsgroßhandel dem Einzelhandel die Möglichkeit gewährt, sein Warenangebot so zu gruppieren und auszugestalten, wie es die Einzelhandelsbetriebe der verschiedenen Sparten mit verschiedener Sortimentsbreite und Tiefe verlangen, ist er in der Lage, jene akquisitorischen Wirkungen zu erzielen, an denen ihm so sehr gelegen sein muß. Selbstverständlich hängt der Wert solcher Sortimente auch davon ab, ob die Großhandelsbetriebe die vom Einzelhandel oder vom Kleingewerbe verlangten Waren sofort liefern können. Auf diese, mit der Lagerhaltung des Großhandels im Zusammenhang stehenden Fragen ist hier nicht noch einmal einzugehen, da bereits an anderer Stelle von ihnen gesprochen wurde[1].

8. Ein Unternehmen mache von dem absatzpolitischen Instrument Produktgestaltung Gebrauch, und es nehme eine qualitative Änderung seiner Erzeugnisse oder seines Sortimentes vor. Wie beeinflußt ein solches absatzpolitisches Vorgehen die Absatz- und Gewinnlage des Unternehmens?

a) Zuerst soll der Fall untersucht werden, daß das Unternehmen nur ein Erzeugnis herstellt. Es ändere die Produkteigenschaften, wobei zunächst angenommen sei, daß der Verkaufspreis des Erzeugnisses und die Kosten unverändert bleiben. Ein solcher Fall wird nur dann vorkommen, wenn es sich um verhältnismäßig geringfügige Änderungen in der Aufmachung oder Verpackung handelt. Es kann aber auch sein, daß gewisse produktionstechnische Bedingungen erlauben, zu etwa gleichen Kosten ein qualitativ besseres Produkt herzustellen.

Diese Situation ist in Abb. 77 dargestellt. $A_1 B_1$ ist die Absatzkurve der Ausgangslage, E'_1 die zugehörige Grenzerlöskurve. K' gibt die Grenzkosten an und die Gerade p_1 den von dem Unternehmen unverändert gehaltenen Preis. Im Beispiel ist p_1 der gewinngünstigste Preis der Ausgangslage. Er liegt im monopolistischen Bereich der Absatzkurve (polypolistische Konkurrenz).

Das Unternehmen nimmt nun eine Qualitätsverbesserung vor, die zu einer Verschiebung der Absatzkurve von $A_1 B_1$ nach $A_2 B_2$ führt. Damit bietet das Unternehmen seinen Käufern eine bessere Ware zu gleichem Preise an. Die Folge ist, daß sich die Zahl seiner Kunden vermehrt. Die Qualitätsverbesserung bewirkt eine Verschiebung des oberen Grenzpreises nach oben, und zwar deshalb, weil das Unternehmen nunmehr zu einem höheren Preis anbieten könnte, ohne, wie vorher, befürchten zu müssen, daß eine starke Abwanderung seiner Kunden einsetzt. Es hat sich praktisch mit seinen verbesserten Qualitäten in eine höhere Preisklasse hineingeschoben.

---

[1] Vgl. die Ausführungen im fünften Kapitel, Abschnitt IV, 4.

Ebenfalls wird der untere Grenzpreis höher liegen, und zwar deshalb, weil das Unternehmen seine Preise nicht so stark herabzusetzen braucht, um seinen Absatz erheblich auszudehnen. Die Verbesserung der Qualität führt letzten Endes zu einer Verschiebung der Absatzkurve nach oben und damit bei gleichem Preise zu einer Vermehrung des Absatzes. Wie die Abb. 77 zeigt, muß die Qualitätsverbesserung ein gewisses Mindestmaß überschreiten, wenn ein nennenswerter absatzpolitischer Effekt erreicht werden soll. Solange der untere Grenzpreis noch unter dem konstant gehaltenen Preis p_1 liegt, wird der durch die Qualitätsverbesserung erreichte Effekt gering sein. Erst dann, wenn die Qualitätsverbesserung eine solche Verschiebung der Absatzkurve nach oben bewirkt, daß der untere Grenzpreis nunmehr über dem konstant gehaltenen Preis p_1 liegt, wird der Absatz erheblich anwachsen.

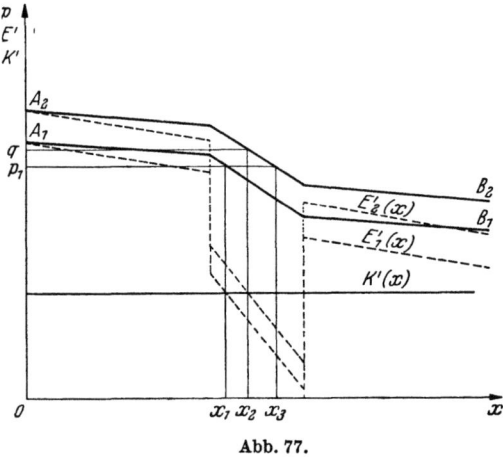

Abb. 77.

Im Falle der polypolistischen Konkurrenz löst der Zustrom an Käufern keine Reaktionen der Wettbewerbsunternehmen aus. Im Falle oligopolistischer Konkurrenz setzt jener System von Aktionen und Reaktionen ein, wie es im Zusammenhang mit der Preispolitik bei oligopolistischer Angebotsstruktur geschildert wurde. Nur daß in diesem Fall eine zusätzliche Variable in Erscheinung tritt, nämlich die Produktvariation, die von den Konkurrenzunternehmen außer den Preisen als Mittel des Wettbewerbs verwendet werden kann.

Ein Unternehmen nehme eine Veränderung der Produkteigenschaften vor, die mit gewissen Kostenerhöhungen verbunden ist. Damit ergibt sich die Frage, welche Bedingungen erfüllt sein müssen, damit die Qualitätsvariation vorteilhaft erscheint. Die Herstellung des neuen Erzeugnisses verursache also höhere Kosten als die Herstellung des bisher auf den Markt gebrachten Gutes. Nun führt aber die Erzeugnisverbesserung zu einer Zunahme des Absatzes. Auf der einen Seite sieht sich der Unternehmer den gestiegenen Kosten, auf der anderen Seite einem aus der Absatzzunahme resultierenden Mehrerlös gegenüber. Er wird nur dann die Produktvariation vornehmen, wenn der Mehrerlös die Mehrkosten übersteigt. In diesem Zusammenhang sei auf die Möglichkeit hingewiesen, daß die Produktvariation zu einer Absatzausweitung führt, die es erlaubt, ein bei dem bisherigen Absatz unwirtschaftliches neues Verfahren anzuwenden. In diesem Falle ist die Absatz- bzw. Erlöszunahme mit einer Kostensenkung verbunden. Die Produktverbesserung ist dann zweifellos vorteilhaft.

Die Überlegungen haben zu dem Ergebnis geführt, daß ein Unternehmen, welches an Stelle der bisherigen Erzeugnisse verbesserte Erzeugnisse auf den Markt bringt, seine gewinngünstigste Lage nicht verwirklicht, wenn es seinen Preis konstant hält. Es wäre für dieses Unternehmen vorteilhafter, wenn es seinen Preis auf q (vgl. Abb. 77) erhöhen würde. Produktvariation setzt also auch preisliche Anpassung voraus, wenn die günstigste Gewinnsituation realisiert werden soll. Der Preis q kann unter Umständen außerhalb des preisautonomen Intervalls liegen. Im Falle polypolistischer Konkurrenz ist das für die Preisstellung ohne Bedeutung. Dagegen wird im Falle oligopolistischer Konkurrenz das oligopolistische Reaktionssystem ausgelöst. Das Unternehmen sieht sich vor die gleichen Probleme gestellt, die im Abschnitt IV des sechsten Kapitels dargelegt wurden.

Wie sich das Unternehmen preispolitisch verhält, ob es eine starre oder bewegliche Preispolitik betreibt, ob es kurzfristig oder langfristig seinen Gewinn zu maximieren versucht, steht hier nicht zur Diskussion. Die Aufgabe der Theorie besteht lediglich darin, zu untersuchen, zu welchen Konsequenzen das eine oder andere absatzpolitische Verhalten führt.

b) Nunmehr sei untersucht, welche Konsequenzen sich für die Absatzlage ergeben, wenn ein Unternehmen dazu übergeht, ein Gut in mehreren Qualitäten auf den Markt zu bringen. In diesem Falle handelt es sich nicht darum, daß ein Erzeugnis durch ein Erzeugnis mit anderen Eigenschaften ersetzt wird, sondern darum, daß neben das bisher produzierte Gut Varianten treten. Die Firma möge bisher das Gut A hergestellt haben. Sie bringt nunmehr das Gut A' zusätzlich auf den Markt, das mit gewissen Eigenschaften ausgestattet ist, die es von dem Gut A unterscheiden.

Die Käufer für das neue Gut kommen aus zwei verschiedenen Käufergruppen. Die erste Gruppe besteht aus Käufern, die bisher bei anderen Unternehmen gekauft haben. Für das Unternehmen bedeutet ein solcher Umstand, daß es an einem Markt partizipiert, der ihm bisher verschlossen war, weil es diese Waren nicht geliefert hat. Diese Wirkung der Produktdifferenzierung sei hier als „Partizipationseffekt" bezeichnet. Der Effekt ist um so größer, je mehr die Beschaffenheit des neu auf den Markt gebrachten Gutes A' von der qualitativen Norm der in der gleichen Preisklasse verkauften Güter nach oben abweicht. Der Effekt ist ferner um so größer, je näher der

Angebotspreis des Gutes A' an dem unteren Grenzpreis der Qualitätsklasse liegt, zu der das Gut gehört. Ein besonders starker Effekt würde erreicht werden, wenn der Preis des neu angebotenen Gutes unter diesem Grenzpreis läge.

Die zweite Gruppe besteht aus Käufern, die bisher bei dem Unternehmen das Gut A gekauft haben, nun aber das Gut A' der besseren Qualität wegen bevorzugen. Der Absatzanteil des Gutes A verringert sich zugunsten des Absatzanteils des Gutes A'. Man kann sagen, daß hier ein „Substitutionseffekt" vorliegt, da A teilweise durch A' ersetzt wird. Wird A vollständig durch A' substituiert, dann ergibt sich eine Situation, wie sie schon in Abschnitt a) analysiert wurde. Der Substitutionseffekt wird um so kleiner sein, je größer der preisliche und qualitätsmäßige Unterschied zwischen den Gütern A und A' ist.

Der Fall sei an einem Beispiel erläutert:

Eine Automobilfabrik V hat bisher ein Standardmodell S herausgebracht, das einer niedrigen Preisklasse angehört. In dieser Preisklasse besteht praktisch keine Konkurrenz. Das Unternehmen bringt nun zusätzlich ein Modell E mit gleicher Motorleistung, aber erheblichen Verbesserungen in der Ausstattung auf den Markt. Auch das neue Modell E hat in der Preisklasse, in der es angeboten wird, keine Konkurrenz. Unter diesen Umständen wird das Modell E vor allem von Käufern gekauft werden, die sonst das Modell S gekauft haben würden. Der Partizipationseffekt ist also klein, der Substitutionseffekt dagegen groß. Praktisch hat die Automobilfabrik ihren Markt in zwei Teile aufgespalten. Nur wenn das Verhältnis zwischen dem Mehrpreis und den Mehrkosten des E-Modells so günstig ist, daß die Gewinnspanne bei diesem Modell größer ist als bei dem Modell S, ist es vorteilhaft, die Marktspaltung vorzunehmen. Im anderen Falle kann sich für das Unternehmen V eine schwierige Situation ergeben.

An einem anderen Beispiel soll gezeigt werden, unter welchen Voraussetzungen der Partizipationseffekt entsteht. Ein Unternehmen stelle Büromöbel her und erwäge, ob es nicht Möbel für die Einrichtung von Zimmern leitender Angestellter, bei denen Wert auf Repräsentation gelegt wird, fabrizieren soll. Ein Substitutionseffekt kann hier praktisch nicht zustande kommen, weil die Unterschiede in der Art der Möbel und ihres Verwendungszweckes zu groß sind. Die Käufer der repräsentativen Möbel würden also aus Kreisen kommen, die bisher ihren Bedarf an Möbeln bei anderen Firmen gedeckt haben. Entscheidend dafür, ob sich das Unternehmen für einen neuen Markt entschließen wird, sind einmal die Konkurrenzverhältnisse, auf die es trifft, zum anderen die eigenen betrieblichen Verhältnisse, und zwar einmal fertigungstechnisch und zum anderen absatzmäßig gesehen.

Wenn fertigungstechnisch die Verhältnisse so liegen, daß die neuen Erzeugnisse mit dem vorhandenen Produktionsapparat hergestellt und mit dem vorhandenen Vertriebsapparat verkauft werden können, dann besteht die Möglichkeit, daß die Kosten für die zusätzlichen Repräsentationsmöbel dem Unternehmen wettbewerbsmäßig eine gute Chance geben.

Die für absatzpolitische Fragen so wichtige Unterscheidung zwischen Partizipations- und Substitutionseffekt mag auch folgendes Beispiel veranschaulichen:

Eine Zigarettenfabrik stelle fünf verschiedene Zigarettenmarken her. Sie beabsichtige, eine sechste Zigarettensorte mit einer anderen Marke auf den Markt zu bringen. Die Situation spitzt sich absatzpolitisch auf die Frage zu: wird es gelingen, die neue Zigarettenmarke so einzuführen, daß sie vornehmlich von Rauchern gekauft wird, die bisher Zigarettenmarken der Konkurrenzunternehmen geraucht haben oder wird der Absatz der neuen Marke zu Lasten der fünf eigenen Marken gehen? Dem Unternehmen liegt selbstverständlich daran, einen möglichst hohen Partizipationseffekt zu erzielen. Tritt statt dessen ein Substitutionseffekt ein, dann kann die Einführung der neuen Marke, absatzpolitisch gesehen, ein Fehlschlag werden.

Zu Beginn dieses Kapitels wurde bereits darauf hingewiesen, daß fertigungstechnische Überlegungen dazu Veranlassung geben können, das Produktions- bzw. Verkaufsprogramm einzuengen. Eine solche Reduzierung des Verkaufsprogramms auf nur eine Erzeugnisart oder nur wenige Erzeugnisarten bedeutet für den Regelfall einen Verlust an akquisitorischem Effekt des Verkaufsprogramms bzw. des Sortiments. Soll die Umstellung erfolgreich sein, dann wird dafür Sorge zu tragen sein, daß dieser Verlust an akquisitorischer Kraft durch den Einsatz anderer absatzpolitischer Instrumente mindestens ausgeglichen wird. Die Anziehungskraft, die bisher von der Reichhaltigkeit des Fertigungs- bzw. Verkaufsprogramms ausging, muß nun durch die Anziehungskraft anderer absatzpolitischer Instrumente, insbesondere der Warenmarkierung und Werbung ersetzt werden. Die Situation zwingt also dazu, erhebliche Investierungen, vornehmlich in der Werbung vorzunehmen.

Hierzu ein Beispiel: Eine Fabrik, die Schreibpapier in den verschiedensten Sorten, Qualitäten und Dessins herstellt, steht vor der Frage, ob sie das Produktionsprogramm auf eine Sorte Schreibpapier reduzieren soll, die dann als Markenartikel auf den Markt zu bringen sein würde. Für eine Umstellung sprechen vor allem Gründe der Produktionskostenersparnis. Das Unternehmen muß sich aber auch darüber klar sein, daß auf der anderen Seite zusätzliche Ausgaben entstehen; denn der neue Artikel muß eingeführt werden, und der mit diesem einen

26*

Artikel erzielte Umsatz muß zum mindesten ebenso groß sein wie der bisher mit vielen Schreibpapiersorten erreichte Umsatz. Mit anderen Worten: Der auf die Sortenbeschränkung zurückzuführende Verlust an akquisitorischer Energie muß durch zusätzliche akquisitorische Energie ausgeglichen werden, die nur durch den verstärkten Einsatz der drei anderen absatzpolitischen Instrumente gewonnen werden kann.

9. Produktvariation kann einmal darin bestehen, daß Waren oder Leistungen angeboten werden, die in dieser Art auf den Märkten bisher unbekannt waren. In der Regel handelt es sich hierbei um Erzeugnisse, die auf bahnbrechenden Erfindungen beruhen und die es erlauben, bestimmte Bedürfnisse auf völlig andere Weise zu befriedigen, als es bisher der Fall war. Oft lassen sie bestimmte Bedürfnisse überhaupt erst entstehen. Produktvariation kann aber auch darin zum Ausdruck kommen, daß bereits auf dem Markt angebotene Waren oder Leistungen geändert werden, und zwar derart, daß entweder Eigenschaften der Erzeugnisse geändert werden oder die Unternehmen Waren mit einer neuen Aufmachung anbieten. Die neuen Eigenschaften sind entweder Produktverbesserungen oder aber eine Art von Ersatz bestimmter Eigenschaften durch andere, wie es vor allem auf dem Gebiet der Mode üblich ist.

Sieht man von den auf Pioniererfindungen beruhenden Erzeugnissen ab, deren Absatz Sonderfragen außergewöhnlicher Art entstehen läßt — ihre Behandlung ist hier nicht beabsichtigt —, dann wird die Untersuchung des Qualitätswettbewerbs auf eine Produktvariation eingeengt, die in der Verbesserung oder Abwandlung von Eigenschaften solcher Waren oder Leistungen besteht, die bereits auf den Märkten angeboten werden. Damit ergibt sich die Frage, wodurch sich der Wettbewerb kennzeichnet, der sich bevorzugt der Produktvariation als eines absatzpolitischen Instrumentes bedient.

Unter der Annahme, daß sich der Qualitätswettbewerb bei zunächst unveränderten Verkaufspreisen unter Oligopolbedingungen auf unvollkommenen Märkten vollzieht, möge das Unternehmen A ein bestimmtes Erzeugnis mit neuen, auffallenden Eigenschaften auf den Markt bringen. In der ersten Phase, dem Einführungszeitraum, ist noch völlig ungewiß, ob das Unternehmen mit dem neuen Erzeugnis Erfolg haben wird. Die Käufer müssen sich auf die Empfehlungen des Herstellerbetriebes verlassen, eigene Erfahrungen oder Erfahrungen Fremder, die zu Rat gezogen werden können, liegen noch nicht vor. Je länger das Produkt auf dem Markt ist, um so größer ist die Zahl der auf Erprobung beruhenden Informationen und Erfahrungen der Käufer. In dieser Zeit entscheidet es sich, ob das neue Erzeugnis ‚ankommt' oder ob seiner Einführung der Erfolg versagt bleibt. Die Einführungsphase ist also die kritische Phase. Ist sie überstanden und führt die Erprobung zu einer positiven Meinung der Käufer über die Eigenschaften des neuen Erzeugnisses, dann ist dieses zu einem anerkannten Bestandteil des Marktes geworden.

Die Einführungsphase ist aber nicht nur deshalb besonders gefährlich, weil noch unbekannt ist, wie sich das neue Erzeugnis bei den Käufern einführt. Sie ist in besonderem Maße auch deshalb voll Gefahren für das einführende Unternehmen, weil die Gegenaktionen der Konkurrenten das neue Erzeugnis in diesem Zeitraum besonders hart treffen können. Denn der Absatz des Erzeugnisses ist noch nicht durch breite Erfahrungen und gegenseitige Empfehlungen des kaufenden Publikums gesichert. Stößt zum Beispiel das Unternehmen B mit einem eigenen neuen Produkt in die Einführungsphase des Unternehmens A hinein, dann kann die Lage für A sehr kritisch werden und den Erfolg der Einführungsbemühungen vollständig in Frage stellen, wenn die neuen propagierten Eigenschaften des Erzeugnisses von B die Eigenschaften des neuen Erzeugnisses von A neutralisieren. Ob und in welchem Maße derartige Wirkungen eintreten, läßt sich nicht allgemein sagen, aber es sind Situationen vorstellbar, in denen die Maßnahmen des A durch die schnelle Reaktion des B, also durch die fast synchrone Einführung der beiden Produkte, in Frage gestellt werden.

Sieht sich das Unternehmen B außerstande, dem Unternehmen A durch produktgestaltende Maßnahmen zu begegnen, dann steht ihm immer noch die Möglichkeit offen, die Preise für seine Erzeugnisse zu senken, um auf diese Weise einer gefahrdrohenden Absatzentwicklung entgegenzuwirken. Eine derartige preispolitische Maßnahme kann aber für B sehr gefährliche Folgen haben, wenn sie von den Kunden als Eingeständnis dafür angesehen wird, daß die neuen Erzeugnisse des A den Erzeugnissen des B überlegen sind. Aus diesem Grunde ist es nicht sehr wahrscheinlich, daß B auf die qualitätspolitische Aktion seines Gegners mit preispolitischen Gegenmaßnahmen antworten wird.

Nun stellt das soeben geschilderte Verhalten des B insofern einen Sonderfall dar, als nicht ohne weiteres angenommen werden kann, daß B sofort mit einer neuen Produktvariante antworten kann. Dieser Fall ist nur dann wahrscheinlich, wenn B zufällig ein neues Erzeugnis geplant hat und kurzfristig auf den Markt zu bringen in der Lage ist oder die Herstellungszeit seines neuen Erzeugnisses ungewöhnlich kurz ist. In der Regel wird davon ausgegangen werden können, daß die Konkurrenzunternehmen eine gewisse Zeit benötigen, um das neue Erzeugnis auf den Markt zu bringen. Dieser Zeitbedarf ist nicht nur von Geschäftszweig zu Geschäftszweig verschieden groß. Er hängt auch von dem Planungs- und Entwicklungsstadium ab, in dem das neue Erzeugnis das nachhinkende Unternehmen trifft. Nimmt man an, daß A das neue

Erzeugnis vollkommen überraschend auf den Markt bringt, B also völlig unvorbereitet trifft, dann setzt sich die Reaktionszeit des B im Extremfall aus folgenden Zeiten zusammen:

a) der Beobachtungszeit, in der die gegnerischen Unternehmen (hier das Unternehmen B) beobachten, ob das neue Erzeugnis ihres Konkurrenten A ein Erfolg oder ein Mißerfolg ist. Nur im ersten Fall werden sich die Konkurrenzunternehmen überhaupt zu produktgestaltenden Maßnahmen entschließen. Das Einholen derartiger Informationen verlangt Zeit. Je kürzer der Beobachtungszeitraum gewählt wird, um so größer ist das Risiko, daß die Informationen zu Fehlschlüssen führen. Aus diesem Grunde besteht eine gewisse Tendenz, den Beobachtungszeitraum nicht zu kurz zu wählen.

b) der Zeit, die die Konkurrenzunternehmen benötigen, um das neue Erzeugnis produktionsreif zu machen. In bestimmten Industriezweigen verlangt die konstruktive Durcharbeitung eines verbesserten Erzeugnisses Jahre. In anderen Geschäftszweigen läßt sich dieser Zeitbedarf auf wenige Wochen oder Tage vermindern.

c) der Zeit, die zur Umstellung der Produktion auf die Herstellung des verbesserten Erzeugnisses benötigt wird. Wiederum weisen die Produktionsbedingungen in den Geschäftszweigen sehr unterschiedliche Verhältnisse auf. Es handelt sich hier um gewisse Konstanten, mit denen in den Unternehmungen je nach Art ihrer Fertigung gerechnet werden muß.

d) der Zeit, die benötigt wird, um eine so große Zahl der verbesserten Erzeugnisse herzustellen, daß der Empfehlungszeitraum überwunden wird und die Einführung des neuen Erzeugnisses auf Käufererfahrungen beruhen kann.

e) der Einführungszeit, die notwendig ist, bis hinreichend große Käufererfahrungen vorliegen. Diese Zeit kann in gewisser Weise und je nach Lage der Dinge mit den vorgenannten Zeiten synchronisiert sein.

Die zu a) bis e) angegebenen Elemente der Reaktionszeit bestimmen nicht absolut den Zeitraum, den die Konkurrenten notwendig haben, um mit Gegenmaßnahmen zu antworten. Denn es ist anzunehmen, daß alle Unternehmen an Produktverbesserungen arbeiten und daß die Aktion des jeweils marktaktiven Unternehmens zeitlich in eine der zu a) bis e) angegebenen Zeiten fällt. In diesem Falle verkürzt sich die erforderliche Reaktionszeit, wenn das Erzeugnis des qualitätsaktiven Unternehmens keine Umplanungen und Neuentwicklungen notwendig macht.

Das qualitätsaktive Unternehmen kann — unter gewissen Umständen — den Reaktions-Zeitbedarf der Konkurrenten zu seinen Gunsten beeinflussen, wenn es in der Lage ist, das verbesserte Erzeugnis zu niedrigeren Preisen auf den Markt zu bringen. Bessere Qualität und niedrigere Preise eines — wie angenommen wird — guten Unternehmens schaffen für die anderen zur Oligopolgruppe gehörenden Unternehmen eine sehr kritische Lage. Denn diese Unternehmen sind nun nicht nur gezwungen, neue, konkurrenzfähige Erzeugnisse zu entwickeln und auf den Markt zu bringen, sie müssen zugleich versuchen, sich fertigungstechnisch so einzurichten, daß sie die offenbaren Kostenvorteile des qualitätsaktiven Unternehmens aufholen.

Der wesentliche Unterschied zwischen der Preispolitik auf der einen und der Produktvariation auf der anderen Seite besteht darin, daß das oder die gegnerischen Unternehmen preispolitische Maßnahmen als solche sofort und unmittelbar vornehmen können, sofern sie sie für richtig halten. Es bedarf lediglich eines entsprechenden Beschlusses, um die absatzpolitischen Maßnahmen zu starten. Im Falle der Qualitätsvariation liegen andere Verhältnisse vor. Die gegnerischen Unternehmen möchten mit produktgestaltenden Gegenmaßnahmen reagieren, sie können es aber nicht, weil/sofern sie keine entsprechenden Kampfprodukte zur Verfügung haben. Infolgedessen gewährt die Produktvariation als Mittel im Wettbewerbskampf viel größere Aussichten, einen Vorsprung vor den anderen Unternehmen zu gewinnen und zu halten, als eine preispolitische Maßnahme, die jederzeit durch entsprechende preispolitische Maßnahmen der Wettbewerbsunternehmen neutralisiert werden kann. Die Unternehmen, die die Änderung von Erzeugniseigenschaften wählen, versuchen den Vorteil zu nutzen, der für sie darin besteht, daß die Reaktionszeit der Wettbewerbsunternehmen, sofern sie mit wettbewerbsfähigen Erzeugnissen antworten wollen, nicht beliebig zu verkürzen ist — eine für eine preispolitische Oligopolbetrachtung völlig ungewöhnliche Lage. Aber gerade hierin gründet die Tatsache, daß Unternehmen die Produktvariation als absatzpolitisches Mittel bevorzugen, wenn sie darauf bedacht sind, sich einen Vorsprung — und damit eine Vorzugsstellung unter ihren Wettbewerbern zu sichern. Die Gewinnerwartungen, die auf derartigen Vorsprungserwägungen beruhen, sind im Falle der Produktvariation nicht unbedingt flüchtig, jedenfalls im allgemeinen nicht so flüchtig, wie es im Falle der Verwendung preispolitischer Mittel im Wettbewerbskampf zu sein pflegt. Die Gewinnerwartungen sind also andere als bei preispolitischen Aktionen zum Zwecke der Gewinnung von Vorzugsstellungen im Markt. Die Stellung eines marktbeherrschenden Unternehmens läßt sich — falls die technischen und absatzpolitischen Voraussetzungen hierfür vorliegen — leichter mit Hilfe der Produktvariation als der Preispolitik gewinnen. Gelingt es einem auf Erweiterung seines Marktanteils bedachten Unternehmen, Produktverbesserungen auf den Markt zu bringen und durchzusetzen, bevor die Reaktionszeit der gegnerischen Unternehmen verstrichen ist, dann besteht begründete Aussicht, eine starke und einflußreiche Stellung im Markt zu gewinnen. Vollzieht sich dieses Überrunden der nachhinkenden Unternehmen ständig oder während eines längeren Zeitraums, dann sind damit die Voraussetzungen für eine marktbeherrschende Stellung geschaffen. Es ist deshalb nicht zu verwundern, daß derartige Unternehmen mit so großer Zielstrebigkeit und mit so großem Aufwand für Entwicklungsvorhaben bestrebt sind, sich die Chancen offenzuhalten, ihre starke Stellung im Markt zu behaupten und zu sichern. Ihr Vorsprung, wenn nicht ihre Existenz, ist durch gegnerische Produktvariationen ständig bedroht. Produktvariation ist also keineswegs ein weniger hartes Instrument im Wettbewerbskampf der Unternehmen als die Änderung der Preise.

Achtes Kapitel.

Die Werbung.

I. Begriff und Funktionen der Werbung.
II. Die Werbemittel.
III. Die Werbetheorie.
IV. Die Werbepolitik.

I. Begriff und Funktionen der Werbung.

1. Zur Frage der werbenden Wirkung absatzpolitischer Maßnahmen überhaupt.
2. Werbung als selbständiger Bestandteil des absatzpolitischen Instrumentariums.
3. Akzidentelle und dominante Werbung.
4. Weitere Merkmale der Werbung.
5. Werbung als ,,Mittel des Wettbewerbs".
6. Abgrenzung zwischen Werbung und ,,Public Relations".
7. Gesamtwirtschaftliche Aspekte.

1. Der Sinn einer jeden absatzpolitischen Maßnahme besteht darin, werbende Wirkungen zu erzielen. Es läßt sich geradezu sagen, daß das akquisitorische Potential eines Unternehmens nichts anderes sei als die Summe, besser: die Integration aller absatzpolitischen Maßnahmen, in denen sich der Wille eines Unternehmens kundtut, seine Absatzlage möglichst günstig zu gestalten.

Diese werbenden Wirkungen, wie sie mehr oder weniger mit allen Absatzäußerungen eines Unternehmens verbunden zu sein pflegen, sofern es sich nicht um rein interne Maßnahmen handelt, können nicht jene spezielle ,,Werbung" sein, wie sie hier als selbständiges absatzpolitisches Instrument aufgefaßt wird. Die Unternehmen machen vielmehr von gewissen Werbemöglichkeiten besonderer Art Gebrauch, die zusätzlich und neben die Preisstellung, die Produktgestaltung und die Absatzmethodik als ein besonderes absatzpolitisches Instrument treten. Um es konkret auszudrücken: Wenn ein Unternehmen Inserate oder Plakate oder Drucksachen bestimmter Art, etwa Prospekte, Broschüren, Kataloge, Handzettel oder auch Etiketten, Firmenvordrucke in besonders ausgestatteter Art (Formulare, Rechnungen, Briefbogen u. a.) benutzt, wenn es den Film oder den Rundfunk für seine Zwecke verwendet, von Leuchtmitteln Gebrauch macht, Vorführungen oder Vorträge veranstaltet, Warenproben versendet, seinen Kunden Werbegeschenke überreicht oder seine Geschäftsräume, insbesondere Verkaufsräume (Läden) attraktiv gestaltet — alles zu dem Zweck, günstige Voraussetzungen für seinen Absatz zu schaffen, dann tritt damit ein neuer zusätzlicher Faktor in das absatzpolitische Spiel ein: Werbung mit Hilfe der Verwendung von Werbemitteln. Die wichtigsten von ihnen sind soeben genannt. An anderer Stelle wird auf diese Werbemittel im einzelnen einzugehen sein.

Werbung als selbständiges, absatzpolitisches Instrument liegt nur dann vor, wenn von Werbemitteln Gebrauch gemacht wird, um bestimmte Absatzleistungen zu erzielen.

Werbung aus nicht ökonomischen Gründen, also etwa Werbung aus politischen oder kulturellen Motiven, fällt nicht in den Bereich dieser Betrachtung. In diesen Fällen ist die Werbung kein absatzpolitisches Instrument.

2. Die Konzeption des absatzpolitischen Instrumentariums macht es möglich, gewisse Abgrenzungen und Unterscheidungen vorzunehmen, auf die verzichtet werden muß, wenn unter Werbung ohne Unterschied alle werbenden Wirkungen absatzpolitischer Maßnahmen verstanden werden. Wird davon ausgegangen, daß ein Unternehmen von den drei absatzpolitischen Möglichkeiten der Produktgestaltung, der Preispolitik und der speziellen Verkaufsgestaltung (Absatzmethodik) Gebrauch macht, dann fällt Werbung in dem hier verstandenen Sinne unter keine dieser drei Möglichkeiten. Preispolitische Maßnahmen können zwar werbende Wirkungen haben, insbesondere dann, wenn die Verkaufspreise eines Unternehmens in günstigen Proportionen zu den Preisen der Konkurrenzunternehmen und zu den Warenqualitäten stehen, die das Unternehmen zu diesen Preisen anbietet. Aber die Preisstellung ist darum noch nicht selbst Werbung. Sie ist ein selbständiges, neben der Werbung stehendes absatzpolitisches Instrument eigener Art.

Aus dem gleichen Grunde ist auch die Produktgestaltung, also jede qualitäts- und sortimentspolitische Maßnahme nicht Werbung in dem Sinne, wie der Begriff hier verstanden wird. Selbstverständlich ist jedes Unternehmen bemüht, seine Erzeugnisse mit Eigenschaften auszustatten, die möglichst große werbende Wirkungen ausüben. Damit ist aber durchaus noch nicht gesagt, daß es zusätzlich von Werbemitteln

Gebrauch machen muß. Ob sich mit den Erzeugnissen eines Unternehmens oder mit seinem Sortiment die Vorstellung von Qualität und Zuverlässigkeit, gegebenenfalls von Preiswürdigkeit verbindet, hängt vor allem davon ab, welche Erfahrungen die Käufer mit den Erzeugnissen des Unternehmens machen.

Verknüpft ein Unternehmen seine produkt- und sortimentspolitischen Maßnahmen mit speziellen Werbeaktionen, dann bedient es sich in diesem Falle eines zusätzlichen absatzpolitischen Instrumentes. Es ist aber grundsätzlich eine andere Sache, ob es sich um Maßnahmen handelt, die darauf gerichtet sind, die Erzeugnisse absatzpolitisch mit möglichst günstigen Eigenschaften auszustatten, oder ob es sich um Maßnahmen handelt, die in dem Einsatz von Werbemitteln, wie z. B. Rundfunksendungen, Inseraten usw., bestehen. Produktgestaltung und Werbung werden hier also als zwei verschiedene absatzpolitische Instrumente auseinandergehalten.

Wenn ein Unternehmen seine Erzeugnisse durch Warenzeichen oder Packungen bestimmter Art markiert, um sie zu individualisieren, dann ist das zunächst lediglich ein Akt der Produktgestaltung, aber noch nicht ein Akt der Werbung. Die Markierung der Ware wird zum Beispiel zu dem Zweck vorgenommen, sie später für Werbezwecke zu benutzen. Das ist dann aber eine neue, zusätzliche absatzpolitische Aktion.

Zwischen Maßnahmen der Produktgestaltung und Maßnahmen der Werbung (Einsatz von Werbemitteln) muß man unterscheiden, wenn man dem Begriff der Werbung eine klare Abgrenzung geben will.

Die Werbung ist also weder mit preispolitischen noch mit qualitäts- und sortimentspolitischen Maßnahmen zu identifizieren. Ebenso sind die Absatzmethoden, insbesondere auch das „Verkaufsgespräch", nicht Werbung in dem hier verstandenen Sinne.

Angenommen, ein technischer Experte verhandelt als Leiter der Verkaufsabteilung einer Maschinenfabrik mit seinen Geschäftspartnern über die Lieferung der technischen Einrichtung für eine Zementfabrik. Er würde kein Verständnis dafür haben, wenn ihm gesagt würde, er betreibe Werbung. Er will verkaufen, nicht werben. Gelingt es ihm, das Geschäft zum Abschluß zu bringen, dann hat er die ihm übertragene Verkaufsaufgabe erfüllt.

Grundsätzlich gilt das auch für jeden Reisenden und Vertreter, der Verkaufsverhandlungen führt. Er kann sich dabei seiner Aufgabe mit mehr oder weniger großem Geschick entledigen. Aber man muß grundsätzlich daran festhalten, daß großes oder geringes Verkaufsgeschick mit guter oder schlechter Werbung nicht identisch ist. Verkaufen und Werben sind zwei durchaus verschiedene Dinge, die auseinandergehalten werden müssen.

Handelt es sich um Vertreterbesuche im Zusammenhang mit besonderen Werbekampagnen oder übergibt der Vertreter bei seinen Kundenbesuchen Werbedrucksachen, dann liegt in solchen Fällen zusätzlich Werbung vor.

Noch ein Beispiel: Eine Verkäuferin hat in einem Schuhgeschäft die Aufgabe, Schuhe zu verkaufen. Zu diesem Zwecke führt sie Verkaufsgespräche. Sie kann diese Gespräche geschickt oder ungeschickt, mit Erfolg oder ohne Erfolg führen. Solange und insoweit sie sich bemüht, den Käufer dahingehend zu beeinflussen, daß er sich zum Kauf der Schuhe entschließt, versucht sie zu „verkaufen". Damit treibt sie aber noch keine Werbung. Trägt sie jedoch eine besondere Kleidung, die erkennen läßt, daß sie Verkäuferin in einem Schuhgeschäft einer bestimmten Firma ist, dann liegt insofern zusätzlich Werbung vor.

Die Verkaufsakte selbst, also die Verkaufsverhandlungen oder die Verkaufsgespräche, sind also nicht Bestandteile des absatzpolitischen Instrumentes Werbung. Sie gehören vielmehr dem absatzpolitischen Instrument Absatzmethode (Verkaufsmethode) an[1].

3. a) Nachdem die Werbung als besonderes absatzpolitisches Instrument von den drei anderen absatzpolitischen Instrumenten — der Preispolitik, der Produktgestaltung und den Absatzmethoden — abgegrenzt und ihre Selbständigkeit nachgewiesen ist, läßt sich sagen, daß Werbung den Versuch darstellt, die Absatzbedingungen eines Unternehmens oder einer Gruppe von Unternehmungen mit Hilfe des Einsatzes von Werbemitteln möglichst günstig zu gestalten.

Nun zeigt aber die Erfahrung, daß die Unternehmungen in sehr unterschiedlichem Umfange ihren Absatz mit Hilfe von Werbemitteln zu steigern versuchen. Wenn zum Beispiel eine kleine oder mittlere Fabrik landwirtschaftlicher Maschinen Kalender mit ihrem Firmenaufdruck in Dorfwirtschaften aufhängen läßt, dann betreibt sie Werbung. Aber die Verhandlung des Fabrikanten mit einem Landwirt über den Verkauf einer Dreschmaschine ist keine Werbung, sondern eben eine Verkaufsverhandlung. Oder wenn eine Fachbuchhandlung ihrem Briefkopf mit Hilfe von Vierfarbendrucken eine besondere Kennzeichnung gibt, dann treibt sie ebenfalls Werbung. Aber man sieht sofort, daß es sich hier um einen Werbemitteleinsatz handelt, der durchaus subsidiären Charakter trägt, also den Verkaufsvorgang mehr unterstützt und begleitet als ihn beherrschend trägt. Für viele Bereiche der Industrie ist diese mehr begleitende, oft durchaus nicht planmäßig und systematisch, sondern mehr gelegentlich und fallweise vorgenommene Werbung charakteristisch. Das gilt auch für den Einzelhandel. Man denke an die Kino-

---

[1] Auch die Verkäuferschulung wird lediglich als eine Maßnahme zur Verbesserung der Verkaufsgespräche aufgefaßt, es sei denn, es handle sich um eine ausgesprochene Ausbildung für Werbezwecke, zum Beispiel die Dekoration von Schaufenstern u.a.

reklame, die gelegentlich von Einzelhandelsbetrieben vorgenommen wird. Im Absatzprozeß der Unternehmen ist unter solchen Umständen zwar Werbung enthalten, weil in ihm von Werbemitteln (Kalendern, Vierfarben-Briefköpfen, Kinoreklame) Gebrauch gemacht wird. Aber der Einsatz der Werbemittel ist in den geschilderten Fällen nicht die Hauptsache im Gesamtgang des Absatzprozesses, sondern nur ein Akzidens. Deshalb sei diese Werbung als akzidentelle Werbung bezeichnet.

b) Je mehr es im Laufe der volkswirtschaftlichen Entwicklung erforderlich wurde, Massenbedarf differenzierter Art zu decken, um so mehr wandelten sich die Formen des Absatzes. Hierbei schob sich die Werbung als dominanter Faktor in den Absatzprozeß hinein, und zwar im Extremfall so stark, daß sie der Gestaltung des Absatzes ihr Gepräge gibt. Diese Werbung bezeichnet man als dominante Werbung.

Im Falle differenzierten Massenbedarfes, bei dem die Käufer individuelle Ansprüche an die Erzeugnisse der Unternehmen stellen, der Bedarf aber andererseits so groß ist, daß er nur durch Massenproduktion befriedigt werden kann, ist es den Herstellerfirmen unmöglich, ihre Erzeugnisse unmittelbar an einzelne Käufer oder Gruppen von Käufern abzusetzen. Aus diesem Grunde sind die Firmen gezwungen, den Handel in Anspruch zu nehmen. Hierbei besteht für sie die große Gefahr, daß der Absatz ihrer Erzeugnisse nicht mehr allein von ihrer Initiative abhängig ist, sondern auch von der Bereitschaft der Händler, sich für den Verkauf dieser Erzeugnisse einzusetzen. Die Herstellerfirmen müssen deshalb versuchen, dieser Abhängigkeit vom Handel entgegenzuwirken. Das geschieht auf die Weise, daß sie direkt bei den Verbrauchern Werbung treiben, um auf diese Weise den Kontakt mit den Käufern herzustellen und zu erhalten. An diesem Kontakt muß ihnen aus unternehmungspolitischen Gründen gelegen sein.

Angesichts einer solchen Situation droht umgekehrt dem Handel die Gefahr, nur noch als Verteiler von Ware fungieren zu können. Denn in solchen Fällen würde der Verkauf von Ware nur noch in ihrer Aushändigung an die Käufer gegen Entrichtung des für sie geforderten Entgeltes bestehen (z. B. Verkauf von Zigaretten).

Eine Verkaufsverhandlung findet unter solchen Umständen kaum noch statt. Das Verkaufsgespräch wird zu einer mehr oder weniger standardisierten Floskel.

Sowohl akzidentelle als auch dominante Werbung sind Werbung in dem Sinne, in dem sie hier als selbständiger Bestandteil des absatzpolitischen Instrumentariums verstanden werden soll.

4. a) In marktwirtschaftlichen Systemen ist es Sache der Unternehmen selbst, für die marktliche Verwertung ihrer Erzeugnisse oder

Dienste bemüht zu sein. Die Unternehmungen müssen also die Initiative ergreifen und bekanntgeben, daß sie Waren bestimmter Art zu verkaufen oder Dienste gegen Entgelt zu leisten willens sind. Bedienen sie sich hierbei des Einsatzes von Werbemitteln, dann enthält die Werbung insofern eine Bekanntmachungsfunktion. Da in der Ankündigung der Verkaufsbereitschaft in gewisser Beziehung ein Angebot enthalten ist, könnte man auch von einer Offertfunktion der Werbung sprechen. Dabei bleibt dann allerdings zu beachten, daß in der Regel kein konkretes Lieferungsangebot im rechtlichen Sinne abgegeben wird.

Die Bekanntmachungs- bzw. Offertfunktion der Werbung umschließt noch nicht das Ganze der Werbung. In jeder Werbemaßnahme sind aber diese Funktionen enthalten.

In diesem Zusammenhange mag kurz auf die Ansicht eingegangen werden, es sei die Aufgabe der Werbung, den Käufern ein möglichst hohes Maß an Information über den Markt zu verschaffen. Zweifellos hat die Werbung auch solche Informationsfunktionen, denn die Käufer erfahren auf diese Weise, was an Waren und Diensten bestimmter Art und Güte angeboten wird. Spricht man in diesem Sinne von einer informatorischen Wirkung der Werbung, dann wird das Problem der Werbung offenbar von der Seite der Verbraucher bzw. Gebraucher her gesehen.

Man muß sich jedoch darüber klar sein, daß die Erhöhung der Markttransparenz nicht der ursprüngliche und beherrschende Zweck der Werbung sein kann, sondern, daß es sich hierbei mehr um eine Nebenwirkung der Werbung handelt, die manchmal sogar in ihr Gegenteil umschlagen kann. Das zentrale Anliegen der Werbenden ist und bleibt, die in Frage kommenden Käufer bzw. Interessenten so zu beeinflussen, daß sie ihre Kaufentscheidungen zugunsten der die Werbung betreibenden Unternehmen bzw. Gruppen treffen. Nur für diese Zwecke investieren Unternehmungen, die unter konkurrenzwirtschaftlichen Bedingungen arbeiten, Kapital in der Werbung. Sie treiben Werbung nicht im Interesse der Verbraucher oder Gebraucher, sondern in ihrem eigenen betrieblichen Interesse, das sich unter Umständen mit dem der Käufer decken kann.

So richtig es nun auch ist, daß Werbung die Orientierungsmöglichkeiten der Käufer über die Beschickung der Märkte erhöht, so läßt sich doch auf der anderen Seite nicht verkennen, daß die Fülle an Informationen und Kaufanregungen, welche die Käufer auf dem Wege über die Werbung erhalten, häufig mehr verwirrt als klärt. Wenn alle Unternehmen, die für ein bestimmtes Objekt werben, behaupten, ihre Erzeugnisse seien von ganz besonderer Güte und besonders preiswert, welche Möglichkeit hat dann der Verbraucher, sich ein Bild von der wirklichen Qualität der angebotenen Ware und ihrer Preiswürdigkeit zu machen?

Die Vielzahl der Werbeeindrücke, denen die Käufer heute ausgesetzt sind, mindert die klärende Wirkung der einzelnen Werbeakte. Angesichts dieser Sachlage wird man nur mit Vorbehalt sagen können, daß Werbung notwendigerweise die Markttransparenz erhöhen müsse. Sicherlich ist es richtig, daß, wie man in den USA sagt, die Märkte weitgehend „blind" wären, wenn sie fehlte. Eine wirkliche Aufklärung über Güte und Preiswürdigkeit der angebotenen Waren vermag die Werbung nicht zu leisten. Dieser Effekt kann erst durch Erprobung erzielt werden.

b) Der Zweck von Werbemaßnahmen besteht nicht darin, lediglich bekanntzumachen, daß ein Unternehmen bereit ist, Erzeugnisse bestimmter Art zu verkaufen oder Dienste bestimmter Art gegen Entgelt zu leisten. Diejenigen, die Werbung betreiben, wollen offenbar darüber hinaus erreichen, daß sich die Käufer bei Bedarf gerade für die Gegenstände oder Dienste entscheiden, die sie anbieten. Dieses Ziel der Werbung wird auf die Weise zu verwirklichen versucht, daß der Gegenstand der Werbung in einer Weise dargestellt wird, die ihn besonders attraktiv macht.

Es ist nun eine Frage des Werbestils, wie die Kennzeichnung des Werbeobjektes vorgenommen wird. Sie kann von einer einfachen Beschreibung des Gegenstandes über eindringliche Kaufempfehlungen bis zur aufdringlichen Anpreisung der Waren oder Dienste gehen. Die modernen, verfeinerten Methoden der Werbung vermeiden zwar die Anpreisung, vor allem in den marktschreierischen Formen, in denen Werbung früher betrieben wurde. Die Tendenz jedoch, Waren oder Leistungen zu preisen, wohnt jeder, auch der seriösen Werbung inne. Man könnte geradezu sagen, daß nur dann wirklich echte Werbung vorliege, wenn ein Warenangebot diesen Charakter besitzt.

Bei jeder seriösen Werbung versuchen die werbenden Unternehmen, in ihren präsumtiven Käufern die Vorstellung von besonderer Güte der Waren oder Dienste zu erzeugen, für die sie werben. Wenn man allerdings sagt, Werbung habe die Aufgabe, die präsumtiven Käufer von der Güte der angebotenen Waren zu überzeugen, dann liegt hierin nach unserer Auffassung eine Überforderung der Möglichkeiten, die die Werbung bietet. Denn durch Werbemaßnahmen ist dieses Ziel allein nicht zu erreichen. Nur ihre Erprobung kann von der Güte der Gegenstände oder Dienste überzeugen, für die mit Hilfe des Einsatzes von Werbemitteln geworben wird. Nur dann, wenn die in der Werbung behaupteten Eigenschaften der Waren oder die Vorteile, die ihre Benutzung oder Verwendung bringen soll, den Tatsachen entsprechen, sind die Käufer von der Güte der Waren oder Erzeugnisse bzw. Dienste, für die die Unternehmen werben, überzeugt. Aber, wie gesagt, nicht durch die Werbung allein, sondern durch die Werbung in Verbindung mit der tatsächlichen Erprobung der Gegenstände oder Dienste![1]

Im Zusammenhang mit der Betrachtung der Werbeprobleme darf nicht übersehen werden, daß der Ruf eines Unternehmens bzw. seiner Erzeugnisse in erster Linie davon abhängt, was diese Erzeugnisse oder Dienste in Wirklichkeit sind, und nicht davon, was die Werbung sagt und verspricht. Werbemaßnahmen können zwar den Prozeß der Bildung von Gütevorstellungen im Bewußtsein der Käufer unterstützen. Aber niemals kann Werbung allein den Erzeugnissen oder Diensten eines Unternehmens einen guten Ruf und damit einen hohen Rang im Bewußtsein der Käufer verschaffen.

In den neueren Veröffentlichungen zur Werbung wird allgemein gefordert, daß sich die Werbung der alten marktschreierischen Formen zu enthalten habe. So weist SEYFFERT darauf hin, daß ein Höchstmaß an Werbewirkung nur erreicht werden könne, wenn nach dem Grundsatz der Wahrheit gehandelt würde. Dieser Grundsatz besage, daß die Werbeinhalte in allen Teilen richtig und zuverlässig sein müßten. In der Frühzeit der Reklame hätten die Werber das Unmögliche versprochen, und die Häufung der Superlative sei so allgemein gewesen, daß darin geradezu ein Wesensmerkmal der Werbung zu sehen war. Die Dauerwirkung der Werbung hänge aber wesentlich von dem Vertrauen ab, das ihr die Umworbenen entgegenbringen. Es liege deshalb im wohlverstandenen Interesse der Werber, dem Grundsatz der Wahrheit in der Werbung zur Allgemeingeltung zu verhelfen[2]. Im gleichen Sinne verlangt auch HUNDHAUSEN, daß sich die Werbung bei der Hervorhebung der Vorteile oder der Beschreibung der besonderen Eigenschaften der Waren oder Dienstleistungen sachlicher Beweise zu bedienen habe. Durch die sachliche Beweisführung werde von den Übertreibungen und Superlativen Abstand genommen, die der Reklame ein Gepräge der Marktschreierei gegeben hätten[3]. Auf den gleichen Tenor sind auch die Ausführungen gestimmt, die KOCH[4], LISOWSKY[5],

---

[1] Das Bemühen, die Gründe ausfindig zu machen und unter werblichen Gesichtspunkten richtig zu formulieren, aus denen die angebotenen Waren oder Dienste besonders vorteilhaft seien, bezeichnet man in der Werbepraxis als die „Argumentation". Sie ist das bevorzugte Spielfeld der Könner, aber auch der Nichtkönner im Bereiche der Werbung.

[2] SEYFFERT, R., Wirtschaftliche Werbelehre, 4. Aufl., Wiesbaden 1952, S. 18. Vgl. hierzu aber auch Allgemeine Werbelehre, Stuttgart 1929.

[3] HUNDHAUSEN, C., Wesen und Formen der Werbung, Teil I, Wirtschaftswerbung, Essen 1963, S. 257ff.; ders., Über das Wesen der Werbung, Z. f. handelswissenschaftliche Forschung, N. F., 11. Jg. (1959), S. 413ff.

[4] KOCH, W., Grundlagen und Technik des Vertriebes, Berlin 1950, Bd. I, S. 303ff.

[5] LISOWSKY, A., Grundprobleme der Betriebswirtschaftslehre, insbesondere Teil III, Zürich 1954.

vor allem aber auch KROPFF[1], DOMIZLAFF[2], MAECKER[3] diesen Fragen gewidmet haben.

5. Für weite Bereiche der modernen Wirtschaft ist es charakteristisch, daß der Kampf um den Marktanteil, den die Unternehmen gegeneinander führen, immer mehr mit den Mitteln der Werbung ausgetragen wird. „Einzelwerbung"[4] ist immer ein Mittel des Wettbewerbs[5]. Sie liegt vor, wenn ein Unternehmen lediglich für seine eigenen absatzpolitischen Zwecke und Interessen Werbung durchführt.

Werbung kann aber auch von einer Gruppe von Unternehmen innerhalb eines Wirtschaftszweiges oder von allen Unternehmen eines Wirtschaftszweiges gemeinschaftlich vorgenommen werden. In diesem Falle liegt „Gemeinschaftswerbung" vor. Sie ist dann ein Mittel des Wettbewerbs, wenn innerhalb eines Wirtschaftszweiges eine Gruppe gegen eine andere mit den Mitteln der Werbung kämpft. Dagegen ist Gemeinschaftswerbung dann kein Mittel einzelbetrieblichen Wettbewerbs, wenn alle Unternehmungen eines Wirtschaftszweiges versuchen, durch Werbung generell die Voraussetzungen für den Absatz ihrer Erzeugnisse zu verbessern. Als Beispiel für derartige Gemeinschaftswerbungen sei auf Werbeaktionen hingewiesen, wie sie für Obst, Fisch, Bier, Tapeten, Gas, Elektrizität, neuerdings auch für Wolle, Milch, Zigarren u. a. betrieben werden. In diesen Fällen kämpfen nicht Unternehmungen, die zu dem gleichen Wirtschaftszweige gehören, mit den Mitteln der Werbung gegeneinander. Man könnte vielmehr sagen, daß sich der Wettbewerb gegen andere Wirtschaftszweige richte, mit dem der Wirtschaftszweig in Surrogatkonkurrenz steht, der die Gemeinschaftswerbung betreibt. Häufig schließen sich die Unternehmungen eines ganzen Wirtschaftszweiges zu einer solchen Gemeinschaftswerbung zusammen, wenn bestimmte Vorgänge die Gesamtlage des Wirtschaftszweiges gefährdet erscheinen lassen. Dieser Bedrohung soll dann mit Hilfe des konzentrierten Einsatzes der Mittel entgegengewirkt werden, die die Gemeinschaftswerbung bietet.

Anders liegen die Dinge bei der sog. Sammelwerbung. In diesem Falle wirbt ebenfalls eine Gruppe von Unternehmungen, die aber nicht dem gleichen Produktionszweige angehören, sondern lediglich durch einen gemeinsamen Vorgang miteinander verbunden sind. Beispiels-

---

[1] KROPFF, H. F. J., Die Werbemittel und ihre psychologische, künstlerische und technische Gestaltung, Essen 1961; derselbe, Wörterbuch der Werbung, Essen 1958.

[2] DOMIZLAFF, H., Die Gewinnung des öffentlichen Vertrauens, 2. Aufl., Hamburg 1951.

[3] MAECKER, E. J., Planvolle Werbung a.a.O.

[4] Eine andere Definition des Begriffes der Einzelwerbung s. R. SEYFFERT, Wirtschaftliche Werbelehre a.a.O.

[5] Vgl. hierzu, EISERMANN, G., Werbung und Wettbewerb, Zeitschr. f. d. ges. Staatsw., Bd. 117 (1961), S. 258ff.

weise finden sich heute häufig alle an einem größeren Bauobjekt beteiligten Firmen zu einem solchen Werbekollektiv zusammen. Nach Fertigstellung des Baues, über den dann im Regelfall auch im redaktionellen Teil der Zeitung berichtet wird, geben sie in einer äußerlich geschlossenen Form gemeinsam Inserate in der gleichen Zeitung auf, um sich damit als die am Bau beteiligten Firmen zu präsentieren. Wobei es dann der Bau ist, der primär das Interesse der Leser weckt. Dieses Interesse soll sich auf die beteiligten Firmen übertragen.

In solchen Fällen kann man sagen, daß das Inserat ein echtes Mittel des Wettbewerbs ist. Denn die Firmen benutzen ihre Mitarbeit an diesem, die Allgemeinheit besonders interessierenden Bau dazu, sich als besonders leistungsfähig herauszustellen. Die Werbung ist ein echtes Mittel des Wettbewerbes, weil die zum Werbekollektiv gehörenden Firmen jeweils einem anderen Wirtschaftszweige angehören.

6. Es ist nun noch notwendig, die Werbung gegen die Public Relations abzugrenzen. In den Bereich dieser Public Relations gehören alle Bestrebungen der Unternehmungen, die darauf gerichtet sind, das Ansehen in der Öffentlichkeit zu festigen bzw. zu steigern. Dieses Ansehen wird dann gefördert, wenn die Öffentlichkeit in einer Weise über Vorgänge in dem Unternehmen selbst oder in seinem Marktbereich unterrichtet wird, die anspricht, weil sie sachlich ist und interessiert. Hierbei kann es sich um eine Unterrichtung über die Pläne der Unternehmungen in naher oder ferner Zukunft, über die gegenwärtige oder die zu erwartende Geschäftsentwicklung, über die leitenden Persönlichkeiten und ihre Aufgaben, über innerbetriebliche Vorgänge technischer und betriebswirtschaftlicher Art und um sonstige Tatbestände handeln, die in der Öffentlichkeit eine Atmosphäre des Vertrauens entstehen lassen. „Öffentlichkeit" ist dabei in ganz weitem Sinne gemeint. Unter ihr werden nicht nur die speziell an dem Unternehmen Interessierten, also die in dem Unternehmen Beschäftigten, die Kunden und Lieferanten, die Kreditgeber und die Kapitaleigner verstanden, sondern auch jene Personen, Unternehmungen, Verwaltungen usw., bei denen das Unternehmen erreichen möchte, daß sich in ihnen mit seinem Namen die Vorstellung von Zuverlässigkeit, Solidität und Güte verbindet.

Wird der Begriff „Public Relations" in diesem Sinne verstanden, dann zeigt sich, daß zwischen ihnen und der Werbung ein sehr wesentlicher Unterschied besteht. HUNDHAUSEN sieht den Unterschied zwischen ihnen und der Werbung darin, daß die Werbung die Aufgabe hat, über die Eigenschaften von Waren und Dienstleistungen in, wie er sagt, sachlicher Beweisführung zu unterrichten[1]. Das Bestreben dagegen, die Öffentlich-

---

[1] HUNDHAUSEN, C., Industrielle Publizität als Public Relations, Essen 1957.

keit über das Unternehmen selbst, seine technische und wirtschaftliche Situation, seine Pläne und seine internen und externen Geschäftsbedingungen in, wie ebenfalls hinzuzufügen wäre, sachlicher Beweisführung aufzuklären, sei Aufgabe der Public Relations. Es handelt sich also um völlig verschiedenartige Maßnahmen. Stehen sie im Zusammenhang mit Zwecken der Werbung für die Erzeugnisse oder Dienstleistungen des Unternehmens, dann liegt Werbung vor. Stehen sie im Zusammenhang mit Zwecken der Unterrichtung der Öffentlichkeit über Fragen, die das Unternehmen selbst in dem soeben angegebenen Rahmen angehen, dann handelt es sich um die Pflege der Public Relations. Damit ist die Werbung gegen die Public Relations abgegrenzt.

7. a) Die moderne wirtschaftliche Entwicklung kennzeichnet sich dadurch, daß der Wettbewerb der Unternehmungen mehr als früher mit den Mitteln der Werbung ausgetragen wird. Damit erhebt sich die Frage, wie diese Entwicklung vom gesamtwirtschaftlichen Standpunkte aus zu beurteilen sei.

Bei der Beantwortung dieser Frage ist davon auszugehen, daß die modernen großbetrieblichen Formen der Erzeugung von Gütern des differenzierten Massenbedarfes die Unternehmen dazu zwingen, ihre Erzeugnisse mit den Mitteln der Werbung bekannt zu machen. Sofern Werbung nichts anderes als Mittel und Möglichkeit der Bekanntgabe konkreten Warenangebotes darstellt, ist ihre volkswirtschaftliche Notwendigkeit unbestritten. Nun charakterisiert sich aber die moderne Werbung durch eine Dynamik, die zu immer neuen Formen und Methoden führt. Unternehmungen mit dominanter Werbung (werbeintensive Unternehmungen) werden infolge des übersteigerten Werbe-Konkurrenzkampfes gezwungen, ihre Werbung ständig zu aktualisieren. Gelingt es einem Unternehmen, durch eine besonders wirkungsvolle Werbung, etwa durch ein besonders attraktives Plakat oder Inserat einen Vorsprung vor den Konkurrenzunternehmen zu gewinnen, dann sind die Konkurrenzunternehmen gezwungen, möglichst schnell zu reagieren und neue Plakate oder Inserate oder Inseratserien usw. herauszubringen, um werbemäßig einen Ausgleich herbeizuführen oder selbst in Führung zu gehen. Die Tatsache, daß jeder Werbevorsprung ständig bedroht ist und daß die Unternehmen unablässig bemüht sein müssen, gegen starke Werbekonkurrenz zu kämpfen, sei es, daß sie sich verteidigen, sei es, daß sie angreifen, führt jenen Zustand herbei, der als Kompensation der Werbewirkungen bezeichnet werden soll. Damit erhebt sich die Frage, ob es nicht gerade diese kompensatorischen Wirkungen sind, auf die die übersteigerte Tendenz zur Expansion der Werbung zurückzuführen ist. Diese Frage ist zu bejahen.

Macht ein Unternehmen, welches einem Wirtschaftszweig mit dominanter Werbung angehört, die Werbung nicht in der Art und in dem Umfang mit wie seine Konkurrenten, dann wird es an Absatz verlieren und damit gezwungen, zu anderen absatzpolitischen Mitteln zu greifen, etwa Preissenkungen vorzunehmen, seine Erzeugnisse zu ändern oder seine Vertriebsorganisation auszubauen. Die Frage, ob solche Maßnahmen seine Lage verbessern können, ist nicht generell zu beantworten. Jedenfalls ist die Chance, die Position im Markte zu halten, größer, wenn das Unternehmen Stil und Tempo der ihm von seinen Konkurrenten vorgegebenen Werbung mitmacht. Diese Situation wird am besten durch den Ausdruck „Konkurrenzwerbung" gekennzeichnet. In diesem Sinne ist die moderne Werbung zum größten Teil Konkurrenzwerbung. So wie bei homogenen Erzeugnissen ein Unternehmen gezwungen ist, Preisherabsetzungen seiner Konkurrenten zu folgen, so wird auch ein Unternehmen, das einem werbeintensiven Produktionszweig angehört, gezwungen, seine Werbemaßnahmen an die der Konkurrenten anzupassen. Daß diese Konkurrenzwerbung nicht frei ist von Exzessen, die aus wirtschaftlichen, gesellschaftlichen und ästhetischen Gründen abzulehnen sind, lehrt die tägliche Erfahrung.

Mithin bleibt zu fragen, ob nicht das gleiche Maß an absatzpolitischer Wirkung erreicht werden kann, wenn die Unternehmen ihre Werbung nicht so übersteigern würden, wie das heute oft der Fall ist. Unter solchen Umständen würde die Werbung ihrer Bekanntmachungsaufgabe in gleicher Weise genügen wie die exzessive Werbung, die heute in den großen Industrieländern so sehr vorherrscht. Es ist auch zu überlegen, ob nicht mit der Verminderung der Werbeeindrücke bei den Konsumenten ein höheres Maß an akquisitorischer Wirkung erzielbar sein würde. Man kann ja doch nicht bestreiten, daß die Fülle an Werbeeindrücken, denen die Käufer heute ausgesetzt sind, die Intensität und Nachhaltigkeit der Wirkung herabsetzen, die mit der Werbung erzielt werden soll.

So ist auch die Ansicht von MARSHALL[1] zu verstehen, daß Werbung weitgehend „social waste" sei. Ganz sicher hat MARSHALL in den neunziger Jahren, in denen er zu seiner Ansicht kam, weder die Bekanntmachungsfunktion noch den akquisitorischen Wert der Werbung in der modernen Wirtschaftsorganisation voll zu übersehen und zu würdigen gewußt. Daß aber exzessive Konkurrenzwerbung eine Fehllenkung der gesamtwirtschaftlichen produktiven Kräfte bedeuten kann, steht außer Zweifel.

b) Es wurde bereits darauf hingewiesen, daß die Werbung ein Mittel des Wettbewerbes in der modernen Wirtschaft ist. Wenn es nun

---
[1] MARSHALL, A., Industry and Trade, 4. Aufl., 1923, S. 306.

einem Unternehmen gelingt, mit Hilfe der Werbung seinen Absatz zu steigern, und diese Absatzsteigerung vornehmlich darauf zurückzuführen ist, daß das Unternehmen Käufer von seinen Konkurrenten abzieht, so ist diese Wirkung nur dann positiv zu beurteilen, wenn das werbemäßig stärkere Unternehmen gleichzeitig das betriebstechnisch und betriebswirtschaftlich bessere Unternehmen ist. Indem die Werbung die Position des an der Spitze liegenden Unternehmens stärkt, zwingt sie indirekt die weniger guten Unternehmen, den Vorsprung des führenden Unternehmens aufzuholen und sich fabrikationstechnisch, qualitätsmäßig, unter Umständen auch preispolitisch dem Vorsprungunternehmen anzupassen. Unter den geschilderten Verhältnissen fördert die Werbung den technischen Fortschritt. Damit hilft sie zugleich, das gesamtwirtschaftliche Produktionsniveau zu heben. Die soeben gemachten Voraussetzungen sind nun aber durchaus nicht immer gegeben. Kommt ein Unternehmen, welches in dem oben angegebenen Sinne betriebswirtschaftlich nicht als führend anzusehen ist, lediglich als Folge geschickter Werbung, z. B. eines guten Texters oder Gebrauchsgraphikers, in den Genuß von Absatzvorteilen und zieht es von den Wettbewerbsunternehmen Käufer ab, dann ist ein solcher Effekt der Werbung keineswegs als volkswirtschaftlich erwünscht anzusehen. Das gilt insbesondere für den Fall, daß die Konkurrenzunternehmen fabrikationstechnisch und qualitätsmäßig erheblich höhere Leistungen aufzuweisen haben als das mit Hilfe von Werbung in den Vordergrund getretene Unternehmen.

c) In den soeben geschilderten Fällen tritt bereits eine gewisse lenkende Funktion der Werbung in Erscheinung, und zwar in dem Sinne, daß Verbraucher oder Verarbeiter einen Teil ihres Bedarfes nunmehr bei einem Unternehmen decken, bei dem sie bisher nicht eingekauft haben. Ein ähnlicher Vorgang zeigt sich dann, wenn die Werbung eines Produktionszweiges oder einer Branche die Wirkung hat, daß die Käufer von anderen Produktionszweigen oder Branchen abgezogen werden und zu den werbemäßig erfolgreichen Branchen übergehen. Die Werbung kann in diesem Falle Gemeinschaftswerbung sein derart, daß ein bestimmter Wirtschaftszweig durch seine eigenen Organe Werbung betreiben läßt, aber auch derart, daß gewissermaßen die Summe aller Werbemaßnahmen der zu einem Produktionszweige gehörenden Unternehmen diesen Erfolg bewirkt. Die Werbung lenkt also den Bedarf in die von ihr gewollte Richtung. In den geschilderten Fällen stehen nun nicht mehr die einzelnen Unternehmen, sondern die einzelnen Produktions- oder Wirtschaftszweige in Werbekonkurrenz miteinander. Da im Wirtschaftsleben im allgemeinen eine Aktion eine Gegenaktion auszulösen pflegt, entsteht zwischen den Wirtschaftszweigen eine Werbung, die die Formen der Konkurrenzwerbung annehmen kann. Je stärker diese Werbekonkurrenz ist, um so geringer ist der Einfluß der Werbung eines Produktionszweiges auf die Richtung der gesamtwirtschaftlichen Güterströme.

In engem Zusammenhang mit der bedarfslenkenden Funktion der Werbung steht ihre bedarfsweckende Funktion. Diese Funktion ist in dem Sinne zu verstehen, daß es die Werbung ermöglicht, Bedarf überhaupt erst zum Entstehen zu bringen. In solchen Fällen genügt nicht die reine Bekanntgabe des neuen Warenangebotes. Das Spezifische der Werbung muß noch hinzukommen, wenn Bedarf geweckt und nachfragewirksam gemacht werden soll. Erst wenn die Werbung mit ihren besonderen Mitteln die gegebenenfalls in Frage kommenden Käufer dazu zwingt, dem neuen Erzeugnis ihre Aufmerksamkeit zu widmen, erst wenn den Käufern bewußt gemacht ist, daß das neue Gut Bedürfnisse zu decken vermag, die es sich lohnt zu befriedigen, dann wird mit Hilfe der Werbung erreicht, daß bis dahin latenter Bedarf geweckt wird. In dem Maße, in dem das nun geschieht, ändert sich das gesamtwirtschaftliche Warensortiment und der Strom der gesamtwirtschaftlichen Gütererzeugung wird nunmehr in eine neue Richtung gelenkt. Es kommt auf die Art des Bedarfes an, ob die bedarfslenkende und bedarfsweckende Funktion der Werbung gesamtwirtschaftlich erwünscht ist. Diese Frage braucht im Rahmen der Untersuchung nicht beantwortet zu werden.

d) Es gilt nunmehr, noch kurz zu der Frage Stellung zu nehmen, ob die Werbung die Größe des Volkseinkommens zu beeinflussen vermag.

Im allgemeinen wird angenommen, daß die Werbung zwar die Einkommensströme lenken, nicht dagegen die Größe des Volkseinkommens beeinflussen könne.

Nun hängt aber die Höhe des Volkseinkommens von der Konsumfunktion und von der Höhe der Investitionen ab. Die Konsumfunktion gibt an, welcher Teil des Volkseinkommens für konsumtive Zwecke verbraucht wird. Die Größe des Konsums wird in der modernen Wirtschaft durch die Intensität und Wirkung der Werbung für Verbrauchsgüter mitbeeinflußt. Die innerhalb eines bestimmten Zeitraumes in einer Volkswirtschaft durchgeführte Werbung stellt also eine unabhängige Variable der Konsumfunktion dar.

Liegt nun Unterbeschäftigung vor und wird die Werbung in einem gesamtwirtschaftlich relevanten Maße verstärkt, dann wird die Konsumrate steigen, die Sparrate dagegen abnehmen. Bei gleichbleibender Investition steigt also die effektive Nachfrage und damit das Volkseinkommen. Darüber hinaus kann der zunehmende Konsum auch einen Anreiz für vermehrte Investitionen bilden, die das Volkseinkommen weiter zunehmen lassen. Erhöhte Werbung kann also in einer solchen Situation zu einem Steigen des gesamtwirtschaftlichen Beschäftigungsgrades und damit zu einer Zunahme des Volkseinkommens führen.

Im Falle der Vollbeschäftigung kann das Volkseinkommen realiter nicht steigen. Je nach den Umständen wird mit abnehmender Sparrate auch die Investition abnehmen oder eine inflationistische Entwicklung eintreten.

Mit diesen Überlegungen mündet das volkswirtschaftliche Problem der Werbung in Zusammenhänge ein, die sich nur mit Hilfe des Apparates der modernen Wirtschaftstheorie genauer untersuchen lassen. Eine solche makroökonomische Analyse würde aber den Rahmen dieser Untersuchung sprengen.

II. Die Werbemittel.

A. Die Arten der Werbemittel.
B. Die Verwendung der Werbemittel.

A. Die Arten der Werbemittel.

1. Zusammenfassender Überblick über die gebräuchlichsten Werbemittel.
2. Allgemeine Anforderungen an die Werbemittel.
3. Beschreibung der Hauptwerbemittel.

1. Auf keinem Gebiete der Wirtschaft zeigt sich eine so verwirrende Fülle an Gestaltungsmöglichkeiten wie auf dem Gebiete der Werbemittel. Es erscheint deshalb zweckmäßig, in Anlehnung an die in der Literatur üblichen Systematisierungen einen Überblick über die gebräuchlichsten Werbemittel zu geben, um dann anschließend Fragen zu behandeln, die mit der Formung und Gestaltung der Werbemittel zusammenhängen.

Es lassen sich unterscheiden:
1. Werbeanschläge (Werbeplakate), und zwar
    Bogenanschläge (angebracht an Plakatsäulen, Plakatwänden u. a.);
    Daueranschläge (in Form von Beschriftungen an Hauswänden, Giebeln, Brückenbogen, Fuhrwerken u. a.; Schilder der verschiedensten Art, z. B. Blech-, Glas-, Emailleschilder u. a.);
    Sonderanschläge (z. B. in Form von Plakaten an Fesselballons, Flugzeugen; Sandwichmänner u. a.).
2. Werbeanzeigen (Einzelanzeigen, Serienanzeigen in Zeitungen, Zeitschriften und sonstigen Publikationsorganen).
3. Werbedrucke (Handzettel, Flugblätter, Empfehlungsschreiben, Gütezeugnisse, Geschäftsberichte, Hauszeitschriften, Preislisten, Broschüren, Prospekte, Kataloge).
4. Werbebriefe (Einzelwerbebriefe, vervielfältigte Werbebriefe).
5. Leuchtwerbemittel (in Schaufenstern und Verkaufsräumen, an Läden, Häuserfronten, Giebeln u. a.; in Bahnhofs- und Wartehallen, bei Werbeveranstaltungen u. a.).
6. Projektionswerbemittel (Diapositive, Werbefilme, Himmelsschreiber).
7. Werbefunksendungen (einschließlich Fernsehsendungen).

8. Werbeveranstaltungen (Werbevorträge, Werbevorführungen, Modeschauen, Presseempfänge, Betriebsbesichtigungen, Veranstaltungen auf Ausstellungen und Messen; Ausstellungswagen, Lautsprecherwagen u.a.).
9. Ausstattungen der Geschäfts-, insbesondere der Verkaufsräume, sofern bei ihrer Ausgestaltung Werbegesichtspunkten Rechnung getragen wird (Mobiliar, Schaukästen, Vitrinen, Innenbeleuchtung, Schaufenster).
10. Firmenvordrucke, sofern nach Werbegesichtspunkten gestaltet (auf Briefbögen, Umschlägen, Rechnungsformularen, Versandanzeigen, Kassenzetteln, Quittungen u.a.).
11. Werbeverkaufshilfen (Warenproben, Kostproben, Modelle, Attrappen, Werbegeschenke, Verpackungsmittel, z. B. Schachteln, Beutel, Körbe, Cellophanhüllen, bedrucktes Pack- bzw. Einschlagpapier, Tragegriffe, Schnüre, Anhänger, Siegel, Etiketten, Ankleber u.a.).
12. Kundendienst (Zustellung und Abholung von Waren, Installierung und Wartung von maschinellen Aggregaten, Unterhaltung von Reparaturwerkstätten und Ersatzteillagern, Abschleppdienste u.a.).
13. Sonstige Werbemittel (Lehrmittel, Preisausschreiben, Freiexemplare u.a.).

Eine vollständige Aufzählung der heute gebräuchlichen Werbemittel ist nicht möglich, weil außer den üblichen und immer wiederkehrenden Werbemitteln stets von neuen Möglichkeiten der Werbung Gebrauch gemacht wird. Im großen und ganzen aber vermittelt die Aufstellung ein Bild von der Vielzahl und Vielgestaltigkeit der Werbemittel, über welche die moderne Werbung verfügt. Im einzelnen mag auch die Zuordnung der Werbemittel zu dieser oder jener Gruppe willkürlich erscheinen. Die Grenzen zwischen den einzelnen Werbemitteln und Werbemittelgruppen lassen sich nicht immer scharf ziehen.

Dabei ist zu berücksichtigen, daß sich der modernen Werbung ständig neue Möglichkeiten erschließen. Werbemittel, die heute in einer bestimmten Weise benutzt werden, zeigen morgen bereits neue Formen und Entwicklungen. Dieses alles ist ein Prozeß sich ständig wandelnder Möglichkeiten und sich immer mehr steigernder Aktualität. Die Erfindungskraft der Menschen scheint auf diesem Gebiete keine Grenzen zu kennen. Das ist die Situation, wie sie heute für das Gebiet der Werbemittel und ihre Entwicklung typisch ist.

2. Wie müssen die einzelnen Werbemittel beschaffen sein, wenn sie werbewirksam sein sollen? Gibt es bestimmte Grundsätze und Forderungen, die bei der Gestaltung von Werbemitteln berücksichtigt werden müssen?

Bei der Beantwortung dieser Fragen muß man sich der Tatsache bewußt bleiben, daß jedes Werbemittel seine Individualität haben sollte und daß, wenn sie nicht vorhanden ist, gerade das Charakteristische eines Werbemittels fehlt. Gleichwohl lassen sich einige Grundsätze und Postulate herausarbeiten, die für jedes Werbemittel gelten, wenn es werbewirksam werden soll.

a) Die erste Forderung besagt, daß jedes Werbemittel durch seine Art und Beschaffenheit eine möglichst große Aufmerksamkeitswirkung erzielen soll, und zwar in dem Sinne, daß diejenigen, die von dem Werbemittel erreicht werden, den Werbeappell auch vernehmen, den es aussendet. Dieser Appell soll sie veranlassen, von dem Text und den Argumenten des Werbemittels Kenntnis zu nehmen, sofern es sich um Werbemittel handelt, die Text und Argumentation enthalten. Allgemeiner: der Werbeanruf soll von einer solchen Intensität sein, daß diejenigen, die er erreicht, stutzig werden und hinschauen oder hinhören, um den Eindruck in sich aufzunehmen, den die Werbemittel erzielen sollen.

Mit der Tatsache jedoch, daß Werbemittel die Forderung erfüllen, Aufmerksamkeit zu erregen, ist an sich noch nicht viel erreicht. Es kann durchaus die Möglichkeit bestehen, daß ein Werbemittel auffällt, daß es sogar diskutiert und seine Fortsetzung mit einer gewissen Spannung erwartet wird. Bleibt es aber bei diesem gegenwärtigen Interesse und verlöschen die Eindrücke bald wieder, dann führen solche Werbemittel nicht zu einer wirklichen Einflußnahme auf den Kaufwillen der für das Werbeobjekt in Frage kommenden Käufer[1].

b) Ein Werbemittel erfüllt also noch nicht alle Forderungen, denen es genügen sollte, wenn es lediglich die Aufmerksamkeit derjenigen erregt, die seinen Appell vernehmen. Das Werbemittel muß vielmehr eine „nachhaltige" Wirkung erzielen. Diese Wirkung ist nun allerdings nicht allein von der Einprägsamkeit und der suggestiven Wirkung der Werbemittel abhängig, sondern zusätzlich auch von der Zweckmäßigkeit des Einsatzes der Werbemittel. Dieses Problem soll hier noch nicht behandelt werden. Nur so viel sei hierzu bereits angemerkt, daß ein an sich hochgradig wirksames Werbemittel, z.B. ein Plakat, nur dann zur vollen Entfaltung seiner Werbeenergie gelangt, wenn es in ständiger Wiederholung diejenigen trifft, um die geworben wird. Dieser repetierende Einsatz erst hat zur Folge, daß das Werbeobjekt auf die Dauer in das Bewußtsein der in Frage kommenden Käufer eingeht und sich in ihrem Kaufbewußtsein, wenigstens auf eine gewisse Zeit, hält. Mag jedoch dieser Einsatz noch so kenntnisreich vorgenommen werden und mag allen Forderungen Rechnung getragen werden, die für die Verwendung von Werbemitteln gelten, dann bleibt der Werbemitteleinsatz doch ohne Erfolg, wenn die Werbemittel nicht so gestaltet sind, daß sie die Voraussetzung für eine nachhaltige Wirkung auf die Käufer enthalten.

---

[1] Außer auf die bereits angegebene Literatur zur Werbung sei hier vor allem hingewiesen auf das Buch von H. F. J. KROPFF, Angewandte Psychologie und Soziologie in Werbung und Vertrieb, Stuttgart 1960, das sich in sehr eingehender Weise mit diesen Fragen auseinandersetzt; ferner auf L. v. HOLZSCHUHER, Psychologische Grundlagen der Werbung, Essen 1956.

c) Im Sprachgebrauch der Werbepraxis haben sich immer mehr zwei Ausdrücke durchgesetzt, die in diesem Zusammenhange von Bedeutung sind. Man sagt, ein Werbemittel müsse so entworfen und ausgeführt sein, daß es den Lebensgewohnheiten, dem Lebensstandard und dem geistigen Habitus derjenigen entspreche, um die geworben wird. In diesem Sinne wird der Ausdruck „Hinstimmung" verwendet [1]. Diese Hinstimmung ist ein wichtiges Postulat für den Entwurf und die Gestaltung von Werbemitteln. Ein noch so vorzügliches, auch werbewirksames Inserat verfehlt seinen Zweck, wenn es diejenigen nicht anspricht, für die es bestimmt ist. Dieses Hinstimmen und Abstellen der Werbemittel auf die Aufnahmefähigkeit, den Geschmack und die Lebens- und Wertvorstellungen derjenigen sozialen Gruppen, an die sich die Werbung wendet, unterscheidet den Einsatz künstlerischer Mittel für Werbezwecke grundsätzlich von dem Einsatz künstlerischer Mittel unter rein ästhetischen Aspekten. Der unaufhebbare Abstand zwischen Werbegraphik und freier bildnerischer Gestaltung liegt in der für Werbemittel geltenden Forderung nach Hinstimmung begründet. Das bedeutet kein Werturteil. Nur läßt sich der Unterschied zwischen den beiden Formen künstlerischen Gestaltens mit besonderer Eindringlichkeit an der Tatsache sichtbar machen, daß Hinstimmung ein Kriterium für die künstlerische Gestaltung von Werbemitteln ist, dieses Kriterium aber versagt, wenn es sich um die künstlerische Gestaltung rein ästhetischer Formen und Kompositionen handelt.

d) In vielen Fällen wird im Zusammenhang mit einer Werbeaktion gleichzeitig von mehreren Werbemitteln Gebrauch gemacht. Im Falle solcher Werbemittelkombinationen besteht die Gefahr, daß die Werbemittel nicht hinreichend aufeinander abgestimmt, oder wie man heute sagt, nicht hinreichend miteinander „verkettet" sind [2]. Versteht man unter Verkettung mehr die äußere Verknüpfung der Werbemittel miteinander, beispielsweise auch die Verknüpfung von Werbemitteln, die ein bestimmtes Unternehmen verwendet, mit Werbemitteln, die im Rahmen einer Gemeinschaftswerbung benutzt werden, dann ist Verkettung Sache des Werbemitteleinsatzes, also des Zusammenspiels der Werbemittel in ihrer zeitlichen Abfolge und räumlichen Verknüpfung. Wird aber Verkettung als innere, fast möchte man sagen, ästhetische Abstimmung der von einem Unternehmen benutzten Werbemittel aufgefaßt, dann ist Verkettung mehr ein Akt der Werbemittelgestaltung. Tragen die für die Werbung eines Unternehmens verantwortlichen Personen, die Werbeorganisatoren, Gebrauchsgraphiker und Texter, diesem Grundsatz der inneren Verkettung auf einem hohen Niveau Rechnung, dann kann sich hieraus ein Werbestil entwickeln, der den

---

[1] So auch MAECKER, E. J., Planvolle Werbung, 3. Aufl., Essen 1962; ALBACH, H., Werbung, in: Handwörterbuch der Sozialwissenschaften, Band XI, Sp. 624, 1961.

[2] In diesem Sinne auch MAECKER, E. J., a.a.O., S. 65ff.

Werbemaßnahmen des Unternehmens ein charakteristisches Gepräge gibt. Mittel einer solchen inneren, stilgebundenen Verkettung können zum Beispiel ganz bestimmte Formen der Verpackung, Warenzeichen, Schriftformen, Farben, Farbzusammenstellungen, Werbesprüche, Stereotypfiguren sein. Von Werbestil kann man aber erst dann sprechen, wenn in allen Werbeäußerungen eines Unternehmens eine bestimmte Gesinnung zum Ausdruck kommt.

Es wurde bereits darauf hingewiesen, daß die Warenzeichen, insbesondere auch die Aufmachung bzw. Verpackung der Waren, sofern sie sich nicht durch besondere werbewirksame Gestaltung kennzeichnet, hier nicht zu den Werbemitteln gerechnet werden. Sie gehören in den Bereich der Produktgestaltung. Denn alle Markierungen von Waren durch Warenzeichen oder alle Kennzeichnung von Waren durch eine bestimmte Art der Aufmachung dient der Individualisierung der Erzeugnisse bzw. der Warensortimente, mit denen ein Unternehmen den Markt beliefert. Treibt nun ein solches Unternehmen Werbung, die in diesem Fall dominante und nicht nur akzidentelle Werbung sein wird, dann bedient es sich hierbei der Schutzmarken, die oft sogar zu diesem Zweck geschaffen werden, und auch der Formen und Farben der Verpackung, um sie mit den Methoden der Werbung, also weitgehend mit Methoden der modernen Massenbeeinflussung zum Bestandteil des Bewußtseins breiter Käuferschichten zu machen.

3. Nunmehr seien einige Hauptwerbemittel einer kurzen Betrachtung und Würdigung unterzogen[1].

a) Die Plakatwerbung kann nur dann zur vollen Entfaltung ihrer Möglichkeiten gelangen, wenn sie von allen störenden Einzelheiten, allem technischen und kaufmännischen Detail des Warenangebotes frei ist. Denn das Plakat muß, wenn es wirken soll, mit Stilisierungen, Kontrasten, Pointierungen arbeiten. Dazu bedarf es möglichst großer Freiheit von den technischen und kommerziellen Einzelheiten des Angebots. Erst wenn diese Freiheit gegeben ist, läßt sich jene äußerste Konzentration gebrauchsgraphischer Mittel erreichen, die das Geheimnis der Wirkung großer Plakatwerbung bildet.

Aber es ergibt sich hieraus auch, daß das Plakat nur dort für Werbezwecke verwendbar ist, wo die technischen Einzelheiten des Angebots nicht wesentlich interessieren, also vornehmlich bei der Verbrauchswerbung. Eigentümlicherweise findet man aber vorzügliche Gebrauchs-

---

[1] Speziell zur Frage der Ausgestaltung der Werbemittel sei auf das kenntnisreiche Buch von H. F. J. KROPFF, Die Werbemittel und ihre psychologische, künstlerische und technische Gestaltung, Essen 1961, und auf die Spezialarbeit von B. DUFFY, Advertising Media and Markets, 2nd ed., New York 1950, hingewiesen.

graphiken in Form von Plakaten und Anzeigen auch in Industriezweigen, in denen die Zahl der für die Kaufentscheidung wichtigen technischen Einzelheiten des Warenangebots so groß ist, daß die Werbung bereits wieder auf sie verzichten kann. Das Plakat bringt den Interessenten unter diesen Umständen die bereits bekannte Firma und ihre Erzeugnisse in Erinnerung. Das im Plakat stilisierte Erzeugnis oder die Fabrikmarke oder der Firmenname wird unter solchen Umständen gewissermaßen stellvertretend für die technischen Einzelheiten des Warenangebots verwandt. Eine solche Reklame betreiben Maschinenfabriken und andere Unternehmungen der eisenschaffenden Industrie. Sie wird als Repräsentativwerbung bezeichnet, zum Unterschied von technischer oder Verkaufswerbung — Ausdrücke, die nicht sehr vorteilhaft gewählt erscheinen.

α) Es ist heute unbestritten, daß gebrauchsgraphische Arbeiten Zweckarbeiten sind. Der Wert eines Plakates richtet sich nicht nach seinem ästhetischen Gehalt, sondern nach der Intensität, mit der es Menschen in seinen Bann zieht, die ihm an sich gleichgültig, wenn nicht sogar abweisend gegenüberstehen. Man muß sich dabei vor Augen halten, wie groß und wie ungeordnet die Zahl der optischen Eindrücke ist, denen die modernen Menschen täglich ausgesetzt sind. Trotzdem nimmt ein gutes Plakat von den Menschen Besitz, ohne daß sie sich dieser Tatsache bewußt werden. Wenn dann der Tag kommt, an dem ein bestimmter Bedarf gedeckt werden soll, dann tritt plötzlich ins Bewußtsein, daß es ein Erzeugnis Z gibt, welches in der Lage ist, dieses Bedürfnis zu befriedigen, daß es sicherlich gut ist und daß man es kaufen sollte.

Wenn ein Plakat diese Wirkung erreicht, dann erfüllt es seinen Sinn und seine Aufgabe.

Der Abstand zwischen reiner Kunst und im Dienste der Werbung stehender Gebrauchsgraphik ist unaufhebbar. Aber die künstlerischen Mittel, die in der reinen Kunst und in der Gebrauchsgraphik verwandt werden, sind weitgehend die gleichen. Bei genauerer Betrachtung dieses Problems würde man wahrscheinlich zu dem Ergebnis kommen, daß die Stiltendenzen der jeweils zeitgenössischen Kunst nicht ohne Einfluß auf die gebrauchsgraphische Gestaltung der Plakate sind. Wie sollte es auch anders sein, da sich Künstler von Rang den praktischen Tagesfragen nicht versagen und entscheidend zur Entwicklung der modernen Plakatwerbung beitragen.

β) Es geht über den Rahmen einer betriebswirtschaftlichen Untersuchung hinaus, aufzuzeigen, wie ein Gebrauchsgraphiker ein Plakat entwirft. Jeder gute Gebrauchsgraphiker, der die graphischen Darstellungsmittel beherrscht, weiß, welche Wirkungen er mit dem jedem

Maler bekannten Komplementäreffekt erzielen kann. Aber er weiß auch, daß sich interessante und wirkungsvolle Farbwirkungen erzielen lassen, ohne dem Komplementärprinzip Rechnung zu tragen, etwa, indem statt mit komplementären mit benachbarten Farben gearbeitet wird. Jeder Künstler weiß auch um die Wirkungen, die sich mit Hilfe des Kontrastes zwischen warmen und kalten Farben erreichen lassen, und viele Maler setzen sich ihr Leben lang mit diesem Problem auseinander.

Kein Gebrauchsgraphiker arbeitet ohne Verwendung des Hell-Dunkelkontrastes oder des Kontrastes zwischen reinen und trüben Farben. Jeder Gebrauchsgraphiker kennt die raumbildenden Eigenschaften der Farben, die Wirkungen, die er mit dem Spiel von Licht und Schatten erzielen kann. Er weiß, wie jeder Maler, um die Wirkung eines mehr pastosen oder mehr lasierend vorgenommenen Farbauftrages und um die Möglichkeiten, die ihm die Spannung zwischen großen und kleinen Flächen, zwischen Flächen und Linien, zwischen Oben und Unten, Links und Rechts in der Bildfläche gibt. Er weiß auch, daß er starke Farbigkeit vermeiden muß, wenn er einen bestimmten Bildteil plastisch herausarbeiten will. Und daß er um so mehr auf klaren Umriß, einfache Formen, pointierende Farben und kurze, nach Möglichkeit frappierende Texte Wert legen muß, je mehr es sich um Plakate handelt, die an Anschlagsäulen (Plakatsäulen), Giebelwänden usw. angebracht werden, also an Stellen, an denen Menschen vorbeihasten, die oft nur Bruchteile von Sekunden für den „Anruf des Plakates" zur Verfügung stehen, um einen Ausdruck von KROPFF zu verwenden. Hat aber der Gebrauchsgraphiker ein Plakat zu entwerfen, das in Räumen oder an Haltestellen von Straßenbahnen usw., also überall da angebracht werden soll, wo Menschen warten müssen, mithin mehr Zeit verfügbar ist, um die Plakate wirken zu lassen, dann wird er das Plakat so gestalten, daß es dieser Tatsache Rechnung trägt.

Dabei ist zu berücksichtigen, daß Plakate in der Regel nicht nur aus Bildern, sondern auch aus Texten bestehen und daß der Textgestaltung für die Wirkung eines Plakates keine geringere Bedeutung zukommt als seiner bildnerischen Gestaltung. Die zeichnerische oder typographische Formung des Textes, die Schlagkraft seiner Aussage wirkt nur dann, wenn sie sich mit dem Plakatbild in innerer und äußerer Übereinstimmung befindet. Bild und Text müssen aus derselben Idee stammen, auf die das Plakat abgestimmt ist.

Nun ist allerdings das Verhältnis zwischen Bild und Text bei Plakaten grundsätzlich ein anderes als z. B. bei Inseraten. Da Plakate oft nur Augenblicke zur Wirkung kommen, muß nicht nur das Bild, sondern auch der Text entsprechend gestaltet sein. Das heißt aber: der Text muß „ins Auge springen". Er muß kurz und prägnant sein; für lange

Texte ist auf Plakaten kein Raum. Der Schwerpunkt der Plakate liegt in der bildnerischen Darstellung. Man kann geradezu sagen: ein Plakat, dessen Text man erst lesen muß, wenn man es verstehen will, ist grundsätzlich als verfehlt anzusehen.

Die Tatsache, daß bei Plakaten (Papierplakaten, Affichen) der Text geradezu im Dienste der Wirkung des Plakatbildes steht, erklärt es auch, daß reine Textplakate selten sind. Sie stellen ganz besonders große Anforderungen an das Stilgefühl des Graphikers und an seine Spürsamkeit für die werbliche Wirkung typographischer Formen.

Nun bringt aber erst die Zuordnung von Bild und Text das wirkliche Plakat hervor. Dieser kompositorische Vorgang bei der Plakatgestaltung, bzw. auch bei der Gestaltung von Inseraten und Werbedrucksachen ist es, was die Amerikaner als „Lay-out" bezeichnen.

Die Verteilung von Bild und Text auf der Plakatfläche muß so vorgenommen werden, daß weder die äußere noch die innere Einheit des Plakates zerstört wird. Oft steht der Text sinnlos an irgendeiner Stelle auf der Plakatfläche. Offenbar wußte man nicht, wohin man ihn bringen sollte. Es scheint, daß das Problem des Lay-out nur dann lösbar ist, wenn Bild und Text in der ursprünglichen Konzeption als eine Einheit gedacht sind.

Allein, die genaueste Kenntnis von Funktion und Wirkung des Plakates, die vollkommenste Beherrschung der gebrauchsgraphischen Techniken, die Ausschöpfung aller Möglichkeiten der Textgestaltung und des Lay-out lassen noch kein wirkungsvolles und überzeugendes Plakat entstehen. Wer kein Organ für Farben, Lineament und Flächen hat, wem keine Pointen einfallen und wer kein Gefühl für werbliche Wirkung besitzt, dessen Plakate sind ohne Reiz, und es bleibt dann bei jener phantasie- und temperamentlosen Gebrauchsgraphik, jenen langweiligen Photos und trivialen Texten, an denen die moderne Plakatwerbung ja nicht arm ist.

b) α) Betrachtet man in diesem Blickwinkel Anzeigen (Inserate, Annoncen) als Mittel der Werbung, dann zeigt sich, daß Inserate mehr als Plakate mit der ursprünglichen Bekanntmachungsfunktion der Werbung verbunden sind. Denn viele Anzeigen enthalten eingehende fachliche Angaben über technische und qualitative Eigenschaften der angebotenen Gegenstände, über Preise, auch über Lieferungs- und Zahlungsbedingungen. Derartige „Annoncen" findet man vor allem in technischen Fachzeitschriften und in der Tagespresse, hier besonders häufig unter den sog. „kleinen Anzeigen". Der spezifisch werbliche Charakter solcher Anzeigen tritt um so mehr zurück, je mehr die Anzeigen die Funktion reiner Offerten erfüllen, wie sie im normalen Geschäftsverkehr üblich sind.

Je mehr die Anzeigen jedoch bewußt nach Prinzipien der Werbung gestaltet werden, um so stärker tritt der besondere Charakter solcher Anzeigen als Mittel der Werbung zutage.

Die Grenzen zwischen den beiden Typen einer reinen Offert-Anzeige und einer bewußt als Werbemittel gestalteten Anzeige sind nicht immer scharf zu ziehen. Aber wenn es z. B. in einer Klein-Anzeige heißt: „Im Falle eines Falles klebt Uhu wirklich alles" und diesem Satz eine Zeichnung beigefügt ist, die einen Knaben zeigt, der verzweifelt sein zerbrochenes Modellflugzeug betrachtet, dann ist ein solches Inserat, wenn es auch nur ganz geringen Raum unter den Anzeigen einer Tageszeitung einnimmt, ein bewußt gestaltetes Instrument der Werbung. Oder wenn eine in einer Tageszeitung veröffentlichte Kleinanzeige den Satz enthält: „Mit 8 × 4 wird man sich wieder sympathisch" und 8 × 4 eine Toilettenseife ist, dann ist dieses Inserat eine Anzeige mit hohem werblichen Gehalt, wobei interessant ist, daß in diesem Falle nicht mit den Eigenschaften des Gegenstandes selbst, der Seife, sondern mit den Empfindungen geworben wird, die der Gebrauch der Seife bei denjenigen auslösen soll, die sich ihrer bedienen.

β) Ob ein Inserat die werbende Kraft besitzt, die sich diejenigen von ihm versprechen, die es für Werbezwecke verwenden, ist von vielen Umständen abhängig. Von ihnen interessiert hier nur die Gestaltung des Inserats. Besteht eine Anzeige nur aus Text, dann sind Inhalt und Form des Textes und seine typographische Gestaltung die Faktoren, die den Werbewert der Anzeige bestimmen. Enthält ein Inserat dagegen Text und Bild, dann ist es weder der Text noch das Bild allein, sondern die Zusammenordnung von Text und Bild, das sog. Lay-out, das auf den Betrachter die gewünschte Wirkung ausübt.

Wie bereits an anderer Stelle gesagt wurde, verlangen Plakate in der Regel kurze Texte von wenigen Wörtern, weil oft nur wenige Sekunden zur Verfügung stehen, um auf die Betrachter zu wirken. Die Werbung mit Hilfe von Inseraten weist in dieser Hinsicht nicht ganz die gleichen Voraussetzungen auf, wie die Werbung mit Hilfe von Plakaten. Denn derjenige, der die Anzeigenteile der Tageszeitungen, Zeitschriften oder Buchveröffentlichungen liest, wird, sofern er überhaupt auf die Inserate reagiert, bereit sein, den Anzeigen mehr Zeit zu widmen, als ihm das in der Regel bei einem Plakat möglich ist. Hieraus ergibt sich, daß die Inseratwerbung längere Texte bringen kann. Da aber ein langer Text im Rahmen eines Inserats nicht als solcher bereits Anziehungskraft auf den Leser ausübt, muß der Leser gewissermaßen dazu gezwungen werden, diesen Text auch zu lesen. Das geschieht in der Regel auf die Weise, daß der Text mit einer Textüberschrift versehen wird, die durch ihren Inhalt und durch ihre typographische Formgebung den Blick des Lesers auf sich zieht. Ist die „Schlagzeile", besser: der Werbespruch, der „Slogan", blaß und ohne Akzent, dann wird es zur Lektüre des Inseratentextes wahrscheinlich gar nicht kommen. Das Inserat bleibt dann ohne Wirkung.

Wird für ein Inserat ein längerer Text gewählt, dann muß der Text bestimmte Eigenschaften der Werbeobjekte oder Vorteile, die den Käufer beim Erwerb der Waren erwarten, so attraktiv wie möglich schildern, denn nicht das Was, sondern das Wie des Textes, d.h. die „Argumentation" entscheidet über seine Wirkung auf die Käufer. Ob und in welchem Umfange die Methodik der Argumentation erlernbar ist, soll hier nicht erörtert werden. Zu großen Leistungen gehört aber auch hier Begabung, d.h. nicht nur Sinn für sprachliche Möglichkeiten und Wirkungen, sondern auch Anpassungsfähigkeit an den geistigen Habitus derjenigen, an die sich das Inserat wendet.

Daß von dem Schriftbild, welches für den Reklametext gewählt wird, unterschiedlich starke Wirkungen auf die Leser ausgehen, ist bekannt. Aber der Text ist auch hier wiederum an den Stil gebunden, den ein Unternehmen für seine Werbung bevorzugt und der im Grunde der Stil des Unternehmens selbst ist. Ist dabei das Schriftbild nicht auf den Leserkreis abgestimmt, auf den das Unternehmen für seine Erzeugnisse oder Dienste reflektiert, dann bleibt ohne Wirkung, was vielleicht für andere Käufergruppen wirkungsvoll gewesen wäre.

Auf den werbewirksamen Wert des Slogans macht besonders KROPFF aufmerksam[1]. Er ist ein sehr wichtiges Werbeelement, um dessen werbewirksame Gestaltung man sich vor allem in den USA intensiv bemüht. Im Slogan soll die Idee, die einer bestimmten Werbung zugrunde liegt, in einer äußerst knappen, appellierenden Darstellung zu höchstem Ausdruck gebracht werden. In der Regel handelt es sich um einen kurzen Satz von nur wenigen Worten, die leicht im Gedächtnis haften bleiben. KROPFF gibt als Beispiel an: „Gut, weil Ford ihn baut."

Man muß in diesem Zusammenhange auch berücksichtigen, daß die Wirkung des Schriftbildes, abgesehen von der typographischen Gestaltung, auch von der Qualität des Druckes und des Papieres abhängig ist.

Die Inseratenwerbung verlangt keineswegs immer längere Texte. Es gibt Anzeigen mit ganz kurzen, sloganähnlichen Texten und gerade sie haben oft den größten Erfolg. Im allgemeinen aber kann sich die Anzeigenwerbung mehr als die Werbung mit Plakaten die Vorteile zunutze machen, die längere und ausführlich gehaltene Texte der Argumentation bieten.

---

[1] KROPFF, H. F. J., Die Werbemittel und ihre psychologische, künstlerische und technische Gestaltung, Essen 1961, S. 47ff. u. 83ff.

Nun steht aber für die Inseratwerbung auch die Illustration mit ihren vielen Möglichkeiten zur Verfügung, sei es, daß es sich hierbei um farbige Darstellungen oder um Illustrationen in Schwarz-Weißmanier oder um Photographien handelt. Das Bild, die Zeichnung oder die Photographie kann den Text so stark zurückdrängen, daß sich das Inserat mehr dem Stil des Plakates nähert. Das Bild kann im Inserat aber auch eine mehr illustrierende Aufgabe haben, derart, daß es mit seinen Mitteln nochmals unterstreicht, was der Text sagt. In diesem Falle ersetzt das Bild gewissermaßen den Werbespruch, der bei reiner Textwerbung die Aufgabe hat, die Aufmerksamkeit der Leser auf das Inserat und damit auf den Inhalt des Textes zu ziehen.

Spricht in einem Inserat das Bild für sich selbst, bringt es mit einfachen, mehr primitiven oder mit künstlerischen Mitteln zur Darstellung, was auszusagen ist, dann gelten für die Gestaltung solcher Illustrationen alle Überlegungen und Gesichtspunkte, wie sie im Zusammenhang mit den Fragen beschrieben wurden, die bei der künstlerischen und werbewirksamen Gestaltung von Plakaten erörtert wurden. Wie bei den Plakaten wird der Gebrauchsgraphiker versuchen, mit den Mitteln der Zeichnung, der Farbe und der Komposition, hier Komposition im Sinne von „Lay-out" verstanden, jene Wirkung zu erzielen, die von seiner Zeichnung oder seinem Bild verlangt wird.

Ein großes und schwieriges Problem der Inseratwerbung besteht jedoch darin, daß Text und Illustration nach Inhalt und formaler Gestaltung auf den gleichen Ton abgestimmt sein müssen, wenn das Inserat wirken soll. Ist beispielsweise der Text sehr unmittelbar und zupackend gehalten, dann kann es ein Fehler sein, wenn die Illustration zu diesem Text in einer sehr dezenten Federzeichnung besteht. Und es geht auch nicht an, einen sehr überlegen und elegant geschriebenen Text mit einer in Form und Farbe groben Illustration zu versehen, wie man es oft findet. Im Grunde ist es Sache des Stilgefühls von Textern und Graphikern, daß jene innere Einheit zwischen Text und Illustration hergestellt wird, die zu einem guten Inserat gehört.

In welchem Umfange ist es nun aus Gründen der Werbung zulässig oder zweckmäßig, Situationen, die nichts mit dem Gegenstand der Werbung zu tun haben, zum Beispiel historische Begebenheiten oder gesellschaftliche Ereignisse usw., für Werbezwecke zu verwenden? Es gibt große Leistungen auf diesem Gebiete. Aber es stellt sich doch die Frage, wo die Grenzen der Werbewirksamkeit solcher Art von Inserat- und Plakatwerbung liegen. Werden zum Beispiel Text und Illustration auf Geschehnisse bei der Gewinnung und Verarbeitung der Rohstoffe abgestellt, aus denen das Werbeobjekt fabriziert wird, dann ist zweifellos eine hinreichend strenge innere Bezogenheit zwischen dem Werbegegenstand auf der einen, Text und Illustration auf der anderen Seite gegeben. Aber es gibt Grenzfälle, in denen auf sehr künstliche Weise die Verbindung zwischen dem Gegenstand selbst, für den geworben wird, und dem Text bzw. der Illustration hergestellt wird. Nur überlegene Beherrschung der graphischen Darstellungsmittel und der Textgestaltung kann in solchen Grenzfällen die Kluft überbrücken, die zwischen dem Gegenstande selbst und dem Text und der Illustration droht.

Bei der Gestaltung eines Inserates als Werbemittel muß stets berücksichtigt werden, daß für die Gestaltung der Anzeigen nicht der Raum zur Verfügung steht wie etwa bei dem Entwurf von Plakaten. Natürlich kann man nicht sagen, daß die Wirkung einer Anzeige in erster Linie eine Funktion ihrer Größe sei. Sie ist vielmehr in erster Linie eine Funktion der Qualität, wenn man von den anderen Umständen absieht, von denen die Wirkung der Inserate abhängig ist. Wenn für ein Inserat nur wenig Raum zur Verfügung steht, dann muß diesem Umstande bereits beim Entwurf der Anzeige Rechnung getragen werden, denn große Inserate lassen andere Mittel und Möglichkeiten der Inseratgestaltung zu als kleine Inserate.

Nicht jedes Inserat ist für jede Zeitschrift oder Zeitung oder überhaupt für jedes Publikationsorgan geeignet. Denn es setzt, um werbewirksam zu werden, ein bestimmtes Druckverfahren voraus. Diese Verfahren zeigen aber große Unterschiedlichkeit. Außer dem Druckverfahren ist es das von der Zeitung, Zeitschrift u. a. verwandte Papier, das beim Entwurf eines Inserates, insbesondere beim Entwurf von Großinseraten berücksichtigt werden muß. Wenn es sich um Anzeigen handelt, die in Tageszeitungen erscheinen sollen, dann läßt das verwandte Rotationspapier nur in seltenen Fällen eine differenzierte und nuancierte Wiedergabe zu. Anders steht es mit den wöchentlich erscheinenden Beilagen, die oft in Tiefdruck und auf glattem Papier gebracht werden. Illustrierte Zeitungen erlauben im allgemeinen einen besseren Druck (Tiefdruck, Offsetdruck, Buchdruck) auf Illustrations- und Kunstdruckpapier. Sie stehen auch für farbige Wiedergaben zur Verfügung. Aus allen diesen Gründen gibt es für die werbliche Ausgestaltung von Anzeigen in solchen Publikationsorganen mehr Freiheit als in Tageszeitungen.

Anders liegen die Dinge, wenn die Anzeigenwerbung in Fachzeitschriften betrieben wird, z. B. in Fachzeitschriften für bestimmte Industriezweige, Sparten des Einzelhandels oder des Großhandels. Die Tatsache, daß es sich in diesem Fall um Fachleute handelt, auf die die Werbung zielt, bedeutet, daß auch die Anzeigen anders gestaltet werden müssen als dann, wenn direkt um Verbraucher geworben wird.

Probleme ganz besonderer Art bietet die Werbung, die mit Serienanzeigen arbeitet.

Wie die Erfahrung zeigt, machen vor allem die großen Markenfirmen von dieser Art der Anzeigenwerbung Gebrauch. (Das gilt in entsprechender Weise auch für die Plakatwerbung.) Im Falle der Serienwerbung sind die einzelnen Anzeigen (bzw. Plakate) Teile einer ganz bestimmten Abfolge von Inseraten (oder Plakaten). Die besondere werbepolitische Aufgabe besteht nun darin, der mit einer Abfolge monotoner Eindrücke verbundenen Gefahr der Ermüdung und des Desinteressements zu entgehen. Aus diesem Grunde verfährt man im allgemeinen so, daß die Inserate oder Plakate das Thema, auf das die ganze Serie abgestimmt ist, abwandeln. Zwar lassen sich starke Werbewirkungen mit der monotonen Herausstellung immer des gleichen Inserates oder Plakates während eines längeren Zeitraumes erzielen. Aber im allgemeinen herrscht doch die Tendenz vor, nicht immer wieder die gleichen Inserate oder Plakate zu verwenden, sondern das Thema abzuwandeln, und zwar derart, daß gemäß dem Prinzip der Verkettung alle zur Serie gehörenden Anzeigen gleichbleibende Bestandteile enthalten. Konstant sind z.B. die Wort- oder Bildmarken oder bestimmte Farbenzusammenstellungen oder die Verpackung usw. Oft auch geht man so vor, daß man eine bestimmte Werbefigur verwendet, beispielsweise einen erfolgreichen Geschäftsmann oder einen Seemann von einem bestimmten Typ oder einen Fachmann, der für die Qualität der angebotenen Ware bürgen soll usw. Das Detail dagegen wird variiert.

Diese Serienanzeigen (wie auch die Serienplakate) finden in immer stärkerem Maße Anwendung. Die Erfolge, die sich mit ihnen erzielen lassen, sind groß.

c) **Die Leuchtwerbung (Lichtreklame)** beruht weitgehend auf dem Kontrast von Hell und Dunkel. Schwarz ist stets eine Farbe, die andere Farben zum Leuchten bringt. Nicht nur weißes, sondern auch buntes Licht gewinnt an Intensität, wenn es vor einem dunklen Hintergrund, zum Beispiel einer dunklen Hausfassade oder dem Nachthimmel steht. Diesen Hell-Dunkelkontrast kann man sich in mannigfacher Weise zunutze machen. Man kann mit Hilfe unbeweglicher Leuchtwerbung werben. In diesem Falle bleibt der Werbetext im Zeitablauf unverändert. Bewegliche Leuchtwerbung liegt dagegen dann vor, wenn man sich bei der Werbung der Wechselschrift oder der Wanderschrift (Laufschrift) bedient. Mit der Mischung von Werbetexten und aktuellen Nachrichten lassen sich zudem gewisse Wirkungen erzielen. Größere Bedeutung wird diese Methode aber nicht besitzen.

Die Wirkung der Leuchtwerbung hängt, wie die aller Werbemittel, zwar nicht allein, aber doch in entscheidendem Maße davon ab, ob die Leuchtmittel so ausgewählt und gestaltet sind, wie es die konkrete Situation erfordert. Es gibt hier viele Gestaltungsmöglichkeiten, und es läßt sich nicht allgemein sagen, welches die richtige Form der Leuchtwerbung ist. Wenn z. B. ein großes Versicherungsunternehmen ein bei Tage weithin sichtbares Hochhaus errichtet hat, dann kann dieses Hochhaus zu Werbezwecken verwandt werden, wenn man es in der Dunkelheit mit Hilfe von Scheinwerfern anstrahlt. Auf ähnliche Weise lassen sich auch Plakate oder Firmenschilder beleuchten. Als sehr wirksam hat sich eine Leuchtwerbung erwiesen, bei der die Reklamefläche, z. B. Hauswand und Giebelwand, indirekt beleuchtet wird, so daß sich das eigentliche Werbeobjekt dunkel bzw. matt erleuchtet gegen die helle Wand abhebt.

Die heute am meisten gebräuchlichen Leuchtmittel sind neben der elektrischen Glühlampe die Leuchtstoffröhren. Sie lassen sich leicht zu Schriftzeichen oder zu irgendeiner anderen Ornamentik formen und besitzen auch eine für Werbezwecke ausreichende Farbskala. Von den Möglichkeiten der Leuchtwerbung machen beispielsweise die großen Markenartikelunternehmen Gebrauch, wenn sie in den Hauptzentren des Verkehrs und in den Hauptgeschäftsstraßen der Städte für ihre Erzeugnisse werben. Da diese Werbung auf weite Entfernung wirken soll, ist man gezwungen, möglichst wenig Buchstaben zu wählen oder sich überhaupt nur auf das Markenzeichen oder auf ganz wenige kennzeichnende Elemente zu konzentrieren, wobei die Leuchtkörper entsprechend groß gewählt werden müssen. Aus diesen Gründen kann Leuchtreklame in der Hauptsache auch nur Ergänzungsreklame sein.

Nun wird aber die Leuchtwerbung, wie sie an den Hauptverkehrszentren vornehmlich von Herstellerfirmen betrieben wird, in die Fülle von Licht- und Farbeffekten der an diesen Stellen konzentrierten Werbung eingesogen. Damit entsteht die Gefahr, daß die Leuchtwerbung eines einzelnen Unternehmens ihre individuelle Wirkung verliert. Infolge dieser Konkurrenzreklame sind die Werbetreibenden gezwungen, immer neue Leuchteffekte ausfindig zu machen, um die Wirkung der eigenen Werbung in dem großen Strom von Helligkeiten und Farben zu erhalten. Es ist bekannt, daß ein bestimmter Helligkeitsgrad, der für einen Gegenstand gewählt wird, einen Gegenstand mit etwas niedrigerem Helligkeitsgrad bereits dunkel erscheinen läßt. Und eine starke Farbe kann weniger starken Farben jede Wirkung nehmen.

Da die Leuchtwerbung eines Unternehmens auf die geschilderte Weise in Farb- und Helligkeitskonkurrenz mit der Leuchtreklame der anderen, an dieser Stelle ebenfalls Leuchtwerbung treibenden Unternehmen steht, bedürfte es an sich der Abstimmung der gewählten Farben und Helligkeitsgrade mit den Farben und Helligkeitsgraden der an dieser Stelle konkurrierenden Werbung. Da das aber nicht möglich ist, bleibt immer die Gefahr bestehen, daß die Wirkung der eigenen Werbung in der Fülle von Farb- und Lichteffekten untergeht.

Diese bunte Farbigkeit wird noch dadurch gesteigert, daß die Firmenschilder, auch die Konturen und Schaufenster der Einzelhandelsgeschäfte unter Verwendung von buntem Neonlicht beleuchtet werden. Für diese Beleuchtungswerbung gilt dann allerdings die Forderung, daß sie sich dem Stil der Geschäfte anpaßt, für die sie wirbt.

d) Die Herstellung und Verwendung von Filmen für Werbezwecke bietet gegenüber anderen Werbemitteln gewisse Vorteile, und zwar deshalb, weil der Film die Möglichkeit gewährt, Handlung zu bringen. Diese Handlung mag darin bestehen, Gegenstände oder Dienste, für die geworben wird, in vielfältigen Situationen zu zeigen. So ist es z.B. mit den Mitteln des Films möglich, den Herstellungsprozeß des Gegenstandes oder die gesamte Fabrikanlage oder die Verwendungsmöglichkeiten der Erzeugnisse oder Waren so werbewirksam vorzuführen, daß die Zuschauer gefesselt werden. Viele Menschen haben zudem heute ein ausgesprochenes Interesse für technische Vorgänge. Werden außerdem die Vorteile, die der Gebrauch des Werbeobjektes bietet, im Film einfallsreich und amüsant gebracht, dann pflegt ein solcher Film nicht ohne Werbewirkung zu bleiben. Eine besondere Anziehungskraft können Trickfilme ausüben.

Die Filmwerbung bietet also an sich günstige Voraussetzungen für einen guten Werbeerfolg, insbesondere deshalb, weil die Zuschauer in dem abgedunkelten Raum praktisch gezwungen sind, den Film anzusehen. Nun laufen aber Werbekurzfilme nur wenige Minuten, und in der Regel werden mehrere solcher Filme hintereinander vorgeführt. Dieses kurzfristige Nacheinander der Filme birgt die Gefahr in sich, daß sich die Eindrücke, die die Zuschauer aus dem Film empfangen, verwischen und nicht haften bleiben. Wählt man Filme von längerer Dauer, dann muß man beachten, daß solche Filme in Konkurrenz mit dem Hauptfilm stehen. Ist der Niveauunterschied zwischen dem Werbefilm und dem Hauptfilm zu groß, dann wird möglicherweise der Eindruck, den die Zuschauer vom Werbefilm erhalten haben, durch den stärkeren Eindruck des Hauptfilmes ausgelöscht.

Nun gibt es aber nicht nur in Lichtspieltheatern Werbefilme. Vielmehr kann bei vielen Gelegenheiten mit Erfolg von Werbefilmen Gebrauch gemacht werden. Man denke z.B. an die Vorführung von Werbefilmen im Anschluß an Betriebsbesichtigungen. Oft auch sind Werbefilme ganz besonders gut geeignet, Kunden, z.B. Einzelhändler, mit neu einzuführenden oder verbesserten Erzeugnissen bekannt zu machen.

Die Möglichkeiten also, die der Film für Werbezwecke bietet, sind groß. Wie bei jeder Werbung, so hängt auch in diesem Falle die Wirkung des Werbemittels in erster Hinsicht von seiner Güte ab.

In diesem Zusammenhange sei noch kurz auf die Werbung mit Hilfe von Diapositiven eingegangen. Man findet sie vor allem in Lichtspieltheatern. Bei der Diapositivwerbung handelt es sich um die Vorführung von unbeweglichen Bildern. Die Stehdauer der vorgeführten Diapositive ist sehr kurz. Innerhalb kürzester Zeit jagt deshalb ein Eindruck den anderen. Oft stößt überhaupt die Vorführung solcher Diapositive auf Ablehnung. Immerhin gewährt die Diapositivwerbung den Vorteil, daß man die Lichtspieltheater aussuchen kann, in denen Diapositive vorgeführt werden sollen. Damit erhält man die Möglichkeit, die Werbung in diejenigen regionalen Bezirke und in diejenigen Käufergruppen zu streuen, an denen den Werbenden besonders gelegen ist.

e) **Werbung mit Hilfe des Rundfunks** stellt eines der jüngsten Werbemittel dar. In vielen Ländern, insbesondere in den USA, hat diese Art zu werben größte Verbreitung gefunden. In anderen Ländern, z. B. Deutschland, wird von ihr nur in begrenztem Umfang Gebrauch gemacht. Es gibt in Deutschland Sender, die den Werbefunk grundsätzlich ablehnen.

Es gibt Werbefunksendungen mit gesprochenem oder gesungenem Text, mit oder ohne instrumentale Begleitung. Die Ausdrucksfähigkeit der menschlichen Stimme, die auf diese Weise in den Dienst der Werbung gestellt wird, die musikalischen Möglichkeiten, die der Werbefunk bietet, die Freiheit der Textgestaltung, die Einflußnahme auf die Sendezeiten lassen Werbeerfolge erwarten, die dann als groß anzusehen sind, wenn die Werbesendung der Mentalität der Bevölkerung eines Landes entspricht. Hinstimmung und Verkettung bilden auch hier die grundsätzlichen Forderungen für eine werbewirksame Gestaltung der Werbefunksendungen.

In der Tatsache, daß der Werbefunk nur auf akustischem Wege zu wirken vermag, liegen die Grenzen seiner erfolgreichen Verwendung. Zwar kann das Fehlen optischer Wirkungen durch suggestive Gestaltung der Sendung ausgeglichen werden, aber es bleibt doch die Tatsache bestehen, daß der Mangel an optischen Möglichkeiten Werbefunksendungen immer nur als Ergänzungswerbung in Frage kommen läßt.

Die **Fernsehwerbung** ermöglicht es, mit akustischen Eindrücken optische Eindrücke zu verbinden. Sie vermag deshalb größere Wirkungen zu erzielen als der lediglich mit akustischen Mitteln arbeitende

Werbefunk. Ihr kommt deswegen auch größere und in letzter Zeit ständig steigende Bedeutung zu.

Werbefunk und Werbefernsehen erweisen sich vor allem für Gegenstände des Massenbedarfs als erfolgreich. Einerseits sind die Kosten für die Sendezeiten außerordentlich hoch, andererseits wird eine sehr breite Streuwirkung erzielt. Vor allem große Markenartikelfirmen machen von den sich hier bietenden Möglichkeiten Gebrauch.

In Deutschland stoßen Werbefunk und Werbefernsehen auf Schwierigkeiten, weil viele Menschen die Werbesendungen als störend empfinden und sie deshalb grundsätzlich ablehnen. Es besteht dabei sogar die große Gefahr, daß sich diese Ablehnung von Werbesendungen auf Rundfunk und Fernsehen selbst überträgt. Aus diesem Grunde streuen auch die Rundfunkanstalten die Werbesendungen nicht über die gesamte Sendezeit, sondern konzentrieren sie auf bestimmte Tageszeiten. Den Fernsehwerbesendungen versuchen die werbenden Firmen mehr den Charakter von Unterhaltungssendungen zu geben, in denen nur nebenbei geworben wird.

f) Bei den **Werbebriefen** wird zwischen Einzelwerbebriefen und Massenwerbebriefen unterschieden. Die Einzelwerbebriefe sind in der Regel mit der Maschine geschriebene, individuell gehaltene, an bestimmte Adressaten gerichtete Schreiben, in denen der Werbende in möglichst enger Anlehnung an die geschäftsüblichen Offerten Angebote unterbreitet. Die Möglichkeiten, mit Hilfe dieser Einzelwerbebriefe zu werben, sind sehr begrenzt, insbesondere dann, wenn der Streubereich und die Streudichte der Werbung groß sind. Unter solchen Umständen besteht werbetechnisch ein gewisser Zwang, mechanisch vervielfältigte Werbebriefe herzustellen, die dann wie Einzelwerbebriefe an die Adressaten persönlich gerichtet werden. Die Werbung mit Hilfe solcher Werbebriefe kann auch in Form der Versendung von Werbebriefserien vorgenommen werden. In diesem Fall werden die Werbebriefe in einer bestimmten zeitlichen Abfolge, verkettet durch sich zunehmend ergänzende Argumentation, den Adressaten zugestellt.

Werbebriefe der zuletzt geschilderten Art pflegen um so wirksamer zu sein, je mehr sie nach Form und Inhalt einem regulären Warenangebot gleichen. Dieses Ziel ist selbstverständlich nur in Annäherung erreichbar. Aber je mehr man ihm bei der äußeren und inneren Gestaltung der Werbebriefe nahe kommt, um so größer werden die Chancen sein, daß die Briefe gelesen werden.

Die modernen Vervielfältigungsmittel sind in der Lage, einer solchen Forderung, wenigstens was die äußere Aufmachung von Werbebriefen anbetrifft, weitgehend gerecht zu werden. Aber wie viele Werbebriefe gehen täglich in den Büros großer Industrieunternehmen oder Handelshäuser, in den Einzelhandelsgeschäften, bei Architekten, Anwälten, Ärzten usw. ein, die gar nicht gelesen werden, da sie sofort als Werbebriefe kenntlich sind. Im allgemeinen wird nur von denjenigen Werbebriefen Kenntnis genommen, die wenigstens zunächst den Eindruck erwecken, daß sie reguläre Geschäftsbriefe sind. Man fragt sich oft, ob es nicht richtiger sei, eine geringere Zahl von individuell geschriebenen Briefen zu versenden, als jene Flut von Werbebriefen, mit denen die Käufer heute überschüttet werden.

Oft wird die Frage diskutiert, ob es zweckmäßig sei, Werbebriefe zu drucken und mit Illustrationen zu versehen. Wenn man an der hier vertretenen Auffassung festhält, daß Werbebriefe um so wirksamer zu sein pflegen, je mehr sie nach Form und Inhalt regulären geschäftlichen Angeboten entsprechen, dann wird man dem Druck und der Illustration von Werbebriefen nur mit Vorbehalten zustimmen können. Es erscheint auch fraglich, ob es richtig ist, einem Werbebrief Prospekte beizulegen.

Nun ist aber der Erfolg von Werbebriefen nicht nur von ihrer äußeren Aufmachung, sondern auch von der inhaltlichen Gestaltung des Textes abhängig. Daß dieser Text auf den konkreten Zweck und die konkrete Sachlage abgestimmt sein muß, ist selbstverständlich. Handelt es sich z. B. darum, ein bestimmtes Textilerzeugnis oder einen bestimmten Haushaltsgegenstand neu einzuführen, dann richtet sich die Werbung für diese Gegenstände in erster Linie an die Geschäfte des Einzelhandels. Daß die Verwendung von Werbebriefen unter solchen Umständen eine besonders zweckmäßige Form der Werbung ist, steht außer Zweifel. Aber es ist auch ebenso klar, daß Werbebriefe nach Form und Inhalt auf eine andere Weise zu gestalten sind, wenn es sich um Werbung bei Verbrauchern handelt. Schließlich gilt auch hier, daß die Werbebriefe nach Form und Inhalt in geschickter Weise variiert, aber auch verkettet sein müssen, wenn die Briefe in einer bestimmten Abfolge versandt werden sollen.

g) Zu den Werbedrucken rechnen vornehmlich Handzettel, Flugblätter, Werbeschriften, Gütezeugnisse, Empfehlungsschreiben, Hauszeitschriften, Broschüren, Prospekte, Preislisten, Gebrauchsanweisungen, Kataloge u. a. Nur auf zwei dieser Werbedrucke sei hier kurz eingegangen, da das, was für sie gilt, in mehr oder weniger großer Annäherung auch für die anderen Werbedrucke gilt.

α) Den Prototyp der modernen Werbedrucksache bildet der Prospekt. Es gibt ihn in vielen Abwandlungen, angefangen vom gefalteten oder nicht gefalteten Handzettel über die Gebrauchsanweisung bis zum eigentlichen Werbeprospekt, der sich bereits dem Katalog annähert. In der Regel enthalten die Prospekte eine genaue Beschreibung der angebotenen Waren, vor allem Angaben über Maße, Gewichte, Raumbedarf, Energieverbrauch, Arbeitsweise, Leistungsfähigkeit, Verwendbarkeit usw. der Gegenstände, außerdem Angaben über Preise, Lieferungs- und Zahlungsbedingungen.

Die Prospekte sind im Regelfall mit Abbildungen der Erzeugnisse oder Waren versehen. Auf eine wirklichkeitsgetreue Form dieser Abbildungen muß Wert gelegt werden. Aus diesem Grunde werden Photographien, gegebenenfalls auch technische Zeichnungen bevorzugt.

Die Gestaltung der Prospekte gibt Raum für die Entfaltung vieler werbewirksamer Möglichkeiten. Format, Umfang, Papier, Farbe, Textgestaltung, Abbildungen, Drucktechnik und Lay-out, alle diese Faktoren lassen ungezählte Formen erfolgreicher Gestaltung von Prospekten zu.

β) Wie bereits angedeutet, sind die Übergänge zwischen Prospekten und Katalogen flüssig. Denn, wie ein guter Prospekt, so unterrichtet auch ein Katalog über die Eigenschaften und technischen Einzelheiten der angebotenen Waren, über Preise und Lieferungsbedingungen usw. Da die Preise im allgemeinen mehr schwanken als die Eigenschaften der Erzeugnisse, werden die Preise oft zu besonderen Preislisten zusammengestellt und getrennt zum Versand gebracht. Dabei bieten diese Preislisten dann wiederum Möglichkeiten für werbliche Ausgestaltungen.

Es gibt Kataloge, die das ganze Warensortiment eines Unternehmens enthalten. Oft aber geben die Unternehmen auch nur für bestimmte Waren oder Erzeugnisse Teil- oder Spezialkataloge heraus.

Die Kataloge großer Unternehmen mit umfangreichem Produktionsprogramm oder Warensortiment kennzeichnen sich oft durch Hunderte von Positionen mit den für die Aufgabe von Bestellungen erforderlichen Einzelheiten. Handelt es sich um die Kataloge von Versandhäusern, so geben sie in der Regel auch Anweisungen darüber, wie die Maße der zu bestellenden Waren ermittelt werden sollen.

Fragt man nach den Prinzipien der Gestaltung von Katalogen, dann zeigt sich sofort, daß eine große Anzahl von Forderungen Berücksichtigung verlangt. Es gibt Geschäftszweige, in denen die Kataloge vollkommen sachlich ohne jedes spezifisch werbliche Attribut hergestellt werden. Rein technische Angaben, Zeichnungen, sachgetreue Abbildungen füllen solche Kataloge. Man kann im Zweifel darüber sein, ob sie infolge dieses Fehlens jeglichen werblichen Details überhaupt den Charakter spezifischer Werbemittel besitzen. Sie wirken mehr durch den Reichtum ihres Inhaltes, die Vorzüglichkeit und gegebenenfalls auch durch die Preiswürdigkeit der angebotenen Waren als durch besonders werbewirksame Textgestaltung, Argumentation oder graphische Ausgestaltung. Das Sortiment ist es, durch das unter diesen Umständen die Kataloge wirken und nicht die Hand des Gebrauchsgraphikers oder der Einfall des Textschreibers. In anderen Fällen gibt dann wiederum die Kataloggestaltung den Textern und Gebrauchsgraphikern und der gestaltenden Kraft des Lay-out um so mehr Raum. In der Regel aber wird man sagen können, daß die werbende, hier besser: die akquisitorische Wirkung von Katalogen sowohl auf der Reichhaltigkeit und Güte des Produktionsprogramms bzw. Sortimentes, also auf ,,Produktdifferenzierung", als auch auf dem Einsatz typischer werblicher Mittel wie Textgestaltung, Argumentation, Gebrauchsgraphik, Lay-out usw. beruht. Die akquisitorische Wirkung von Katalogen ist in dem einen Fall mehr die Folge der Produkt- und Sortimentsgestaltung des Unternehmens, im anderen Falle mehr das Ergebnis der wirksamen Verwendung spezifisch werblicher Mittel bei der Kataloggestaltung.

h) Nur kurz sei zum Abschluß dieser Erörterungen über die Prinzipien wirkungsvoller Gestaltung von Werbemitteln auf die sog. Schaufensterwerbung eingegangen. Der Ausdruck Schaufensterwerbung trifft nicht ganz den Sachverhalt, der hier gemeint wird. Denn das Schaufenster, das raffinierteste Werbemittel moderner Verkaufstechnik, bildet heute in der Regel nur einen Teil jener Werbeeinheit, die aus Außenfront, Schaufenstern und Inneneinrichtung der Verkaufsräume besteht. Indem die Außenfront in die werbende Wirkung der Schaufenstergestaltung einbezogen wird, um sich in der Raumgestaltung der Läden und ihrer Einrichtungen erneut zu dokumentieren, steigert sich das akquisitorische Potential derartiger Geschäfte weit über die werbenden Wirkungen hinaus, die die Schaufensterauslage als solche bereits in früheren Zeiten zu erreichen imstande war.

So sehr es nun richtig ist, daß die Schaufensterwerbung vor allen anderen Werbemitteln den Vorteil besitzt, das Warenangebot im Original vorzuführen, so unbestreitbar ist es auf der anderen Seite, daß diese Tatsache allein noch nicht genügt, um die besondere Wirkung der Schaufensterwerbung zu erklären. Erst die gestaltende Kraft des Innenarchitekten, die Kunst der Dekorateure, die werbewirksamen Formen der Markenartikel und der Markenwaren in den Schaufenstern, Regalen, Vitrinen, in den Läden selbst und ihre Anordnung und die Unterstützung, die oft die großen Markenartikelunternehmen den Ladengeschäften bei der Ausgestaltung ihrer Schaufenster und Verkaufsräume durch die Bereitstellung von Mustern, Schaupackungen, Modellen, Plakaten und anderem gewähren, läßt jene erhöhte Kaufbereitschaft unter den Kunden entstehen, an der allen Verkaufenden so sehr gelegen ist.

Man mag im einzelnen darüber streiten, welches der richtige Dekorationsstil für ein Unternehmen ist, ob für das Unternehmen ,,leere" oder ,,volle" Schaufenster vorzuziehen sind, ob es zweckmäßig erscheint, die ausgestellten Waren mit Preisen auszuzeichnen oder hierauf zu verzichten. Auf alle diese und viele andere Fragen, die mit der Schaufensterwerbung in Zusammenhang stehen, läßt sich keine allgemein gültige Antwort finden. Wie sollte das auch möglich sein, da doch die Schaufensterwerbung, wie alle Werbung, der Erfindungsfähigkeit und der anschaulichen Phantasie derjenigen den größten Spielraum gibt, die sie gestalten.

B. Die Verwendung der Werbemittel.

1. Die absatzpolitischen Ziele der Werbung.
2. Die Bestimmung der Werbeobjekte.
3. Die Auswahl der Gruppen.
4. Die Streuung der Werbemittel.
5. Der wirksamste Gebrauch der Werbemittel.
6. Der Zeitpunkt der Werbung.

1. Die Wirkung von Werbemitteln ist einmal von ihrer Beschaffenheit abhängig. Dieser Fragenkreis wurde in Abschnitt II behandelt. Die Wirkung der Werbemittel bestimmt sich aber auch nach dem Gebrauch, der von ihnen gemacht wird. Mit diesen Fragen, also mit der Verwendung der Werbemittel, setzen sich die folgenden Abschnitte auseinander.

Wenn man Werbung betreiben will, dann muß man sich über die absatzpolitischen Ziele klar sein, die man erreichen will. Diese Ziele lassen sich kurz so kennzeichnen:

a) Ein Unternehmen hat einen gewissen Absatz erreicht. Es beabsichtigt nicht, seinen Absatz zu forcieren. Seine finanziellen, technischen und akquisitorischen Möglichkeiten sind nicht groß genug, um den Widerstand zu überwinden, den der Markt einer weiteren betrieblichen Expansion entgegensetzt. Das Unternehmen ist jedoch bemüht, so sei angenommen, seinen Absatz zu halten und zu sichern. Wird zu diesem Zwecke Werbung betrieben, dann steht eine solche „Erhaltungswerbung" im Dienste dieser absatzpolitischen Zielsetzung. Praktisch kann es hierbei durchaus so sein, daß nur ein verhältnismäßig geringer Werbeaufwand notwendig ist, um dieses Ziel zu erreichen. Oft genügt eine gelegentlich durchgeführte Werbung, um im Bewußtsein der Käufer zu bleiben. Für diesen Sachverhalt gebraucht man auch den Ausdruck „Erinnerungswerbung". Bei ungünstiger Marktentwicklung bedarf es aber unter Umständen sehr erheblicher Werbeanstrengungen, um den Absatz „zu halten". Von dem Werbeziel läßt sich also nicht ohne weiteres auf Art und Umfang des Einsatzes von Werbemitteln und auf den Werbeaufwand schließen.

b) Wenn die geschäftliche Lage eines Unternehmens aus Gründen, auf die hier nicht weiter einzugehen ist, bedroht erscheint, dann kann diese

Lage zu einer verstärkten Verwendung von Werbemitteln zwingen, denn es geht nunmehr darum, die sich als gefährlich erweisende Entwicklung abzufangen. Da in solchen Fällen das absatz- und damit betriebspolitische Ziel darin besteht, die geschäftliche Lage des Unternehmens zu stabilisieren, kann man eine Werbung, die zu diesem Zwecke vorgenommen wird, als „Stabilisierungswerbung" bezeichnen. Art und Umfang der Werbemaßnahmen, die sich für solche Situationen vorschreiben, richten sich nach dem Maße, in dem das Unternehmen gefährdet erscheint.

c) Wird von einem Unternehmen beabsichtigt, das Absatzvolumen zu steigern, und wird für diese Zwecke die Werbung in Anspruch genommen, dann kann man eine solche Werbung auch als „Ausweitungs- oder Expansionswerbung" bezeichnen. Das Maß an Werbemitteleinsatz, also die Intensität der Werbung, richtet sich in solchen Fällen nach der Ausdehnung des Absatzvolumens, die erreicht werden soll, und nach dem Widerstand, den der Markt diesem absatzpolitischen Bestreben entgegensetzt.

d) Es kann sein, daß ein Unternehmen sowohl im Falle der Erhaltungs- als auch der Stabilisierungs- und der Expansionswerbung das Warensortiment unverändert läßt oder mit geringfügigen Abweichungen beibehält und daß es seine absatzpolitischen Anstrengungen im wesentlichen auf den Wirtschaftsraum konzentriert, den es bisher beliefert hat.

Die absatzpolitische Situation kann sich aber auch dadurch kennzeichnen, daß das Unternehmen neue Erzeugnisse auf den Markt bringt oder neue Markträume mit dem bisherigen oder mit einem neuen Warensortiment zu erschließen versucht. Das alles zu dem Zwecke, seinen Marktanteil zu erhalten oder seine geschäftliche Lage zu stabilisieren oder um zu expandieren. Man spricht in diesem Falle von „Einführungswerbung". Dieser Begriff liegt auf einer anderen Ebene als die bisher entwickelten Begriffe.

Man sieht aus diesem kurzen Überblick, der nicht mehr als gewisse werbepolitische Tendenzen ausdrücken kann und soll, daß die Zwecke und Zielsetzungen der Werbung von durchaus verschiedener Art sein können. Selbstverständlich sind diese Zielsetzungen nicht immer scharf auseinanderzuhalten, aber jeder werbepolitischen Maßnahme liegt doch immer irgendwie ein betriebspolitisches Ziel zugrunde, in dessen Dienst die Werbemaßnahme steht. Dieser Tatbestand ist es, der durch diese Ausführungen angedeutet werden sollte.

2. Wenn es sich nun um die konkrete Durchführung von Werbemaßnahmen handelt, dann muß zuvor die Frage geklärt sein: Wofür soll geworben werden? Wir bezeichnen die Sachgüter oder Dienste, für die

geworben werden soll, als den „Gegenstand" der Werbung oder als das Werbeobjekt.

a) Bei Unternehmen, die lediglich ein Erzeugnis herstellen, kann hinsichtlich der Bestimmung des Gegenstandes der Werbung keine Schwierigkeit entstehen, denn, wenn sich schon Einproduktbetriebe zur Werbung entschließen, dann ist es von vornherein klar, für welchen Gegenstand geworben werden soll.

Die Problemsituation ändert sich in dem Augenblick, in dem die Frage nach der Bestimmung des Gegenstandes der Werbung für Unternehmen aufgeworfen wird, die über ein differenziertes Fertigungs- oder Verkaufsprogramm oder Warensortiment verfügen. In solchen Fällen gilt es dann, eine Entscheidung darüber zu treffen, ob für einen Gegenstand oder eine Gruppe von Gegenständen aus dem Verkaufsprogramm bzw. Warensortiment oder für alle Erzeugnisse des Verkaufsprogramms bzw. des Sortiments Werbung betrieben werden soll. Im zuletzt genannten Falle ist es häufig so, daß dann der Firmenname bzw. die Marke an die Stelle des konkreten Verkaufsprogramms bzw. Warensortiments tritt (Repräsentativwerbung). Die werbetechnischen Konsequenzen, die sich hieraus ergeben, werden später noch aufgezeigt werden.

Nun ist aber in diesem Zusammenhang darauf hinzuweisen, daß sich die Wirkung der Werbung unter Umständen auch auf solche Gegenstände aus dem Verkaufsprogramm oder Sortiment eines Unternehmens ausdehnen kann, die an sich gar nicht unmittelbar den Gegenstand der Werbung bilden. Man kann diese Wirkung der Werbung als Sekundärwerbung bezeichnen, wobei dann unter Primärwerbung diejenigen Werbemaßnahmen zu verstehen sind, die sich auf die Gegenstände der Werbung erstrecken, für die speziell und in eigentlicher Absicht geworben wird. Tritt der Sekundäreffekt ein, dann haben also auch Waren oder Dienste des Unternehmens an den Wirkungen der Werbung teil, für die unmittelbar gar nicht geworben werden soll.

Unter gewissen Voraussetzungen besteht durchaus die Möglichkeit, diese Induktionswirkung der Werbung auszunutzen und bei der Aufstellung des Werbeplanes zu berücksichtigen. Dabei ist davon auszugehen, daß die Wirkungen dieses Sekundäreffektes um so größer sind, je mehr die Gegenstände zum gleichen Bedarfskreise gehören und bereits bekannt sind. Sie sind um so geringer, je weniger bedarfsverwandt die Gegenstände sind.

b) Bei der Bestimmung derjenigen Gegenstände, für die geworben werden soll, ist vornehmlich drei Grundsätzen Rechnung zu tragen, insbesondere, falls es sich um Fabrikationsunternehmungen handelt.

Erstens: die Gegenstände, für die geworben werden soll, sind kalkulatorisch so genau wie möglich durchzurechnen, um festzustellen, ob und in welchem Umfange gesteigerter Verkauf Gewinne erwarten läßt.

Zweitens: für den Fall, daß als Folge der Werbemaßnahmen mit steigenden Produktionszahlen gerechnet wird, ist klarzustellen, ob die produktionstechnischen Voraussetzungen für eine solche Produktionsausweitung gegeben sind.

Drittens: vor Beginn der Werbung ist festzustellen, wie die Marktchancen für die Gegenstände sind, für die verstärkt geworben werden soll. Handelt es sich dabei um Gegenstände, die bereits in einem bestimmten Marktbereiche eingeführt sind, dann ist für den Fall, daß der bisherige Absatz nicht befriedigte, festzustellen, worauf diese Tatsache zurückzuführen ist. Wenn dagegen der Absatz befriedigte und das Unternehmen glaubt, mit Hilfe der Werbung seinen Absatz erweitern zu können, dann ist zu klären, in welchem Umfange eine solche Auffassung berechtigt erscheint. Handelt es sich aber darum, sich auf Märkten einzuführen, die bisher von dem Unternehmen noch nicht beliefert wurden, dann gilt es um so mehr, die Voraussetzungen für den Absatz in den neuen Marktbereichen zu erkunden.

Für alle diese Überlegungen und Maßnahmen vor Beginn der Werbung stehen die Möglichkeiten der Methoden der Marktanalyse zur Verfügung. Es ist nicht nötig, auf diese Methoden hier im einzelnen einzugehen, weil bereits an anderer Stelle über sie berichtet wurde.

Diese Überlegungen für die Auswahl der Werbeobjekte bilden nur einen Teil aller Überlegungen, die der Entscheidung vorausgehen, für welche Gegenstände geworben werden soll. Insbesondere spielt im Zusammenhang mit derartigen Überlegungen die Frage eine Rolle, ob man in der Lage ist, eine Erweiterung des Verkaufsprogramms finanzieren zu können, die gegebenenfalls als Folge der Werbung eintreten wird. Auch wird man sich darüber klar werden müssen, ob der Vertriebsapparat den zu erwartenden Anforderungen gewachsen sein wird.

3. Ist nun bestimmt, wofür zu werben ist, dann gilt es, die Frage zu beantworten: „Wer soll geworben werden?" Die Antwort auf diese Frage lautet ganz allgemein: Offenbar derjenige, der Bedarf für die angebotenen Güter oder Dienste hat. Die Gleichartigkeit des Bedarfes führt also, vom Standpunkte der Werbung aus gesehen, zur Bildung von Gebraucher- und Verbrauchergruppen, um die geworben werden soll.

Hierbei ist nun von vornherein zu berücksichtigen, daß die Träger des Bedarfs ihre Wünsche in mehr uniformer oder mehr differenzierter Weise zu äußern pflegen. Die Größe „Bedarf" ist kein in sich gleichartiges Gebilde[1].

Auch darauf ist von vornherein aufmerksam zu machen, daß der potentielle Bedarf an bestimmten Gütern oder Diensten stets größer zu sein pflegt als der wirtschaftlich wirksame Bedarf; und zwar deshalb,

---

[1] Vgl. hierzu im einzelnen die Ausführungen im siebenten Kapitel, Abschnitt 2.

weil die Entgelte, die für die Güter oder Dienste bezahlt werden müssen, diejenigen Träger des Bedarfes ausschließen, die nicht in der Lage sind, diese Preise zu bezahlen.

Wählt man die Art des Bedarfes als Kriterium für die Bestimmung derjenigen Gruppen, die man mit Hilfe der Werbung erreichen möchte, dann erhält man eine kaum übersehbare Fülle von Gruppierungen. Eine gewisse, wenn auch sehr grobe Aufgliederung derjenigen, bei denen geworben werden soll, ergibt sich, wenn die gewiß sehr unzulängliche Unterscheidung in konsumtiven und produktiven Bedarf angewandt wird. Handelt es sich um lebensnotwendigen Bedarf, dann ist allerdings die Zahl der Bedarfsträger fast genau so groß wie die Bevölkerung des Landes. In der Regel aber erhält man doch gewisse Gruppen von Trägern speziellen Bedarfes, die für Werbezwecke von Wichtigkeit sind. Geschlecht, Alter, Beruf, spezielle Interessen und Liebhabereien lassen derartige Aufgliederungen der großen Masse an Bedarfsträgern zu. Oft sind es auch bestimmte Bevölkerungsschichten oder nach räumlichen Gesichtspunkten aufgegliederte Bevölkerungsteile, die für Werbezwecke von besonderem Interesse sind.

Zu ebenfalls vielzähligen Gruppierungen gelangt man, wenn man innerhalb des Bereiches produktiven Bedarfes Aufgliederungen nach Bedarfsarten vornimmt.

Eine andere Gruppierung erhält man, wenn man von der Stellung der Werbenden und der Umworbenen im gesamtwirtschaftlichen Prozeß ausgeht. So kann ein Herstellerbetrieb bei Verbrauchern, beim Groß- oder Einzelhandel, auch bei anderen Herstellerbetrieben werben. Andererseits mag sich für den Großhändler die Notwendigkeit ergeben, direkt bei den Verbrauchern oder aber beim Einzelhandel, gegebenenfalls auch bei Herstellern Werbung zu betreiben. Ähnlich liegen die Dinge beim Einzelhandel.

Für den zuerst genannten Fall, daß Herstellerbetriebe gleichzeitig bei Produzenten und bei Konsumenten Werbung betreiben, gibt DUFFY ein interessantes Beispiel[1]. Als die Continental Can Company zum erstenmal Blechdosen für Bier herstellte, stand sie vor der Aufgabe, für diese neue Idee, Bier in Dosen zu verkaufen, sowohl bei den Brauereien, die das Bier bisher nur in Flaschen für den Kleinverkauf lieferten, als auch bei den Verbrauchern zu werben. Es mußten also einmal die Brauereien davon überzeugt werden, daß Dosen für den Kleinverkauf von Bier praktisch seien, und die Verbraucher davon, daß Bier in Dosen keine Nachteile gegenüber Bier in Flaschen aufweise, daß es im Gegenteil sogar vorteilhafter sei, Bier in Dosen zu kaufen. Das spezielle „absatzpolitische" Ziel der Gesellschaft aber bestand darin, generell die Produktion von Dosen zu steigern.

---

[1] DUFFY, B., Advertising Media and Markets, 2nd ed., New York 1950, S. 51.

4. Sind nun die Gruppen bekannt, um die oder in denen geworben werden soll, dann gilt es, diejenigen Werbemittel festzustellen, mit denen sich die Gruppen am besten erreichen lassen. Das Heranführen der Werbemittel an diejenigen, die man erreichen möchte, bezeichnet man werbetechnisch als „Streuung"[1]. Diesem Begriff liegt einmal die Vorstellung zugrunde, daß es möglich sei, Werbemitteleinheiten (Zahl der Plakate, Zahl der aufgegebenen Annoncen usw.) oder allgemeiner gesagt, die Werbeanstöße, die von den Werbemitteln ausgehen, in eine bestimmte Richtung, in einen bestimmten Raum und in eine bestimmte Gruppe zu dirigieren. Aber dem Begriff der Streuung liegt auch die Vorstellung zugrunde, daß keine Sicherheit dafür besteht, mit den Werbemaßnahmen alle Bedarfsträger zu treffen.

Das Maß an Treffsicherheit, welches man bei der Streuung von Werbemitteln erreichen kann, ist offenbar verschieden groß. Es hängt von vielen Umständen ab, auf die noch später einzugehen sein wird.

Jedenfalls gibt es zwei Grenzfälle. Der erste kennzeichnet sich durch ein besonderes Maß an Treffsicherheit d. h. Streugenauigkeit. Wenn sich die Werbung an eine ganz bestimmte Person oder soziale Schicht oder an eine bestimmte Gruppe wendet und das Werbemittel so eingesetzt wird, daß es diese Person oder Schicht oder Gruppe auch tatsächlich erreicht, dann kann man von „gezielter Werbung" sprechen. Für diesen Begriff ist es ohne Bedeutung, ob die von den Werbeimpulsen Erreichten auch tatsächlich wirksam angesprochen oder gar zum Kaufe der angebotenen Waren oder zur Inanspruchnahme der angebotenen Dienste veranlaßt werden.

Der zweite Grenzfall wird dadurch gekennzeichnet, daß die Werbenden es bei der Streuung der Werbemittel dem Zufall überlassen, wen die Werbeanstöße erreichen. Dieser Grenzfall wird praktisch kaum vorkommen, da von den Werbemitteln heute in der Regel sehr sorgsam und überlegt Gebrauch gemacht wird. Auch die öffentliche Plakatwerbung wird nach bestimmten Auswahlprinzipien vorgenommen.

Zwischen gezielter und wahlloser Streuung liegen viele Möglichkeiten der Streuung. Jedes Unternehmen, das Werbung betreibt, wird versuchen, möglichst „fein" zu streuen, d. h. sich dem ersten Grenzfall anzunähern. Nun kann sich aber eine Situation ergeben, die dazu zwingt, auch Personen in den Streubereich eines Werbemittels einzubeziehen, die weder im Augenblick noch auch später einen Bedarf für die angebotenen Gegenstände oder Dienste haben. Je mehr das der Fall ist, um so „gröber" ist die Streuung.

---

[1] Die Formen und Techniken des Werbemitteleinsatzes werden in der Spezialliteratur über Werbung ausführlich behandelt. Insbesondere wird auf SEYFFERT, Allgemeine Werbelehre, a. a. O., S. 538 ff. und die oben genannten Arbeiten von KOCH, HUNDHAUSEN, KROPFF und MAECKER Bezug genommen.

Wenn die Interessenten, die als Käufer für das Werbeobjekt in Frage kommen, bestimmbar sind, sei es, daß ihre Anschriften festgestellt werden können oder daß sie auf eine andere Weise, etwa über eine bestimmte Zeitschrift erreicht werden können, dann besteht die Möglichkeit, „fein" zu streuen. Sind die Interessenten dagegen unbekannt oder so zahlreich, daß keine Möglichkeit gegeben ist, sie persönlich oder in kleinen Gruppen zu erreichen, dann bleibt kein anderer Weg übrig, als „grob" zu streuen, wenn man überhaupt versuchen will, zu werben.

Sind die Interessenten bekannt und streutechnisch unmittelbar oder mittelbar zu erreichen, dann wird man bevorzugt Werbedrucke, und hier insbesondere wieder Werbebriefe, Prospekte, Broschüren usw. verwenden. In besonderen Fällen kommen auch Probesendungen in Frage, ein Werbeweg, der vor allem von Arzneimittel herstellenden Fabriken für die Werbung bei Ärzten gewählt wird.

Handelt es sich bei dem Werbeobjekt um Waren oder Dienstleistungen, die für einen begrenzten Kreis mit bestimmten fachlichen Interessen oder Liebhabereien in Frage kommen, dann empfehlen sich Inserate in Fachzeitschriften.

In vielen Fällen ist jedoch der Kreis der Interessenten für das Werbeobjekt so wenig bestimmbar oder so groß, daß man nur Interessenten in einem räumlich abgegrenzten Bereich anzusprechen in der Lage ist. Als solche Bezirke kommen z. B. Stadtteile, Straßenzüge, Vorstadtbezirke, ländliche Bezirke usw. in Frage. In solchen Fällen wird man wiederum Werbedrucke wählen und sie durch Boten oder durch Postwurfsendungen zustellen. Unter den geschilderten Verhältnissen sind solche Gruppen auch durch Kinoreklame ansprechbar.

Erstreckt sich der von einer Firma zu bestreichende Werberaum über eine ganze Stadt, dann werden Inserate in den lokalen Tageszeitungen eine wirksame Werbung sein. Unter gewissen Umständen kommen auch Plakate als Werbemittel in Frage. So pflegen z. B. Zirkusveranstaltungen mit Hilfe von Plakaten, aber auch von Werbeumzügen angekündigt zu werden.

Ist ein Unternehmen gezwungen, sich mit seiner Werbung an einen großen Kreis von Interessenten zu wenden, ohne imstande zu sein, aus der großen Masse von Interessenten diejenigen auszuwählen, die überhaupt als Käufer für das Werbeobjekt in Frage kommen, dann bleibt nichts anderes übrig, als „grob" zu streuen. Aber auch diese grobe Streuung bleibt noch gezielte Streuung, wenn sie überlegt und sachkundig durchgeführt wird.

Für diese Fälle bieten sich Inserate in Zeitungen und Zeitschriften mit großem Streubereich, Plakate in breiter räumlicher Verwendung, Leuchtwerbung, Rundfunk- und Fernsehwerbung, unter Umständen auch Filmwerbung an.

5. Nunmehr sei die Frage untersucht, auf welche Weise von den Werbemitteln am wirksamsten Gebrauch gemacht werden kann.

a) Die werbende Wirkung von Plakaten ist, wie bereits oben ausgeführt, von der Art ihrer graphischen und textlichen Gestaltung abhängig. Sie wird außerdem weitgehend durch die Art und Weise bestimmt, wie die Plakate plaziert werden und wie oft und in welcher zeitlichen Abfolge man sie erscheinen läßt.

Was zunächst die Plazierung der Plakate anbetrifft, so ist klar, daß sie dort ihre stärkste Wirkung auszuüben vermögen, wo sie am besten und am häufigsten gesehen werden. Aus diesem Grunde sind es auch die Zentren des Verkehrs, auf die sich die Plakatwerbung konzentriert. Diese Massierung von Plakaten an den wichtigsten Punkten des Verkehrs kann jedoch zur Folge haben, daß die Wirkung eines Plakates durch die gleich starke oder stärkere Wirkung anderer, an der gleichen Stelle angebrachter Plakate beeinträchtigt wird. Aus diesem Grunde besteht eine gewisse Tendenz, mit den Plakaten nicht nur an den großen Verkehrszentren, sondern auch an verkehrsstilleren Plätzen zu werben. In diesem Falle muß dann allerdings besonderer Wert darauf gelegt werden, daß es Stellen sind, an denen die Menschen in der Lage sind, eine gewisse Zeit ihre Aufmerksamkeit auf diese Plakate zu richten. Das gilt vor allem für Haltestellen von Straßenbahnen und Omnibussen, auch für Bahnhofsvorplätze oder Bahnhofshallen. Wartesäle und Bahnsteige gelten ebenfalls als besonders geeignet für die Anbringung von Plakaten.

Es ist bekannt, daß Plakate nur dann die gewünschte Werbewirkung erzielen, wenn sie von allen störenden Einflüssen aus ihrer Umgebung freigehalten werden. Ein an einer Plakatsäule oder Plakattafel angebrachtes Plakat kann vollkommen an Wirkung verlieren, wenn die anderen Plakate seinem Stil widersprechen. Aus diesem Grunde gehen die großen, werbeintensiven Unternehmungen immer mehr zum wirkungsvolleren, wenn auch kostspieligeren Ganzstellenanschlag über. In diesem Falle steht den werbenden Unternehmen für die Zeit, in der die Plakatsäulen oder Plakatwände an sie vermietet sind, die ganze Anschlagsäule oder Tafel zur Verfügung. Die Unternehmen können nun ihre Plakate frei von allen störenden Einflüssen anderer Plakate zu Geltung und Wirkung kommen lassen.

Da es kostenmäßig wenig ins Gewicht fällt, ob, von einer gewissen Mindestmenge an, mehr oder weniger Plakate hergestellt und angebracht werden, kann die Plakatwerbung in großen räumlichen Bezirken und in ihnen an vielen Stellen gleichzeitig durchgeführt werden. Je dichter gestreut wird, um so häufiger trifft der einzelne auf das gleiche Plakat und in ständiger Wiederkehr muß er sich verkünden lassen, daß die Ware A ganz besonders gute Eigenschaften besitze und deshalb für ihn ganz hervorragend geeignet sei. Es gibt kaum ein Werbemittel, das mit einer solchen Intensität in das Bewußtsein breiter Bevölkerungsschichten einzudringen vermag wie das Plakat. Auf die Dauer kann sich der einzelne dem Appell, der von ihm ausgeht, nicht entziehen, vorausgesetzt, daß die Plakate werbewirksam gestaltet und zweckmäßig plaziert sind.

b) Auch bei Inseraten hängt die Wirkung nicht nur von ihrer textlichen und bildlichen Ausgestaltung ab. Von entscheidender Wichtigkeit für den Werbeerfolg, den sie zu erzielen vermögen, ist, wie bei den Plakaten, die Art und Weise, wie sie an die Interessenten herangebracht werden. Vor allem sind es Tageszeitungen, allgemeine Zeitschriften (zum Beispiel die illustrierten Zeitungen), Fachzeitschriften, populärwissenschaftliche, kulturelle und Sportzeitschriften, auch Veröffentlichungen anderer Art (z. B. Adreßbücher, Telefonbücher, Kursbücher, Kalender, Jubiläumsschriften), mit deren Hilfe man die präsumtiven Käufer zu erreichen versucht. Die breite Streuung vieler Publikationsorgane auf der einen Seite, ihre regionale Begrenzung und ihr Sichwenden an ganz bestimmte Bevölkerungsschichten auf der anderen Seite haben bald die großen Möglichkeiten erkennen lassen, die diese Publikationsorgane für Werbezwecke besitzen. Es gibt Zeitungen und Zeitschriften, bei denen man oft gar nicht sagen kann, welcher Aufgabe sie in erster Linie dienen, der Unterrichtung über lokale, wirtschaftliche, politische und kulturelle Geschehnisse oder der Verbreitung von Werbeanzeigen, die mit dem Inhalt der Zeitungen oder Zeitschriften meist in keinerlei Zusammenhang stehen. Die erwähnten Publikationsorgane sind in solchen Fällen Träger zweier völlig verschiedenartiger Funktionen. Nicht zwischen den für Werbezwecke aufgegebenen Annoncen und dem Inhalt der Zeitungen oder Zeitschriften, sondern zwischen den Annoncen und der Verbreitung der Zeitungen oder Zeitschriften besteht hier der entscheidende Zusammenhang. So gibt es Zeitschriften, wie z. B. „Der Maschinenmarkt" oder „Der Holzmarkt", bei denen die Aufsätze nur ganz untergeordnete Bedeutung haben. Die Anzeigen machen dagegen ihren Hauptinhalt aus.

Wie dem im einzelnen Falle auch immer sei, die moderne Zeitung oder Zeitschrift ist mit der Aufnahme von Inseraten in eine Aufgabe hineingewachsen, die ihr ursprünglich durchaus fremd war.

Zeitungen und Zeitschriften, auch ein Teil der anderen, oben genannten Publikationsorgane, geben die Möglichkeit, die Werbeanzeigen in ganz bestimmte Gebiete und Käuferschichten zu dirigieren. Im einzelnen Fall mag dabei mehr fein oder grob gestreut werden. Will man in kleinen, eng begrenzten Bezirken werben, so leistet hierbei die Lokalpresse hervorragende Dienste. Diese Zeitungen weisen zudem den Vorteil auf, daß die Anzeigen an den Tagen und in den Ausgaben, auch in den Beilagen veröffentlicht werden können, die aus werbetaktischen Gründen erwünscht sind. Soll dagegen in größeren Wirtschaftsräumen geworben werden, dann wird man weit streuende Zeitungen oder Zeitschriften mit entsprechend großen Leserzahlen wählen.

Damit wird die Frage des „Wie" der Werbung zu einem Problem der Auswahl unter den möglichen Publikationsorganen.

Zu dem „Wie" der Werbung gehört aber nicht nur die Wahl der richtigen Publikationsorgane, sondern auch die richtige Plazierung der Inserate in diesen Organen. Es ist bekannt, daß die Wirkung von Anzeigen unter anderem von der Stelle abhängig ist, an der sie in einer Zeitung oder Zeitschrift veröffentlicht werden. Im allgemeinen ist es so, daß in einer Zeitung oder Zeitschrift die rechte obere Stelle auf einer Seite und die Vorder- und Rückseite der Zeitung am meisten Aufmerksamkeit auf sich zieht. Die linke untere Stelle pflegt am wenigsten beachtet zu werden. Es gibt viele Untersuchungen der Psychologen über diesen Gegenstand und auch viele Meinungsverschiedenheiten zwischen den inserierenden Unternehmen und den Redaktionen der Zeitungen oder Zeitschriften. Aber es setzt sich heute immer mehr die Ansicht durch, daß der Erfolg einer Werbung mit Hilfe von Inseraten mehr von der Güte der Inserate als von der Stelle abhängig ist, auf der sie in einer Zeitung oder Zeitschrift veröffentlicht werden.

Auch die Frage ist nicht endgültig entschieden, ob man im Rahmen eines bestimmten Werbevorhabens mit viel kleinen oder mit wenig großen Inseraten werben soll. Die Frage, in welchen Zeitabständen im Rahmen einer Werbeaktion geworben werden soll, läßt sich heute unter Berücksichtigung der Erkenntnisse der Lernpsychologie in verhältnismäßig bestimmter Weise beantworten. Die Lernpsychologie geht von der Erfahrung aus, daß die Zeit zum Erlernen eines Stoffes von Wiederholung zu Wiederholung kürzer wird. Diese Wiederholungen sind dabei in der Weise Lernfaktoren, als durch sie Motive und Nacheffekte das Lernen zu unterstützen vermögen. Dabei müssen die Wiederholungen zu Beginn einer Werbeaktion in kleineren Abständen erfolgen, d.h. zunächst konzentriert werden, um dann später über einen längeren Zeitraum verteilt zu werden[1].

Die Frage, ob langdauernde Wiederholungen eines und desselben Inserates oder häufiger Wechsel in der Gestaltung des Inserates werbewirksamer sei, ist von vielen Autoren untersucht worden. Man kann die Frage auch so formulieren: verstärkt die ständige Wiederholung eines Inserates seine werbende Wirkung oder nimmt die Aufnahmefähigkeit des Publikums mit der Anzahl der Wiederholungen des gleichen, unver-

---

[1] Vgl. hierzu JOHANNSEN, U., und J. FLÄMIG, Die Bedeutung der Erkenntnisse der „Lernpsychologie" für Werbung und Marktforschung, in: GFM-Mitteilungen zur Markt- und Absatzforschung 1964, Heft 4, S. 110ff.

änderten Inserates ab ? Die Diskussion dieses Problems hat noch nicht zu einem abschließenden Ergebnis geführt. So ist in den USA z. B. DEVOE[1] der Ansicht, daß es eine falsche Auffassung sei anzunehmen, die Inserate verlören bei ständiger Wiederholung ohne Änderung des Inhaltes oder der Form an Wirkung. Hierbei stützt er sich auf eigene Erfahrungen und die vieler amerikanischer Werbeagenturen. Es ließe sich aber auch eine große Anzahl entgegengesetzter Ansichten anführen, die ihrerseits der Befürchtung Ausdruck geben, daß das ständige Wiederholen des gleichen Plakates die Leser ermüde und gleichgültig werden lasse, so daß sie es nicht mehr beachten[2]. Eine dritte Gruppe zieht hieraus den Schluß, der größte Erfolg ließe sich mit den Inseraten erzielen, die zwar gewisse Bestandteile ihrer textlichen und graphischen Gestaltung in unveränderter Weise durch eine gewisse Zeit beibehielten, aber andererseits im Detail abgewandelt würden.

c) Die vielen Fragen, die mit dem richtigen Einsatz der Werbemittel in Zusammenhang stehen, sollen hier nicht im einzelnen für jedes Werbemittel untersucht werden, da ein solches Vorhaben den Rahmen sprengen würde, der diesen „Grundlagen" gesetzt ist. Jedes Unternehmen, das Werbung betreibt, wird die große Streubreite des Rundfunks ausnutzen, wenn ihm bei seiner Werbung an dieser großen Streubreite gelegen ist. Wie man andererseits die Lichtspieltheater für die Zwecke der Werbung nach ihrer Lage, ihrer Größe und der Art von Besuchern auswählen wird, die man in diesem Lichtspieltheater glaubt erwarten zu dürfen. Ähnliche Überlegungen gelten für Werbeveranstaltungen, gleichgültig, ob es sich dabei um Werbevorträge, Werbegespräche oder Warenvorführungen in eigenen Räumen oder in den Geschäftsräumen von Kunden oder in gemieteten Räumen oder auch um spezielle Veranstaltungen auf Ausstellungen und Messen handelt. Entschließt man sich in einem anderen Falle für die Ausgabe von Werbegeschenken, dann wird man die Art der Geschenke oder Zugaben nach der Mentalität derjenigen auswählen, um die man wirbt. Es ist bekannt, daß es gerade auf dem Gebiete des Zugabewesens Übersteigerungen gegeben hat und immer wieder gibt, die mit Recht von Zugabeunwesen sprechen lassen. So etwa, wenn Kolonialwarenhändler an ihre Kundinnen, die Hausfrauen, Handtücher, Bettwäsche u. ä. nach einem ausgeklügelten System gratis abgeben oder Textilgeschäfte dazu übergehen, Kaffee oder Tee als Zugabeartikel zu gewähren. In solchen Fällen verliert die Werbung ihren wirtschaftlichen Sinn.

Diese Ausführungen mögen genügen, um den Satz zu erhärten, daß die Wirkung von Werbemitteln ebensosehr von der Art ihrer Verwendung wie von ihrer Gestaltung abhängig ist.

---

[1] DEVOE, M., How to plan Advertising Campaigns, Los Angeles 1950, S. 93; vgl. auch DUFFY, B., Advertising Media and Markets, 2nd ed., New York 1950, S. 90.

[2] Vgl. JOHANNSEN, U., und J. FLÄMIG, a. a. O., S. 120.

6. Nunmehr ist die Frage zu beantworten, wann und zu welchem Zeitpunkt die Werbung durchzuführen ist.

Hierbei interessiert zunächst das Verhältnis zwischen Werbung und Saisonverlauf.

Die Saisonschwankungen, um mit ihnen zu beginnen, zeichnen sich dadurch aus, daß sie im Laufe eines Jahres sowohl zeitlich als auch dem Schwankungsmaß nach mit einer gewissen Regelmäßigkeit auftreten. Sie bilden also keine unbekannte, sondern eine bekannte Größe, mit der die Betriebe rechnen und auf die sie sich einstellen. Die Saisonschwankungen bedeuten fertigungstechnisch insofern einen großen Nachteil, als die Beschäftigungsspitzen zur Überbeanspruchung der betrieblichen Apparatur und die „toten" Zeiten zur Beschäftigungslosigkeit von Teilen der produktiven Anlagen führen. In beiden Fällen haben die entgegengesetzten Umstände die gleiche Wirkung, nämlich Disproportionierungen in der Fertigung und damit überhöhte Kosten. Dieser ungünstigen fertigungstechnischen und kostenmäßigen Situation kann man dadurch auszuweichen versuchen, daß man auch während der ungünstigen Zeiten soweit wie möglich auf Lager arbeitet oder das Fertigungsprogramm durch Artikel ergänzt, die einem anderen saisonalen Rhythmus unterliegen oder auch dadurch, daß man durch Preisdifferenzierung einen Beschäftigungsausgleich zu erzielen sucht. Aber auch die Werbung kann ein derartiges Mittel des Saisonausgleiches sein. Der Schaffung solchen Saisonausgleiches sind enge Grenzen gesetzt, besonders in solchen Branchen und Produktionszweigen, in denen die Saisonschwankungen im wesentlichen auf jahreszeitlichen Umständen und nicht auf Konsumgewohnheiten beruhen[1].

Die Heftigkeit der Saisonschwankungen nimmt von der Produktion über den Großhandel nach dem Einzelhandel hin zu, und in der Regel liegt die Saison der Produktion zeitlich vor der des Großhandels und diese wieder vor der des Einzelhandels. Aus dieser Phasenverschiebung ergeben sich für die zeitliche Festlegung der Werbetermine bedeutsame Konsequenzen. Die Werbung muß in die Zeiten größter Kauflust derjenigen gelegt werden, an die sich die Werbung wendet. Es handelt sich also in diesem Falle nicht um die Schaffung saisonalen Ausgleiches durch die Werbung, sondern umgekehrt um möglichste Anpassung der Werbetermine an die Saisonbewegung. Die Zeitpunkte der Werbung sind also um so günstiger angesetzt, je mehr die Werbeaktionen gerade die Zeiten der „Saison" treffen. Die Werbung ist deshalb zeitlich anders anzusetzen, wenn der Betrieb Großhandels-, Einzelhandels- oder unmittelbar Konsumentenwerbung betreibt. Es müssen also jeweils die Zeiten der größten Kaufbereitschaft von Großhändlern, Kleinhändlern oder Konsumenten bekannt sein oder fest-

---

[1] BEHRENS spricht hier von „Kontinuitätswerbung"; vgl. BEHRENS, K. CHR., Absatzwerbung, in: Die Wirtschaftswissenschaften, Wiesbaden 1963, S. 52.

gestellt werden, wenn der Werbeplan terminlich fixiert wird. Der Erfolg einer Werbung ist ja doch von der Wahl des richtigen Werbezeitpunktes in entscheidender Weise abhängig.

Praktisch kompliziert sich dieser Tatbestand nun aber beim Verkauf an den Großhandel, zum Teil aber auch an den Einzelhandel dadurch, daß die Einkaufsdispositionen dieser Betriebe nicht nur vom saisonalen Rhythmus, sondern auch von ihren eigenen geschäftlichen Verhältnissen bestimmt werden. So mag große finanzielle Leistungsfähigkeit einen Großhandelsbetrieb in den Stand setzen, auf lange Zeit vorzudisponieren, um auf diese Weise in den Genuß gewisser Vorteile beim Großeinkauf zu gelangen. Bei der geschilderten Phasenverschiebung handelt es sich keineswegs um einen Tatbestand, der individuelle Verschiedenheiten ausschließt.

Noch komplizierter liegen die Dinge, wenn man das Verhältnis zwischen Werbung und Konjunkturverlauf betrachtet. Die über diesen Gegenstand vorliegenden Untersuchungen[1] haben zu dem im einzelnen umstrittenen Ergebnis geführt, daß sich die Ausgaben für Werbung, auf das Ganze gesehen, proportional zum allgemeinen Konjunkturverlauf entwickeln (pro-zyklisch), also mit ansteigender Konjunktur anwachsen, ihren Höhepunkt mit dem der Konjunktur erreichen, um dann mit dem Konjunkturabschwung wieder abzunehmen, bis sie in der Depression mit der Konjunktur ihren Tiefpunkt erreichen. Sowohl die amerikanischen als auch die deutschen Untersuchungen bestätigen diese These von der proportionalen Entwicklung zwischen Werbeausgaben und Konjunktur. Die Frage, ob nicht, entgegen dieser These, die Werbetätigkeit der Konjunktur um ein geringes vorauseilt, wie in Deutschland vor allem REDLICH meint, ist offen geblieben. Das Untersuchungsmaterial reicht für die Analyse derartig feiner zeitlicher Verwerfungen nicht ganz aus. Im allgemeinen wird man aber die behauptete Parallelität von Werbeausgaben und Konjunkturentwicklung annehmen dürfen.

Diese Annahme schließt selbstverständlich im Einzelfall ein anderes werbepolitisches Verhalten nicht aus, insbesondere nicht eine Werbepolitik, die im Stadium des konjunkturellen Abschwunges und der Depression die Werbung verstärkt und im Stadium des konjunkturellen Aufschwunges mit Werbemaßnahmen zurückhält. Es liegt dann eine anti-zyklische Werbepolitik vor, wie Abb. 78 zeigt.

Das Anwachsen und Abfallen beider Zeitreihen muß nicht gleich stark sein. Bei ansteigender Konjunktur — pro-zyklische Werbepolitik vorausgesetzt — können die Werbeausgaben schneller anwachsen als der

---

[1] REDLICH, F., Reklame und Wechsellagenkreislauf, Schmollers Jahrbuch, 59. Jg. (1935), S. 43 ff.; CRUM, W. L., Advertising Fluctuations, Seasonal and Cyclical, Chicago 1927; BORDEN, N. H., The Economic Effects of Advertising, Chicago 1947, insbesondere S. 714 ff.

Umsatz. Umgekehrt fallen dann bei rückgängiger Konjunktur die Werbeausgaben schneller als der Umsatz.

Wie dem im einzelnen auch sei, im Grunde deutet die durchgängige positive Korrelation von Werbeausgaben und Konjunkturverlauf darauf hin, daß die Werbung ganz allgemein nicht zu einem aktiven Instrument der Konjunkturpolitik entwickelt wurde. Wäre das der Fall gewesen, dann würden die Werbeausgaben gegen Ende des konjunkturellen Aufschwunges abgenommen und Übersteigerungen des konjunkturellen Prozesses vorgebeugt haben. Anderseits müßten sie in den Tiefpunkten der Konjunktur angestiegen sein. Da nun aber die Untersuchungen über Werbeausgaben und Konjunktur zu dem Ergebnis geführt haben, daß die Werbeausgaben in der Depression ihren Tiefstand erreichen, so folgt daraus, daß die Werbung im allgemeinen nicht als Instrument der Wirtschaftsbelebung und damit aktiver Konjunkturpolitik benutzt worden ist. Aus der durchschnittlichen Parallelität zwischen Werbeausgaben und Konjunkturverlauf ergibt sich vielmehr, daß die Werbeausgaben von der geschäftlichen Lage der einzelnen Betriebe unmittelbar abhängig waren, daß insbesondere ungünstige Beschäftigung die Werbeausgaben bremst, obwohl die Betriebe in einem solchen Stadium recht flüssig sind.

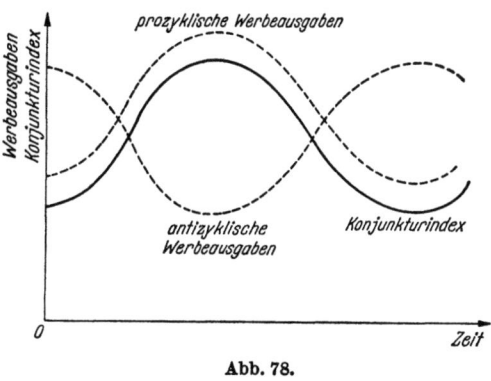

Abb. 78.

Aber sie scheuen in einer derartigen Lage eben doch oft die Investierung finanzieller Mittel für Werbezwecke, vielleicht, weil trotz relativer Flüssigkeit ihr Gesamtstatus doch nicht günstig genug ist und man sich zu Kreditaufnahmen für Werbezwecke in solchen Zeiten nur schwer entschließt; zum anderen auch vielleicht deshalb, weil die Kraft der Werbung im Verhältnis zu der durch sie zu bewegenden „Last" der Depression doch als zu gering angesehen wird. In der Depression und zu Beginn des Konjunkturaufschwungs wird es bei prozyklischer Werbung so sein, daß ein verhältnismäßig hoher Werbeaufwand erforderlich ist, um eine verhältnismäßig geringe positive Reaktion des Umsatzes auszulösen. In Zeiten des Aufschwunges werden die Werbeausgaben unter Umständen weniger schnell wachsen, als der Umsatz ansteigt. Die enge Parallelität zwischen Umsatz und Werbekosten wird durchbrochen. Versteht man unter dem Ausdruck allgemeine Werbeelastizität das Verhältnis von relativer Umsatzänderung zu relativer Werbeaufwandsänderung, also

$$\text{allgemeine Werbeelastizität} = \frac{\text{relative Umsatzänderung}}{\text{relative Werbeaufwandsänderung}},$$

so wird man in Zeiten der Depression und des beginnenden Aufschwunges die Werbeelastizität als gering annehmen dürfen. Mit zunehmender Konjunktur steigt sie an, um nach der Krise wieder abzunehmen.

III. Die Werbetheorie.
A. Die Zielfunktion der Werbetheorie.
B. Die Bestimmung des optimalen Werbebudgets.

A. Die Zielfunktion der Werbetheorie.
1. Die Zielfunktion.
2. Die Werbekosten als Bestandteil der Zielfunktion.
3. Die Erlöse als Bestandteil der Zielfunktion.

1. Den Gegenstand der Werbetheorie bildet die optimale Bestimmung des Werbebudgets. Es gibt eine Vielzahl von Möglichkeiten, auf die hin diese Bestimmung vorgenommen werden kann. Einige dieser Möglichkeiten sollen hier erörtert werden.

Die Verkaufspreise (p) oder die Absatzmengen (x) sind die klassischen Aktionsparameter eines Unternehmens. Zu ihnen treten nunmehr die Werbeanstrengungen des Unternehmens (w) als weiterer Aktionsparameter hinzu. Zu beantworten ist die Frage: Zu welchem Absatz führt die gleichzeitige Verwendung von w und p als Aktionsparameter? Die Beziehung kann durch die Gleichung

$$x = f(p, w)$$

ausgedrückt werden.

Bezeichnet man den Erlös mit E, dann erhält man

$$E = px = pf(p, w).$$

Die Kosten der Produktion sind $K_p = g(x)$ und die Kosten der Werbung (Ausgaben für Werbung) $K_w = h(w)$.

Unter der Voraussetzung gewinnmaximierenden Verhaltens erhält man die Zielfunktion

$$G = E - K_P - K_w.$$

Sie ist zu maximieren, und zwar zunächst unter der Voraussetzung sicherer Erwartungen.

2. a) Die Zielfunktion der Werbetheorie enthält Kosten und Erlöse. Welche Abhängigkeiten bestehen, so lautet zunächst die Frage, im Kostenbereich der Unternehmung, soweit es sich um Werbekosten handelt.

Die Werbekostenfunktion lautet $K_w = h(w)$. Die Funktion kann linear, aber auch nicht linear verlaufen und ein konstantes Glied enthalten. In diesem Falle sind fixe Kosten vorhanden.

Die Abb. 79 zeigt die Beziehung zwischen den Kosten der Werbemittel und der Werbeintensität, gemessen an der Anzahl der für die Werbung benutzten Plakatexemplare. Ein Teil der Werbekosten hat fixen, der andere Teil proportionalen Charakter. Die Begriffe fix und proportional werden hier auf das einzelne Werbemittel und die Zahl von Einheiten bezogen, die im Laufe einer Werbeaktion von ihm benötigt werden. Die einzelnen Werbemittel weisen in dieser Hinsicht Unterschiedlichkeiten auf. Bei Plakaten, Inseraten und Werbedrucksachen sind die Kosten des Entwurfes und der Klischeeherstellung fix. Bei der Herstellung von Werbefilmen, auch bei der Werbung mit Hilfe von Rundfunksendungen entstehen Kosten unabhängig davon, wie oft der Film oder die Werbesendung vorgeführt wird. Ein großer Teil der Kosten für Marktanalyse, Verwaltungskosten und Umlagen haben fixen Charakter.

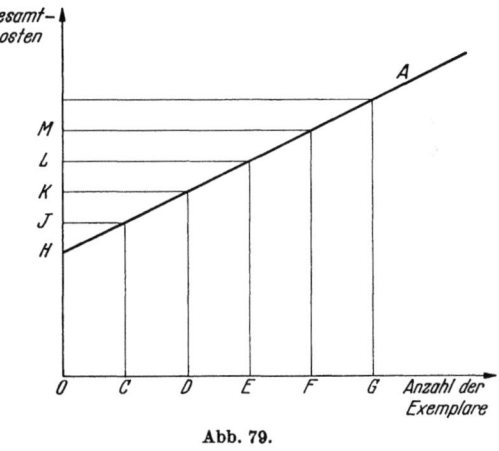

Abb. 79.

Als in etwa proportional müssen dagegen diejenigen Kosten angesehen werden, die mit der Zahl der benötigten Werbemitteleinheiten in Zusammenhang stehen (Anbringungskosten, Insertionskosten, Mietkosten von Werbeflächen, Kosten des Versandes, Sende- und Vorführkosten, Kosten für Werbegeschenke, Probesendungen usw.). In Abb. 79 betragen die fixen Kosten OH. Die proportionalen Kosten (abhängig von der Zahl der hergestellten Exemplare) sind durch die Steigerung der Kurve HA angegeben.

b) Die Wirkung einer Werbeaktion hängt ab von der werbenden Kraft der Plakate, der Zweckmäßigkeit ihrer Verwendung und der Intensität, mit der geworben wird, gemessen hier an der Zahl der Plakate. Die beiden ersten Voraussetzungen seien in einer bestimmten Weise gegeben. Auch sei angenommen, daß die Preise der Werbemittel, ihr Streubereich und der Zeitraum der Werbung gegeben und unverändert seien.

Bringt beispielsweise ein Unternehmen im Zuge einer bestimmten Werbeaktion nur wenig Plakate an, dann besteht durchaus die Möglichkeit, daß die Werbung ohne spürbaren Erfolg bleibt. Erst wenn eine gewisse Mindestanzahl von Plakaten verwandt wird, beginnt sich die Wirkung der Werbung bemerkbar zu machen. Zunächst soll hier jedoch angenommen werden, daß die Wirkung des Werbemittels sofort spürbar wird. Unter diesen Umständen läßt sich sagen, daß der Absatz als Folge einer bestimmten Werbemaßnahme entweder proportional der Plakatanzahl oder mit zu- oder abnehmenden Steigerungsraten zunimmt, sofern die Werbung überhaupt erfolgreich verläuft. Welche Entwicklung eintritt, hängt von der Größe des Marktwiderstandes ab, d.h. von der Stärke der Bindung derjenigen Käufer, die bisher bei den Konkurrenzunternehmen kauften, an diese Unternehmen, außerdem von der Stärke der Präferenzen, der Schnelligkeit und der Intensität, mit der die Konkurrenzunternehmen werbepolitisch reagieren, schließlich auch von der konjunkturellen Situation, in der sich die Vorgänge abspielen.

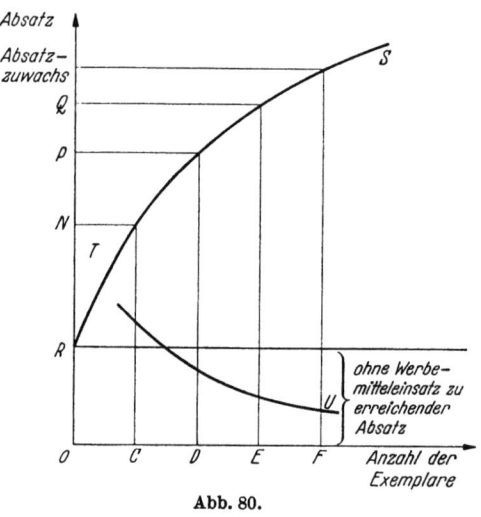

Abb. 80.

Ist der Marktwiderstand zuerst schwach und nimmt er erst im Laufe der Werbeaktion zu, dann wächst der Absatz um einen bestimmten Betrag an, der in Abb. 80 mit RN angegeben ist, wenn Werbeexemplare in der Menge OC benutzt werden. Bringt das Unternehmen zusätzlich Plakatexemplare in Höhe von CD an, dann steigt der Absatz um NP, wobei dann $NP < RN$ ist. Wiederholt sich der Vorgang und werden weitere Exemplare im Umfang DE angebracht, nimmt also der Absatz um PQ zu, wobei $PQ < NP$, dann wird in diesen mit zunehmender Zahl von Werbeexemplaren kleiner werdenden Absatzzuwächsen der zunehmende Marktwiderstand sichtbar:

$$RN > NP > PQ \cdots.$$

Die Kurve RS zeigt den Gesamtabsatz in Abhängigkeit von der Zahl der verwandten Werbemittel. Die Kurve TU gibt die Absatzzuwächse an (Grenzabsatzkurve).

Anders ist die Lage zu beurteilen, wenn der Marktwiderstand zu Beginn der Maßnahme sehr stark ist, so daß es zunächst einer großen Anzahl von

Plakaten bedarf, um ihn zu überwinden. Ist das geschehen, dann läßt der Marktwiderstand nach, und es lassen sich mit einer verhältnismäßig geringen Zahl von Plakaten relativ große Absatzsteigerungen erzielen. Diese Situation wird durch die Kurven RS und TU in Abb. 81 gekennzeichnet.

Der dritte Fall, daß nämlich das Verhältnis zwischen dem Absatz und der Zahl der Werbeplakate proportional ist, mag praktisch in Annäherungen von Bedeutung sein. Im übrigen ist dieser Fall als Grenz- und Übergangssituation zwischen den beiden ersten Fällen von Bedeutung.

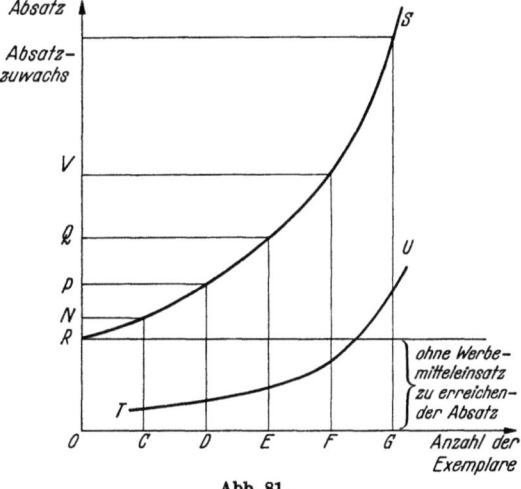

Abb. 81.

Der vierte Fall besagt, daß das werbende Unternehmen zunächst auf starken Marktwiderstand stößt. Nachdem er überwunden ist, reagiert die Nachfrage sehr positiv auf die Werbung. Die Absatzzuwächse steigen an. Nun mögen die Konkurrenzunternehmen entsprechend reagieren. Der Marktwiderstand nimmt wieder zu. Die Kurve der Absatzzuwächse fällt. Diese Entwicklung ist in Abb. 82 dargestellt.

Aus der Abb. 79 ist die Beziehung zwischen den Kosten des Werbemittels und der Zahl der von ihm benötigten Exemplare bekannt. Die Werbekosten können aber auch in Abhängigkeit von der Absatzmenge aufgezeigt werden. Dieser Zusammenhang ist in Abb. 83 abgebildet. Der Ableitung der Werbekostenkurve ist die Kurve RS in Abb. 82 zugrunde gelegt. Es besteht auch die Möglichkeit, in gleicher Weise von den Kurven RS in den Abb. 80 und 81 auszugehen.

Zu der Absatzmenge OR (ON) gehören null (OC) Exemplare (vgl. Abb. 82). Ihnen sind die Werbekosten OH (OJ) zugeordnet (vgl. Abb. 79). Man trägt daher in Abb. 83 den Absatz OR (ON) auf der Abszissenachse ab und ordnet dieser Absatzmenge die Kosten OH (OJ) zu. Damit erhält man zwei Kurvenpunkte der in Abb. 83 dargestellten Werbekostenkurve. Entsprechend verfährt man bei den übrigen Absatzmengen.

Vergleicht man die Kostenkurven in Abb. 79 und in Abb. 83 miteinander, dann zeigt sich, daß die Kostenkurve in Abb. 79 linear, in

Abb. 83 gekrümmt verläuft. Dieser Unterschied ist darauf zurückzuführen, daß die Werbewirkung der zusätzlichen Verwendung von Plakatexemplaren nicht als gleichbleibend angesehen, sondern (in diesem Fall) als zunächst ansteigend, dann abnehmend angenommen wird.

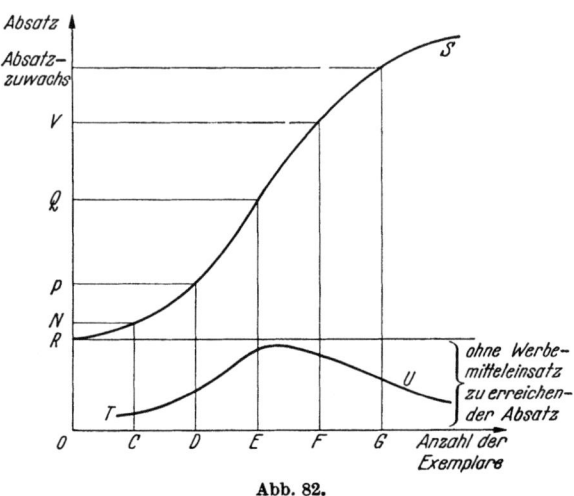

Abb. 82.

Es ist auch möglich, mit Hilfe des hier angewandten methodischen Apparates zu zeigen, wie sich die Werbekostenkurve verändert, wenn der Streuraum des Werbemittels vergrößert wird. In ähnlicher Weise läßt sich der Einfluß einer Verlängerung des Zeitraums, in dem von dem Werbemittel Gebrauch gemacht wird, darstellen. In diesem Fall müßten die drei Alternativen beachtet werden, daß die Werbewirkung mit monotoner Verwendung eines Werbemittels nachläßt, daß sie konstant bleibt oder aber steigt. Dabei handelt es sich um eine Tatfrage, die die Analyse und Darstellung der Werbekostenkurve selbst nicht berührt. Die Kostenkurve des Werbemittels bleibt in solchen Fällen unverändert, aber die Absatzzuwachskurve, die die Beziehung zwischen den Werbemitteleinheiten und dem Absatzzuwachs angibt, ändert sich mit zunehmender oder abnehmender Wirksamkeit des Werbemitteleinsatzes.

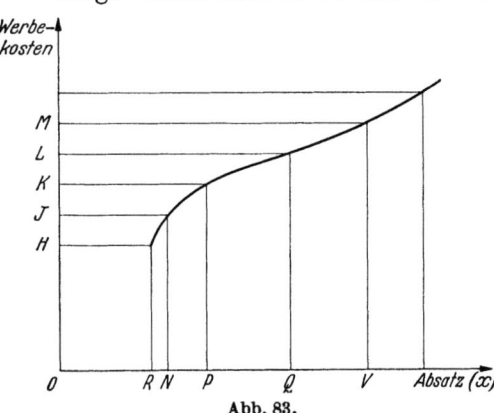

Abb. 83.

Läßt man die Bedingungen fallen, daß der Produktpreis während der Werbekampagne unverändert beibehalten wird, dann ist bei dem Aufbau der Werbekostenkurve in Abhängigkeit von der Absatzmenge die besondere Wirkung zu berücksichtigen, welche die Veränderung des Produktpreises auf die Absatzmenge ausübt. Wird der Produktpreis herabgesetzt, dann vergrößert sich die maximal ohne Werbung verkaufte Produktmenge. Die Kurve, welche die Abhängigkeit zwischen der Anzahl

Exemplare und der Absatzmenge angibt, also die Werbewirkungskurve, verschiebt sich nach oben und die der Werbewirkungskurve entsprechende Werbekostenkurve nach rechts.

c) Auf die gleiche Weise, wie für dieses eine Werbemittel die Kostenkurve bei verschieden großen Absatzmengen entwickelt werden kann, müßte für jedes andere Werbemittel, das für das Werbevorhaben ebenfalls in Frage kommt, die entsprechende Kostenkurve abgeleitet werden, wenn man wissen will, welches Werbemittel man für das Werbevorhaben verwenden will. Es sei angenommen, daß es sich bei den Werbevorhaben darum handelt, eine Vergrößerung des Absatzes zu erreichen. Für diesen Fall würde zu überlegen sein, welche Werbemittel für die beabsichtigten Zwecke benutzt werden können. Angenommen, es stände zur Debatte, ob von Inseraten, Plakaten, Versendung von Werbedrucksachen in großem Stil Gebrauch gemacht werden soll. Sind die Werbekostenkurven die sich durch die Höhe des fixen Anteils und die Steigung unterscheiden, für diese Werbemittel bekannt, dann muß eine Auswahl unter ihnen getroffen werden, sei es, daß man sich nur für die Verwendung eines Werbemittels oder für den kombinierten Einsatz entscheidet. Die Aufgabe lautet also, der Absatz soll um RA (in Abb. 84) gesteigert werden. Die hierfür in Frage kommenden Werbemittel sind bekannt, ebenso ihre Kostenkurven. Wieviel Exemplare müssen von jedem Werbemittel eingesetzt werden, um das gesteckte Ziel zu erreichen, oder anders ausgedrückt, wieviel Kosten würden für die ausgewählten Werbemittel anfallen, wenn man den um RA erhöhten Absatz zu erreichen wünscht?

Die in Abb. 84 eingezeichneten Kurven stellen die Werbekostenkurven für die drei Werbemittel I, II, III dar.

Da sich der verlangte Absatz OA offenbar am billigsten mit dem Werbemittel II erreichen läßt, wird das Unternehmen seine Entscheidung für das Werbemittel II treffen. Ist der Absatz von OB geplant, so wird die Entscheidung zugunsten des Werbemittels III getroffen werden.

Diese Kurven sind erwartete Kurven, wie sie der Werbeplanung zugrunde liegen. Die effektiven Kosten können von den geplanten abweichen. Da hier nicht beabsichtigt ist, dieses Problem in Form einer Sequenzanalyse weiter zu untersuchen, wird angenommen, daß die tatsächlichen Kurven mit den erwarteten Kurven übereinstimmen.

Was hier für zwei Absatzmengen und drei Werbemittel für den Fall einer Erweiterungswerbung festgestellt wurde, gilt sinngemäß für den Fall vieler Absatzmengen im praktisch relevanten Intervall, für weniger oder mehr als drei Werbemittel und für andere Werbevorhaben, z.B. Erhaltungswerbung, Erinnerungswerbung, Einführungswerbung usw.

Geht man so vor, dann erhält man eine Absatzkurve mit zugeordneten Werbekostenbeträgen, wobei diese Beträge die geringsten Werbekosten darstellen, mit denen die alternativen Absatzmengen realisiert werden können. Praktisch geht jedes werbetreibende Unternehmen so vor, nur daß hier in idealisierter Form dargestellt wurde, was praktisch oft undurchsichtig und mannigfach überlagert ist. Diese Kurve kann man als die „Geringstkostenkurve" der Werbung bezeichnen. Sie ist die Umhüllungskurve der Werbemittelkostenkurve.

Die Form und Lage der Geringstkostenkurve ist abhängig von der Form und Lage der einzelnen Werbemittelkostenkurven. Soeben wurde der Fall angenommen, daß diese Werbemittelkostenkurven progressiv

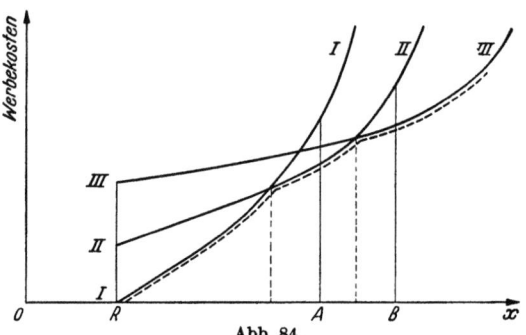

Abb. 84.

verlaufen und zu einer von unten gesehen konvex verlaufenden Geringskostenkurve führen. Die Werbemittelkostenkurven können aber auch degressiv gekrümmt verlaufen.

In diesem Fall ergibt sich eine Umhüllungskurve, die von unten gesehen konkav verläuft. Zu entsprechenden Ergebnissen kommt man, wenn man die Werbekostenkurven als zunächst degressiv, dann progressiv steigend annimmt[1].

3. Die Preis-Werbe-Absatzfunktion $x = g(p, w)$ läßt sich als Fläche im drei-dimensionalen Koordinatensystem mit den Koordinaten p, w und x darstellen. Auf einer solchen Fläche können jeweils für einen konstanten Wert des Werbemitteleinsatzes $w = \text{const.}$ Höhenlinien festgelegt werden. Ein System von Höhenlinien dieser Art läßt sich auf die

---

[1] In seinem Aufsatz „Die Ermittlung und Beurteilung des Werbeerfolges" untersucht SUNDHOFF unter anderem auch die Fragen: welches von mehreren Werbemitteln das kostengünstigere ist und wie stark ein Werbemittel eingesetzt werden soll. An Hand einer aufschlußreichen graphischen Darstellung zeigt er, daß die Feststellung, ein bestimmtes Werbemittel sei das kostengünstigere, nur für einen bestimmten Umsatz- und Gewinnbereich gilt. Außerhalb dieses Bereiches kann ein anderes Werbemittel günstiger sein. Dann ergibt sich die Aufgabe zu ermitteln, bei welchen Umsätzen im Falle einer Veränderung der Umsatzhöhe ein Wechsel der Werbemittel angezeigt erscheint. SUNDHOFF, E., „Die Ermittlung und Beurteilung des Werbeerfolges", Betriebswirtschaftliche Forschung und Praxis, 6. Jahrgang (1954), S. 129ff.
Zu dem Verlauf der Werbekostenkurven nimmt unter anderem auch R. HENZLER in seinem Aufsatz „Werbekosten-Werbemittel-Umsatz", Z. f. Betriebswirtschaft, 23. Jahrgang (1953), S. 517ff., Stellung. Er zeigt insbesondere, daß unter bestimmten Voraussetzungen auch ein unterproportionaler Verlauf der Werbekostenkurven möglich sein kann.

px-Ebene projizieren. Auf diese Weise erhält man eine Kurvenschar im zweidimensionalen Koordinatensystem. Jede dieser Kurven ist die graphische Darstellung einer Funktion $p = f_W(x)$ also einer Preisabsatzfunktion der herkömmlichen Art, jedoch mit der Maßgabe, daß jeder Funktion $f_W(x)$ eine konstante Werbeaktivität $w = $ const. zugeordnet ist. Jede Preisabsatzkurve der Kurvenschar ist also durch einen bestimmten Wert für w gekennzeichnet. Mit zunehmendem Maße der Werbeanstrengung wird die Preisabsatzkurve als Ausdruck wachsenden Werbeerfolges nach rechts oben verschoben.

Der Erlös ist durch die Gleichung $E = px$ gegeben. Da im vorliegenden Fall $x = g(p, w)$ gilt, ergibt sich der Erlös ebenfalls als Funktion der beiden unabhängigen Variablen $E = pg(p, w)$. Es ist in gleicher Weise möglich, eine Erlösfunktion für einen konstanten Wert von w ($w=$ const.) anzugeben, wie dies für die Absatzfunktion gezeigt wurde. Für eine Folge konstanter Werte von w, für die jeweils eine Preisabsatzfunktion besteht, erhält man dann eine Folge von Erlösfunktionen, die nur noch eine unabhängige Variable (x) besitzen. Entsprechend der oben genannten Schar der Absatzfunktionen gibt es also eine Schar von Erlösfunktionen, wobei jede Erlösfunktion (wie die ihr entsprechende Absatzfunktion) durch einen bestimmten Wert der Werbeaktivität gekennzeichnet wird. Je größer dieser ist, um so mehr wird sich die Kurve nach rechts verschieben.

Nimmt man einen konstanten Verkaufspreis $\bar{p}$ an, dann kann der Absatz lediglich durch eine Erhöhung der Werbeaktivität verändert werden, wenn alle anderen Größen konstant bleiben.

B. Die Bestimmung des optimalen Werbebudgets.

1. Optimierung ohne Berücksichtigung des Einflusses der Werbeausgaben auf die Preisabsatzfunktion.
2. Optimierung unter Berücksichtigung des Einflusses der Werbeausgaben auf die Preisabsatzfunktion.
3. Simultane Bestimmung der optimalen Größe und Zusammensetzung des Werbebudgets.
4. Optimierung unter Berücksichtigung der Mehrperiodizität.
5. Die Bestimmung des optimalen Werbebudgets in Mehrproduktunternehmen bei vorgegebenem Verkaufsprogramm.
6. Die Bestimmung des optimalen Werbebudgets und des optimalen Verkaufsprogramms in Mehrproduktunternehmen.

1. Die Frage, wie das optimale Werbebudget zu bestimmen ist, läßt sich endgültig nur im Rahmen einer Totalanalyse des betrieblichen Geschehens beantworten. Da der gegenwärtige Stand der Werbeforschung eine derartige Analyse noch nicht zuläßt, muß die Untersuchung in

einem begrenzten Rahmen vorgenommen werden. Aus diesem Grunde wird vorausgesetzt, daß der Einfluß aller absatzpolitischen Instrumente außer der Werbung gegeben und konstant ist. Es möge sich um ein Einproduktunternehmen handeln, das sich nur eines Werbemittels oder global einer nicht weiter differenzierten Einheit von Werbemitteln bedient. Außerdem wird davon ausgegangen, daß sich die Werbemaßnahme und ihre Wirkung auf eine Periode erstrecke. Diese Annahmen werden später aufgehoben.

1. a) Werbemaßnahmen beeinflussen, wenn sie erfolgreich sind, die Absatzsituation des werbenden Unternehmens. Diese Absatzsituation kommt in der Preisabsatzfunktion zum Ausdruck. Es wird zunächst angenommen, daß die Absatzkurve parallel zur Abszissenachse verläuft, der Verkaufspreis p wird also konstant angenommen.

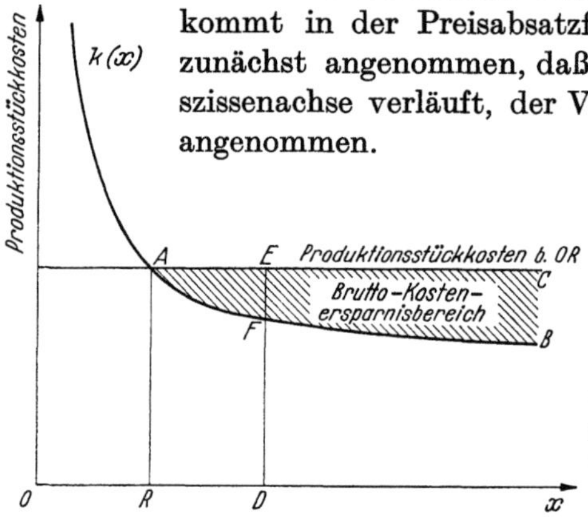

Abb. 85. 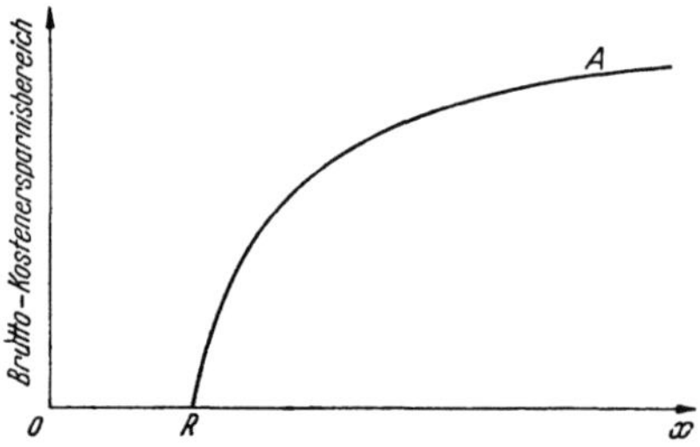   Abb. 86.

Sieht sich ein Unternehmen einer derartigen Absatzsituation gegenüber, dann wird man davon ausgehen müssen, daß die erwartete Steigerung des Absatzes, wenn es sich um eine Erweiterungswerbung handelt, mit zusätzlichen Werbekosten erkauft werden muß, denen im Produktionsbereich Kosteneinsparungen je Absatzeinheit gegenüberstehen können. Das ist dann der Fall, wenn das Unternehmen in der Kostendegressionszone arbeitet. Die kompensatorischen Effekte, die unter diesen Umständen eintreten können, sind nun zu untersuchen.

Ein Unternehmen arbeite mit einer linear verlaufenden Gesamtkostenkurve. Die Produktionsstückkostenkurve $k(x)$ verläuft hyperbolisch (vgl. Abb. 85).

OR ist diejenige Absatzmenge, die ohne Werbung maximal erreicht werden kann. Die Produktionsstückkosten sind gleich AR.

Wird als Erfolg von Werbemaßnahmen erwartet, daß sich der Absatz auf OD ausdehnt, dann betragen die Stückkosten DF. Gemessen an der Ausgangslage OR, wird eine Produktionskostenersparnis je Stück in Höhe von EF erzielt. Das Entsprechende gilt für alle übrigen Absatzmengen, die größer als OR sind. In Abb. 85 stellt die Fläche ABC den

Bruttoersparnisbereich dar. Die Bruttoersparniskurve erhält man als Differenzkurve aus der durch A gelegten Geraden und der Stückkostenkurve, d.h. dadurch, daß man auf der Abszissenachse die Produktmenge und auf der Ordinatenachse die Ersparnisbeträge abträgt. Die Kurve der Bruttokostenersparnis pro Absatzeinheit ist die Kurve RA in Abb. 86[1]. Sie gilt für den Fall, daß der Erzeugnispreis konstant bleibt.

Den Ersparnissen gemäß der Brutto-Kostenersparniskurve stehen zusätzliche Werbekosten gegenüber. Man nehme einen progressiven Verlauf der Geringstwerbekostenkurve an. Auf das Stück bezogen, erhält man ebenfalls ansteigende Werbestückkosten.

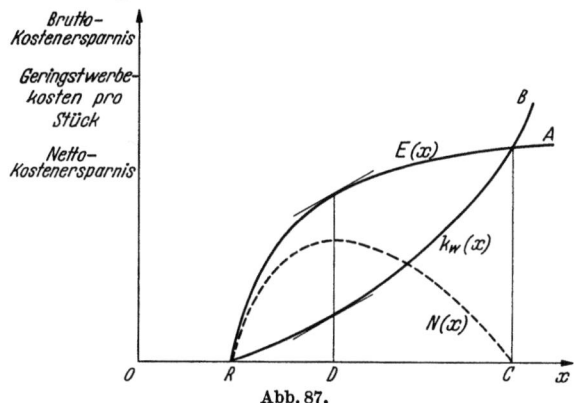

Abb. 87.

Stellt man, wie in Abb. 87, der Bruttokostenersparniskurve je Stück RA die Geringstwerbekosten je Stück RB gegenüber, dann umschließen beide Kurven den Bereich der Nettokostenersparnis je Stück bei Absatzausdehnung.

Die Nettokostenersparnis RC je Stück erreicht ihr Maximum bei der Menge OD. Hier ist die Bedingung erfüllt, daß die Grenzwerbekosten je Stück gleich der Grenzbruttoersparnis je Stück sind. Bezeichnet man die Kurve RA mit E und die Kurve RB mit k_w und die Nettokostenersparnis je Stück mit N sowie die Absatzmenge mit x, dann gilt

$$N(x) = E(x) - k_w(x)$$

und

$$N'(x) = E'(x) - k'_w(x) = 0$$
$$k'_w(x) = E'(x).$$

Wenn diese Bedingung erfüllt ist, dann führt eine weitere Ausdehnung des Absatzes zu einer Verminderung der Nettokostenersparnis je Stück, weil der Zuwachs an Werbestückkosten größer wird als die Zunahme der Produktionsstückkostenersparnis. Im Punkt der maximalen

---

[1] Die Bruttoersparnis in Abb. 86 ist um ein bestimmtes Vielfaches vergrößert eingezeichnet, als die Abstände zwischen AEC und AFB in Abb. 85 ausmachen.

Nettokostenersparnis liegt daher das Minimum der Gesamtkosten (Produktionskosten plus Werbekosten) bezogen auf die Absatzeinheit, also das Betriebsoptimum.

Es liegt bei derjenigen Ausbringung, bei der die Grenzbruttoersparnis gleich den Grenzwerbekosten ist.

b) Wird in das Modell eine Preisabsatzfunktion eingefügt, dann erhält man eine andere Lösung des Optimierungsproblems. Es soll zunächst angenommen werden, daß Werbemaßnahmen diese Funktion nicht verändern. Eine solche Annahme ist aber nur dann sinnvoll, wenn die Preisabsatzfunktion die Elastizität ∞ besitzt, d.h., wenn $p = \varphi(x) = \bar{p} = $ const. ist. Dieser Preisabsatzfunktion, bzw. der Erlösfunktion, die dieser Preisabsatzfunktion entspricht, steht nunmehr eine Kostenfunktion von der Art $K = K_P + K_w$ gegenüber. Beide Funktionen sind nur noch Funktionen der einen unabhängigen Variablen x, so daß sich nunmehr die aus der Produktions- und Preistheorie bekannte Optimierungsaufgabe für Einproduktunternehmen ergibt. Unter diesen Umständen erhält man

$$E'(x) = K'_P(x) + K'_w(x)$$

als Gleichung für die Bestimmung der optimalen Absatzmenge $x_{opt.}$, der wiederum ein bestimmter Werbekostenbetrag entspricht; er ist in diesem Fall gleich den Werbeausgaben oder dem Werbebudget. Dieses optimale Werbebudget liegt an der Stelle $x_{opt.}$, an der der Grenzerlös gleich den Grenzkosten der Produktion und der Werbung ist.

2. Das Modell läßt sich dadurch erweitern, daß der Einfluß der Werbemaßnahmen auf Form und Lage der Absatzkurve berücksichtigt wird. In diesem Fall wird nicht lediglich die Werbekostenkurve der Produktionskostenkurve hinzugefügt und im übrigen die Form und Lage der Absatzkurve unverändert beibehalten, wie das im vorhergehend beschriebenen Fall geschehen ist, sondern es wird die Wirkung der Werbeausgaben berücksichtigt. Den Ausgangspunkt bildet hierbei eine Absatzfunktion der allgemeinen Form $p = \varphi(x)$ vor Beginn der Werbeaktion. Mit spürbar werdendem Erfolg der Werbung verschiebt sich die Absatzkurve nach rechts.

Nun ist zu beachten, daß die gleiche Ausgabe für Werbung zu unterschiedlichen Ergebnissen führen kann, je nachdem, welches Werbemittel verwendet werden soll. Jeder bestimmten Ausgabe für Werbezwecke entspricht also nicht eine bestimmte, sondern, je nach der Wirkung einer Werbeausgabe, eine Reihe von verschiedenen Absatzkurven. Parallelverschiebung der Absatzkurven kann dabei immer nur ein Grenzfall sein.

Es ist auch zu berücksichtigen, daß mit der Vornahme von Werbemaßnahmen preispolitische Überlegungen verbunden sein können. Die Unternehmensleitung kann sich mit der Absicht tragen, den Absatz durch

Werbemaßnahmen bei konstantem Preis zu erweitern oder die Preise heraufzusetzen oder zu reduzieren, insbesondere Absatz und Preise gleichzeitig zu erhöhen. Welche Preispolitik am günstigsten ist, hängt von den Marktverhältnissen, den Produktionskosten und den Kosten der Werbung ab. In Wirklichkeit handelt es sich hier um ein sehr komplexes Problem. Es ist nicht so, daß die Unternehmen der einen oder der anderen Möglichkeit ohne gewinnvergleichende Untersuchungen den Vorzug geben. Vielmehr werden sie Erwägungen und Berechnungen darüber anstellen, welche von den möglichen Werbe-Preiskombinationen wenigstens auf kurze Sicht die vorteilhafteste ist. Die vielen Möglichkeiten kombinierten werbe- und preispolitischen Verhaltens und die Modalitäten der Wahl unter diesen Möglichkeiten sollen hier nicht weiter untersucht werden. Es soll nur kurz der Fall betrachtet werden, dem vor allem ZEUTHEN seine Aufmerksamkeit geschenkt hat[1].

Angenommen, ein Unternehmen habe sich für ein bestimmtes Werbemittel entschieden. Der Erfolg dieser Werbung komme darin zum Ausdruck, daß sich die Absatzkurve nach rechts verschiebt. Zu dem bisherigen Preis vermag das Unternehmen nun einen größeren Absatz zu tätigen. Damit verändert sich seine Gewinnsituation. In der Sprache der Theorie ausgedrückt: Man erhält auf der zweiten Absatzkurve einen Cournotschen Punkt, der die unter diesen Umständen günstigste Preismengen-Kombination angibt. Mit zunehmender Wirkung der Werbeausgaben erhält man eine Abfolge der Preis-Mengen-Kombinationen. Für eine Folge $w_1, w_2, \ldots, w_r$ existiert also eine Folge von Preisabsatz-Funktionen $p = f_{w1}(x)$, $p = f_{w2}(x)$, ..., $p = f_{wr}(x)$. Dementsprechend gibt es eine Folge Cournotscher Punkte $C_{w1}, C_{w2}, \ldots, C_{wr}$. Diese Punkte liegen auf der Cournotschen Linie, wie sie oben in den Abb. 44 und 45 dargestellt wurde. Da jeder Cournotsche Punkt durch einen gewinnmaximalen Preis und ein gewinnmaximales Absatzvolumen gekennzeichnet wird, so gibt die Cournotsche Kurve die bei sukzessivem Werbemitteleinsatz gewinngünstigsten Absatzvolumina an. Für alle gewinngünstigsten Absatzmengen lassen sich die zugehörigen Werbeausgaben angeben. Zieht man von den maximalen Bruttogewinnen die ihnen entsprechenden Werbekosten ab, dann erhält man eine Folge von Nettogewinnen. Aus ihnen ist der maximale Gewinn zu wählen. Dem größten aller maximalen Gewinne entsprechen bestimmte Werbeausgaben $w_{opt.}$, ein bestimmter

---

[1] ZEUTHEN, F., Kosten und Wirkungen der Reklame in theoretischer Beleuchtung, Archiv für mathematische Wirtschafts- und Sozialforschung, Bd. 1 (1935), S. 159 ff.
Der Einfluß der gesamten Vertriebskosten einschließlich Qualitätsvariation auf die Form und Lage der Preisabsatzfunktion ist eingehend untersucht worden von H. v. STACKELBERG, in: STACKELBERG, H. v., Theorie der Vertriebspolitik und Qualitätsvariation, in: Schmollers Jahrbuch, 63 Jg., 1. Halbband, Berlin 1939, S. 43 ff.

Verkaufspreis $p_{\text{opt.}}$ und ein bestimmter Absatz $x_{\text{opt.}}$. Ein entsprechendes Gewinnmaximum (Maximum Maximorum) läßt sich für die Verwendung jedes anderen geeigneten Werbemittels oder gegebener Kombinationen von Werbemitteln bestimmen. Durch Vergleich aller dieser Gewinnmaxima wird schließlich die insgesamt optimale Werbe-Preis-Mengen-Kombination gefunden.

Damit sind die optimalen Werbeausgaben (das optimale Werbebudget) bestimmt. Sie sind simultan mit dem optimalen Verkaufspreis $p_{\text{opt.}}$ und der optimalen Absatzmenge $x_{\text{opt.}}$ ermittelt.

Die unterschiedlichen Preis-Mengen-Kombinationen gehören jeweils zu anderen Preis-Absatzkurven und weisen in der Regel unterschiedliche Preisabsatzelastizitäten auf. Nur in Grenzfällen sind ihre Steigungen derart, daß die Elastizitäten für konstanten Preis p und unterschiedliche Werbeausgaben w gleich sind.

Ausgehend von zwei Werbeanstrengungen w_1 und w_2 ist das Gewinnmaximum für jede der zu diesen Werbeausgaben gehörenden Preisabsatzfunktionen durch die Bedingung Grenzkosten gleich Grenzerlös bestimmt, d.h.:

$$K'_{P1} = g'_1(x) = E'_1(x)$$

und

$$K'_{P2} = g'_2(x) = E'_2(x),$$

wenn der Index 1 bzw. 2 zum Ausdruck bringt, daß es sich einmal um die Bedingung für die Werbeausgabe w_1 zum anderen um die für w_2 handelt.

Verwendet man die Robinson-Amoroso-Formel, dann lauten die Bedingungen:

$$g_1(x) = p_1\left(1 - \frac{1}{\eta_1}\right) \text{ und } g_2(x) = p_2\left(1 - \frac{1}{\eta_2}\right).$$

Da nun der Preis unverändert bleiben soll, $p_1 = p_2$, erhält man:

$$\frac{g'_1(x)}{1 - \dfrac{1}{\eta_1}} = \frac{g'_2(x)}{1 - \dfrac{1}{\eta_2}}.$$

Für linearen Gesamtkostenverlauf und damit für konstante Grenzkosten ergibt sich:

$$\eta_1 = \eta_2,$$

d.h. gleiche Preisabsatzelastizitäten der Cournotschen Punkte beider Preisabsatzfunktionen.

Dagegen ist die Beziehung der Elastizitäten beider Absatzkurven, wie man aus der obigen Gleichung ersehen kann, bei beliebigem Grenzkostenverlauf erheblich komplizierter, so daß nur bei einer ganz bestimmten Form der Preisabsatzfunktionen die Elastizitäten übereinstimmen.

3. Es sei nun der Fall untersucht, daß ein Unternehmen mehrere Werbemittel benutzt und das Werbebudget und seine Aufteilung auf die einzelnen Werbeanstrengungen optimal bestimmt werden. Im übrigen wird wiederum ein Einproduktunternehmen und einperiodische Betrachtung vorausgesetzt.

Unter der Voraussetzung, daß das Unternehmen nach maximalem Gewinn strebt, bildet wiederum die Zielfunktion

$$G = x \cdot p - K_P - K_w$$

die Grundlage für die weiteren Überlegungen.

Das Unternehmen benutzt mehrere Werbemittel. Die Werbekostenfunktion kann deshalb auch geschrieben werden

$$K_w = \sum_{i=1}^{n} q_i w_i,$$

wenn q_i der Preis einer Einheit und w_i die Zahl der Einheiten des i-ten Werbemittels sind.

Die Absatzmenge x ist abhängig von dem Verkaufspreis p und den Ausgaben für die verschiedenen Werbemittel $w_1, \ldots, w_n$, mit denen geworben wird.

Es gilt also

$$x = f(p, w_1, \ldots, w_n).$$

Diesen Ausdruck kann man auch schreiben:

$$p = \varphi(x, w_1, \ldots, w_n).$$

Setzt man den Ausdruck für p und K_w in die Zielfunktion ein, dann erhält man

$$G = x \varphi(x, w_1, \ldots, w_n) - K_P - (q_1 w_1 + \cdots + q_n w_n) \to \max!$$

Im Maximum müssen alle partiellen ersten Ableitungen gleich Null sein, d.h.

$$\frac{\partial G}{\partial x} = \frac{\partial (x\varphi)}{\partial x} - \frac{\partial K_p}{\partial x} = 0,$$

$$\frac{\partial G}{\partial w_i} = x \frac{\partial \varphi}{\partial w_i} - q_i = 0 \quad (i = 1, \ldots, n)$$

oder

$$\frac{\partial (x\varphi)}{\partial x} = \frac{\partial K_p}{\partial x}$$

$$x \frac{\partial \varphi}{\partial w_i} = q_i$$

Multipliziert man beide Seiten der zweiten Gleichung mit $\frac{w_i}{\varphi \cdot x}$, so erhält man

$$\frac{w_i}{\varphi} \cdot \frac{\partial p}{\partial w_i} = \frac{q_i \cdot w_i}{\varphi \cdot x} \quad (i = 1, \ldots, n).$$

Die Gleichungen bringen zum Ausdruck: Erstens, daß im Gewinnmaximum die Grenzproduktionskosten gleich dem Grenzerlös sein müssen, und zweitens, daß die Ausgaben für jede Werbeart im Verhältnis zum Erlös der partiellen Elastizität des Verkaufspreises in Bezug auf den Einsatz des entsprechenden Werbemittels gleich sein müssen.

Die Lösung der Maximumaufgabe bestimmt die optimalen Werte $x_{opt}, w_{1\,opt}, \ldots, w_{n\,opt}$. Setzt man diese Werte in die Preis-Werbe-Absatzfunktion

$$p = \varphi(x, w_1, \ldots, w_n)$$

ein, dann erhält man den gewinnmaximalen Verkaufspreis. Werden die Werte $w_{1\,opt}, \ldots, w_{n\,opt}$ in die Werbekostenfunktion $K_w = \sum_{i=1}^{n} q_i w_i$ eingesetzt, dann erhält man das gewinnmaximale Werbebudget.

Diese Lösung des Problems der optimalen Aufteilung eines gegebenen Werbebudgets auf mehrere Werbemittel unter der Voraussetzung einperiodischer Betrachtung im Falle des Einproduktunternehmens entspricht — mit gewissen Abwandlungen — der Lösung, die BARFOD für dieses Problem gefunden hat[1]. In der gleichen Richtung — auch sie wenden die Differentialrechnung, insbesondere die partielle Differentiation an — operieren A. P. ZENTLER und DOROTHY RYDE, indem sie die optimale Aufteilung (Gleichheit der Grenzerträge eines vorgegebenen Werbebudgets) auf verschiedene Absatzräume untersuchen[2]. Der Marktanteil des Unternehmens ist durch die Werbung eines Konkurrenzunternehmens für ein neues gleichartiges Erzeugnis bedroht. Es gilt, den bisherigen Marktanteil durch Werbung zu sichern und in den Markt des Konkurrenten einzudringen. Die beiden Autoren gehen zunächst von einer analytischen Darstellung des „Werbeertragsgesetzes" aus, bauen die zeitliche Verteilung der Werbewirkung und oligopolistische Situationen auf den einzelnen räumlich abgegrenzten Märkten in ihr Modell ein und bestimmen unter diesen Bedingungen die optimale Aufteilung des Werbebudgets auf die einzelnen Märkte.

J. A. NORDIN zeigt einen einfachen Weg, die Parameter abzuschätzen, deren Kenntnis erforderlich ist, ein gegebenes Werbebudget optimal (unter der Bedingung der Gleichheit der Grenzerträge) auf zwei Märkte aufzuteilen[3].

---

[1] Vgl. hierzu SCHNEIDER, E., Eine Theorie der Reklame, in: Zeitschrift für Nationalökonomie, Bd. IX, Wien 1939, S. 450ff. Dieser Aufsatz enthält eine Zusammenfassung der in dem Buch von BØRGE BARFOD, Reklamen i teoretisk-økonomisk Belysning, Kopenhagen 1937, enthaltenen Gedanken zur Theorie der Werbung.

[2] ZENTLER, A. P., and D. RYDE, An Optimum Geographical Distribution of Publicity Expenditure in a Private Organization, in: Mathematical Models and Methods in Marketing, Homewood, Ill., 1961, S. 402ff.

[3] NORDIN, J. A., Spatial Allocation of Selling Expense, in: Mathematical Models and Methods in Marketing, Homewood, Ill., 1961, S. 173ff.

Auch die Untersuchung von A. A. KUEHN liefert einen Beitrag zur Frage einer optimalen Fixierung des Werbebudgets unter oligopolistischen Marktverhältnissen

Die Variante des Problems, die Aufteilung des Werbebudgets auf Märkte, führt nicht zu prinzipiell neuen Überlegungen gegenüber der Aufteilung des Werbebudgets auf Werbemittel.

4. Die Voraussetzung der Einperiodenbetrachtung soll nunmehr aufgehoben werden, dagegen mögen die beiden Bedingungen des Einproduktunternehmens und der Verwendung nur eines Werbemittels bestehen bleiben.

Die Wirkung der Werbemaßnahmen erstreckt sich also über mehrere Perioden. Es soll die optimale Aufteilung eines Werbebudgets auf einen längeren Zeitraum, unterteilt in mehrere Perioden, ermittelt werden. Eine Werbemaßnahme ist in diesem Fall durch zwei Koordinaten w und t gekennzeichnet ($p = $ const). Die Werbeaktion kann derart vorgenommen werden, daß sie schlagartig und vollständig zu einem bestimmten Zeitpunkt vollzogen wird. Die Kampagne kann sich aber auch über einen Zeitraum erstrecken, derart, daß zu bestimmten Zeitpunkten in diesem Zeitraum geworben wird. Konzentriert sich die Werbemaßnahme auf einen Zeitpunkt, den Zeitpunkt t_0, dann können die Reaktionen der Käufer unterschiedliche Formen annehmen. Entweder hat die Werbeaktion zur Folge, daß der Absatz sofort hinaufschnellt, um dann während eines bestimmten Zeitraums mit wachsendem t entweder degressiv zuzunehmen oder abzunehmen. In einem dritten Fall bleibt die schnell erreichte Höhe des Absatzes während einer langen Zeitspanne bei wachsendem t konstant und gleich der Anfangshöhe. So lassen sich also expansive, kontraktive und stagnierende Reaktionsabläufe unterscheiden.

Es ist eine bekannte Tatsache, daß insbesondere bei Konsumwaren ein bestimmter Einkaufszyklus besteht. Die Konsumenten decken ihren Bedarf an Konsumgütern jeweils in bestimmten Zeitabständen. Dieses Verhalten der Konsumenten hat zur Folge, daß erst eine bestimmte Zeit verstreichen muß, bis die Konsumenten einen Artikel, vor allem einem neu auf den Markt gebrachten Gegenstand gegenübergestellt werden. Wird diese Konfrontation des Käufers mit dem Erzeugnis bei der Aufstellung von Reaktionskurven berücksichtigt, dann erhält man Reaktionskurven, die zeigen, daß der erwähnte Anfangsabsatz nicht schon in t_0, sondern erst in t_1 erreicht wird. In dem vor allem durch den Ein-

---

bei langfristiger Werbewirkung. Zwar ist der Gegenstand der Analyse darauf gerichtet, die Kaufgewohnheiten bei kurzlebigen Konsumgütern des täglichen Bedarfs zu untersuchen, insbesondere Aufschluß darüber zu gewinnen, ob der Markenwechsel über mehrere Perioden hinweg von einem Mechanismus oder Trend gesteuert wird. Elemente der Vorstellungen, die dem Begriff des akquisitorischen Potentials zugrunde liegen, finden in der Untersuchung Berücksichtigung. Im einzelnen siehe KUEHN, A. A., A Model for Budgeting Advertising, in: Mathematical Models and Methods of Marketing, Homewood, Ill., 1961, S. 302 ff.

kaufsrhythmus bestimmten Intervall von t_0 bis t_1 steigt der Absatz auf das angegebene Volumen an, um dann ab t_1 die beschriebenen Verlaufsformen anzunehmen (vgl. Abb. 88a—c)[1].

Die Erfahrung zeigt, daß es auch Reaktionsverläufe gibt, die aus Teilen der drei Reaktionsformen bestehen. In diesem vierten Fall würde nach dem Erreichen des Anfangsabsatzes die Absatzentwicklung zuerst expansiv, dann stagnierend und schließlich kontraktiv verlaufen. Es besteht aber auch die Möglichkeit, daß nach den anfänglichen Absatzerfolgen ein gewisser Abbau dieses Erfolges eintritt bis ein Niveau erreicht ist, das während eines gewissen Zeitraumes erhalten bleibt.

In entsprechend abgewandelter Form gelten diese Reaktionsabläufe auch für den Fall, daß die Werbeaktion nicht für ein neu eingeführtes,

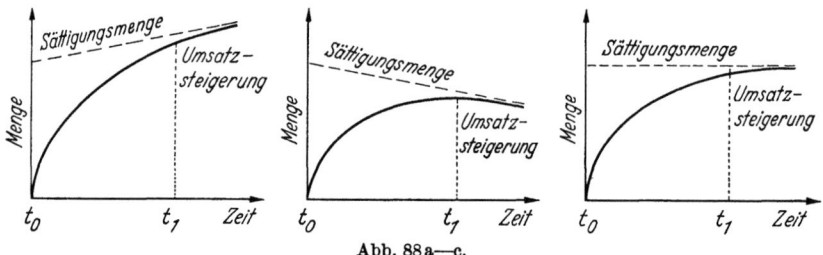

Abb. 88a—c.

sondern für ein bereits hergestelltes und seit langem verkauftes Erzeugnis x vorgenommen wird. In diesem Fall würde eine zum Zeitpunkt t_0 durchgeführte einmalige Werbeaktion zu einer Absatzkurve führen, die von der bereits vorher verkauften Menge x_0 ausgeht. Die in den Abbildungen 88a—c beschriebenen Kurven würden dann um x_0 nach oben verschoben werden.

In der Werbetheorie werden die Reaktionsverläufe, von denen soeben die Rede war, algebraisch dargestellt. Die durch den Einkaufsrhythmus bestimmten Anfangsphasen pflegen in algebraischen Darstellungen nicht berücksichtigt zu werden, obwohl sie ein signifikantes Merkmal von Reaktionsabläufen im Fall von Werbung sind. Werden Werbeausgaben nicht im Zeitpunkt t_0 vorgenommen, sondern über einen Zeitraum verteilt, wie es besonders für Einführungswerbungen kennzeichnend ist, dann entsteht eine Situation, die in gewisser Weise mit den bisher behandelten Fällen übereinstimmt. Die Absatzkurve des Unternehmens läßt sich in diesem Fall durch zwei aufeinanderfolgende Zeitabschnitte kennzeichnen. Während des ersten Zeitabschnittes (von t_0 bis t_1) macht das Unternehmen von seinen Werbemitteln mit gleichbleibender Intensität Gebrauch. Im Zeitpunkt t_1 endet die Werbekampagne.

---

[1] Vgl. HERPPICH, H. G., Das Markenbild als Element flexibler Absatzplanung in der Zigarettenindustrie, in: Absatzplanung in der Praxis, herausgegeben von E. GUTENBERG, Wiesbaden 1962, S. 126f.

Die Frage lautet: Wie verläuft die Absatzentwicklung in den beiden Perioden? Der Absatz, der im Zeitpunkt t_0 u.U. einen bestimmten Umfang x_0 haben mag, nimmt während der ersten Periode, der Werbeperiode, mit wachsendem t degressiv zu. Mit Annäherung an das Sättigungsniveau nimmt die Absatzwirkung einer Werbeeinheit ab. Nach Einstellung der Werbeaktion setzt sich die in der Periode des Werbeeinsatzes erzielte Absatzentwicklung in einer der oben genannten Tendenzen in der folgenden Periode fort (vgl. Abb. 88a—c). M. L. VIDALE und H. B. WOLFE haben diese Frage empirisch untersucht[1]. Sie kommen zu dem Ergebnis, daß die Absatzkurve nach Beendigung der Werbung fällt. Sie kann durch eine bestimmte Exponentialfunktion angenähert werden. Ähnliche Überlegungen gelten für die Absatzsteigerung, hervorgerufen durch eine Werbeaktion. Auch hier läßt sich die Absatzentwicklung durch eine bestimmte Funktion, der für ein jedes Produkt und ein jedes Werbemittel gewisse Parameter vorgegeben sind, annähern[2].

Da der Absatzverlauf als Folge einer Werbeausgabe dargestellt werden kann, läßt sich jede Werbeaktion als eine Investition auffassen. Diese Investition ist gekennzeichnet durch die Werbeausgaben, die Absatzsteigerung, die auf diese Ausgaben zurückzuführen ist, und durch die zusätzlichen Kosten, die durch die Absatzausdehnung im Produktions- und Vertriebsbereich (außer Werbekosten) entstehen.

Aus diesen Größen läßt sich unter bestimmten Bedingungen der interne Zinsfuß der Werbeinvestition ermitteln, indem ihre Einnahmen- und Ausgabenreihen gegenübergestellt werden und der Diskontierungszinsfuß gesucht wird, der beide Reihen gleich werden läßt[3].

5. Die Leitung eines Unternehmens habe, so sei nunmehr angenommen, Untersuchungen darüber anstellen lassen, welche Verkaufs- und Produktionsanstrengungen erforderlich sind, wenn in einer bestimmten Periode unterschiedliche Absatzziele, etwa eine Absatzsteigerung von 5%, 10% oder 15% erreicht werden soll. Die Vertriebsabteilung habe den Auftrag erhalten zu untersuchen, mit welchen Werbeanstrengungen gerechnet werden muß, wenn Umsatzsteigerungen der erwähnten Art realisiert werden sollen. Die Abteilung hat also die Aufgabe, zu alternativ vorgegebenen Umsätzen oder Verkaufsprogrammen die optimalen Werbeausgaben zu bestimmen. Die endgültige Entscheidung über die Absatzziele, die verwirklicht werden sollen, trifft dann die Unternehmensleitung nach Maßgabe der erarbeiteten Entscheidungsunterlagen und der besonderen unternehmungspolitischen Zielsetzungen, die sie verfolgt.

---

[1] VIDALE, M. L., und H. B. WOLFE, An Operation Research Study of Sales Response to Advertising, in: Mathematical Models and Methods in Marketing, Homewood, Ill., 1961, S. 357ff.

[2] VIDALE, M. L., und H. B. WOLFE, a.a.O., S. 371.

[3] VIDALE, M. L., und H. B. WOLFE, a.a.O., S. 372ff.

Die Absatzmenge des Erzeugnisses k werde mit $\bar{x}_k$ bezeichnet. $\bar{x}_k$ ist also eine für die Bestimmung des optimalen Werbebudgets vorgegebene Absatzmenge. Sie geht als Konstante in die Rechnung ein. Das Problem besteht darin: Wie können die vorgegebenen Absatzmengen, hier die Absatzmenge $\bar{x}_k$, mit einem minimalen Werbeaufwand erreicht werden? Es geht also um eine Minimierung des Werbebudgets, wobei die jeweils vorgegebenen Absatzmengen als Mindestbedingungen berücksichtigt werden müssen.

Bezeichnet man wieder mit w_i die Intensität, mit der von dem i-ten Werbemittel Gebrauch gemacht wird (z.B.: Auflage für ein bestimmtes Inserat, Umfang von Rundfunk-Werbesendungen in Minuten) und mit q_i den Preis einer Einheit des i-ten Werbemittels, dann sind die Ausgaben für dieses Werbemittel gleich $q_i w_i$. Summiert man diesen Ausdruck über alle i, d.h. für alle Werbemittel, dann erhält man die gesamten Werbeausgaben, d.h. das Werbebudget K_w:

$$K_w = \sum_{i=1}^{n} q_i w_i.$$

Dieser Ausdruck ist zu minimieren.

Die Verwendung eines Werbemittels führt zu gewissen Absatzsteigerungen, die bei der Minimierung des Werbekostenbudgets zu beachten sind. Um die Absatzsteigerung in Hinblick auf das Erzeugnis k angeben zu können, sind die Beiträge der einzelnen Werbeanstrengungen i zur Förderung des Absatzes des k-ten Erzeugnisses, die mit a_{ik} bezeichnet werden, mit der Intensität des Werbemittels i multipliziert, zu addieren. Damit erhält man für die durch die Werbung erzielte Absatzmenge für das Erzeugnis k folgenden Ausdruck:

$$\sum_{i=1}^{n} a_{ik} w_i \qquad (k=1,\ldots,m).$$

Wird von der Unternehmensleitung gefordert, daß die Absatzmenge $\bar{x}_k$ für das Erzeugnis k mindestens erreicht wird, dann sind die oben angegebenen Summenausdrücke größer oder gleich diesem Mindestabsatz zu setzen. Damit erhält man folgendes Ungleichungssystem:

$$\sum_{i=1}^{n} a_{ik} w_i \geq \bar{x}_k \qquad (k=1,\ldots,m).$$

Die Werbewirkung der verschiedenen Werbemittel auf den Absatz der verschiedenen Erzeugnisarten kann in folgender Tabelle veranschaulicht werden:

Tabelle.

		Erzeugnisarten				
		1	2	3	4	5
Werbemittel	1	+	0	0	0	0
	2	0	+	+	+	0
	3	0	0	+	+	+
	4	+	+	+	+	+

Ist die Werbewirkung eines Werbemittels praktisch so gering, daß sie vernachlässigt werden kann, setzt man den zugehörigen Werbekoeffizienten a_{ik} gleich Null. Im anderen Fall ist dieser Koeffizient positiv. Diese Tatsache ist in der Tabelle durch ein + angedeutet. So ist das Werbemittel 1 speziell für Erzeugnis 1 verwendbar, die Werbemittel 2 und 3 werden gleichzeitig für mehrere Erzeugnisse (z.B. Werbemittel 2 für Erzeugnisart 2, 3 und 4) verwendet, während das Werbemittel 4 gleichzeitig für alle Erzeugnisse des Unternehmens wirbt. Die möglicherweise unterschiedliche Wirkung auf die verschiedenen Erzeugnisse kommt in der Tabelle nicht zum Ausdruck.

Der Werbewirkungskoeffizient a_{ik} wird hier als konstant angenommen, d.h. als unabhängig von dem Umfang, in dem von einem Werbemittel Gebrauch gemacht wird, also unabhängig von den w_i. Variiert die Werbewirkung mit den Mengen, die von einem Werbemittel verwandt werden, so ist in diesem Fall der Koeffizient als von w_i abhängig zu betrachten. Unter diesen Umständen ergeben sich nichtlineare Nebenbedingungen, deren Berücksichtigung zur Zeit noch große Schwierigkeiten bereitet[1].

Für bestimmte Werbemittel können Beschränkungen derart gegeben sein, daß einmal gewisse Mindestintensitäten $\underline{w}_i$ berücksichtigt werden müssen, so ist die Verwendung eines Werbemittels erst von einem gewissen Umfang an als erfolgreich zu betrachten, und zum anderen gewisse Beschränkungen nach oben vorhanden sind, die beispielsweise aus beschränkten Kapazitäten der Werbeträger (Plakatsäulen, Zeitungsauflagen) resultieren können. Diese oberen Grenzen mögen mit $\overline{w}_i$ bezeichnet werden. In diesem Fall sind folgende Ungleichungen zusätzlich zu berücksichtigen:

$$\underline{w}_i \leq w_i \leq \overline{w}_i \qquad (i=1,\ldots,n).$$

Für den Fall, daß die untere Beschränkung für ein Werbemittel nicht existiert, ist das zugehörige $\underline{w}_i$ gleich Null zu setzen. Fehlen dagegen obere Beschränkungen, sind die entsprechenden Ungleichungen fortzulassen.

Das gesamte Modell hat damit folgendes Aussehen:
„Man minimiere

$$K_w = \sum_{i=1}^{n} q_i w_i$$

unter den Nebenbedingungen

$$\sum_{i=1}^{n} a_{ik} w_i \geq \bar{x}_k \qquad (k=1,\ldots,m),$$

$$\underline{w}_i \leq w_i \leq \overline{w}_i !" \qquad (i=1,\ldots,n).$$

Dieses Programm ist mit den Methoden der linearen Programmierung zu lösen. Als Ergebnis erhält man das optimale Werbebudget nach Zusammensetzung und Größe für die jeweils verlangten Absatzmengen.

---
[1] Vgl. zur Bestimmung der w_i auch die Ausführungen in Abschnitt III A dieses Kapitels.

Da diese Mengen in Form von Mindestbedingungen in das Programm aufgenommen wurden, kann es möglich sein, daß bei einer optimalen Lösung mehr als die vorgesehene Menge abgesetzt zu werden vermag, etwa, wenn ein Werbemittel nicht beliebig teilbar ist (z. B. großflächige Reklamewände).

Bei dem in diesem Abschnitt entwickelten Modell werden alternativ vorgegebene Absatzmengen (Umsätze, Verkaufsprogramme) unterstellt. Zu jedem Umsatz oder Verkaufsprogramm wird nach den in dem Modell angegebenen Methoden das optimale Werbebudget ermittelt. Für welches Verkaufsprogramm sich die Unternehmensleitung dann aber entscheidet, ist nicht vom Werbebudget, sondern von den großen unternehmungspolitischen Zielen abhängig, die die Unternehmensleitung anstrebt.

6. Es gilt nunmehr den Nachweis zu führen, daß unterschiedlich hohen Ausgaben für Werbezwecke, d.h. unterschiedlich hohen Werbebudgets unterschiedliche optimale Werbeprogramme entsprechen. Diese Abhängigkeit der optimalen Zusammensetzung des Werbeprogramms von der Größe des Werbebudgets hat zur Folge, daß zum Beispiel eine Verdoppelung des Werbebudgets nicht eine Verdoppelung des Werbeprogramms bedeutet, sondern daß eine Änderung des Werbebudgets eine Umstrukturierung des Werbemitteleinsatzes verlangt, sobald die Änderung einen bestimmten Umfang erreicht hat. Die unternehmenspolitische Aufgabe besteht nun darin, die optimalen Werbeprogramme für alternativ gegebene finanzielle Mittel (Budgets) zu bestimmen, und zwar innerhalb der Grenzen, die die gegebenen finanziellen Mittel den Bestrebungen setzen. Diese Aufgabe läßt sich nur dann lösen, wenn die Absatzziele des Unternehmens (das Umsatzvolumen, der Marktanteil, die Zusammensetzung des Verkaufsprogrammes) nicht als vorgegeben, vielmehr als variabel angenommen werden.

Unter diesen Bedingungen ist es nicht mehr möglich, das optimale Werbebudget als kostenminimales Werbebudget zu bestimmen. Vielmehr sind auch die Erlöse und Produktionskosten der einzelnen Erzeugnisse in die Rechnung einzubeziehen. Hier wird von der vereinfachenden Annahme ausgegangen, daß Erlöse und Kosten der einzelnen Erzeugnisse, bezogen auf das Stück, konstant sind. Da auch die Differenz Erlöse abzüglich Kosten konstant ist, soll hier gleich der Gewinnbeitrag des Erzeugnisses k vor Abzug der Werbungskosten eingeführt werden. Der Gewinnbeitrag des Erzeugnisses k werde mit g_k je Einheit bezeichnet.

Der Gewinnbeitrag des Erzeugnisses k beträgt, wenn von diesem Erzeugnis x_k Einheiten abgesetzt werden, $g_k x_k$. Entsprechendes gilt für die übrigen Erzeugnisse. Der Gesamtgewinn ohne Berücksichtigung der Werbungskosten beträgt also

$$\sum_{k=1}^{m} g_k x_k.$$

Von diesem Ausdruck ist das Werbebudget K_w, so wie es im vorigen Abschnitt bereits eingeführt wurde, abzuziehen. Damit beträgt der zu maximierende Gesamtgewinn G:

$$G = \sum_{k=1}^{m} g_k x_k - \sum_{i=1}^{n} q_i w_i.\text{[1]}$$

Es ist jetzt die Beziehung zu untersuchen, die zwischen der Verwendung der Werbemittel und dem Produktionsprogramm besteht. Hierbei handelt es sich um eine ähnliche Beziehung wie im vorhergehenden Abschnitt. Dort wurde ein Ungleichungssystem aufgestellt, welches gewährleistet, daß die Absatzmengen, die durch den Einsatz der Werbemittel erzielbar sind, mindestens so groß wie die vorgegebenen Mindestabsatzmengen sind. Jetzt werden diese Absatzmengen nicht als Konstante vorgegeben, sondern als frei variierbare Größen. Damit wandelt sich das entwickelte Ungleichungssystem zu folgendem Gleichungssystem:

$$\sum_{i=1}^{n} a_{ik} w_i = x_k \qquad (k=1, \ldots, m).$$

Die Bedeutung der Variablen und Konstanten entspricht den Definitionen des vorigen Abschnittes. Die vorgegebene Absatzmenge $\bar{x}_k$ wird hier zur variablen Absatzmenge x_k.

Außerdem ist auf Beschränkungen im Produktionsbereich Rücksicht zu nehmen. Es sei davon ausgegangen, daß t Produktionsanlagen im Unternehmen vorhanden sind, die jeweils eine Kapazität C_s besitzen (Arbeitsstunden je Monat, Stückzahl je Woche o. ä.). Der Koeffizient c_{sk} möge angeben, wieviel Einheiten der einzelnen Kapazitäten zur Produktion einer Einheit des Erzeugnisses k benötigt werden. Es handelt sich hierbei um einen Produktionskoeffizienten, wie er im allgemeinen bei der Produktionsplanung verwandt wird. Für jede Produktionsanlage ist nun eine Ungleichung aufzustellen, damit die gegebenen Kapazitätsgrenzen nicht überschritten werden. Zusammenfassend erhält man folgendes Ungleichungssystem

$$\sum_{k=1}^{m} c_{sk} x_k \leqq C_s \qquad (s=1, \ldots, t).$$

Mit diesen einschränkenden Bedingungen wird der Produktionsbereich in die Bestimmung des optimalen Werbeprogramms einbezogen. Im Gegensatz zu den Untersuchungen des vorigen Abschnittes, bei

---

[1] In ihrer Untersuchung über die optimale Verteilung eines Anzeigenetats gehen J. ANDRÉ und H. MATTHIES von einer anderen Zielfunktion aus. Die beiden Autoren maximieren die Werbewirkung aller Anzeigenträger. Diese Aufgabe wird von ihnen mit Hilfe eines linearen Modells gelöst; vgl. ANDRÉ, J., und H. MATTHIES, Anwendung der linearen Planungsrechnung auf die Verteilung eines Anzeigenetats, Zeitschrift für handelswissenschaftliche Forschung, N. F., 13. Jg (1961), S. 450ff.

denen keine finanziellen Beschränkungen für die Verwendung der Werbemittel gegeben waren, sind hier Beschränkungen im finanziellen Bereich zu berücksichtigen. Es wird hier stets davon ausgegangen, daß der Werbeabteilung alternative finanzielle Höchstbeträge $\overline{K}_{w\lambda}$ ($\lambda = 1, \ldots 1$) für Werbezwecke vorgegeben werden. Es sei angenommen, daß der Werbeabteilung lediglich ein fester Etat $\overline{K}_{w\lambda}$ zur Verfügung steht, der bei der Bestimmung des Werbe- und Verkaufsprogrammes nicht überschritten werden darf. Das sich bei der Lösung des Problems ergebende optimale Werbebudget muß also kleiner oder gleich den alternativ gegebenen Budgets $\overline{K}_{w\lambda}$ sein. Als Ungleichung erhält man damit

$$\sum_{i=1}^{n} q_i w_i \leq \overline{K}_{w\lambda}.$$

Für jedes λ ist das optimale Werbeprogramm gesondert zu bestimmen. Ähnlich wie im vorigen Abschnitt können für die einzelnen Werbemittel obere und untere Begrenzungen existieren. Behält man die Bezeichnungen bei, so lautet das Ungleichungssystem

$$\underline{w}_i \leq w_i \leq \overline{w}_i \qquad (i = 1, \ldots, n).$$

Darüber hinaus ist es auch möglich, daß die Produktionsmengen x_k oberen und unteren Begrenzungen unterliegen. Untere Grenzen können aus bereits vorliegenden Verträgen, obere Grenzen aus marktlichen Gegebenheiten resultieren. Bezeichnet man mit $\underline{x}_k$ die unteren Grenzen für die einzelnen Erzeugnismengen, mit $\bar{x}_k$ mögliche obere Grenzen, dann lautet das zugehörige Ungleichungssystem

$$\underline{x}_k \leq x_k \leq \bar{x}_k \qquad (k = 1, \ldots, m).$$

Sind keine unteren Grenzen vorhanden, dann ist das entsprechende $\underline{x}_k$ gleich Null zu setzen, so daß die übliche Nichtnegativitätsbedingung entsteht. Bei Fehlen oberer Grenzen ist die entsprechende Ungleichung fortzulassen. Zusammenfassend erhält man folgendes lineare Programm:

„Man maximiere

$$G = \sum_{k=1}^{m} g_k x_k - \sum_{i=1}^{n} q_i w_i$$

unter den Nebenbedingungen

$$\sum_{i=1}^{n} a_{ik} w_i - x_k = 0 \qquad (k = 1, \ldots, m),$$

$$\sum_{k=1}^{m} c_{sk} x_k \leq C_s \qquad (s = 1, \ldots, t),$$

$$\sum_{i=1}^{n} q_i w_i \leq \overline{K}_{w\lambda},$$

$$\underline{w}_i \leq w_i \leq \overline{w}_i \qquad (i = 1, \ldots, n),$$

$$\underline{x}_k \leq x_k \leq \bar{x}_k \qquad (k = 1, \ldots, m)!"$$

Als Lösung dieses linearen Programms erhält man einmal ein optimales Werbeprogramm und zum anderen ein optimales Verkaufsprogramm,

d. h. eine optimale Aufteilung des Werbebudgets auf die Werbemittel für jeweils alternativ vorgegebene Werbebudgets, und zwar mit der Maßgabe, daß sich ein maximaler Gewinn ergibt, wenn das jeweilige Werbeprogramm unter Berücksichtigung der erwähnten Bedingungen Verwendung findet.

Anschließend sei noch kurz darauf eingegangen, daß in den Fällen, in denen die Programmänderungen einen größeren Umfang annehmen, als es die gegebene betriebstechnische Elastizität zuläßt, die Bedingung konstanter Produktionsstückkosten nicht mehr haltbar ist. Vielmehr sind auch dann Fragen produktionstechnischer Art und Investitionsprobleme mit den damit verbundenen Kostenänderungen in den Untersuchungsbereich einzubeziehen. Auch hier wird wieder deutlich, wie schwierig die Aufstellung und Lösung gewisser Teilmodelle, hier Werbemodelle, ist, wenn nicht die Planung aus dem Ganzen der Unternehmung und unter Berücksichtigung möglichst vieler betrieblicher Teilbereiche simultan vorgenommen wird.

IV. Die Werbepolitik.

1. Die Ziele, Bindungen und Möglichkeiten der Werbepolitik.
2. Die Werbeplanung.
3. Die Sicherung des Werbeerfolges.

1. a) Die Absatzpolitik eines Unternehmens ist ein integrierender Bestandteil der Politik, die die Leitung eines Unternehmens auf nahe und weite Sicht treibt. Da die Werbung eines der vier absatzpolitischen Instrumente bildet, mit deren Hilfe die Unternehmen ihre absatzpolitischen Ziele durchsetzen, so ist die Werbung über die Absatzpolitik in die allgemeine Geschäftspolitik der Unternehmensleitung eingeordnet. Die Werbepolitik, die ein Unternehmen betreibt, kann deshalb weder losgelöst von der Absatzpolitik noch von der allgemeinen Geschäftspolitik der Unternehmensleitung betrachtet werden. Gleichwohl hat die Werbepolitik gewisse eigene Zielsetzungen, Taktiken und Techniken. Sie sind darauf konzentriert, die unternehmungs- und absatzpolitischen Ziele des Unternehmens mit einem Höchstmaß an Wirksamkeit zu unterstützen. Handelt es sich darum, eine große absatzpolitische Aktion der Unternehmensleitung, die auf eine Ausweitung des Geschäftsvolumens gerichtet ist, werbepolitisch zu unterstützen, dann wird in anderer Weise von den zur Verfügung stehenden Werbemöglichkeiten Gebrauch gemacht werden müssen, als dann, wenn es um ein absatzpolitisches Vorhaben mit begrenztem Ziel geht. Ist also den für den Verkauf zuständigen und verantwortlichen Personen die Aufgabe gestellt, das Absatzvolumen des Unternehmens um einen irgendwie zu bestimmenden Prozentsatz zu erhöhen, dann werden die Werbemaßnahmen, die einer solchen Expansionswerbung entsprechen, von einer größeren Intensität

sein, als dann, wenn diese Personen die Aufgabe haben, den Absatz zu halten, ohne ihn zu forcieren. Diese Situation entspricht in etwa den Vorstellungen, wie sie dem Begriff der Erhaltungswerbung zugrunde liegen. Erscheint dagegen die geschäftliche Entwicklung des Unternehmens ernstlich bedroht, dann wird diese besondere Lage die zu ergreifenden Werbemaßnahmen beeinflussen und der Werbung, die sich in diesem Fall als Stabilisierungswerbung bezeichnen läßt, ihr besonderes Gepräge geben. Dabei wird dann jeweils die Form der Werbung durch Entscheidungen darüber bestimmt, ob die dem Verkauf gestellte Aufgabe mit oder ohne Einführung neuer Erzeugnisse, mit oder ohne Eindringen in neue Wirtschaftsräume lösbar erscheint oder zu lösen beabsichtigt ist.

b) Die unternehmungspolitischen und mit ihnen die absatz- und werbepolitischen Zielsetzungen verlangen, wenn sie erreicht werden sollen, ein gewisses Maß an Freiheit, finanziell zu operieren. Wie pflegt die Geschäftsleitung den finanziellen Rahmen zu bestimmen, in dem Werbung betrieben werden kann? Wenn sie, wie es in der Praxis die Regel zu sein scheint, einen bestimmten Prozentsatz des Vorjahresumsatzes für Werbezwecke des nachfolgenden Jahres zur Verfügung stellt, dann kann eine derartige Maßnahme nur als ein sehr grobes Verfahren zur Bestimmung der Werbeausgaben angesehen werden. Sinnvoller würde es sein, von den unternehmungspolitisch geplanten Umsätzen oder Marktanteilen auszugehen und zu fragen, in welchem Umfang finanzielle Mittel bereitzustellen sein würden, wenn ein Umsatz von x DM erreicht werden soll. Dieser Betrag wäre dann mit der finanziellen Lage des Unternehmens abzustimmen. Die Planung der finanziellen Mittel für die Werbung müßte also von der Überlegung ausgehen, daß jedem geplanten Umsatz ein kostenminimaler Betrag an finanziellem Aufwand für Werbung zugeordnet ist. Man erhält dann eine Skala von geplanten Umsätzen und dazugehörigem optimalen Werbeaufwand[1]. Dieses Ziel läßt sich praktisch nur in Grenzen erreichen. Aber die Erfahrung lehrt, daß sich viele Werbeabteilungen großer Werke nach dieser Konzeption richten und daß auf diese Weise jene Auflockerung im Bereich der finanziellen Werbeüberlegungen erreicht wird, die es anzustreben gilt. Wie immer ein Unternehmen bei der Bestimmung eines Werbebudgets vorgehen mag, niemand wird bestreiten, daß jede starre Bindung der Bestimmung von Werbebudgets an Vergangenheitswerte und damit die Vernachlässigung der zu erwartenden Entwicklungen einen Verzicht auf absatzpolitische Elastizität bedeutet und daß der Verzicht auf Optimierungsüberlegungen eine Vergeudung finanzieller Mittel für Werbezwecke zur Folge hat. Werden die Werbeausgaben in schlechten Zeiten entsprechend den Umsatz-

---

[1] Die Ableitung dieser Optima ist im Abschnitt II 5 vorgenommen worden.

Die Ziele der Werbepolitik.

rückgängen verringert, dann führt ein solches Vorgehen zu einer Verstärkung der gefahrdrohenden Entwicklungen und umgekehrt. Alle unelastischen Formen der Gestaltung des Werbebudgets erschweren die Anpassung an sich ändernde absatzpolitische, insbesondere auch konjunkturelle Situationen.

Das Problem der Ausgabenbestimmung für Werbezwecke kompliziert sich dadurch, daß hierbei nicht nur die eigene Werbung, sondern auch die Art und der Umfang der Konkurrenzwerbung berücksichtigt werden muß. Dieser Zusammenhang soll genauer betrachtet werden. Aus Vereinfachungsgründen sei davon ausgegangen, daß die Höhe der Werbeausgaben von der Höhe des Umsatzes abhängig ist, den man erreichen möchte. Jedem erwarteten Umsatz werden Werbeausgaben in jeweils ganz bestimmter Höhe zugeordnet. Diese Beziehung kann man in der in Abb. 89 gewählten Form darstellen.

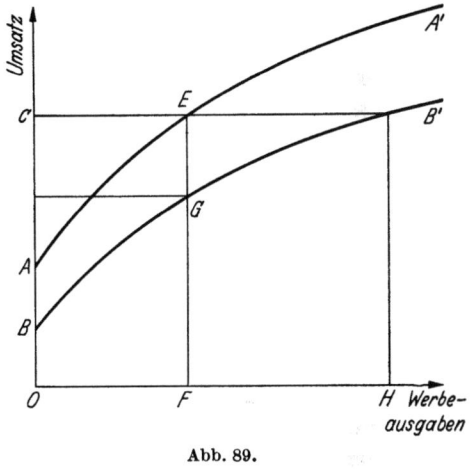

Abb. 89.

Auf der Ordinatenachse seien die erwarteten bzw. geplanten Umsätze, auf der Abszissenachse die zugehörigen Werbeausgaben abgetragen. Auf diese Weise ergibt sich die Kurve AA'. Sie ist eine Erwartungskurve, wie sie geschildert wurde.

Die Kurve AA' setzt einen bestimmten Stand der Konkurrenzwerbung nach Art und Umfang voraus. Wenn dieser Zustand sich ändert und die Konkurrenz die Wirkung ihrer Werbung durch Verbesserung ihrer Werbemittel, ihres Einsatzes oder durch Erhöhung ihrer Werbeausgaben steigert, dann verschiebt sich die Kurve AA' nach unten, wobei sie ihre Form verändern kann. Es sei angenommen, daß man die Kurve BB' erhält. Dem geplanten Umsatz OC entspricht zunächst ein Werbeaufwand OF. Drückt die Konkurrenzwerbung die Kurve AA' auf BB', so erzielt man mit den finanziellen Mitteln in Höhe von OF nur den geplanten Umsatz von FG. Das Unternehmen ist gezwungen, nunmehr sein Werbebudget um OH minus OF zu vergrößern, wenn es den geplanten Umsatz OC erhalten will. Unter den dem Beispiel zugrunde liegenden Bedingungen müssen also die Werbeausgaben um OH minus OF, also um FH, als Folge der Veränderungen in der Werbung der Konkurrenzbetriebe erhöht werden, wenn das für die nächste Periode geplante Absatzvolumen nach Maßgabe der Planungsmöglichkeiten erreicht werden soll.

Das Maß an Freiheit, das einem Betrieb im Fall der Konkurrenzwerbung für die Bemessung des Werbeetats zur Verfügung steht, wird durch den Druck der Konkurrenz reguliert. Der Zwang, die Position im Markt aufrecht zu erhalten, bildet den entscheidenden Faktor für die Bestimmung der Werbeausgaben. Handelt es sich dagegen um einen Betrieb, der aus einer günstigen Lage heraus ohne bestimmenden Konkurrenzdruck neue Erzeugnisse oder Leistungen durchzusetzen sich bemüht, verfügt also der Betrieb über mehr Freiheit für die Bestimmung seines Werbeetats, dann ergibt sich eine wesentlich andere Lage. Nur in welchem Maße Mittel für die Neueinführung durch Werbung bereitgestellt werden können, ist wesentlich eine Sache der Größe und der finanziellen Kraft der Betriebe.

Bei der Erinnerungswerbung ist das Werbeziel verhältnismäßig begrenzt und dementsprechend wird auch der Etat nicht sehr groß sein. Aber auch hier mögen Umsätze oder Gewinne, auch gewisse Kosten oder frühere Etats Anhaltspunkte für die Bemessung der Werbeausgaben liefern. Die primären Bestimmungsgründe bilden aber auch hier das Werbeziel, die finanzielle Lage und die Freiheit, die der Betrieb werbepolitisch besitzt.

c) Der Erfolg jeder werbepolitischen Maßnahme ist von der Intensität der Vorbereitung abhängig. Bevor über eine Werbemaßnahme entschieden wird, gilt es, ein Höchstmaß an Informationen über die voraussichtliche Situation auf den Märkten zu gewinnen, auf denen für Erzeugnisse des Unternehmens geworben werden soll. Von der Zuverlässigkeit und Vollständigkeit dieser vor allem durch Methoden der Marktforschung zu erlangenden Informationen hängt es ab, wie die Werbeaktion vorgenommen werden soll, d.h. welche Ziele gesetzt, welche Werbemittel benutzt, in welchem Absatzraum und zu welchem Zeitpunkt von den Werbemitteln Gebrauch gemacht werden soll.

Die operativen Ziele der Werbepolitik werden durch die absatzpolitischen Interessen des Unternehmens, den Marktwiderstand und die Werbeanstrengungen der Konkurrenzunternehmen bestimmt. Die Intensität, mit der Werbung betrieben werden soll, läßt sich jedoch nicht unmittelbar aus den unternehmungs- oder absatzpolitischen Zielsetzungen der Unternehmensführung ableiten. Denn eine hinhaltende, im wesentlichen auf die Erhaltung des Marktanteils gerichtete Unternehmungspolitik kann äußerst starke Werbeanstrengungen verlangen, während andererseits die Möglichkeit besteht, daß eine starke geschäftliche Expansion des Unternehmens nur von verhältnismäßig geringen eigenen Werbeanstrengungen begleitet ist. Die Stärke des Marktwiderstandes und die Werbeaktivität der Konkurrenzunternehmen beeinflussen die eigenen werbepolitischen Zielsetzungen ebenso wie die Ziele der Unternehmensleitung. Es wäre also verfehlt, eine gewissermaßen a priori gegebene Parallelität von unternehmungspolitischen Zielsetzungen und werbepolitischer Aktivität anzunehmen.

Ist es unter Verwendung marktanalytischer Verfahren gelungen, einen bestimmten Absatzraum, in dem geworben werden soll, aufzuhellen und seine Aufnahmefähigkeit, seine Bedarfsstruktur, den Marktwiderstand und die Konkurrenzverhältnisse, die ihn kennzeichnen, zu erfassen, dann gilt es, eine optimale Auswahl unter den in Frage kommenden Werbemitteln zu treffen und, wenn es die Lage zuläßt oder erforderlich macht, diejenigen Werbemittel zu einer einheitlichen Aktion zusammenzufassen, die ein Höchstmaß an Werbewirkung erhoffen lassen. Ist die Entscheidung über die zu benutzenden Werbemittel gefallen, dann ist es Sache der Werbetaktik, zu ermitteln, in welchem Maße, an welchen Stellen und zu welchen Zeitpunkten von den Werbemitteln Gebrauch gemacht werden soll. Ist es vorteilhaft, sich werbepolitisch pro- oder antizyklisch zu verhalten, soll die Werbeaktion schlagartig oder über einen längeren Zeitraum verteilt vorgenommen werden? Welches ist der günstigste Zeitpunkt für den Beginn, für die Beendigung der Aktion. Wie soll die eigene Werbung mit der der Konkurrenzunternehmen ins Gleichgewicht gebracht werden, soll die Konkurrenzwerbung kompensiert oder verdrängt, überkompensiert werden? Soll mit Schwerpunkten geworben werden oder soll die Werbung räumlich und zeitlich auf breiter Front vorgenommen werden. Es handelt sich hier um taktische Überlegungen und Maßnahmen, die das werbepolitisch gesetzte Ziel mit einem Höchstmaß an Erfolg erreichen lassen sollen.

2. Die für die Durchführung von Werbemaßnahmen geltenden werbepolitischen Überlegungen finden ihren Niederschlag in den Werbeplänen. Hierbei lassen sich kurz-, mittel- und langfristige Werbepläne unterscheiden.

Als kurzfristig werden Werbepläne in der Praxis dann bezeichnet, wenn sie auf Zeiträume abgestellt werden, die kürzer als ein Jahr sind, zum Beispiel Werbepläne für einen Monat, ein viertel oder ein halbes Jahr. Mittelfristige Werbepläne sind solche Pläne, die etwa für ein Geschäftsjahr gelten, und langfristige Werbepläne sind solche, die sich auf einen Zeitraum beziehen, der länger als ein Jahr ist. Diese zeitlichen Abgrenzungen sind nicht absolut, sondern lediglich als Anhaltspunkte zu nehmen.

Bei großen, werbeintensiven Betrieben, aber auch bei Unternehmungen, bei denen die Werbung nicht als dominant angesehen werden kann, die aber gleichwohl auf repräsentative Werbung Wert legen, pflegt die Planung im Rahmen der gesamten Unternehmungspolitik auf weite Sicht für einen Zeitraum festgelegt zu werden, der in der Regel länger als ein Jahr ist. Es ist klar, daß eine solche Planung mehr den Charakter einer Globalplanung besitzt, die die geplanten Werbemaßnahmen in ihren Grundzügen und im großen Rahmen, weniger dagegen in den Einzelheiten festlegt. Diese Art der Planung findet sich bei großen Werken, die ein verfeinertes und ausgebautes Gesamtplanungssystem besitzen. Eine derartige globale Werbeplanung trifft man aber auch bei mittleren und kleineren Unternehmungen an, sofern der betriebswirtschaftliche Wert der Planung von den verantwortlichen Persönlichkeiten erkannt ist.

Die mittelfristige Planung bildet wohl den Regelfall für Unternehmen, die ihre Werbung systematisch planen. Die mittelfristigen Werbepläne können die größte Periode umfassen, für die ein Unternehmen überhaupt plant. Sie können aber auch lediglich Spezifikationen langfristiger Werbepläne sein.

Das gleiche gilt im entsprechenden Sinn für das Verhältnis zwischen kurz- und mittelfristigen Werbeplänen. Es gibt allerdings Betriebe, die auf eine kurzfristige Spezifizierung verzichten. Das ist in der Regel dann der Fall, wenn die Werbepläne von einer solch umfassenden Art sind, daß es sich nicht lohnt, noch weitere Untergliederungen vorzunehmen. Werden aber kurzfristige Pläne für ein Vierteljahr oder ein halbes Jahr als Teilpläne eines Jahreswerbeplanes aufgestellt, dann pflegen diese kurzfristigen Pläne den Charakter einer Globalplanung zu besitzen.

Es sei ausdrücklich darauf aufmerksam gemacht, daß diese zeitliche Einteilung nicht zwingend ist. Man nehme den Fall, es handele sich darum, ein bestimmtes Küchengerät einzuführen, das das Unternehmen bisher noch nicht verkauft hat. Die normale Werbung werde in einem so begrenzten Umfang durchgeführt, daß sie mehr akzidentelle Bedeutung hat.

Handelt es sich jetzt aber darum, das neue Küchengerät in Form einer Einführungswerbung auf dem Markt durchzusetzen, dann wird sie zeitlich begrenzt auf etwa $^3/_4$ Jahr geplant sein. Die Planung dieses speziellen Werbevorhabens läuft zeitlich neben der normalen Werbeplanung her. Es besteht keine unmittelbare Beziehung zwischen diesen beiden Planungen. Welches Maß an Detaillierung eine solche Spezialplanung aufweisen soll, richtet sich nach der besonderen Situation, die für das betreffende Unternehmen gilt.

Die Fragen, die bei der Behandlung der Marktanalyse unter besonderer Berücksichtigung der Werbung erörtert wurden, sind zugleich die Grundfragen der Werbeplanung. Denn die Marktanalyse ist Grundlage und Ausgangspunkt jeder systematischen Werbeplanung. Erst aus den so gewonnenen Unterlagen wird man in den Stand gesetzt, beurteilen zu können, welche Werbewege, welche Werbemittel und welche Streudichte in Hinblick auf das absatzpolitische Ziel zu wählen sind.

Die Werbepläne enthalten konkrete Angaben darüber, welche Arten von Werbemitteln für die Zwecke der Werbung verwandt werden sollen, in welchem Umfang von den einzelnen Werbemitteln Gebrauch gemacht werden soll (Zahl der Plakatexemplare, Zahl der Inserate, Zahl der Werbevorführungen, Zahl der Werbesendungen usw.), wie die Werbemittel eingesetzt werden sollen (Plakatsäulen, Zeitungen, Postwurfsendungen usw.), bei wem geworben werden soll (Werbung bei Konsumenten, beim Großhandel, beim Einzelhandel usw.), mit welcher Intensität in den einzelnen Perioden (Monate, Quartale, Halbjahre usw.) und in welchen Bezirken geworben werden soll und wie groß die zur Verfügung stehenden Mittel sind, einschließlich der Reserven, die jeder gute Werbeplan enthalten muß.

Die Werbepläne werden dann praktisch ergänzt durch eine große Anzahl sonstiger Unterlagen, die für die Streuung der Werbung erforderlich sind, wie zum Beispiel Adressenlisten, Zusammenstellungen über Zeitungen und Zeitschriften nach Auflagezahl, effektiver Leserzahl, Erscheinungsort, Lesergruppen, Zusammensetzung der Leser nach fachlichen und sozialen Gruppen usw.

Ob Werbepläne positiv oder negativ zu beurteilen sind, hat nichts damit zu tun, ob sie mehr global oder detailliert aufgestellt werden. Vielmehr hängt die Güte der Werbepläne ausschließlich davon ab, ob sie vollständig oder unvollständig sind, d.h. ob sie alle entscheidenden Tatbestände in richtiger Beurteilung und alle zu ergreifenden Maßnahmen mit hinreichender Genauigkeit enthalten und ob sie eingehalten werden können.

Wie jeder Plan, so enthalten auch die Werbepläne die Gefahr, daß sie zu starr sind und Unvorhersehbarkeiten nicht hinreichend Rechnung zu tragen erlauben. Auch für die Aufstellung von Werbeplänen gilt deshalb die Forderung, daß sie geschmeidig genug sein müssen, um die Absatzgestaltung an Ereignisse anpassen zu können, die in der Planungsrechnung nicht berücksichtigt wurden.

Der Umfang an Werbeplanung aber muß den betrieblichen Gegebenheiten entsprechen, d.h. es darf auch auf dem Gebiet der Werbung weder zuviel noch zu wenig geplant werden. In beiden Fällen wird der Erfolg der Planung gemindert, denn es wird für die Werbung nicht jenes Optimum realisiert, welches bei richtiger Dosierung der Werbemaßnahmen erreichbar wäre.

3.a) Gehört die Unsicherheit der Informationen zum Essentiale werbepolitischer Entscheidungen? Diese Frage ist nicht eindeutig mit Ja oder Nein zu beantworten. Hält man sich vor Augen, wie gering die finanzielle Aufwendung der Unternehmen für die Sicherung des Werbeerfolges sind und vergleicht man sie mit den Gesamtausgaben der Werbung, dann kann man sich des Eindrucks nicht erwehren, daß viele Unternehmen den Fragen der Werbeerfolgssicherung noch immer mit einer gewissen Resignation gegenüberstehen. So erklärt sich die verhältnismäßig geringe Aktivität der Praxis auf dem Gebiet der Sicherung des Werbeerfolges.

Diese für eine große Anzahl Werbung treibender Unternehmen kennzeichnende Haltung erscheint jedoch nur in einem gewissen Maße gerechtfertigt. Denn es sind viele Methoden entwickelt worden, die die Ansicht widerlegen, daß die Verfahren der Werbeerfolgskontrolle zu ungenau und zu kostspielig seien, als daß es sich lohnte, von ihnen Gebrauch zu machen. Die Schwierigkeiten, auf die die Anwendung messender Verfahren auf dem in besonders starkem Maße von psychologischen und soziologischen Kräften bestimmten Gebiet des Käuferverhaltens stoßen, werden zwar niemals vollständig überwunden werden können. Aber es gibt doch eine große Anzahl von Verfahren, die dieser Schwierigkeiten in einem gewissen Maße Herr zu werden erlauben.

Die Methoden der Sicherung des Werbeerfolges sind außergewöhnlich vielfältig. Ihre kasuistische Behandlung erscheint deshalb diesem Gegenstand angemessener als eine systematische Betrachtung ihrer Möglichkeiten. Gleichwohl soll versucht werden, einen Überblick über die Methoden, die der Analyse von Werbemaßnahmen vor Beginn der Werbung dienen, zu gewinnen. Sie lassen sich in drei Gruppen einteilen: Erstens die psychologischen Verfahren, zweitens die auf demoskopischen Verfahren beruhenden Methoden der Werbeforschung und drittens die auf der Verwendung von Prognosemodellen basierenden Verfahren der Werbeerfolgssicherung. Es erscheint nicht ausgeschlossen, daß die Methoden der Simulierung auch für die Zwecke der Werbeerfolgsprognose größere Bedeutung gewinnen werden.

α) Die Untersuchung der werbenden Wirkung von Werbemitteln mit Hilfe fachpsychologischer Methoden gehört heute zum festen Bestand der Werbevorbereitung. Die psychischen Wirkungen von Werbemaßnahmen werden in experimentellen Situationen, die sich durch bestimmte Versuchsanordnungen kennzeichnen, geprüft. Am häufigsten werden die Experimente im Laboratorium (laboratory-tests) vorgenommen, seltener in der Praxis des täglichen Geschehens (field-tests).

Die psychologischen Tests sind vor allem darauf gerichtet, Informationen darüber zu gewinnen, in welchem Maße ein Werbemittel die Aufmerksamkeit von Versuchspersonen erregt, wie stark es diese Personen beeindruckt, mit welcher Intensität sie sich an das Werbemittel erinnern, wie stark das Interesse ist, das das Werbemittel in den Versuchspersonen für den Gegenstand erweckt, für den geworben wird, und in welchem Maße es Anreize zum Erwerb der Erzeugnisse auslöst, die den Gegenstand der Werbung bilden. Da Untersuchungen dieser Art in der Regel nur bei einzelnen Versuchspersonen vorgenommen werden, so läßt sich aus den Untersuchungsbefunden nicht ohne weiteres der Schluß ziehen, daß die Ergebnisse der Untersuchungen für die Mehrzahl der potentiellen Käufer repräsentativ sind.

In kaum noch zu übersehender Zahl sind psychologische Methoden für die Prüfung des voraussichtlichen Erfolges von Werbemaßnahmen entwickelt worden. Wählt man als Kriterium für die Aufgliederung dieser Methoden das Maß an Einblick, das die einzelnen Versuchspersonen in die Versuchssituation haben[1], dann läßt sich erstens eine Versuchssituation angeben, bei der die Versuchspersonen das Ziel des Versuches und ihre Aufgabe in diesem Versuch kennen. Eine zweite Versuchssituation kennzeichnet sich dadurch, daß die Versuchsperson zwar nicht das Ziel der Untersuchung, wohl aber ihre Aufgabe in dieser Prüfung kennt. Tiefenpsychologische Analysen werden im allgemeinen unter derartigen Versuchsbedingungen vorgenommen. In einer dritten Versuchssituation kennen die Versuchspersonen weder das Untersuchungsziel noch die Aufgabe, die sie erfüllen sollen. Die Versuche können aber auch so angeordnet sein, daß den Versuchspersonen Instruktionen gegeben werden, die die Situation jedoch mehr tarnen als aufhellen. Man sieht, wie sich die Methode der psychologischen Analyse von Werbewirkungen immer stärker differenzieren und sich den besonderen Aufgaben der Werbewirkungsanalyse anpassen.

β) Außer den psychologischen Methoden der Werbeerfolgssicherung werden in zunehmendem Maße Methoden der empirischen Sozialforschung in den Dienst der Werbeforschung gestellt[2]. Diese Methoden beruhen auf Beobachtung, Befragung und Experiment. Ihr bevorzugtes Anwendungsgebiet ist die Kontrolle des Werbeerfolges nach Beginn einer Werbeaktion, also die Kontrolle des Berührungs-, Beeindruckungs- und des Erinnerungserfolges und die Gewinnung von Informationen darüber, ob durch die Werbung das Interesse der Umworbenen erweckt und die Aktion erfolgreich gewesen ist. Zu dieser Methodik gehören die Testmärkte und die Gebietsverkaufstests, wie sie vorwiegend für die Werbung von Markenartikelfirmen Verwendung finden. Beobachtung

---

[1] Vgl. hierzu vor allem die Ausführungen von SPIEGEL, B., Werbepsychologische Untersuchungsmethoden, Berlin 1958; außerdem JASPERT, F., Methoden zur Erforschung der Werbewirkung, Stuttgart 1963; LUCAS, D. B., und ST. H. BRITT, Measurement Advertising Effectiveness, New York 1963.

[2] Vgl. hierzu die ausführliche Darstellung dieser Methoden bei BEHRENS, K. CHR., Absatzwerbung, in: Die Wirtschaftswissenschaften, Wiesbaden 1963, vor allem S. 147ff.; LUCAS, D. B., und ST. H. BRITT, Measurement Advertising Effectiveness, New York 1963.

und Befragung bilden hier das Mittel, möglichst zuverlässige und erschöpfende Informationen über die voraussichtliche Wirkung der Markenartikel oder der Werbemaßnahme zu gewinnen. Der Erfolg dieser Tests hängt von der Auswahl der Test- und Kontrollbezirke, von der Mitarbeit der Händler und von der Absicherung der Befragungssituation gegen außergewöhnliche Umstände auf den Teilmärkten und den realen Warenmärkten ab.

Nicht ohne eine gewisse Berechtigung wird sich sagen lassen, daß wahrscheinlich auf dem Gebiet der Vorprüfung der Wirkung von Werbemitteln und ihrer Verwendung die größten Erfolge für die Sicherung der Erfolge von Werbemaßnahmen erzielt werden. Aber es geht hierbei doch immer nur um einzelne Werbemittel, um ihre optimale Gestaltung, also um eine immerhin begrenzte Zielsetzung vor Beginn der Werbemaßnahmen. Sieht man die Verfahren der Vorprüfung von Werbemitteln in diesen Grenzen, dann wird man ihnen Nutzen und Erfolg nicht absprechen können. Sicherlich steht auch zu erwarten, daß die Prüfungstechnik weiter ausgebaut und vervollkommnet wird und daß es deshalb immer mehr gelingen wird, die Werbewirkung bestimmter Werbemittel für bestimmte Erzeugnisse zu ermitteln und das Optimum für die Verwendung und Benutzung ihrer Werbeinstrumente zu bestimmen. Damit wird zweifellos zugleich ein Beitrag zur Lösung des Problems geleistet, die Verwendung des gesamten Werbemittelbestandes optimal zu gestalten.

γ) Ein völlig anderer Weg, den Erfolg von Werbemaßnahmen zu prognostizieren, besteht in der Verwendung von quantitativen Prognosemodellen, die aus den Daten, die ihnen zugrunde liegen, optimale Lösungen abzuleiten gestatten. Der Sinn dieser Modelle besteht darin, Prognosen derart durchzuführen, daß gesagt wird: Unter diesen oder jenen Voraussetzungen wird zu einem bestimmten Zeitpunkt oder in einem bestimmten Zeitraum dieses oder jenes Ereignis eintreten.

Wenn das Objekt einer solchen Prognose aus seinen Ursachen erklärt oder vorausgesagt werden soll, dann müssen die in dem Modell vermuteten Kausalbeziehungen zwischen dem Gegenstand der Prognose und seinen Ursachen dargelegt werden und es müssen Informationen darüber beschafft werden, die die Modellhypothese zu prüfen erlauben. Stellt sich dabei heraus, daß die Modellhypothesen einer Prüfung durch die Tatsachen nicht standhalten, dann müssen zusätzliche Informationen beschafft oder die Modellhypothesen geändert werden.

Die voraussichtliche Wirkung bestimmter Werbemaßnahmen auf den Absatz eines Unternehmens läßt sich in einem von VIDALE und WOLFE[1]

---

[1] VIDALE, M. L., und H. B. WOLFE, An Operations Research Study of Sales Response to Advertising, in: Mathematical Models and Methods in Marketing, Homewood, Ill., 1961, S. 357ff. Vgl. hierzu auch die anderen Beiträge in diesem

untersuchten konkreten Fall durch die Gleichung
$$dS/dt = rA(t)(M-S)/M - \lambda S$$
wiedergeben.

Hier bedeutet dS/dt die Zunahme des Absatzes in einer bestimmten Zeiteinheit, A sind die Werbeausgaben und S das tatsächlich erzielte Verkaufsvolumen.

In der Gleichung stellen r, M und λ die Parameter dar, die durch empirisch-statistische Untersuchungen bestimmt werden, und zwar durch Beobachtung gleichartiger oder ähnlicher empirischer Fälle in der für die Parameterschätzung erforderlichen Zahl[1]. Die statistischen Unterlagen für die Schätzung der Parameter wurden von den beiden Autoren aus mehreren großen Industrieunternehmen gewonnen.

Bei der Beobachtung des Zusammenhanges zwischen der Verkaufsfähigkeit eines Erzeugnisses und der für dieses Erzeugnis betriebenen Werbung stellte sich heraus, daß der Absatz der Erzeugnisse auch dann, wenn für sie geworben wird, nicht mehr zunimmt, je mehr er sich einer gewissen Grenze nähert, die als Sättigungsgrenze M des Marktes bei diesem Erzeugnis und bei der Art der Werbung bezeichnet sei. Die zweite Bestimmungsgröße zwischen Werbung und Verkaufsfähigkeit eines Erzeugnisses (einer Erzeugnisgruppe) stellt die Reaktionskonstante r dar. Sie ergibt sich als das Verhältnis zwischen der Absatzmenge S und den Werbeausgaben A, also $r = \dfrac{S_t}{A_t}$ unter der Voraussetzung, daß der Absatz für das Erzeugnis in der Vorperiode gleich Null ist. Ist das Erzeugnis in der Vorperiode bereits verkauft worden, wird also bereits ein bestimmtes Absatzvolumen erreicht, dann bestimmt sich die aufgrund der Werbung erzielte zusätzliche Absatzmenge R durch

$$R = \frac{r(M-S)}{M} A.$$

Da in dieser Gleichung r und M Konstante darstellen, muß die Werbewirkung mit zunehmendem Verkaufsumfang S abnehmen.

Der dritte Parameter, der durch empirische Untersuchungen ermittelt werden muß, ist eine Größe, die den Verlust an Käufern angibt,

---

Sammelwerk; sodann aber auch FRANK, R., A. A. KUEHN und W. F. MASSY, Quantitative Techniques in Marketing Analysis, Homewood, Ill., 1962 und MEISSNER, F., Wege der Werbeerfolgskontrolle — ein Beispiel aus den USA, in: GFM-Mitteilungen zur Markt- und Absatzforschung 1962, S. 109ff.

[1] Die Beschaffung der für die Bestimmung der Parameter erforderlichen Informationen wird Schwierigkeiten bereiten. Zum Beispiel wird es überhaupt nicht möglich sein, genaue Informationen über Vorgänge in den Konkurrenzunternehmen zu erhalten. Außerdem verursachen empirische Untersuchungen große Kosten und verlangen geschulte Kräfte. Da die Kausalbeziehungen immer undurchsichtiger werden, je weiter sie in die Zukunft hinein verfolgt werden, so sind die geschilderten Prognoseverfahren offenbar nur für kurzfristige Prognosen geeignet.

wenn nicht geworben wird. Dieser Verlust an Käufern ließ sich in dem beschriebenen Fall durch eine Exponentialgröße $S(t) = S(0)\,e^{-\lambda t}$ ausdrücken.

Dieses Modell beschreibt in einfachen mathematischen Ausdrücken den Zusammenhang zwischen Absatzentwicklung und Werbeaktion aufgrund empirischer statistischer Untersuchungsbefunde. Die Parameter gelten nur für die untersuchte Situation. Andere Untersuchungen können unter anderen Umständen zu anderen Parametern führen, etwa derart, daß sich für die Größen r und M im Falle von Marktänderungen oder zunehmender oder nachlassender Intensivierung die gegnerischen Werbeanstrengungen oder aber auch im Falle der Einführung neuer Erzeugnisse auf dem Markt andere Werte ergeben. Wie dem im einzelnen aber auch sei — hier kommt es allein darauf an, zu zeigen, wie quantitative Prognosemodelle beschaffen sein können und wie sie sich für die Sicherung der Werbeerfolge nutzbar machen lassen.

b) Die empirische Ermittlung der Wirkung konkreter Werbemaßnahmen wird in der Werbepraxis allgemein als Kontrolle des Werbeerfolgs bezeichnet. Da diese Messungen im allgemeinen erst nach dem Beginn einer Werbeaktion vorgenommen werden können, haben sie keinen Einfluß mehr auf die laufenden Werbeaktionen. Aber die Kontrollen verschaffen methodisch gesicherte Erfahrung und kommen so — in einer Art Lernprozeß — den späteren Werbemaßnahmen zugute.

α) Die Methoden, die dazu benutzt werden können, den Werbeerfolg nach dem Beginn von Werbemaßnahmen zu messen, sind zwar nicht ausschließlich, aber doch weitgehend Methoden der empirischen Sozialforschung, beruhen also auf Beobachtung, Befragung und Experiment, abgewandelt für die besonderen Umstände und Zwecke der Werbeerfolgsmessung[1].

Unter Werbeerfolg lassen sich Sachverhalte verschiedener Art verstehen. Von einem Erfolg der Werbung kann bereits dann gesprochen werden, wenn innerhalb eines bestimmten Wirtschaftsraumes und eines bestimmten Zeitabschnittes ein günstiges Verhältnis zwischen der Zahl der potentiellen Käufer und der Zahl derjenigen Personen, Organisationen und Institutionen besteht, die das werbende Unternehmen mit seinen Werbeanstrengungen erreicht hat.

Partielle Erfolgsziffern dieser Art lassen sich verhältnismäßig leicht ermitteln, wenn einerseits die Zahl der für ein Erzeugnis grundsätzlich in Frage kommenden Käufer bekannt ist und andererseits genaue Informationen über die Zahl der Adressaten vorliegen.

---

[1] Diese Verfahren sind unter anderem eingehend beschrieben von K. Chr. Behrens in seinem Buch über Absatzwerbung, in: Die Wirtschaftswissenschaften, Wiesbaden 1963, S. 145 ff. Verwiesen sei auch auf Suter, F., Feststellung und Analyse des Werbeerfolges, Winterthur 1962; ferner auf Lucas, D. B. und St. H. Britt, Measurement Advertising Effectiveness, New York 1963.

Die Werbeerfolgsermittlung wird dann auf besonders große Schwierigkeiten stoßen, wenn überhaupt keine Möglichkeit besteht, über die Zahl derjenigen Aufschluß zu gewinnen, die überhaupt von den Maßnahmen werbender Unternehmen erfaßt wurden. Diese Schwierigkeiten treten nicht oder nur in begrenztem Umfang ein, wenn die Zahl der Adressaten bekannt ist und angenommen werden kann, daß die werbenden Maßnahmen der Unternehmen diese Adressaten erreicht haben.

Wichtiger noch sind Informationen darüber, ob und in welchem Maß die Werbebotschaft die Aufmerksamkeit der Umworbenen geweckt hat. Einige Sparten der Werbung lassen derartige Messungen zu, zum Beispiel die Schaufensterwerbung, die Plakatwerbung, die Werbung mit Hilfe von Inseraten, auch die Rundfunkwerbung. Nun können aber derartige Messungen durch Befragungen in der Regel erst zu einem Zeitpunkt vorgenommen werden, der nach dem Zeitpunkt des Empfanges der Werbebotschaft liegt. Aus diesem Grund verwischen sich oft die Grenzen zwischen Aufmerksamkeits- und Erinnerungskontrolle. Diese Tatsache bedeutet nicht notwendig eine Beeinträchtigung der Güte von Werbekontrollmaßnahmen, denn je mehr sich die Umworbenen an eine bestimmte Werbung erinnern, um so tiefer war offenbar die Wirkung der Werbemaßnahmen. Gedächtnistests besitzen also für die Kontrolle der Wirkung von Werbungen die größte Bedeutung.

Es ist nur ein Schritt weiter, um von der Aufmerksamkeits- und Erinnerungskontrolle zu Informationen darüber zu gelangen, wie nachhaltig die Wirkung ist, die mit bestimmten Werbemaßnahmen erzielt wurde. Je mehr der Werbeappell im Bewußtsein der potentiellen Käufer haften bleibt, um so erfolgreicher ist die Werbung offenbar gewesen. Erinnerungstests und Tests über die Nachhaltigkeit der Wirkung von Werbemaßnahmen bilden die besten Hilfsmittel, um den Bekanntheitsgrad bestimmter Erzeugnisse der Unternehmen und damit den Informationswert von Werbungen zu messen.

Die Methoden der empirischen Sozialforschung, insbesondere die Befragungsmethoden stoßen aber an ihre Grenzen, wenn es sich darum handelt, seelische Vorgänge zu analysieren, bewußt zu machen und zu formulieren. Die Berührung von Menschen mit Werbeappellen stellt einen seelischen Vorgang dar. Die Selbstbeobachtung, auch von Menschen, die im Panel zu einer Befragungsgruppe zusammengeschlossen sind, versagt in solchen Fällen. Nur gewisse Methoden der Sofortbefragung lassen es in begrenztem Maße und unter besonders günstigen Voraussetzungen zu, Einblicke in die seelischen Vorgänge zu gewinnen, die sich in Menschen abspielen, wenn sie von Werbeappellen getroffen werden.

β) Das Verhältnis zwischen der Zahl derjenigen, die mit einem bestimmten Werbemittel erreicht werden, und der Zahl derjenigen, die auf diese Weise zum Kauf veranlaßt werden, wird als Streuerfolg bezeichnet. Diese Erfolgsziffer ist ein wichtiges Instrument der Werbeerfolgskontrolle.

Ein Beispiel: Ein Unternehmen versendet Werbedrucksachen einer bestimmten Art an 20000 Adressaten. Von diesen Drucksachen führen 2000 in dem betrachteten Zeitraum zu Bestellungen. Der Streuerfolg ist gleich

$$\frac{\text{Anzahl der Bestellungen}}{\text{Anzahl der Adressaten}} \cdot 100 = \frac{2000}{20000} \cdot 100 = 10\%.[1]$$

Für eine große Anzahl von Werbemittel lassen sich Unterlagen für die Kontrolle des Streuerfolges schaffen und Messungen vornehmen.

Die günstigsten Voraussetzungen hierfür sind dann gegeben, wenn Bestellungen auf Grund eines Werbemittels vorgenommen werden. Das ist zum Beispiel bei der Katalogwerbung der Fall, falls bei Bestellungen auf den Katalog Bezug genommen wird. Bei der Inseratenwerbung lassen sich derartige Erfolgskontrollen nur dann durchführen, wenn es gelingt, die Käufer zu veranlassen, auf das Inserat Bezug zu nehmen (mit Hilfe von Coupons, Bestellzetteln, Antwortpostkarten usw.). Besteht keine Möglichkeit, auf direktem Weg von den Bestellern zu erfahren, ob ihre Bestellungen durch bestimmte Werbemittel veranlaßt sind, dann stößt man bei der Streuerfolgskontrolle auf große Schwierigkeiten. Man denke an die Werbung mit Hilfe von Inseraten, denen nähere Angebotsangaben, insbesondere technische und wirtschaftliche Einzelheiten fehlen, an die Plakatwerbung oder an die Rundfunk-, Kino-, Leuchtwerbung usw. Hier sind nur selten unmittelbare Beziehungen zwischen Werbung und Wareneinkauf festzustellen. Die Grundlagen der Streuerfolgskontrolle werden so unbestimmt, daß nur über eine Kontrolle der allgemeinen Absatz- und Umsatzentwicklung zur Klarheit über den Werbeerfolg zu gelangen ist[2].

γ) Unter Werbeerfolg läßt sich auch die Differenz zwischen den auf ein oder mehrere Werbemittel zurückzuführende Umsatzzunahme und den Kosten verstehen, die die Benutzung dieses Werbemittels oder dieser Werbemittel verursacht hat. Diese Differenz sei als Werberendite bezeichnet.

In dem oben angegebenen Beispiel verursacht die Herstellung und Versendung von 20000 Werbedrucksachen Kosten in Höhe von 4000 DM (20000 · 0,20 DM). Auf die Werbedrucksachen hin gehen 2000 Bestellungen zu je 9,— DM mit einem Stückgewinn von 3,— DM ein. Der so entstehende Umsatzgewinn beträgt also 6000,— DM und die Werbe-

---

[1] Vgl. die Definition der Streuerfolges bei BEHRENS, K. CHR., a.a.O., S. 106ff.
[2] Vgl. auch SUNDHOFF, E., Die Ermittlung und Beurteilung des Werbeerfolges Betriebswirtschaftliche Forschung und Praxis, 1954, S. 129ff.

rendite 2000,— DM. Der Streuerfolg beträgt im Beispiel 10%, sinkt er auf 5%, dann ergibt sich unter sonst gleichen Bedingungen eine negative Werberendite von ./. 1000 DM.

Die Frage lautet nun: Von welchem Streuerfolg an erhält man eine positive Werberendite? Dieser Erfolg sei „kritischer Streuerfolg" genannt. Ihn gilt es zu bestimmen. Unter Verwendung der folgenden Symbole: r = Werberendite; a = Anzahl der Bestellungen; g = Stückgewinn; b = Anzahl der Adressaten; h = Stückwerbekosten, errechnet sich die Werberendite wie folgt:

$$r = a \cdot g - b \cdot h.$$

Diese Gleichung ist bei der Errechnung der kritischen Werberendite gleich Null zu setzen

$$O = a \cdot g - b \cdot h$$

oder

$$b \cdot h = a \cdot g.$$

Dieser Ausdruck wird zur Verhältnisgleichung umgeformt

$$\frac{a}{b} = \frac{h}{g}.$$

Es läßt sich also sagen: Der kritische Streuerfolg liegt da, wo das Verhältnis der Anzahl von Bestellungen zur Anzahl der Adressaten (Streuerfolg) gleich ist dem Verhältnis von Werbekosten je Werbeexemplar zu Stückgewinn.

Wenn die Zahlen des Beispiels in die Verhältnisgleichung eingesetzt werden, dann ergibt sich

$$\frac{\text{Anzahl der Bestellungen}}{20\,000} \cdot 100 = \frac{0{,}20 \text{ DM}}{3{,}- \text{ DM}} \cdot 100.$$

Der kritische Streuerfolg beträgt hiernach 6,6%, und die Anzahl der Bestellungen muß sich auf

$$\frac{a}{20\,000} \cdot 100 = 6{,}6$$
$$a = 6{,}6 \cdot 200$$
$$a = 1320$$

belaufen. Wenn also von 20 000 versandten Werbedrucksachen 1320 Bestellungen eingehen, dann erhält man gerade eine Werberendite von Null. Jede weitere Bestellung ergibt eine positive Werberendite.

Nunmehr sei der Absatz in Abhängigkeit von der Anzahl der eingesetzten Exemplare eines Werbemittels dargestellt, und zwar soll auf der Ordinatenachse der Absatz abzüglich des ohne Werbeeinsatz zu erreichenden Absatzes und auf der Abszissenachse die Anzahl der Exemplare abgetragen werden (vgl. Abb. 90).

Die Strecke OC gibt die Anzahl der Exemplare an, bei deren Einsatz noch keine Absatzsteigerung erzielt werden kann. OA Exemplare mögen eingesetzt werden. Der Absatz steigt um OB (Anzahl Bestellungen). Der Tangens des Winkels α, den der Fahrstrahl mit der positiven Richtung der Abszissenachse bildet, gibt die Größe des Streuerfolges an. Wie man aus der Abb. 90 leicht ersieht, steigt die Streuerfolgsziffer an, erreicht bei OD ihr Maximum und fällt dann wieder ab.

Die spezielle Werbeelastizität eines Werbemittels sei wie folgt definiert:

$$\text{spezielle Werbeelastizität} = \frac{\text{relative Änderung der Anzahl Exemplare}}{\text{relative Änderung des Absatzes}}$$

dann läßt sich auch sagen, daß in dem Punkt E die spezielle Werbeelastizität des Werbemittels gleich 1 sei. Da Fahrstrahl und Tangente zusammenfallen, kann man auch sagen: die Streuerfolgsziffer ist maximal, wenn die spezielle Werbeelastizität gleich 1 ist. Im Bereich CE ist die spezielle Werbeelastizität größer als 1. Mit fallender, über 1 liegender spezieller Werbeelastizität des Werbemittels steigt die Streuerfolgsziffer (Abschnitt CE in Abb. 90). Fällt die Werbeelastizität weiter, indem sie kleinere Werte als 1 annimmt, dann vermindert sich der Streuerfolg wieder.

Trägt man in ein solches Koordinatensystem, wie es Abb. 90 zeigt, einen Strahl vom Ursprungspunkt ausgehend ein, welcher dem kritischen Streuerfolg entsprechen mag, etwa OGH, dann erkennt man, daß bei dem angegebenen Kurvenverlauf alle Fahrstrahle an das Kurvensegment GEH einen Streuerfolg aufweisen müssen, der eine positive Werberendite ermöglicht. Folglich ist der Bereich zwischen J und A bzw. K und B der Bereich der positiven Werberendite.

Die Werberendite bildet den schlechthin entscheidenden Maßstab für den Werbeerfolg. Nur in seltenen Fällen wird die Möglichkeit bestehen, die Käufe der Kundschaft einem Werbemittel zuzurechnen. Wenn eine derartige Möglichkeit nicht besteht, bietet sich die Umsatzentwicklung nach Einsatz der Werbemittel als Maßstab für die Kontrolle der Absatzleistung des Werbemittels an.

δ) Die Zurechnung einer bestimmten Umsatzzunahme auf Werbemittel gestaltet sich dann außerordentlich schwierig, wenn gleichzeitig mehrere Werbemittel verwandt sind und feststeht, daß die Wirkung der Werbung die Folge der Wirkung aller Werbemittel ist, von denen Gebrauch gemacht wurde. Zwar lassen sich unter Umständen mit Hilfe von Chiffren gewisse Aufteilungen der Umsätze auf die einzelnen Werbemittel vornehmen, so insbesondere bei der Inserat- und Katalogwerbung. Im allgemeinen ist es aber so gut wie unmöglich, den Beitrag der einzelnen Werbemittel von dem Gesamterfolg der Werbung zu isolieren und gesondert zu erfassen.

Damit taucht zugleich die zweite Frage auf, für welche Zeiträume diese Feststellung ermittelt werden soll. Der Beginn dieser Werbeerfolgskontrolle ist nicht schwer zu bestimmen. Er fällt irgendwie mit dem Beginn der Werbeaktion zusammen. Schwieriger ist es, das Ende des Kontrollzeitraumes anzugeben. Dieser Zeitraum würde dann als abgeschlossen anzusehen sein, wenn die verwandten Werbemittel keine Wirkung mehr ausüben. Da dieser Zeitpunkt nicht bekannt ist, muß der Kontrollzeitraum willkürlich begrenzt werden. Dabei ist von der Überlegung auszugehen, daß jede Werbemaßnahme ihre Werbekraft nur für eine bestimmte Periode entfaltet. Da aber nach Abschluß der Feststellungsperiode für den Werbemittelerfolg noch Aufträge eingehen können, so wird das Ergebnis ungenau berechnet, sofern es überhaupt berechenbar ist. Die Dinge liegen ähnlich, wenn die Wirkung von Werbemaßnahmen, die in den Vorperioden durchgeführt wurden, in die betrachtete Periode hineinreicht und damit die Werberendite dieser Periode beeinflußt. Die Problematik der richtigen Periodenabgrenzung zum Zweck der Werberenditenermittlung ist damit sichtbar gemacht.

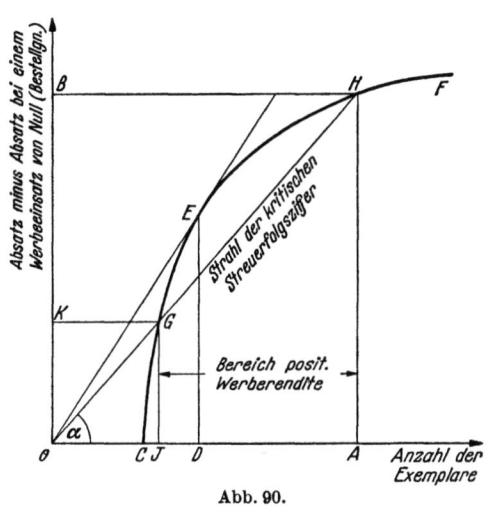

Abb. 90.

Rechnet man eine Umsatzsteigerung in einer bestimmten Zeitperiode bestimmten Werbemaßnahmen zu, dann bedeutet ein solches Vorgehen nichts anderes, als daß die Umsatzzunahme als allein durch die Werbemaßnahmen verursacht angesehen wird. Es ist jedoch grundsätzlich zu beachten, daß die Absatzentwicklung eines bestimmten Unternehmens einmal von wirtschaftlichen und außerwirtschaftlichen Faktoren beeinflußt wird, die außerhalb des Einflußbereiches eines einzelnen Unternehmens liegen (Konjunktur, Branchentrend, Mode, wirtschaftspolitische Maßnahmen usw.). Zum anderen ist die Absatzentwicklung von dem Gebrauch abhängig, den das Unternehmen selbst und die Konkurrenzbetriebe von dem absatzpolitischen Instrumentarium machen. Nur wenn in den gesamtwirtschaftlichen Grundlagen und in der eigenen und fremden Benutzung des absatzpolitischen Instrumentariums, also der Produktgestaltung, der Preispolitik und in der Absatzmethode des eigenen Unternehmens und zusätzlich auch der Werbung der Konkurrenzbetriebe keine irgendwie ins Gewicht fallende Änderung zu verzeichnen ist, läßt es sich vertreten, eine bestimmte Umsatzentwicklung einseitig einem Faktor, hier der Werbung, zuzurechnen. Hier wird deutlich, wie problematisch die Möglichkeiten der Werbeerfolgsermittlungen sind, wenn sich direkte Maßstäbe ausschließen. Daß ein großer Teil der von den Unternehmungen betriebenen Werbung so wirkungslos bleibt, ist nicht nur auf ein Versagen der Werbung selbst zurückzuführen. Wäre eine einigermaßen genaue Ermittlung der Werberendite möglich, dann würden im betrieblichen und gesamtwirtschaftlichen Interesse viele Werbemaßnahmen unterbleiben.

Neuntes Kapitel.
Die optimale Kombination des absatzpolitischen Instrumentariums.

1. Systematisierung der Vielfalt absatzpolitischer Möglichkeiten.
2. Die optimale Kombination des absatzpolitischen Instrumentariums.
3. Die optimale Kombination des absatzpolitischen Instrumentariums bei Maximierung des Gewinns.

1. Die vorhergehenden Abschnitte, in denen die einzelnen absatzpolitischen Instrumente behandelt wurden, lassen erkennen, welche Fülle absatzpolitischer Möglichkeiten den Unternehmen zur Verfügung steht. Die Absatzpolitik wird aber gerade dadurch gekennzeichnet, daß die Unternehmen von mehreren dieser möglichen Maßnahmen in unterschiedlicher Weise — je nach ihrer besonderen absatzwirtschaftlichen Lage — Gebrauch machen.

Das wissenschaftliche Interesse der Theorie konzentrierte sich bisher, soweit es den absatzwirtschaftlichen Raum betrifft, vor allem auf die Preispolitik. Die Theorie beschränkte sich also auf nur eine Instrumentvariable. Die neuere Preistheorie, deren Hauptinteresse sich, ebenso wie das der klassischen Preistheorie, auf die Ableitung eines Gleichgewichtspreises richtet, schließt in ihre Überlegungen den heterogenen Wettbewerb ein. Damit wird die Preispolitik zwar grundsätzlich in den Rahmen differenzierter absatzpolitischer Möglichkeiten gestellt, doch wird nach wie vor von nur einer Instrumentvariablen, nämlich der Preispolitik, ausgegangen.

Es scheint nun geboten, aus dieser Konzeption der makroökonomischen Preistheorie eine betriebswirtschaftliche Theorie der Absatzpolitik zu entwickeln, in der alle absatzpolitischen Handlungsmöglichkeiten der Unternehmungen Berücksichtigung finden. In diesem Sinne sind die absatzpolitischen Entscheidungen der Unternehmen nicht mehr ausschließlich Preisentscheidungen, sondern Entscheidungen, die sich auch auf alle anderen den Unternehmen verfügbaren Mittel der Absatz-

Minimierung der Kosten.

politik beziehen. Damit erhöht sich die Zahl der für die theoretische Bewältigung absatzpolitischer Probleme in Frage kommenden Variablen sehr beträchtlich; denn die vier absatzpolitischen Instrumente setzen sich aus einer Vielzahl absatzpolitischer Variablen unterschiedlichster Art zusammen.

So mögen zum Beispiel einem Unternehmen in einer bestimmten Absatzsituation mehrere Werbeaktionen, deren Intensität mit $v_{31}, \ldots, v_{3p}$ bezeichnet werden soll, zur Verfügung stehen. Hierbei soll v_{3i} die Intensität der i-ten Werbemöglichkeit für ein bestimmtes Erzeugnis (zum Beispiel Fernsehwerbung oder Inseratwerbung u. a.), gemessen in Kosteneinheiten, bedeuten. Diese p Variablen werden zu einem Vektor $v_3 = (v_{31}, \ldots, v_{3p})$ zusammengefaßt. Er repräsentiert die Gesamtheit werbepolitischer Maßnahmen, das heißt die Werbung schlechthin. Auf die gleiche Weise lassen sich alle Einzelmaßnahmen im Bereich der Absatzmethoden $v_1 = (v_{11}, \ldots, v_{1m})$, der Produkt- und Sortimentsgestaltung $v_2 = (v_{21}, \ldots, v_{2n})$ und der Preispolitik $v_4 = (v_{41}, \ldots, v_{4q})$ darstellen.

In der betrieblichen Praxis wird es schwierig, oft sogar unmöglich sein, die Intensität, mit der irgendeine absatzpolitische Aktion durchgeführt wird, zu messen. Sollten solche nicht-quantifizierbaren Größen gegeben sein, so müssen sie aus der Rechnung ausgeklammert und auf andere Weise berücksichtigt werden[1].

Die Möglichkeit, die Intensitäten aller Einzelmaßnahmen in der oben dargestellten Form zusammenzufassen, bleibt davon unberührt.

Die Intensitäten, mit denen die Unternehmen von den Absatzmethoden, der Sortiments- und Produktgestaltung, der Werbung und der Preispolitik (Intensitätsvektoren $v_1, \ldots, v_4$) Gebrauch machen, lassen sich ihrerseits wieder zu einem Vektor v zusammenfassen.

$$v = (v_1, v_2, v_3, v_4)$$
$$= (v_{11}, \ldots, v_{1m}; v_{21}, \ldots, v_{2n}; v_{31}, \ldots, v_{3p}; v_{41}, \ldots, v_{4q})$$

Dieser Vektor v stellt die Intensität dar, mit der ein Unternehmen von seinem absatzpolitischen Instrumentarium Gebrauch macht.

Nach dieser Systematisierung der absatzpolitischen Handlungsmöglichkeiten gilt es, die Frage zu beantworten, welche Kriterien den Einsatz des absatzpolitischen Instrumentariums, das heißt die Größe v, bestimmen.

2. a) Zunächst sei der Fall untersucht, daß eine bestimmte vorgegebene Umsatzsteigerung Δu durch zusätzliche Verwendung absatzpolitischer Instrumente erreicht werden soll. Die Umsatzsteigerung als

---

[1] Vgl. hierzu die Berücksichtigung von Imponderabilien beim Wirtschaftlichkeitsvergleich, Band I, 10. Aufl., 4. Abschnitt, 12. Kapitel, 4.

solche ist in diesem Fall nicht Gegenstand der Entscheidung. Die Frage lautet deshalb: Wie ist die Größe v zu bestimmen, damit erstens die verlangte Umsatzsteigerung zustande kommt und zweitens gleichzeitig die Kosten des zusätzlichen Einsatzes des absatzpolitischen Instrumentariums minimiert werden?

Die Intensität, mit der eine bestimmte absatzpolitische Einzelmaßnahme durchgeführt wird, soll stets in Kosteneinheiten ausgedrückt werden. So mögen zum Beispiel die Kosten für eine bestimmte Werbeaktion, die im Zusammenhang mit der Einführung oder Forcierung eines bestimmten Erzeugnisses vorgenommen wird, gleich v_{3i} sein. Die absatzpolitische Entscheidung orientiert sich an der Höhe der Kosten, die der Einsatz des absatzpolitischen Instrumentariums verursacht. Die Entscheidungssituation läßt sich dann so beschreiben:

Man minimiere die Kosten des Einsatzes des absatzpolitischen Instrumentariums (L).

$$L = L(v)$$
$$= \sum_{i=1}^{m} v_{1i} + \sum_{i=1}^{n} v_{2i} + \sum_{i=1}^{p} v_{3i} + \sum_{i=1}^{q} v_{4i}$$

unter der Bedingung, daß die verlangte Umsatzsteigerung Δu erreicht wird, das heißt, daß Δu größer oder gleich der vorgegebenen, konstanten Umsatzsteigerung Δu_0 ist:

$$\Delta u \geqq \Delta u_0.$$

Diese Umsatzsteigerung ist eine Funktion der absatzpolitischen Aktivität. Sie setzt sich aus vielen Einzel-Umsatzsteigerungen zusammen. Selbstverständlich können Beschränkungen der verschiedensten Art Einfluß auf die Entscheidungen haben.

Mit der Entscheidung wird der kostenminimale Einsatz des absatzpolitischen Instrumentariums festgelegt, das heißt, es werden diejenigen Werte v_{ji} (Aufwendungen bestimmter Art für ein bestimmtes Erzeugnis des j-ten Instrumentes [$j = 1, \ldots, 4$]) bestimmt, die die genannten Optimalitätsbedingungen erfüllen. Gleichzeitig erhält man die Absatzmengen $x = (x_1, \ldots, x_s)$ und die Verkaufspreise $p = (p_1, \ldots, p_s)$ der Erzeugnisse des Verkaufsprogramms, die zu dem verlangten Umsatz führen.

b) Ein Unternehmen möge seinen gesamten Vertriebsaufwand auf eine bestimmte Höhe festlegen, die nicht überschritten werden darf. (Preissenkungen und Rabatte werden als Kosten aufgefaßt.) Das Unternehmen möge in dieser Lage dasjenige v wählen, welches ihm einen maximalen Umsatz sichert. In diesem Fall sind also die Gesamtkosten (L_0), die höchstens durch den Einsatz des absatzpolitischen Instrumentariums verursacht werden dürfen, als unverändert gegeben. Die absatzpolitische Entscheidung ist auf Maximierung des mit L_0 erreichbaren Umsatzes gerichtet. Es liegt also folgende Entscheidungssituation vor: Man maximiere den Umsatz u

$$u = u(v)$$

unter der Bedingung, daß der gesamte Vertriebsaufwand nicht den vorgegebenen Betrag L_0 übersteigt, das heißt

$$L(v) \leqq L_0$$

ist.

Zu dieser Beschränkung können noch weitere Nebenbedingungen treten.

In dem Beispiel wird durch die Entscheidung derjenige Einsatz des absatzpolitischen Instrumentariums bestimmt, der unter den genannten Bedingungen zu einem maximalen Umsatz führt. Auch in diesem Fall werden die dem maximalen Umsatz zugehörigen Absatzmengen und Verkaufspreise gleichzeitig mitbestimmt.

Die beiden absatzpolitischen Entscheidungen, die hier als Beispiele erörtert wurden, werden einmal vom Streben nach minimalen Absatzkosten und zum anderen vom Streben nach maximalem Umsatz beherrscht. Beide Zielsetzungen müssen mit der obersten Zielsetzung der Unternehmungen, dem erwerbswirtschaftlichen Prinzip, in Einklang stehen. Wenn dies der Fall ist, kann sich die Absatzentscheidung ausschließlich am Kriterium der Absatzkosten bzw. des Umsatzes orientieren. Sollen absatzpolitische Entscheidungen in dieser Weise getroffen werden, so ist in jedem Fall zu überprüfen, ob in einer gegebenen Situation die genannten Unterziele dem Gewinnstreben der Unternehmen nicht entgegenstehen.

3. Führen die Unternehmen dagegen ihre absatzpolitischen Überlegungen auf breitester Ebene durch, dann werden sie danach fragen, mit welcher Intensität sie von ihrem absatzpolitischen Instrumentarium Gebrauch machen sollen, um einen größtmöglichen Gewinn zu erzielen. In einer solchen Entscheidungssituation werden der für erstrebenswert angesehene Umsatz und der Einsatz des absatzpolitischen Instrumentariums unmittelbar durch das erwerbswirtschaftliche Prinzip bestimmt.

Der Gewinn soll gleich der Differenz zwischen Gesamtumsatz (Gesamterlös) und Gesamtkosten sein. Der Gesamtumsatz sei eine Funktion $u(v)$ des absatzpolitischen Instrumentariums. Die Gesamtkosten setzen sich aus den Kosten $L(v)$ des absatzpolitischen Instrumentariums und den übrigen Kosten $K^*(x) = K^*(x_1, \ldots, x_s)$ zusammen. Da die Absatzmengen selbst von der absatzpolitischen Aktivität abhängen, kann man auch $K^*(x) = K^*(x(v)) = K(v)$ schreiben.

Die Entscheidungssituation läßt sich so beschreiben:
Man maximiere den Gewinn

$$G = G(v) = u(v) — K(v) — L(v)$$

unter Beachtung aller Beschränkungen, die produktionstechnischer, beschaffungs- oder absatzwirtschaftlicher, finanzierungs- oder investitionspolitischer Art u. ä. sein können. Die Variable v setzt sich aus der Vielzahl absatzpolitischer Variablen v_{ji} zusammen. Die Bestimmung des Maximums ist durch Bildung der partiellen Ableitungen allein nicht möglich, da die genannten Beschränkungen Berücksichtigung finden müssen.

Die Theorie der Absatzpolitik hat es also mit einer unverhältnismäßig großen Zahl von Variablen und Begrenzungen der verschiedensten Art zu tun. Diese Lage resultiert aus der Vielzahl betrieblicher und marktlicher Gegebenheiten. Mit der Vermehrung der Zahl der Variablen und der zunehmenden Berücksichtigung betrieblicher Engpässe (Beschränkungen) kompliziert sich die wissenschaftliche Behandlung der absatzpolitischen Vorgänge, wenn ein Maximum an Wirklichkeitsnähe erreicht werden soll.

Namenverzeichnis.

Abbott, L. 379
Albach, H. 21, 24, 73, 425
Amoroso, L. 197, 220, 344
André, J. 477

Bain, J. S. 178, 213, 215, 319, 339, 340
Barankin, E. W. 207
Barfod, B. 470
Baumol, W. J. 211
Bayer, H. 75
Becker, W. D., 361, 370
Behrens, K. Chr. 87, 360, 361, 370, 390, 453, 487, 490, 492
Berger, A. 340
Berghändler, L. 359, 361
Bergler, G. 2, 91, 388
Bertram, H. 81
Bertrand, J. 271, 319
Böhm, H.-J. 13
Borden, N. H. 418, 451
Boulding, K. E. 178, 329, 330, 337, 340, 344
Bowley 276, 318, 319
Braeß, P. 251
Brandt, K. 17, 178, 266
Brinkmann, U. 81
Britt, St. H. 487, 490
Buddeberg, H. 155, 356
Buddeberg, Th. 88
Burger, E. 314, 317
Burns, A. R. 329

Carell, E. 192
Chamberlin, E. H. 178, 185, 186, 243, 264f., 321
Chambley, P. 178, 266
Cole, R. H. 91
Corey, E. R. 361, 362
Cournot, A. 192, 200, 213, 268, 271, 272, 274, 275, 276, 308, 317, 326, 333, 341, 342
Crisp, R. D. 91
Crum, W. L. 454

Dantzig, G. B. 211
Dembo, T. 18, 19
Devoe, M. 452
Dietzler, K. 81
Domizlaff, H. 98, 416
Dorfman, R. 207
Draheim, G. 126
Duffy, B. 426, 446, 452

Edgeworth, F. Y. 271, 319, 320
Eisermann, G. 416
Engel, O. 135, 141

Fellner, W. 321, 322, 323
Festinger, L. 19
Fischer, G. 155
Flämig, J. 451f.
Flech, W. 37
Frank, M. 207
Frank, R. 489
Frisch, R. 189, 190, 274, 278, 279, 281

Gabriel, S. 361
Gammelgaard, S. 361, 363, 370
Gass, S. I. 211
Gau, E. 37
Geertman, J. A. 185
Gomory, R. E. 211
Goudriaan, J. 185
Guth, E. 37

Hadley, G. 207
Hall, R. L. 321
Haller, H. 276
Hart, A. G. 73, 103
Hax, H. 361, 369
Heger, H. 76
Heinen, E. 9, 10
Hellauer, J. 129, 151, 152, 155, 171, 175
Hennig, K. W. 147
Henry, H. 91
Henzler, R. 127, 171, 177, 361, 462
Herppich, H. G. 472
Hessenmüller, B. 37
Hicks, J. R. 73
Hildebrand, W. 98
Hitch, C. J. 321
Hobart, D. M. 91
Holzschuher, L. v. 97, 98, 424
Hoppe, F. 18
Hoppmann, E. 361
Hotelling, H. 271
Houthakker, H. S. 207
Humbel, P. 357
Hundhausen, C. 37, 91, 390, 415, 417, 447
Hunt, J. McV. 19
Huppert, W. 82
Hurwicz, L. 17, 73

Institut für Handelsforschung 37, 44, 45

Jacob, H. 178, 243, 266, 269
Jaspert, F. 487
Jevons, W. S. 219
Jöhr, W. A. 73
Johannsen, U. 451

Kahn, R. F. 321
Kapferer, C. 171
Katona, G. 19, 88
Kaysen, C. 279, 323
Kilger, W. 242
Kirsch, W. M. 37
Kleerekoper, S. 185
Knight, F. H. 72
Koch, H. 9, 13, 73, 75, 243, 355
Koch, W. 3, 37, 91, 129, 155, 171, 388, 415, 447
Kosiol, E. 21, 357
Krähe, W. 27, 28
Krelle, W. 73, 178, 207, 266, 271, 279
Kropff, H. F. J. 91, 98, 389, 416, 424, 426, 428, 431, 447
Krügel, H. 340
Kuehn, A. A. 470f., 489
Kühne, K. 361
Künzi, H. P. 207
Küspert, E. 37

Ladewig, P. G. W. 81
Lampert, H. 328
Lange, O. 73, 103
Launhardt, W. 271
Lehmann, G. 212
Lerner, A. P. 215
Lewin, K. 19, 99
Liefmann-Keil, E. 182
Lipfert, H. 171
Lisowsky, A. 91, 415
Lohmann, M. 174, 178
Love, R. A. 361
Lucas, D. B. 487, 490
Luce, R. D. 17, 60, 73, 316
Lutz, H. 361

Machlup, F. 178, 216, 266, 327, 328, 339
Maecker, E. J. 416, 425, 447
March, J. G. 21
Marchal, J. 178, 192, 266
Marjolin, R. 178
Markham, J. W. 328
Marshall, A. 178, 193, 195, 236, 265, 337, 419
Marzen, W. 361
Massy, W. F. 489
Matthies, H. 477
Mayberry, I. P. 317
McKinsey, J. C. C. 314
Meissner, F. 489
Mellerowicz, K. 361

Meyer, F. W. 361, 370
Meyer, P. W. 76, 97
Mill, J. St. 217
Miller, D. W. 60, 73
Möller, H. 178, 185, 190, 192, 271, 276
Morgan, Th. 214, 215, 216
Morgenstern, O. 178, 314, 315, 317
Moser, H. 76

Nash, I. F. 316, 317
Neumann, J. v. 178, 314, 315, 317
Nichol, H. J. 320, 321, 328, 330
Niehans, J. 73
Nieschlag, R. 356, 361
Nordin, J. A. 470
Nystrom, P. H. 379

Ott, A. E. 243
Ott, W. 76
Oxenfeldt, A. R. 328

Pack, L. 13
Packard, V. 91
Panne, C. van de 207
Papandreou, A. G. 215, 216
Pesl, L. D. 340
Pigou, A. C. 339, 340
Plaut, H. G. 203
Pollert, E. 361
Proesler, H. 91

Raiffa, H. 17, 60, 73, 316
Redlich, F. 454
Richter, R. 178, 266
Robinson, J. 178, 261, 264f., 340, 343, 348
Röper, B. 192, 361
Rothschild, K. W. 215, 321, 323
Ruberg, C. 4, 143, 355, 360, 390
Ryde, D. 470

Sandig, C. 91, 234, 361, 370, 379, 390
Savage, L. 73
Schär, J. F. 354
Schäfer, E. 2, 91, 129, 151, 152, 155, 159, 171, 379, 388, 389, 390
Scheven, G. 81
Schmalenbach, E. 178, 325, 340, 350, 351, 355
Schmidt, F. 178, 340, 350, 351, 354, 355
Schmidt, W. P. 81
Schneider, E. 178, 190, 191, 192, 218, 226, 243, 266, 271, 274, 289, 340, 344, 470
Schuster, E. 175
Schwenzner, J. 171, 368
Sears, P. S. 19
Seligman, E. R. A. 361
Seyffert, R. 3, 29, 91, 129, 151, 155, 171, 184, 356, 360, 388, 390, 415, 447

Shackle, G. L. S. 73
Shubik, M. 178, 266, 317
Simon, H. A. 20, 21
Smith, G. H. 98
Spiegel, B. 487
Stackelberg, H. v. 178, 192, 193, 266, 271, 276, 308, 318, 321, 338, 467
Starr, M. K. 60, 73
Steinhoff, E. 363
Stigler, G. J. 178, 321, 323, 328, 330, 332, 333
Sundhoff, E. 4, 187, 356, 390, 462, 492
Suter, F. 490

Theil, H. 207
Triffin, R. 186, 187, 188, 189, 214, 215
Tschierschky, S. 361

Ulrich, H. 81

Vajda, S. 314
Vershofen, W. 76, 212, 388
Vidale, M. L. 473, 488
Vormbaum, H. 171

Waffenschmidt, W. 192, 271
Wald, A. 73
Walger, H. 37, 43, 167
Wäntig, A. 217
Weintraub, S. 340
Wickert, G. 91
Wittmann, W. 73, 76
Wolfe, H. B. 473, 488
Wolfe, P. 207

Yamey, B. S. 362, 370

Zentler, A. P. 470
Zeuthen, F. 467

Sachverzeichnis.

Absatz, Begriff 1 ff., 7
—, direkter 123
—, indirekter 123, 155
Absatzelastizität 193 f.
Absatzform 48 f., 123, 129 ff.
Absatzkosten 37 ff., 109 f.
Absatzkurve 192 f., 201 f., 219 f., 242 ff.
— monopolistische 192
— polypolistische 242
Absatzmethoden 33, 48, 87, 105 f., 123 ff.
Absatzorganisation (innerbetriebliche) 21 ff.
Absatzplanung 27 ff., 46 ff.
Absatzpolitische Aufgaben 7
— Entscheidungen 7, 9 ff., 60 ff.
— Reaktionen 50 ff.
Absatzpolitisches Instrumentarium 6, 48 ff., 53 ff., 86 ff., 102 ff., 119 ff., 123 ff.
Absatzprognose 81 ff.
Absatzvorbereitung 26 ff.
Absatzwege 48 f., 87, 123 f., 155 ff.
Absatzwirtschaft 2
Abteilungsbildung 21 f.
action autonome 274
adaption conjecturale 278
— supérieur 275
Akquisitorisches Potential 237 ff., 282 ff.
Aktionsparameter 195, 267 f.
Akzidentelle Werbung 411 f.
Amoroso-Robinson-Formel 197, 220
Angebotsstruktur 183 f.
Anspruchsniveau 18 ff.
Anzeigenwerbung 429 ff., 450 ff.
Area-Methode 95
Atomistische Angebotsstruktur 183 f.
— Konkurrenz 184, 216 ff.
Auftragsabhängige Kosten 42 f.
Auftragsabwicklung 31 f., 36
Auftragsbearbeitung 31 f., 36
Auftragsfixe Kosten 42 f.
Ausgleich, kalkulatorischer 356 ff.
Ausgleichsgesetz der Planung 112 ff.
Autonom-konjekturales Verhalten 275 ff.
Autonomer Bereich 283 ff.
Autonomes Verhalten 274
Autonomiezone 283 ff., 289 ff.

Barometrische Preisführerschaft 332 ff.
Bedarf 375 ff., 445 f.
Bedarfsweckung durch Werbung 420 f.
Befragungen 92 ff.

Befriedigender Gewinn 19
Bereich, autonomer 283 ff.; monopolistischer 241; reaktionsfreier 283 ff.
Beschäftigungsgrad 350 ff.
Betriebsminimum 226
Betriebsspanne 356
Bilaterales Monopol 185
— Oligopol 185
Bowleysches Dyopol 276
Bremswirkung des monopolistischen Kurvenabschnitts 264
Bruttokostenersparnis bei Werbung 464 f.

Chain stores 393
Coefficient of Insulation 215
— — Penetration 215
constant outlay curve 195
Cournotsche Dyopollösung 271 ff.
— Kurve 202, 272, 467
Cournotscher Punkt 200 f.

Delegation von Aufgaben 22, 124
Delkredere-Provision 145, 151
Dienstleistungen des Einzelhandels 157 ff.
— des Großhandels 162 ff.
Differentialkalkulation 354
Dispositionserfolg 479
Distributionskosten 43 ff.
Dominante Werbung 412
Dominierende Preisführerschaft 328 ff.
Dumping 341
Durchschnittskosten und Preis 348 ff.
Dyopol 266, 270 ff.

Einführungswerbung 443
Einheitspreisgeschäft 394
Einkauf 3
Einzelhandel 157 ff., 390 ff.
Einzelwerbung 417
Elastizität der Nachfrage 89, 193 f., 468
Engpaßbereiche 113 f., 117 f.
Entscheidungsfunktion 120
Entscheidung unter Unsicherheit 60 ff.
Entscheidungssituationen 59 f.
Erhaltungswerbung 442
Erhebungen 92 ff.
Erinnerungswerbung 442
Erlösfunktion 13, 196, 206, 220, 251 ff., 286
Erlöskurve 196, 220, 251 ff., 286
Ertragsgesetz 221

Sachverzeichnis.

Erwartungen 57 ff., 270, 306 ff.
Erwerbswirtschaftliches Prinzip 8 ff.
— Präzisierungen desselben 12 ff.
— und Preispolitik 178 ff.
— und Unsicherheit 14 ff.
Expansionswerbung 443
Export 171 ff.
Exporthändler 175 ff.

Festpreise 367, 388
Filmwerbung 436 f.
Finanzielle Abwicklung von Aufträgen 37 f.
Finanzielles Gleichgewicht 304
Firmenmarkt 237
Fixe Kosten und Cournotscher Punkt 203
Flächenanalyse 261 f.
frontière d'attraction 281
Funkwerbung 437 f.

Games of Survival 317
Garantiefunktion von Warenmarken 386 f.
Gemeinsame Gewinnmaximierung 317, 319 ff.
Gemischt-ganzzahlige Programmierung 211
Geringstkostenkurve der Werbung 462
Gewinnfunktion 13 ff., 199 f., 259, 312, 316
Gewinnmatrix 15, 312
Gewinnmaximierung 12 ff., 179, 182
—, gemeinsame 317, 321 ff.
Gewinnmaximum im Monopolbetrieb 200, 206 ff.
— bei polypolistischer Konkurrenz 254 ff.
— bei unvollkommener atomistischer Konkurrenz 221
— und Werbung 466 ff., 476 ff.
Gewinnzuschlag 349
Gleichgewicht auf vollkommenen atomistischen Märkten 219
— betriebsindividuelles 223
— finanzielles 304
Gleitkurve 243
Grenzbetriebe 231 f.
Grenzerlös 196 f., 220, 251 ff., 286
Grenzgewinn 261
Grenzkosten 199, 202 ff.
Großhandel 157, 162 ff., 398 ff.
Gruppengleichgewicht 229 ff.

Handel 3, 155 ff.
Handelsbetriebe (Begriff) 155 ff.
Handelsmakler 153 ff.
Handelsmarken 385
Handelsspanne 38, 45, 353 ff.
Handelsvertreter 136 ff.
Heterogene Konkurrenz 187
Höchstpreis 192

Homogene Konkurrenz 184, 187
Hurwicz-Kriterium 17

Imperfect competition 264 f.
Indikatoren 79 f.
Indirekter Absatz 123, 155
Informationen 23 f., 74 ff., 102 f.
Informationsgewinnung 91 ff.
Inserate 429 ff., 450 ff.
Instrumentalvariable 47 ff., 52 ff., 86 ff., 103 ff.
Interdependenz, partielle 282 ff.
—, totale 268, 270 ff.
Iso-Elastizitätskurve 195
Iso-Gewinnkurven 279 f.

Kalkulationsaufschlag 356
Kalkulatorischer Ausgleich 356 ff.
Kampfsituationen im Oligopol 306, 318 ff.
Kapazitätsgrenzen 206 ff., 224, 262, 264
Kartellpreisbildung 324 ff.
Koalitionen 314 f.
Koeffizient, Triffinscher 186 ff., 214
Kollektive Preispolitik 320 ff.
Kollektivmonopole 324
Kombination, optimale des absatzpolitischen Instrumentariums 53 f., 496 ff.
Kommissionäre 150 ff.
Kommunikationssysteme 23 ff.
Konjekturales Verhalten 278 ff.
Konjunkturverlauf und Werbung 454 ff.
Konkurrenz, atomistische 183, 216 ff.
—, heterogene 188 f.
—, homogene 189
—, oligopolistische 189, 265 ff.
—, polypolistische 184
—, vollkommene 184
—, zirkulare 189
Konkurrenzaktionen 14 ff., 50 ff., 85 f.
Konkurrenzreaktionen 14 ff., 50 ff., 85 f., 105 f., 268, 278 ff., 285, 308 ff.
Konsumentenrente 337
Konsumfunktion 421
Koordinierung 7, 24 f.
Kostenarten 39 f.
Kostenfunktion 12 f., 198, 202 ff., 220 f., 228 f.
Kostenminimierung 497 f.
Kostenstellen 40 f.
Kostenträger 41 ff.
Kreuzpreiselastizität 186, 214
Kurzfristige Absatzplanung 114 ff.

Lagerhaltung des Handels 160 ff.
Langfristige Absatzplanung 99 ff., 112 ff.
Law of indifference 219
Lay-out 429
Leistungserstellung 1
Leistungsverwertung 1

Lichtreklame 434 ff.
Limit price 213
Lineare Programmierung 121

Makler 153 ff.
Markenartikel 361 ff., 384 ff.
Markt, unvollkommener 183
—, vollkommener 182
Marktanteil 84 ff., 213 ff.
Marktaufspaltung, horizontale 335
—, vertikale 335 f.
Marktbeherrschung 213 ff., 404 ff.
Markterkundung 26 f., 91 ff.
Marktexperimente 97 f.
Marktformen 183 ff.
Marktforschung 26 f., 40, 91 ff., 473
Markttransparenz 180, 182, 247, 413
Mathematische Programmierung 14, 20
Mengenanpassung 220 ff.
Mengenrabatt 345 f.
Minimaxprinzip 16 f., 313
Modellkonstruktionen 182
Monopol 184, 187, 191 ff.
Monopolistische Absatzkurve 192
— Konkurrenz 183 f., 264
Monopolistischer Abschnitt der polypolistischen Absatzkurve 240 ff.
Monopolmaße 213
Motivforschung 98 f.

Nachfragestruktur 184
Nicht-Nullsummenspiele 315 ff.
Niederlassungen im Ausland 172 f.
Nullsummen-Matrix-Spiele 312 ff.

Oligopol 184, 265 ff.
Oligopolistische Angebotsstruktur 184, 266 ff.
Optimale Kombination des absatzpolitischen Instrumentariums 53 f., 496 ff.
Organisationsstrukturen, formelle und informelle 21 ff.

Panel-Verfahren 96
Partielle Interdependenz 282 ff.
Partizipationseffekt 401 f.
Plakatwerbung 426 ff., 449
Planwirtschaft 4
Polypolistische Absatzkurve 243 ff.
— Konkurrenz 184, 233 ff.
Potential, akquisitorisches 237 ff., 283 ff.
Präferenzen 181, 238, 243 f.
Präzisierung des erwerbswirtschaftlichen Prinzips 12 ff.
Preisabsatzfunktion 12 f., 192 f., 205, 219 f., 240 ff., 284 ff.
Preisbindung der zweiten Hand 361 ff.
Preisdifferenzierung 335 ff., 344 ff.

Preisführerschaft, barometrische 332 ff.
—, dominierende 328 ff.
Preiskartelle 324 ff.
Preisklassengleichgewicht 284
Preislage 233 ff.
Preispolitik 49 f., 89 f., 108, 178 ff.
—, kollektive 320 ff.
Preisuntergrenze 225 ff., 354
Produktdifferenzierung 180 f., 212, 236, 288 f.
Produktgestaltung 48, 87 ff., 106 f., 375 ff.
Produktionskosten 111 f.
Produktionsplan 5, 110, 114
Produktvariation 399 ff.
Programmierung, gemischt-ganzzahlige 211
—, lineare 121
—, mathematische 14, 20
—, quadratische 207
Provisionssätze für Reisende 131, 146 ff.
— für Vertreter 144 ff.
Public Relations 417

Quadratische Programmierung 207
Qualitätskonkurrenz 48, 107, 214, 404 ff.
Quantitative Anpassung 229
Quasi-Agreement 321, 332
Quotenverfahren 94

Rabatt 38 f., 345 f., 373
Random-Methode 94 ff.
Reaktionserwartungen 56
Reaktionsfreier Bereich 283 ff.
Reaktionsgeschwindigkeit 179 f., 182, 249 f.
Reaktionskoeffizienten 278 ff.
Reaktionslinien 273 f., 276, 280
Reisende 130 ff., 146 ff.
Rentabilitätsmaximierung 13
Risiko 56 ff., 103
Risikoverhalten 71 ff.
Ruinspiele 317

Sättigungsmenge 193, 472, 489
Savage-Kriterium 17
Schaufensterwerbung 441 f.
Sekundär-statistisches Material 91 f.
Selbstbedienungsläden 133 f.
Serienanzeigen 434
Simplex-Methode 121
Simultane Planung 117 ff.
Skonto 346
Sortimentsbreite 390
Sortimentsgestaltung 48, 106 f., 390 ff.
Sortimentspolitik 390 f.
Spezialgeschäfte 392 f.
Spieltheorie 15 ff., 312 ff.
Stichprobenerhebung 93 ff.
Streckenanalyse 259

Streuerfolg 492
Substitutionseffekt 402
Substitutionsgesetz der Organisation 21
Systembezogenheit 5
Systemindifferenz 4f.

Technischer Fortschritt 380ff.
Teilmonopol 212, 328
Teiloligopol 266
time lags 179
Total planwirtschaftliche Systeme 4f., 127f.
Totale Interdependenz 268, 270ff.
— Konkurrenz 212, 214
Trenderwartungen 51, 61
Trendinformationen 76ff.
Trendvariable 46ff., 51f., 81ff.
Triffinscher Koeffizient 186ff., 214
Typenbeschränkung 382f.
Typenerweiterung 382

Umsatz 1f., 12, 119
Umsatzmaximierung 486f.
Umsatzprozeß 1f.
Unsicherheit 14ff., 60ff., 102f.
Unvollkommener Markt 183, 233ff.

Verdrängungspolitik 318ff.
Verfahrensvergleiche 146ff., 165ff.
Verhaltensweisen 189ff., 266f., 275ff.
Verkaufsabteilungen 30ff., 131f.
Verkaufsgesellschaften 125, 156
Verkaufspläne 28, 115, 118
Verkehrsgeltung 385, 387
Verpackungskosten 38, 40
Versandgeschäfte 396f.
Vertikale Preisbindung 361ff.
Vertreter 135ff., 173ff.
Vertriebsform 48, 87, 123ff., 128ff.
Vertriebskosten 37ff., 109f.
Vollkommene Konkurrenz 184

Vollkommener Markt 182, 216ff.
Vollkommenes Monopol 184, 191f.

Wachstumsrate (gesamtwirtschaftlich) 76f., 81ff.
Wahrscheinlichkeit, objektive und subjektive 57ff., 103
Wahrscheinlichkeitsgrad 61ff.
Warenausstattung 384ff.
Warenhäuser 394ff.
Warenzeichen 384ff.
Werbeabteilungen 29ff.
Werbeausgaben 480f.
Werbebudget 473ff.
Werbedrucksachen 422, 438ff.
Werbeelastizität 455f., 494
Werbeerfolgskontrolle 485ff.
Werbeetat 463ff.
Werbefilme 436ff.
Werbefinanzierung 468ff.
Werbeinvestition 473
Werbekosten 456ff.
Werbekostenminimierung 463ff.
Werbemittel 422ff.
Werbemittelstreuung 447ff.
Werbeplanung 483ff.
Werbepolitik 479ff.
Werberendite 493
Werbetheorie 456ff.
Werbeverfahrensauswahl 461f.
Werbewirkung 457ff.
Werbung 5, 29ff., 49, 89ff., 161, 408ff., 413f., 421f.
Wiederbeschaffungspreis 355f.

Zeitpunkt der Werbung 453ff.
Zielfunktion 9, 120, 208
Zirkulare Konkurrenzbeziehung 188
Zusatzaufträge 352f.
Zuschläge, branchenübliche 359ff.
Zweipersonenspiel 313

MIX
Papier aus verantwortungsvollen Quellen
Paper from responsible sources
FSC® C105338

If you have any concerns about our products,
you can contact us on
ProductSafety@springernature.com

In case Publisher is established outside the EU,
the EU authorized representative is:
**Springer Nature Customer Service Center GmbH
Europaplatz 3, 69115 Heidelberg, Germany**

Printed by Libri Plureos GmbH
in Hamburg, Germany